Informatik – Fachberichte

Band 1: Programmiersprachen. GI-Fachtagung 1976. Herausgegeben von H.-J. Schneider und M. Nagl. VI, 270 Seiten. 1976

Band 2: Betrieb von Rechenzentren. Workshop der Gesellschaft für Informatik 1975. Herausgegeben von A. Schreiner. VII, 283 Seiten. 1976

Band 3: Rechnernetze und Datenfernverarbeitung. Fachtagung der GI und NTG 1976. Herausgegeben von D. Haupt und H. Petersen. VI, 309 Seiten. 1976

Band 4: Computer Architecture. Workshop of the Gesellschaft für Informatik 1975. Edited by W. Händler. VIII, 382 pages. 1976

Band 5: GI – 6. Jahrestagung. Proceedings 1976. Herausgegeben von E. J. Neuhold. X, 474 Seiten. 1976.

Band 6: B. Schmidt, GPSS-FORTRAN, Version II. Einführung in die Simulation diskreter Systeme mit Hilfe eines FORTRAN-Programmpaketes, 2. Auflage. XIII, 535 Seiten. 1978.

Band 7: GMR–GI–GfK. Fachtagung Prozessrechner 1977. Herausgegeben von G. Schmidt. XIII, 524 Seiten. 1977.

Band 8: Digitale Bildverarbeitung/Digital Image Processing. GI/NTG Fachtagung, München, März 1977. Herausgegeben von H.-H. Nagel. XI, 328 Seiten. 1977.

Band 9: Modelle für Rechensysteme. Workshop 1977. Herausgegeben von P. P. Spies. VI, 297 Seiten. 1977.

Band 10: GI – 7. Jahrestagung. Proceedings 1977. Herausgegeben von H. J. Schneider. IX, 214 Seiten. 1977.

Band 11: Methoden der Informatik für Rechnerunterstütztes Entwerfen und Konstruieren, GI-Fachtagung, München, 1977. Herausgegeben von R. Gnatz und K. Samelson. VIII, 327 Seiten. 1977.

Band 12: Programmiersprachen. 5. Fachtagung der GI, Braunschweig, 1978. Herausgegeben von Klaus Alber. VI, 179 Seiten. 1978.

Band 13: W. Steinmüller, L. Ermer, W. Schimmel: Datenschutz bei riskanten Systemen. X, 244 Seiten. 1978.

Band 14: Datenbanken in Rechnernetzen mit Kleinrechnern. Fachtagung der GI, Karlsruhe, 1978. Herausgegeben von W. Stucky und E. Holler. X, 198 Seiten. 1978.

Band 15: Organisation von Rechenzentren. Workshop der Gesellschaft für Informatik, Göttingen, 1977. Herausgegeben von D. Wall. X, 310 Seiten. 1978.

Informatik-Fachberichte

Herausgegeben von W. Brauer
im Auftrag der Gesellschaft für Informatik (GI)

6

Bernd Schmidt

GPSS-FORTRAN
Version II

Einführung in die Simulation diskreter Systeme
mit Hilfe eines FORTRAN-Programmpaketes

2. Auflage

Springer-Verlag
Berlin Heidelberg New York 1978

Autor

Dr. Bernd Schmidt
Institut für Mathematische Maschinen
und Datenverarbeitung (IV)
Universität Erlangen
Martensstraße 3
8520 Erlangen

AMS Subject Classifications (1970): 68 A 55
CR Subject Classifications (1974): 8,1.

ISBN-13: 978-3-540-09037-3 e-ISBN-13: 978-3-642-67090-9
DOI: 10.1007/978-3-642-67090-9

2145/3140 – 5 4 3 2 1 0

VORWORT

Der Simulation wird häufig der hohe Aufwand angelastet, der zur Erreichung von Ergebnissen erforderlich ist. Zur Zeit ist dieser Vorbehalt gerechtfertigt. Es ist jedoch zu erwarten, daß die weitere Entwicklung zu einer wesentlichen Verringerung dieses Aufwandes führen wird. Aus diesem Grunde kann man annehmen, daß die Vorteile der Simulation deutlicher in den Vordergrund treten und sich der Einsatzbereich der Simulation erweitert.

Der Aufwand, der für die Simulation erforderlich ist, verteilt sich auf die folgenden drei Bereiche:

* Lange Rechenzeiten

* Hoher Speicherbedarf

* Hohe Kosten bei der Modellerstellung

Es ist bereits jetzt abzusehen, daß die Technologie in wenigen Jahren Rechenleistung und Speicherplatz zu einem Preis zur Verfügung stellen wird, der um ein Vielfaches unter den derzeitigen Angeboten liegt. Die langen Rechenzeiten und der hohe Speicherbedarf werden daher mit Sicherheit kein Grund mehr sein, anstelle der Simulation andere Verfahren einzusetzen. Im Gegensatz hierzu ist zu erwarten, daß die Kosten, die für die Modellerstellung aufgebracht werden müssen, eher steigen.
Um diesen Anteil des Aufwandes zu reduzieren, bietet es sich an, einen Simulator zu entwickeln, der aus sofort verwendbaren, getesteten Bausteinen besteht. Der Benutzer hat dann nur noch diese fertigen Bausteine zu einem Modell zusammenzusetzen. Die Erfahrung zeigt, daß sich auf diese Weise eine deutliche Verbesserung erreichen läßt. Voraussetzung ist, daß die Anzahl der erforderlichen Bausteine nicht zu groß ist und daß diese Bausteine so geartet sind, daß alle vorkommenden Systemelemente und Systemfunktionen nachgebildet werden können. Der Simulator GPSS-F wurde mit dem Anspruch entwickelt, diesen beiden Voraussetzungen zu entsprechen.

Der Simulator GPSS-F besteht aus einem Fortran-Hauptprogramm als Rahmen, in den die Bausteine in Form von Fortran-Unterprogrammen eingehängt werden können. Dieser Aufbau bietet im Vergleich zu der Simulationssprache GPSS /1/ einige ganz entscheidende Vorteile:

* Der Simulator ist auf jeder Rechenanlage lauffähig, die über einen Fortran-Compiler verfügt. Alle erstellten Simulationsmodelle sind daher in hohem Maße übertragbar.

* Änderungen, Erweiterungen und Verbesserungen des Simulators können ohne Schwierigkeiten vom Benutzer selbst vorgenommen werden, wenn auf Grund eines besonderen Problems die vom Simulator zur Verfügung gestellten Hilfsmittel nicht ausreichen. Das bedeutet, daß der Benutzer die Möglichkeit hat, jederzeit selbst

eine Spracherweiterung vorzunehmen und neue Sprachelemente zu schaffen.

Der Simulator GPSS-F kann als Weiterentwicklung der Simulationssprache GPSS aufgefaßt werden, da er neue Sprachelemente bietet, die den Einsatz erleichtern und den Simulator universell einsetzbar machen. Die Verbesserungen betreffen im wesentlichen die folgenden Bereiche:

* Ereignissteuerung
Die Beschränkung auf transaction-orientierte Systeme wurde fallengelassen. Neben die Transactionsteuerung tritt gleichberechtigt die Ereignissteuerung.

* Initiierte Starts
Ein Auftrag, der auf seinem Weg unterbrochen wird, weil der Systemzustand eine Weiterbearbeitung nicht erlaubt, wird in den Zustand wartend überführt. Der Benutzer kann die Wartebedingung an von ihm festgelegten Stellen überprüfen, um eine mögliche Aktivierung des Auftrages zu veranlassen. In GPSS erfolgt die Überwachung der Wartebedingungen ausschließlich durch die Ablaufkontrolle. Sie ist dem Benutzer nicht zugänglich.

* Warteschlangenverwaltung
Jede Warteschlange kann durch eine eigene, genau dieser Warteschlange zugeordnete Policy bearbeitet werden. Weiterhin ist zur statischen Prioritätenvergabe die dynamische Zuteilung von Prioritäten hinzugekommen.

* Umrüstzeit bei Verdrängung
Es ist möglich, die bei jedem Verdrängungsvorgang auftretende Umrüstzeit zu berücksichtigen. Die Vernachlässigung der Umrüstzeit führt zu fehlerhaften Ergebnissen, wenn die Umrüstzeit im Vergleich zur Bedienzeit nicht sehr kurz ist.

* Mehrfachbedienstationen
Die Mehrfachbedienstationen werden als neuer Stationstyp eingeführt. Sie bestehen aus mehreren einfachen Bedienstationen, die parallel angeordnet sind und auf eine gemeinsame Warteschlange zugreifen.

* Adressierbare Speicher
Es ist möglich, bei der Speicherbelegung und Speicherfreigabe Lageradressen anzugeben. Über die Speicherbelegung wird mit Hilfe der Lageradressen Buch geführt.

* Koordination von Aufträgen
Die Koordination von Aufträgen wurde verbessert. Insbesondere wurde der Einsatzbereich der User-Chains erweitert.

Trotz aller Unterschiede besteht zwischen der Simulationssprache GPSS und dem Simulator GPSS-F eine enge Verwandtschaft. Um diesen Zusammenhang deutlich hervortreten zu lassen, werden eine Reihe von feststehenden Fachausdrücken ohne Übersetzung ins Deutsche übernommen. Es handelt sich einmal um die Namen der Unterprogramme, die den Blocknamen in GPSS entsprechen. Weiterhin werden die Namen der Stationen beibehalten.

Der Leser, der einen Überblick über den Aufbau und die Arbeitsweise des Simulators GPSS-F gewinnen möchte, kann sich zunächst auf die Kapitel 1, 2, 4.1, 7 und 9 beschränken. Von besonderer Wichtigkeit sind weiterhin die Modelle in Kapitel 11. Diesen Modellen sollte man sich so bald wie möglich zuwenden, da sie in übersichtlicher Weise den Aufbau und die Arbeitsweise des Simulators deutlich werden lassen. Die Teile des Buches, die sich mit Besonderheiten befassen, können zunächst übersprungen werden. Hierher gehören die Verdrängung, die Mehrfachbedienstationen, die adressierbaren Speicher und die Families.

An dieser Stelle möchte ich Prof. F. Hofmann für die großzügige Unterstützung und Förderung danken, die diese Arbeit erfahren hat. Weiterhin danke ich Prof. G. Niemeyer für die Erlaubnis, sein Programmpaket FGPSS /2/ als Grundlage für den Simulator GPSS-F verwenden zu dürfen.
Wesentliche Hilfe und Unterstützung habe ich von B. Gernoth erhalten. Die Unterprogramme zur Behandlung der Multifacilities wurden von ihr entwickelt. Weiterhin hat sie die Programmierung der Modelle in Kap. 11 übernommen.
Der Einsatz des Simulators GPSS-F ist ohne die schriftliche Genehmigung nicht gestattet. Interessenten werden gebeten, sich an Dr. Städtler, Unternehmensberatung, Rother-Str. 1, D 8500 Nürnberg zu wenden.

Die in diesem Buch dargestellte Fassung von GPSS-FORTRAN Version II ist eine Weiterentwicklung von GPSS-FORTRAN Version I, das in /9/ beschreiben wird. Das vorliegende Buch ist eine vollständige Neufassung. Es unterscheidet sich von /9/ durch die folgenden wesentlichen Sachverhalte:

* Die Didaktik wurde verbessert. Es wurde sehr großer Wert auf leichte Verständlichkeit und gute Lesbarkeit gelegt. Diesem Zweck dienen insbesonders der Abschnitt 1.6 und Kap. 11, das erweitert und ausgebaut wurde. Die Anzahl der Beispielmodelle wurde auf 7 erhöht.

* Die Unterscheidung zwischen den Systemelementen und Systemfunktionen, die in realen Systemen auftreten und den Sprachelementen, die diese Systemelemente und Systemfunktionen darzustellen gestatten, wird deutlicher herausgearbeitet. Für die Bereiche Warteschlangenverwaltung, Speicherbelegung und Lagerhaltung sowie Koordinierung von Aufträgen wird eine grundsätzliche Systemanalyse geboten, die die elementaren, immer wiederkehrenden Systemfunktionen und Systemelemente erläutert.

* Die Beschreibung und Dokumentation wurde der Version II von GPSS-FORTRAN angepaßt. GPSS-FORTRAN Version II verfügt über eine neugestalte Ablaufkontrolle. Weiterhin wurden zahlreiche neue Unterprogramme hinzugenommen bzw. Unterprogramme von GPSS-FORTRAN Version I ausgebaut und verbessert.

Erlangen, Herbst 1978 B. Schmidt

INHALTSVERZEICHNIS

1. SYSTEM UND MODELL

Unter Simulation versteht man ein Verfahren, das die zeitlichen Änderungen eines Systems zu untersuchen gestattet, indem man ein zweites System erstellt, das mit dem ursprünglichen System in Bezug auf die zu untersuchenden Größen die gleiche Struktur hat, jedoch leichter zu handhaben ist. Dieses zweite System heißt Modell.

1.1 Systeme

Ein System ist eine Menge von Elementen, die miteinander in Verbindung stehen. Es befindet sich zu jeder Zeit in einem bestimmten Zustand, der sich aus dem Zustand der Elemente und den Relationen zwischen den Elementen ergibt.
Man spricht von Zustandsänderungen eines Systems, wenn sich die Zustände der Elemente oder die Relationen zwischen den Elementen ändern.

1.1.1 Beispiele

* Planetensystem
Jeder Planet ist durch private Parameter gekennzeichnet, die seinen Zustand beschreiben. Hierher gehören z.B. sein Durchmesser, seine Bodenbeschaffenheit, seine Temperatur, seine Umdrehungszeit usw.
Der momentane Zustand des Systems hängt nicht nur von den Zuständen der Planeten ab, sondern auch von ihren wechselseitigen Relationen. Diese sind durch die relative Lage und die relative Geschwindigkeit gekennzeichnet.
Nimmt man an, daß sich die Zustände der Planeten während der Beobachtungszeit nicht ändern, so erfolgt der Übergang von einem Systemzustand in einen anderen auf Grund einer Veränderung der Relationsparameter.

* Rechenanlage
Komplexe Systeme zeichnen sich in der Regel dadurch aus, daß ihre Elemente von unterschiedlicher Art sind. Faßt man eine Rechenanlage als System auf, so lassen sich als Elemente die Prozessoren, die Speicher, die peripheren Geräte und die Jobs unterscheiden.
Auch hier gibt es private Parameter und Relationsparameter. Die privaten Parameter kennzeichnen die einzelnen Systemelemente. Die Relationsparameter geben an, wie die einzelnen Systemelemente aufeinander bezogen sind und voneinander abhängen. So wird z.B. durch einen Relationsparameter gekennzeichnet, welcher Job auf welchem Prozessor läuft oder welches periphere Gerät er belegt.
Ein Zustandsübergang findet statt, wenn sich zu bestimmten Zeiten die Relationsparameter ändern, indem z.B. ein Job seine Betriebsmittel wechselt. Darüberhinaus ändern sich auch die privaten

Parameter der Elemente, z.B. die Restrechenzeit eines Jobs oder seine Priorität.

1.1.2 Klassifizierung der Systeme

Um die Vielzahl der möglichen Systeme besser überschauen zu können, liefert die Systemtheorie eine Klassifizierung, die eine grobe Orientierung ermöglicht.

* Statische und dynamische Systeme
Statisch sind alle Systeme, die keine Zustandsänderungen erleiden. Ein Beispiel für ein System, das zumindest für einen bestimmten Beobachtungszeitraum statisch ist, wäre eine Balkenwaage im Gleichgewicht, wenn Störungen von außen ausgeschlossen sind. Alle anderen Systeme, deren Zustände sich in der Zeit ändern, heißen dynamisch.

* Deterministische und stochastische Systeme
Dynamische Systeme lassen sich nach einem weiteren Gesichtspunkt aufteilen. Ein System heißt deterministisch, wenn zu jedem Systemzustand in eindeutiger Weise immer genau ein bestimmter Folgezustand auftritt. Sind dagegen für einen Zustand verschiedene Folgezustände möglich, so nennt man das System stochastisch. Stochastische Systeme sind solche, in denen es nach der Umgangssprache Zufälle gibt. Ein Beispiel wäre ein radioaktiver Kern, der nach Aussagen der Physik zufällig einen Kernbaustein emittiert. "Zufällig" heißt hier, daß es nicht möglich ist, für den Kern einen Systemzustand anzugeben, der regelmäßig zu einem radioaktiven Zerfall führt.

* Kontinuierliche und diskrete Systeme
Sind die Zustandsänderungen stetige Funktionen der Zeit, so spricht man von kontinuierlichen Systemen. Das bereits beschriebene Planetensystem würde unter diese Kategorie fallen. Weitere Beispiele sind: Ein Stausee mit Zu- und Abflüssen; zwei durch eine Feder gekoppelte Pendel. Treten Zustandsänderungen plötzlich und zu nicht zusammenhängenden Zeiten auf, so spricht man von diskreten Systemen. Beispiele für Zustandsänderungen in diskreten Systemen sind: Ein Auftrag in einer Rechenanlage gibt zu einem bestimmten Zeitpunkt ein Betriebsmittel auf und belegt ein anderes; bei einer Bank wird durch eine Buchung der Kontostand auf einmal um einen bestimmten Betrag erhöht.

1.1.3 Transactionorientierte und ereignisorientierte Systeme

Unter den diskreten Systemen kann man noch einmal zwischen transactionorientierten und ereignisorientierten Systemen unterscheiden.
Es gibt Systeme, die man sich aus mobilen und stationären Systemeinheiten aufgebaut denken kann. Die mobilen Systemeinheiten wandern zwischen den stationären Systemeinheiten hin und her, nehmen an ihnen Veränderungen vor oder erleiden selbst hierbei Veränderungen. Die mobilen Systemeinheiten heißen Transactions, die stationären Systemeinheiten werden Stationen genannt. Ein

System, das sich nach der beschriebenen Art aufbaut, heißt transactionorientiert.

Beispiele für diskrete und transactionorientierte Systeme:

* Rechenanlage
Zu den Stationen zählen alle Betriebsmittel wie z.B. Prozessoren, Arbeitsspeicher, periphere Geräte usw. Die Transactions sind Aufträge oder Prozesse, die in die Rechenanlage eingebracht werden und von einer Station zur anderen laufen, sie belegen, freigeben, vor bestimmten Stationen Warteschlangen aufbauen usw.

* Warenlager
Ein Warenlager besteht aus einer Vielzahl von Regalen, die als Stationen gelten. Transactions sind in diesem Fall die Waren. Sie kommen im Lager an, werden nach einer bestimmten Vorschrift auf die Regale verteilt, verbleiben dort eine Zeit lang und werden dann nach einer Bestellkarte aus den Regalen aussortiert und weitergeleitet.

* Straßenkreuzung
Die Verkehrsteilnehmer kann man als Transactions auffassen, die im wesentlichen durch ihre Fahrtrichtung gekennzeichnet sind. Die Koordination der Transactions wird durch Ampeln erreicht: Eine Fahrtrichtung wird gesperrt, wenn die Ampel rot zeigt. In diesem Fall werden die Verkehrsteilnehmer vor der Ampel eine Warteschlange aufbauen, die sich erst wieder auflöst, wenn die Farbe wechselt.

Für die Darstellung eines Systems im Modell ist es nicht wesentlich, ob eine Transaction einen Auftrag in einer Rechenanlage, ein Warenpaket oder einen Verkehrsteilnehmer darstellt. Wesentlich ist nur, daß es sich um mobile Systemkomponenten handelt. Analog können Stationen Prozessoren, Speicher, Regale oder Ampeln darstellen.

In einem transactionorientierten System werden alle Zustandsänderungen von den Transactions veranlaßt. Diese Zustandsänderungen können dabei nur an der Transaction selbst oder an der Station, die von der Transaction gerade besetzt wird, vorgenommen werden. Alle anderen diskreten Systeme, die dieser Einschränkung nicht unterliegen, sollen ereignisorientiert heißen.

1.2 Modelle

Es ist nicht immer möglich, das System, über das Information benötigt wird, selbst zum Objekt der Untersuchungen zu machen.
Bei der Systemplanung z.B. ist das System selbst noch nicht existent. Ähnliche Verhältnisse liegen vor, wenn das System nicht zugänglich ist, Untersuchungen zu gefährlich sind oder zu kostspielig werden. Häufig entziehen sich auch Systeme der Untersuchung, weil sie zu langsam oder zu schnell ablaufen.
In diesem Fall muß für das System, das untersucht werden soll,

ein zweites System erstellt werden, an dem sich die gewünschten Untersuchungen vornehmen lassen. Haben zwei Systeme in Bezug auf die zu untersuchenden Größen gleiche Struktur, so heißt das eine System, das zur Untersuchung des anderen herangezogen wird, Modell.

1.2.1 Systeme mit gleicher Struktur

Was es heißt, wenn Systeme die gleiche Struktur haben, soll an einem Beispiel deutlich gemacht werden:

* Mechanisches System:
Eine Masse M sei über eine Feder mit der Federkonstanten K und über einen Stoßdämpfer mit Dämpfungsfaktor D an einer festen Wand befestigt (Bild 1).

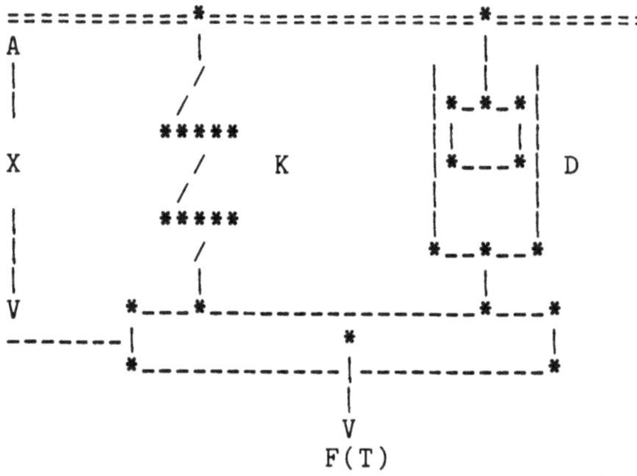

BILD 1 DAS MECHANISCHE SYSTEM

Wirkt auf die Masse M eine zeitabhängige Kraft F(t), so ergibt sich für den Schwerpunkt der Masse die Bewegungsgleichung:

$$M\ddot{x} + D\dot{x} + Kx = KF(t)$$

* Elektrodynamisches System:
In einem Stromkreis werden ein Widerstand R, ein Kondensator mit der Kapazität C sowie eine Spule mit dem Induktionskoeffizienten L seriell geschaltet (Bild 2).

Es liege eine zeitabhängige Spannung U(t) an. Eine Ladung q, die sich in dem Stromkreis befindet, gehorcht der folgenden Gleichung:

$$L\ddot{q} + R\dot{q} + q/C = q/C\ U(t)$$

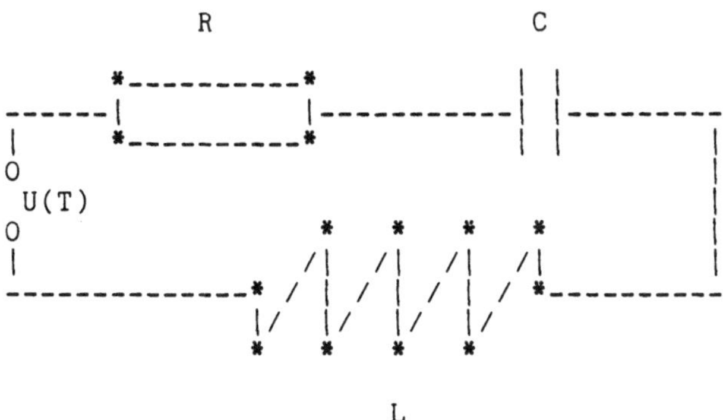

BILD 2 DAS ELEKTRODYNAMISCHE SYSTEM

* Mathematisches System:
Eine Differentialgleichung der Form

$$A\ddot{x} + B\dot{x} + Cx = C * D(t)$$

kann ebenfalls als System aufgefaßt werden. Die Variablen stehen für abstrakte Systemelemente, die ganz bestimmte Eigenschaften haben, z.B. für reelle Zahlen. Die Relation zwischen den abstrakten Systemelementen wird durch die entsprechende Gleichung wiedergegeben.
Vergleicht man die drei Systeme, so ergibt sich Tabelle 1.

TABELLE 1. VERGLEICH DER DREI SYSTEME

MATHEMATISCHES SYSTEM	MECHANISCHES SYSTEM		ELEKTRODYNAMISCHES SYSTEM	
A	M	MASSE	L	INDUKTIONS-KOEFFIZIENT
B	D	DAEMPFUNGS-FAKTOR	R	WIDERSTAND
C	K	FEDERKON-STANTE	1/C	REZIPROKE KAPAZITAET
D(T)	F(T)	KRAFT	U(T)	SPANNUNG

Ordnet man die Elemente einander zu, so verhalten sich die drei Systeme in Bezug auf die entsprechenden Größen gleichartig, d.h. sie haben die Struktur gemeinsam. Die Zuordnung der Größen erfolgt über die Korrespondenzregel.
Welches der drei Systeme zum Modell wird, hängt von der Fragestellung ab. In der Regel verwendet man das mathematische System zur Untersuchung der beiden physikalischen Systeme. Es wäre jedoch durchaus denkbar, die Differentialgleichung zu lösen, indem man eines der beiden physikalischen Systeme untersucht und die Ergebnisse über die Korrespondenzregeln auf das mathematische System überträgt.

1.2.2 Modelltypen

Systeme, die zur Untersuchung als Modell herangezogen werden, lassen sich in drei Gruppen zusammenfassen:

Physikalische Modelle:
Die Systemelemente werden durch physikalische Größen repräsentiert; die Relationen lassen sich durch physikalische Gesetze wiedergeben.

Beispiele:

* Für ein Flugzeug werden im Windkanal an einem verkleinerten Modell aerodynamische Kenngrößen ermittelt.

* Um den Aufbau eines Moleküls anschaulich zu machen, werden die Atome durch Kugeln und die Verbindungen durch ein Drahtgerüst wiedergegegeben.

* Die durch mathematische Gleichungen dargestellten Gebilde in einem 3-dimensionalen Raum werden durch Holzkörper repräsentiert.

Analytische Modelle:
Das zeitliche Verhalten des Systems wird mit einer mathematischen Gleichung, in der Regel einer Differentialgleichung, in Beziehung gesetzt. Die Lösung der Gleichung liefert die gewünschten Werte für das System. Das mathematische Modell liefert exakte Ergebnisse. Nachteilig wirkt sich aus, daß für komplexe Gleichungssysteme häufig keine Lösungen bekannt sind. Insbesondere können stochastische Systeme nur für einfache Fälle, denen Standardverteilungen zu Grunde liegen, analytisch behandelt werden.

Rechnergesteuerte Simulation:
Zwischen den abstrakten mathematischen und den sehr anschaulichen physikalischen Modellen nimmt die rechnergesteuerte Simulation eine Mittelstellung ein.
Gelegentlich nähert sie sich dem physikalischen Modell, wenn bei der Simulation diskreter Systeme Ereignisse im Rechner nachgespielt werden. Für kontinuierliche Systeme paßt sich die Simulation den mathematischen Modellen an; hier werden Differentialgleichungen, die das System beschreiben, durch Näherungsverfahren mit Hilfe des Rechners gelöst. Vorteilhaft ist die Simulation wegen der leichten Veränderbarkeit des Modells. Weiterhin sind

auch sehr komplexe Systeme auf diese Weise darstellbar. Nachteilig ist der häufig umfangreiche Programmieraufwand und der hohe Bedarf an Rechenzeit.
Einen Vergleich der Leistungsfähigkeit der verschiedenen Modelle gibt Tabelle 2.

TABELLE 2. DIE LEISTUNGSFAEHIGKEIT VERSCHIEDENER MODELLE

	VORTEIL	NACHTEIL
PHYSIKALISCHES MODELL	ANSCHAULICHKEIT	BEGRENZTE ANWENDUNG
ANALYTISCHES MODELL	EXAKTE ERGEBNISSE	HAEUFIG FEHLENDE LOESUNGSMETHODEN
SIMULATIONS-MODELL	KOMPLEXE SYSTEME DARSTELLBAR	HOHER AUFWAND
	VARIIERBARKEIT DES MODELLS	

1.3 Simulationssprachen

Für die Simulation mit Hilfe des Rechners ist es die gewählte Simulationssprache, mit der ein Modell zusammengestellt wird. Die Simulationssprache mit ihren sprachlichen Möglichkeiten ist mit einem Baukastensatz vergleichbar, dessen Einzelteile je nach Bedarf in einen Rahmen eingehängt werden und als Ganzes dann das Modell ergeben.

1.3.1 Aufbau des Modells

Um die Simulation möglichst effektiv durchführen zu können, sollen die Einzelteile des Baukastensatzes so beschaffen sein, daß sich der Aufbau eines Modells für ein System ohne große Schwierigkeiten durchführen läßt. Das heißt, daß jeder Systemtyp, für den ein Modell erstellt werden soll, eine angepaßte Simulationssprache verlangt. Aus diesem Grund entspricht die Klassifizierung der Simulationssprachen der Klassifizierung der Systeme in 1.1.2.

Statische Systeme sind für die Simulation ohne Interesse. Da durch Simulation die zeitlichen Veränderungen untersucht werden sollen, eignen sich alle Simulationssprachen zur Darstellung dynamischer Systeme. Da bei der Simulation fast immer Zufallsvariable auftreten, ist die Mehrzahl der Simulationssprachen so aufgebaut, daß sie neben deterministischen Systemen durch eine geeignete Erweiterung auch stochastische Systeme behandeln können. Das geschieht durch die Erzeugung von Zufallszahlen nach bestimmten Verteilungen.

Unterschiede ergeben sich bei der Simulation von kontinuierlichen und diskreten Systemen.
Im allgemeinen werden kontinuierliche Systeme durch Differentialgleichungen beschrieben. Eine Simulationssprache, die diesem Tatbestand gerecht werden will, benötigt Hilfsmittel zur Darstellung kontinuierlicher Systemübergänge und einen Mechanismus zur Lösung der Differentialgleichungen, die das System beschreiben. DYNAMO (Pugh, 1963) und CSMP (IBM, 1967) sind die wohl bekanntesten Beispiele für Simulationssprachen der beschriebenen Art.
Bei diskreten Systemen erfolgen Zustandsänderungen in einzelnen, zeitlich getrennten Schritten. Simulationssprachen, die sich zur Beschreibung dieser Systeme eignen, müssen daher die Möglichkeit bieten, nach den entsprechenden Zeiteinheiten die gewünschten Veränderungen der Parameter, die den Systemzustand bestimmen, vorzunehmen. Beispiele sind GPSS, GPSS-F, GASP, SIMSCRIPT und SIMULA.

Unter diesen Simulationssprachen unterscheidet man noch einmal zwischen denen, die zur Modellbildung von transactionorientierten und ereignisorientierten Systemen herangezogen werden können. Typische Beispiele sind GPSS für transactionorientierte Systeme und GASP für ereignisorientierte Systeme.

1.3.2 Modellformulation und Anwendungsbereich

Wenn man Simulationssprachen beurteilt, so sind zwei Kriterien besonders wesentlich:

a) Wie leicht läßt sich ein Modell aufbauen?

b) Wie allgemein ist der Anwendungsbereich?

Vergleicht man noch einmal eine Simulationssprache mit einem Baukastensatz, so findet man, daß sich die beiden Forderungen häufig widersprechen.
Einmal können die Einzelteile des Baukastensatzes weitgehend vorgefertigt sein. In diesem Fall wird der Aufbau des Modells schnell und leicht vor sich gehen. Die Forderung a) wäre erfüllt. Gleichzeitig ist jedoch durch die fertigen Bauteile der Einsatzbereich beschränkt. Es können nur Modelle erstellt werden, für die sich Fertigbauteile eignen. Insbesondere lassen sich Feinheiten des Systems nicht mit beliebiger Genauigkeit im Modell nachbilden. Sonderwünschen sind Grenzen gesetzt; der Anwendungsbereich ist nicht allgemein.
Wählt man dagegen einen Baukastensatz, dessen Teile klein genug sind, um alle Einzelheiten darstellen zu können, so muß man mit hohem Zeitaufwand bei der Erstellung des Modells rechnen; außerdem erhöht sich die Wahrscheinlichkeit, daß das Modell fehlerhaft ist; d.h. in diesem Falle ist zwar die Forderung b), nicht jedoch die Forderung a) erfüllt.

Trägt man die gebräuchlichen Simulationssprachen in ein Diagramm ein, dessen Achsen den Umfang des Anwendungsbereiches und die Schwierigkeit beim Aufbau des Modells darstellen, so ergibt sich die Anordnung von Bild 3 (nach /3/).

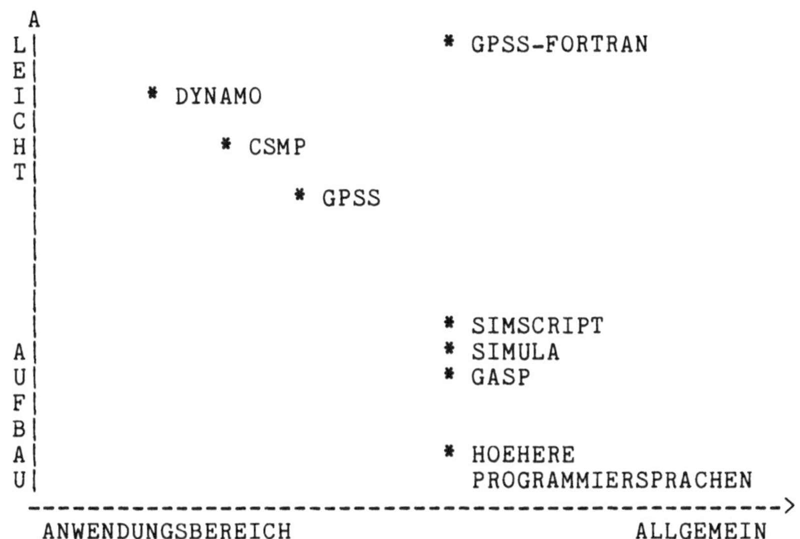

BILD 3 UEBERSICHT DER GEBRAEUCHLICHEN SIMULATIONSSPRACHEN

Es ist ohne weiteres möglich, Modelle mit Hilfe der üblichen, höheren Programmiersprachen wie FORTRAN, ALGOL oder PL/I zu erstellen. Man hat dann die Möglichkeit, in großer Allgemeinheit alles im Modell nachzubilden, was wünschenswert erscheint. Beschränkungen legt nur die Ausdruckskraft der höheren Programmiersprachen auf. Dieses Vorgehen ist jedoch sehr zeitaufwendig und fehleranfällig. Auf höhere Programmiersprachen sollte man nur zurückgreifen, wenn für das System keine geeigneten Simulationssprachen zur Verfügung stehen.

1.4 Das Fortran-Programmpaket GPSS-F

GPSS-F ist ein Simulator, der sich zur Erstellung von Modellen für stochastische und diskrete Systeme eignet. Im Gegensatz zu der Simulationssprache GPSS /1/ beschränkt sich GPSS-F nicht auf transactionorientierte Systeme. In gleichberechtigter Weise können auch ereignisorientierte Systeme behandelt werden.

1.4.1 Modellaufbau und Anwendungsbereich für GPSS-F

Der Simulator wurde entwickelt, um die bisher widersprüchlichen Forderungen von 1.3.2 erfüllen zu können. Einmal wird versucht,

den Aufbau des Modells zu erleichtern.
GPSS-F besteht aus einem Fortran-Hauptprogramm als Rahmen, in den die Bausteine als Fortran-Unterprogramme eingehängt werden können. Die Bausteine sind dabei so geartet, daß sie die wichtigen und häufig wiederkehrenden Systemelemente und Systemfunktionen darstellen können. Damit ist die Forderung a) aus 1.3.2 erfüllt.

Wenn auf Grund eines besonderen Problems die von GPSS-F zur Verfügung gestellten Hilfsmittel nicht ausreichen, so hat der Benutzer die Möglichkeit, eigene Bausteine in Form eigener Unterprogramme einzusetzen. Er kann damit selbst eine Erweiterung des Simulators vornehmen und neue Sprachelemente schaffen. Dieses Vorgehen bereitet keine Schwierigkeiten, da GPSS-F ein in der Programmiersprache Fortran geschriebenes Programmpaket ist. Auf diese Weise wird ein allgemeiner Anwendungsbereich sichergestellt. Die Forderung b) aus 1.3.2 ist ebenfalls erfüllt. Damit ergibt sich für GPSS-F eine ganz einzigartige Sonderstellung (siehe Bild 3).

1.4.2 Die typischen Systemelemente und Systemfunktionen

Sämtliche Sytemelemente und Systemfunktionen, die in diskreten Systemen überhaupt auftreten können, lassen sich in einen von vier Bereichen einordnen. Diese Bereiche werden im folgenden kurz beschrieben.

* Bearbeitung von Warteschlangen
Wenn Aufträge vor einer Station nicht bearbeitet werden können, so bauen sie eine Warteschlange auf. Für die Abarbeitung dieser Warteschlange stehen verschiedene Policies zur Verfügung. Es hat sich gezeigt, daß jede Policy zur Bearbeitung von Warteschlangen zusammenstellbar ist, wenn man über die Mechanismen Verdrängung und Prioritätensteuerung verfügt.
GPSS-F bietet sowohl Verdrängung als auch Prioritätensteuerung. Es kann daher in GPSS-F jede beliebige Policy aufgebaut werden. Als fertige Programmbausteine stehen die Policies "Auswahl nach Prioritäten" und "FIFO" zur Verfügung.
GPSS-F ist so aufgebaut, daß jede Warteschlange vor einer Station durch eine bestimmte, für diese Warteschlange spezifische Policy bearbeitet werden kann. Bei Verdrängung kann die Umrüstzeit berücksichtigt werden.

* Belegung und Freigabe von Speichern
Bei Speicherbelegung unterscheidet man Einlagerungsstrategien (Strategie-A) und Auslagerungsstrategien (Strategie-F).
Einlagerungsstrategien belegen einen Speicher nach bestimmten Gesichtspunkten. Ist eine Einlagerung nicht möglich, wird vor dem Speicher eine Warteschlange aufgebaut. Über den Ort der Einlagerung wird in der Regel Buch geführt. Sind die Elemente, die ausgelagert werden sollen, nicht eindeutig identifiziert, so muß eine Auslagerungsstrategie entscheiden, welche von den möglichen Speicherplätzen geräumt werden sollen.
Alle Probleme der Speichervergabe sind darstellbar, wenn über die Speicherbelegung Buch geführt werden kann und Einlagerungs- und

Auslagerungsstrategien zur Verfügung stehen. In GPSS-F ist für jeden Speicher eine spezifische Strategie-A und Strategie-F angebbar. Außerdem besteht eine Speicherverwaltung, die über die Vergabe der einzelnen Speicherplätze Buch führt. Als fertige Programmbausteine stehen die Einlagerungsstrategien FIRST-FIT und BEST-FIT bereits zur Verfügung.

* Steuerung und Koordination von Aufträgen
Um in einem diskreten System die Steuerung der Aufträge durch das System zu organisieren, reicht es aus, wenn die beiden Mechanismen "Umleiten auf Grund einer Bedingung" und "Blockieren auf Grund einer Bedingung" zur Verfügung stehen. Von "Umleiten auf Grund einer Bedingung" spricht man, wenn in Abhängigkeit vom Systemzustand Aufträge zu verschiedenen Stationen geschickt werden können. "Blockieren auf Grund von Bedingungen" bedeutet, daß Aufträge an beliebigen Stellen im System so lange aufgehalten werden, bis sich der Systemzustand in einer bestimmten, festgelegten Weise geändert hat.
In GPSS-F ist es möglich, Aufträge an jeder Stelle im Modell umzuleiten oder zu blockieren. Der Systemzustand wird in einer logischen Bedingung beschrieben, die vom Benutzer frei programmierbar ist. Auf diese Weise lassen sich in GPSS-F alle Steuerungsverfahren ohne Schwierigkeiten simulieren.

* Kennzeichnung von Auftragsfamilien
Aufträge, die einer Familie angehören, wahren ihre Identität. Sie tragen jedoch zusätzlich eine besondere Kennzeichnung, die sie als Mitglied einer Familie ausweist. Das Familien-Konzept erweist sich immer dann als nützlich, wenn Aufträge, die einen Bearbeitungszweig durchlaufen, aufgrund bestimmter Eigenschaften unterschiedlich behandelt werden sollen.

1.4.3 Anwendungsbeispiele

Um den breiten Einsatzbereich deutlich werden zu lassen, sind im folgenden einige Anwendungsbeispiele von GPSS-F aufgeführt.

* Verkehrsplanung
Planung von Bahnhöfen, Hafenanlagen, Flugplätzen, Parkplätzen
Entwurf von Stadtverkehrssystemen
Erstellung von Fahrplänen
Verkehrsampelregelung

* Unternehmensplanung
Unternehmensmodelle
Produktionsplanung, Investitionsplanung
Zeit- und Kostenplanung von Projekten
Rentabilitätsprüfungen
Fertigungsablauf
Lagerhaltung
Dimensionierung einer Werkstatt für die Realisierung bestimmter Auftragsprofile

* Verwaltung
Wirtschaftsplanung

Planung von Schulen, Krankenhäusern, Universitäten
Kapazitätsuntersuchungen

* Datenverarbeitung
Planung von Datenverarbeitungsanlagen
Ablaufplanung eines Rechenzentrums
Entwurf von Betriebssytemen
Konfigurierung von Rechenanlagen

* Technik
Geräteentwicklung
Entwurf von Regelsystemen
Nachrichtenübertragung

1.5 Entwicklung von Modellen

Die Modellentwicklung ist von den Problemen abhängig, die bearbeitet werden sollen. Dennoch lassen sich einige übergeordnete Gesichtspunkte angeben, die bei den meisten Vorhaben zu beachten sind. Bild 4 zeigt einen Ablaufplan, der die Schrittfolge enthält, die in der Regel durchlaufen wird.

1.5.1 Systemanalyse

Am Anfang steht die sorgfältige Analyse des zu untersuchenden Systems. Hierbei wird zuerst festgestellt, um welchen Systemtyp es sich handelt. Nach dieser groben Klassifizierung erfolgt die Festlegung der Systemkomponenten mit ihren Parametern und die Bestimmung der Relationsparameter.
Wenn die Parameter, die den Systemablauf beschreiben, bekannt sind, müssen die tatsächlichen Werte ermittelt werden. Das ist verhältnismäßig einfach, wenn die Werte der Parameter einfache Konstanten sind. Häufig jedoch sind die Parameter Zufallsvariable, deren Werte einer Verteilung folgen, die nicht bekannt ist und die erst empirisch bestimmt werden muß.
Es ist ratsam, die Systemanalyse so weit wie möglich durchzuführen ohne die geplante Modellbildung zu berücksichtigen. Die Systemanalyse muß objektiv und neutral sein und darf nicht durch Beschränkungen, die sich durch die Modellbildung ergeben, vorzeitig behindert werden.

Die Systemanalyse wird durchgeführt, um ein bestimmtes Problem zu lösen. Dazu muß als nächstes das Problem klar herausgestellt und mit den bisherigen Ergebnissen der Systemanalyse in Verbindung gebracht werden. Insbesonders muß festgestellt werden, welche Parameter untersucht werden sollen und welche Parameter im System veränderbar sind.
Um beurteilen zu können, ob eine Problemlösung besser ist als eine andere, muß ein Leistungsmaß zur Verfügung stehen. Dieses Leistungsmaß hängt mit den Werten des Parameters zusammen, der untersucht werden soll. Das Leistungsmaß ist eine Größe, die angibt, inwieweit das System das gewünschte Ziel erreicht.
Häufig werden für ein System mehrere Ziele verfolgt, die nicht immer von gleicher Wichtigkeit sind. Man erstellt dann eine Zielfunktion, die eine Gewichtung der einzelnen Ziele enthält.

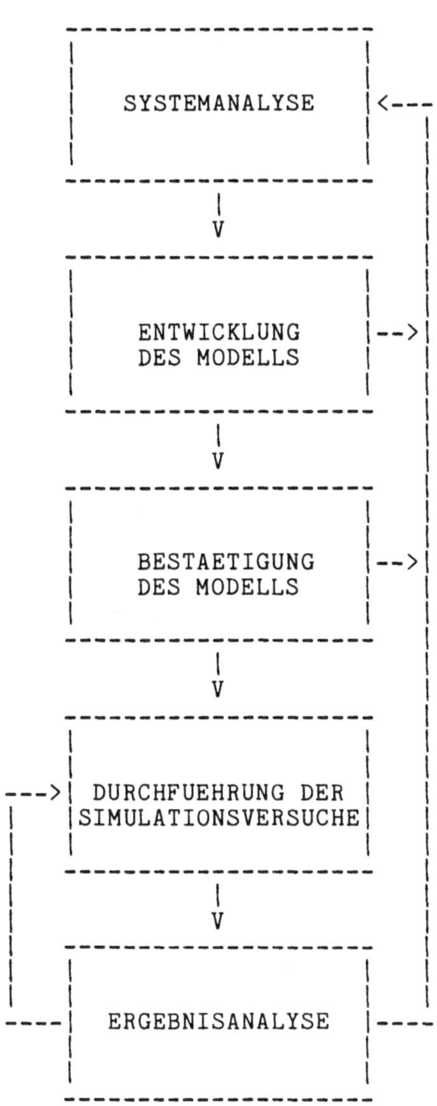

BILD 4 ABLAUFPLAN FUER DIE MODELLENTWICKLUNG

Beispiel:

* Es soll untersucht werden, auf welche Weise die Abfertigung der Pkw an einer Autobahntankstelle beschleunigt werden kann. Die erforderlichen Mehrkosten sollen einen vorgegebenen Betrag nicht überschreiten.
Es zeigt sich, daß das vorliegende System diskret, stochastisch und transactionorientiert ist. Als Systemkomponenten gelten die Pkw, die Zapfsäulen, die Tankwarte und die Kasse.
Die privaten Parameter der Systemkomponenten sind:

Pkw	Mittlere Ankunftszeit
	Benzinbedarf
Zapfsäule	Zapfgeschwindigkeit
Tankwarte	Mittlere Bearbeitungszeit für die Leistungen des Kundendienstes pro Pkw
Kasse	Mittlere Bearbeitungszeit für einen Kunden

Abgesehen von der Zapfgeschwindigkeit, die einen konstanten Wert hat, müssen für alle Parameter Zufallsverteilungen empirisch bestimmt werden.
Die Relationsparameter geben an, in welchem räumlichen und zeitlichen Verhältnis die Systemkomponenten zueinander stehen. Als Parameter, der zu untersuchen ist, wählt man am besten die mittlere Warteschlangenlänge oder die mittlere Wartezeit für die Pkw. Es muß eine Systemkonfiguration gefunden werden, die es ermöglicht, unter den vorgegebenen Randbedingungen diese beiden Parameter zu minimisieren.
Zu ändern ist einmal die Zahl und die Anordnung der Zapfsäulen sowie deren Zapfgeschwindigkeit. Außerdem kann man die Zahl der Kassen und Tankwarte erhöhen. In der Zielfunktion wird ausgedrückt, welche Bedeutung die Verringerung der Wartezeit im Vergleich zu den erforderlichen Mehrkosten hat.
Die Systemanalyse ist abgeschlossen, wenn feststeht:

* Systemtyp
* Systemkomponenten mit privaten Parametern und Relationsparametern
* Problemformulierung mit Angabe der Parameter, die untersucht werden sollen und der Parameter, die Veränderungen zugänglich sind.
* Zielfunktionen

1.5.2 Entwicklung des Modells

Große Bedeutung bei der Entwicklung des Modells hat die Wahl der Simulationssprache. Wenn es gelingt, eine dem System angepaßte Sprache zu finden, die allgemein genug ist, um alle gewünschten Einzelheiten darstellen zu können, wird die Entwicklung des Modells wesentlich erleichtert. Die Zeit, die man bei der Auswahl aufwendet, ist fast nie verloren. Sie wird zurückgewonnen, wenn der Aufbau des Modells und die Testphase aufgrund der geschickt gewählten Simulationssprache rasch und ohne Schwierigkeiten abgewickelt werden können.

Bei der Entwicklung des Modells muß man sich entscheiden, inwieweit das Modell systemtreu sein soll. Eine genaue Nachbildung des Systems ist weder möglich noch notwendig. Es müssen diejenigen Systemkomponenten gefunden werden, die für die Untersuchung wesentlich sind. Alle Einzelheiten, deren Berücksichtigung eine Änderung der Ergebnisse liefern würde, die unter der geforderten Genauigkeit liegt, können vernachlässigt werden.

Eine Verbesserung der Systemtreue wird immer eine Erhöhung des Aufwandes mit sich bringen. Zum Aufwand wird in diesem Zusammenhang die Rechenzeit, der Kernspeicherbedarf und die Programmier- und Testzeit gezählt. Ein bestimmtes Maß an Aufwand ist immer erforderlich, wenn das Modell zumindest in den wichtigsten Eigenschaften mit dem System übereinstimmen soll. Bei jeder weitergehenden Verbesserung der Systemtreue muß jedoch immer wieder entschieden werden, ob die Erhöhung des Aufwandes auch gerechtfertigt ist.

Die Entwicklung eines Simulationsmodells sollte nach denselben Gesichtspunkten erfolgen, nach denen im allgemeinen komplexe Programmsysteme erstellt werden. Modularer Aufbau, Wahrung der Übersichtlichkeit und Einbau von Testhilfen sind Beispiele.

1.5.3 Bestätigung des Modells

Nach der Modellentwicklung muß geprüft werden, ob das Modell das Verhalten des Systems tatsächlich richtig wiedergibt. Als Ursache für Unrichtigkeiten kommen einmal Programmierfehler in Frage. Schwerwiegender sind Fehler, die bei der Systemanalyse oder bei der Modellerstellung gemacht worden sind.
So kann es z.B. vorkommen, daß Parameter, die das Systemverhalten entscheidend mitbestimmen, bei der Systemanalyse übersehen oder bei der Modellentwicklung als unwesentlich vernachlässigt wurden. Weiterhin können Abhängigkeiten zwischen Parametern nicht richtig erkannt werden, oder es werden die Werte für die Parameter falsch bestimmt.

Um ein Modell zu bestätigen, kann man die Ergebnisse der Untersuchungen am Modell mit den Ergebnissen vergleichen, die Messungen am System ergeben haben. Dieses Vorgehen ist natürlich nur anwendbar, wenn das System bereits existiert und Messungen möglich sind. Stimmen Modell und System in den Fällen überein, für die ein Vergleich möglich ist, so schließt man daraus, daß das Modell richtige Ergebnisse auch für die Fälle liefert, die nicht überprüft worden sind.

Gelegentlich ist es möglich, das Simulationsmodell mit einem analytischen Modell zu vergleichen. Für einfache Fälle mit mathematisch gut beschreibbaren Zufallsverteilungen werden einmal die Ergebnisse berechnet und dann mit Hilfe des Simulationsmodells bestimmt.
Wenn die Übereinstimmung in den einfachen Fällen zufriedenstellend ist, schließt man dann wie vorher, daß das Simulationsmodell auch in den Fällen richtig arbeitet, die analytisch nicht zu behandeln sind.

Dieses Verfahren ist nur bedingt anwendbar, denn es offenbart nicht die Fehler, die bei der Systemanalyse gemacht worden sind. Werden im analytischen Modell Näherungsverfahren eingesetzt, steht darüberhinaus nicht fest, ob ein möglicher Unterschied zwischen den Ergebnissen auf das Näherungsverfahren oder auf fehlerhafte Modellerstellung zurückzuführen ist.

1.5.4 Durchführung der Simulationsversuche

Für ein stochastisches System wird man im Modell zuverlässige Ergebnisse erst nach einer gewissen Laufzeit erhalten. Das analytische Modell liefert für zufallsabhängige Parameter, wie z.B. mittlere Warteschlangenlänge oder mittlere Bedienzeit sofort exakte Werte. Um diese Werte im Simulationsmodell zu ermitteln, müssen genau wie im realen System Einzelfälle gesammelt und ausgewertet werden. Befindet sich das System im stationären Zustand, d.h. sind die Mittelwerte nicht zeitabhängig, so wird man das Simulationsprogramm ablaufen lassen und in Zeitabständen die gewünschten Werte der zufallsabhängigen Parameter bestimmen. Auf Grund des Gesetzes der großen Zahlen werden diese Werte einem Grenzwert zustreben.
Trägt man die Werte gegen die Zeit auf, läßt sich ein Überblick über die Schwankungen in der Zeit gewinnen. Man sieht dann, wann sich die statistischen Schwankungen herausgemittelt haben und die Werte dem Grenzwert zustreben.

Ist das System nicht stationär, so muß für jeden Wert zu jedem Zeitpunkt ein Mittelwert gebildet werden. Man gewinnt diesen Mittelwert, indem man den Simulationslauf oft genug wiederholt. Dieses Verfahren wird für komplexe Systeme so aufwendig, daß der Einsatz der Simulation als Methode bei der Systemanalyse und beim Systementwurf hierdurch eine ernsthafte Beschränkung erfährt.

Neben den statistischen Schwankungen treten zu Beginn eines Simulationslaufes Schwankungen auf, die eine Folge des Anfangszustandes sind. Die Bedingungen, die zu diesem Zeitpunkt vorliegen, sind verschieden von den normalen Betriebsbedingungen, die auftreten, wenn sich das System im eingeschwungenen Zustand befindet.
Um die Verfälschungen der Ergebnisse auf Grund der Einschwingphase zu vermeiden, gibt es zwei Möglichkeiten.
Einmal kann man den Simulationslauf bereits mit dem eingeschwungenen Systemzustand beginnen lassen. Das würde z.B. bedeuten, alle Betriebsmittel und alle Warteschlangen vorzubesetzen. Dieses Vorgehen setzt eine sehr gute Kenntnis des Systems voraus. Weiterhin ist es möglich, den Simulationslauf einschließlich der Einschwingphase von Anfang an ablaufen zu lassen; das Sammeln der Ergebnisse erfolgt jedoch erst, nachdem das Modell in den eingeschwungenen Zustand übergegangen ist und sich Anfangsschwankungen nicht mehr auswirken.
Die genaue Bestimmung des Zeitpunktes, zu dem die Einschwingphase beendet ist, ist schwer möglich, da den Anfangsschwankungen immer noch statistische Schwankungen überlagert sind. Man müßte in diesem Fall jedes System, auch ein stationäres, in der Anfangsphase wie ein nichtstationäres System behandeln.

Eine ausführliche Diskussion aller Fragen, die mit statistischen Schwankungen und dem Einschwingvorgang in Zusammenhang stehen, findet man in /8/.

1.5.5 Ergebnisanalyse

Zur Bewertung und Weiterbehandlung der durch die Simulationsläufe ermittelten Ergebnisse stellt die Wahrscheinlichkeitsrechnung und Statistik Hilfsmittel zur Verfügung. Sie sollen hier nicht behandelt werden. Benutzt man die Simulation zur System-Optimierung, so können die Verfahren von Operations Research eingesetzt werden. Diese Verfahren erleichtern das Bestimmen der Optima und helfen bei der Beurteilung der erzielten Resultate. Auch sie werden hier nicht behandelt.

1.6 Die Ablaufkontrolle für die Simulation zeitdiskreter Systeme

Die Simulation zeitdiskreter Systeme folgt einer sehr einfachen Vorgehensweise, die im Prinzip beschrieben wird. Besonderheiten und Einzelheiten sollen bewußt außer Acht bleiben. Die Vorgehensweise betrifft die Simulation diskreter Systeme an sich und ist unabhängig von der gewählten Simulationssprache. Alle Simulationssprachen für zeitdiskrete Systeme haben trotz aller äußeren Verschiedenheit diese prinzipielle Vorgehensweise gemeinsam.
In Kapitel 1.1 wurde dargestellt, daß ein System vollständig definiert ist, wenn die Parameter der Systemelemente bekannt sind. Wenn man sich auf zeitdiskrete Systeme beschränkt, geht ein System zu festen Zeiten von einem Zustand in den anderen über, indem die entsprechenden Parameter zu diesen Zeiten geändert werden.
Die Simulation ahmt diesen Ablauf nach. In der Rechenanlage werden für die Systemelemente Datenbereiche angelegt. Zu bestimmten Zeiten, die von der Simulationsuhr angezeigt werden, übernimmt das Simulationsprogramm die Modifikation der Datenbereiche und führt damit eine Zustandsänderung durch. Um die vorgesehene Abfolge der Zustandsübergänge korrekt ablaufen zu lassen, steht der Ablaufkontrolle eine Liste zur Verfügung, die angibt, zu welchem Zeitpunkt ein bestimmtes Programmstück aufgerufen werden muß, das die entsprechende Zustandsänderung durch Modifikation der Datenbereiche vornehmen soll.
Bei der Simulation arbeiten demnach 4 Komponenten zusammen:

* Die Datenbereiche für die Systemelemente
Die Datenbereiche geben den Zustand des Systems an.

* Das Simulationsprogramm
Das Simulationsprogramm besteht aus verschiedenen Programmstücken, die einzeln aufgerufen werden können und die die Zustandsübergänge durch Modifikation der Datenbereiche vornehmen.

* Die Ablaufkontrolle
Die Ablaufkontrolle verfügt über eine Liste, die angibt, welches Programmstück zu welcher Zeit aufgerufen werden muß.

* Die Simulationsuhr
Die Simulationsuhr gibt die Zeit an. Sie wird in diskreten Schritten weitergeschaltet. Die Ablaufkontrolle überwacht sie, um entscheiden zu können, welche Zustandsübergänge durchgeführt werden sollen.

1.6.1 Das Modell Bankschalter

An einem sehr einfachen Beispiel soll die Vorgehensweise der zeitdiskreten Simulation dargestellt werden. Der Aufbau des Modells erfolgt mit Hilfe des Simulators GPSS-F.
Das System besteht aus einem Bankschalter und den Kunden. Vom Zeitpunkt T = 1 an betritt in Abständen von 5 Minuten ein Kunde den Schalterraum. Ist der Schalter frei, so kann der Kunde sofort bedient werden. Die Bedienzeit beträgt genau 6 Minuten. Ist der Schalter belegt, so muß sich der Kunde in eine Warteschlange einreihen.
In einem Modell läßt sich der Bankschalter durch eine Facility darstellen. Eine Facility ist eine Station in GPSS-F, die genau einen Kunden bedienen kann. Die Kunden selbst werden durch Transactions dargestellt.
Die Erzeugung der Transactions übernimmt eine Station, die in GPSS-F Source genannt wird.

Der Systemablauf läßt sich durch ein Diagramm darstellen, das Bild 5 wiedergibt.

```
----------------------------------
| ERZEUGEN EINER TRANSACTION IN  |
| ABSTAENDEN VON 5 MINUTEN       |
----------------------------------
                |
----------------------------------
| BELEGEN DER FACILITY BZW.      |
| EINREIHEN IN DIE WARTESCHLANGE|
----------------------------------
                |
----------------------------------
| BEARBEITEN DER TRANSACTION     |
|                                |
----------------------------------
                |
----------------------------------
| FREIGEBEN DER FACILITY         |
|                                |
----------------------------------
                |
----------------------------------
| VERNICHTEN DER TRANSACTION     |
|                                |
----------------------------------
```

BILD 5 ABLAUF FUER DAS MODELL BANKSCHALTER

Die Programmstücke, die die Systemübergänge vornehmen, sind in GPSS-F zu Unterprogrammen zusammengefaßt. Das Simulationsprogramm besteht demnach im wesentlichen aus einer Folge von Unterprogrammaufrufen. Um der Ablaufkontrolle die Möglichkeit zu geben, diese Unterprogrammaufrufe zu erreichen, sind sie mit einer Anweisungsnummer versehen. Die Anweisungsnummer dient hierbei als Zieladresse, die angibt, an welcher Stelle im Simulationsprogramm zu einem bestimmten Zeitpunkt mit der Weiterbearbeitung fortgefahren werden soll.
Die für das Modell Bankschalter erforderlichen Unterprogramme haben die folgende Funktion:

* GENERA
Zum Aktivierungszeitpunkt wird eine Source veranlaßt, eine Transaction zu erzeugen. Eine Transaction gilt als erzeugt, wenn für sie ein Datenbereich angelegt ist, der die wesentlichen Parameter wie z.B. die Transactionnummer enthält. Eine Transaction wird ausschließlich durch ihren Datenbereich repräsentiert; der Datenbereich "ist" die Transaction.
Gleichzeitig wird der Zeitpunkt für die nächste Erzeugung einer Transaction festgelegt. Das geschieht, indem in der Liste der Ablaufkontrolle ein neuer Aktivierungszeitpunkt eingetragen wird, der die Zeitdifferenz zwischen dem gegenwärtigen Aktivierungszeitpunkt und dem Zeitpunkt der neuen Transactionerzeugung berücksichtigt. Der neue Aktivierungszeitpunkt ergibt sich aus der folgenden Beziehung:

Neuer Aktivierungs- Zeitpunkt	=	Stand der Simulations- Uhr	+	Zeitdifferenz ET bis zur neuen TR-Erzeugung

Das Unterprogramm GENERA modifiziert die Datenbereiche für Sources und Transactions.

* SEIZE
Das Unterprogramm SEIZE übernimmt die Verwaltung der Facility. Ist die Facility frei, so wird sie vom Unterprogramm SEIZE in den Zustand belegt überführt. Ist die Facility bereits belegt, so wird die ankommende Transaction in den Zustand wartend versetzt.

Das Unterprogramm SEIZE benötigt den Datenbereich für die Facility, um den Belegungszustand abzufragen und gegebenenfalls zu modifizieren. Weiterhin greift SEIZE auf den Datenbereich für Transactions zu, um hier einzutragen, daß die Transaction die Facility belegt bzw. in die davor stehende Warteschlange eingereiht wird.

* WORK
Es wird die Bearbeitung der Transaction simuliert, indem die Transaction in den Zustand termingebunden überführt wird. Das bedeutet, daß die Transaction ihren Weg durch das Modell solange unterbrechen muß, bis sie zu dem neuen Termin, der das Ende der Bearbeitung kennzeichnet, mit einer weiteren Aktivität fortfahren kann.

Hierzu wird von WORK in die Liste der Ablaufkontrolle der neue Aktivierungszeitpunkt und die Zieladresse ID eingetragen. Der neue Aktivierungszeitpunkt gibt hierbei an, daß zu dieser Zeit ein neuer Systemübergang erforderlich ist. Der neue Aktivierungszeitpunkt ergibt sich aus der folgenden Beziehung:

```
Neuer                  Stand der          Bearbeitungs-
Aktivierungs-   =      Simulations-   +   zeit WT der
Zeitpunkt              Uhr                Transaction
```

Um die Beendigung der Bearbeitungszeit anzuzeigen, soll die Transaction zum neuen Aktivierungszeitpunkt zum Unterprogramm WORK zurückkehren. Daher wird in die Liste der Ablaufkontrolle die Anweisungsnummer ID des Unterprogrammaufrufes WORK eingetragen.

* CLEAR
Es wird die Facility freigegeben, indem im Datenbereich für die Facility der Belegt-Vermerk gelöscht wird.

* TERMIN
Es wird eine Transaction aus dem Modell entfernt, indem der für sie angelegte Datenbereich gelöscht wird.

```
SIMULATIONSUHR T


     -------
     | 11  |<*********
     -------          *
                      *
   LISTE DER          *     DATENBEREICHE FUER DIE
   ABLAUFKONTROLLE    *     SYSTEMELEMENTE
                      *
   ZIEL-  AKTIV.-     *     -------------------------------
   ADR.   ZEITPKT.    *     |  |  |  |  |  |  |  |  |  |  |
   ---------------    *     -------------------------------
   |  3  |  13   |    *     |  DATENBEREICH SOURCE    |  |<**
   ---------------    *     -------------------------------  *
***|  1  |  11   |***       |  |  |  |  |  |  |  |  |  |  |  *
*  ---------------          -------------------------------  *
*  |     |       |          |  DATENBEREICH TRANSACTIONS |<**
*  ---------------          -------------------------------  *
*                                                            *
*         ANWEISUNGS-   SIMULATIONS-                         *
*         NUMMER        PROGRAMM                             *
*                                                            *
******>   1             CALL GENERA ( ET = 5 )          ******
          2             CALL SEIZE
          3             CALL WORK   ( WT = 6 )
                        CALL CLEAR
                        CALL TERMIN
```

BILD 6 DAS SIMULATIONSMODELL ZUR ZEIT T = 11

Das Simulationsprogramm, das aus den beschriebenen Unterprogrammen zusammengesetzt werden kann und das die Zustandsübergänge für das Modell Bankschalter durchführt, ist in Bild 6 und Bild 7 wiedergegeben. Das Zusammenwirken von Simulationsuhr, Ablaufkontrolle, Datenbereichen für die Systemelemente und dem Simulationsprogramm wird für das vorliegende Beispiel im folgenden Abschnitt 1.6.2 beschrieben.

1.6.2 Der zeitliche Ablauf

Die Ablaufkontrolle verfügt über ein Unterprogramm, das die Liste nach dem kleinsten Aktivierungszeitpunkt durchsucht. Dieser kleinste Aktivierungszeitpunkt wird dann in das Datenelement für die Simulationsuhr übertragen. Auf diese Weise wird die Simulationsuhr durch Weiterschalten auf den neuen Stand gebracht.
In der Liste findet sich neben dem Aktivierungszeitpunkt die Zieladresse, die die Anweisungsnummer des Unterprogrammaufrufes enthält, das den erforderlichen Zustandsübergang durchführen soll.

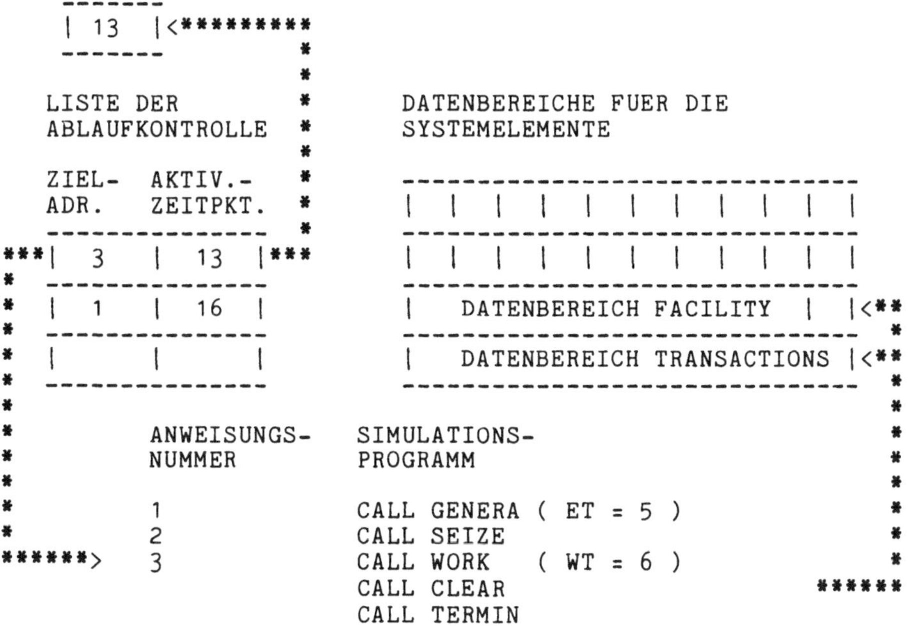

BILD 7 DAS SIMULATIONSMODELL ZUR ZEIT T = 13

Beispiel:

* In Bild 6 steht die Simulationsuhr auf T = 11. Zu dieser Zeit soll durch das Unterprogramm GENERA eine neue Transaction erzeugt werden. Als Zieladresse muß daher die Anweisungsnummer 1 in der Liste stehen.

Das zeitliche Verhalten des Systems wird wiedergegeben, indem im Modell eine Zustandsänderung nach der anderen durchgeführt wird. Der Zeitpunkt der Zustandsänderung und das Unterprogramm, das die Zustandsänderung durchführt, sind in der Liste festgehalten. Die korrekte zeitliche Reihenfolge der Zustandsänderungen wird erreicht, indem die Ablaufkontrolle die Liste nach aufsteigenden Aktivierungszeitpunkten durchsucht.

Beispiel:

* In Bild 6 steht die Simulationsuhr auf T = 11. Es wird zu dieser Zeit eine Transaction erzeugt. Der nächste Aktivierungszeitpunkt, zu dem ein weiterer Zustandsübergang erfolgen soll, ist T = 13. Daher wird die Simulationsuhr von 11 auf 13 weitergeschaltet. Dieser Zustand ist in Bild 7 dargestellt.

Um die Liste der Ablaufkontrolle zu besetzen, muß zunächst vom Benutzer der erste Zustandsübergang selbst in die Liste eingetragen werden. Wenn der erste Zustandsübergang vom Simulationsprogramm durchgeführt wird, muß zur gleichen Zeit der nächstfolgende Zustandsübergang in die Liste eingetragen werden.

Beispiele:

* In Bild 6 wird durch das Unterprogramm GENERA zur Zeit T = 11 eine Transaction erzeugt. Zur gleichen Zeit wird in der Liste der neue Zeitpunkt für die nächste Erzeugung festgelegt. Da in regelmäßigen Abständen von 5 Zeiteinheiten eine Transaction erzeugt werden soll, beträgt die Zeitdifferenz bis zur neuen Transaction-Erzeugung ET = 5. Als neuer Aktivierungszeitpunkt wird demnach 16 in die Liste eingetragen. Bild 7 zeigt den neuen Eintrag.

* Die Bearbeitung einer Transaction soll genau 6 Zeiteinheiten in Anspruch nehmen. Wenn nach der Belegung der Facility und damit zu Beginn der Bearbeitungsphase das Unterprogramm WORK aufgerufen wird, wird gleichzeitig in die Liste der nächstfolgende Zustandsübergang eingetragen. Das heißt, nach Ende der Bearbeitungszeit soll die Facility freigegeben werden. In die Liste wird demnach als neuer Aktivierungszeitpunkt T + WT eingetragen. T ist hierbei der aktuelle Stand der Simulationsuhr und WT = 6 ist die Bedienzeit.
In Bild 6 und 7 ist als Aktivierungszeitpunkt 13 und als Zieladresse 3 für den beschriebenen Zustandsübergang angegeben. Die Zieladresse 3 zeigt auf den Unterprogrammaufruf CALL WORK, der nach Beendigung der Arbeitsphase noch einmal angesprungen werden muß.

Den ersten Zustandsübergang muß der Benutzer selbst festlegen,

indem er ein Ereignis anmeldet. Für das vorliegende Beispiel soll zum Zeitpunkt T = 1 die erste Transaction erzeugt werden. Der Benutzer muß daher dafür sorgen, daß zu Beginn des Simulationslaufes als Zieladresse und als Aktivierungszeitpunkt jeweils 1 eingetragen wird. Von hier an übernimmt die Ablaufsteuerung die weitere zeitliche Koordinierung mit Hilfe der beschriebenen Listenfortschreibung.
Das Durchsuchen der Liste nach dem nächsten Aktivierungszeitpunkt übernimmt in GPSS-F das Unterprogramm ACTIV1. ACTIV1 setzt die Simulationsuhr auf den neuen Stand und überträgt die Zieladresse in die Variable NADR. Der Sprung zum ausgewählten Unterprogramm erfolgt über ein Computed GOTO. Das Simulationsprogramm wird damit in der folgenden Weise erweitert:

```
        COMMON NADR
        CALL ACTIV1
        GOTO (1,2,3) , NADR
1       CALL GENERA
2       CALL SEIZE
3       CALL WORK
        CALL CLEAR
        CALL TERMIN
```

1.6.3 Die wartenden Transactions

Wenn eine Transaction auf eine Facility trifft, die bereits belegt ist, wird die Transaction in den Zustand wartend überführt. Um darstellen zu können, auf welche Weise diese wartenden Transactions von der Ablaufkontrolle behandelt werden, ist es zunächst erforderlich, die in 1.6.2 eingeführten Datenbereiche ausführlicher zu beschreiben.
Die Liste der Ablaufkontrolle besteht aus zwei Teillisten:

* Die Ereignisliste
In der Ereignisliste werden nur die Zieladressen und Aktivierungszeitpunkte für Ereignisse geführt. Hierzu gehört die Erzeugung von Transactions. Die Zeile aus Bild 7, die die Erzeugung einer Transaction bewirken soll, findet sich daher in der Ereignisliste wieder.

* Die Aktivierungsliste
Diese Liste ist ausschließlich für Transactions vorgesehen. Zunächst werden die Transactions eingetragen, für die der neue Aktivierungszeitpunkt bereits feststeht. Hierzu gehört die Transaction aus Bild 7, die zum Zeitpunkt T = 13 die Bearbeitung beenden wird.
Weiterhin werden in der Aktivierungsliste alle Transactions registriert, die warten müssen, da die Facility belegt ist. Um die wartenden Transactions eindeutig kennzeichnen zu können, erhalten sie anstelle des Aktivierungszeitpunktes den Blockiervermerk. Dieser Blockiervermerk ist eine negative ganze Zahl -K, die die Nummer der Facility angibt, vor der die Transaction warten muß.

Beispiel:

* In Bild 6 ist dargestellt, daß zur Zeit T = 11 eine Transaction die Facility belegt hat und sie erst zur Zeit T = 13 wieder freigeben wird. Die Transaction, die zur Zeit T = 11 erzeugt wird, findet die Facility belegt und muß warten. Sie erhält in der Aktivierungsliste einen Blockiervermerk. Da die Transaction vor der Facility mit der Stationsnummer K = 1 wartet, wird in die 2. Spalte der Aktivierungsliste -1 eingetragen. Sobald die Facility frei wird, darf die wartende Transaction mit der Bearbeitung fortfahren. Da sie dann als nächstes die Belegung der Facility vornehmen muß, erhält sie als Zieladresse die Anweisungsnummer des Unterprogrammaufrufes CALL SEIZE (siehe Bild 8).

```
SIMULATIONSUHR T

-------
| 13  |
-------

EREIGNISLISTE       FAC-MATRIX                STATE-VEKTOR

ZIEL- AKTIV.-
ADR.  ZEITPKT.       LTR                      ZUSTAND
-------------       -------------------       -------
|     |     |       |  1  |  0  |  0  |       |  0  |
-------------       -------------------       -------
|  1  |  16 |       |     |     |     |       |     |
-------------       -------------------       -------

AKTIVIERUNGSLISTE   TRANSACTIONMATRIX

ZIEL- TR-
ADR.  ZUSTAND        NTR         ET
-------------       -------------------------------------------
|  3  |  13 |       |  2  |     |  6  |                 |     |
-------------       -------------------.................-------
|  2  |  -1 |       |  3  |     |  11 |                 |     |
-------------       -------------------------------------------
```

BILD 8 DIE DATENBEREICHE ZUR ZEIT T = 13

Der Datenbereich für die Transactions ist die Transaction-Matrix. Jede Transaction besitzt in dieser Matrix eine Zeile, in der ihre Parameter festgehalten werden. Dazu gehört z.B. in der 1. Spalte die Transactionnummer und in der 3. Spalte der Zeitpunkt der Erzeugung.
Eine Transaction, die in der Transaction-Matrix die Zeile LTR besetzt, besetzt die gleiche Zeile auch in der Aktivierungsliste.

Beispiel:

* In Bild 8 besetzt die Transaction mit der Nummer 3 in der Transaction-Matrix die Zeile LTR = 2. Um diese Transaction weiterbearbeiten zu können, benötigt die Ablaufkontrolle Information, die sich in der 2. Zeile der Aktivierungsliste befindet. Es handelt sich hierbei um die Transaction, die zur Zeit T = 11 erzeugt wurde und vor der Facility mit der Stationsnummer K = 1 wartet.

Der Datenbereich für die Facility setzt sich aus der Facility-Matrix (FAC-Matrix) und dem State-Vektor zusammen. Der State-Vektor gibt an, ob die Facility frei oder belegt ist. Es gilt:

STATE(K)=0 Die Facility mit der Nummer K ist belegt
STATE(K)=1 Die Facility mit der Nummer K ist frei

Beispiel:

* Die Facility mit der Nummer K = 1 besetzt im State-Vektor das erste Element. Zur Zeit T = 13 ist die Facility belegt. Daher enthält das entsprechende Element im State-Vektor den Belegt-Vermerk 0 (siehe Bild 8).

In der FAC-Matrix findet man Information über die Transaction, die die Facility gerade belegt. Eine genaue Beschreibung der FAC-Matrix wird in Kap.4 gegeben.

Beispiel:

* Die Transaction, die in der Transaction-Matrix und in der Aktivierungsliste in der Zeile LTR = 1 steht, belegt die Facility zum gegenwärtigen Zeitpunkt. (Die übrigen beiden Parameter sind an dieser Stelle ohne Bedeutung).

1.6.4 Die bedingte Aktivierung

Wenn die Facility frei geworden ist, so muß eine bisher wartende Transaction die Möglichkeit haben, die Facility wieder zu belegen. Ein derartiger Zustandsübergang kann von der Ablaufkontrolle nicht über die bisher beschriebene zeitabhängige Aktivierung vorgenommen werden. Dieser Zustandsübergang soll nicht zu einer fest vorgegebenen Zeit durchgeführt werden, sondern dann, wenn die Facility frei geworden ist. Allgemeiner ausgedrückt heißt das, daß der Zustandsübergang dann erfolgen soll, wenn das System ganz bestimmte Bedingungen erfüllt. Man spricht daher von einer bedingten Aktivierung.

Beispiel:

* Bild 8 gibt den Zustand der Datenbereiche zum Zeitpunkt T = 13 an. Die zeitabhängige Aktivierung der Transaction mit LTR = 1 ist noch nicht durchgeführt.
Die Transaction wird zunächst zum Unterprogramm WORK geschickt.

```
SIMULATIONSUHR T
-------
| 13  |
-------

EREIGNISLISTE        FAC-MATRIX                   STATE-VEKTOR
ZIEL- AKTIV.-
ADR.  ZEITPKT.         LTR                        ZUSTAND
-------------        -------------------          -------
|     |     |        |     |     |     |          |  1  |
-------------        -------------------          -------
|  1  | 16  |        |     |     |     |          |     |
-------------        -------------------          -------

AKTIVIERUNGSLISTE    TRANSACTIONMATRIX
ZIEL- TR-
ADR.  ZUSTAND          NTR         ET
-------------        -------------------------------------------
|     |     |        |     |     |     |                 |     |
-------------        -------------------.................-------
|  2  | -1  |        |  3  |     | 11  |                 |     |
-------------        -------------------------------------------
```

BILD 9 DAS FREIGEBEN DER FACILITY

```
SIMULATIONSUHR T
-------
| 13  |
-------

EREIGNISLISTE        FAC-MATRIX                   STATE-VEKTOR
ZIEL- AKTIV.-
ADR.  ZEITPKT.         LTR                        ZUSTAND
-------------        -------------------          -------
|     |     |        |  2  |  0  |  0  |          |  0  |
-------------        -------------------          -------
|  1  | 16  |        |     |     |     |          |     |
-------------        -------------------          -------

AKTIVIERUNGSLISTE    TRANSACTIONMATRIX
ZIEL- TR-
ADR.  ZUSTAND          NTR         ET
-------------        -------------------------------------------
|     |     |        |     |     |     |                 |     |
-------------        -------------------.................-------
|  3  | 19  |        |  3  |     | 11  |                 |     |
-------------        -------------------------------------------
```

BILD 10 DAS BELEGEN DER FACILITY

Anschließend läuft die Transaction zur Anweisung CALL CLEAR, die die Facility freigibt. Vom Unterprogramm TERMIN wird die Transaction vernichtet, indem die für sie vorgesehenen Datenbereiche gelöscht werden. Die Datenbereiche erhalten dadurch ein Aussehen, das in Bild 9 wiedergegeben ist.
An dieser Stelle muß für die Transaction mit LTR = 2 eine bedingte Aktivierung erfolgen.

Die bedingte Aktivierung wird von der Ablaufkontrolle durch das Unterprogramm ACTIV2 vorgenommen. ACTIV2 durchsucht die Aktivierungsliste nach Transactions mit einem negativen Eintrag als Blockiervermerk. Gleichzeitig wird im State-Vektor der Zustand der Station überprüft, vor der die Transaction wartet. Wird eine blockierte Transaction gefunden, deren Station frei ist, so heißt das, daß diese Transaction die Station jetzt belegen kann. Es erfolgt die bedingte Aktivierung.

Beispiel:

* In Bild 9 würde die Ablaufkontrolle in der 2. Zeile der Aktivierungsliste die Transaction mit dem Blockiervermerk -1 finden. Der Blockiervermerk enthält die Stationsnummer der Station, vor der die Transaction wartet. Im vorliegenden Fall heißt das, daß die Transaction vor der Facility mit der Nummer K = 1 wartet. Der State-Vektor gibt an, daß diese Station frei ist.
Die Transaction kann aktiviert werden. Sie wird zum Unterprogrammaufruf CALL SEIZE geschickt. SEIZE nimmt die Belegung der Facility vor. Anschließend läuft die Transaction zur nachfolgenden Anweisung CALL WORK. Hier wird ihr eine neue Zieladresse und ein neuer Aktivierungszeitpunkt eingetragen (siehe Bild 10).
Im Falle einer bedingten Aktivierung trägt das Unterprogramm ACTIV2 die Zieladresse in die Variable NADR ein. Anschließend wird zum Adreßverteiler gesprungen, der in GPSS-F durch ein Computed GOTO verwirklicht wird.
Kann keine weitere bedingte Aktivierung vorgenommen werden, muß nach ACTIV2 wieder das Unterprogramm ACTIV1 aufgerufen werden, das nach der nächsten zeitabhängigen Aktivierung sucht.

Beispiel:

* Bild 10 zeigt, daß nur noch zeitabhängige Aktivierungen möglich sind. Als nächstes würde daher die Ablaufkontrolle zur Zeit T = 16 die Erzeugung einer neuen Transaction vornehmen.

Nach dem Unterprogrammaufruf CALL ACTIV2 muß entweder zum Adreßverteiler oder zum Unterprogrammaufruf CALL ACTIV1 gesprungen werden. Für diese beiden Fälle sind in der Parameterliste des Unterprogrammaufrufes CALL ACTIV2 zwei Adreßausgänge vorgesehen. Ist eine bedingte Aktivierung möglich, so wird ACTIV2 über den zweiten Adreßausgang verlassen, der zum Adreßverteiler mit der Anweisungsnummer 1003 führt. Ist keine bedingte Aktivierung möglich, so muß mit dem Aufruf des Unterprogrammes ACTIV1 mit der Anweisungsnummer 1001 fortgefahren werden.
Das Simulationsprogramm hat nach Berücksichtigung der bedingten Aktivierungen die folgende Form:

```
        COMMON NADR
1001    CALL ACTIV1
1003    GOTO (1,2,3) , NADR
1       CALL GENERA
2       CALL SEIZE
3       CALL WORK
        CALL CLEAR
        CALL TERMIN
1005    CALL ACTIV2 (&1001,&1003)
```

Hinweise:

* An dieser Stelle sollte sich der Benutzer dem Modell Bankschalter zuwenden (siehe 11.1). Es enthält eine ausführliche Beschreibung des gesamten Simulationsprogrammes.

* In den folgenden Kapiteln 2 bis 10 wird eine ausführliche Beschreibung aller Unterprogramme des Simulators GPSS-F gegeben. Die Zusammenstellung orientiert sich hierbei an systematischen Gesichtspunkten, die die Form eines Manuals hat. Didaktische Überlegungen konnten daher nur in beschränktem Maße eine Rolle spielen.
Der Benutzer, der sich möglichst rasch einen Überblick über den Aufbau von GPSS-F verschaffen möchte, sollte mit den Beispiel-Modellen in Kap.11 beginnen und sich über die Unterprogramme, die in den Beispiel-Modellen eingesetzt werden, in den vorhergehenden Kapiteln informieren.

2. AUFBAU VON GPSS-F

Der Simulator GPSS-F stellt zunächst die Ablaufkontrolle zur Verfügung. Die Ablaufkontrolle sorgt dafür, daß die zeitliche Aufeinanderfolge der Zustandsänderungen im Modell wie vorgesehen durchgeführt wird. Sie umfaßt die Ereignissteuerung und die Transactionsteuerung.

Die grundlegenden Elemente des Simulators GPSS-F sind Stationen und Transactions. Die Transactions als mobile Systemkomponenten bewegen sich zwischen den Stationen. Sie können sich in verschiedenen Zuständen befinden, die angeben, wann oder unter welchen Bedingungen eine Transaction von einer Station zur nächsten weiterlaufen kann.

Der Aufbau von GPSS-F sieht ein Fortran-Hauptprogramm vor, das als Rahmen aufzufassen ist, in den Fortran-Unterprogramme als Funktionsbausteine eingehängt werden. Wesentliche Teile des Rahmens liegen bereits vor; diejenigen Abschnitte, die den Aufbau des Modells betreffen, sind vom Benutzer selbst zusammenzustellen.

2.1 Die Ereignissteuerung

Transaction-orientierte Systeme verlangen, daß Systemänderungen nur von einer Transaction vorgenommen werden können. Als weitere Einschränkung gilt, daß die Transaction eine Systemveränderung nur an sich selbst oder an der Station, in der sie sich gerade befindet, bewirken kann. Eine Transaction vermag andere Transactions und die Stationen, in der sie sich nicht befindet, nicht zu beeinflussen.
Alle Systemveränderungen, die den genannten Bedingungen nicht unterliegen, sollen Ereignisse heißen.

2.1.1 Die Ereignisliste

Die Ereignisliste ist der Datenbereich, der es der Ereignissteuerung ermöglicht, die einzelnen Ereignisse in der richtigen zeitlichen Reihenfolge zu bearbeiten.
Für jedes Ereignis muß feststehen, zu welchem Zeitpunkt es eintritt und welche Systemveränderung durchzuführen ist. Die Systemveränderung wird hierbei durch Fortran-Programmanweisungen, in der Regel durch ein eigenes Unterprogramm, vorgenommen.
Die für den Ablauf eines Ereignisses erforderlichen Daten stehen in der Ereignisliste. Sie ist wie folgt definiert:

```
INTEGER EL
DIMENSION EL ("EL1",2)
```

Jedes Ereignis besetzt in der Ereignisliste eine Zeile. Durch die Angabe der Zeilennummer LEV ist ein Ereignis vollständig bestimmt.
Die beiden Elemente haben die folgende Bedeutung:

EL(LEV,1) Zieladresse
In diesem Feld wird die Zieladresse geführt. Die Zieladresse ist hierbei die Anweisungsnummer der Fortran-Programmanweisung, die angesprungen werden muß, um die Systemveränderung durchführen zu können.

EL(LEV,2) Aktivierungszeitpunkt
An dieser Stelle wird der Zeitpunkt eingetragen, zu dem das Ereignis aktiviert werden soll. Hierzu vergleicht die Ablaufkontrolle die Aktivierungszeitpunkte mit dem Stand der Simulationsuhr (siehe 2.3.2).

2.1.2 EVENT

Funktion:
Mit Hilfe des Unterprogrammes EVENT kann ein Ereignis angemeldet werden. Von besonderer Wichtigkeit sind hierbei Ereignisse, die Transactions erzeugen und in das Modell einbringen.

Unterprogrammaufruf:

```
CALL EVENT (EVT,EVAD,NS,&1006,IPRINT)
```

Parameterliste:

EVT Aktivierungszeitpunkt
Es wird angegeben, zu welcher Zeit das Ereignis aktiviert werden soll. Es ist nur sinnvoll, einen Ablaufzeitpunkt einzusetzen, der größer oder gleich der Simulationszeit bei der Anmeldung des Ereignisses ist.

EVAD Zieladresse
Die Zieladresse gibt die Programmadresse des Unterprogrammes an, das die Zustandsänderung durchführt, die durch das Ereignis bewirkt werden soll.

NS Nummer der Source
Wenn durch ein Ereignis eine neue Transaction generiert wird, muß angegeben werden, welche Source die Erzeugung übernehmen soll (siehe 2.4.1).
NS = Nummer der Source
Jede Source, die Transactions generiert, trägt zur Identifikation eine Nummer.
NS = 0
Bei allen anderen Ereignissen, die keine Transactions generieren, muß für NS der Wert 0 eingesetzt werden.

&1006 Adreßausgang bei Listenüberlauf
Über diesen Ausgang wird EVENT verlassen, wenn kein Ereignis angemeldet werden kann. Das ist immer dann der Fall, wenn die Ereignisliste keine freie Zeile mehr aufweist.

IPRINT Protokollausdruck
Die Protokollausdrucke werden unterdrückt, wenn IPRINT=0.

Datenbereich:

EVENT benötigt die Ereignisliste. Wenn Transactions generiert werden sollen, wird außerdem auf die Source-Matrix zugegriffen.

Programmbeschreibung:

"Neubestimmen des Aktivierungszeitpunktes"

```
        IF(NS.EQ.0) GOTO 50
        IF(NS.LE."SRC1") GOTO 20
        RETURN 1
20      IF(EVT.EQ.0) GOTO 200
        IF(SRC(NS,1).EQ.0) GOTO 50
        I = SRC(NS,1)
        GOTO 150
```

Durch das Unterprogramm GENERA wird der Aktivierungszeitpunkt für die nächste Generierung einer Transaction selbständig in die Ereignisliste eingetragen. Soll dieser Aktivierungszeitpunkt vom Benutzer durch den Aufruf des Unterprogrammes EVENT geändert werden, muß die Zeile des entsprechenden Ereignisses in der Ereignisliste gefunden werden. Anschließend kann mit dem Anmelden fortgefahren werden. Das Suchen einer freien Zeile in der Ereignisliste ist nicht erforderlich.

"Anmelden"

```
50      DO 100 I = 1 , "EL1"
        IF(EL(I,1).EQ.0) GOTO 150
100     CONTINUE
        RETURN 1
150     EL(I,1) = EVAD
        EL(I,2) = EVT
        IF(LEL.LT.I) LEL = I
```

In der Ereignisliste wird eine freie Zeile gesucht; hier werden der Aktivierungszeitpunkt und die Zieladresse eingetragen.
Die Ereignisliste wird von der Ereignissteuerung im Unterprogramm ACTIV1 bis zu der Zeile durchsucht, die durch den Listenendezeiger LEL angegeben wird. Die folgenden Zeilen der Ereignisliste sind leer. Wird durch das Anmelden eines neuen Ereignisses die Ereignisliste über die Zeilenobergrenze hinaus belegt, so muß der Listenendezeiger LEL modifiziert werden.

"Anmelden eines Source-Starts"

```
        IF(NS.GT.0) SRC(NS,1) = I
        RETURN
```

In der Source-Matrix besetzt jede Source die Zeile, die ihrer Sourcenummer NS entspricht. In die Zeile derjenigen Source, die eine Transaction erzeugen soll, wird das dazugehörige Ereignis vermerkt. Das geschieht, indem die Zeilennummer, die dieses Ereignis in der Ereignisliste repräsentiert, in das Feld SRC(NS,1) eingetragen wird. Auf diese Weise wird erreicht, daß dann, wenn eine Source eine Transaction erzeugt, bekannt ist, welches Ereignis zur Generierung geführt hat (siehe 2.4.1).

"Stillegen einer Source"

```
200     I = SRC(NS,1)
        EL(I,1) = 0
        EL(I,2) = 0
```

Wenn eine Source stillgelegt werden soll, werden in der entsprechenden Zeile der Ereignisliste die Einträge gelöscht.

"Neubestimmen des Listenendezeigers LEL"

```
250     IF(EL(LEL,1).NE.0.OR.LEL.EQ.1) RETURN
        LEL = LEL - 1
        GOTO 250
        END
```

Wenn durch das Stillegen einer Source eine Zeile in der Ereignisliste frei geworden ist, muß der Listenendezeiger LEL modifiziert werden.

Hinweise:

* Zu Beginn des Simulationslaufes muß für jede Source die Generierung der ersten Transaction durch ein Ereignis vom Benutzer veranlaßt werden. Das geschieht in Abschnitt 7 des Rahmens "Anmelden der ersten Ereignisse" (siehe 2.6).

* Das Unterprogramm GENERA erzeugt Transactions für jede Source. Es können daher verschiedene Aufrufe des Unterprogrammes EVENT dieselbe Anweisungsnummer des Unterprogrammaufrufes GENERA aufweisen.

* Eine Source wird von GPSS-F selbständig stillgelegt, wenn die Anzahl der vorgegebenen Transactions erzeugt worden ist (siehe 2.4.1). Soll eine Source aus anderen Gründen stillgelegt werden, so hat der Benutzer das Stillegen selbst vorzunehmen. Das geschieht, indem er das Unterprogramm EVENT mit EVT=0 aufruft.

* Um die Größe der Datenbereiche variabel halten zu können, wird die Dimension mit Hilfe eines Namens angegeben, der von einem Doppelapostroph eingeschlossen ist. Dieses Symbol ist für jeden Einzelfall durch aktuelle Werte zu ersetzen. Auf diese Weise ist es möglich, die Ausbaustufe des Simulators den Anforderungen des Benutzers anzupassen.

Beispiel:

* Um die Ereignisliste dimensionieren zu können, muß das Symbol "EL1" in EL("EL1",2) durch einen Wert ersetzt werden, der die Zeilenzahl bestimmt. Die Zeilenzahl der Ereignisliste gibt an, wieviele Ereignisse zur gleichen Zeit angemeldet sein können. (siehe Anhang A3)

2.2 Transactions

In einem diskreten System gibt es Transactions und Stationen, die jeweils durch ihre privaten Parameter gekennzeichnet sind. In GPSS-F wird allen Systemkomponenten je ein Datenbereich zugeordnet, in dem die privaten Parameter geführt werden.

2.2.1 Datenbereiche für Transactions

Die Parameter, die eine Transaction kennzeichnen, werden in einer Zeile der Transaction-Matrix (TR-Matrix) zusammengefaßt. Da für jede Transaction eine Zeile benötigt wird, entspricht die Zeilenzahl der TR-Matrix der Zahl der Transactions, die zur selben Zeit ins Modell aufgenommen werden können.
Jede Transaction verfügt über "TR2" Parameter. Von diesen sind 18 von GPSS-F fest vergeben. Über die restlichen kann der Benutzer frei verfügen.

Die TR-Matrix ist wie folgt definiert:

```
INTEGER TR
DIMENSION TR("TR1","TR2")
```

LTR ist im folgenden eine Variable, die die Zeilennummer in der TR-Matrix angibt.
Die einzelnen Elemente haben die folgende Bedeutung:

TR(LTR,1) Transactionnummer
Jede Transaction, die das Modell betritt, erhält eine fortlaufende Nummer. Sie wird im Unterprogramm GENERA vergeben. Ist TR(LTR,1) nicht besetzt, nimmt GPSS-F an, daß diese Zeile der TR-Matrix frei ist.

TR(LTR,2) Duplikatsnummer
Gegebenenfalls ist es notwendig, eine Zahl von Transactions als zusammengehörig zu kennzeichnen. Diese Transactions bilden eine sogenannte Family. Um die Mitglieder einer Family, die alle dieselbe Transactionnummer tragen, voneinander unterscheiden zu können, erhält jedes Mitglied eine Nummer. Diese wird als Duplikatsnummer bezeichnet und hier eingetragen.

TR(LTR,3) Entstehungszeitpunkt
Hier wird der Entstehungszeitpunkt der Transaction eingetragen.

TR(LTR,4) Priorität
Dieser Parameter gibt die Priorität der Transaction an. Je größer die eingetragene Zahl ist, desto höher ist die Priorität.

TR(LTR,5) Zieladresse bei Verdrängung
Dieser Parameter enthält die Anweisungsnummer, bei

der die Transaction bei der Wiederbelegung fortfahren muß.

TR(LTR,6) Restzeit bei Verdrängung
Falls eine Transaction von einer Station, die sie belegt hat, verdrängt worden ist, wird hier die Zeit eingetragen, die sie bei Wiederbelegung dieser Station noch dort verbringen muß.

TR(LTR,7) Rückkehrvermerk bei Verdrängung von Multifacilities.
Es ist möglich, daß eine Transaction in einer Multifacility nur von einem bestimmten Service-Element bedient werden kann. Erfolgt Verdrängung, so wird in diesem Feld vermerkt, zu welchem Service-Element die Transaction bei der Wiederbelegung zurückkehren muß.

TR(LTR,8) Blockierungszeitpunkt
In diesem Feld steht der Zeitpunkt, zu dem eine Transaction an einer Station blockiert worden ist. Der Blockierungszeitpunkt wird gelegentlich von der Policy benötigt, wenn entschieden werden muß, in welcher Reihenfolge die Transactions wieder aktiviert werden sollen.

TR(LTR,9) Nummer der Warteschlangen
Um das Verhalten der Transaction statistisch auswerten zu können, stellt GPSS-F Queues zur Verfügung. Wenn darüber Buch geführt werden soll, in welcher Queue sich eine Transaction befindet, muß in die Felder TR(LTR,9)- TR(LTR,13) die Nummer der Queue eingtragen werden. Eine Transaction kann sich also zu gleicher Zeit in höchstens 5 Queues aufhalten.

TR(LTR,14) Eintrittszeit in die Warteschlangen
Hier werden die Zeitpunkte vermerkt, zu denen die Transaction in die Queues eintritt. Die Zeitpunkte sind in den Feldern TR(LTR,14)-TR(LTR,18) aufgeführt .

TR(LTR,19) Freie Parameter
Diese Felder stehen dem Benutzer zur Verfügung. Hier können die privaten Parameter der jeweiligen Transaction abgelegt werden. Der Datenbereich reicht von TR(LTR,19)-TR(LTR,"TR2").

2.2.2 Transaction-Zustände

Eine Transaction kann sich in verschiedenen Zuständen befinden. Wenn sie von einer Station zur anderen läuft, so soll sie aktiv heißen. Weiterhin ist es möglich, daß eine Transaction eine Station besetzt hält und darauf wartet, zu einem festen Zeitpunkt T wieder aktiviert zu werden. In diesem Fall befindet sie sich im

Zustand "termingebunden".
In GPSS-F ist der Fall berücksichtigt, daß eine Transaction in der Bearbeitung unterbrochen werden kann, weil bestimmte Bedingungen nicht erfüllt sind, die für die Weiterbehandlung erforderlich wären. Eine solche Transaction wird in den Zustand "wartend" versetzt, aus dem sie erst wieder befreit werden kann, wenn sich die Bedingung entsprechend geändert hat.

Beispiel:

* Eine Transaction läuft auf eine Bedienstation, die gerade belegt ist. Die Bedingung, die der Transaction die Weiterbearbeitung ermöglichen würde, heißt in diesem Fall: Die Facility ist frei. Die Transaction wird daher in den Zustand wartend versetzt, solange die Bedienstation belegt ist. Man kann sich anschaulich vorstellen, daß alle vor einer Station wartenden Transactions eine Warteschlange bilden.

Um zum gegebenen Zeitpunkt die Weiterbearbeitung der wartenden Transactions zu erreichen, müssen die Bedingungen überprüft werden. Es gibt hierzu zwei Möglichkeiten:
Da die Transactionsteuerung in GPSS-F ständig über den Systemzustand informiert ist, kann sie die Bedingungen für die wartenden Transactions nach jeder Systemveränderung überprüfen. Die Überprüfung ist erforderlich, da jede Systemveränderung die Bedingungen modifiziert haben könnte. Alle wartenden Transactions, die von der Ereignissteuerung von GPSS-F ständig überwacht werden, heißen "blockiert".
Gelegentlich ist es wünschenswert, daß die Bedingungen nicht selbständig von der Transactionsteuerung kontrolliert werden. Der Benutzer kann in diesem Fall an festen, von ihm zu bestimmenden Stellen prüfen, ob sich die Bedingungen so geändert haben, daß die wartenden Transactions aktiviert werden können. Alle wartenden Transactions, die vom Benutzer selbst überwacht werden, heißen "gesperrt".

Eine wartende Transaction kann sich demnach in dem Zustand blockiert oder gesperrt befinden.
Eine Übersicht über die möglichen Transactionzustände gibt die folgende Zusammenstellung (siehe Bild 11):

* aktiv

Eine Transaction befindet sich auf ihrem Weg von Station zu Station. In GPSS-F gilt eine Transaction als aktiv, wenn die Variablen LTR und LFAM mit den Werten besetzt sind, die für diese Transaction zutreffen.
Vom Zustand aktiv aus sind alle anderen Zustände erreichbar. Eine Transaction geht vom Zustand aktiv in den Zustand termingebunden über, wenn zum gegenwärtigen Zeitpunkt der Aktivierung von der Transaction alle Systemveränderungen durchgeführt wurden und weiterhin der Zeitpunkt für die nächste Aktivierung bereits bekannt ist.
Den Zustandsübergang Blockierung führt eine Transaction durch, wenn sie auf Grund des Systemzustandes nicht mit der Weiterbearbeitung fortfahren kann und warten muß. Die Wartebedingung wird hierbei von der Transactionsteuerung überprüft.

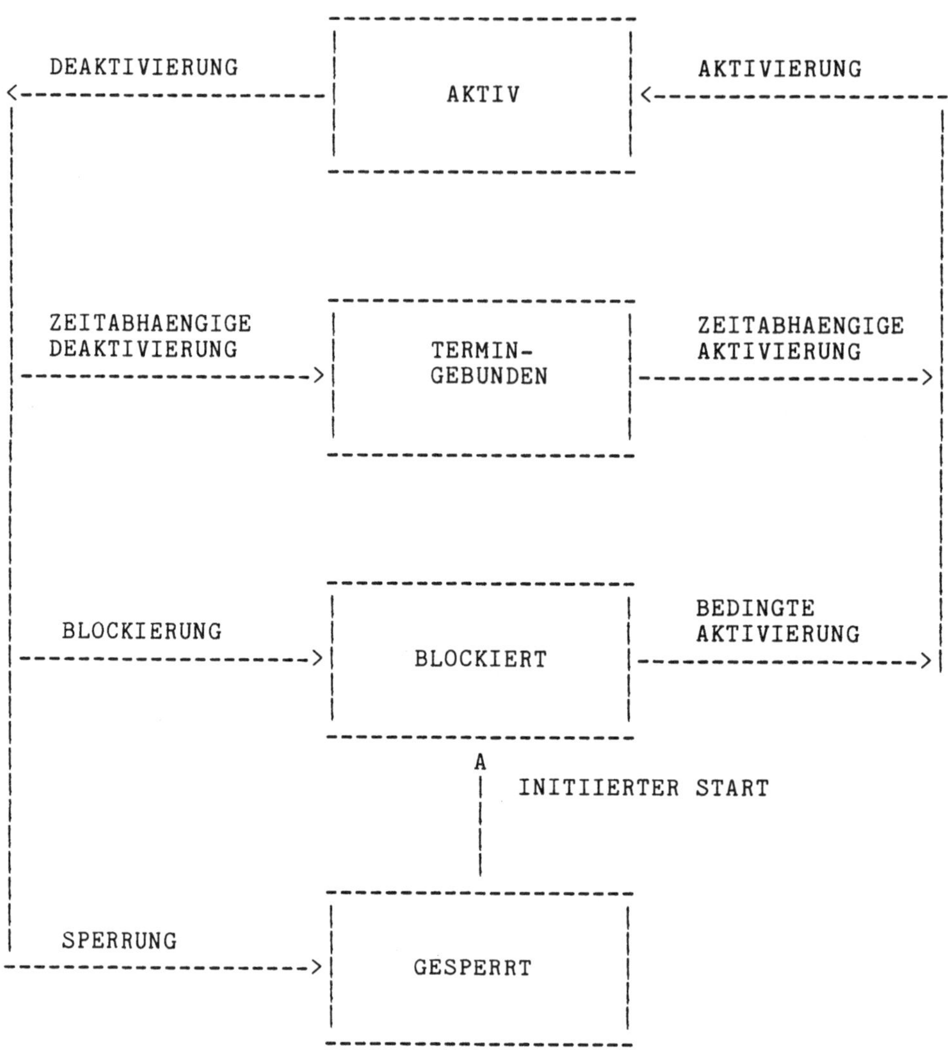

BILD 11 TRANSACTIONSZUSTAENDE UND ZUSTANDSUEBERGAENGE

In den Zustand gesperrt gelangt eine Transaction, wenn sie in den Zustand wartend überführt wird, die Wartebedingung jedoch vom Benutzer kontrolliert werden muß.

* termingebunden
Für eine Transaction steht der Zeitpunkt der nächsten Aktivierung fest. In GPSS-F haben alle Transactions, die sich in diesem Zustand befinden, in dem Element AL(LTR,2) der Aktivierungsliste eine positive ganze Zahl als Eintrag (siehe 2.3.1 und 2.3.2). Eine Transaction wird zum angegebenen Zeitpunkt in den Zustand aktiv übergehen. Dieser Zustandsübergang heißt zeitabhängige Aktivierung; er wird von dem Unterprogramm ACTIV1 durchgeführt.

* blockiert
Eine Transaction ist blockiert, wenn der Systemzustand eine Weiterbearbeitung nicht erlaubt. Die Überprüfung der Wartebedingung erfolgt selbständig durch die Transactionsteuerung. Alle blockierten Transactions haben in dem Element AL(LTR,2) der Aktivierungsliste eine negative ganze Zahl -K als Eintrag. Dieser Eintrag heißt Blockiervermerk. Der Blockiervermerk gibt die Nummer der Station an, vor der die Transaction blockiert ist. Hat sich die Wartebedingung so geändert, daß die Transaction weiterlaufen kann, so wird sie in den Zustand aktiv überführt. Dieser Zustandsübergang heißt bedingte Aktivierung; er wird von dem Unterprogramm ACTIV2 durchgeführt (siehe 2.3.1 und 2.3.3).

* gesperrt
Im Zustand gesperrt befinden sich alle wartenden Transactions, deren Wartebedingungen vom Benutzer überwacht werden. Als Kennzeichnung tragen diese Transactions in dem Element AL(LTR,2) der Aktivierungsliste eine negative ganze Zahl der Größe -(K+"KEND"). Diese Zahl heißt Sperrvermerk. K ist die Stationsnummer, vor der die Transaction wartet. "KEND" gibt den Wert für die höchste Stationsnummer an, die in GPSS-F erreicht werden kann. Hierdurch wird die Unterscheidung zwischen den Transactions möglich, die sich im Zustand blockiert oder gesperrt befinden.
Wenn der Benutzer die Wartebedingung überprüfen möchte, so muß er die Transaction in den Zustand blockiert überführen. Dieser Zustandsübergang wird vom Unterprogramm UNLOCK vorgenommen (siehe 2.5.3). Die Transaction unterliegt dann wieder der Kontrolle der Transactionsteuerung. Das heißt, nach der nächsten Systemveränderung wird für diese Transaction von der Transactionsteuerung die Überprüfung der Wartebedingung durchgeführt.

2.3 Transactionsteuerung

Die Transactionsteuerung hat die Aufgabe, den Weg einer Transaction von Station zu Station zu überwachen. Hierzu muß sie die Zustände der einzelnen Transactions kontrollieren und gegebenenfalls Zustandsübergänge vornehmen. Die hierzu erforderliche Information findet sich im Datenbereich Aktivierungsliste, der von den beiden Unterprogrammen ACTIV1 und ACTIV2 bearbeitet wird.

2.3.1 Die Aktivierungsliste

In der Aktivierungsliste wird die Information geführt, die zur termingerechten Bearbeitung von Transactions erforderlich ist. Da für jede Transaction eine Zeile in der Aktivierungsliste benötigt wird, nimmt die Transaction, die in der TR-Matrix in der Zeile LTR steht, auch in der Aktivierungsliste die Zeile LTR ein.
Die Aktivierungsliste ist wie folgt definiert:

```
INTEGER AL
DIMENSION AL("TR1",2)
```

Die einzelnen Elemente haben die folgende Bedeutung:

AL(LTR,1) Zieladresse
An dieser Stelle wird die Anweisungsnummer geführt, bei der nach der Aktivierung einer Transaction mit der Weiterbearbeitung fortgefahren werden muß.

AL(LTR,2) Kennzeichnung des Transaction-Zustandes
Eine Transaction, die sich im Zustand termingebunden befindet, trägt in diesem Element den Zeitpunkt ihrer nächsten Aktivierung.
Für eine wartende Transaction wird der Wartevermerk eingetragen. Befindet sich eine Transaction im Zustand blockiert, so ist der Blockiervermerk identisch mit der negativen Nummer K der Station, vor der die Transaction blockiert ist (siehe 3.4). Transactions im Zustand gesperrt haben als Sperrvermerk den Eintrag -(K+"KEND").

2.3.2 ACTIV1

Funktion:
Das Unterprogramm ACTIV1 sucht nach dem nächsten fälligen Ereignis bzw. nach der nächsten zeitabhängigen Transactionaktivierung.

Unterprogrammaufruf:

```
CALL ACTIV1 (&1006)
```

Parameterliste:

&1006 Adreßausgang zur Endabrechnung
&1006 bezeichnet die Anweisungsnummer, die den Beginn der Endabrechnung angibt. Sie wird angesprungen, wenn kein Aktivierungszeitpunkt unterhalb der Zeitschranke N gefunden wird. N ist hierbei die vom Benutzer angebbare Zeitobergrenze, die das Ende der Simulation festlegt.

Datenbereich:

Das Unterprogramm ACTIV1 benötigt die Ereignisliste, die Aktivierungsliste und den Bereich COMMON/FAM/.

Programmbeschreibung:

"Nullsetzen der Zeilenzeiger"

```
      LEV = 0
      LTR = 0
```

Der Zeilenzeiger LEV zeigt auf die Zeile in der Ereignisliste, in der das Ereignis steht, das als nächstes ablaufen soll. In gleicher Weise zeigt LTR auf die Zeile der Aktivierungsliste, die diejenige Transaction enthält, die aktiviert werden soll.
Beide Zeilenzeiger werden vor Beginn der Suche auf Null gesetzt.

"Setzen der Simulationsuhren"

```
      T1 = T - RT
      T = N + 1
```

In der Variablen T wird der aktuelle Stand der Simulationsuhr geführt. Die Simulationsuhr bestimmt den zeitlichen Ablauf und darf vom Benutzer auf keinen Fall modifiziert werden.
Die Variable RT enthält die Benutzeruhr. Sie kann aus gegebenem Anlaß auf Null zurückgesetzt werden, wenn während des Simulationslaufes Zeitintervalle bestimmt werden sollen.
Zunächst wird die Simulationsuhr T auf einen Zeitpunkt gesetzt, der über der Zeitschranke N liegt.

"Suchen nach dem nächsten Ereignis"

```
      DO 100 J = 1 , LEL
      IF(EL(J,2).EQ.0.OR.EL(J,2).GE.T) GOTO 100
      T = EL(J,2)
      LEV = J
      NADR = EL(LEV,1)
100   CONTINUE
```

In der Ereignisliste wird nach dem Ereignis mit dem niedrigsten Aktivierungszeitpunkt gesucht. Dieser Zeitpunkt wird in T eingetragen. Das bedeutet, daß die Simulationsuhr weitergeschaltet wird. Weiterhin wird die Zeilennummer des gefundenen Ereignisses in den Zeilenzeiger LEV übertragen.
Die Ereignisliste wird bis zu der Zeile durchsucht, die der Listenendezeiger LEL angibt. Die folgenden Zeilen der Ereignisliste sind leer.
Nach dem Ablauf des Unterprogrammes ACTIV1 führt der Programmfluß im GPSS-Rahmen zum Adreßverteiler (siehe 2.6). Von hier wird zu der Stelle im Programm verzweigt, die durch die Programmadresse angegeben wird. Aus diesem Grund muß die Zieladresse des Ereignisses in die Variable NADR übertragen werden.

"Suchen nach der nächsten Transaction-Aktivierung"

```
      DO 200 J = 1 , LAL
```

```
      IF(AL(J,2).LE.0.OR.AL(J,2).GE.T) GOTO 200
      T = AL(J,2)
      LTR = J
      NADR = AL(LTR,1)
      LEV = 0
200   CONTINUE
```

Als nächstes wird geprüft, ob vor dem Aktivierungszeitpunkt des gefundenen Ereignisses noch die zeitabhängige Aktivierung einer Transaction liegt. Wenn das der Fall ist, wird in den Zeilenzeiger LTR die Zeilennummer der Transaction eingetragen, die aktiviert werden soll. Die Zieladresse wird in der Variablen NADR vermerkt. Gleichzeitig wird der Zeilenzeiger LEV gelöscht.
Die Aktivierungsliste wird bis zu der Zeile durchsucht, die der Listenendezeiger LAL angibt. Die folgenden Zeilen der Aktivierungsliste sind leer.

"Prüfen auf Simulationsende"

```
      IF(T.GT.N) RETURN 1
```

Zu Beginn der Suche wird T auf einen Wert gesetzt, der größer ist als die Zeitschranke. Auf diese Weise wird sichergestellt, daß nur Startzeitpunkte gefunden werden, die kleiner oder gleich N sind.
Wird kein solcher Startzeitpunkt gefunden, so hat T seinen Anfangswert N+1 beibehalten. Hierdurch wird das Ende des gesamten Simulationslaufes angezeigt. Das Unterprogramm verzweigt in diesem Fall zur Endabrechnung. Ansonsten wird mit der Anweisung fortgefahren, die auf den Aufruf von ACTIV1 folgt. Das wird in der Regel der Adreßverteiler sein.

"Setzen der Benutzeruhr"

```
      RT = T - T1
```

Die Benutzeruhr wird auf den neuen Stand gebracht.

"Family-Zugehörigkeit"

```
      LFAM = 0
      IF(LTR.EQ.0) GOTO 400
      IF(TR(LTR,2).EQ.0) RETURN
      DO 300 J = 1 , "FAM1"
      IF(TR(LTR,1).EQ.FAM(J,1)) GOTO 350
300   CONTINUE
      RETURN
350   LFAM = J
      RETURN
```

Ist die Transaction Mitglied einer Family, so wird die Zeilennummer der Family-Matrix, die diese Family kennzeichnet, in LFAM eingetragen.

"Löschen der Ereignisanmeldung"

```
400     EL(LEV,1) = 0
        EL(LEV,2) = 0
```

Wenn ein Ereignis aktiviert worden ist, so wird der Eintrag in der Ereignisliste gelöscht.

"Neubestimmen des Listenendezeigers LEL"

```
450     IF(EL(LEL,1).NE.0.OR.LEL.EQ.1) RETURN
        LEL = LEL - 1
        GOTO 450
        END
```

Wenn ein Ereignis gelöscht wird, so ist es möglich, daß sich der hintere, unbesetzte Bereich der Ereignisliste um eine oder mehrere Zeilen vergrößert. Der Listenendezeiger LEL, der die letzte noch besetzte Zeile kennzeichnet, muß für diesen Fall neu festgesetzt werden.

Hinweise:

* ACTIV1 wird auf jeden Fall zu Beginn eines Simulationslaufes aufgerufen, damit die erste Transaction erzeugt werden kann. Weiterhin wird ACTIV1 nach ACTIV2 angesprungen, wenn keine bedingte Aktivierung vorliegt und mit der Suche nach einer neuen zeitabhängigen Aktivierung fortgefahren werden muß.

* Sind zur gleichen Zeit mehrere Aktivierungen möglich, so werden die Ereignisse immer vor den Transactions behandelt. Unter den Ereignissen wird dasjenige herausgegriffen, das in der Ereignisliste zuerst gefunden wird. Das gilt in gleicher Weise für Transactions und die Aktivierungsliste. Diese Reihenfolge kann ohne Eingriffe in die Ablaufkontrolle nicht beeinflußt werden.

* Das Unterprogramm ACTIV1 übernimmt zunächst die Aufgaben der Ereignissteuerung, indem es die Ereignisliste überprüft. Gleichzeitig wird auch derjenige Teil der Transactionsteuerung, der für die zeitabhängigen Aktivierungen zuständig ist, von ACTIV1 bearbeitet.

2.3.3 ACTIV2

Funktion:
Im Unterprogramm ACTIV2 werden die Wartebedingungen für alle blockierten Transactions überprüft. Hat sich durch die Systemveränderungen der vorherigen Transaction eine Bedingung so geändert, daß bisher blockierte Transactions aktiviert werden können, so wird eine bedingte Aktivierung vorgenommen.

Unterprogrammaufruf:

```
CALL ACTIV2 (&1001,&1003)
```

Parameterliste:

&1001 Adreßausgang zur zeitabhängigen Aktivierung
Wenn keine bedingte Aktivierung gefunden wurde, so fährt die Transactionsteuerung mit der zeitabhängigen Ereignissuche fort. Es wird als nächstes der Unterprogrammaufruf CALL ACTIV1 angesprungen, der die Anweisungsnummer &1001 tragen muß.

&1003 Adreßausgang zum Adreßverteiler
Wird in ACTIV2 eine bedingte Aktivierung gefunden, so wird als nächstes zum Adreßverteiler verzweigt. Der Adreßverteiler selbst muß die Anweisungsnummer &1003 tragen.

Datenbereich:

Das Unterprogramm ACTIV2 benötigt die Aktivierungsliste, den State-Vektor und die beiden Bereiche COMMON/FAM/ und COMMON/POL/.

Programmbeschreibung:

"Löschen des Zeilenzeigers LEV"

```
        LEV = 0
```

Es ist möglich, daß vor Aufruf des Unterprogrammes ACTIV2 ein Ereignis bearbeitet worden ist. Der Zeilenzeiger LEV, der noch immer auf der Zeile dieses Ereignisses steht, muß gelöscht werden.

"Freischalten der Gates vom Typ 2"

```
        IF(IT.EQ.T) GOTO 200
        IT = T
        DO 100 I = "BGATE2" , "EGATE2"
100     STATE(I) = 1
```

Jedesmal, wenn eine Transaction deaktiviert worden ist, muß überprüft werden, ob durch die Aktivitäten dieser Transaction eine Wartebedingung für diejenigen Gates verändert worden ist, die von der Transactionsteuerung überwacht werden. Gegebenenfalls müssen Transactions, die vor diesem Gate warten, selbständig aktiviert werden.
Für Gates vom Typ 2 werden die Elemente im State-Vektor auf frei geschaltet, sodaß eine blockierte Transaction probeweise auf das Gate laufen kann, um die Bedingung zu überprüfen (siehe 7.2).

"Suchen nach einer blockierten Transaction"

```
200     DO 201 JA = 1 , LAL
        IF(AL(JA,2).GE.0) GOTO 201
        K = - AL(JA,2)
```

```
      IF(K.GT."KEND") GOTO 201
      IF(STATE(K).NE.0) GOTO 250
201   CONTINUE
      IT = 0
      RETURN 1
```

Es wird die erste Transaction herausgesucht, die aktiviert werden kann. Hierzu wird zunächst die erste blockierte Transaction gefunden und geprüft, ob ihre im Blockiervermerk verschlüsselte Station geöffnet ist. Ist das der Fall, so wird mit "Sammeln" fortgefahren. Die Aktivierungsliste wird hierbei bis zu der Zeile durchsucht, die der Listenendezeiger LAL angibt. Die folgenden Zeilen der Aktivierungsliste sind leer. Läßt sich keine Transaction finden, die bedingt aktiviert werden kann, so wird ACTIV2 über den Ausgang verlassen, der zu ACTIV1 führt. Bei dieser Gelegenheit muß der IT-Mechanismus zurückgesetzt werden (siehe 7.3.3).

"Sammeln"

```
250   POLC = 1
      POLVEC(POLC) = JA
      JA = JA + 1
      IF(JA.GT.LAL) GOTO 350
      DO 300 JB = JA , LAL
      IF(AL(JB,2).NE.-K) GOTO 300
      POLC = POLC + 1
      POLVEC(POLC) = JB
300   CONTINUE
```

Ist die erste Transaction gefunden worden, die vor einer Station blockiert ist und aktiviert werden könnte, so wird die Aktivierungsliste nach weiteren Transactions durchsucht, die vor derselben Station blockiert sind. Die Zahl der auf diese Weise gefundenen Transactions steht in POLC. In POLVEC werden die dazugehörigen Zeilen in der Aktivierungsliste eingetragen.

"Auswahl durch die Policy"

```
350   CALL POLICY(K)
```

Dem Unterprogramm POLICY wird im COMMON-Bereich der Vektor POLVEC und der Wert der Variablen POLC übergeben. Aus den in POLVEC angegebenen Transactions wird nach der zu der Station K gehörigen Policy eine Transaction ausgewählt. Dies geschieht, indem die Zeilennummer LTR zurückgegeben wird, in der die zu aktivierende Transaction in der Aktivierungsliste steht.

"Abschluß"

```
      IF(K.LE."EGATE2") OK = 1
      IF(K.LT."BGATE2".OR.K.GT."EGATE2") IT = 0
```

Abschließend müssen der OK-Mechanismus und der IT-Mechanismus zurückgesetzt werden (siehe 3.5 und 7.3.3).

"Aktivieren der Transaction"

```
      NADR = AL(LTR,1)
      LFAM = 0
      IF(TR(LTR,2).EQ.0) RETURN 2
      DO 400 J = 1 , "FAM1"
      IF(TR(LTR,1).EQ.FAM(J,1)) GOTO 450
400   CONTINUE
      RETURN 2
450   LFAM = J
      RETURN 2
      END
```

Eine Transaction gilt als aktiviert, wenn die Variable LTR und gegebenenfalls LFAM besetzt sind. In LTR wird die Zeilennummer der TR-Matrix für die aktivierte Transaction eingetragen. Ist die Transaction Mitglied einer Family, so wird die Zeilennummer der Family-Matrix in LFAM bereitgestellt.
Das Unterprogramm ACTIV2 wird über den Ausgang verlassen, der zum Adreßverteiler führt. Von hier aus wird dann die Anweisung mit der Anweisungsnummer NADR angesprungen.

Hinweise:

* Jede Transaction kann während der Zeit, zu der sie aktiviert war, Wartebedingungen verändert haben. Wenn die Transaction deaktiviert worden ist, muß daher das Unterprogramm ACTIV2 aufgerufen werden, das die Wartebedingungen erneut überprüft und gegebenenfalls die bedingte Aktivierung einer weiteren Transaction veranlaßt.
Sind alle bedingten Aktivierungen, die das Unterprogramm ACTIV2 herausgesucht hatte, bearbeitet worden, so wird zum Unterprogramm ACTIV1 zurückgesprungen. ACTIV1 nimmt nun entweder zur gleichen Zeit eine weitere zeitabhängige Aktivierung vor oder schaltet die Simulationsuhr zum nächsten Aktivierungszeitpunkt weiter (siehe Bild 12).

* Sind zur gleichen Zeit an mehreren Stationen bedingte Aktivierungen möglich, so wird die Transaction aus der Station zuerst ausgewählt, deren Stationsnummer von ACTIV2 in der Aktivierungsliste zuerst gefunden wurde. Diese Reihenfolge kann nicht beeinflußt werden.

* ACTIV2 durchsucht die Aktivierungsliste nur nach Wartevermerken, die nicht kleiner als -"KEND" sind. Auf diese Weise werden nur Transactions gefunden, die sich im Zustand blockiert befinden und daher der Kontrolle der Transactionsteuerung unterliegen. Ist der Wartevermerk kleiner als -"KEND", so handelt es sich um eine Transaction, die sich im Zustand gesperrt befindet. ACTIV2 muß sie übergehen. Durch den Zustandsübergang Starten wird der Wartevermerk -(K+"KEND") durch -K ersetzt. Wenn im Anschluß an diesen Vorgang ACTIV2 aufgerufen wird, werden die blockierten Transactions gefunden und können zur Aktivierung weitergeschickt werden (siehe 2.5.3)

2.4 Unterprogramme zur Erzeugung und Vernichtung von Transactions

In GPSS-F gibt es besondere Unterprogramme, die das Erzeugen und Vernichten von Transactions übernehmen.

2.4.1 GENERA

Funktion:
Das Unterprogramm GENERA erzeugt eine Transaction und besetzt wichtige private Parameter. Gleichzeitig wird der Zeitpunkt für die nächste Aktivierung der Source festgelegt.

Unterprogrammaufruf:

```
CALL GENERA (ET,ZTR,PR,ID,&1006,IPRINT)
```

Parameterliste:

ET — Ankunftsabstände
Diese Variable legt den nächsten Zeitpunkt für die Erzeugung einer Transaction fest. Wenn die Simulationsuhr beim Aufruf des Unterprogrammes GENERA auf T steht, erfolgt der nächste Sourcestart zur Zeit T + ET.

ZTR — Maximale Zahl der zu erzeugenden Transactions
Für jede Source kann angegeben werden, wieviele Transactions erzeugt werden sollen. Ist diese Zahl erreicht, wird die Source stillgelegt.

PR — Priorität der erzeugten Transactions
Die Priorität einer Transaction wird bei der Generierung festgelegt und in TR(LTR,4) eingetragen.

ID — Anweisungsnummer des Unterprogrammaufrufes
Die Anweisungsnummer des Unterprogrammaufrufes wird für den näcsten Source-Start als Zieladresse in die Ereignisliste eingetragen.

&1006 — Adreßausgang bei Listenüberlauf oder fehlerhaftem Listeneintrag
Über diesen Ausgang wird GENERA verlassen, wenn die Source nicht gefunden werden kann, die auf Grund des aktivierten Ereignisses eine Transaction erzeugen soll. Weiterhin wird dieser Ausgang benötigt, wenn keine Transaction erzeugt werden kann, weil die Transaction-Matrix bereits besetzt ist.
Es ist ratsam, in beiden Fällen den Simulationslauf abzubrechen. Es wird zur Endabrechnung gesprungen, um einen ordnungsgemäßen Abschluß zu ermöglichen.

IPRINT — Protokollsteuerung
Die Protokollausdrucke werden unterdrückt, wenn IPRINT=0.

Datenbereich:

Jeder Source entspricht in der Source-Matrix (SRC-Matrix) eine Zeile. Die SRC-Matrix ist wie folgt definiert:

```
INTEGER SRC
```

```
        DIMENSION SRC("SRC1",2)
```

Die Elemente haben die folgende Bedeutung:

SRC(J,1) Zeiger auf die Ereignisliste
Das Ereignis, das die Erzeugung einer Transaction von der Source verlangt, besetzt in der Ereignisliste eine Zeile, deren Zeilennummer in dieses Feld eingetragen wird.

SRC(J,2) Zahl der von der Source erzeugten Transactions
Hier wird die Zahl der von der Source bereits erzeugten Transactions eingetragen.

Weiterhin steht den Sources ein Zähler zur Verfügung. Dieser Zähler NTRC führt über die bisher vergebenen Transactionnummern Buch. Da jede Transaction, die erzeugt wird, fortlaufend numeriert wird, muß bekannt sein, welche Nummer die zuletzt erzeugte Transaction trägt.

Programmbeschreibung:

"Bestimmen der Source"

```
        DO 100 J = 1 , "SRC1"
        IF(SRC(J,1).EQ.LEV) GOTO 150
100     CONTINUE
        RETURN 1
```

Es wird diejenige Source bestimmt, die durch das aktivierte Ereignis zur Erzeugung einer Transaction veranlaßt werden soll. Hierzu wird der Inhalt des Zeilenzeigers LEV, der die Zeilennummer des aktivierten Ereignisses angibt, mit dem Eintrag in SRC(J,1) verglichen.
Der Eintrag in SRC(J,1) erfolgt beim Anmelden des Ereignisses durch das Unterprogramm EVENT.

"Berichtigen der Zähler"

```
150     SRC(J,1) = 0
        SRC(J,2) = SRC(J,2) + 1
        NTRC = NTRC + 1
```

Der Zähler NTRC wird auf den neuen Stand gebracht. In der SRC-Matrix wird die Zahl der erzeugten Transactions um eins erhöht.

"Generieren"

```
        DO 200 LTR = 1 , "TR1"
        IF(TR(LTR,1).EQ.0) GOTO 250
200     CONTINUE
        RETURN 1
250     TR(LTR,1) = NTRC
        TR(LTR,3) = T
        TR(LTR,4) = PR
```

In der Transaction-Matrix wird eine neue Zeile gesucht; hier werden der Entstehungszeitpunkt, die Priorität und die Transactionnummer eingetragen. Die Zeilennummer wird in LTR übertragen.
Wird in der TR-Matrix keine freie Zeile gefunden, so wird das Unterprogramm über den Adreßausgang Listenüberlauf verlassen.

"Neubesetzen der Ereignisliste"

```
      IF(LTR.GT.LAL) LAL = LTR
      IF(SRC(J,2).GE.ZTR) RETURN
      SRC(J,1) = LEV
      EL(LEV,1) = ID
      EL(LEV,2) = T + ET
      IF(LEV.GT.LEL) LEL = LEV
      RETURN
      END
```

Wenn die Zahl der Transactions, die von einer Source generiert werden sollen, noch nicht erreicht ist, wird in die Ereignisliste der Zeitpunkt für das nächste Ereignis eingetragen, das eine weitere Transaction erzeugen soll.
Der Listenendezeiger LEL gibt an, bis zu welcher Zeile die Ereignisliste besetzt ist. Wird durch das Unterprogramm GENERA eine Zeile herausgesucht, deren Zeilennummer größer ist als der Wert des Listenendezeigers LEL, wird der Wert von LEL neu festgesetzt.

Hinweise:

* Eine Transaction, die von einer Source generiert wird, ist damit auch aktiviert. Ihre Zeilennummer in der TR-Matrix steht in der Variablen LTR. Sie fährt mit der Bearbeitung bei der Programmanweisung fort, die auf den Unterprogrammaufruf CALL GENERA folgt.

* Das Unterprogramm GENERA erzeugt Transactions für jede Source. Eine feste Zuordnung einer Source zu einem bestimmten GENERA-Aufruf besteht nicht. Von welcher Source eine Transaction erzeugt werden soll, wird bei der Anmeldung des ersten Ereignisses festgelegt.

* Das Ereignis, das für eine Source die erste Transaction erzeugen soll, muß vom Benutzer in Abschnitt 6 des Rahmens "Anmelden der ersten Ereignisse" selbst festgelegt werden. Die folgenden Ereignisse, die weitere Transactions generieren, werden im Unterprogramm GENERA angemeldet. Immer dann, wenn ein Ereignis die Erzeugung einer Transaction veranlaßt hat, wird zu diesem Zeitpunkt der Aktivierungszeitpunkt des nächsten Ereignisses in die Ereignisliste eingetragen.

2.4.2 TERMIN

Funktion:
Das Unterprogramm TERMIN vernichtet eine Transaction, die das

Modell verläßt, indem die Datenbereiche dieser Transaction gelöscht werden. Ist die vernichtete Transaction das letzte Mitglied ihrer Family, so wird die Family aufgelöst.

Unterprogrammaufruf:

```
CALL TERMIN (&1005,IPRINT)
```

Parameterliste:

&1005 Adreßausgang zur Transactionsteuerung
Wenn eine Transaction vernichtet worden ist, muß anschließend die Transactionsteuerung aufgerufen werden, damit die nächste Transaction aktiviert werden kann. Die Programmadresse muß den Unterprogrammaufruf CALL ACTIV2 bezeichnen.

IPRINT Protokollsteuerung
Die Protokollausdrucke werden unterdrückt, wenn IPRINT=0.

Datenbereich:

Das Unterprogramm TERMIN benötigt die Aktivierungsliste und die TR-Matrix. Ist die Transaction, die vernichtet werden soll, Mitglied einer Family, so wird zusätzlich auf die FAM-Matrix und die ASM-Matrix zugegriffen.

Programmbeschreibung:

"Family"

```
      IF(LFAM.EQ.0) GOTO 200
      FAM(LFAM,2) = FAM(LFAM,2) - 1
      IF(FAM(LFAM,2).GT.0) GOTO 200
      DO 100 IB = 1 , 3
100   FAM(LFAM,IB) = 0
      DO 110 IB = 1 , "ASM1"
110   ASM(LFAM,IB) = 0
      LFAM = 0
```

Für Mitglieder einer Family wird der Zähler in FAM(LFAM,2) um 1 heruntergezählt. Ist die Transaction das letzte Mitglied einer Family, so wird die Family aufgelöst, indem die Zeilen in der FAM-Matrix und in der ASM-Matrix gelöscht werden.

"Vernichten"

```
200   DO 201 IA = 1 , "TR2"
201   TR(LTR,IA) = 0
      DO 202 IA = 1 , 2
202   AL(LTR,IA) = 0
```

Eine Transaction wird vernichtet, indem ihre Zeilen in der TR-Matrix und in der Aktivierungsliste gelöscht werden.

"Neubestimmen des Listenendezeigers LAL"

```
250     IF(TR(LAL,1).NE.0.OR.LAL.EQ.1) RETURN 1
        LAL = LAL - 1
        GOTO 250
        END
```

Wird eine Transaction vernichtet, so ist es möglich, daß sich der hintere, unbesetzte Bereich der Aktivierungsliste und der Transactionmatrix um eine oder mehrere Zeilen vergrößert. Der Listenendezeiger LAL, der die letzte noch besetzte Zeile kennzeichnet, muß für diesen Fall neu festgesetzt werden.

2.5 Unterprogramme zur Steuerung von Transactions

In GPSS-F gibt es einige Unterprogramme, die nicht zu Stationen gehören, sondern zur Steuerung der Transactions dienen, indem sie Zustandsänderungen durchführen.

2.5.1 ADVANC

Funktion:
Eine Transaction, die den Unterprogrammaufruf CALL ADVANC erreicht, wird für eine bestimmte Zeit stillgelegt. Sie geht damit in den Zustand termingebunden über. Zum neuen Aktivierungszeitpunkt kann sie ihren Weg durch das Modell bei der angegebenen Anweisungsnummer fortsetzen.

Unterprogrammaufruf:

```
CALL ADVANC (AT,IDN,&1005,IPRINT)
```

Parameterliste:

AT — Verzögerungszeit
Diese Variable gibt an, um wieviele Zeiteinheiten eine Transaction verzögert werden soll. Wenn die Simulationsuhr beim Aufruf des Unterprogrammes ADVANC auf T steht, erfolgt die erneute Aktivierung der Transaction zur Zeit T + AT.

IDN — Zieladresse
Wenn die Transaction nach der Verzögerung erneut aktiviert wird, setzt sie ihren Weg bei der Anweisung mit der Anweisungsnummer IDN fort.

&1005 — Adreßausgang zur Transactionsteuerung
Eine zu verzögernde Transaction wird in ADVANC deaktiviert und in den Zustand termingebunden überführt, da sie auf ihre Weiterbehandlung warten muß. Anschließend wird die Transactionsteuerung aufgerufen, die eine neue Transactionaktivierung veranlaßt.

IPRINT — Protokollsteueung
Die Protokollausdrucke werden unterdrückt, wenn IPRINT=0.

Datenbereich:

Das Unterprogramm ADVANC benötigt die Aktivierungsliste.

Programmbeschreibung:

"Verzögern"

```
AL(LTR,1) = IDN
AL(LTR,2) = T + AT
RETURN 1
END
```

In der Aktivierungsliste wird die neue Zieladresse und der neue Aktivierungszeitpunkt eingetragen.

2.5.2 BUFFER

Funktion:
Im Unterprogramm BUFFER wird eine Transaction deaktiviert. Sie wird zum gleichen Zeitpunkt wieder aktiviert, nachdem vorher alle Transactions, für die eine bedingte Aktivierung möglich war, bearbeitet worden sind.

Unterprogrammaufruf:

```
CALL BUFFER (IDN,&1005,IPRINT)
```

Parameterliste:

IDN Zieladresse
Wenn die Transaction wieder gestartet wird, setzt sie ihren Weg bei der Anweisung mit der Anweisungsnummer IDN fort.

&1005 Adreßausgang zur Transactionsteuerung
Nachdem die ursprüngliche Transaction deaktiviert worden ist, muß das Unterprogramm ACTIV2 aufgerufen werden, das die bedingten Aktivierungen heraussucht, die zum gegenwärtigen Zeitpunkt möglich sind.

IPRINT Protokollsteuerung
Die Protokollausdrucke werden unterdrückt, wenn IPRINT=0.

Datenbereich:

Das Unterprogramm BUFFER benötigt die Aktivierungsliste.

Programmbeschreibung:

"Deaktivieren"

```
AL(LTR,1) = IDN
AL(LTR,2) = T
RETURN 1
END
```

In die Aktivierungsliste wird die Zieladresse und als Aktivierungszeitpunkt der aktuelle Stand der Simulationsuhr eingetragen. Da die bedingten Aktivierungen von ACTIV2 herausgesucht werden, bevor ACTIV1 die zeitabhängigen Aktivierungen findet, wird die gewünschte Funktion von BUFFER durch diesen Eintrag erreicht.

Hinweise

* Das Unterprogramm BUFFER versetzt eine aktive Transaction in den Zustand termingebunden. Als neuer Aktivierungszeitpunkt wird der aktuelle Stand der Simulationsuhr in die Aktivierungsliste eingetragen. Damit entspricht die Funktion von BUFFER der Funktion von ADVANC mit AT = 0.

2.5.3 UNLOCK

Funktion:
Das Unterprogramm UNLOCK veranlaßt den Übergang vom Transactionzustand gesperrt zum Transactionzustand blockiert. Dieser Übergang heißt Start. Wenn eine Transaction den Unterprogrammaufruf CALL UNLOCK erreicht, werden die Transactions, die sich in der Warteschlange der angegebenen Station befinden, damit der Transactionsteuerung zugängig gemacht.

Unterprogrammaufruf:

```
        CALL UNLOCK (K,IPRINT)
```

Parameterliste:

K	Stationsnummer Die Transactions, die vom Zustand gesperrt in den Zustand blockiert überführt werden sollen, befinden sich in der Warteschlange vor der Station K. Es ist darauf zu achten, daß nur Stationen aufgeführt werden, für die der Zustandsübergang Start möglich ist.
IPRINT	Protokollsteuerung Die Protokollausdrucke werden unterdrückt, wenn IPRINT=0.

Datenbereich:

Das Unterprogramm UNLOCK benötigt die Aktivierungsliste.

Programmbeschreibung:

"Starten"

```
        K1 = - "KEND" - K
        DO 100 I = 1 , LAL
        IF(AL(I,2).NE.K1) GOTO 100
        AL(I,2) = - K
100     CONTINUE
        RETURN
        END
```

Für Transactions, die sich im Zustand gesperrt befinden, steht in der Aktivierungsliste der Sperrvermerk -"KEND"-K. Er wird durch den Blockiervermerk -K ersetzt. Auf diese Weise unterliegen die Transactions von diesem Augenblick an der Transactionsteuerung.

Hinweise:

* Transactions, die vor einer Station warten, die nicht der Transactionsteuerung unterliegt, müssen durch den Unterprogrammaufruf CALL UNLOCK gestartet werden. In GPSS-F sind hiervon alle Transactions betroffen, die vor einer Storage oder vor einem Gate vom Typ 1 warten.

2.6 Der GPSS-F Rahmen

Der GPSS-F Rahmen stellt das Gerüst für den Simulator dar. Er schreibt den Aufbau vor und gibt damit die Stellen an, in die der Benutzer die fertigen Unterprogramme einhängen muß, um das ablauffähige Modell zu erstellen (siehe Anhang A4).

2.6.1 Der Rahmen

Der GPSS-F Rahmen gliedert sich in 12 Abschnitte, die jeweils vorgeschriebene Funktionen übernehmen. Einige dieser Abschnitte sind fest von GPSS-F vorgegeben; daneben gibt es Abschnitte, die vom Benutzer dem Problem entsprechend aufgebaut werden müssen.

"1. Allgemeine Fortran-Definitionen"

In diesem Abschnitt werden alle erforderlichen Größen dimensioniert; es werden Typvereinbarungen getroffen und COMMON-Bereiche angelegt. Für die Größen, die nicht zu GPSS-F selbst gehören, muß die Definition vom Benutzer vorgenommen werden.

"2. Definition von Statement Functions"

Alle vom Benutzer benötigten Funktionen müssen definiert werden.

"3. Nullsetzen der Datenbereiche"

Das Unterprogramm RESET übernimmt das Löschen aller Datenbereiche, die unmittelbar zu GPSS-F gehören. Das Löschen der benutzereigenen Variablen muß gesondert erfolgen.

"4. Wertzuweisung von konstanten Steuer- und Anfangswerten"

Zunächst müssen die Policy-, die Strategie- und die Plan-Matrix besetzt werden. Wird vom Benutzer kein Eintrag vorgenommen, wird bei Policies mit der von GPSS-F vorgesehenen Voreinstellung gearbeitet.
Die Speicherkapazität der Speicher muß in die STO-Matrix eingetragen werden. In gleicher Weise erfolgt die Festlegung der Kapazität der Multifacilities mit Hilfe der MFAC-Matrix.
Die INIT-Unterprogramme besetzen diejenigen Variablen, die vom

System benötigt werden und deren Werte sich während des Simulationslaufes nicht ändern. INIT1 versieht die Zufallszahlengeneratoren mit den erforderlichen Startwerten. INIT2 baut aus den Angaben über die Kapazität der Multifacilities die benötigten Datenbereiche auf. In INIT3 werden die Datenbereiche für adressierbare Speicher angelegt.

"5. Variable Steuerwerte, Anfangswerte und Funktionswerte--Tabellen"

Häufig ist es vorteilhaft, den Variablen, die sich von Simulationslauf zu Simulationslauf ändern können, nicht im Programm Werte zuzuweisen, sondern diese Werte einzulesen. Das Einlesen erfolgt mit Hilfe der Funktion ITREAD, die Zahlen vom Typ INTEGER im Format I10 einliest und das Einlesen protokolliert.

"6. Anmelden der ersten Ereignisse"

Um den Simulationslauf beginnen zu können, muß das erste Ereignis in das Modell eingebracht werden. In der Regel wird zunächst eine Transaction generiert. Bei der Anmeldung des Ereignisses durch das Unterprogramm EVENT muß in diesem Fall als Zieladresse die Anweisungsnummer eines GENERA-Aufrufes angegeben werden.

"7. Ablaufkontrolle 1: Zeitabhängige Aktivierung von Ereignissen und Transactions"

Mit diesem Abschnitt beginnt der eigentliche Simulationslauf. Von der Ablaufkontrolle wird an dieser Stelle die nächste zeitabhängige Aktivierung herausgesucht, die zum aktuellen Zeitpunkt möglich ist.

"8. Adreßverteiler"

In diesem Abschnitt werden die aktivierten Ereignisse und Transactions an die Stelle im Modell geschickt, an der sie mit der Weiterbehandlung fortfahren sollen. Über ein Computed GOTO kann die Anweisung im Programm angesprungen werden, die von der Zieladresse in NADR angegeben wird. Der Adreßverteiler muß daher alle Anweisungsnummern enthalten, die als Zieladresse im Modell auftreten.

"9. Modell"

Das Modell muß vom Benutzer aus verschiedenen Unterprogrammen zusammengestellt werden. Alle Anweisungen, die bei der Aktivierung einer Transaction vom Adreßverteiler erreicht werden können, müssen eine Anweisungsnummer tragen.

"10. Ablaufkontrolle 2: Bedingte Aktivierung von Transactions

Wenn eine Transaction deaktiviert worden ist, wird von der Transactionsteuerung durch das Unterprogramm ACTIV2 geprüft, ob die bedingte Aktivierung einer Transaction möglich geworden ist. Ist das nicht der Fall, wird im Abschnitt 7 mit der Suche nach der nächsten zeitabhängigen Aktivierung fortgefahren.

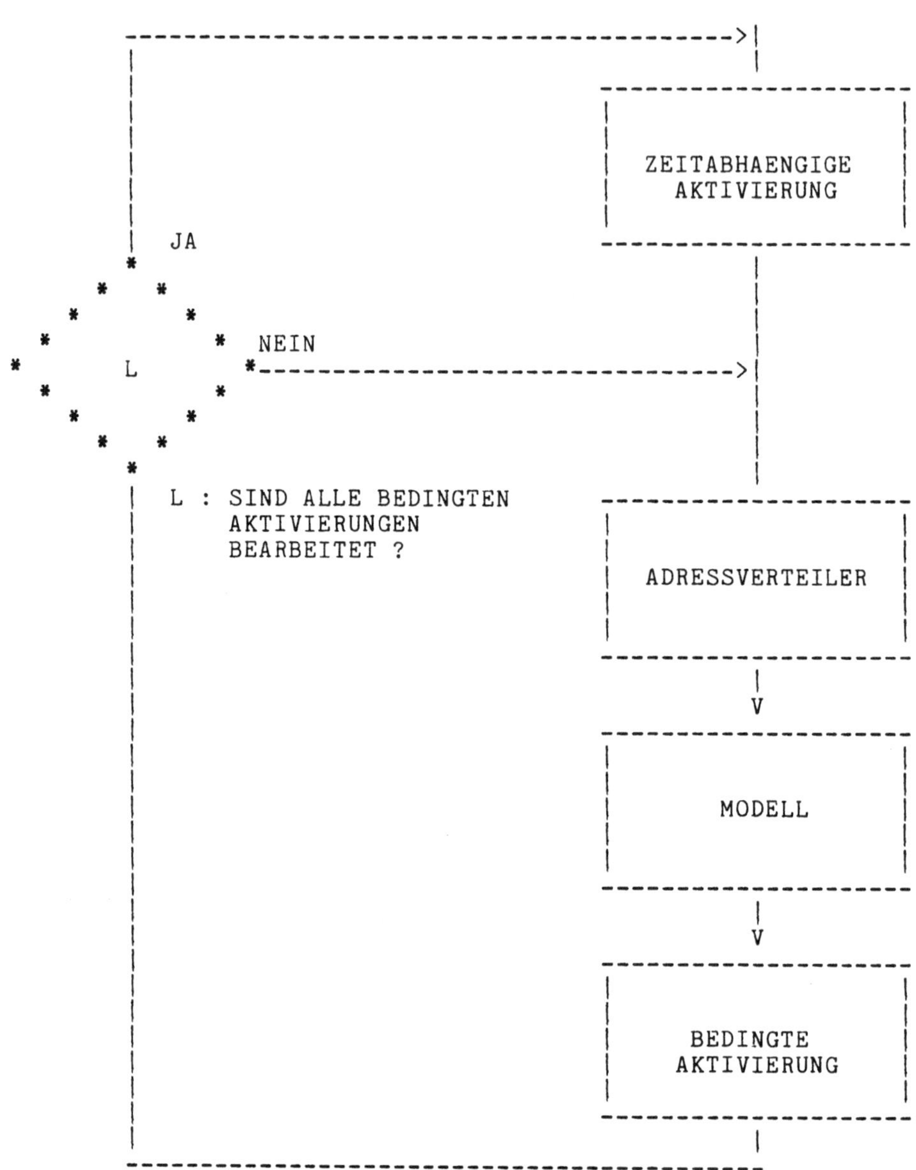

BILD 12 AUFBAU DER ABLAUFKONTROLLE

"11. Endabrechnung"

Zunächst werden durch das Unterprogramm ENDQUE alle Queues, die zur statistischen Erfassung des Warteschlangenverhaltens angelegt worden sind, in den Endzustand gebracht. Die Endabrechnung selbst muß durch den Benutzer der Fragestellung entsprechend vorgenommen werden.

"12. Ausgabe der Ergebnisse"

Die Ergebnisse, die der Simulationslauf liefert, werden an dieser Stelle vom Benutzer ausgegeben. Es ist ratsam, am Ende noch einmal den Modellzustand zu überprüfen. Hierzu wird das Unterprogramm REPORT aufgerufen, das die Eintragungen in allen Datenbereichen ausdruckt.

Hinweise:

* Der Aufbau des Rahmens macht die Vorgehensweise der Ablaufkontrolle deutlich. Zunächst wird die zeitabhängige Aktivierung eines Ereignisses oder einer Transaction vorgenommen. Im Anschluß daran wird geprüft, ob sich auf Grund dieser Aktivierung der Systemzustand in einer Weise geändert hat, daß die bedingte Aktivierung einer Transaction möglich geworden ist.

Beispiel:

* Eine Transaction, die zeitabhängig aktiviert worden ist, verläßt eine Bedienstation und gibt sie damit für eine Neubelegung frei. Für die Transactions, die vor der Bedienstation warten, ergibt sich jetzt die Möglichkeit, in der Bearbeitung fortzufahren.

Wenn alle bedingten Aktivierungen, die sich auf Grund der vorhergegangenen zeitabhängigen Aktivierung ergeben haben, bearbeitet worden sind, wird mit der nächsten zeitabhängigen Aktivierung fortgefahren. Es ergibt sich demnach eine Aufeinanderfolge von Abläufen der folgenden Art:

Zeitabhängige Aktivierung
Hierdurch möglich gewordene bedingte Aktivierungen
Zeitabhängige Aktivierung

Dieser Sachverhalt ist noch einmal in Bild 12 dargestellt.

2.6.2 INIT1

Funktion:
Zu Beginn eines Simulationslaufes werden vom Unterprogramm INIT1 die Zufallszahlengeneratoren entkoppelt und mit den erforderlichen Startwerten versehen.

Unterprogrammaufruf:

```
CALL INIT1
```

Parameterliste:

Die Parameterliste ist leer.

Datenbereich:

Das Unterprogramm INIT1 benötigt den Bereich COMMON/DRN/.

Programmbeschreibung:

"Bestimmen der Multiplikatoren"

In GPSS-F sind alle Zufallszahlen-Generatoren, die zur Verfügung stehen, unabhängig voneinander. Das wird erreicht, indem jeder Generator für das Iterationsverfahren einen eigenen Multiplikator erhält. Der Multiplikator wird im Vektor DFAKT(RNUM) geführt. Die Bestimmung der Multiplikatoren erfolgt so, daß die Bedingungen, die zu brauchbaren Zufallszahlen-Generatoren führen, eingehalten werden (siehe 9.2, 9.4.1 und Anhang A5).

"Bestimmen der additiven Konstanten und des Moduls"

```
        DMODUL = 2.**30
        DO 10 I = 1 , "DRN1"
10      DKONST(I) = 227623267.
```

Es wird der Wert für den Modul und die additive Konstante festgesetzt.

"Bestimmen der Startwerte"

```
        DO 20 I = 1 ,"DRN1"
20      DRN(I) = 1.
        RETURN
        END
```

Jeder Zufallszahlen-Generator erhält den Startwert 1 (siehe 9.2 und 9.4.1).

2.6.3 INIT2

Funktion:
Vom Unterprogramm INIT2 wird die Serviceelement-Matrix in die Abschnitte zerlegt, die den einzelnen Multifacilities entsprechen (siehe 5.1).

Unterprogrammaufruf:

```
        CALL INIT2 (&9999)
```

Parameterliste:

&9999 Adreßausgang bei Listenüberlauf
Wenn die Summe der Service-Elemente aller Multifacilities größer ist als die hierfür vorgesehene Zeilenzahl in der

SE-Matrix, so wird der Simulationslauf sofort abgebrochen.

Datenbereich:

Das Unterprogramm INIT2 benötigt den Bereich COMMON/MFA/.

Programmbeschreibung:

"Bestimmen der verwendeten Multifacilities"

```
      LSE = 1
      DO 100 I = 1 , "MFAC1"
      IF(MFAC(I,2).EQ.0) GOTO 100
```

In der MFAC-Matrix muß vom Benutzer im zweiten Feld MFAC(MFA,2) die Anzahl der Service-Elemente angegeben werden, die eine Multifacility besitzen soll. Enthält die entsprechende Zeile für eine Multifacility an dieser Stelle keinen Eintrag, so wird die Multifacility nicht benötigt. In diesem Fall ist es nicht erforderlich, in der SE-Matrix einen Abschnitt einzurichten.

"Anlegen eines Abschnittes"

```
      MBV(I) = LSE
      LSE = LSE + MFAC(I,2)
      IF(LSE-1.GT."SE1") RETURN 1
100   CONTINUE
      RETURN
      END
```

Ein Abschnitt enthält die Datenbereiche für die Service-Elemente, die zur einer Multifacility gehören.
In der SE-Matrix wird für jede Multifacility der entsprechende Abschnitt festgelegt, indem zunächst die Basiszeile bestimmt wird. Die Basiszeile gibt die erste Zeile an, den ein Abschnitt in der SE-Matrix einnimmt.
In jedem Durchlauf wird die Basiszeile für den nächstfolgenden Abschnitt ermittelt, und in den Multifacility-Basisvektor eingetragen. Ist diese Zeilenzahl größer als die Zeilenzahl der SE-Matrix, so wird der Simulationslauf abgebrochen.

Hinweis:

* Das Unterprogramm INIT2 darf erst am Ende von Abschnitt 4 des GPSS-F Rahmens aufgerufen werden, da vor dem Anlegen der SE-Matrix die Kapazität der Multifacilities angegeben werden muß.

2.6.4 INIT3

Funktion:
Vom Unterprogramm INIT3 wird die Segment-Matrix in die Abschnitte zerlegt, die den einzelnen adressierbaren Storages entsprechen (siehe 6.4.1).

Unterprogrammaufruf:

```
CALL INIT3 (&9999)
```

Parameterliste:

&9999 Adreßausgang bei Listenüberlauf
Wenn die Summe der Kapazität aller adressierbaren Speicher größer ist als die hierfür vorgesehene Zeilenzahl in der Segment-Matrix, so wird der Simulationslauf sofort abgebrochen.

Datenbereich:

Das Unterprogramm INIT3 benötigt die Bereiche COMMON/SBV/, COMMON/STO/ und COMMON/STR/.

Programmbeschreibung:

"Adressierungsentscheid"

```
      LSM = 1
      DO 100 I = 1 , "STO1"
      IF(STRAMA(I,1).EQ.0) GOTO 100
```

In der Strategie-Matrix STRAMA wird vom Benutzer die Strategie angegeben, nach der eine Storage belegt oder freigegeben werden soll (siehe 6.5). Enthält die entsprechende Zeile für eine Storage keine Eintragung, so handelt es sich nicht um einen adressierbaren Speicher. In diesem Fall ist es nicht erforderlich, in der Segment-Matrix einen Abschnitt einzurichten. Handelt es sich jedoch um einen adressierbaren Speicher, so wird mit Anlegen eines Abschnittes fortgefahren.

"Anlegen eines Abschnittes"

```
      SBV(I) = LSM
      SM(LSM,1) = STO(I,2)
      SM(LSM,2) = -1
      LSM = LSM + STO(I,2)
      IF(LSM-1.GT."SM1") RETURN 1
100   CONTINUE
      RETURN
      END
```

Ein Abschnitt in der Segment-Matrix wird angelegt, indem zunächst die erste Zeile des Abschnitts in der Segment-Matrix als Basiszeile in den Speicherbasis-Vektor eingetragen wird. Anschließend wird der ganze verfügbare Speicherplatz als ein zusammenhängender freier Bereich aufgefaßt und so in die erste Zeile des entsprechenden Abschnitts eingetragen. Der freie Bereich hat hierbei eine Länge, die der Kapazität der Storage entspricht.
In jedem Durchlauf der Suchschleife wird die Speicherbasiszeile für den nächsten folgenden Abschnitt bestimmt. Ist diese Zeilenzahl größer als die Zeilenzahl der Segment-Matrix, so wird der Simulationslauf abgebrochen.

Hinweis:

* Das Unterprogramm INIT3 darf erst am Ende von Abschnitt 4 des GPSS-F Rahmens aufgerufen werden, da vor dem Anlegen der Storages die Strategie-Matrix und die STO-Matrix besetzt sein müssen.

2.6.5 RESET

Funktion:
Zu Beginn des Simulationslaufes werden alle Datenbereiche gelöscht.

Unterprogrammaufruf:

```
CALL RESET
```

Parameterliste:

Die Parameterliste ist leer. Alle Variablen, die gelöscht werden sollen, befinden sich im COMMON-Bereich.

Programmbeschreibung:

"Löschen der Simulationsuhren"

```
T = 0
 T = 0
```

Zu Beginn des Simulationslaufes wird die Simulationsuhr und die Benutzeruhr auf Null zurückgestellt.

"Zurücksetzen des OK- und IT-Mechanismus"

```
IT = 0
OK = 0
```

Für den OK- und den IT-Mechansimus ist es erforderlich, die beiden Variablen OK und IT mit Null vorzubesetzen (siehe 3.5 und 7.3.3).

"Zurücksetzen des Zählers NTRC"

```
NTRC = 0
```

Der Zähler NTRC wird auf Null gesetzt.

"Zurücksetzen der Listenendezeiger"

```
LEL = 1
LAL = 1
```

Die beiden Listenendezeiger, die angeben, wie weit die Ereignisliste bzw. die Aktivierungsliste durchsucht werden müssen, werden auf eins gesetzt.

"Löschen der Datenbereiche"

Programm siehe Anhang A5

Alle Datenbereiche, die GPSS-F benutzt, werden vor Beginn des Simulationslaufes gelöscht.

Hinweis:

* Benutzereigene Datenbereiche müssen vom Benutzer selbst gelöscht werden. Das soll in Abschnitt 3 des Rahmens "Nullsetzen der Datenbereiche" erfolgen.

3. STATIONEN UND POLICIES

Alle Stationen in GPSS-F sind so aufgebaut, daß Transactions unter bestimmten Bedingungen in den Zustand wartend übergehen können. Sie werden dann in eine Warteschlange vor der Station eingereiht. Ist für eine Transaction eine Weiterbearbeitung möglich, so werden aus der Warteschlange nach einem bestimmten Verfahren eine oder mehrere Transactions ausgewählt und aktiviert. Dieses Verfahren zur Abarbeitung der Warteschlangen heißt Policy.

3.1 Policies

Aus dem Blickwinkel der Systemanalyse setzt sich jedes diskrete, transactionorientierte System aus elementaren Subsystemen zusammen. Jedes dieser elementaren Subsysteme besteht aus einer Station und der Warteschlange, die sich vor dieser Station aufbaut (Bild 13).

In GPSS-F sind die folgenden Stationen vorgesehen:

* Facility
* Multifacility
* Storage
* Gate vom Typ 1
* Gate vom Typ 2
* Gather-Station
* Gather-Station für Families
* User-Chain und Trigger-Station
* User-Chain und Trigger-Station für Families

BILD 13 STATION MIT WARTESCHLANGE

Um Warteschlangen abzubauen, gibt es eine große Zahl von Möglichkeiten. In einer Übersicht werden die wichtigsten vorgestellt.

3.1.1 Policies zur Bearbeitung von Warteschlangen

Das Kriterium, nach dem eine Transaction aus der Warteschlange ausgewählt werden soll, spiegelt sich in ihrer Priorität wieder. Hohe Priorität bedeutet besondere Wichtigkeit und hat bevorzugte Auswahl zur Folge. Eine prioritätengesteuerte Policy sucht aus der Warteschlange diejenige Transaction mit der höchsten Priorität aus und aktiviert sie.
Eine reine prioritätengesteuerte Policy berücksichtigt zwar die wichtigen Transactions; es kann jedoch vorkommen, daß besonders bei hoher Warteschlangenlänge Transactions mit niedrigerer Priorität nicht oder nicht ausreichend bearbeitet werden. Um diesem Nachteil abzuhelfen, sind besondere Vorkehrungen zu treffen, die eine ungerechtfertigte Benachteiligung der Transactions mit niedriger Priorität verhindern.

In besonders dringlichen Fällen ist es erwünscht, daß eine gerade belegte Station geräumt wird, um einer Transaction mit hoher Priorität die sofortige Bearbeitung zu ermöglichen. Der Mechanismus, der dieses Vorgehen ermöglicht, heißt Verdrängung. Eine Verdrängung wird immer mit Zeitbedarf verbunden sein. Daher kann zwar eine Policy mit Verdrängung sehr rasch auf dringende Fälle reagieren; dieser Vorteil wird jedoch durch zusätzliche Umrüstzeiten erkauft, die den Verwaltungsaufwand erhöhen.

Stehen die beiden Mechanismen Prioritätensteuerung und Verdrängung zur Verfügung, so kann man damit jede vorstellbare Policy zusammenstellen.

3.1.2 FIFO (First In, First Out)

Die Policy FIFO vergibt die Prioritäten nach der Ankunftszeit. Diejenige Transaction, die sich am längsten in der Warteschlange befindet, erhält die höchste Priorität. FIFO verfährt nach dem Prinzip "Wer zuerst kommt, mahlt zuerst". Sie entspricht damit den Vorstellungen einer gerechten Behandlung.
Preemptive FIFO erhält man, wenn eine Transaction, die auf eine Station trifft, die Transaction, die gerade bearbeitet wird, verdrängen kann, wenn sie höhere Priorität hat.

Beispiel:

* In einer Arztpraxis werden die Patienten entsprechend ihrer Ankunftszeit behandelt. Trifft ein Notfall ein, muß der Patient, der gerade behandelt wird, den Untersuchungsraum verlassen und sich wieder in den Warteraum begeben.

3.1.3 LIFO (Last In, First Out)

Im Gegensatz zu FIFO begünstigt die Policy LIFO diejenigen Transactions, die zuletzt in die Warteschlange eingetreten sind. LIFO arbeitet nach dem Stapelprinzip, demzufolge jeder neue Auftrag auf dem Stapel oben zu liegen kommt und von dort wieder abgeholt wird.

Beispiel:

* Ein Fahrstuhl befördert Touristen auf einen Turm. Diejenigen, die zuerst eingestiegen sind, dürfen erst als letzte wieder aussteigen.

3.1.4 SJF (Shortest Job First)

Die Policy SJF vergibt die höchsten Prioritäten an die Transactions, deren Bearbeitungszeit in der Station am kürzesten ist. Auf diese Weise läßt sich der Durchsatz optimieren, d.h. eine maximale Zahl von Aufträgen kann bearbeitet und eine maximale Zahl von Kunden kann zufriedengestellt werden. Dieser Policy liegt die Vorstellung zugrunde, daß es ratsam ist, alle kürzeren Fälle rasch zu bearbeiten, bevor man sich den langwierigen Aufträgen zuwendet.

Beispiel:

* Die Job-Planung einer Rechenanlage sieht vor, daß kurze Jobs vorrangig bearbeitet werden. Die zeitaufwendigen Langläufer müssen höhere Wartezeiten in Kauf nehmen, da sie einen größeren Anteil der zur Verfügung stehenden Betriebsmittel beanspruchen.

Natürlich kann man auch bei SJF, wie bei allen anderen prioritätengesteuerten Policies, zusätzlich Verdrängung einführen.

3.1.5 Round Robin (Zyklische Policy)

Die Policy Round Robin teilt jeder Transaction die Station für eine bestimmte Zeit zu. Nach Ende dieser Zeitscheibe wird geprüft, ob die Transaction fertig ist und die Station verlassen kann. Ist das nicht der Fall, so wird sie mit ihrer Restbearbeitungszeit wieder in die Warteschlange eingereiht (Bild 14). Diese Policy geht davon aus, daß es günstig sein kann, jeden Auftrag der Reihe nach ein Stück weiter zu bearbeiten. Dieses Vorgehen ist besonders dann sinnvoll, wenn die Transaction nach der kurzen Bearbeitungszeit selbst andere Aktivitäten vornehmen kann, zu denen die Station selbst nicht benötigt wird.

Beispiel:

* Läuft eine Rechenanlage im Timesharing-Betrieb, so erhält jeder Benutzer für seinen Job eine Zeitscheibe zugeteilt. Der Job wird zwar bearbeitet, er kommt jedoch umso langsamer voran, je mehr Benutzer am Round Robin teilnehmen.

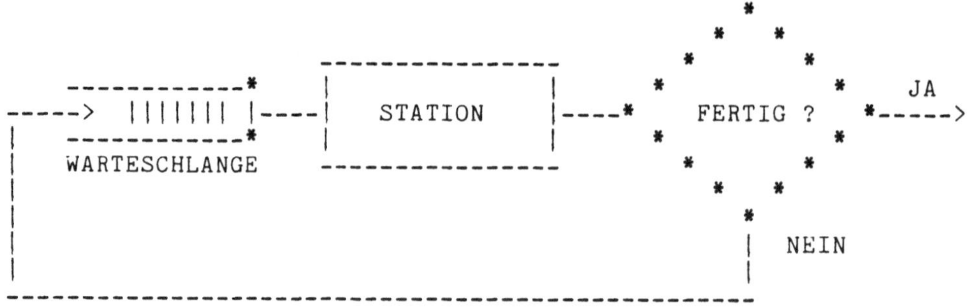

BILD 14 DIE POLICY ROUND ROBIN

Round Robin ist nur realisierbar, wenn Verdrängung zur Verfügung steht. In diesem Fall erfolgt die Verdrängung nicht, weil eine Transaction mit einer höheren Priorität in der Warteschlange erscheint, sondern aufgrund einer regelmäßigen Nachricht von der Uhr.
Round Robin kann flexibler gestaltet werden, wenn man die Länge der Zeitscheiben nicht konstant läßt, sondern jedem Auftrag eine eigene Zeitscheibe zuteilt, deren Länge von seiner Wichtigkeit abhängt. Man kommt dann zur Policy RRP (Round Robin with Priorities).

3.1.6 LFB (Limited Feedback)

Zyklische Policies verursachen hohen Verwaltungsaufwand. Es ist daher in vielen Fällen ratsam, nicht alle Transactions am Round Robin teilnehmen zu lassen. Es gibt verschiedene Möglichkeiten für Policies, die bestimmte Aufträge auszeichnen und ihnen die Vorteile von Round Robin gewähren, während sie die übrigen auf andere Weise behandeln.
Ein einfaches Beispiel ist die Policy LFB, nach der jeder Transaction N(0) Zeitscheiben im Round Robin zugeteilt werden. Ist die Zahl der zugeteilten Zeitscheiben n größer als der vorgegebene Wert N(0), so wird die Transaction in eine neue Warteschlange eingereiht, die nicht mehr an Round Robin angeschlossen ist, sondern nach einer anderen Policy, z.B. nach FIFO abgearbeitet wird. Aus dieser Warteschlange werden nur dann Transactions entnommen, wenn keine Transactions mehr im System sind, die am Round Robin teilnehmen dürfen (Bild 15).

3.2 Dynamische Prioritätenvergabe

Die statische Prioritätenzuordnung weist jedem Auftrag bei seiner Generierung Prioritäten zu. Diese Prioritäten behält der Auftrag während seiner Lebenszeit bei. Im Gegensatz hierzu wird bei der dynamischen Prioritätenvergabe die Priorität der Aufträge, die vor einer Station warten, in Abhängigkeit bestimmter Bedingungen jeweils neu vergeben.

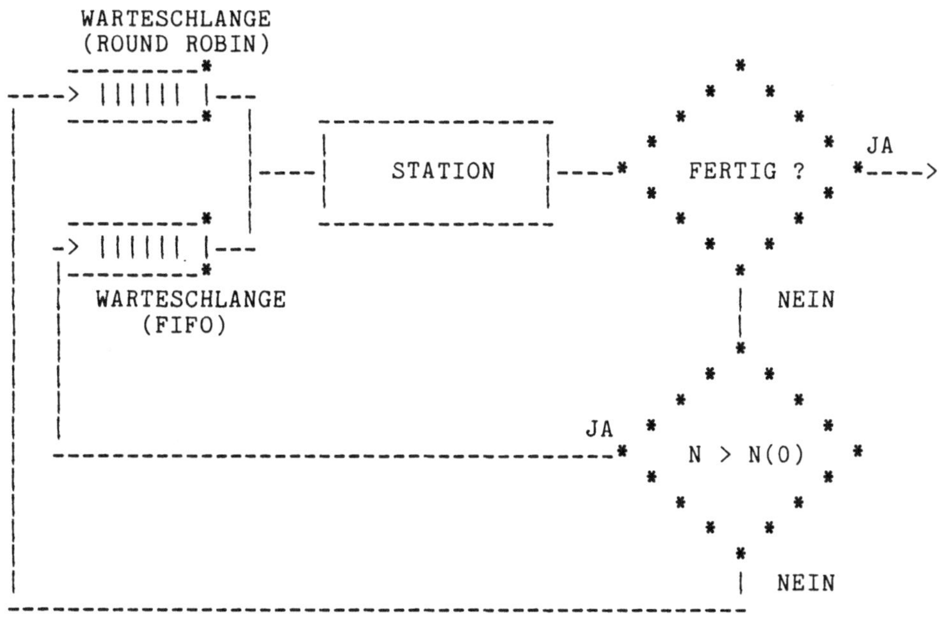

BILD 15 DIE POLICY LIMITED FEEDBACK

3.2.1 Klassifizierung der Policies mit dynamischer Prioritätenvergabe

Der Zeitpunkt, zu dem die Prioritätenzuordnung erfolgen soll, hängt von der Art der Aufgabe ab. Zwei übliche Vorgehensweisen sind die folgenden:

* Man bestimmt die Prioritäten nach festen Zeitintervallen.

* Man bestimmt die Prioritäten jedes Mal, wenn eine Station frei wird und ein neuer Auftrag von der Policy ausgewählt werden muß.

Je häufiger die Prioritätenvergabe erfolgt, desto besser spiegelt der Prioritätenstand die gegebenen Bedingungen wieder. Da jedoch die Prioritätenvergabe mit Verwaltungsarbeit verbunden ist, wird in diesem Fall ein Vorteil durch einen Nachteil erkauft.
Wenn die Bedienzeiten klein sind im Verhältnis zur Verwaltungszeit, die zur dynamischen Prioritätenvergabe benötigt wird, darf eine Verwaltungszeit nicht vernachlässigt werden.
Die Verwaltungszeit ist abhängig von der Anzahl der Aufträge, die der dynamischen Prioritätenvergabe unterliegen. Je mehr Aufträge untersucht werden müssen, desto höher wird die hierfür erforderliche Zeit werden.

Die Bedingungen, aufgrund derer die dynamische Festlegung der

Prioritäten erfolgt, können unterschiedlicher Art sein. Eine verallgemeinerte Aussage ist an dieser Stelle nicht möglich. Man kann nur feststellen, daß die Prioritäten als Funktionswert einer Funktion darstellbar sein müssen, die als Argumente Parameter des Systemzustandes enthält.
In den folgenden Abschnitten werden einige gebräuchliche Policies mit dynamischer Prioritätenvergabe beschrieben.

3.2.2 UTL (Upper Time Limit)

Diese Policy ist nur auf Warteschlangen anwendbar, die sich vor einer Facility oder Multifacility aufbauen. Für jede Transaction kann eine Zeitobergrenze (upper time limit) angegeben werden, zu der sie spätestens bearbeitet sein muß. Je näher eine Transaction an diese Zeitobergrenze bereits herangekommen ist, desto höher wird ihre Priorität. In diesem Fall ist die Priorität über eine einfache Funktion zu bestimmen, die als Argument nur die noch bis zur Zeitobergrenze verbleibende restliche Verweilzeit benötigt. Die restliche Verweilzeit beinhaltet die reine Restbearbeitungszeit sowie einen Zeitraum, der als erlaubte Wartezeit zur Verfügung steht.
Im einfachsten Fall hängt die Prioritätenerhöhung linear mit der Restverweilzeit zusammen. Die Priorität wird dann nach der folgenden Beziehung neu bestimmt:

Priorität = - Restverweilzeit

Die Prioritäten sind in diesem Fall insgesamt negativ.

3.2.3 UTLP (Upper Time Limit with Priorities)

Eine Verbesserung und Verfeinerung der Policy UTL kann erreicht werden, wenn die dynamische Prioritätenvergabe nicht für alle Transactions gleichmäßig erfolgt, sondern abhängig ist von einer vorgegebenen Anfangspriorität. Die Policy UTLP erhöht die Prioritäten für die Transactions, die eine hohe Anfangspriorität tragen, in stärkerem Maße als für Transactions mit niedriger Anfangspriorität.
Für die Prioritäten kann sich dann in Abhängigkeit der Anfangspriorität P(0) ein Verlauf ergeben, wie er in Bild 16 dargestellt ist. Zum Zeitpunkt T = 1 erscheint der Auftrag mit der Anfangspriorität P(0)=1. Aufgrund der dynamischen Prioritätenvergabe erreicht er zum Zeitpunkt T = 13 die Priorität P = 13. Der Auftrag, der zur Zeit T = 8 das System mit der Anfangspriorität P(0)=4 betritt, erreicht die Prioritätsobergrenze P = 20 aufgrund bevorzugter Höherbewertung zum Zeitpunkt T = 14. Wesentlich ist, daß die Reihenfolge der Transactions nicht erhalten bleibt. Bei UTLP werden Überholvorgänge möglich.

3.2.4 WTLP (Waiting Time Limit with Priorities)

Wenn eine Station sehr stark ausgelastet ist, kann der Fall auftreten, daß bei statischer Prioritätenvergabe die Transactions mit niedriger Priorität eine zu lange Wartezeit in Kauf nehmen müssen. Um in diesem Fall Abhilfe zu schaffen, kann die dynamische Prioritätenvergabe dafür sorgen, daß Transactions in Abhängigkeit ihrer Wartezeit höher bewertet werden. Als Gegenleistung müssen dann allerdings Transactions mit hoher Anfangspriorität eine verlängerte Gesamtbearbeitungszeit in Kauf nehmen.

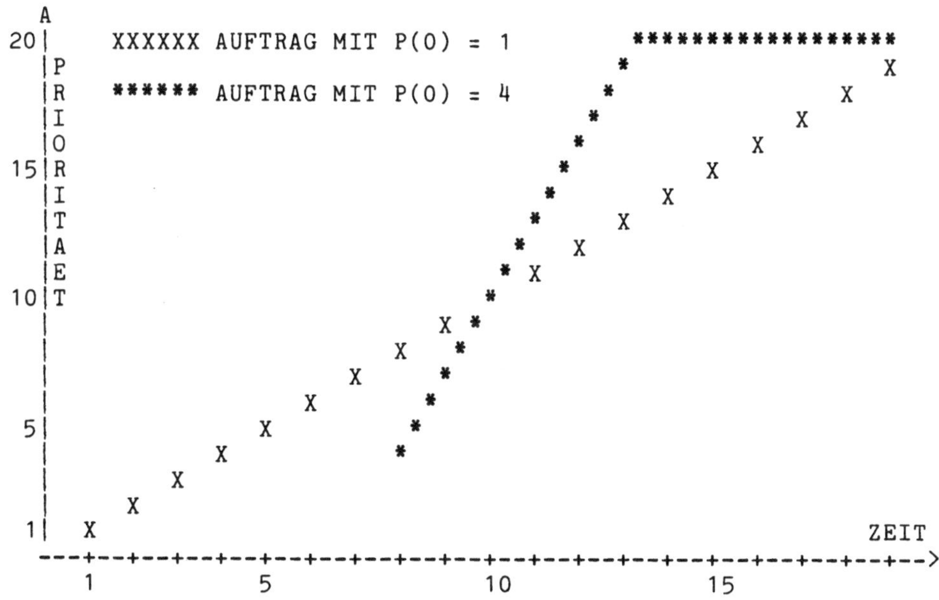

BILD 16 PRIORITAETENVERLAUF FUER AUFTRAEGE MIT UNTERSCHIEDLICHER ANFANGSPRIORITAET P(0)

Beispiel:

* Für die Warteschlange einer Facility sind 20 Prioritätsstufen vorgesehen. Es zeigt sich, daß die Transactions mit niedriger Priorität bei der dynamischen Prioritätenvergabe eine geringere mittlere Gesamtbearbeitungszeit und damit auch eine geringere Wartezeit aufweisen als bei der statischen Prioritätenvergabe (siehe 11.4).

Hinweis:

* Eine Policy WTL , die die Anfangspriorität P(0) nicht berücksichtigt, ist mit FIFO identisch. Die statische Prioritätenvergabe aufgrund der Eintrittszeit in die Warteschlange ergibt die gleiche Bearbeitungsreihenfolge wie die dynamische Prioritätenvergabe, die eine Neubewertung aufgrund der bisherigen Wartezeit vornimmt.

3.3 Policies in GPSS-F

Wenn die Mechanismen Prioritätensteuerung und Verdrängung gegeben sind, ist jede beliebige Policy realisierbar.

Verdrängung ist in GPSS-F gegenwärtig nur für Facilities und Multifacilities vorgesehen. Sie wird durch die Unterprogramme PREEMP und MPREEM realisiert. Sinnvoll wäre Verdrängung weiterhin für Storages. In diesem Fall muß der entsprechende Programmodul vom Benutzer selbst erstellt werden.

Prioritätensteuerung ist in GPSS-F für jede Warteschlange möglich. Einmal gibt es eine frei wählbare Priorität, die vom Benutzer eingestellt werden kann. Sie steht in TR(LTR,4). Außerdem gibt es zusätzliche Verfahren, die eine Auswahl, z.B. nach FIFO, ermöglichen. Da die Anforderungen, die an eine Policy gestellt werden, sehr unterschiedlich sind, hat der Benutzer die Möglichkeit, für jede Station eigene, dem Problem angepaßte Policies in das System einzuhängen. Für einfache Fälle, wie Auswahl nach Prioritäten und Auswahl nach FIFO, stellt GPSS-F dem Benutzer Policies zur Verfügung.

Wenn eine Station frei geworden ist, wird von der Transactionsteuerung mit Hilfe des Unterprogrammes ACTIV2 diejenige Transaction herausgesucht, die als nächste die Station wieder besetzen darf. Hierzu ruft ACTIV2 das Unterprogramm POLICY auf; dabei wird als Datenbereich der Vektor POLVEC übergeben. Das Unterprogramm POLICY ruft seinerseits ein weiteres Unterprogramm auf, das die endgültige Auswahl vornimmt. Dieses Unterprogramm liefert als Ergebnis für die ausgewählte Transaction die Zeile in der Aktivierungsliste zurück. Einen Überblick über die Unterprogrammhierarchie und die übergebenen Datenbereiche zeigt Bild 17.

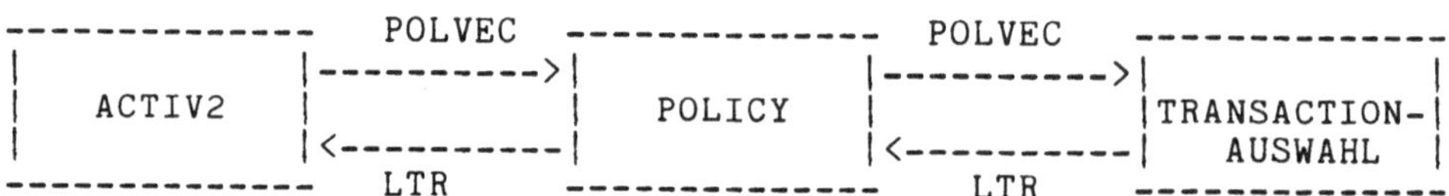

BILD 17 DIE UNTERPROGRAMMHIERARCHIE BEI AUFRUF DER POLICY

3.3.1 POLICY

Funktion:
Das Unterprogramm POLICY wählt die Policy aus, nach der eine Warteschlange vor der Station mit der Stationsnummer K behandelt wird.

Unterprogrammaufruf:

```
CALL POLICY (K)
```

Parameterliste:

K Stationsnummer
Die Stationsnummer K bezeichnet die Station, aus deren Warteschlange eine Transaction ausgewählt werden soll.

Datenbereich:

Die Variablen, die von POLICY benötigt werden, sind im LABELED COMMON/POL/ zusammengefaßt.

Der Policy-Vektor POLVEC ("TR1")
In diesem Vektor werden von ACTIV2 alle Transactions eingetragen, die vor der Station K eine Warteschlange aufbauen und sich im Zustand blockiert befinden. Die Elemente sind mit der Zeilennummer der Aktivierungsliste LTR besetzt, die zu einer Transaction gehört.

Länge der Warteschlange POLC
In der Variablen POLC wird von ACTIV2 die Zahl der blockierten Transactions eingetragen.

Die Policy-Matrix POL
In GPSS-F kann jede Warteschlange, die sich vor einer Station aufgebaut hat, durch eine eigene Policy bearbeitet werden. In der Policy-Matrix wird vom Benutzer ein Verzeichnis angelegt, das eine Zuordnung von Policies zu Stationen enthält.
Sie ist wie folgt definiert:

```
INTEGER POL
DIMENSION POL ("POL1",2)
```

Die einzelnen Elemente haben die folgende Bedeutung:

POL(I,1) Stationsnummer
In diesem Element steht die Nummer K der Station, die nach einer bestimmten Policy abgearbeitet werden soll.

POL(I,2) Nummer der Policy
Jede Policy hat eine Nummer als Kennzeichen. Diese Nummer wird hier eingetragen und damit der Station im Element POL(I,1) eine feste Policy zugeordnet.

Programmbeschreibung:

"Policy suchen"

```
      DO 100 I = 1 , "POL1"
      IF(POL(I,1).NE.K) GOTO 100
      IADR = POL(I,2)
      GOTO 120
100   CONTINUE
      IADR = 1
120   CONTINUE
      GOTO (1,2,3,4,5) , IADR
```

Die Policy-Matrix wird durchsucht, um zu der Station K die Nummer der dazugehörigen Policy zu finden. Hat der Benutzer in der Policy-Matrix keinen Eintrag vorgenommen, wird die Warteschlange von GPSS-F nach der Policy mit der Nummer 1 bearbeitet.
Über einen Adreßverteiler wird das Unterprogramm angesprungen, das eine Transaction nach der gewünschten Policy auswählt.

"Aufrufen des Unterprogrammes POLI"

```
1       CALL PFIFO
        RETURN
2       CALL FIFO
        RETURN
3       CALL POLI3
        RETURN
4       CALL POLI4
        RETURN
5       CALL POLI5
        RETURN
        END
```

Das Unterprogramm POLI bestimmt den aktuellen Wert der Variablen LTR für die herausgesuchte Transaction und übergibt ihn dem COMMON-Bereich. Hier steht er dann ACTIV2 zur Weiterbearbeitung zur Verfügung.
Die Policy-Nummern 1 und 2 sind von GPSS-F bereits fest vergeben. Sie bezeichnen die beiden von GPSS-F zur Verfügung gestellten Policies PFIFO und FIFO.

Hinweis:

* Soll eine vom Benutzer erstellte Policy in GPSS-Fortran eingehängt werden, so muß sie zur Kennzeichnung eine Nummer und einen FORTRAN-Namen erhalten. Die Nummer wird bei der entsprechenden Station in die Policy-Matrix eingetragen. Der Name muß als Unterprogrammaufruf an der Stelle, die der Nummer entspricht, im Unterprogramm POLICY stehen.

3.3.2 PFIFO

Funktion:
Das Unterprogramm PFIFO wählt aus den Transactions, die vor einer Station eine Warteschlange bilden, diejenige aus, die sich durch die höchste Priorität auszeichnet. Werden mehrere Transactions mit gleicher Priorität gefunden, so erfolgt die weitere Auswahl nach der Policy FIFO.

Unterprogrammaufruf:

```
CALL PFIFO
```

Parameterliste:

Die Parameterliste ist leer.

Datenbereich:

PFIFO benötigt die TR-Matrix und den Bereich COMMON/POL/.

Programmbeschreibung:

"Initialisieren der Suche"

```
      IPR = 1
      LTR = POLVEC(1)
      IF(POLC.EQ.1) RETURN
```

Die Suche beginnt bei der ersten Transaction, die im Policy-Vektor steht. Die Variablen, die benötigt werden, erhalten ihre aktuellen Startwerte.
Befindet sich nur eine Transaction in der Warteschlange, kann die Suche unterbleiben. Es erfolgt der Rücksprung zum aufrufenden Unterprogramm POLICY.

"Vergleichen"

```
      DO 100 I = 2 , POLC
      LTR1 = POLVEC(I)
      IF(TR(LTR,4)-TR(LTR1,4)) 110 , 120 , 100
110   LTR = LTR1
      IPR = 1
      POLVEC(1) = LTR
      GOTO 100
120   IPR = IPR + 1
      POLVEC(IPR) = LTR1
100   CONTINUE
```

Der Policy-Vektor wird so sortiert, daß die Transactions mit der höchsten Priorität am Anfang stehen. IPR gibt die Zahl der Transactions an, die zugleich die höchste Priorität haben.

"Aufrufen von FIFO"

```
      POLC = IPR
      IF(IPR.LE.1) RETURN
      CALL FIFO
      RETURN
      END
```

Haben mehrere Transactions die höchste Priorität, so erfolgt die endgültige Auswahl nach der Policy FIFO. Da diese Transactions am Anfang des Policy-Vektors stehen, müssen nur diese weiter untersucht werden. Hierzu wird die Zahl IPR in POLC übertragen.
Gibt es nur eine Transaction mit hoher Priorität, so wird zum aufrufenden Unterprogramm POLICY zurückgesprungen.

3.3.3 FIFO

Funktion:
Das Unterprogramm FIFO sucht aus einer Warteschlange diejenige Transaction heraus, die den frühesten Blockierungszeitpunkt aufweist. Findet FIFO mehrere solche Transactions, so wird diejenige mit der kleinsten Transactionnummer ausgewählt. Gibt es auch hiervon mehrere, so müssen sie einer Family angehören. In diesem Fall entscheidet die Duplikatsnummer.

Unterprogrammaufruf:

```
        CALL FIFO
```

Parameterliste:

Die Parameterliste ist leer.

Datenbereich:

FIFO benötigt die TR-Matrix und den Bereich COMMON/POL/.

Programmbeschreibung:

"Initialisieren der Suche"

```
        LTR = POLVEC(1)
        IF(POLC.EQ.1) RETURN
```

Die Suche beginnt mit der ersten Transaction, die im Policy-Vektor steht. Die Variable LTR erhält ihren aktuellen Startwert. Befindet sich nur eine Transaction in der Warteschlange, kann die Suche unterbleiben. Es erfolgt der Rücksprung zum aufrufenden Unterprogramm.

"Vergleichen"

```
        DO 150 I = 2 , POLC
        LTR1 = POLVEC(I)
100     IF(TR(LTR,8)-TR(LTR1,8)) 150 , 110 , 130
110     IF(TR(LTR,1)-TR(LTR1,1)) 150 , 120 , 130
120     IF(TR(LTR,2)-TR(LTR1,2)) 150 , 150 , 130
130     LTR = LTR1
150     CONTINUE
        RETURN
        END
```

Die Transactions im Policy-Vektor werden der Reihe nach durchgeprüft. Am Ende steht in LTR die Zeile der Transaction, die auf Grund der Kriterien ausgewählt wurde.

3.3.4 Dynamische Prioritätenvergabe durch das Unterprogramm DYNVAL

In GPSS-F ist die dynamische Vergabe von Prioritäten mit Hilfe des Unterprogrammes DYNVAL möglich.

Funktion:
Alle Transactions, die vor der Station mit der Stationsnummer K eine Warteschlange aufbauen, werden herausgesucht und mit einer neuen Priorität versehen. Die neue Priorität wird mit Hilfe der Funktion DYNPR berechnet, die vom Benutzer angegeben werden muß.

Unterprogrammaufruf:

```
        CALL DYNVAL (K,PCOUNT,IPRINT)
```

Parameterliste:

K	Stationsnummer Alle Transactions, die sich in der Warteschlange vor der Station mit der Stationsnummer K befinden, erhalten eine neue Priorität.
PCOUNT	Anzahl der Prioritätsneubestimmungen Der Zähler PCOUNT gibt an, wieviele Transactions eine neue Priorität erhalten haben.
IPRINT	Protokollsteuerung Die Protokollausdrucke werden unterdrückt, wenn IPRINT=0.

Datenbereich:

Das Unterprogramm DYNVAL benötigt die Aktivierungsliste und die Transaction-Matrix.

Programmbeschreibung:

"Neufestlegen der Prioritäten"

```
        PCOUNT = 0
        DO 100 I = 1 , LAL
        IF(AL(I,2).NE.-K.AND.AL(I,2).NE.-K-"KEND") GOTO 100
        TR(I,4) = DYNPR(I)
        PCOUNT = PCOUNT + 1
100     CONTINUE
        RETURN
        END
```

Aus der Aktivierungsliste werden alle Transactions herausgesucht, die vor der Station mit der Stationsnummer K blockiert oder gesperrt sind. Die neue Priorität wird von der Funktion DYNPR zugewiesen und in TR(LTR,4) abgelegt.

Hinweis:

* Der Verwaltungsaufwand, der bei dynamischer Prioritätenvergabe anfällt, darf in der Regel nicht vernachlässigt werden. Er ist abhängig von der Anzahl der Prioritätsneubestimmungen.

* Die Berücksichtigung des Verwaltungsaufwandes für dynamische Prioritätenvergabe bleibt dem Benutzer überlassen.

* Das Unterprogramm DYNVAL bewertet nur die Transactions neu, die sich in der Warteschlange befinden. Die Transactions, die die dazugehörige Station belegen, werden nicht berücksichtigt.

3.4 Der State-Vektor

In GPSS-F können alle Stationen entweder geschlossen oder offen sein. Läuft eine Transaction auf eine geschlossene Station, so wird sie in den Zustand wartend überführt und damit in die Warteschlange eingereiht. Jeder Station ist im State-Vektor ein Element zugeordnet, das ihren Zustand angibt:

STATE(K) = 0 Die Station mit der Stationsnummer K ist geschlossen
STATE(K) = 1 Die Station mit der Stationsnummer K ist offen

Die Nummer des Elementes, das einer Station zugeordnet ist, ist gleichzeitig die Stationsnummer K. Auf diese Weise können die Stationen einzeln bezeichnet werden. Die Stationsnummer tritt neben die Typnummer, die nur Stationen vom gleichen Typ durchzählt. Die Stationsnummer K kann aus der Typnummer berechnet werden, wenn man den Aufbau des State-Vektors berücksichtigt.

Beispiel:

* Wenn die Anzahl der Facilities mit "FAC1" = 20 festgelegt wurde, so hat die Multifacility mit der Typnummer MFAC = 5 die Stationsnummer K = 25.

Den Aufbau des State-Vektors zeigt der Anhang A2. Um die State-Vektorelemente, die zu einem Stationstyp gehören, bequem ansprechen zu können, sind die Obergrenzen dieser Datenbereiche besonders gekennzeichnet.

```
"EFAC"   = "FAC1"
"EMFAC"  = "EFAC" + "MFAC1"
"ESTO"   = "EMFAC" + "STO1"
"EGATE1" = "ESTO" + "GATE1"
"EGATE2" = "EGATE1" + "GATE2"
"EGATHF" = "EGATE2" + "GATH1" * "FAM1"
"EGATHT" = "EGATHF" + "GATH2"
"EUCHF"  = "EGATHT" + "UCHN1" * "FAM1" * 2
"EUCHT"  = "EUCHF" + "UCHN2" * 2
```

Beispiel:

* Die letzte Multifacility besetzt im State-Vektor das Element STATE("EMFAC"). Die erste Storage mit der Typnummer NST=1 steht demnach in Element STATE(K) mit K = "EMFAC" + 1.

Hinweise:

* Es ist darauf zu achten, daß Stationen, die Families bearbeiten, für jede einzelne Station nicht ein State-Vektorelement besitzen, sondern jeweils "FAM1" Stück. Jede Family besitzt in einer derartigen Station ihr eigenes State-Vektorelement.

* Die State-Vektorelemente für Stationen, vor denen sich Transactions im Zustand gesperrt befinden, sind ständig frei geschaltet. Auf diese Weise wird sichergestellt, daß alle Transactions, denen durch das Unterprogramm UNLOCK der Blockiervermerk -K in die Aktivierungsliste eingetragen wird, anschließend aktiviert werden können.

3.5 Der OK-Mechanismus

Es ist möglich, daß eine aktivierte Transaction auf eine Station läuft, die gerade geöffnet worden ist und vor der eine Warteschlange steht. In diesem Fall würde die Transaction die Station belegen, ohne vorher mit den übrigen Transactions in der Warteschlange konkurriert zu haben. Der OK-Mechanismus soll diesen fehlerhaften Ablauf verhindern. Er sorgt dafür, daß jede Transaction, die auf eine Station trifft, zuerst einmal blockiert wird.

Die Blockierung erfolgt aufgrund des OK-Mechanismus und ist nicht davon abhängig, ob die Station selbst offen oder geschlossen ist. Die Steuerung des OK-Mechanismus erfolgt über die Variable OK. Trifft eine Transaction das erste Mal auf eine solche Station, so findet sie OK = 0 und wird aus diesem Grund blockiert. Auf diese Weise wird sie gezwungen, mit den übrigen vor der Station blockierten Transactions zu konkurrieren. Im anschließenden Aufruf des Unterprogrammes ACTIV2 wird die Transaction, die aufgrund der Policy die Station belegen soll, herausgesucht. Gleichzeitig wird OK = 1 gesetzt, so daß die herausgesuchte Transaction jetzt freien Zugang zur Station hat.

4. FACILITIES

Facilities sind Bedienungs- und Bearbeitungsstationen, die von genau einer Transaction über einen bestimmten Zeitabschnitt belegt und anschließend wieder frei gegeben werden können (siehe Bild 18). Ist die Facility belegt, so bauen neu ankommende Transactions vor dieser Station eine Warteschlange auf.

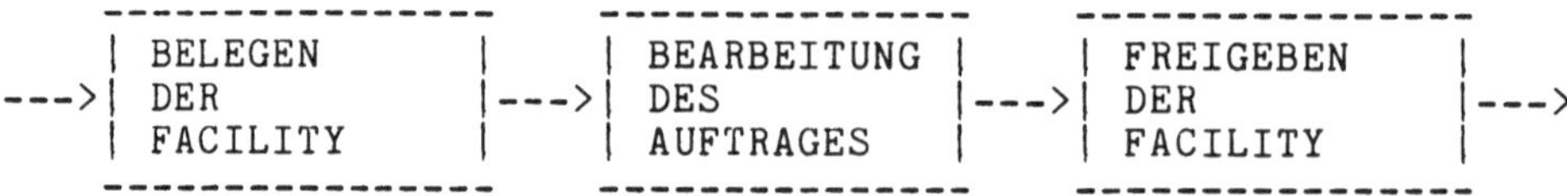

BILD 18 BELEGUNG DER FACILITY DURCH EINEN AUFTRAG

Beispiele:

* An der Kasse eines Supermarktes kann jeweils ein Kunde abgefertigt werden. Ist die Kasse von einem Kunden belegt, müssen sich die neu ankommenden Kunden in eine Warteschlange einreihen.

* Der Prozessor einer Rechenanlage kann jeweils einen Prozeß bearbeiten. Alle Prozesse, die sich um den Prozessor bewerben, werden in eine Warteschlange eingereiht. Wird der Prozessor frei, wird aufgrund einer Policy ein neuer Prozeß ausgewählt, der dann den Prozessor belegt. Ist Verdrängung vorgesehen, kann ein neu in die Anlage eingeführter Prozeß den laufenden Prozeß in die Warteschlange zurückverweisen und seine Bearbeitung erzwingen, wenn er aufgrund der Policy bevorrechtigt ist.

Datenbereich:

Zunächst enthält der State-Vektor für jede Facility ein Element, das angibt, ob die jeweilige Facility frei oder belegt ist.
Weiterhin wird die Facility-Matrix benötigt. Sie ist wie folgt definiert:

```
INTEGER FAC
DIMENSION FAC("FAC1",3)
```

Die einzelnen Elemente haben die folgende Bedeutung:

FAC(NFA,1) Belegvermerk
In diesem Feld wird festgehalten, welche Transaction die Facility belegt hat. Gleichzeitig wird angegeben, ob diese Transaction unterbrechbar ist oder nicht.

FAC(NFA,1)=0 Die Facility ist frei.

FAC(NFA,1)=LTR Die Transaction, die durch die Zeile LTR in der Aktivierungsliste gekennzeichnet ist, belegt die Facility. Die Transaction ist unterbrechbar.

FAC(NFA,1)=-LTR Die Transaction, die durch die Zeile LTR in der Aktivierungsliste gekennzeichnet ist, belegt die Facility. Die Transaction ist nicht unterbrechbar.

FAC(NFA,2) Verdrängungsvermerk
Es wird vermerkt, ob ein Verdrängungsvorgang abläuft.

FAC(NFA,2)=0 Es läuft kein Verdrängungsvorgang ab. Die Facility ist von einer Transaction belegt, die sich in ihrer normalen Bearbeitungsphase befindet.

FAC(NFA,2)= 1 Es läuft ein Verdrängungsvorgang.

FAC(NFA,3) Bearbeitungsphase
In dieses Element wird eingetragen, ob sich eine Transaction in der Zurüstphase, der Bearbeitungsphase oder der Abrüstphase befindet.

FAC(NFA,3) = 1 Zurüstphase
FAC(NFA,3) = 2 Bearbeitungsphase
FAC(NFA,3) = 3 Abrüstphase

Hinweis:

* Wenn für eine Facility die Belegung mit Hilfe von Verdrängung nicht vorgesehen ist, wird nur das Element FAC(NFA,1) benötigt.

4.1 Belegung, Bearbeitung und Freigabe

Die Belegung, Bearbeitung und Freigabe der Facilities erfolgt durch die Unterprogramme SEIZE, WORK und CLEAR.

4.1.1 SEIZE

Funktion:
Wenn eine Transaction das Unterprogramm SEIZE erreicht, wird geprüft, ob die Facility belegt ist oder nicht. Ist sie noch frei, so wird sie von der laufenden Transaction belegt. Damit ist sie für weitere Transactions nicht mehr zugänglich. Ist sie bereits belegt, wird die ankommende Transaction blockiert und in eine Warteschlange eingereiht, die vor der Facility aufgebaut wird.

Unterprogrammaufruf:

```
CALL SEIZE (NFA,ID,&1005,IPRINT)
```

Parameterliste:

NFA Nummer der Facility (Typnummer)
Die Facilities werden einzeln durchnumeriert.

ID Anweisungsnummer des Unterprogrammaufrufes
Wird eine Facility frei, so wählt die Transactionsteuerung aus den wartenden Transactions die nächste aus und schickt sie zur Belegung der Facility zum Unterprogrammaufruf CALL SEIZE, der die Anweisungsnummer ID trägt.

&1005 Adreßausgang bei Blockierung
Wenn eine Transaction auf eine Facility läuft, die bereits belegt ist, muß sie blockiert werden. In diesem Fall muß als nächstes die Transactionsteuerung aufgerufen werden; daher ist im Aufruf dieses Unterprogrammes für den Adreßausgang stets die Anweisungsnummer &1005 des Unterprogrammaufrufes CALL ACTIV2 einzusetzen.

IPRINT Protokollsteuerung
Die Protokollausdrucke werden unterdrückt, wenn IPRINT=0.

Datenbereich:

Das Unterprogramm SEIZE benötigt die Aktivierungsliste, die TR-Matrix, die FAC-Matrix und den State-Vektor.

Programmbeschreibung:

"Blockierentscheid"

```
        IF(OK.EQ.0) GOTO 100
        OK = 0
        IF(FAC(NFA,1).NE.0) GOTO 100
```

Zunächst wird der OK-Mechanismus überprüft. Nur wenn OK.NE.0 ist, hat die Transaction bereits mit anderen konkurriert und kommt für das Belegen der Facility in Frage. Die Variable OK wird sofort wieder zurückgesetzt.
Anschließend wird entschieden, ob die Transaction die Facility belegen darf oder blockiert wird. Ist FAC(NFA,1).EQ.0, d.h. ist die Facility frei, so wird mit dem Abschnitt "Belegen" fortgefahren. Ansonsten erfolgt der Sprung zum Abschnitt "Blockieren".

"Belegen"

```
        FAC(NFA,1) = LTR
        STATE(NFA) = 0
        TR(LTR,5) = ID
        TR(LTR,8) = 0
        RETURN
```

In das Element FAC(NFA,1) wird die Variable LTR derjenigen Transaction eingetragen, die die Facility belegt. Es wird in den State-Vektor eingetragen, daß die Station geschlossen ist. Anschließend wird der Blockierzeitpunkt gelöscht.

"Blockieren"

```
100     AL(LTR,1) = ID
        AL(LTR,2) = - NFA
        TR(LTR,8) = T
```

```
        RETURN 1
        END
```

In der Aktivierungsliste findet sich die Transaction, die blokkiert werden soll, in der Zeile LTR. Hier wird der Blockiervermerk eingetragen. Um bestimmen zu können, an welcher Stelle im Modell die Transaction bei ihrer Aktivierung weiterfahren soll, wird in der Aktivierungsliste die Anweisungsnummer ID des Unterprogrammaufrufes CALL SEIZE abgelegt. Für bestimmte Policies, zum Beispiel FIFO, muß der Stand der Simulationsuhr T als Blockierungszeitpunkt in der TR-Matrix festgehalten werden.

Hinweis:

* Eine Facility kann mehrere Eingänge haben, d.h. im Modell können an verschiedenen Stellen Unterprogrammaufrufe CALL SEIZE eingebaut werden, die den gleichen Wert NFA in der Parameterliste führen (siehe 4.3).

4.1.2 WORK

Funktion:
Das Unterprogramm WORK simuliert die Bearbeitung der Transaction in der Facility. Eine Transaction, die den Unterprogrammaufruf CALL WORK erreicht, wird für eine Zeit, die der Bearbeitungszeit WT entspricht, stillgelegt. Sie geht in den Zustand termingebunden über. Nach der Bearbeitungszeit meldet die Transaction ihre Fertigstellung, indem sie noch einmal zum Unterprogramm WORK zurückkehrt.

Unterprogrammaufruf:

```
        CALL WORK (WT,NFA,ID,IEX,&1005,&1006,IPRINT)
```

Parameterliste:

WT Bearbeitungszeit
Diese Variable gibt an, wieviele Zeiteinheiten die Bearbeitungsphase umfassen soll. Wenn die Simulationsuhr beim Aufruf des Unterprogrammes WORK auf T steht, erfolgt die erneute Aktivierung der Transaction zur Zeit T + WT.

NFA Nummer der Facility (Typnummer)
Die Facilities werden einzeln durchnumeriert.

ID Anweisungsnummer des Unterprogrammaufrufes
Nach dem Ende der Bearbeitungszeit kehrt die Transaction zum Unterprogrammaufruf CALL WORK zurück, der die Anweisungsnummer ID trägt.

IEX Verdrängungssperre
Dieser Parameter gibt an, ob die Transaction, die die Facility belegt, verdrängt werden darf oder nicht. Damit ist die Möglichkeit gegeben, für bestimmte Transactions ohne Berücksichtigung der Priorität die Verdrängung zu verbieten.
IEX = 0 Die Transaction, die die Facility besetzt, darf verdrängt werden, wenn eine Transaction mit hö-

herer Priorität bedient werden möchte.
IEX = 1 Die Transaction, die die Facility belegt, darf nicht verdrängt werden. Weitere Transactions, die während der als ununterbrechbar gekennzeichneten Phase auf die Facility treffen, werden blockiert.

&1005 Adreßausgang zur Transactionsteuerung
Eine Transaction, die bearbeitet werden soll, wird deaktiviert und in den Zustand termingebunden überführt. Anschließend wird die Transactionsteuerung aufgerufen, die eine neue Transactionaktivierung veranlaßt.

&1006 Adreßausgang bei fehlerhafter Belegung
Über diesen Ausgang wird das Unterprogramm WORK verlassen, wenn das Unterprogramm die Bearbeitung einer Transaction übernehmen soll, die die Facility nicht belegt.

IPRINT Protokollsteuerung
Die Protokollausdrucke werden unterdrückt, wenn IPRINT=0.

Datenbereich:

Das Unterprogramm WORK benötigt die Aktivierungsliste, die TR-Matrix und die FAC-Matrix.

Programmbeschreibung:

"Fehlerausgang"

```
        IF(IABS(FAC(NFA,1)).EQ.LTR) GOTO 100
        RETURN 2
```

Wenn das Unterprogramm WORK von einer Transaction aufgerufen wird, die die Facility nicht belegt, wird das Unterprogramm über den Fehlerausgang verlassen.

"Bearbeitungsentscheid"

```
100     IF(FAC(NFA,2).EQ.0) GOTO 150
        IF(FAC(NFA,3).EQ.1) TR(LTR,6) = WT
        RETURN
150     IF(FAC(NFA,3).EQ.2) RETURN
```

Zunächst muß geprüft werden, ob die Transaction die Facility freiwillig nach dem Ende der Bearbeitungszeit aufgibt oder verdrängt worden ist (siehe 4.2.1). Liegt keine Verdrängung vor, so ist FAC(NFA,2).EQ.0.
Besonders zu beachten ist an dieser Stelle, daß für eine Transaction, die verdrängt wurde während sie sich noch in der Zurüstphase befand, die gesamte Bearbeitungszeit als Restbearbeitungszeit gilt. Sie wird in das Element TR(LTR,6) übertragen.

Alle Transactions, die ihre Bearbeitungsphase abgeschlossen haben, kehren noch einmal zum Unterprogramm WORK zurück. Sie werden mit Hilfe der Abfrage FAC(NFA,3).EQ.2 herausgesucht. Sie fahren mit der Anweisung fort, die auf den Unterprogrammaufruf CALL WORK folgt.

"Bearbeiten"

```
        IF(IEX.EQ.0) FAC(NFA,1) = LTR
        IF(IEX.EQ.1) FAC(NFA,1) = - LTR
        FAC(NFA,3) = 2
        IF(TR(LTR,6).NE.0) GOTO 200
        AL(LTR,1) = ID
        AL(LTR,2) = T + WT
        RETURN 1
```

In dem Element FAC(NFA,1) steht die Variable LTR derjenigen Transaction, die die Facility belegt. Das Vorzeichen gibt an, ob die Facility während der Bearbeitungsphase unterbrechbar sein soll oder nicht.
Durch den Eintrag FAC(NFA,3)=2 wird festgehalten, daß die Facility in ihre Bearbeitungsphase eintritt.
Transactions, die verdrängt worden sind und die bereits eine bestimmte Zeit in der Facility verbracht haben, dürfen keine neue Bearbeitungszeit erhalten, sondern müssen mit der Restbearbeitungszeit aus dem Element TR(LTR,6) fortfahren. Sie werden mit Hilfe der Abfrage TR(LTR,6). NE.0 herausgesucht und zum Abschnitt "Bearbeiten nach Wiederbelegung" geschickt.
Die Bearbeitungszeit wird simuliert, indem für die Transaction der Aktivierungszeitpunkt und die Zieladresse in die Aktivierungsliste eingetragen werden.

"Bearbeiten nach Wiederbelegung"

```
200     AL(LTR,1) = ID
        AL(LTR,2) = T + TR(LTR,6)
        TR(LTR,6) = 0
        RETURN 1
        END
```

Bei Wiederbelegung wird nur die Restbearbeitungszeit berücksichtigt, die bei Verdrängung in das Element TR(LTR,6) eingetragen wurde.

Hinweis:

* Die meisten Funktionen des Unterprogrammes WORK betreffen die Verdrängung. Soll Verdrängung nicht zugelassen sein, so würde sich das Unterprogramm auf die folgenden Anweisungen reduzieren:

```
        IF(AL(LTR,2).EQ.T) RETURN
        AL(LTR,1) = ID
        AL(LTR,2) = T + WT
        RETURN 1
```

Der Benutzer, der Verdrängung nicht benötigt, kann davon ausgehen, daß nur diese oben angeführten 4 Anweisungen ausgeführt werden. Die Bearbeitung der übrigen Anweisungen wird übergangen.

4.1.3 CLEAR

Funktion:
Durch das Unterprogramm CLEAR wird eine Facility freigegeben.

Unterprogrammaufruf:

```
CALL CLEAR (NFA,MARKE1,&1006,IPRINT)
```

Parameterliste:

NFA — Nummer der Facility (Typnummer)
Die Facilities werden einzeln durchnumeriert.

MARKE1 — Adreßausgang bei Verdrängung
Die verdrängte Transaction wird im Unterprogramm CLEAR blockiert. Anschließend muß die Transactionsteuerung aufgerufen werden. Daher muß unmittelbar oder nach einem benutzereigenen Programmstück der Unterprogrammaufruf mit der Anweisungsnummer &1005 angesprungen werden.

&1006 — Adreßausgang bei fehlerhafter Belegung
Über diesen Ausgang wird CLEAR verlassen, wenn die Freigabe der Facility durch eine Transaction erfolgen soll, die die Facility nicht belegt hat.

IPRINT — Protokollsteuerung
Die Protokollausdrucke werden unterdrückt, wenn IPRINT=0.

Datenbereich:

Das Unterprogramm CLEAR benötigt die FAC-Matrix, den State-Vektor und die TR-Matrix.

Programmbeschreibung:

"Fehlerausgang"

```
      IF(IABS(FAC(NFA,1)).EQ.LTR) GOTO 100
      RETURN 2
```

Wenn die Facility von einer Transaction freigegeben werden soll, die selbst die Facility nicht belegt hat, wird das Unterprogramm über den Ausgang für fehlerhafte Belegung verlassen.

"Freigeben"

```
100   DO 150 I = 1 , 3
150   FAC(NFA,I) = 0
      STATE(NFA) = 1
```

Die Facility wird freigegeben.

"Blockieren der verdrängten Transaction"

```
      IF(TR(LTR,6).EQ.0) GOTO 200
      AL(LTR,1) = TR(LTR,5)
      AL(LTR,2) = - NFA
      TR(LTR,8) = T
```

```
200     TR(LTR,5) = 0
```

Transactions, die verdrängt worden sind, geben die Facility frei und werden in die Warteschlange vor der Facility zurückverwiesen, indem sie in den Zustand blockiert überführt werden. Verdrängte Transactions werden an der Restbearbeitungszeit erkannt, die in den Unterprogrammen PREEMP oder WORK in das Element TR(LTR,6) eingetragen wurde.
Zieladresse ist die Anweisungsnummer des Unterprogrammaufrufes durch den die Transaction die Facility belegt hatte.

"Bestimmen des Adreßausgangs"

```
        IF(TR(LTR,6).EQ.0) RETURN
        RETURN 1
        END
```

Transactions, die nicht verdrängt worden sind verlassen das Unterprogramm über den normalen RETURN-Ausgang und fahren mit der Anweisung fort, die auf den Unterprogrammaufruf CALL CLEAR folgt. Erfolgt die Freigabe der Facility durch eine verdrängte Transaction, so muß das Unterprogramm CLEAR über den Adreßausgang MARKE1 verlassen werden, der zum Unterprogrammaufruf CALL ACTIV2 führt.

Hinweis:

* Die Bearbeitung einer Transaction in einer Facility, wie sie in Bild 18 dargestellt ist, wird durch die nachstehende Folge von Unterprogrammaufrufen simuliert:

```
2       CALL SEIZE (NFA,2,&1005,IPRINT)
3       CALL WORK (WT,NFA,3,IEX,&1005,&1006,IPRINT)
        CALL CLEAR (NFA,&1005,&1006,IPRINT)
```

Für die Belegung der Facility ohne Verdrängung wird der Parameter IEX des Unterprogrammes WORK nicht benötigt. Er kann in diesem Fall beliebig besetzt werden.

4.2 Verdrängung

Bei Verdrängung wird die Bearbeitung der Transaction, die sich im Besitz der Facility befindet, unterbrochen, um einer neu ankommenden Transaction, die aufgrund der Policy bevorrechtigt ist, die Belegung der Facility zu ermöglichen. Die verdrängte Transaction wird mit einem Vermerk ihrer Restbearbeitungszeit in die Warteschlange vor der Facility zurückverwiesen.

4.2.1 PREEMP

Funktion:
Das Unterprogramm PREEMP dient zur bevorrechtigten Belegung von Facilities. Wenn eine Transaction das Unterprogramm PREEMP erreicht, wird geprüft, ob die Facility frei ist oder nicht. Ist

sie noch frei, so wird sie von der laufenden Transaction belegt. Damit ist sie für weitere Transactions nicht mehr zugänglich. Ist sie bereits belegt, wird geprüft, ob die neuankommende Transaction aufgrund der Policy gegenüber der Transaction bevorrechtigt ist, die die Facility belegt. Ist das der Fall, so wird die Transaction, die die Facility belegt hat, veranlaßt, die Facility freizugeben.
Die Verdrängung unterbleibt, wenn die Transaction, die die Facility gerade belegt, als ununterbrechbar gekennzeichnet ist.

Unterprogrammaufruf:

```
CALL PREEMP (NFA,ID,&1005,IPRINT)
```

Parameterliste:

NFA Nummer der Facility (Typnummer)
Die Facilities werden einzeln durchnumeriert.

ID Anweisungsnummer des Unterprogrammaufrufes
Wird die Facility frei, so wählt die Transactionsteuerung aus den wartenden Transactions die nächste aus und schickt sie zur Belegung der Facility zum Unterprogrammaufruf CALL PREEMP, der die Anweisungsnummer ID trägt.

&1005 Adreßausgang bei Blockierung
Eine Transaction, die auf den Unterprogrammaufruf CALL PREEMP trifft, kann aus den folgenden Gründen blockiert werden: Der OK-Mechanismus verbietet die Belegung der Facility; die Facility ist besetzt und Verdrängung ist aufgrund der Verdrängungssperre nicht möglich; die ankommende Transaction ist gegenüber der Transaction, die die Facility belegt, nicht bevorrechtigt.

IPRINT Protokollsteuerung
Die Protokollausdrucke werden unterdrückt, wenn IPRINT=0.

Datenbereich:

Das Unterprogramm PREEMP benötigt die Aktivierungsliste, die TR-Matrix, die FAC-Matrix und den State-Vektor.

Programmbeschreibung:

"Blockierentscheid"

```
K1 = 1
IF(FAC(NFA,1).NE.0) GOTO 200
K1 = 0
IF(OK.EQ.0) GOTO 200
OK = 0
```

Wenn die Facility belegt ist, wird mit dem Abschnitt "Blockieren" fortgefahren.
Ist die Facility frei, wird der OK-Mechanismus überprüft. Nur wenn OK.NE.0 ist, hat die Transaction bereits mit den anderen Transactions in der Warteschlange konkurriert und kommt für das Belegen der Facility in Frage. Die Variable OK wird sofort wieder zurückgesetzt.

Die Variable K1 dient zur Unterscheidung zwischen Blockierung aufgrund der belegten Facility oder aufgrund des OK-Mechanismus.

"Belegen"

```
        FAC(NFA,1) = LTR
        STATE(NFA) = 0
        TR(LTR,8) = 0
        TR(LTR,5) = ID
        RETURN
```

In das Element FAC(NFA,1) wird die Variable LTR derjenigen Transaction eingetragen, die die Facility belegt. Es wird der belegt-Vermerk in den State-Vektor eingetragen und der Blockierungszeitpunkt gelöscht.

Eine Transaction, die verdrängt wird, geht in den Zustand blockiert über. Soll sie zu gegebener Zeit wieder aktiviert werden, muß sie die Facility erneut belegen. Daher muß sie in diesem Fall zum Unterprogrammaufruf CALL PREEMP zurückkehren, der die Anweisungsnummer ID trägt. Diese Anweisungsnummer wird in dem Element TR(LTR,5) abgelegt.
Sollte eine Verdrängung erfolgen, wird die Anweisungsnummer ID, die in TR(LTR,5) steht, im Unterprogramm CLEAR im Abschnitt "Blockieren der verdrängten TR" als Zieladresse in die Aktivierungsliste eingetragen.

"Blockieren"

```
200     AL(LTR,1) = ID
        AL(LTR,2) = - NFA
        TR(LTR,8) = T
        IF(K1.EQ.0) RETURN 1
```

Die ankommende Transaction wird blockiert. Wurde die Transaction aufgrund des OK-Mechanismus blockiert, wird das Unterprogramm sofort über den Adreßausgang bei Blockierung verlassen.
Wird eine Transaction blockiert, weil die Facility belegt ist, so wird mit dem Abschnitt "Verdrängungsentscheid" fortgefahren.

"Verdrängungsentscheid"

```
        IF(FAC(NFA,1).LT.0.AND.FAC(NFA,3).EQ.2) RETURN 1
        IF(FAC(NFA,3).EQ.3) RETURN 1
```

Die Verdrängung soll zunächst aus den beiden folgenden Gründen nicht zulässig sein:
Die belegende Transaction befindet sich in ihrer Bearbeitungsphase, die als ununterbrechbar gekennzeichnet ist.
Die belegende Transaction befindet sich bereits in der Abrüstphase und wird die Facility von sich aus freigeben. Dieser Fall ist nur möglich, wenn die Abrüstzeit mit Hilfe des Unterprogrammes KNOCKD berücksichtigt werden soll (siehe 4.2.2 und 4.2.4).

"Aufrufen der Policy"

```
        POLVEC(1) = IABS(FAC(NFA,1))
        POLC = 1
        DO 350 I = 1 , LAL
        IF(AL(I,2).NE.-NFA) GOTO 350
        POLC = POLC + 1
        POLVEC(POLC) = I
350     CONTINUE
        CALL POLICY (NFA)
        IF(LTR.EQ.IABS(FAC(NFA,1))) RETURN 1
```

Es wird geprüft, ob die ankommende Transaction aufgrund der Policy bevorrechtigt ist und verdrängen darf.
Der Prüfung unterliegen zunächst alle blockierten Transactions einschließlich der neu angekommenen. Weiterhin muß die Transaction berücksichtigt werden, die die Facility gerade belegt. Die Transactions, die überprüft werden sollen, werden im Vektor POLVEC registriert, der vom Unterprogramm POLICY bearbeitet wird (siehe 3.3).
Von dem Unterprogramm POLICY wird die Transaction zurückgegeben, die die Facility belegen soll. Ist diese Transaction mit derjenigen identisch, die die Facility bereits belegt, so muß die Verdrängung unterbleiben.

"Verdrängen"

```
        FAC(NFA,2) = 1
        IF(FAC(NFA,3).EQ.1) RETURN 1
        LTR = IABS(FAC(NFA,1))
        TR(LTR,6) = AL(LTR,2) - T
        AL(LTR,2) = T
        RETURN 1
        END
```

Wenn eine Verdrängung vorgenommen werden muß, wird zunächst das Verdrängungskennzeichen in dem Element FAC(NFA,2) gesetzt, das anzeigt, ob eine Verdrängung abläuft. Dieses Verdrängungskennzeichen wird im Unterprogramm WORK benötigt (siehe 4.1.2 Abschnitt "Bearbeitungsentscheid").

Befindet sich die Transaction während der Verdrängung in der Zurüstphase, so kann das Unterprogramm PREEMP an dieser Stelle über den Adreßausgang bei Blockierung verlassen werden. Sobald die Transaction die Zurüstphase beendet hat und das Unterprogramm WORK aufruft, wird diese Transaction aussortiert und sofort zu der folgenden Anweisung geschickt, die entweder die Abrüstphase simuliert oder die Facility freigibt.

Befindet sich eine Transaction in der Bearbeitungsphase mit FAC(NFA,3)=2, so erfolgt die Verdrängung unmittelbar, indem die zu verdrängende Transaction zum aktuellen Zeitpunkt zum Unterprogrammaufruf CALL WORK weitergeleitet wird. Hierbei wird die Restbearbeitungszeit festgehalten. Dort wird sie identifiziert und sofort zur nächsten Anweisung, die auf den Unterprogrammaufruf CALL WORK folgt, geschickt.

Hinweise:

* Soll für eine Facility Verdrängung ohne Berücksichtigung der Umrüstzeit vorgenommen werden, so ist das Unterprogramm SEIZE durch das Unterprogramm PREEMP zu ersetzen. Weitere Änderungen ergeben sich nicht. Die Folge der Unterprogrammaufrufe hat damit die nachstehende Form:

```
2       CALL PREEMP (NFA,2,&1005,IPRINT)
3       CALL WORK (WT,NFA,3,IEX,&1005,&1006,IPRINT)
        CALL CLEAR (NFA,&1005,&1006,IPRINT)
```

Mit Hilfe des Parameters IEX im Unterprogramm WORK kann für jede Transaction individuell die Verdrängungssperre gesetzt werden.

* Es ist die Aufgabe des Unterprogrammes PREEMP, die Verdrängung zu veranlassen. Die Freigabe der Facility nimmt die verdrängte Transaction selbst vor.
Das Vorgehen bei Verdrängung hängt davon ab, in welcher Bearbeitungsphase sich die Transaction befindet, die verdrängt werden soll.
Zurüstphase: Es wird das Verdrängungskennzeichen gesetzt, das anzeigt, daß Verdrängung erforderlich ist. Wenn die Transaction die Zurüstphase durchlaufen hat und das Unterprogramm WORK betritt, wird sie erkannt und sofort zu der Anweisung geschickt, die auf den Unterprogrammaufruf CALL WORK folgt. Diese Anweisung ist entweder der Aufruf des Unterprogrammes KNOCKD, wenn die Abrüstzeit berücksichtigt werden muß oder unmittelbar der Aufruf des Unterprogrammes CLEAR, das die Freigabe der Facility vornimmt.
Bearbeitungsphase: Die belegende Transaction wird zum gleichen Zeitpunkt noch einmal auf das Unterprogramm WORK geschickt. Von hier an wird sie in der gleichen Weise behandelt wie eine Transaction, die sich während der Verdrängung in der Zurüstphase befand.
Abrüstphase: Es sind keine besonderen Vorkehrungen erforderlich. Die Transaction verläßt die Facility von sich aus auf normalem Wege.

* Wenn die Zurüstphase und die Abrüstphase nicht berücksichtigt werden, so gilt für eine belegte Facility immer FAC(NFA,3)=2. Diejenigen Anweisungen, die für die Verdrängung einer Transaction zuständig sind, die sich in ihrer Zurüstphase bzw. Abrüstphase befindet, werden dann nicht durchlaufen. Der Aufbau des Simulationsmodells wird hiervon nicht beeinflußt.

* Bei statischer Prioritätenvergabe ist sichergestellt, daß die Transaction, die die Facility belegt, im Vergleich zu den Transactions in der Warteschlange immer die höchste Priorität hat. Eine neu ankommende Transaction muß daher bei Verdrängung nur die Transaction überprüfen, die sich in der Facility befindet. Die anderen Transactions haben notwendigerweise eine niedrigere Priorität.
Bei dynamischer Prioritätenvergabe ist es möglich, daß sich die Prioritätenordnung der wartenden Transactions geändert hat. Es ist daher erforderlich, bei einem Verdrängungsversuch alle Transactions zu überprüfen. Im Unterprogramm PREEMP geschieht das im

Abschnitt "Aufrufen der Policy".
Wenn keine dynamische Prioritätenvergabe erfolgt, kann der Benutzer den Abschnitt "Aufrufen der Policy" durch den Abschnitt "Prioritätenvergleich" ersetzen:

"Prioritätenvergleich"

```
        LTR1 = IABS(FAC(NFA,1))
        IF(TR(LTR,4).LE.TR(LTR1,4)) RETURN 1
```

Durch diese kleine Modifikation kann Rechenzeit gespart werden.

4.2.2 Die Umrüstzeit bei Verdrängung

Eine genaue Untersuchung des Bearbeitungsvorganges in einer Bedienstation zeigt, daß gewöhnlich drei Phasen durchlaufen werden:

* Zurüstphase:
  Die Bedienstation wird betriebsbereit gemacht. Gleichzeitig wird für den Auftrag die Bearbeitungsvorbereitung vorgenommen.

* Bearbeitungsphase
  Der Auftrag wird bearbeitet.

* Abrüstphase
  Die Bedienstation wird in den ursprünglichen Zustand überführt. Der Auftrag wird entfernt.

Beispiele:

* Bei der Reparatur eines PKW in einer Werkstatt läßt sich zunächst die Zurüstphase beobachten. Der PKW wird vom Parkplatz auf den Reparaturstand gebracht. Außerdem werden die erforderlichen Werkzeuge bereitgestellt.
Der Reparatur, die als Bearbeitungsphase aufgefaßt wird, folgt die Abrüstphase. Hier wird das Werkzeug aufgeräumt, der Arbeitsplatz gesäubert und der PKW zurück auf den Parkplatz gefahren.

Wenn keine Verdrängung vorgesehen ist, kann man die drei Phasen zur Gesamtbearbeitungszeit zusammenfassen. Es besteht kein Grund, sie gesondert auszuweisen.
Wenn Verdrängung erfolgen soll, ist dagegen für jeden Verdrängungsvorgang die Umrüstzeit zu berücksichtigen. Die Umrüstzeit umfaßt die Abrüstzeit des Auftrages, der die Bedienstation belegt und die Zurüstzeit des Auftrages, der die Verdrängung veranlaßt hat (siehe Bild 19).

* Im Behandlungszimmer eines Arztes wird ein Notfall gemeldet. Der Patient, der gerade untersucht wird, soll das Behandlungszimmer verlassen und in das Wartezimmer zurückkehren. Hierzu muß sich der Patient ankleiden, während der Arzt die benutzten Geräte aufräumt. Die hierfür erforderliche Zeit entspricht der Abrüstzeit.
Bevor der Notfallpatient behandelt werden kann, müssen die dazugehörigen Vorbereitungen getroffen werden, die die Zurüstphase

ausmachen.
Durch den beschriebenen Verdrängungsvorgang fällt zusätzlicher Verwaltungsaufwand in Form der Umrüstzeit an, die sich aus der Abrüstzeit des ersten Patienten und aus der Zurüstzeit des Notfallpatienten zusammensetzt.

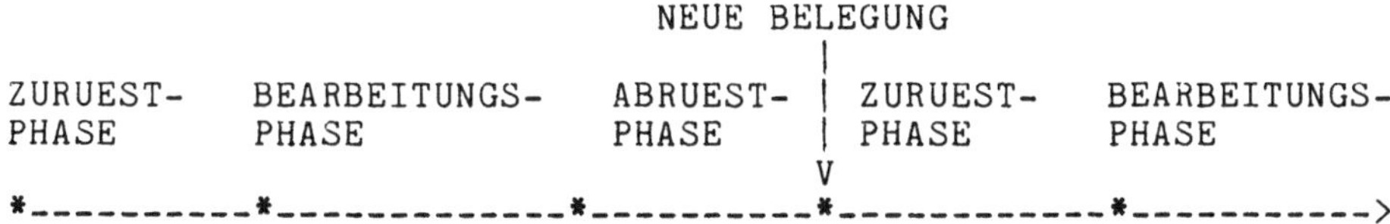

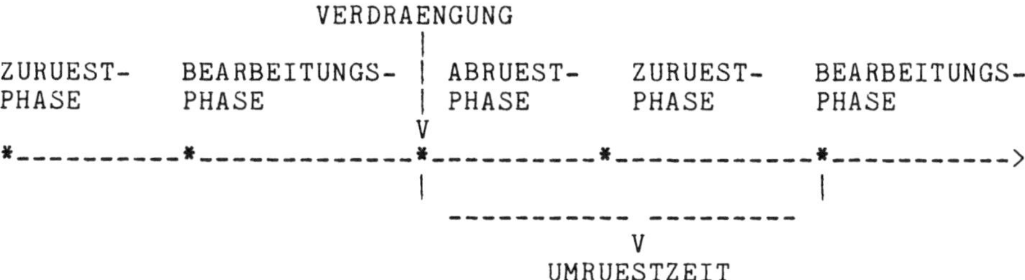

BILD 19 ZEITLICHER ABLAUF EINER VERDRAENGUNG BEI BERUECKSICHTIGUNG DER UMRUESTZEIT

In GPSS-F werden die Zurüstzeit und die Abrüstzeit durch die beiden Unterprogramme SETUP bzw. KNOCKD simuliert.

4.2.3 SETUP

Funktion:
Eine Transaction, die den Unterprogrammaufruf CALL SETUP erreicht, wird für eine Zeit, die der Zurüstzeit entspricht, stillgelegt. Sie geht in den Zustand termingebunden über. Zum neuen Aktivierungszeitpunkt kann sie ihren Weg bei der angegebenen Anweisungsnummer fortsetzen.
Während der Zurüstzeit ist eine Transaction nicht unterbrechbar.

Unterprogrammaufruf:

```
CALL SETUP (ST,NFA,IDN,&1005,&1006,IPRINT)
```

Parameterliste:

ST Zurüstzeit
Diese Variable gibt an, wieviele Zeiteinheiten die Zurüstzeit betragen soll.

NFA Nummer der Facility (Typnummer)
Die Facilities werden einzeln durchnumeriert

IDN Zieladresse
Wenn die Transaction nach der Zurüstzeit erneut aktiviert wird, setzt sie ihren Weg bei der Anweisung mit der Anweisungsnummer IDN fort. Diese Anweisung wird in der Regel der Aufruf des Unterprogrammes WORK sein.

&1005 Adreßausgang zur Transactionsteuerung
Eine Transaction, die den Unterprogrammaufruf CALL SETUP erreicht, wird in den Zustand termingebunden überführt. Anschließend muß die Transactionsteuerung aufgerufen werden, die eine neue Transactionaktivierung veranlaßt.

&1006 Adreßausgang bei fehlerhafter Belegung
Über diesen Ausgang wird das Unterprogramm SETUP verlassen, wenn das Unterprogramm die Bearbeitung einer Transaction übernehmen soll, die die Facility nicht belegt.

IPRINT Protokollsteuerung
Die Protokollausdrucke werden unterdrückt, wenn IPRINT=0.

Datenbereich:

Das Unterprogramm SETUP benötigt die Aktivierungsliste, die TR-Matrix und die FAC-Matrix.

Programmbeschreibung:

"Fehlerausgang"

```
IF(IABS(FAC(NFA,1)).EQ.LTR) GOTO 100
RETURN 2
```

Wenn das Unterprogramm SETUP von einer Transaction aufgerufen wird, die die Facility nicht belegt, so wird das Unterprogramm über den Fehlerausgang verlassen.

"Zurüsten"

```
FAC(NFA,1) = - LTR
FAC(NFA,3) = 1
AL(LTR,1) = IDN
AL(LTR,2) = T + ST
RETURN 1
END
```

Die Transaction wird als ununterbrechbar gekennzeichnet. Da sich die Facility in der Zurüstphase befindet, wird FAC(NFA,3)=1 gesetzt.
Die Transaction wird anschließend deaktiviert und in den Zustand termingebunden überführt.

4.2.4 KNOCKD

Funktion:
Eine Transaction, die den Unterprogrammaufruf CALL KNOCKD erreicht, wird für eine Zeit, die der Abrüstzeit entspricht, stillgelegt. Sie geht in den Zustand termingebunden über. Zum neuen Aktivierungszeitpunkt kann sie ihren Weg bei der angegebenen Anweisungsnummer fortsetzen.
Während der Abrüstzeit ist eine Transaction nicht unterbrechbar.

Unterprogrammaufruf:

```
CALL KNOCKD (KT,NFA,IDN,&1005,&1006,IPRINT)
```

Parameterliste:

KT — Abrüstzeit
Diese Variable gibt an, wieviele Zeiteinheiten die Abrüstzeit betragen soll.

NFA — Nummer der Facility (Typnummer)
Die Facilities werden einzeln durchnumeriert.

IDN — Zieladresse
Wenn die Transaction nach der Abrüstzeit erneut aktiviert wird, setzt sie ihren Weg bei der Anweisung mit der Anweisungsnummer IDN fort. Diese Anweisung wird in der Regel der Aufruf des Unterprogrammes CLEAR sein.

&1005 — Adreßausgang zur Transactionsteuerung
Eine Transaction, die den Unterprogrammaufruf CALL KNOCKD erreicht, wird in den Zustand termingebunden überführt. Anschließend muß die Transactionsteuerung aufgerufen werden, die eine neue Transactionaktivierung veranlaßt.

&1006 — Adreßausgang bei fehlerhafter Belegung
Über diesen Ausgang wird das Unterprogramm KNOCKD verlassen, wenn das Unterprogramm die Bearbeitung einer Transaction übernehmen soll, die die Facility nicht belegt.

IPRINT — Protokollsteuerung
Die Protokollausdrucke werden unterdrückt, wenn IPRINT=0.

Datenbereich:

Das Unterprogramm KNOCKD benötigt die Aktivierungsliste, die TR-Matrix und die FAC-Matrix.

Programmbeschreibung:

"Fehlerausgang"

```
IF(IABS(FAC(NFA,1)).EQ.LTR) GOTO 100
RETURN 2
```

Wenn das Unterprogramm KNOCKD von einer Transaction aufgerufen wird, die die Facility nicht belegt, so wird das Unterprogramm über den Fehlerausgang verlassen.

"Abrüsten"

```
        FAC(NFA,1) = - LTR
        FAC(NFA,3) = 3
        AL(LTR,1) = IDN
        AL(LTR,2) = T + KT
        RETURN 1
        END
```

Die Transaction wird als ununterbrechbar gekennzeichnet. Da sich die Facility in der Abrüstphase befindet, wird FAC(NFA,3)=3 gesetzt.
Die Transaction wird anschließend deaktiviert und in den Zustand termingebunden überführt.

Hinweise:

* Bei Berücksichtigung der Zurüstzeit und der Abrüstzeit ergibt sich eine Folge der Unterprogrammaufrufe der nachstehenden Form:

```
2       CALL PREEMP (NFA,2,&1005,IPRINT)
        CALL SETUP (ST,NFA,3,&1005,&1006,IPRINT)
3       CALL WORK (WT,NFA,3,IEX,&1005,&1006,IPRINT)
        CALL KNOCKD (KT,NFA,4,&1005,&1006,IPRINT)
4       CALL CLEAR (NFA,&1005,&1006,IPRINT)
```

Die Aufrufe für die Unterprogramme SETUP und KNOCKD können in einfacher Weise in die Folge der Unterprogrammaufrufe eingeschoben werden, die die Verdrängung ohne Zurüstzeit und ohne Abrüstzeit simuliert (siehe Hinweise in 4.2.1).

* Es ist zu beachten, daß der Unterprogrammaufruf CALL CLEAR bei Verwendung des Unterprogrammes KNOCKD eine Anweisungsnummer tragen muß.

* Die Unterprogramme SETUP und KNOCKD haben eine Funktion, die der Funktion von ADVANC ähnlich ist (siehe 2.5.1).

Es besteht der folgende Unterschied:
In SETUP und KNOCKD wird zusätzlich zur zeitabhängigen Deaktivierung die Bearbeitungsphase der Facility festgehalten und die Unterbrechungssperre gesetzt.

4.3 Belegen einer Facility in parallelen Bearbeitungszweigen

Es ist möglich, eine Facility von zwei Bearbeitungszweigen aus zu belegen. In beiden Bearbeitungszweigen muß dann jeweils der Unterprogrammaufruf, der die Facility belegt, durchlaufen werden. Es ist darauf zu achten, daß der Parameter NFA (Nummer der Facility) in beiden Unterprogrammaufrufen denselben Wert hat.
Besonders wichtig wird dieses Vorgehen, wenn eine Transaction aufgrund eines äußeren Ereignisses von der Facility verdrängt werden soll.

Beispiel:

* Der Prozessor einer Rechenanlage soll im Zeitscheibenverfahren betrieben werden. In festen Zeitintervallen erfolgt Verdrängung. Der verdrängte Auftrag wird mit seiner Restbedienzeit wieder in die Warteschlange eingereiht.

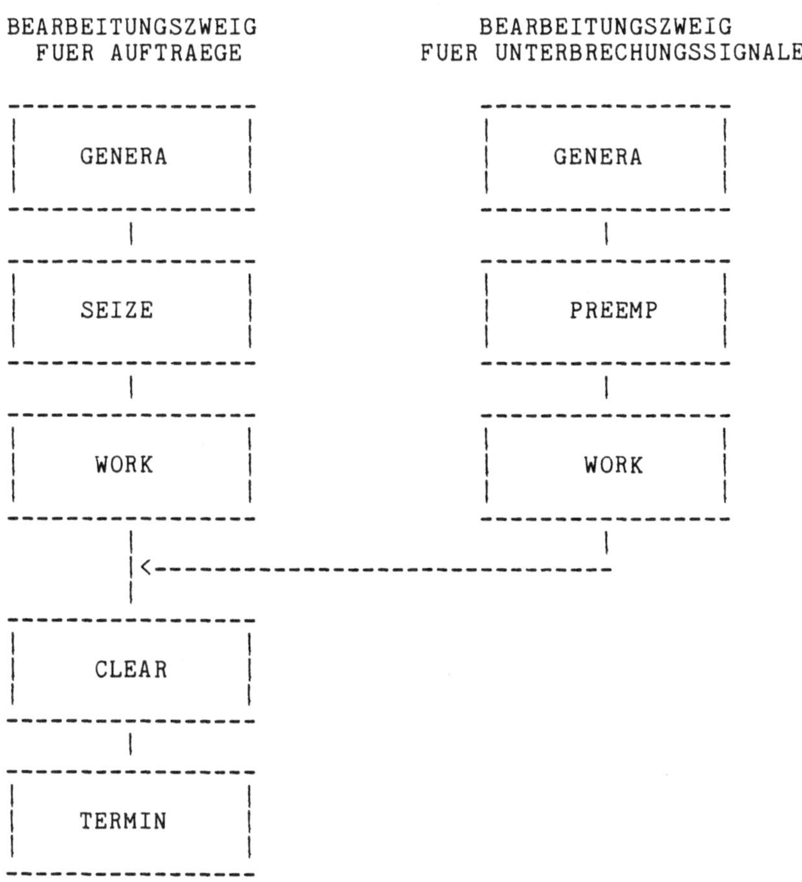

BILD 20 VERDRAENGUNG EINER TRANSACTION AUFGRUND EINES ZEITSIGNALES

In diesem Fall belegen die Transactions, die die Aufträge repräsentieren, die Facility über den Unterprogrammaufruf CALL SEIZE. Das Unterbrechungssignal, das aufgrund des Uhrstandes erzeugt wird, läuft als Transaction höchster Priorität auf die Facility und nimmt über den Unterprogrammaufruf CALL PREEMP die Verdrängung vor. Den Ablauf zeigt Bild 20.
Nach Bearbeitung des Unterbrechungssignales wird die Facility freigegeben. Sie kann anschließend durch die nächste Transaction aus der Warteschlange erneut belegt werden.

5. MULTIFACILITIES

Die Multifacilities können als Erweiterungen der Facilities aufgefaßt werden. Zwischen beiden Stationstypen gibt es eine Reihe von Ähnlichkeiten.

5.1 Der Aufbau der Multifacilities

Eine Multifacility besteht aus mehreren Service-Elementen, die parallel angeordnet sind und die auf eine gemeinsame Warteschlange zugreifen. Ein Service-Element kann von genau einer Transaction belegt werden.
Die Anzahl m der Service-Elemente, die zu einer Multifacility gehören, kann angegeben werden. Wird m=1, so entartet die Multifacility zu einer einfachen Facility.

Beispiel:

* Eine Rechenanlage mit mehreren Prozessoren kann als Multifacility aufgefaßt werden. Jeder Prozessor gilt als Bedienstation; die Prozesse, die rechenfähig sind und sich daher in der bereit-Menge befinden, bauen vor den Prozessoren eine zentrale Warteschlange auf.

Die Verwaltung der Aufträge in den Warteschlangen und der Service-Elemente in der Multifacility übernehmen die Policy und der Plan.
Die Policy wählt unter den wartenden Aufträgen denjenigen aus, der als nächstes bearbeitet werden soll. Das geschieht unter Berücksichtigung der Prioritäten und von Bedingungen, die der Benutzer festlegen kann (siehe 3.1).
Der Plan enthält das Verfahren, nach dem die einzelnen Service-Elemente einer Multifacility belegt werden sollen. Für eine einzelne Facility ist ein Plan nicht erforderlich, da eine Auswahl nicht getroffen werden kann.
Eine weitere Funktion übernimmt der Plan bei Verdrängung. Erscheint ein Auftrag mit einer hohen Priorität, die Verdrängung verlangt, so muß entschieden werden, welches Service-Element zu räumen ist.

Beispiel:

* Der Plan FIRST überprüft die Service-Elemente der Reihe nach und weist dem Auftrag das erste freie Element zu, das er findet. Bei jedem Suchvorgang beginnt FIRST wieder bei dem ersten Element. Als Folge hiervon werden die ersten Service-Elemente höher ausgelastet sein als die späteren.
Eine gleichmäßige Auslastung läßt sich durch den Plan FIRST-M (First modified) erreichen. Hier wird der Suchvorgang nicht jedesmal beim ersten Element begonnen, sondern dort fortgesetzt, wo der vorherige Suchvorgang stehen geblieben ist.

* Bei Verdrängung bestimmt der Plan PRIOR (Prioritätenabhängigkeit), daß das Service-Element, das den Auftrag mit der niedrigsten Priorität bearbeitet, freigeschaltet werden muß.

Eine Multifacility soll symmetrisch heißen, wenn jeder Auftrag auf jedem Service-Element bearbeitet werden kann. Eine besondere Zuordnung von Aufträgen zu bestimmten Service-Elementen soll es nicht geben.
Reale Systeme sind gelegentlich nicht symmetrisch im oben definierten Sinn. Besonders nach Verdrängung ist es möglich, daß ein Auftrag dort weiterbearbeitet werden muß, wo er begonnen hatte.

Die Multifacilities in GPSS-F sind so aufgebaut, daß sie für neu ankommende Transactions symmetrisch sind. Es besteht jedoch die Möglichkeit, für jede Transaction individuell anzugeben, ob sie nach der Verdrängung an das Service-Element gebunden bleibt, das ihm zuerst zugewiesen wurde.
Den Aufbau einer Multifacility zeigt Bild 21.

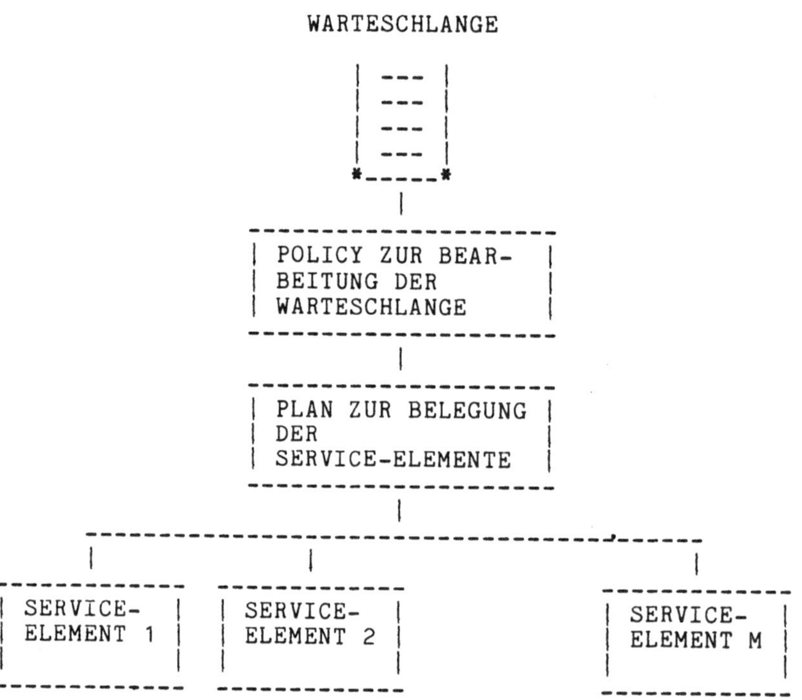

BILD 21 DER AUFBAU DER MULTIFACILITY

Datenbereiche:

Jeder Multifacility wird in GPSS-F in der Multifacility-Matrix (MFAC-Matrix) eine Zeile zugeordnet. Die MFAC-Matrix ist wie folgt definiert:

```
INTEGER MFAC
DIMENSION MFAC("MFAC1",2)
```

Die einzelnen Elemente haben die folgende Bedeutung:

MFAC(MFA,1) Anzahl der belegten Service-Elemente
Es wird für die Multifacility mit der Typnummer MFA angegeben, wieviele Service-Elemente augenblicklich belegt sind.

MFAC(MFA,2) Kapazität
Die Kapazität gibt die Zahl der Service-Elemente an, die der Multifacility insgesamt zur Verfügung stehen.

Die MFAC-Matrix enthält die Parameter, die eine Multifacility als Ganzes kennzeichnen. Daneben wird die Service-Element-Matrix (SE-Matrix) benötigt. Sie enthält diejenigen Daten, die zur Bestimmung eines individuellen Service-Elementes erforderlich sind. Die SE-Matrix ist wie folgt definiert:

```
INTEGER SE
DIMENSION SE("SE1",3)
```

Die einzelnen Elemente haben die folgende Bedeutung:

SE(LSE,1) Belegvermerk
In diesem Element wird eingetragen, ob das Service-Element, das in der SE-Matrix die Zeile LSE besetzt, frei oder belegt ist. Aus dem Belegvermerk ist erkennbar, welche Transaction von diesem Service-Element bearbeitet wird und ob diese Transaction verdrängbar ist.

SE(LSE,1)=0	Das Service-Element ist frei.
SE(LSE,1)=LTR	Die Transaction, die durch die Zeile LTR in der Aktivierungsliste gekennzeichnet ist, belegt das Service-Element. Die Transaction ist unterbrechbar.
SE(LSE,1)=-LTR	Die Transaction, die durch die Zeile LTR in der Aktivierungsliste gekennzeichnet ist, belegt das Service-Element. Die Transaction ist nicht unterbrechbar.

SE(LSE,2) Verdrängungsvermerk
Es wird vermerkt, ob ein Verdrängungsvorgang abläuft.

SE(LSE,2)=0	Es läuft kein Verdrängungsvorgang ab. Das Service-Element ist von einer Transaction belegt, die sich in ihrer normalen Bearbeitungsphase befindet.
SE(LSE,2)=1	Es läuft ein Verdrängungsvorgang.

SE(LSE,3) Bearbeitungsphase
In dieses Element wird eingetragen, ob sich eine Transaction in der Zurüstphase, der Bearbeitungsphase oder der Abrüstphase befindet.

SE(LSE,3) = 1 Zurüstphase
SE(LSE,3) = 2 Bearbeitungsphase
SE(LSE,3) = 3 Abrüstphase

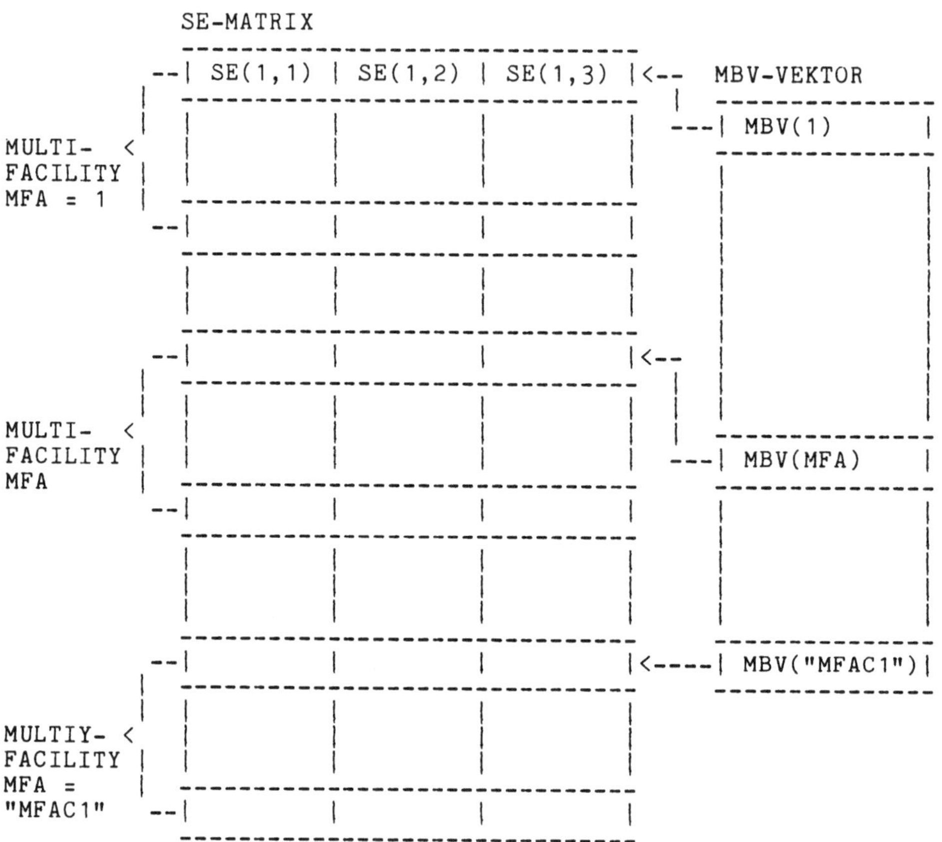

BILD 22 DIE SE-MATRIX UND DER MULTIFACILITY-BASISVEKTOR

In der SE-Matrix besetzt jedes Service-Element eine Zeile. Damit gibt die Dimension dieser Matrix die Anzahl aller Service-Elemente an, die insgesamt verwendet werden dürfen. Die Zuordnung der

Service-Elemente zu einer Multifacility wird mit Hilfe des Multifacility-Basisvektors vorgenommen. Er ist wie folgt definiert:

```
INTEGER MBV
DIMENSION MBV("MFAC1")
```

Das Vektorfeld hat die folgende Bedeutung:

MBV(MFA) Zeilenzeiger auf das erste Service-Element der Multifacility
In der SE-Matrix stehen alle Service-Elemente, die zu der Multifacility gehören, hintereinander. Der Zeilenzeiger bezeichnet die Zeile für das erste Service-Element.

Die Zuordnung der Service-Elemente zu Multifacilities und die Besetzung des Multifacility-Basisvektors erfolgt im Unterprogramm INIT2.

Die Aufteilung der SE-Matrix mit Hilfe des Multifacility-Basisvektors zeigt Bild 22.

Hinweis:

* Die Gesamtzahl der Service-Elemente, die dem Benutzer zur Verfügung steht, wird bei der Dimensionierung des Simulators festgelegt (siehe Anhang A3). Diese Service-Elemente können dann den Multifacilities zugeteilt werden. Die Kapazität einer Multifacility muß in Abschnitt 4 des Rahmens vom Benutzer durch direkten Eintrag in die MFAC-Matrix bestimmt werden (siehe 2.6.1 und 11.5).

5.2 Belegung, Bearbeitung und Freigabe

Die Belegung, Bearbeitung und Freigabe eines Service-Elementes einer Multifacility erfolgen durch die Unterprogramme MSEIZE, MWORK und MCLEAR.

5.2.1 MSEIZE

Funktion:
Wenn eine Transaction das Unterprogramm MSEIZE erreicht, wird geprüft, ob die Multifacility noch ein freies Service-Element aufweist. In diesem Fall wird das Service-Element belegt. War dieses Service-Element das letzte, das frei war, so wird die Multifacility als belegt gekennzeichnet. Trifft eine Transaction auf eine belegte Multifacility, wird sie in die Warteschlange eingereiht, die sich vor der Multifacility aufbaut.

Unterprogrammaufruf:

```
CALL MSEIZE (MFA,ID,REP,&1005,&1006,IPRINT)
```

Parameterliste:

MFA Nummer der Multifacility (Typnummer)
Die Multifacilities werden einzeln durchnumeriert.

ID Anweisungsnummer des Unterprogrammaufrufes
Alle Transactions, die vom Unterprogramm MSEIZE blockiert wurden, werden nach ihrer Aktivierung zur Anweisung mit der Anweisungsnummer ID geschickt.

REP Wiederbelegungskennzeichen
Es ist möglich, daß eine Transaction, die ein Service-Element über das Unterprogramm MSEIZE besetzt hatte, von einer anderen Stelle aus verdrängt worden ist (siehe 4.3). Für diesen Fall muß angegeben werden, ob eine verdrängte Transaction bei der Wiederbelegung nur von dem Service-Element bearbeitet werden kann, von dem sie verdrängt wurde.
REP = 0 Die verdrängte Transaction darf bei der Wiederbelegung jedes Service-Element belegen.
REP = 1 Die verdrängte Transaction muß bei der Wiederbelegung zu dem Service-Element zurückkehren, von dem sie verdrängt wurde.

&1005 Adreßausgang bei Blockierung
Dieser Ausgang ist für den Fall vorgesehen, daß die ankommende Transaction blockiert wird. Es muß als nächstes die Transactionsteuerung aufgerufen werden; daher ist im Aufruf dieses Unterprogrammes für den Adreßausgang stets die Anweisungsnummer &1005 des Unterprogrammaufrufes CALL ACTIV2 einzusetzen.

&1006 Adreßausgang bei fehlerhaftem Plan
Liegt für die Multifacility kein Belegungsplan vor oder kann kein freies Service-Element gefunden werden, obwohl die Multifacility noch nicht vollständig belegt ist, so wird das Unterprogramm über diesen Ausgang verlassen. Es ist ratsam, in diesem Fall den Simulationslauf abzubrechen und zur Endabrechnung zu verzweigen.

IPRINT Protokollsteuerung
Die Protokollausdrucke werden unterdrückt, wenn IPRINT=0.

Datenbereich:

Das Unterprogramm MSEIZE benötigt die Aktivierungsliste, die TR-Matrix, die MFAC-Matrix, die SE-Matrix und den State-Vektor.

Programmbeschreibung:

"Bestimmen der Stationsnummer"

```
K = "EFAC" + MFA
```

Aus der Typnummer MFA wird die Stationsnummer K bestimmt.

"Blockierentscheid"

```
IF(OK.EQ.0) GOTO 300
OK = 0
IF(MFAC(MFA,1).EQ.MFAC(MFA,2)) GOTO 300
```

Zunächst wird der OK-Mechanismus überprüft. Nur wenn OK.NE.0 ist, hat die Transaction bereits mit anderen konkurriert und kommt für das Belegen der Multifacility in Frage. Die Variable OK wird sofort wieder zurückgesetzt.
Anschließend wird entschieden, ob die Transaction die Multifacility belegen darf oder blockiert werden muß.
Ist MFAC(MFA,1).LT.MFAC(MFA,2), d.h. besitzt die Multifacility noch freie Service-Elemente, so wird mit dem Abschnitt "Zuteilen eines Service-Elementes durch den Plan" fortgefahren. Ansonsten erfolgt der Sprung zum Abschnitt "Blockieren".

"Zuteilen eines Service-Elementes durch den Plan"

```
        IF(TR(LTR,7).EQ.0) GOTO 100
        LSE = TR(LTR,7)
        IF(SE(LSE,1).NE.0) GOTO 200
        GOTO 150
100     CALL PLANI (MFA,&400)
        IF(LSE.EQ.0) GOTO 200
```

Wenn eine Transaction ein bestimmtes Service-Element benötigt, so wird nur dieses Service-Element geprüft. Ist es bereits belegt, so wird mit dem Abschnitt "Sperren" fortgefahren. Ist es noch frei, so kann es belegt werden.
Für alle Transactions, die jedes beliebige Service-Element belegen können, erfolgt die Zuweisung mit Hilfe des Plans.
Das Unterprogramm PLANI versucht nach dem für die Multifacility zuständigen Plan ein Service-Element auszuwählen. Ist die Suche erfolgreich, wird die Zeilennummer LSE des Service-Elementes in der SE-Matrix zurückgegeben. Es kann mit dem Abschnitt "Belegen" fortgefahren werden.
Wird kein Service-Element gefunden, das belegt werden kann, erfolgt der Sprung zum Abschnitt "Sperren".

"Belegen"

```
150     MFAC(MFA,1) = MFAC(MFA,1) + 1
        IF(MFAC(MFA,1).EQ.MFAC(MFA,2)) STATE(K) = 0
        SE(LSE,1) = LTR
        TR(LTR,5) = ID
        IF(REP.EQ.1) TR(LTR,7) = LSE
        TR(LTR,8) = 0
        RETURN
```

Wenn die Multifacility nach der Belegung kein freies Service-Element mehr enthält, so gilt die Multifacility als belegt.
In das Element SE(LSE,1) wird die Variable LTR derjenigen Transaction eingetragen, die ein Service-Element belegt. In der TR-Matrix wird der Blockierzeitpunkt gelöscht und das Wiederbelegungskennzeichen eingetragen.

"Sperren"

```
200     AL(LTR,1) = ID
        AL(LTR,2) = - "KEND"- K
        IF(TR(LTR,8).EQ.0) TR(LTR,8) = T
```

```
        RETURN 1
```

Eine Transaction wird gesperrt, wenn die Multifacility zwar noch freie Service-Elemente aufweist, jedoch kein Service-Element zugeordnet werden kann. Würde diese Transaction blockiert und nicht gesperrt, so würde die Transactionsteuerung in eine Endlosschleife laufen, da die Multifacility frei ist und daher diese Transaction immer wieder auf den Unterprogrammaufruf CALL MSEIZE liefe.

Wenn eine Transaction die Multifacility verläßt, kann dadurch das Service-Element frei geworden sein, auf das die gesperrte Transaction wartet. Daher müssen im Unterprogramm MCLEAR nach jeder Freigabe eines Service-Elementes die gesperrten Transactions in den Zustand blockiert versetzt werden.

"Blockieren"

```
300     AL(LTR,1) = ID
        AL(LTR,2) = - K
        TR(LTR,8) = T
        RETURN 1
```

Eine Transaction wird blockiert, wenn die Multifacility belegt ist. Weiterhin kann sie aufgrund des OK-Mechanismus blockiert werden.

"Fehlerhafte Belegung der Multifacility"

```
400     RETURN 2
        END
```

Liegt für eine Multifacility kein Plan vor oder kann kein freies Service-Element gefunden werden, obwohl die Multifacility noch nicht vollständig belegt ist, wird das Unterprogramm über den Fehlerausgang verlassen.

5.2.2 MWORK

Funktion:
Das Unterprogramm MWORK simuliert die Bearbeitung der Transaction in dem Service-Element einer Multifacility. Eine Transaction, die den Unterprogrammaufruf CALL MWORK erreicht, wird für eine Zeit, die der Bearbeitungsphase WT entspricht, stillgelegt. Sie geht in den Zustand termingebunden über. Nach der Bearbeitungszeit meldet die Transaction ihre Fertigstellung, indem sie noch einmal zum Unterprogramm MWORK zurückkehrt.

Unterprogrammaufruf:

```
        CALL MWORK (WT,MFA,ID,IEX,&1005,&1006,IPRINT)
```

Parameterliste:

WT Bearbeitungszeit
Diese Variable gibt an, wieviele Zeiteinheiten die Bearbeitungsphase umfassen soll. Wenn die Simulationsuhr beim Aufruf des Unterprogrammes MWORK auf T steht, erfolgt die erneute Aktivierung der Transaction zur Zeit T + WT.

MFA Nummer der Mulfifacility (Typnummer)
Die Multifacilities werden einzeln durchnumeriert.

ID Anweisungsnummer des Unterprogrammaufrufes
Nach dem Ende der Bearbeitungszeit kehrt die Transaction zum Unterprogrammaufruf CALL MWORK zurück, der die Anweisungsnummer ID trägt.

IEX Verdrängungssperre
Dieser Parameter gibt an, ob die Transaction, die bearbeitet werden soll, verdrängt werden darf oder nicht. Damit ist die Möglichkeit gegeben, für bestimmte Transactions ohne Berücksichtigung der Priorität die Verdrängung zu verbieten.
IEX = 0 Die Transaction, die ein Service-Element besetzt, darf verdrängt werden, wenn eine Transaction mit höherer Priorität bedient werden möchte.
IEX = 1 Die Transaction, die ein Service-Element belegt, darf nicht verdrängt werden. Weitere Transactions, die während der als ununterbrechbar gekennzeichneten Phase auf das Service-Element treffen, werden blockiert.

&1005 Adreßausgang zur Transactionsteuerung
Eine Transaction, die bearbeitet werden soll, wird deaktiviert und in den Zustand termingebunden überführt. Anschließend wird die Transactionsteuerung aufgerufen, die eine neue Transactionaktivierung veranlaßt.

&1006 Adreßausgang bei fehlerhafter Belegung
Über diesen Ausgang wird das Unterprogramm MWORK verlassen, wenn das Unterprogramm die Bearbeitung einer Transaction übernehmen soll, die das entsprechende Service-Element nicht belegt.

IPRINT Protokollsteuerung
Die Protokollausdrucke werden unterdrückt, wenn IPRINT=0.

Datenbereich:

Das Unterprogramm MWORK benötigt die Aktivierungsliste, die TR-Matrix und den Bereich COMMON/MFA/.

Programmbeschreibung:

"Bestimmen des Service-Elementes"

```
        I1 = MBV(MFA)
        I2 = I1 + MFAC(MFA,2) - 1
        DO 100 LSE = I1 , I2
        IF(IABS(SE(LSE,1)).EQ.LTR) GOTO 200
100     CONTINUE
        RETURN 2
```

Es wird festgestellt, welches Service-Element der Multifacility von der ankommenden Transaction belegt ist.
Wenn das Unterprogramm MWORK von einer Transaction aufgerufen wird, die kein Service-Element der Multifacility belegt, wird das Unterprogramm über den Fehlerausgang verlassen.

"Bearbeitungsentscheid"

```
200     IF(SE(LSE,2).EQ.0) GOTO 250
        IF(SE(LSE,3).EQ.1) TR(LTR,6) = WT
        RETURN
250     IF(SE(LSE,3).EQ.2) RETURN
```

Zunächst muß geprüft werden, ob die Transaction das Service-Element freiwillig nach dem Ende der Bearbeitungszeit aufgibt oder verdrängt worden ist. Liegt keine Verdrängung vor, so ist SE(LSE,2).EQ.0.
Besonders zu beachten ist an dieser Stelle, daß für eine Transaction, die verdrängt wurde während sie sich noch in der Zurüstphase befand, die gesamte Bearbeitungszeit als Restbearbeitungszeit gilt. Sie wird in das Element TR(LTR,6) übertragen.

Alle Transactions, die ihre Bearbeitungsphase abgeschlossen haben, kehren noch einmal zum Unterprogramm MWORK zurück. Sie werden mit Hilfe der Abfrage SE(LSE,3).EQ.2 herausgesucht. Sie fahren mit der Anweisung fort, die auf den Unterprogrammaufruf CALL MWORK folgt.

"Bearbeiten"

```
        IF(IEX.EQ.0) SE(LSE,1) = LTR
        IF(IEX.EQ.1) SE(LSE,1) = - LTR
        SE(LSE,3) = 2
        IF(TR(LTR,6).NE.0) GOTO 300
        AL(LTR,1) = ID
        AL(LTR,2) = T + WT
        RETURN 1
```

In dem Element SE(LSE,1) steht die Variable LTR derjenigen Transaction, die das Service-Element belegt. Das Vorzeichen gibt an, ob die Transaction während der Bearbeitungsphase unterbrechbar sein soll oder nicht.

Durch den Eintrag SE(LSE,3)=2 wird festgehalten, daß das Service-Element in die Bearbeitungsphase eintritt.

Transactions, die verdrängt worden sind und die bereits eine bestimmte Zeit in einem Service-Element verbracht haben, dürfen keine neue Bearbeitungszeit erhalten, sondern müssen mit der Restbearbeitungszeit aus dem Element TR(LTR,6) fortfahren. Sie werden mit Hilfe der Abfrage TR(LTR,6).NE.0 herausgesucht und zum Abschnitt "Bearbeiten nach Wiederbelegung" geschickt.
Die Bearbeitungszeit wird simuliert, indem für die Transaction der Aktivierungszeitpunkt und die Zieladresse in die Aktivierungsliste eingetragen werden.

"Bearbeiten nach Wiederbelegung"

```
300     AL(LTR,1) = ID
        AL(LTR,2) = T + TR(LTR,6)
        TR(LTR,6) = 0
        RETURN 1
        END
```

Bei Wiederbelegung wird nur die Restbearbeitungszeit berücksichtigt, die bei Verdrängung in das Element TR(LTR,6) eingetragen wurde.

5.2.3 MCLEAR

Funktion:
Durch das Unterprogramm MCLEAR wird ein Service-Element freigegeben.

Unterprogrammaufruf:

```
        CALL MCLEAR (MFA,MARKE1,&1006,IPRINT)
```

Parameterliste:

MFA Nummer der Multifacility (Typnummer)
Die Multifacilities werden einzeln durchnumeriert.

MARKE1 Adreßausgang bei Verdrängung
Die verdrängte Transaction wird im Unterprogramm MCLEAR blockiert. Anschließend muß die Transactionsteuerung aufgerufen werden. Daher muß unmittelbar oder nach einem benutzereigenen Programmstück der Unterprogrammaufruf mit der Anweisungsnummer &1005 angesprungen werden.

&1006 Adreßausgang bei fehlerhafter Belegung
Über diesen Ausgang wird MCLEAR verlassen, wenn die Freigabe der Multifacility durch eine Transaction erfolgen soll, die die Multifacility nicht belegt hat.

IPRINT Protokollsteuerung
Die Protokollausdrucke werden unterdrückt, wenn IPRINT=0.

Datenbereich:

Das Unterprogramm MCLEAR benötigt die TR-Matrix, die MFAC-Matrix, die SE-Matrix, den Multifacility-Basisvektor und den State-Vektor.

Programmbeschreibung:

"Bestimmen des Service-Elementes"

```
        I1 = MBV(MFA)
        I2 = I1 + MFAC(MFA,2) - 1
        DO 50 LSE = I1 , I2
        IF(IABS(SE(LSE,1)).EQ.LTR) GOTO 100
50      CONTINUE
        RETURN 2
```

Wenn die Multifacility von einer Transaction freigegeben werden soll, die selbst die Multifacility nicht belegt hatte, wird das Unterprogramm über den Adreßausgang für fehlerhafte Belegung verlassen.

"Freigeben"

```
100     DO 150 I = 1 , 3
150     SE(LSE,I) = 0
        MFAC(MFA,1) = MFAC(MFA,1) - 1
```

Das Freischalten der Multifacility erfolgt durch das Besetzen der Elemente in der MFAC-Matrix und der SE-Matrix.

"Bestimmen der Stationsnummer"

```
        K = "EFAC" + MFA
```

Aus der Typnummer MFA wird die Stationsnummer K bestimmt.

"Abschluß der Belegung"

```
        IF(TR(LTR,6).EQ.0) GOTO 200
        AL(LTR,1) = TR(LTR,5)
        AL(LTR,2) = - K
        TR(LTR,8) = T
200     TR(LTR,5) = 0
        IF(TR(LTR,6).EQ.0) TR(LTR,7) = 0
```

Transactions, die verdrängt worden sind, geben ihr Service-Element frei und werden in die Warteschlange vor der Multifacility zurückverwiesen, indem sie in den Zustand blockiert überführt werden. Verdrängte Transactions werden an der Restbearbeitungszeit erkannt, die im Unterprogramm MPREEM in das Element TR(LTR,6) eingetragen wurde. Zieladresse ist die Anweisungsnummer des Unterprogrammaufrufes, durch das die Transaction das Service-Element belegt hatte.
Für eine Transaction, die ihre Bearbeitung abgeschlossen hat, wird der Rückkehrvermerk nicht mehr benötigt. Der Eintrag in TR(LTR,7) kann gelöscht werden.

"Starten der gesperrten Transaction"

```
        STATE(K) = 1
        CALL UNLOCK (K,IPRINT)
        IF(TR(LTR,6).EQ.0) RETURN
        RETURN 1
        END
```

Nach der Freigabe wird der State-Vektor freigeschaltet.
Transactions, die vor einer Multifacility gesperrt sind, benötigen ein bestimmtes Service-Element, wobei andere Service-Elemente der Multifacility frei sein können. Da eine Transaction durch den Unterprogrammaufruf CALL MCLEAR genau das Service-Element freigegeben haben kann, auf das eine gesperrte Transaction wartet, müs-

sen die gesperrten Transactions nach der Freigabe die Möglichkeit haben, die Service-Elemente erneut zu überprüfen. Das geschieht, indem sie durch den Start in den Zustand blockiert versetzt werden.

5.3 Verdrängung bei Multifacilities

Die Verdrängung bei Multifacilities entspricht der Verdrängung bei Facilities. Es wird die Bearbeitung der Transaction, die sich im Besitz eines Service-Elementes befindet, unterbrochen, um einer neu ankommenden Transaction, die auf Grund der Policy bevorrechtigt ist, die Belegung der Multifacility zu ermöglichen. Die verdrängte Transaction wird mit dem Vermerk ihrer Restbearbeitungszeit in die Warteschlange vor der Multifacility zurückverwiesen.

5.3.1 MPREEM

Funktion:
Wenn eine Transaction den Unterprogrammaufruf CALL MPREEM erreicht, wird geprüft, ob die Multifacility noch freie Service-Elemente aufweist. Ist das der Fall, wird ein Service-Element belegt. War dieses Service-Element das letzte, das frei war, so wird die Multifacility als belegt gekennzeichnet.
Ist sie bereits belegt, so wird geprüft, ob die ankommende Transaction aufgrund der Policy gegenüber den Transactions, die die Multifacility gerade belegen, bevorrechtigt ist. Ist das der Fall, so wird die Transaction, die verdrängt werden soll, veranlaßt, ihr Service-Element freizugeben. Die Verdrängung unterbleibt, wenn alle Transactions, die die Multifacility gerade belegen, als ununterbrechbar gekennzeichnet sind.

Unterprogrammaufruf:

```
CALL MPREEM (MFA,ID,REP,&1005,&1006,IPRINT)
```

Parameterliste:

MFA Nummer der Multifacility (Typnummer)
Die Multifacilities werden einzeln durchnumeriert.

ID Anweisungsnummer des Unterprogrammaufrufes
Wird die Multifacility frei, so wählt die Transactionsteuerung aus den wartenden Transactions die nächste aus und schickt sie zur Belegung des Service-Elementes zum Unterprogrammauruf CALL MPREEM, der die Anweisungsnummer ID trägt.

REP Wiederbelegungskennzeichen
Es muß angegeben werden, ob eine verdrängte Transaction bei der Wiederbelegung nur von dem Service-Element bearbeitet werden kann, von dem sie verdrängt wurde.
REP = 0 Die verdrängte Transaction darf bei Widerbelegung jedes Service-Element belegen.
REP = 1 Die verdrängte Transaction muß bei der Wiederbelegung zu dem Service-Element zurückkehren, von

dem sie verdrängt wurde.

&1005 Adreßausgang bei Blockierung
Eine Transaction, die auf den Unterprogrammaufruf CALL MPREEM trifft, kann aus den folgenden Gründen blockiert werden: der OK-Mechanismus verbietet die Belegung der Multifacility; die Multifacility ist besetzt und Verdrängung ist aufgrund der Verdrängungssperre nicht möglich; die ankommende Transaction ist gegenüber den Transactions, die die Multifacility belegen, nicht bevorrechtigt.

&1006 Adreßausgang bei fehlerhaftem Plan
Liegt für die Multifacility kein Belegungsplan vor, oder kann kein freies Service-Element gefunden werden, obwohl die Multifacility noch nicht vollständig belegt ist, so wird das Unterprogramm über diesen Ausgang verlassen. Es ist ratsam, in diesem Fall den Simulationslauf abzubrechen und zur Endabrechnung zu verzweigen.

Datenbereich:
Das Unterprogramm MPREEM benötigt die Aktivierungsliste, die TR-Matrix, den Bereich COMMON/MFA/ und den State-Vektor.

Programmbeschreibung:

"Bestimmen der Stationsnummer"

```
        K = "EFAC" + MFA
```

Aus der Typnummer MFA wird die Stationsnummer K berechnet.

"Blockierentscheid"

```
        K1 = 1
        IF(MFAC(MFA,1).EQ.MFAC(MFA,2)) GOTO 300
        K1 = 0
        IF(OK.EQ.0) GOTO 300
        OK = 0
```

Die Multifacility ist belegt, wenn die Anzahl der belegten Service-Elemente gleich der Kapazität der Multifacility ist. In diesem Fall muß die ankommende Transaction blockiert werden.
Sind noch freie Service-Elemente vorhanden, so wird als nächstes der OK-Mechanismus überprüft.
Die Variable K1 dient zur Unterscheidung zwische Blockierung aufgrund der belegten Multifacility oder aufgrund des OK-Mechanismus.

"Bestimmen eines freien Service-Elementes"

```
        IF(TR(LTR,7).EQ.0) GOTO 100
        LSE = TR(LTR,7)
        IF(SE(LSE,1).NE.0) GOTO 200
        GOTO 150
100     CALL PLANI (MFA,&400)
        IF(LSE.EQ.0) GOTO 200
```

Transactions, die verdrängt wurden und bei der Wiederbelegung ein bestimmtes Service-Element benötigen, werden herausgesucht. Ist das entsprechende Service-Element frei, so muß zum Abschnitt "Belegen" gesprungen werden. Ist das Service-Element belegt, so muß die Transaction gesperrt werden.
Die übrigen Transactions versuchen nach dem für die Mutifacility zuständigen Plan ein Service-Element zu belegen. Ist die Suche erfolgreich, wird die Zeilennummer LSE des Service-Elementes in der SE-Matrix zurückgegeben. Es kann mit dem Abschnitt "Belegen" fortgefahren werden.
Wird kein Service-Element gefunden, das belegt werden kann, erfolgt der Sprung zum Abschnitt "Sperren".

"Belegen"

```
150     MFAC(MFA,1) = MFAC(MFA,1) + 1
        IF(MFAC(MFA,1).EQ.MFAC(MFA,2)) STATE(K) = 0
        SE(LSE,1) = LTR
        TR(LTR,5) = ID
        IF(REP.EQ.1) TR(LTR,7) = LSE
        TR(LTR,8) = 0
        RETURN
```

Das Service-Element der Multifacility wird belegt. Die Transaction verläßt anschließend das Unterprogramm über den Ausgang RETURN. Sie bleibt aktiviert und fährt in der Bearbeitung mit der Anweisung fort, die auf den Unterprogrammaufruf CALL MPREEM folgt.

"Sperren"

```
200     AL(LTR,1) = ID
        AL(LTR,2) = - "KEND" - K
        IF(TR(LTR,8).EQ.0) TR(LTR,8) = T
        RETURN 1
```

Eine Transaction wird geperrt, wenn die Multifacility zwar noch freie Service-Elemente aufweist, der Plan jedoch kein Service-Element zuordnen kann. Das ist z.B. der Fall, wenn eine Transaction bei der Wiederbelegung nach Verdrängung nur von einem bestimmten Service-Element weiterbearbeitet werden darf (REP=1). Würde diese Transaction blockiert und nicht gesperrt, so würde die Transactionsteuerung in einer Endlosschleife laufen, da die Multifacility frei ist und daher diese Transaction immer wieder auf den Unterprogrammaufruf CALL MPREEM liefe.

Wenn eine Transaction die Multifacility verläßt, kann dadurch das Service-Element frei geworden sein, auf das die gesperrte Transaction wartet. Daher müssen die gesperrten Transactions in den Zustand blockiert überführt werden, wenn ein Service-Element aufgrund von Freigabe oder Verdrängung verlassen wird. Das geschieht im Unterprogramm MCLEAR.

"Blockieren"

```
300     AL(LTR,1) = ID
        AL(LTR,2) = - K
        TR(LTR,8) = T
        IF(K1.EQ.0) RETURN 1
```

Die ankommende Transaction wird blockiert. Wurde die Transaction aufgrund des OK-Mechanismus blockiert, wird das Unterprogramm sofort über den Adreßausgang bei Blockiereung verlassen.
Wird eine Transaction blockiert, weil die Multifacility belegt ist, so wird mit dem Abschnitt "Verdrängungsentscheid" fortgefahren.

"Verdrängungsentscheid"

```
        CALL PLANO (MFA,&400)
        IF(LSE.EQ.0.OR.SE(LSE,1).LT.0.AND.SE(LSE,3).EQ.2)
       +RETURN 1
        IF(SE(LSE,3).EQ.3) RETURN 1
```

Das Unterprogramm PLANO bestimmt dasjenige Service-Element, das geräumt werden soll. Ist LSE.EQ.0, so ist Verdrängung nicht möglich.
Anschließend wird überprüft, ob das Service-Element, das von PLANO ausgewählt worden ist, für Verdrängung in Frage kommt.
Die Verdrängung soll aus den beiden folgenden Gründen nicht zulässig sein:
Die belegende Transaction befindet sich in ihrer Bearbeitungsphase, die als ununterbrechbar gekennzeichnet ist.
Die belegende Transaction befindet sich bereits in der Abrüstphase und wird das Service-Element von sich aus freigeben. Dieser Fall ist nur möglich, wenn die Abrüstzeit mit Hilfe des Unterprogrammes MKNOCK berücksichtigt werden soll (siehe 5.3.2).

"Aufrufen der Policy"

```
        POLVEC(1) = IABS(SE(LSE,1))
        POLC = 1
        DO 350 I = 1 , LAL
        IF(AL(I,2).NE.-K) GOTO 350
        POLC = POLC + 1
        POLVEC(POLC) = I
350     CONTINUE
        CALL POLICY (K)
        IF(LTR.EQ.IABS(SE(LSE,1))) RETURN 1
```

Es wird geprüft, ob die ankommende Transaction aufgrund der Policy bevorrechtigt ist und verdrängen darf.

Der Prüfung unterliegen zunächst alle blockierten Transactions einschließlich der neu angekommenen. Weiterhin muß die Transaction berücksichtigt werden, die das Service-Element gerade belegt, das von PLANO für die Verdrängung vorgesehen worden ist. Die Transactions, die überprüft werden sollen, werden im Vektor POLVEC registriert, der vom Unterprogramm POLICY bearbeitet wird (siehe 3.3).

Von dem Unterprogramm POLICY wird die Transaction zurückgegeben, die das Service-Element belegen soll. Ist diese Transaction mit derjenigen identisch, die das Service-Element bereits belegt, so muß die Verdrängung unterbleiben.

"Verdrängen"

```
        SE(LSE,2) = 1
        IF(SE(LSE,3).EQ.1) RETURN 1
        LTR = IABS(SE(LSE,1))
        TR(LTR,6) = AL(LTR,2) - T
        AL(LTR,2) = T
        RETURN 1
```

Wenn eine Verdrängung vorgenommen werden muß, wird zunächst das Verdrängungskennzeichen in dem Element SE(LSE,2) gesetzt, das anzeigt, ob eine Verdrängung abläuft. Dieses Verdrängungskennzeichen wird im Unterprogramm MWORK benötigt

Befindet sich die Transaction während der Verdrängung in der Zurüstphase, so kann das Unterprogramm MPREEM an dieser Stelle über den Adreßausgang bei Blockierung verlassen werden. Sobald die Transaction die Zurüstphase beendet hat und das Unterprogramm MWORK aufruft, wird diese Transaction aussortiert und sofort zu der folgenden Anweisung geschickt, die entweder die Abrüstphase simuliert oder die Facility freigibt.

Befindet sich eine Transaction in der Bearbeitungsphase mit SE(LSE,3)=2, so erfolgt die Verdrängung unmittelbar, indem die zu verdrängende Transaction zum aktuellen Zeitpunkt zum Unterprogrammaufruf CALL MWORK weitergeleitet wird. Hierbei wird die Restbearbeitungszeit festgehalten. Dort wird sie identifiziert und sofort zur nächsten Anweisung, die auf den Unterprogrammaufruf CALL MWORK folgt, geschickt.

"Fehlerhafte Belegung der Multifacility"

```
400     RETURN 2
        END
```

Liegt für eine Multifacility kein Plan vor oder kann kein freies Service-Element gefunden werden, obwohl die Multifacility noch nicht vollständig belegt ist, so wird das Unterprogramm über den Fehlerausgang verlassen.

5.3.2 Die Umrüstzeit bei Verdrängung

Soll bei Verdrängung die Zurüstzeit und die Abrüstzeit berücksichtigt werden, stehen hierfür die beiden Unterprogramme MSETUP und MKNOCK zur Verfügung. Im folgenden wird MSETUP beschreiben. MKNOCK ist analog aufgebaut.

5.3.3 MSETUP

Funktion:
Eine Transaction, die den Unterprogrammaufruf CALL MSETUP erreicht, wird für eine Zeit, die der Zurüstzeit entspricht, stillgelegt. Sie geht in den Zustand termingebunden über. Zum neuen Aktivierungszeitpunkt kann sie ihren Weg bei der angegebenen Anweisungsnummer fortsetzen.
Während der Zurüstzeit ist eine Transaction nicht unterbrechbar.

Unterprogrammaufruf:

```
        CALL MSETUP (ST,MFA,IDN,&1005,&1006,IPRINT)
```

Parameterliste:

ST — Zurüstzeit
Diese Variable gibt an, wieviele Zeiteinheiten die Zurüstzeit betragen soll.

MFA — Nummer der Multifacility (Typnummer)
Die Multifacilities werden einzeln durchnumeriert

IDN — Zieladresse
Wenn die Transaction nach der Zurüstzeit erneut aktiviert wird, setzt sie ihren Weg bei der Anweisung mit der Anweisungsnummer IDN fort. Diese Anweisung wird in der Regel der Aufruf des Unterprogrammes MWORK sein.

&1005 — Adreßausgang zur Transactionsteuerung
Eine Transaction, die den Unterprogrammaufruf CALL MSETUP erreicht, wird in den Zustand termingebunden überführt. Anschließend muß die Transactionsteuerung aufgerufen werden, die eine neue Transactionaktivierung veranlaßt.

&1006 — Adreßausgang bei fehlerhafter Belegung
Über diesen Ausgang wird das Unterprogramm MSETUP verlassen, wenn das Unterprogramm die Bearbeitung einer Transaction übernehmen soll, die die Multifacility nicht belegt.

IPRINT — Protokollsteuerung
Die Protokollausdrucke werden unterdrückt, wenn IPRINT=0.

Datenbereich:

Das Unterprogramm MSETUP benötigt die Aktivierungsliste, die TR-Matrix und den Bereich COMMON/MFA/.

Programmbeschreibung:

"Bestimmen des Service-Elementes"

```
        I1 = MBV(MFA)
        I2 = I1 + MFAC(MFA,2) - 1
        DO 100 LSE = I1 , I2
        IF(IABS(SE(LSE,1)).EQ.LTR) GOTO 200
100     CONTINUE
        RETURN 2
```

Es wird das Service-Element bestimmt, das von der Transaction belegt ist. Wenn das Unterprogramm MSETUP von einer Transaction aufgerufen wird, die die Multifacility nicht belegt, so wird das Unterprogramm über den Fehlerausgang verlassen.

"Zurüsten"

```
200     SE(LSE,1) = - LTR
        SE(LSE,3) = 1
        AL(LTR,1) = IDN
        AL(LTR,2) = T + ST
        RETURN 1
        END
```

Die Transaction wird als ununterbrechbar gekennzeichnet. Da sich das Service-Element in der Zurüstphase befindet, wird SE(LSE,3)=1 gesetzt.
Die Transaction wird anschließend deaktiviert und in den Zustand termingebunden überführt.

5.4 Der Plan zur Freigabe und Belegung einzelner Service-Elemente

Für Multifacilities muß ein Verfahren angegeben werden, das bestimmt, nach welchen Geichtspunkten ein Service-Element belegt oder freigegeben werden soll. Dieses Verfahren heißt Plan.
Sind mehrer Service-Elemente einer Multifacility frei, so bestimmt der PLAN-I (plan-in), welches Service-Element von einem neuen Auftrag belegt werden soll.
In ähnlicher Weise legt der PLAN-O (plan-out) fest, welches Service-Element bei Verdrängung geräumt werden soll, wenn ein neuer Auftrag die Multifacility betritt und alle Service-Elemente bereits belegt sind.

5.4.1 PLANI und PLANO

Funktion:
Die beiden Unterprogramme PLANI und PLANO wählen den Plan aus, nach dem ein Service-Element belegt bzw. geräumt werden soll.
Für den Plan-I bzw. Plan-O sind von GPSS-F jeweils 5 verschiedene Verfahren vorgesehen. Als Plan-I wird LFIRST und als Plan-O PRIOR von GPSS-F bereits zur Verfügung gestellt. Die übrigen Verfahren können vom Benutzer festgelegt werden.
Im folgenden wird nur PLANI beschrieben; PLANO ist analog aufgebaut.

Unterprogrammaufruf:

```
CALL PLANI (MFA,MARKE1)
```

Parameterliste:

MFA Nummer der Multifacility (Typnummer)
Aufgrund der Nummer, die eine Multifacility trägt, wird der Plan-I bestimmt, nach dem ein Service-Element belegt werden soll.

MARKE1 Adreßausgang bei fehlendem Plan
Fehlt zu einer Multifacility der dazugehörige Plan oder kann der Plan-I kein freies Service-Element finden, obwohl die Multifacility noch nicht vollständig belegt ist, so wird zur Endabrechnung verzweigt und der Simulationslauf abgebrochen.

Datenbereich:

Die Unterprogramme PLANI und PLANO benötigen die Plan-Matrix PLAMA, In dieser Matrix ist jeder Multifacility eine Zeile zugeordnet, in der der zugehörige Plan-I bzw. Plan-O vermerkt ist. Die Plan-Matrix ist wie folgt definiert:

```
INTEGER PLAMA
DIMENSION PLAMA ("MFAC1",2)
```

Die einzelnen Elemente haben die folgende Bedeutung:

PLAMA(MFA,1) Plan-I
Jeder Plan hat eine Nummer als Kennzeichen. Diese Nummer wird vom Benutzer im Abschnitt 4 des Rahmens eingetragen und damit der Multifacility MFA ein fester Plan-I zugeordnet.

PLAMA(MFA,2) Plan-O
In gleicher Weise kann der Benutzer jeder Multifacility einen Plan-O zuordnen.

Programmbeschreibung:

"Plan suchen"

```
        IF(PLAMA(MFA,1).NE.0) GOTO 100
50      RETURN 1
100     IADR = PLAMA(MFA,1)
        GOTO (1,2,3,4,5) , IADR
```

Aus der Plan-Matrix wird der zu der Multifacility MFA gehörige Plan-I entnommen und zu dem Unterprogramm gesprungen, das die Multifacility nach diesem Plan belegt.

"Aufrufen des Unterprogrammes PLANI"

```
1       CALL LFIRST (MFA,&50)
        RETURN
2       CALL PLANI2 (MFA)
        RETURN
3       CALL PLANI3 (MFA)
        RETURN
4       CALL PLANI4 (MFA)
        RETURN
5       CALL PLANI5 (MFA)
        RETURN
        END
```

Insgesamt sind 5 verschiedene Pläne möglich. Der Plan-I mit der Nummer 1 ist bereits von GPSS-F fest vorgegeben. Diese Nummer bezeichnet den von GPSS-F zur Verfügung gestellten Plan LFIRST.

Hinweis:

* Soll ein vom Benutzer erstellter Plan in GPSS-F eingehängt werden, so muß er zur Kennzeichnung eine Nummer und einen Fortran-Namen erhalten. Die Nummer wird an der entsprechenden Stelle in die Plan-Matrix eingetragen. Der Name muß als Unterprogrammaufruf an der Stelle, die der Nummer entspricht, im Unterprogramm PLANI bzw.PLANO stehen.

* Der Plan-O wird nur vom Unterprogramm MPREEM benötigt. Hier muß entschieden werden, welches Service-Element bei Verdrängung geräumt werden soll.

5.4.2 LFIRST

Funktion:
Das Unterprogramm LFIRST überprüft die Service-Elemente einer Multifacility der Reihe nach. Bei jeder neuen Belegung beginnt der Suchvorgang wieder beim ersten Service-Element.

Unterprogrammaufruf:

```
CALL LFIRST (MFA,MARKE1)
```

Parameterliste:

MFA Nummer der Multifacility (Typnummer)
Es wird die Nummer der Multifacility benötigt, die belegt werden soll

MARKE1 Adreßausgang bei fehlerhalfter Belegung
Kann das Unterprogramm LFIRST kein freies Service-Element finden, obwohl die Multifacilty noch nicht vollständig belegt ist, wird zur Endabrechnung verzweigt und der Simulationslauf abgebrochen.

Datenbereich:

Das Unterprogramm LFIRST benötigt die TR-Matrix und den Bereich COMMON/MFA/.

Programmbeschreibung:

"Suchen eines freien Service-Elementes"

```
        I1 = MBV(MFA)
        I2 = I1 + MFAC(MFA,2) - 1
        DO 100 LSE = I1 , I2
        IF(SE(LSE,1).EQ.0) RETURN
100     CONTINUE
```

Das erste freie Service-Element wird herausgesucht.

"Fehlerhafte Belegung der Multifacility"

```
        RETURN 1
        END
```

Wird kein freies Service-Element gefunden, so wird das Unterprogramm LFIRST über den Fehlerausgang verlassen.

5.4.3 PRIOR

Funktion:
Wenn Verdrängung erfolgt, muß festgestellt werden, welches Service-Element geräumt werden soll. Das Unterprogramm PRIOR wählt dasjenige Service-Element aus, das von der Transaction mit der niedrigsten Priorität belegt ist. Hierbei werden nur diejenigen Transactions überprüft, die den beiden folgenden Bedingungen genügen: Die Priorität der Transaction ist niedriger als die Priorität der Transaction, die verdrängen möchte. Die Transaction ist unterbrechbar und befindet sich in ihrer Bearbeitungsphase.

Unterprogrammaufruf:

```
        CALL PRIOR (MFA)
```

Parameterliste:

MFA Nummer der Multifacility (Typnummer)
Es wird die Nummer der Multifacility benötigt, aus der ein Auftrag verdrängt werden soll.

Datenbereich:

Das Unterprogramm PRIOR benötigt die TR-Matrix und den Bereich COMMON/MFA/.

Programmbeschreibung:

"Initialisieren der Suche"

```
        LSE = 0
        PR = TR(LTR,4)
        I1 = MBV(MFA)
        I2 = I1 + MFAC(MFA,2) - 1
```

Die Suche nach dem Service-Element, das von der Transaction mit der niedrigsten Priorität belegt wird, durchläuft nur den Teil der SE-Matrix, der zu der Multifacility mit der Typnummer MFA gehört. Um zu erreichen, daß nur diejenigen Transactions überprüft werden, deren Priorität niedriger ist als die Priorität derjenigen Transaction, die verdrängen möchte, wird PR mit der Priorität der verdrängungswilligen Transaction vorbesetzt.

"Suchen nach dem Service-Element"

```
      DO 100 I = I1 , I2
      IF(SE(I,1).LT.0.AND.SE(I,3).EQ.2) GOTO 100
      LTR1 = IABS(SE(I,1))
      IF(TR(LTR1,4).GE.PR) GOTO 100
      PR = TR(LTR1,4)
      LSE = I
100   CONTINUE
      RETURN
      END
```

Es wird nach der Transaction mit einer Priorität gesucht, die kleiner ist als PR. Das dazugehörige Service-Element besetzt in der SE-Matrix die Zeile LSE. Berücksichtigt werden hierbei nur Transactions, die für die Verdrängung in Frage kommen.

6. STORAGES

6.1 Der Aufbau der Storages

Storages sind Speicher, die durch die Kapazität und den Bestand charakterisiert sind. Eine Transaction, die auf eine Storage läuft, kann eine bestimmte Zahl von Einheiten belegen. In ähnlicher Weise können Speicherplätze durch eine Transaction freigegeben werden. Alle Transactions, deren Speicheranforderungen zum aktuellen Zeitpunkt nicht erfüllt werden können, bauen vor der Storage eine Warteschlange auf.

Beispiel:

* Auf einem Parkplatz wird jedem Pkw vom Parkwächter ein Parkplatz zugewiesen. Ist der Parkplatz besetzt, so werden die ankommenden Pkw in eine Warteschlange eingereiht.

GPSS-F kennt adressierbare und nicht-adressierbare Storages. Adressierbare Storages führen über die Belegung Buch. Es wird festgehalten, welche Adressen die vergebenen Speicherplätze haben. Weiterhin wird eine Anforderung, die mehrere Speicherplätze benötigt, in der Regel nur dann bedient, wenn die gewünschte Anzahl an Speicherplätzen zusammenhängend zur Verfügung steht.

Für nicht-adressierbare Storages wird nur der augenblickliche Bestand und die Kapazität festgehalten. Gezielte Belegung ist in diesem Fall nicht möglich.

Die Transactions, die vor den Storages warten, befinden sich im Zustand gesperrt. Der Benutzer muß selbst angeben, zu welchem Zeitpunkt die Transactions aktiviert werden sollen, damit sie erneut versuchen können, ihre Speicheranforderungen zu erfüllen. Der Start wird durch den Aufruf des Unterprogrammes UNLOCK bewirkt. Durch den Start werden alle vor einer Storage gesperrten Transactions in der Reihenfolge aktiviert, die durch die Policy festgelegt ist.
Es ist nicht ausreichend, nur die Transaction zu starten, die als erste in der Warteschlange steht. Die Speicherplatzanforderung dieser Transaction könnte nicht erfüllbar sein, während sich möglicherweise eine Transaction, die sich in der Reihenfolge weiter hinten befindet, mit ihrem geringeren Bedarf abfertigen ließe. Die Wartebedingung für die Storage enthält Parameter, die transactionspezifisch sind. Daher muß die Bedingung für jede einzelne der wartenden Transactions überprüft werden (siehe 7.2.2).

Trifft eine Transaction das erste Mal auf eine Storage, so sind zwei Fälle zu unterscheiden: Einmal kann die Transaction sofort in die Warteschlange eingereiht werden. Sie kann dann nicht prüfen, ob ihre Speicherplatzanforderung erfüllbar ist oder nicht; sie muß auf den Start warten. Die zweite Möglichkeit sieht vor, daß die ankommende Transaction zuerst einmal versucht, ihre

Anforderung zu erfüllen. Sie läuft an den Transactions in der Warteschlange vorbei und hat sofort Zutritt zur Storage. Ist die Anforderung erfüllbar, so kann sie weiterverarbeitet werden; ist die Anforderung nicht erfüllbar, so wird sie gesperrt und wartet mit den anderen Transactions in der Warteschlange auf einen Start.

Jeder Storage wird in GPSS-F in der Storage-Matrix (STO-Matrix) eine Zeile zugeordnet. Die STO-Matrix ist wie folgt definiert:

```
INTEGER STO
DIMENSION STO ("STO1",2)
```

Die einzelnen Elemente haben die folgende Bedeutung:

STO(NST,1) Bestand
Es wird für die Storage mit der Nummer NST die Gesamtzahl der Speicherplätze angegeben, die augenblicklich besetzt sind.

STO(NST,2) Kapazität
Die Kapazität gibt die Zahl der Speicherplätze an, die für die Storage mit der Nummer NST zur Verfügung stehen.

6.2 Nicht-adressierbare Storages in GPSS-F

Nicht-adressierbare Storages benötigen als Datenbereich nur die STO-Matrix. Das Belegen und Freigeben erfolgt mit Hilfe der Unterprogramme ENTER und LEAVE.

6.2.1 ENTER

Funktion:
Wenn eine Transaction den Unterprogrammaufruf CALL ENTER erreicht, wird geprüft, ob die Speicherplatzanforderung erfüllbar ist oder nicht. Ist die Anforderung erfüllbar, so wird der Speicherplatz zugeteilt. Da das Unterprogramm ENTER nur nicht-adressierbare Speicher bearbeitet, erfolgt keine Buchführung. Im anderen Fall wird die Transaction gesperrt und vor der Storage in eine Warteschlange eingereiht.

Unterprogrammaufruf:

```
CALL ENTER (NST NE,ID,IBLOCK,&1005,IPRINT)
```

Parameterliste:

NST Nummer der Storage (Typnummer)
Alle Storages sind einzeln durchnumeriert. Die Nummer muß einen nicht-adressierbaren Speicher bezeichnen.

NE Zahl der zu belegenden Speicherplätze
Es wird angegeben, wieviele Speicherplätze von einer Transaction angefordert werden.

ID Anweisungsnummer des Unterprogrammaufrufes
Wird eine gesperrte Transaction durch einen Start aktiviert, so wird sie erneut zum Unterprogrammaufruf CALL ENTER geschickt, um noch einmal zu prüfen, ob ihre Anforderung erfüllbar ist. Daher muß der Unterprogrammaufruf die Anweisungsnummer ID übergeben.

IBLOCK Blockierparameter
Der Blockierparameter gibt an, ob eine Transaction, die das erste Mal auf einen Speicher trifft, sofort gesperrt werden soll oder erst einmal die Möglichkeit erhält, ihre Speicherplatzanforderung zu erfüllen.
IBLOCK = 0 Die Transaction überprüft bei der Ankunft ihre Speicherplatzanforderung.
IBLOCK = 1 Die Transaction wird bei der Ankunft sofort gesperrt.

&1005 Adreßausgang bei Sperren
Ist die Speicherplatzanforderung einer Transaction nicht erfüllbar, so wird die Transaction gesperrt. Anschließend muß die Transactionsteuerung aufgerufen werden; daher ist für den Adreßausgang an dieser Stelle stets die Anweisungsnummer &1005 des Unterprogrammaufrufes CALL ACTIV2 einzusetzen.

IPRINT Protokollsteuerung
Die Protokollausdrucke werden unterdrückt, wenn IPRINT=0.

Datenbereich:

Das Unterprogramm ENTER benötigt die Aktivierungsliste, die TR-Matrix und die STO-Matrix.

Programmbeschreibung:

"Bestimmen der Stationsnummer"

```
K = "EMFAC" + NST
```

Aus der Typnummer NST wird die Stationsnummer K bestimmt.

"OK-Mechanismus"

```
IF(OK.EQ.0) GOTO 10
OK = 0
```

Zu Beginn wird der OK-Mechanismus überprüft. Nur wenn OK.NE.0 ist, hat die Transaction bereits mit den anderen konkurriert und kommt für das Belegen in Frage.

"Prüfen der Speicherplatzanforderung"

```
IF(STO(NST,1)+NE.GT.STO(NST,2)) GOTO 20
```

Ist die Speicherplatzanforderung erfüllbar, so wird mit dem Abschnitt "Belegen" fortgefahren. Anderenfalls wird die Transaction gesperrt.

"Belegen"

```
        STO(NST,1) = STO(NST,1) + NE
        TR(LTR,8) = 0
        RETURN
```

Die Belegung erfolgt, indem der Bestand des Speichers in der STO-Matrix um die Zahl der angeforderten Speicherplätze erhöht wird. Für den Fall, daß die Transaction vor der Storage gesperrt war, bevor ihre Anforderung erfüllt werden konnte, wird der Blockierungszeitpunkt gelöscht.

"Der erste Belegungsversuch"

```
10      CONTINUE
        IF(IBLOCK.GT.0) GOTO 20
        AL(LTR,1) = ID
        AL(LTR,2) = - K
        TR(LTR,8) = T
        RETURN 1
```

Trifft eine Transaction neu auf eine Storage, so kann sie wahlweise sofort gesperrt werden oder einen ersten Versuch unternehmen, ihre Speicherplatzanforderung zu erfüllen. Ist IBLOCK.EQ.1, so soll die Transaction auf jeden Fall gesperrt werden. Es wird mit dem Abschnitt "Sperren" fortgefahren.
Ist IBLOCK.NE.1, so wird die Transaction zunächst in den Zustand blockiert überführt. Da die Storages als Stationen, die der Transactionsteuerung entzogen sind, immer auf frei geschaltet sind, wird die Transaction bei dem folgenden Aufruf des Unterprogrammes ACTIV2 gefunden und aktiviert. Die Transaction läuft erneut auf den Unterprogrammaufruf CALL ENTER und gelangt dann zum Abschnitt "Prüfen der Speicherplatzanforderung".

"Sperren"

```
20      AL(LTR,1) = ID
        AL(LTR,2) = - "KEND"- K
        IF(TR(LTR,8).EQ.0) TR(LTR,8) = T
        RETURN 1
        END
```

Eine Transaction gelangt zum Abschnitt "Sperren", wenn ihre Speicherplatzanforderung nicht erfüllbar ist oder wenn sie bei der Ankunft vor der Storage keinen ersten Belegungsversuch unternehmen darf. Da alle vor den Storages wartenden Transactions nur initiiert gestartet werden können, wird der Sperrvermerk in die Aktivierungsliste eingetragen.

Hinweise:

* Das Unterprogramm ENTER bearbeitet nur nicht-adressierbare Speicher. Es ist darauf zu achten, daß die angegebene Nummer der Storage tatsächlich einen nicht-adressierbaren Speicher bezeichnet. Nicht-adressierbare Speicher haben unter ihrer Nummer in der Strategie-Matrix keinen Eintrag.

* Für adressierbare und nicht-adressierbare Speicher sind keine gesonderten Typnummern vorgesehen. Storages werden unabhängig von der Belegungsweise durchnumeriert.

6.2.2 LEAVE

Funktion:
Im Unterprogramm LEAVE wird eine angebbare Zahl von Speicherplätzen freigegeben. Da LEAVE nicht-adressierbare Speicher bearbeitet, wird die Freigabe nur im Bestand festgehalten. Sollen mehr Speicherplätze freigegeben werden als augenblicklich belegt sind, so wird das Unterprogramm über einen besonderen Ausgang verlassen. Der Benutzer hat dadurch die Möglichkeit zu entscheiden, welche weitere Maßnahmen in diesem Fall ergriffen werden sollen.

Unterprogrammaufruf:

```
CALL LEAVE (NST,NE,MARKE1,IPRINT)
```

Parameterliste:

NST Nummer der Storage (Typnummer)
Alle Storages sind einzeln durchnumeriert. Die Nummer muß einen nicht-adressierbaren Speicher bezeichnen.

NE Zahl der freizugebenden Speicherplätze
Es wird angegeben, wieviele Speicherplätze von einer Transaction freigegeben werden.

MARKE1 Adreßausgang bei erfolgloser Freig
Wenn mehr Speicherplätze freigegeben werden sollen als augenblicklich belegt sind, wird das Unterprogramm über diesen Ausgang verlassen.

IPRINT Protokollsteuerung
Die Protokollausdrucke werden unterdrückt, wenn IPRINT=0.

Datenbereich:

Das Unterprogrammm LEAVE benötigt die STO-Matrix.

Programmbeschreibung:

"Freigeben"

```
      IF(STO(NST,1).LT.NE) GOTO 10
      STO(NST,1) = STO(NST,1) - NE
      RETURN
10    RETURN 1
      END
```

Wenn die Anzahl der Speicherplätze, die freigegeben werden sollen, größer ist als der augenblickliche Bestand, so wird das Unterprogramm über einen besonderen Ausgang verlassen. Ansonsten wird der Bestand um die Zahl der freigegebenen Speicherplätze erniedrigt. Die Transaction fährt dann mit der Bearbeitung bei der auf den Unterprogrammaufruf CALL LEAVE folgenden Anweisung fort.

Hinweise:

* Wird das Unterprogramm bei erfolgloser Freigabe über den Adreßausgang MARKE1 verlassen, muß der Benutzer selbst entscheiden, welche Maßnahmen in diesem Fall ergriffen werden sollen. Handelt es sich um einen Fehler, so sollte der Simulationslauf abgebrochen werden. Es kann jedoch sein, daß erfolglose Freigabe in einem Modell vorgesehen ist. In diesem Fall müssen die Transactions gesperrt werden und solange warten, bis der Speicher wieder aufgefüllt wird.

6.3 Strategien

Für das Belegen und Freigeben von Speichern gibt es eine große Zahl von Möglichkeiten. In noch ausgeprägterem Maße als Policies sind Strategien problemabhängig. In einer kurzen Übersicht werden die einfachsten Strategien vorgestellt.
Man muß unterscheiden zwischen Strategien, die das Belegen besorgen und solchen, nach denen ein Speicher wieder freigegeben werden soll. Die einen heißen Strategie-A (Allocate), die anderen Strategie-F (Free).

Beispiel:

* Das Lager eines Versandhauses ist so organisiert, daß die Waren, die am häufigsten benötigt werden, nach einer Strategie-A eingelagert werden, die die Zugangszeit zum Speicherplatz möglichst gering werden läßt.

* Bei der Lagerung leicht verderblicher Lebensmittel sorgt eine Strategie-F dafür, daß für eine Lieferung die Produkte ausgelagert werden, die bereits am nahesten an ihr Verfallsdatum herangekommen sind.

Bei Speichern ist darauf zu achten, daß sich der Unterschied zwischen Policy und Strategie nicht verwischt. Alle Aufträge, deren Speicherplatzanforderungen nicht erfüllt werden können, bauen vor dem Speicher eine Warteschlange auf. Wird der Speicherplatz freigegeben, so wird aufgrund der Policy entschieden, in welcher Reihenfolge die wartenden Transactions erneut versuchen können, Speicherplatz zu belegen. Die Zuweisung und Freigabe des Speicherplatzes selbst erfolgt über die Strategien.
Demnach gehört zu jedem Speicher zunächst eine Policy, die die Warteschlange vor dem Speicher verwaltet, sowie zwei Strategien, von denen die eine für das Belegen, die andere für die Freigabe verantwortlich ist.

6.3.1 Speicherbelegung

Die Strategie-A hat im wesentlichen zwei Aufgaben zu erfüllen. Einmal muß sie entscheiden, ob der Speicherbedarf einer Anforderung erfüllt werden kann. Ist dies nicht der Fall, so muß sich die Anforderung in eine Warteschlange vor dem Speicher einreihen. Steht jedoch mehr Speicher zur Verfügung als benötigt wird, so muß die Strategie-A als nächstes entscheiden, an welcher Stelle die Einheiten abgelegt werden sollen.

6.3.2 FFIT (First-Fit)

Bei FFIT wählt die Strategie-A diejenige Lücke aus, die als erste den Speicherbedarf decken kann. Da hierbei keine Rücksicht darauf genommen wird, wie gut eine Anforderung in einen freien Bereich paßt, entstehen bei dieser Strategie-A eine große Zahl kleiner Restlücken, die dann nur schwer zu belegen sind. Auf diese Weise entsteht die sogenannte Speicherzersetzung. Vorteilhaft ist bei dieser Strategie-A die kurze Suchzeit.

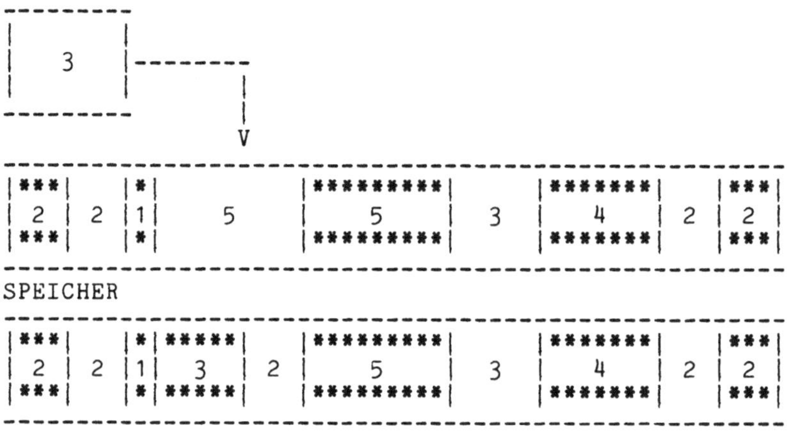

BILD 23 DIE STRATEGIE FIRST-FIT

Bild 23 zeigt einen zum Teil besetzten Speicher. Die Felder mit den Doppellinien bezeichnen belegte Bereiche, während die weißen freien Speicherplatz darstellen. Einer Anforderung, die drei Einheiten ablegen möchte, wird nach First-Fit die erste passende Lücke zugeteilt. Es entsteht für das Beispiel in Bild 23 eine Restlücke mit 2 Plätzen.

6.3.3 BFIT (Best-Fit)

BFIT arbeitet ähnlich wie FFIT. Es wählt jedoch nicht die erste passende Lücke aus, sondern sucht so lange, bis die Lücke gefunden wurde, in die eine Anforderung am besten paßt.
Nachteilig ist bei BFIT die verlängerte Suchzeit. Als Vorteil ergibt sich eine bessere Speicherausnutzung.

Bild 24 zeigt den Fall von Bild 23 für Best-Fit.

Beispiel:

* Die Lagerhalle einer Spedition ist in gleich große Parzellen aufgeteilt, die zur Identifikation numeriert sind. Die Parzellen sind die kleinsten Einheiten, in denen Lagerplatz vergeben werden kann. Auf Anforderung wird von der Lagerverwaltung jedem Transportgut ein ganzes Vielfaches der Grundeinheit zugeteilt.
Die Strategie FFIT sucht für jedes Transportgut den Lagerplatz heraus, der vom Ladetor aus am schnellsten zu erreichen ist. Wird das Lager nach der Strategie BFIT belegt, wird nach dem am besten passenden freien Bereich gesucht.

```
---------
|       |
|   3   |------------------------
|       |                       |
---------                       |
                                V
----------------------------------------------------
|***|   |*|         |*********|     |*******|   |***|
| 2 | 2 |1|    5    |    5    |  3  |   4   | 2 | 2 |
|***|   |*|         |*********|     |*******|   |***|
----------------------------------------------------
SPEICHER
----------------------------------------------------
|***|   |*|         |*********|*****|*******|   |***|
| 2 | 2 |1|    5    |    5    |  3  |   4   | 2 | 2 |
|***|   |*|         |*********|*****|*******|   |***|
----------------------------------------------------
```

BILD 24 DIE STRATEGIE BEST-FIT

6.3.4 Konditionierte Speicherbelegung

Diese Strategie wählt für Einheiten, die bestimmten Kriterien genügen, die dazugehörigen Speicherplätze aus.

Beispiel:

* Um gegen einen Unglücksfall Vorsorge zu treffen, werden die wichtigsten oder wertvollsten Einheiten so abgelegt, daß sie möglichst schnell aus dem Lager entfernt werden können.

6.3.5 Segmentierung

Eine optimale Ausnutzung des Speichers erhält man, wenn nicht alle Einheiten zusammenhängend gespeichert werden müssen, sondern auf die freien Lücken verteilt werden können. Ein Block von Einheiten, der so zerlegt worden ist, daß er in eine Lücke paßt,

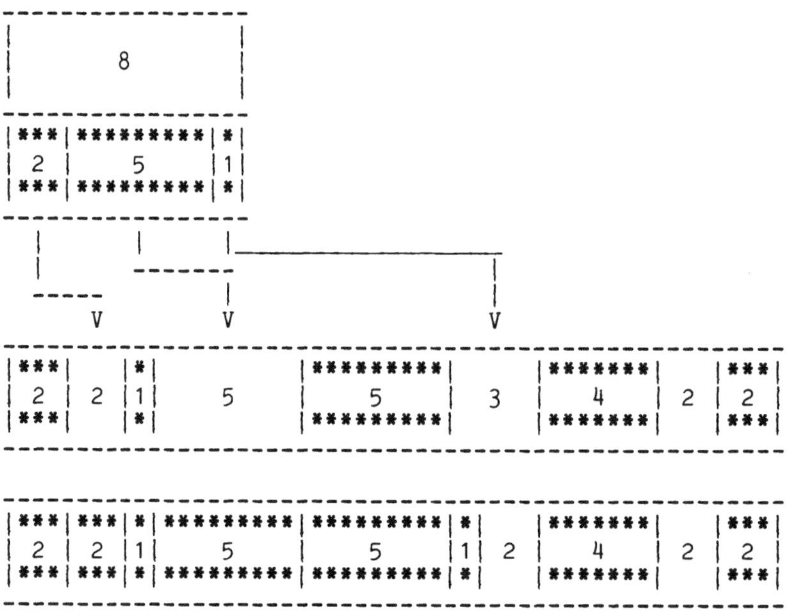

BILD 25 SEGMENTIERUNG

```
-----------------------------------------------------------
|***|     |*|              |*********|       |*******|     |***|
| 2 |  2  |1|      5       |    5    |   3   |   4   |  2  | 2 |
|***|     |*|              |*********|       |*******|     |***|
-----------------------------------------------------------
  |       |                     |              |           |
  |       |  ----------------   |              |           |
  |  -----  |                   -----------------------    |
  |  |      |                   |      ------------------------
  V  V      V                   V      V
-----------------------------------------------------------
|***|*|*********|*******|***|                              |
| 2 |1|    5    |   4   | 2 |              12              |
|***|*|*********|*******|***|                              |
-----------------------------------------------------------
```

BILD 26 SPEICHERVERDICHTUNG DURCH SHIFT

heißt Segment. Nachteilig bei diesem Verfahren ist der hohe Verwaltungsaufwand, da für jeden Auftrag Buch geführt werden muß, wo sich seine Segmente befinden. Bild 25 gibt ein Beispiel für eine Strategie-A, die mit Segmentierung arbeitet. Die Anforderung mit 8 Einheiten wird in 3 Segmente zu je 2, 5 und 1 Einheiten zerlegt.

6.3.6 Shift

Arbeitet man mit einer Strategie ohne Segmentierung, so kann es aufgrund von Speicherzersetzung notwendig werden, die belegten Speicherbereiche zusammenzuschieben, um auf diese Weise wieder einen freien Speicherbereich zu erhalten, in den auch größere Anforderungen abgelegt werden können. Der Mechanismus, der das Zusammenlegen bewirkt, heißt Shift (siehe Bild 26).

6.3.7 Speicherfreigabe

Wenn aus einem Speicher gezielt eine Anforderung wieder ausgelagert werden soll, ist eine besondere Strategie-F nicht erforderlich. Sie ist nur notwendig, wenn unter verschiedenen Kandidaten ausgewählt werden muß.

Beispiele:

* Auf einem Bahnhof holt ein Reisender aus einem Regal mit Schließfächern seinen Koffer aus einem Fach, das durch eine Nummer eindeutig identifizierbar ist (Strategie-F nicht erforderlich).

* Eine Firma stapelt ihre Produkte in einer Lagerhalle. Bei einer Auslieferung muß entschieden werden, welcher der Lagerplätze, die mit den gewünschten Einheiten belegt sind, geräumt werden soll (Strategie-F erforderlich).

Für die Strategie-F haben sich Namen eingebürgert, die mit dem Namen für die Policies identisch sind. Das ist insoweit berechtigt, als die Prinzipien der Auswahl gleichartig sind. Unterschiedlich sind jedoch die Objekte, die ausgewählt werden sollen: Eine Policy bearbeitet die Elemente einer Warteschlange, während eine Strategie-F die Plätze eines Speichers verwaltet. Daher scheint es gerechtfertigt, zwischen Strategie-F und Policy zu unterscheiden.
Da die Prinzipien der Auswahl bereits in 3.1 beschrieben wurden, soll an dieser Stelle nicht noch einmal darauf eingegangen werden.

6.4 Adressierbare Storages in GPSS-F

Wenn über die Speicherbelegung Buch geführt werden soll, müssen adressierbare Storages verwendet werden.

6.4.1 Aufbau der adressierbaren Storages

Für Storages, die nicht adressierbar sind, ist die Information der STO-Matrix ausreichend. Soll jedoch über die Speicherbelegung Buch geführt werden, so wird die Segment-Matrix SM benötigt, in der für alle Storages die freien und belegten Speicherplätze verzeichnet sind (Bild 27). Die Segment-Matrix ist das Abbild der Storage. Jeder Speicherplatz wird durch eine Zeile repräsentiert, in der sich alle den Speicherplatz betreffenden Informationen befinden. Um die Speicherverwaltung zu erleichtern, sind alle Speicherplätze, die zusammenhängend frei sind oder die durch eine Anforderung zusammenhängend belegt wurden, zu Bereichen zusammengefaßt. Die Länge eines Bereiches wird in der Segment-Matrix in der Zeile vermerkt, die zu dem ersten Speicherplatz dieses Bereiches gehört.
Die Segment-Matrix ist wie folgt definiert:

```
INTEGER SM
DIMENSION SM("SM1",2)
```

Die einzelnen Elemente haben die folgende Bedeutung:

SM(LSM,1) Länge des Speicherbereiches
Alle Speicherplätze, die zusammenhängend belegt oder frei sind, bilden einen Bereich, dessen Länge in der ersten Zeile vermerkt wird. Die übrigen Zeilen, die zu einem Bereich gehören, führen an dieser Stelle eine Null.

SM(LSM,2) Kennung
Jeder Speicherbereich trägt ein Kennzeichen. Von GPSS-F wird allen freien Speicherbereichen selbständig als Kennzeichen der Freispeichervermerk -1 eingetragen. Die belegten Speicherbereiche tragen ein Kennzeichen, das der Benutzer bei der Belegung angeben kann.

Die Segment-Matrix wird im Unterprogramm INIT2 so aufgeteilt, daß jeder Storage die Anzahl von Elementen zugeteilt wird, die ihrer Kapazität entspricht. Die jeweils erste Zeile eines Abschnitts, der für eine Storage reserviert ist, wird im entsprechenden Element des Speicherbasis-Vektors SBV eingetragen.

Der Speicherbasis-Vektor ist wie folgt definiert:

```
INTEGER SBV
DIMENSION SBV("STO1")
```

Hinweise:

* Man muß zwischen Abschnitten und Bereichen unterscheiden. Zu Abschnitten sind alle Elemente der Segment-Matrix zusammengefaßt, die einer Storage angehören. Die Anfangszeile eines Abschnitts steht für jede Storage im Speicherbasis-Vektor. Bereiche sind Speicherplätze, die zusammenhängend frei oder belegt sind. Die Länge eines Bereiches wird in der Segment-Matrix in SM(LSM,1) angegeben. Wird ein freier Bereich teilweise belegt, so wird der

ursprüngliche Bereich in neue Bereiche unterteilt.

* Die Gesamtzahl der Speicherplätze, die dem Benutzer zur Verfügung steht, wird bei der Dimensionierung des Simulators festgelegt (siehe Anhang A3). Diese Speicherplätze können dann den Storages zugeteilt werden. Die Kapazität einer Storage muß im Rahmen vom Benutzer durch direkten Eintrag in die STO-Matrix bestimmt werden (siehe 2.6.1 und 11.6).

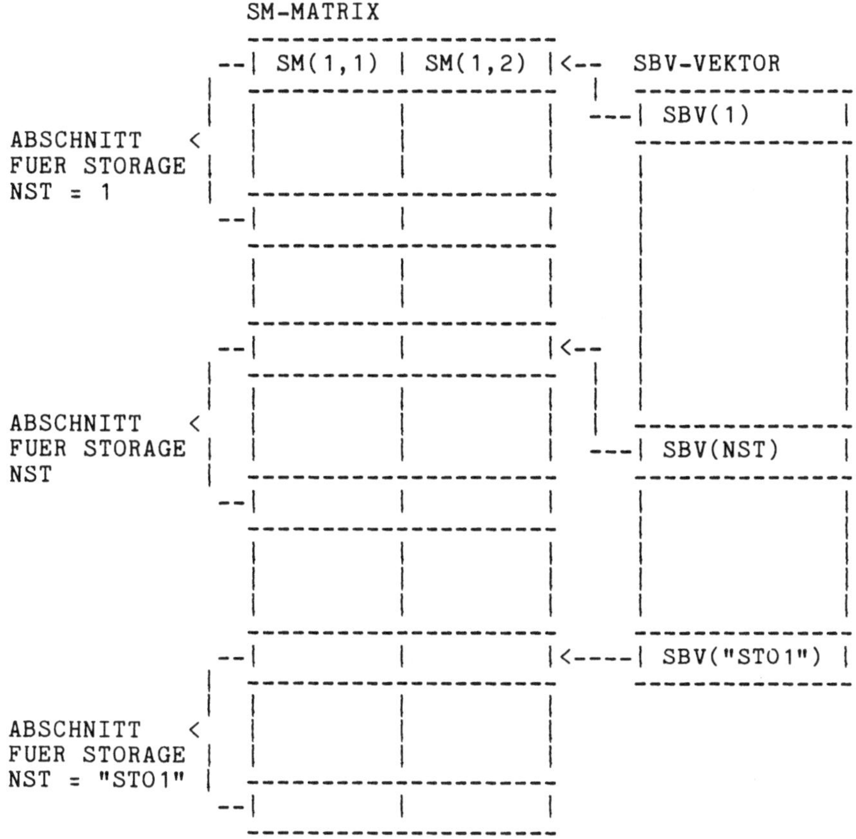

BILD 27 DIE SM-MATRIX UND DER SPEICHERBASIS-VEKTOR

6.4.2 ALLOC

Funktion:
Wenn eine Transaction den Unterprogrammaufruf CALL ALLOC erreicht, wird geprüft, ob die Speicherplatzanforderung erfüllbar ist oder nicht. Ist die Anforderung erfüllbar, so wird der

Speicherplatz zugeteilt. Da das Unterprogramm ALLOC nur adressierbare Storages bearbeitet, wird über die Belegung Buch geführt. Im anderen Fall wird die Transaction gesperrt und vor der Storage in eine Warteschlange eingereiht.

Unterprogrammaufruf:

```
CALL ALLOC (NST,NE,MARK,ID,LINE,IBLOCK,&1005,&1006,
+IPRINT)
```

Parameterliste:

NST Nummer der Storage (Typnummer)
Alle Storages sind einzeln durchnumeriert. Die Nummer muß einen adressierbaren Speicher bezeichnen.

NE Zahl der zu belegenden Speicherplätze
Es wird angegeben, wieviele Speicherplätze von einer Transaction angefordert werden.

MARK Speicherplatzkennzeichen
Alle Speicherplätze, die durch eine Anforderung belegt werden, erhalten eine Kennzeichnung, die durch eine natürliche Zahl verschlüsselt sein muß.

ID Anweisungsnummer des Unterprogrammaufrufes
Wird eine gesperrte Transaction durch einen Start aktiviert, so wird sie erneut zum Unterprogrammaufruf CALL ALLOC geschickt, um noch einmal zu prüfen, ob ihre Anforderung erfüllbar ist. Daher muß der Unterprogrammaufruf die Anweisungsnummer ID übergeben.

LINE Speicherplatzadresse
In der Variablen LINE wird die Speicherplatzadresse zurückgegeben, von der an ein Bereich im Speicher angelegt wurde.

IBLOCK Blockierparameter
Der Blockierparameter gibt an, ob eine Transaction, die das erste Mal auf die Storage trifft, sofort gesperrt werden soll oder erst einmal die Möglichkeit erhält, ihre Speicherplatzanforderung zu erfüllen.
IBLOCK = 0 Die Transaction überprüft bei der Ankunft ihre Speicherplatzanforderung.
IBLOCK = 1 Die Transaction wird bei der Ankunft sofort gesperrt.

&1005 Adreßausgang bei Sperren
Ist die Speicherplatzanforderung einer Transaction nicht erfüllbar, so wird die Transaction gesperrt. Anschließend muß die Transactionsteuerung aufgerufen werden; daher ist für den Adreßausgang an dieser Stelle stets die Anweisungsnummer &1005 des Unterprogrammaufrufes CALL ACTIV2 einzusetzen.

&1006 Adreßausgang bei fehlerhafter Speicherbelegung
Soll durch das Unterprogramm ALLOC eine nicht-adressierbare Storage belegt werden, so erfolgt im Unterprogramm STRATA ein Fehlerausdruck. Anschließend wird der Simulationslauf abgebrochen, indem vom Unterprogramm ALLOC aus zur Endabrechnung verzweigt wird.

IPRINT Protokollsteuerung
Die Protokollausdrucke werden unterdrückt, wenn IPRINT=0.

Datenbereich:

Das Unterprogramm ALLOC benötigt die Ereignisliste, die TR-Matrix und die Bereiche COMMON/STO/ und COMMON/SBV/.

Programmbeschreibung:

"Bestimmen der Stationsnummer"

```
        K = "EMFAC" + NST
```

Aus der Typnummer NST wird die Stationsnummer K bestimmt

"OK-Mechanismus"

```
        IF(OK.EQ.0) GOTO 50
        OK = 0
        IF(NE.LE.0) RETURN
```

Zu Beginn wird der OK-Mechanismus überprüft. Nur wenn OK.NE.0 ist, hat die Transaction bereits mit den anderen konkurriert und kommt für das Belegen in Frage.

"Speicherplatzzuteilung durch die Strategie"

```
        CALL STRATA (NST,NE,&70)
        IF(LSM.EQ.0) GOTO 60
```

Die Speicherplätze werden nach der für die Storage zuständigen Strategie vergeben. Vom Unterprogramm STRATA wird die Zeile in der Segment-Matrix zurückgegeben, in der die Information über den belegten Bereich eingetragen werden soll. Soll ein nicht--adressierbarer Speicher durch ALLOC belegt werden, so wird das Unterprogramm STRATA über den Adreßausgang mit der Anweisungsnummer &70 verlassen. Es wird dann mit dem Abschnitt "Fehlerhafte Speicherbelegung" fortgefahren.
Ist LSM = 0, so kann die Speicherplatzanforderung nicht erfüllt werden. Es muß mit dem Abschnitt "Sperren" fortgefahren werden.

"Eintragen in die Segment-Matrix"

```
        IF(SM(LSM,1).NE.0) GOTO 30
        DO 100 I = 1 , "SM1"
        J = LSM - I
        IF(SM(J,1).NE.0) GOTO 20
100     CONTINUE
20      SM(LSM,1) = SM(J,1) - I
        SM(J,1) = I
```

Es ist möglich, daß aufgrund einer besonderen Strategie-A die Belegung nicht am Anfang sondern in der Mitte eines freien Bereiches vorgenommen wird. Es entstehen auf diese Weise freie Bereiche am Anfang und am Ende. Zunächst wird der Beginn des Gesamtabschnittes gesucht und hier der verkleinerte Restbereich am Anfang eingetragen.

```
30      IF(SM(LSM,1).EQ.NE) GOTO 40
        J = LSM + NE
        SM(J,1) = SM(LSM,1) - NE
        SM(J,2) = - 1
```

Anschließend an den belegten Bereich wird der Restbereich am Ende eingetragen.

```
40      SM(LSM,1) = NE
        SM(LSM,2) = MARK
        STO(NST,1) = STO(NST,1) + NE
        TR(LTR,8) = 0
        LINE = LSM - SBV(NST) + 1
        RETURN
```

Die Belegung erfolgt, indem ein neuer Bereich angelegt wird. In die erste Zeile des Bereiches werden die Länge des Bereiches und die Markierung eingetragen. Weiterhin wird der Bestand des Speichers in der STO-Matrix um die Zahl der abgelegten Speicherplätze erhöht. Falls die Transaction vor der Storage blockiert war bevor ihre Anforderung erfüllt werden konnte, wird der Blockierungszeitpunkt gelöscht. Anschließend wird als Rückgabeparameter die Variable LINE mit der Speicherplatzadresse besetzt, von der an die Speicherplätze durch die Anforderung belegt wurden.

"Der erste Belegungsversuch"

```
50      IF(NE.LE.0) RETURN
        IF(IBLOCK.GT.0) GOTO 60
        AL(LTR,1) = ID
        AL(LTR,2) = - K
        TR(LTR,8) = T
        RETURN 1
```

Trifft eine Transaction neu auf eine Storage, so kann sie wahlweise sofort gesperrt werden oder einen ersten Versuch unternehmen, ihre Speicherplatzanforderung zu erfüllen. Ist IBLOCK.NE.0, soll die Transaction auf jeden Fall gesperrt werden. Es wird mit dem Abschnitt "Sperren" fortgefahren.
Ist IBLOCK.EQ.0, so wird die Transaction zunächst blockiert, indem der Blockiervermerk in die Aktivierungsliste eingetragen wird. Da die Storages als Stationen, die der Transactionsteuerung entzogen sind, immer auf frei geschaltet sind, wird die Transaction bei dem folgenden Aufruf des Unterprogrammes ACTIV2 gefunden und aktiviert. Die Transaction läuft erneut auf den Unterprogrammaufruf CALL ALLOC und gelangt dann zum Abschnitt "Speicherplatzzuteilung durch die Strategie.

"Sperren"

```
60      AL(LTR,1) = ID
        AL(LTR,2) = - "KEND"- K
        IF(TR(LTR,8).EQ.0) TR(LTR,8) = T
        RETURN 1
```

Eine Transaction gelangt zum Abschnitt "Sperren", wenn ihre Speicherplatzanforderung nicht erfüllbar ist oder wenn sie bei der Ankunft vor der Storage keinen ersten Belegungsversuch unternehmen darf.

"Fehlerhafte Speicherbelegung"

```
70      RETURN 2
        END
```

Soll eine nicht-adressierbare Storage durch ALLOC belegt werden, so wird das Unterprogramm über den Adreßausgang mit der Anweisungsnummer &1006 verlassen. Es erfolgt die Endabrechnung und der Abbruch des Simulationslaufes.

Hinweise:

* Adressierbare Storages haben in der Strategie-Matrix einen Eintrag STRAMA(NST,1).NE.0. Durch diesen Eintrag wird in der Strategie-Matrix einer Storage eine Strategie zugeordnet. Diese Zuordnung muß vom Benutzer in Abschnitt 4 Wertzuweisung von konstanten Steuer- und Anfangswerten vorgenommen werden (siehe 2.6.1 und 6.5.1).

* Das Unterprogramm ALLOC bearbeitet nur adressierbare Storages. Es ist darauf zu achten, daß die angegebene Nummer tatsächlich eine adressierbare Storage bezeichnet.

* Die Kennzeichnung der belegten Speicherplätze durch den Parameter MARK kann dazu verwendet werden, um für eine Strategie-F Auswahlkriterien anzugeben. Sie kann z.B. den Zeitpunkt der Einlagerung oder ähnliches festhalten. Ist eine Kennzeichnung nicht vorgesehen, so kann der Parameter MARK beliebig besetzt werden.

* Jeder belegte Speicherplatzbereich ist durch die Nummer der Storage und die Speicherplatzadresse identifiziert. Es ist darauf zu achten, daß die von der Variablen LINE angegebene Speicherplatzadresse zur Kennzeichnung nicht ausreicht, wenn mehrere Storages im Modell verwendet werden.

* Sollen die Speicherplätze einzeln belegt werden, so sind keine besonderen Vorkehrungen erforderlich. Es werden dann Bereiche der Länge 1 angelegt, die auf die vorgesehene Art behandelt werden können.

6.4.3 FREE

Funktion:
Im Unterprogramm FREE wird eine angebbare Zahl von Speicherplätzen freigegeben. Da FREE nur adressierbare Storages bearbeitet, erfolgt die Freigabe aufgrund der Buchführung. Sollen mehr Speicherplätze freigegeben werden als augenblicklich belegt sind, so wird das Unterprogramm durch einen besonderen Ausgang verlassen. Der Benutzer hat dadurch die Möglichkeit, zu ent-

scheiden, welche Maßnahmen in diesem Fall ergriffen werden sollen.

Unterprogrammaufruf:

```
CALL FREE (NST,NE,KEY,LINE,MARKE1,&1006,IPRINT)
```

Parameterliste:

NST — Nummer der Storage (Typnummer)
Alle Storages sind einzeln durchnumeriert. Die Nummer muß einen adressierbaren Speicher bezeichnen.

NE — Zahl der freizugebenden Speicherplätze
Es wird festgehalten, wieviele Speicherplätze von einer Transaction freigegeben werden.

KEY — Freigabe-Schlüssel
Die Variable KEY dient zur Kennzeichnung des Bereiches, der freigegeben werden soll. Ist der Bereich eindeutig identifiziert, dann verfügt die Storage über keine Strategie-F. In diesem Fall enthält die Variable KEY die Anfangsadresse des freizugebenden Bereiches. Handelt es sich um eine Storage mit einer Strategie-F, so kann in der Variablen KEY Information übergeben werden, die von der Strategie-F zur Auswahl benötigt wird.

LINE — Anfangsadresse des Restbereiches
Soll von einem Bereich nur ein Teil freigegeben werden, so wird in der Variablen LINE die Anfangsadresse des belegten Restbereiches zurückgegeben.

MARKE1 — Adreßausgang bei erfolgloser Freigabe
Das Unterprogramm wird in den folgenden beiden Fällen über diesen Adreßausgang verlassen: Es wird unter dem angegebenen Freigabe-Schlüssel kein Bereich gefunden und der gefundene Bereich enthält weniger Speicherplätze als freigegeben werden sollen.

&1006 — Fehlerausgang
Über den Fehlerausgang wird das Unterprogramm verlassen, wenn eine nicht-adressierbare Storage freigegeben werden soll.

IPRINT — Protokollsteuerung
Die Protokollausdrucke werden unterdrückt, wenn IPRINT=0.

Datenbereich:

Das Unterprogramm FREE benötigt die Bereiche COMMON/STO/, COMMON/SBV/ und COMMON/STR/.

Programmbeschreibung:

"Bestimmen von LSM"

```
      IF(STRAMA(NST,1).EQ.0) GOTO 50
      LSM = KEY + SBV(NST) - 1
      IF(STRAMA(NST,2).NE.0) CALL STRATF (NST,KEY,&1)
1     IF(LSM.EQ.0) GOTO 40
```

In diesem Abschnitt wird die Variable LSM besetzt, die angibt, in welcher Zeile der Segment-Matrix der freizugebende Bereich geführt wird. Handelt es sich um eine Storage ohne Strategie-F, so kann LSM direkt aus der übergebenden Anfangsadresse des Bereiches bestimmt werden. Für Storages mit einer Strategie-F wird der freizugebende Bereich vom Unterprogramm STRATF bestimmt; STRATF besetzt dann die Variable LSM. Wird kein freier Bereich gefunden, der den Bedingungen genügt, so wird mit dem Abschnitt "Erfolglose Freigabe" fortgefahren.
Soll eine nicht-adressierbare Storage durch FREE freigegeben werden, so wird ebenfalls mit dem Abschnitt "Erfolglose Freigabe" fortgefahren.

"Restbelegung"

```
        LINE = 0
        IF(SM(LSM,1).LT.NE) GOTO 40
        IF(SM(LSM,1).EQ.NE) GOTO 10
        J = LSM + NE
        SM(J,1) = SM(LSM,1) - NE
        SM(J,2) = SM(LSM,2)
        LINE = J -SBV(NST) + 1
        SM(LSM,1) = NE
```

Wenn die Freigabe eines Bereiches nicht vollständig ist, so wird der ursprüngliche Bereich in zwei Bereiche zerlegt, wobei der Restbereich, der nicht freigegeben wird, am Ende angelegt wird. Im Parameter LINE wird die Anfangsadresse des noch belegten Restbereiches zurückgegeben.

"Freigeben des Speicherbereiches"

```
10      SM(LSM,2) = - 1
        STO(NST,1) = STO(NST,1) - NE
```

Der freigegebene Bereich wird gekennzeichnet. Der Bestand der Storage wird um die Anzahl der freigegebenen Speicherplätze erniedrigt.

"Verschmelzen bündiger freier Bereiche"

```
        J = LSM + SM(LSM,1)
        IF(SM(J,2).NE.-1.OR.J.GE.SBV(NST)+STO(NST,2)) GOTO 20
        SM(LSM,1) = SM(LSM,1) + SM(J,1)
        SM(J,1) = 0
        SM(J,2) = 0
20      IF(LSM.EQ.SBV(NST)) RETURN
        DO 100 I = 1 , "SM1"
        J = LSM - I
        IF(SM(J,1).NE.0) GOTO 30
100     CONTINUE
30      IF(SM(J,2).NE.-1) RETURN
        SM(J,1) = SM(LSM,1) + I
        SM(LSM,1) = 0
        SM(LSM,2) = 0
        RETURN
```

Durch die Freigabe eines Bereiches ist es möglich, daß zusammenliegende Bereiche zu einem Gesamtbereich zusammengefaßt werden können. Ein bündiger, freier Bereich, der mit dem freigegebenen Bereich verschmolzen werden muß, kann vor oder hinter dem freigegebenen Bereich liegen.

"Erfolglose Freigabe"

```
40      CONTINUE
        RETURN 1
50      CONTINUE
        RETURN 2
        END
```

Ist eine Freigabe nicht möglich, so wird das Unterprogramm über den Adreßausgang MARKE1 verlassen. Dagegen wird der Fehlerausgang angesprungen, wenn eine nicht-adressierbare Storage freigegeben werden soll.

Hinweise:

* Im Parameter KEY muß für Storages ohne Strategie-F die Anfangsadresse des freizugebenden Bereiches eingesetzt werden. Diese Anfangsadresse wird vom Unterprogramm ALLOC im Rückgabeparameter LINE übergeben.

* Wenn von einem Bereich nur ein Teil freigegeben werden soll, so wird der Restbereich am Ende des ehemaligen Gesamtbereiches angelegt. Eine gezielte Freigabe, die aus einem Bereich an beliebiger Stelle Speicherplätze herausgreift, ist nicht möglich. Für diesen Fall muß vom Benutzer ein eigenes Unterprogramm zur Freigabe erstellt werden.

* Wird das Unterprogramm bei erfolgloser Freigabe über den Adreßausgang MARKE1 verlassen, muß der Benutzer selbst entscheiden, welche Maßnahmen in diesem Fall ergriffen werden sollen. Handelt es sich um einen Fehler, so sollte der Simulationslauf abgebrochen werden. Es kann jedoch sein, daß erfolglose Freigabe in einem Modell vorgesehen ist. In diesem Fall müssen die Transactions in den Zustand gesperrt überführt werden und solange warten, bis der Speicher wieder aufgefüllt wird.

6.5 Strategien in GPSS-F

In GPSS-F können Storages adressierbar und nicht-adressierbar sein. Für nicht-adressierbare Storages genügt es, die Kapazität und den Stand einer Storage zu kennen. Wenn die Speicherplatzanforderung einer Transaction die Kapazität überschreiten würde, muß die Transaction gesperrt werden.
Für adressierbare Storages muß auf alle Fälle eine Strategie-A existieren, die den Speicheranforderungen ihre Plätze zuweist. Eine Strategie-F ist dagegen nur erforderlich, wenn nicht eindeutig feststeht, welcher Speicherbereich geräumt werden soll (siehe 6.3.7).
In GPSS-F kann für jede Storage angegeben werden, nach welcher

Strategie-A und Strategie-F eine Speicheranforderung bearbeitet werden soll. Diese Feststellung muß vom Benutzer getroffen werden.
Da die Anforderungen, die an Strategien gestellt werden, sehr unterschiedlich sind, hat der Benutzer die Möglichkeit, für jede Storage eigene, dem Problem angepaßte Strategien in das System einzuhängen. Für einfache Fälle stellt GPSS-F die zwei Strategien-A First-Fit und Best-Fit zur Verfügung.

6.5.1 STRATA und STRATF

Funktion:
Die beiden Unterprogramme STRATA und STRATF überprüfen eine Storage nach der zu dieser Storage gehörigen Strategie. Im folgenden wird nur STRATA beschrieben; STRATF ist analog aufgebaut.

Unterprogrammaufruf:

```
CALL STRATA (NST,NE,MARKE1)
```

Parameterliste:

NST Nummer der Storage
Aufgrund der Nummer, die eine Storage trägt, wird die Strategie bestimmt, nach der eine Speicherplatzanforderung bearbeitet werden soll.

NE Zahl der zu belegenden Speicherplätze
Der Wert der Variablen NE gibt an, wieviele Speicherplätze durch eine Anforderung belegt werden sollen.

MARKE1 Adreßausgang bei fehlender Strategie
Soll durch das Unterprogramm ein nicht-adressierbarer Speicher belegt werden, so wird nach dem Unterprogramm STRATA mit der Anweisung fortgefahren, die die Anweisungsnummer MARKE1 trägt.

Datenbereich:

Die Unterprogramme STRATA und STRATF benötigen die Strategie-Matrix STRAMA. In dieser Matrix ist jeder Storage eine Zeile zugeordnet, in der die zugehörige Ein- und Auslagerungsstrategie vermerkt ist. Ist eine Zeile nicht besetzt, so ist die vorliegende Storage nicht adressierbar. Fehlt der Eintrag für die Strategie-F, so handelt es sich um einen Speicher mit eindeutig identifizierbarer Belegung.
Die Strategie-Matrix ist wie folgt definiert:

```
INTEGER STRAMA
DIMENSION STRAMA ("STO1",2)
```

Die einzelnen Elemente haben die folgende Bedeutung:

STRAMA(NST,1) Strategie-A
Jede Strategie hat eine Nummer als Kennzeichen. Diese Nummer wird vom Benutzer im Abschnitt 4 des

Rahmens eingetragen und damit der Storage NST eine feste Strategie-A zugeordnet.

STRAMA(NST,2) Strategie-F
In analoger Weise kann jeder Storage eine Auslagerungsstrategie zugeordnet werden.

Programmbeschreibung:

"Strategie suchen"

```
        IF(STRAMA(NST,1).NE.0) GOTO 100
        RETURN 1
100     IADR = STRAMA(NST,1)
        GOTO (1,2,3,4,5) , IADR
```

Aus der Strategie-Matrix wird die zu der Storage NST gehörige Strategie entnommen und zu dem Unterprogramm gesprungen, das die Storage nach dieser Strategie bearbeitet.

"Aufrufen des Unterprogrammes STRAA"

```
1       CALL FFIT (NST,NE)
        RETURN
2       CALL BFIT (NST,NE)
        RETURN
3       CALL STRAA3 (NST,NE)
        RETURN
4       CALL STRAA4 (NST,NE)
        RETURN
5       CALL STRAA5 (NST,NE)
        RETURN
        END
```

Insgesamt sind 5 verschiedene Strategien möglich. Die Strategie-Nummern 1 und 2 sind von GPSS-F bereits fest vergeben. Sie bezeichnen die von GPSS-F zur Verfügung gestellten Strategien First-Fit und Best-Fit.

Hinweis:

* Soll eine vom Benutzer erstellte Strategie in GPSS-F eingehängt werden, so muß sie zur Kennzeichnung eine Nummer und einen Fortran-Namen erhalten. Die Nummer wird an der entsprechenden Stelle in der Strategie-Matrix eingetragen. Der Name muß als Unterprogrammaufruf an der Stelle, die der Nummer entspricht, im Unterprogramm STRATA bzw. STRATF stehen.

6.5.2 FFIT

Funktion:
Das Unterprogramm FFIT durchsucht eine Storage nach der Strategie-A First-Fit.

Unterprogrammaufruf:

```
CALL FFIT (NST,NE)
```

Parameterliste:

NST Nummer der Storage
Die Nummer der Storage wird benötigt, um den Abschnitt der Segment-Matrix zu finden, der diese Storage repräsentiert.

NE Zahl der zu belegenden Speicherplätze
Es wird nach der Strategie First-Fit eine Lücke gesucht, die eine Anforderung von NE-Speicherplätzen aufnehmen kann.

Datenbereich:

Das Unterprogramm FFIT benötigt die Bereiche COMMON/SBV/ und COMMON/STO/.

Programmbeschreibung:

"Initialisieren der Suche"

```
      LSM = 0
      I = SBV(NST)
      IE = I + STO(NST,2) - 1
```

Die Suche nach einer freien Lücke durchläuft nur die Bereiche, die sich in dem Abschnitt befinden, der die Storage NST repräsentiert.

"Suchen der Lücke"

```
10    IF(SM(I,2).NE.-1) GOTO 20
      IF(SM(I,1).GE.NE) GOTO 30
20    I = I + SM(I,1)
      IF(I.LE.IE) GOTO 10
      RETURN
30    LSM = I
      RETURN
      END
```

Unter den Bereichen mit dem Freispeichervermerk -1 wird der erste herausgesucht, der mindestens eine Länge von NE Speicherplätzen hat. Die Zeile LSM der Segment-Matrix wird an das aufrufende Unterprogramm STRATA zurückgegeben.
Ist LSM.EQ.0, enthält der Speicher keinen freien Bereich der geforderten Länge.

6.5.3 BFIT

Funktion:
Das Unterprogramm BFIT durchsucht eine Storage nach der Strategie-A Best-Fit.

Unterprogrammaufruf:

```
CALL BFIT (NST,NE)
```

Parameterliste:

NST Nummer der Storage
Die Nummer der Storage wird benötigt, um den Abschnitt in der Segment-Matrix zu finden, der diese Storage repräsentiert.

NE Zahl der zu belegenden Speicherplätze
Es wird nach der Strategie Best-Fit eine Lücke gesucht, die eine Anforderung von NE Speicherplätzen aufnehmen kann.

Datenbereich:

Das Unterprogramm BFIT benötigt die Bereiche COMMON/SBV/ und COMMON/STO/.

Programmbeschreibung:

"Initialisieren der Suche"

```
      LSM = 0
      D = STO(NST,2)
      I = SBV(NST)
      IE = I + STO(NST,2) - 1
```

Die Suche nach einer freien Lücke durchläuft nur die Bereiche, die sich in dem Abschnitt finden, der die Storage NST repräsentiert.

"Suchen der Lücke"

```
10    IF(SM(I,2).NE.-1) GOTO 20
      IF(SM(I,1).LT.NE) GOTO 20
      IF(SM(I,1)-NE.GE.D) GOTO 20
      D = SM(I,1) - NE
      LSM = I
20    I = I + SM(I,1)
      IF(I.LE.IE) GOTO 10
      RETURN
      END
```

Unter den Bereichen mit dem Freispeichervermerk -1 werden diejenigen herausgesucht, die mindestens eine Länge von NE Speicherplätzen haben. Unter diesen wird der Bereich festgehalten, der die kleinste Restlücke D aufweist. Die zu diesem Bereich gehörige Zeile LSM der Segment-Matrix wird an das aufrufende Unterprogramm

STRATA zurückgegeben.
Ist LSM.EQ.0, so enthält der Speicher keinen freien Bereich der geforderten Länge.

7. DIE STEUERUNG VON TRANSACTIONS

Um in einem transactionorientierten System die Steuerung der Transactions durch das System zu organisieren, reicht es aus, wenn die beiden Mechanismen "Umleiten aufgrund einer Bedingung" und "Warten aufgrund einer Bedingung" zur Verfügung stehen.
Von "Umleiten aufgrund einer Bedingung" spricht man, wenn in Abhängigkeit vom Systemzustand eine Transaction zu verschiedenen Stationen geschickt werden kann. "Warten aufgrund von Bedingungen" bedeutet, daß Transactions an beliebigen Stellen im System solange aufgehalten werden, bis sich der Systemzustand in einer bestimmten, festgelegten Weise geändert hat.

7.1 Umleitung

Bei der Umleitung muß man unterscheiden zwischen Umleitung aufgrund des Systemzustandes und Umleitung auf Grund des Zufalls.

Beispiele:

* Wenn eine Warteschlange vor einer Bedienstation länger ist als 10, werden weitere Aufträge nicht mehr angenommen. Die Umleitung erfolgt hier in deterministischer Weise aufgrund des Systemzustandes. Jeder neue ankommende Auftrag kann die Warteschlangenlänge abfragen; er muß sich dann dem Kriterium entsprechend entscheiden.

* Auf einem Förderband werden von 1000 Einheiten von der Prüfstelle im Mittel 8 Einheiten als fehlerhaft aussortiert und in die Reparaturwerkstätte geschickt.
Die Umleitung erfolgt zufällig. Mit einer Wahrscheinlichkeit von 0.008 wird ein Produkt ausgewählt und zu einer besonderen Station weitergeleitet.

7.1.1 Umleitung aufgrund des Systemzustandes

Für die Umleitung aufgrund des Systemzustandes ist kein Unterprogramm erforderlich. Die logische IF-Anweisung in Fortran leistet bereits das Gewünschte. Die logische IF-Anweisung hat die folgende Form:

```
IF(LOGEXP)a
```

LOGEXP ist ein logischer Ausdruck, der den Systemzustand beschreibt. Ist der Wert von LOGEXP = .TRUE. , so wird die Folgeanweisung a ausgeführt. Anderenfalls wird mit der Bearbeitung der Programmzeile fortgefahren, die auf die IF-Anweisung folgt.
Die Folgeanweisung a kann eine GOTO-Anweisung sein. Es wird hierdurch die Umleitung zu der Station vorgenommen, die für LOGEXP = .TRUE. die Transaction weiterbearbeiten soll.

7.1.2 TRANSF

Funktion:
Aus den Transactions, die auf den Unterprogrammaufruf CALL TRANSF laufen, wird zufallsverteilt ein bestimmter Anteil aussortiert und zur angegebenen Anweisungsnummer im Modell geschickt. Die restlichen Transactions fahren mit der Bearbeitung bei der Anweisung fort, die auf den Unterprogrammaufruf folgt.

Unterprogrammaufruf:

```
CALL TRANSF (RATIO,MARKE1,RNUM,IPRINT)
```

Parameterliste:

RATIO Wahrscheinlichkeit für das Aussortieren
Dieser Parameter gibt die Wahrscheinlichkeit an, mit der eine Transaction aussortiert und zu der Anweisungsnummer MARKE1 geschickt wird. RATIO muß zwischen 0 und 1 liegen.

MARKE1 Adreßausgang für aussortierte Transactions
Transactions, die aussortiert worden sind, setzen ihre Bearbeitung bei der Anweisungsnummer MARKE1 fort.

RNUM Nummer des Zufallszahlengenerators
RNUM ist die Nummer des Zufallszahlengenerators, der entscheidet, ob eine gerade vorliegende Transaction aussortiert werden soll oder nicht.

IPRINT Protokollsteuerung
Die Protokollausdrucke werden unterdrückt, wenn IPRINT=0.

Datenbereich:

Das Unterprogramm TRANSF benötigt nur die vom Zufallszahlengenerator RNUM gelieferte Zufallszahl.

Programmbeschreibung:

```
      Z = RN(RNUM)
      IF(Z.LE.RATIO.AND.RATIO.GT.0) GOTO 100
      RETURN
100   CONTINUE
      RETURN 1
      END
```

Die Funktion RN bestimmt eine Zufallszahl im Intervall zwischen 0 und 1. Ist Z.LE.RATIO, so wird die Transaction aussortiert und zur hierfür vorgesehenen Anweisungsnummer geschickt.

7.2 Warten aufgrund des Systemzustandes

Der Systemzustand, der dazu führen soll, daß eine Transaction an einer bestimmten Stelle im Modell wartet, wird ähnlich wie bei der Umleitung durch einen logischen Ausdruck beschrieben.
Für die wartenden Transactions ist es wesentlich, zu welchem Zeitpunkt der Systemzustand überprüft wird. Hierfür gibt es zwei verschiedene Verfahren. Weiterhin muß unterschieden werden zwi-

schen Wartebedingungen, die private Parameter der Transactions enthalten und solchen, in deren logischem Ausdruck nur globale Parameter vorkommen.

Die Stationen, vor denen Transactions aufgrund des Systemzustandes warten müssen, heißen Gates.

7.2.1 Die Prüfung der Wartebedingung

Wenn Transactions vor einem Gate warten, so muß in Abständen festgestellt werden, ob die Wartebedingung aufgrund von Änderungen im Modell ihren Wahrheitswert geändert hat.

Wenn bekannt ist, an welcher Stelle die Parameter, die im logischen Ausdruck vorkommen, geändert werden, so kann jedes Mal nach einer solchen Änderung von dieser Stelle aus die Überprüfung veranlaßt werden. Das Verfahren heißt daher initiierte Überwachung der Wartebedingung. Es ist in den meisten Fällen anwendbar.
Ein Gate, das der initiierten Überwachung unterliegt, heißt Gate vom Typ 1.

Beispiel:

* In einem Fertigungszweig werden Transactions solange aufgehalten, bis in einem zweiten Fertigungszweig die Warteschlange vor einer Bedienstation leer ist.
Der logische Ausdruck für dieses Gate lautet:

LOGEXP = QUE(NQU,1).EQ.0

Jedes Mal, wenn eine Transaction im Zweig 2 die Warteschlange verläßt , kann festgestellt werden, ob durch diese Veränderung der logische Ausdruck seinen Wahrheitswert geändert hat. Das geschieht, indem man gezielt eine oder alle wartenden Transactions auf das Gate schickt und die Blockierbedingung überprüfen läßt.

Wenn der logische Ausdruck eines Gates mehrere Parameter enthält, die an verschiedenen Stellen im Modell verändert werden, kann die Übersichtlichkeit verloren gehen, wenn dieses Gate initiiert überprüft wird. In einem solchen Fall ist es günstiger, die Wartebedingung ständig zu überwachen. Es wird dann nach jedem einzelnen Systemübergang der Wahrheitswert des logischen Ausdruckes bestimmt. Das geschieht, indem von der Transactionsteuerung nach jeder Veränderung die Gates probeweise geöffnet werden. Damit kann eine Transaction das Gate betreten und die Wartebedingung überprüfen. Dieses Verfahren heißt systemgesteuerte Überwachung der Gates.
Ein Gate, das der systemgesteuerten Überwachung unterliegt, heißt Gate vom Typ 2.

7.2.2 Private und globale Parameter in der Wartebedingung

Privat werden in Zusammenhang mit Blockierbedingungen diejenigen Parameter genannt, die eine Transaction kennzeichnen. Dementsprechend sollen Parameter global heißen, wenn sie sich entweder auf die Relationen zwischen den Systemelementen beziehen oder Stationen charakterisieren. Enthält der logische Ausdruck eines Gates nur globale Parameter, so ist er für alle Transactions identisch. Soll sein Wahrheitswert geprüft werden, so kann die Prüfung von einer einzigen Transaction vorgenommen werden. Findet diese Transaction, daß der Wahrheitswert unverändert geblieben ist und die Wartebedingung daher weiterbesteht, so ist es nicht erforderlich, daß die restlichen Transactions der Warteschlange die Wartebedingung noch einmal überprüfen.
Ist der logische Ausdruck dagegen von privaten Parametern abhängig, so muß jede wartende Transaction die Wartebedingung selbst prüfen, da der Wahrheitswert je nach den Werten der privaten Parameter für die einzelnen Transactions .TRUE. bzw. .FALSE. sein kann.

Beispiele:

* Fahrzeuge werden vor einem Bahnübergang aufgehalten, wenn die Schranke geschlossen ist.
Der logische Ausdruck lautet: Die Schranke ist offen. Er enthält nur einen globalen Parameter, der den Zustand der Schranke beschreibt. Wenn die Wartebedingung geprüft werden soll, genügt es, wenn die Prüfung von der ersten Transaction vorgenommen wird. Das Ergebnis ist für alle wartenden Transactions gültig.

* Vor einem Speicher müssen alle Aufträge warten, deren Speicherplatzanforderung nicht erfüllt werden kann.
Der logische Ausdruck lautet in diesem Fall: Der Speicher verfügt über die Anzahl freier Plätze, die ein Auftrag anfordert. Der logische Ausdruck enthält zwei Parameter: Der eine, der die Zahl der freien Speicherplätze angibt, ist global; der andere, der die Speicherplatzanforderung beschreibt, charakterisiert einen Auftrag und ist demnach privat.
Wenn die Wartebedingung überprüft werden soll, so muß jede Transaction die Prüfung selbst übernehmen. Es kann sein, daß für einige Transactions die Speicherplatzanforderung erfüllbar geworden ist, während andere auch weiterhin warten müssen, weil die Zahl der freien Speicherplätze für sie nicht ausreichend ist.

7.3 Gates

GPSS-F stellt zwei Stationen zur Verfügung, die den Gates vom Typ 1 und Typ 2 entsprechen. Die Gates werden von den beiden Unterprogrammen GATE1 und GATE2 bearbeitet.

7.3.1 GATE1

Funktion:
Eine Transaction, die den Unterprogrammaufruf CALL GATE1 er-

reicht, wird in den Zustand gesperrt überführt, wenn der Wahrheitswert eines logischen Ausdruckes .FALSE. ist.
Die Überprüfung der Wartebedingung erfolgt für die gesperrten Transactions initiiert. Wenn die Wartebedingung private Parameter enthält, werden alle vor dem Gate gesperrten Transactions durchgeprüft. Treten nur globale Parameter auf, erfolgt die Prüfung nur durch die erste Transaction.

Unterprogrammaufruf:

```
CALL GATE1 (LOGEXP,GLOBAL,NGATE,ID,IBLOCK,&1005,IPRINT)
```

Parameterliste:

LOGEXP Wartebedingung
Hat der logische Ausdruck LOGEXP den Wahrheitswert .TRUE., so wird die Transaction weitergeleitet. Sie fährt dann mit der auf den Unterprogrammaufruf CALL GATE1 folgenden Anweisung fort. Die Transaction wird gesperrt, wenn der logische Ausdruck LOGEXP den Wahrheitswert .FALSE. hat.

GLOBAL Parameterkennzeichnung
Der Parameter GLOBAL gibt Auskunft darüber, ob der logische Ausdruck nur globale Parameter enthält. Für diesen Fall wird die Wartebedingung nur von der ersten Transaction geprüft.
GLOBAL = 0 Der logische Ausdruck enthält private Parameter
GLOBAL = 1 Der logische Ausdruck enthält nur globale Parameter

NGATE Nummer des Gates vom Typ 1
Die Gates vom Typ 1 sind zur Identifizierung durchnumeriert.

ID Anweisungsnummer des Unterprogrammaufrufes
Die Transactions, die initiiert die Blockierbedingung überprüfen sollen, werden zum Unterprogrammaufruf CALL GATE1 geschickt, das die Anweisungsnummer ID trägt.

IBLOCK Blockierparameter
Wenn eine Transaction das erste Mal auf ein Gate vom Typ 1 läuft, kann sie sofort gesperrt werden. Sie wartet dann zusammen mit den anderen gesperrten Transactions auf die initiierte Überprüfung der Blockierbedingung. Es ist jedoch auch möglich, daß die Transaction bei ihrer Ankunft die Möglichkeit erhält, den logischen Ausdruck sofort zu überprüfen und festzustellen, ob sie gesperrt werden muß oder nicht.
IBLOCK = 0 Die Transaction überprüft bei der Ankunft die Wartebedingung
IBLOCK = 1 Die Transaction wird bei der Ankunft sofort gesperrt

&1005 Adreßausgang bei Sperren
Wird eine Transaction gesperrt oder blockiert, so wird das Unterprogramm über einen Ausgang verlassen, der zur Transactionsteuerung führt.

IPRINT Protokollsteuerung
Die Protokollausdrucke werden unterdrückt, wenn IPRINT=0.

Datenbereich:

Das Unterprogramm GATE1 benötigt die Aktivierungsliste und die TR-Matrix.

Programmbeschreibung:

"Bestimmen der Stationsnummer"

```
        K = "ESTO" + NGATE
```

Aus der Typnummer NGATE wird die Stationsnummer K bestimmt.

"Blockierentscheid"

```
        IF(OK.EQ.0) GOTO 10
        OK = 0
```

Aufgrund des OK-Mechanismus wird eine Transaction so blockiert, daß sie von der Transactionsteuerung wieder aktiviert werden kann. Sie erhält den Blockiervermerk -K.

"Sperrentscheid"

```
        IF(.NOT.LOGEXP) GOTO 20
        TR(LTR,8) = 0
        RETURN
```

Wenn die Transaction nicht aufgrund des OK-Mechanismus blockiert wird und die Wartebedingung den Wahrheitswert .TRUE. hat, kann mit der Bearbeitung der Transaction fortgefahren werden.

"Blockieren aufgrund des OK-Mechanismus"

```
10      IF(IBLOCK.GT.0) GOTO 30
        AL(LTR,1) = ID
        AL(LTR,2) = - K
        TR(LTR,8) = T
        RETURN 1
```

Wenn die Transaction auf alle Fälle gesperrt werden soll, da IBLOCK=1, so ist ein erstmaliges Blockieren aufgrund des OK-Mechanismus überflüssig. Es kann dann unmittelbar mit dem Abschnitt "Sperren der aktivierten Transaction" fortgefahren werden.

"Prüfen der Parameterkennzeichnung"

```
20      IF(GLOBAL.GT.0) GOTO 40
```

Wenn die Wartebedingung initiiert überprüft werden soll, werden die gesperrten Transactons vom Unterprogramm UNLOCK in den Zustand blockiert überführt. Damit werden sie der Transactionsteuerung zugänglich gemacht. Die Transactionsteuerung sucht die vor dem Gate blockierten Transactions heraus und schickt sie zum Unterprogrammaufruf CALL GATE1.

Enthält die Wartebedingung nur globale Parameter, so genügt es, zur Prüfung die erste Transaction zu aktivieren. Findet diese den Wahrheitswert noch immer .FALSE., so verhindert sie die Aktivierung der übrigen Transactions, indem sie zum Abschnitt "Sperren aufgrund der Wartebedingung" verzweigt.
Enthält der logische Ausdruck jedoch private Parameter, so muß mit dem Abschnitt "Sperren der aktivierten Transaction" fortgefahren werden.

"Sperren der aktivierten Transaction"

```
30      AL(LTR,1) = ID
        AL(LTR,2) = - "KEND"- K
        IF(TR(LTR,8).EQ.0) TR(LTR,8) = T
        RETURN 1
```

Soll eine Transaction gesperrt werden, so erhält sie den Sperrvermerk -"KEND"-K. Auf diese Weise ist sie der Transactionsteuerung entzogen. Die Aktivierung ist nur durch initiierte Überprüfung der Wartebedingung möglich.

"Sperren aufgrund der Wartebedingung"

```
40      AL(LTR,1) = ID
        AL(LTR,2) = -"KEND"-K
        IF(TR(LTR,8).EQ.0) TR(LTR,8) = T
        DO 100 I = 1 , LAL
        IF(AL(I,2).EQ.-K) AL(I,2) = - "KEND"- K
100     CONTINUE
        RETURN 1
        END
```

Dieser Abschnitt wird erreicht, wenn die Wartebedingung nur globale Parameter enthält. Eine Transaction, die initiiert als erste zur Überprüfung der Blockierbedingung auf den Unterprogrammaufruf CALL GATE1 geschickt worden ist, sperrt alle weiteren Transactions, wenn die Wartebedingung weiterhin den Wahrheitswert .FALSE. hat. Das geschieht, indem sie alle vor dem Gate blockierten Transactions heraussucht und ihnen den Sperrvermerk -"KEND"-K einträgt. Damit werden die Transactions, die von UNLOCK der Transactionsteuerung zugeführt wurden, dieser wieder entzogen.

Hinweise:

* Wenn die Wartebedingung initiiert überprüft werden soll, muß im Unterprogramm UNLOCK die Stationsnummer K des entsprechenden Gates angegeben werden. Die Stationsnummer muß vom Benutzer aus der Typnummer NGATE berechnet werden. Hierbei ist der Aufbau des State-Vektors zu berücksichtigen (siehe 3.4).

* Die Storages zeigen ein Verhalten, das dem Verhalten der Gates vom Typ 1 ähnlich ist. Sie entsprechen den Gates mit der logischen Bedingung: Freier Speicherplatz ist noch verfügbar. Das Unterprogramm ALLOC ersetzt in diesem Sinn das Unterprogramm GATE1.

7.3.2 GATE2

Funktion:
Eine Transaction, die den Unterprogrammaufruf CALL GATE2 erreicht, wird blockiert, wenn der Wahrheitswert eines logischen Ausdruckes .FALSE. ist.
Die Überprüfung der Wartebedingung erfolgt für die blockierten Transactions systemgesteuert. Nach jeder Systemveränderung wird von der Transactionsteuerung für alle Gates vom Typ 2 jeweils eine Transaction aktiviert, die den logischen Ausdruck überprüft. Private Parameter sind im logischen Ausdruck für Gates vom Typ 2 nicht zulässig.

Unterprogrammaufruf:

```
CALL GATE2 (LOGEXP,NGATE,ID,&1005,IPRINT)
```

Parameterliste:

LOGEXP Wartebedingung
Hat der logische Ausdruck LOGEXP den Wahrheitswert .TRUE., so wird die Transaction weitergeleitet. Sie fährt mit der auf den Unterprogrammaufruf CALL GATE2 folgenden Anweisung fort. Di⌣ Transaction wird blockiert, wenn der logische Ausdruck LOGEXP den Wahrheitwert .FALSE. hat.

NGATE Nummer des Gates vom Typ 2
Die Gates vom Typ 2 sind zur Identifizierung durchnumeriert.

ID Anweisungsnummer des Unterprogrammaufrufes
Die Transaction, die systemgesteuert die Blockierbedingung überprüfen soll, wird zum Unterprogrammaufruf CALL GATE2 geschickt, das die Anweisungsnummer ID trägt.

&1005 Adreßausgang bei Blockierung
Wird eine Transaction blockiert, so wird das Unterprogramm über einen Ausgang verlassen, der zur Transactionsteuerung führt.

IPRINT Protokollsteuerung
Die Protokollausdrucke werden unterdrückt, wenn IPRINT=0.

Datenbereich:

Das Unterprogramm GATE2 benötigt die Aktivierungsliste und die TR-Matrix.

Programmbeschreibung:

"Bestimmen der Stationsnummer"

```
K = "EGATE1" + NGATE
```

Aus der Typnummer NGATE wird die Stationsnummer K bestimmt.

"Blockierentscheid"

```
IF(OK.EQ.0) GOTO 250
OK = 0
```

```
        IF(.NOT.LOGEXP) GOTO 200
100     TR(LTR,8) = 0
        II = 0
        RETURN
```

Wenn eine Transaction nicht aufgrund des OK-Mechanismus blockiert wird, und die Wartebedingung den Wahrheitswert .TRUE. hat, kann mit der Bearbeitung der Transaction fortgefahren w .den.

"Schließen des Gates"

```
200     STATE(K) = 0
```

Wenn der Wahrheitswert des logischen Ausdruckes .FALSE. ist, so muß das Gate geschlossen werden. Dies geschieht, indem das zu dem Gate gehörige Element im State-Vektor den entsprechenden Vermerk erhält.

"Blockieren"

```
250     AL(LTR,1) = ID
        AL(LTR,2) = - K
        IF(TR(LTR,8).EQ.0) TR(LTR,8) = T
        RETURN 1
        END
```

Die Transaction, die bei der Überprüfung des Gates den Wahrheitswert .FALSE. vorgefunden hat und daraufhin das Gate geschlossen hat, muß anschließend blockiert werden.
Der Blockierzeitpunkt darf nur gesetzt werden, wenn die Transaction noch nicht blockiert war. Das trifft zu, wenn die Transaction das erste Mal auf dieses Gate läuft. War eine Transaction bereits einmal blockiert, und wurde sie von der Transactionsteuerung zur Überprüfung auf den Unterprogrammaufruf CALL GATE2 geschickt, so bleibt der ursprüngliche Blockierzeitpunkt erhalten.

Hinweise:

* Die Gates vom Typ 2 besetzen im State-Vektor jeweils ein Element. Ist das Gate gesperrt, so gilt:

```
        STATE("EGATE1"+NGATE) = 0
```

Nach jeder Systemveränderung werden alle Gates vom Typ 2 im Untergramm ACTIV2 probeweise geöffnet. Dies geschieht durch die Schleife

```
        DO 100 I = "BGATE2" , "EGATE2"
100     STATE(I) = 1
```

Auf diese Weise wird für alle Gates vom Typ 2 jeweils eine Transaction aktiviert. Diese überprüft die Wartebedingung. Ist der Wahrheitswert .TRUE., so bleibt das Gate geöffnet. Weitere Transactions, die vor einem Gate blockiert sind, müssen herausgesucht und aktiviert werden. Ist der Wahrheitswert .FALSE., dann schließt die erste Transaction das Gate, indem das Element im State-Vektor wieder mit Null besetzt wird.

* Die Facilities zeigen ein Verhalten, das dem Verhalten der Gates vom Typ 2 ähnlich ist. Sie entsprechen den Gates mit der logischen Bedingung: Die Facility ist frei. Das Unterprogramm SEIZE ersetzt in diesem Sinn das Unterprogramm GATE2.

* Da alle Gates vom Typ 2 nach jeder Systemveränderung probeweise geöffnet werden, ist die Verwaltung sehr aufwendig. Gates vom Typ 2 sollten daher nur in Ausnahmefällen verwendet werden.

7.3.3 Der IT-Mechanismus

Wenn eine Transaction nach einer beliebigen Bewegung im System bei Überprüfung der logischen Bedingung feststellt, daß ein Gate vom Typ 2 auch weiterhin geschlossen ist, wird sie blockiert. Zur Aktivierung der nächsten Transaction wird dann die Transactionsteuerung aufgerufen. In der Transactionsteuerung werden in jedem Fall die Gates vom Typ 2 geöffnet. Ist nun zufällig die Transaction, die zuvor die logische Bedingung überprüft hat, in der Aktivierungsliste die erste, die ausgewählt wurde, so wird sie wiederum zum Unterprogrammaufruf CALL GATE2 geschickt, obwohl im gesamten System keine Änderungen aufgetreten sind. Das Programm gerät hierdurch in eine Endlosschleife. Um diese Schwierigkeit zu umgehen, wird der Systemparameter IT eingeführt. IT verhindert das kontinuierliche Freischalten, indem nur dann zu einem Zeitpunkt T zum wiederholten Male die Gates vom Typ 2 freigeschaltet werden, wenn zuvor eine Systemveränderung stattgefunden hat.
Der Steuerparameter IT ist mit Null vorbesetzt. Nach jedem Öffnen der Gates vom Typ 2 erhält IT den Wert T. In ACTIV2 wird aufgrund der Abfrage

```
IF(IT.EQ.T) GOTO 200
```

das Freischalten umgangen, solange IT = T ist.
Nach jeder Systemveränderung wird IT = 0 gesetzt. Im Anschluß daran können dann wieder alle Gates vom Typ 2 geöffnet werden.

7.4 Gather-Stationen

Mit Hilfe der Gates können Wartebedingungen allgemeiner Art formuliert werden. Für zwei Aufgaben, die verhältnismäßig häufig auftreten, gibt es besondere Stationen, die den Gates entsprechen, jedoch einen der Aufgabe angepaßten, feststehenden logischen Ausdruck haben. Es handelt sich hierbei um Gather-Stationen und User-Chains.

7.4.1 Koordinierung in einem Bearbeitungszweig

Die Koordinierung in einem Bearbeitungszweig sieht vor, daß an einer Station eine bestimmte Anzahl von Aufträgen gesammelt wird, bevor diese weitergeleitet werden.

Beispiele:

* Die Postzustellung eines Betriebes wartet mit der Verteilung bis eine bestimmte Anzahl von Sendungen eingetroffen sind. Erst dann übernimmt ein Bote das Austragen.

* Die Führung durch eine mittelalterliche Burg beginnt erst dann, wenn sich 10 Teilnehmer eingefunden haben. Besucher, die eher eintreffen, müssen warten, bis die Gruppe die geforderte Stärke erreicht hat.

Stationen, die zur Koordinierung in einem Bearbeitungszweig dienen, heißen Gather-Stationen. Werden die ankommenden Aufträge ohne Berücksichtigung ihrer Family-Zugehörigkeit gezählt, handelt es sich um eine Gather-Station vom Typ 2. Werden dagegen die Mitglieder einer Family gesondert gesammelt, heißt die Station Gather-Station vom Typ 1. Die Stationen werden von den beiden Unterprogrammen GATHR1 bzw. GATHR2 bearbeitet.

7.4.2 GATHR2

Funktion:
Transactions, die den Unterprogrammaufruf CALL GATHR2 erreichen, werden solange gesperrt, bis eine vom Benutzer angebbare Anzahl an der Station zusammengekommen ist. Wenn dies der Fall ist, wird die Station geöffnet, sodaß die gestauten Transactions gemeinsam mit der Bearbeitung fortfahren können.
Die Family-Zugehörigkeit bleibt unberücksichtigt.

Unterprogrammaufruf:

```
CALL GATHR2 (NG,NGATH,ID,&1005,IPRINT)
```

Parameterliste:

NG	Anzahl der Transactions, die gestaut werden sollen Es wird angegeben, wieviele Transactions zusammenkommen müssen, bevor die Transactions gemeinsam weiterlaufen dürfen.
NGATH	Nummer der Gather-Station vom Typ 2 Die Gather-Stationen vom Typ 2 sind einzeln durchnumeriert.
ID	Anweisungsnummer des Unterprogrammaufrufes Wird eine Gather-Station geöffnet, so werden die gesperrten Transactions von der Transactionsteuerung herausgesucht, aktiviert und noch einmal zum Unterprogrammaufruf CALL GATHR2 geschickt, der die Anweisungsnummer ID trägt.
&1005	Adreßausgang bei Sperren Wenn die geforderte Anzahl von Transactions noch nicht erreicht ist, wird eine neu ankommende Transaction gesperrt. Im Anschluß muß die Transactionsteuerung aufgerufen werden.
IPRINT	Protokollsteuerung Die Protokollausdrucke werden unterdrückt, wenn IPRINT=0.

Datenbereich:

Das Unterprogramm GATHR2 benötigt die Aktivierungsliste, die TR-Matrix und den State-Vektor.
Weiterhin wird ein Gather-Zähler benötigt, der für jede Gather-Station die Anzahl der bereits eingetroffenen Transactions festhält. Er ist wie folgt definiert:

```
INTEGER GATHT
DIMENSION GATHT("GATHT1")
```

Jeder Gather-Station ist ein Element im Vektor GATHT zugeordnet, das ihrer Nummer NGATH entspricht.

Programmbeschreibung:

"Löschen des Blockierungszeitpunktes"

```
        IF(TR(LTR,8).EQ.0) GOTO 100
        TR(LTR,8) = 0
        RETURN
```

Alle Transactions, die bereits einmal blockiert waren und daher in TR(LTR,8) einen Blockierungszeitpunkt tragen, erreichen den Unterprogrammaufruf CALL GATHR2 nur bei der Auflösung des Staus. In diesem Fall verlassen sie nach dem Löschen des Blockierungszeitpunktes das Unterprogramm.

"Bestimmen der Stationsnummer"

```
100     K = "EGATHF" + NGATH
```

Aus der Typnummer NGATH wird die Stationsnummer K bestimmt.

"Sperren"

```
        AL(LTR,1) = ID
        AL(LTR,2) = - "KEND"- K
        TR(LTR,8) = T
        GATHT(NGATH) = GATHT(NGATH) + 1
```

Eine Transaction, die das erste Mal auf den Unterprogrammaufruf CALL GATHR2 trifft, wird auf jeden Fall erst einmal gesperrt. Gleichzeitig wird der Zählerstand im GATHR2-Zähler um eins erhöht.

"Prüfen des Zählerstandes"

```
        IF(GATHT(NGATH).LT.NG) GOTO 200
```

Wenn die Transaction, die als letzte gesperrt worden ist, den Zählerstand auf die Sollhöhe gebracht hat, wird mit dem Abschnitt "Auflösen des Staus" weitergefahren. Ist die geforderte Zahl von Transactions noch nicht erreicht, wird das Unterprogramm verlassen.

"Auflösen des Staus"

```
      CALL UNLOCK (K,IPRINT)
      GATHT(NGATH)=0
200   RETURN 1
      END
```

Die Transaction, die als letzte gesperrt worden ist, öffnet die Gather-Station, indem sie durch den Unterprogrammaufruf CALL UNLOCK alle Transactions, die sich bisher vor der Gather-Station angesammelt hatten, in den Zustand blockiert überführt. Die Transactions können jetzt von der Transactionsteuerung herausgesucht und aktiviert werden. Sie erreichen noch einmal den Unterprogrammaufruf CALL GATHR2. Hier löschen sie ihren Blockiervermerk und fahren dann mit der Bearbeitung der Anweisung fort, die auf den Unterprogrammaufruf folgt.

7.5 User-Chains

Mit Hilfe der User-Chains ist es möglich, von einem Bearbeitungszweig aus einen Stau von Transactions, der in einem parallelen Bearbeitungszweig entstanden ist, aufzulösen.

7.5.1 Die Koordination in parallelen Bearbeitungszweigen

Vor den User-Chains wird von den ankommenden Transactions eine Warteschlange aufgebaut. Auf Anforderung kann eine andere Transaction, die auf eine Trigger-Station läuft, eine bestimmte Zahl von Transactions aus der Warteschlange aushängen und aktivieren. Alle Transactions werden anschließend weiterbearbeitet.

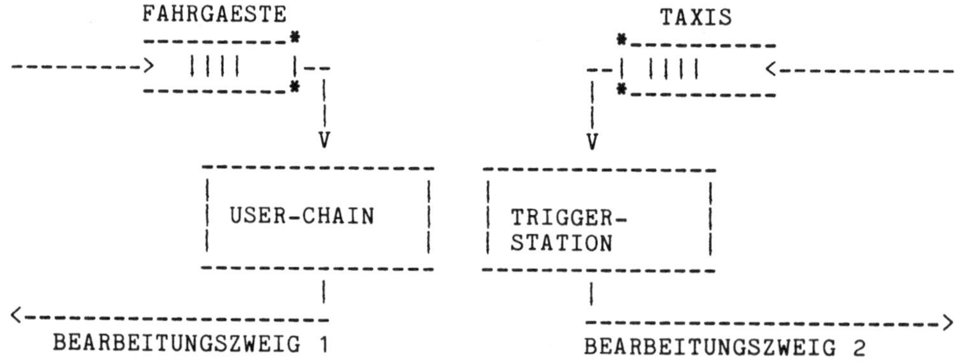

BILD 28 TAXISTAND ALS BEISPIEL FUER USER-CHAINS

Beispiel:

* An einem Taxistand stehen Fahrgäste. Jedes Taxi, das am Taxistand vorbeifährt, nimmt eine bestimmte Anzahl von ihnen auf. Findet ein Taxi keinen Fahrgast vor, wartet es. Nach Abschluß der Fahrt kehrt das Taxi zum Stand zurück (Bild 28).

Werden die an einer User-Chain ankommenden Transactions ohne Berücksichtigung ihrer Family-Zugehörigkeit gezählt, handelt es sich um eine User-Chain vom Typ 2. Werden dagegen die Mitglieder jeder Family gesondert gesammelt, heißt die User-Chain vom Typ 1.

Zu jeder User-Chain gehört eine fest zugeordnete Trigger-Station. Beide besetzen im State-Vektor je ein Element. Das erste Element K charakterisiert die User-Chain. Diese ist geschlossen, wenn Transactions darauf warten, von der Trigger-Station aus aktiviert zu werden. Das zweite Element K+1 gibt an, ob die Trigger-Station geschlossen ist, weil eine Transaction darauf wartet, daß sich an der User-Chain die gewünschte Anzahl angesammelt hat.
Zur User-Chain vom Typ 2 gehört weiterhin die UCHT-Matrix. Sie ist wie folgt definiert:

```
INTEGER UCHT
DIMENSION UCHT("UCHT1",2)
```

Die beiden Elemente haben die folgende Bedeutung:

UCHT(NUCHN,1) Anzahl der Mitglieder einer User-Chain
Für jede User-Chain mit der Typnummer NUCHN wird angegeben, wieviele Transactions sich bereits eingefunden haben. Wenn eine Transaction auf eine Trigger-Station läuft, kann sie prüfen, ob die zur Aktivierung erforderliche Anzahl vorhanden ist.

UCHT(NUCHN,2) Zähler der abzuholenden Transactions
Wenn von der Trigger-Station aus eine bestimmte Zahl von Transactions aktiviert werden soll, wird ein Zähler benötigt, der angibt, wie weit der Auslösevorgang bereits fortgeschritten ist. Dieser Zähler wird zu Beginn des Auslösevorgangs vom Unterprogramm UNLIN2 mit der Anzahl der höchstens zu aktivierenden Transactions besetzt.

7.5.2 LINK2

Funktion:
Eine Transaction, die den Unterprogrammaufruf CALL LINK2 erreicht, wird blockiert und in die Warteschlange vor der User-Chain eingereiht. Gleichzeitig wird eine Prüfung veranlaßt, die feststellen soll, ob hierdurch die gewünschte Zahl von Transactions eingetroffen ist.
Soll ein Abholvorgang begonnen werden, wird von der Trigger-Station aus die User-Chain geöffnet. Die vor der User-Chain blockierten Transactions werden dann von der Transactionsteuerung herausgesucht und erneut zum Unterprogrammaufruf CALL LINK2 ge-

schickt.

Ist der Abholvorgang beendet und die gewünschte Zahl von Transactions aktiviert worden, schließt das Unterprogramm LINK2 die User-Chain.
Die Family-Zugehörigkeit bleibt hierbei unberücksichtigt.

Unterprogrammaufruf:

```
CALL LINK2 (NUCHN,ID,&1005,IPRINT)
```

Parameterliste:

NUCHN Nummer der User-Chain vom Typ 2
Alle User-Chains vom Typ 2 sind einzeln durchnumeriert. Der Wert des Parameters NUCHN bezeichnet ebenfalls die zu einer User-Chain gehörige Trigger-Station.

ID Anweisungsnummer des Unterprogrammaufrufes
Wird von der Trigger-Station aus ein Abholvorgang begonnen, so werden die vor der User-Chain blockierten Transactions herausgesucht und noch einmal zum Unterprogrammaufruf CALL LINK2 geschickt, der die Anweisungsnummer ID trägt.

&1005 Adreßausgang bei Blockierung
Jede Transaction, die auf eine User-Chain trifft, wird zunächst blockiert. Im Anschluß muß die Transactionsteuerung aufgerufen werden.

IPRINT Protokollsteuerung
Die Protokollausdrucke werden unterdrückt, wenn IPRINT=0.

Datenbereich:

Das Unterprogramm LINK2 benötigt die Aktivierungsliste, die TR-Matrix, den State-Vektor und die UCHT-Matrix.

Programmbeschreibung:

"Bestimmen der Stationsnummer"

```
K = "EUCHF" + 2 * NUCHN - 1
```

Zunächst wird aus der Typnummer NUCHN die Stationsnummer K der User-Chain berechnet. Die dazugehörige Trigger-Station hat die Stationsnummer K+1.

"Blockieren"

```
        IF(TR(LTR,8).NE.0) GOTO 100
        UCHT(NUCHN,1) = UCHT(NUCHN,1) + 1
        IF(UCHT(NUCHN,2).GT.0) GOTO 50
        STATE(K) = 0
        STATE(K+1) = 1
50      AL(LTR,1) = ID
        AL(LTR,2) = - K
        TR(LTR,8) = T
        RETURN 1
```

Eine Transaction, die das erste Mal auf den Unterprogrammaufruf CALL LINK2 trifft, wird auf jeden Fall blockiert. Gleichzeitig wird der Zählerstand in UCHT(NUCHN,1) um eins erhöht.
Es ist möglich, daß die blockierte Transaction die Anzahl der Transactions in der User-Chain auf einen Stand gebracht hat, der den Abholvorgang möglich macht. Eine Transaction, die vor der Trigger-Station blockiert ist, muß die Möglichkeit erhalten, die infolge des Zugangs erhöhte Zahl von blockierten Transactions vor der User-Chain zu überprüfen. Dies geschieht, indem die Trigger-Station probeweise geöffnet wird.
Falls die User-Chain aufgrund des vorhergegangenen Abholvorganges noch geöffnet ist, wird sie wieder geschlossen.
Das Öffnen der Trigger-Station und das Schließen der User-Chain muß unterbleiben, wenn zur Ankunftszeit der Transaction gerade ein Abholvorgang abläuft, der nicht gestört werden darf. Das ist der Fall, wenn der Zähler UCHN(NUCHN,2) nicht Null ist.

"Abholen"

```
100     UCHT(NUCHN,1) = UCHT(NUCHN,1) - 1
        UCHT(NUCHN,2) = UCHT(NUCHN,2) - 1
        IF(UCHT(NUCHN,1).EQ.0) UCHT(NUCHN,2) = 0
        IF(UCHT(NUCHN,2).GT.0) GOTO 150
        STATE(K) = 0
        STATE(K+1) = 1
150     TR(LTR,8) = 0
        RETURN
        END
```

Eine Transaction, die einen Blockierungszeitpunkt trägt, erreicht den Unterprogrammaufruf CALL LINK2 nur, wenn von der Trigger-Station her ein Abholvorgang eingeleitet wurde.
Zunächst wird der Zähler, der die Anzahl der Mitglieder in der User-Chain festhält, auf den neuen Stand gebracht. Im Zähler UCHT(NUCHN,2) wird vom Unterprogramm UNLIN2 zu Beginn des Abholvorgangs die Anzahl der höchstens zu aktivierenden Transactions angegeben. Auch er wird jeweils um eins heruntergezählt.
Liegt die Anzahl der Transactions in der User-Chain zwischen NUMIN und NUMAX, so ist die User-Chain nach Ende des Abholvorganges leer. Im Zähler UCHT(NUCHN,2) steht jedoch noch ein Wert, der größer Null ist. In diesem Fall wird der Zähler der abgeholten Transactions gleich Null gesetzt. Dieses Verfahren ist erforderlich, um Transactions, die während eines Abholvorganges auf die User-Chain treffen, noch aktivieren zu können, wenn die Anzahl der blockierten Transactions in der User-Chain den Wert NUMAX noch nicht erreicht hat. Ist der Abholvorgang abgeschlossen, wird die User-Chain geschlossen. Gleichzeitig wird die Trigger-Station probeweise geöffnet, da während des Abholvorganges eine Transaction auf die Trigger-Station gelaufen sein könnte, die einen weiteren Abholvorgang beginnen möchte. Für alle aktivierten Transactions wird anschließend der Blockierungszeitpunkt gelöscht.

7.5.3 UNLIN2

Funktion:
Eine Transaction, die den Unterprogrammaufruf CALL UNLIN2 erreicht, prüft, ob die Anzahl der Mitglieder in der User-Chain einen Wert hat, der größer oder gleich NUMIN ist. In diesem Fall wird ein Abholvorgang eingeleitet, der alle vor der User-Chain blockierten Transactions bis zu einer Zahl NUMAX aktiviert.
Ist die Anzahl NUMIN, die für den Abholvorgang erforderlich ist, noch nicht erreicht, wird die Transaction vor der Trigger-Station blockiert. Sie wartet dann, bis sich in der User-Chain die ausreichende Zahl von Transactions eingefunden hat.
Die Family-Zugehörigkeit bleibt hierbei unberücksichtigt.

Unterprogrammaufruf:

```
CALL UNLIN2 (NUCHN,NUMIN,NUMAX,ID,&1005,IPRINT)
```

Parameterliste:

NUCHN Nummer der User-Chain vom Typ 2
Die Nummer der Trigger-Station ist mit der Nummer der dazugehörigen User-Chain identisch. Der Wert des Parameters NUCHN bezeichnet den Zähler, der die vor der User-Chain blockierten Transactions registriert.

NUMIN Mindestzahl
Ein Abholvorgang kann begonnen werden, wenn sich eine Mindestzahl von Transactions vor der User-Chain angesammelt hat.

NUMAX Maximalzahl
Der Wert des Parameters NUMAX gibt an, wieviele Transactions höchstens durch einen Abholvorgang aktiviert werden dürfen.

ID Anweisungsnummer des Unterprogrammaufrufes
Eine Transaction, die auf eine Trigger-Station läuft, wird blockiert, wenn sich vor der dazugehörigen User-Chain noch nicht die für den Abholvorgang erforderliche Mindestzahl von Transactions eingefunden hat. Jedes Mal, wenn in der User-Chain eine weitere Transaction blockiert wird, die die Anzahl auf den Wert NUMIN bringen könnte, wird die vor der Trigger-Station blockierte Transaction herausgesucht und noch einmal zum Unterprogrammaufruf CALL UNLIN2 geschickt, der die Anweisungsnummer ID trägt.

&1005 Adreßausgang bei Blockierung
Eine Transaction, die in der User-Chain nicht die erforderliche Mindestzahl von Transactions vorfindet, wird blockiert. Im Anschluß muß die Transactionsteuerung aufgerufen werden.

IPRINT Protokollsteuerung
Die Protokollausdrucke werden unterdrückt, wenn IPRINT=0.

Datenbereich:

Das Unterprogramm UNLIN2 benötigt die Aktivierungsliste, die TR-Matrix, den State-Vektor und die UCHT-Matrix.

Programmbeschreibung:

"Bestimmen der Stationsnummer"

```
        K = "EUCHF" + 2 * NUCHN - 1
```

Zunächst wird aus der Typnummer NUCHN die Stationsnummer K der User-Chain berechnet. Die dazugehörige Trigger-Station hat die Stationsnummer K+1.

"Blockierentscheid"

```
        IF(UCHT(NUCHN,1).GE.NUMIN.AND.STATE(K+1).EQ.1) GOTO 100
```

Wenn vor der User-Chain die Mindestzahl von Transactions angekommen ist und wenn die Trigger-Station nicht geschlossen ist, wird zum Abschnitt "Beginn des Abholvorganges" verzweigt. Sind diese Bedingungen nicht erfüllt, wird mit dem Abschnitt "Blockieren" fortgefahren.

"Blockieren"

```
        STATE(K+1) = 0
        AL(LTR,1) = ID
        AL(LTR,2) = - (K + 1)
        IF(TR(LTR,8).EQ.0) TR(LTR,8) = T
        RETURN 1
```

Zunächst wird die Trigger-Station wieder geschlossen, die vom Unterprogramm LINK2 probeweise geöffnet wird, wenn ein Abholvorgang beendet worden ist oder wenn eine Transaction die User-Chain betritt. Die Transaction wird blockiert, indem der Blockiervermerk -(K+1) in die Aktivierungsliste eingetragen wird. Auf diese Weise kann die Transactionsteuerung die Transaction heraussuchen und erneut aktivieren. Das geschieht, wenn die Anzahl der vor der User-Chain blockierten Transactions erneut überprüft werden soll.

"Beginn des Abholvorganges"

```
100     UCHT(NUCHN,2) = NUMAX
        STATE(K+1) = 0
        STATE(K) = 1
        IF(UCHT(NUCHN,1).EQ.0) UCHT(NUCHN,2) = 0
        TR(LTR,8) = 0
        RETURN
        END
```

Zu Beginn des Abholvorganges erhält der Zähler, der die abgeholten Transactions registriert, unabhängig von der Zahl der Transactions die aktiviert werden können, den Wert NUMAX. Im Unterprogramm LINK2 wird dieser Zähler schrittweise zurückgesetzt.
Es muß verhindert werden, daß der laufende Abholvorgang durch einen weiteren Abholvorgang gestört wird, der durch eine Transaction, die auf die Trigger-Station läuft, begonnen werden

könnte. Aus diesem Grund wird die Trigger-Station auf alle Fälle geschlossen.
Um die blockierten Transactions zu aktivieren, wird die User-Chain mit der Stationsnummer K geöffnet. Der Blockierungszeitpunkt der Transaction, die den Abholvorgang angeregt hat, wird gelöscht. Anschließend wird die Transaction von der Anweisung weiterbearbeitet, die auf den Unterprogrammaufruf CALL UNLIN2 folgt.

8. DIE FAMILY

Für bestimmte Simulationsaufgaben ist es notwendig, mehrere Transactions als zusammengehörig zu kennzeichnen. Um diese Zusammengehörigkeit bequem darstellen zu können, wird in GPSS-F das Family-Konzept eingeführt.

8.1 Die Zusammengehörigkeit von Aufträgen

Transactions, die einer Family angehören, wahren ihre Identität. Sie tragen jedoch zusätzlich eine besondere Kennzeichnung, die sie als Mitglieder einer bestimmten Family ausweist.
In Analogie zu einer Familie besitzt jede Transaction eine Duplikatsnummer, die sie eindeutig identifiziert und die dem Vornamen eines Familienmitgliedes entspricht. Die Zusammengehörigkeit wird entsprechend dem Familiennamen durch eine Family-Nummer ausgedrückt, die alle Transactions einer Family gemeinsam haben.
Das Family-Konzept erweist sich immer dann als nützlich, wenn Transactions, die einen Bearbeitungszweig durchlaufen, aufgrund bestimmter Eigenschaften unterschiedlich behandelt werden sollen.

Beispiel:

* Zwei Schulklassen besuchen ein Museum. Die Schüler gehen einzeln durch die Räume; vor wichtigen Ausstellungsstücken müssen sie sich nach ihrer Klassenzusammengehörigkeit getrennt versammeln.

8.2 Datenbereiche für die Family

Eine Family wird gegründet, indem eine sogenannte Vater-Transaction das Unterprogramm SPLIT aufruft, das weitere Mitglieder in das System bringt. Die Family-Nummer ist mit der Nummer der Transaction identisch, die eine Family gründet. Alle Duplikate erhalten ihre Duplikatsnummern, indem laufend hochgezählt wird. Die Duplikatsnummer einer Transaction steht in TR(LTR,2).
Die Parameter, die eine Family kennzeichnen, werden in der Family-Matrix (FAM-Matrix) geführt. Sie ist wie folgt definiert:

```
INTEGER FAM
DIMENSION FAM ("FAM1",3)
```

Die Zeilenzahl der FAM-Matrix ist identisch mit der Zeilenzahl der TR-Matrix, da es im ungünstigsten Fall genau so viele Families wie Transactions geben kann.
Wird eine Transaction aktiviert, die Mitglied einer Family ist, so wird in die Variable LFAM die Zeile eingetragen, die zu dieser

Family gehört. Die einzelnen Elemente haben die folgende Bedeutung:

FAM(LFAM,1) Nummer der Family
Alle Mitglieder einer Family tragen die gleiche Family-Nummer. Diese Nummer wird der Family bei der Gründung vom Unterprogramm SPLIT zugewiesen. Sie ist identisch mit der Nummer der Transaction, die diese Family gegründet hat. Ist FAM(LFAM,1) nicht besetzt, so nimmt GPSS-F an, daß diese Zeile der FAM-Matrix leer ist.

FAM(LFAM,2) Anzahl der noch vorhandenen Mitglieder
In diesem Element steht die Zahl der Family-Mitglieder, die sich noch im System befinden. Jedesmal, wenn Duplikate generiert oder vernichtet werden, wird FAM(LFAM,2) auf den neuen Stand gebracht.

FAM(LFAM,3) Nummer des zuletzt erzeugten Duplikates
Da die Duplikate einer Family zur Identifikation fortlaufend numeriert werden, muß jedem Aufruf des Unterprogrammes SPLIT bei der Erzeugung eines neuen Duplikates bekannt sein, welche Numer das zuletzt erzeugte Duplikat hatte.

8.3 Erzeugung und Vernichtung von Family-Mitgliedern

Zur Erzeugung und Vernichtung von Family-Mitgliedern stellt GPSS-F zwei Unterprogramme zur Verfügung; sie entsprechen den Unterprogrammen GENERA und TERMIN.

8.3.1 SPLIT

Funktion:
Eine Transaction, die auf eine Split-Station läuft, erzeugt eine angebbare Zahl von Duplikaten. Ist die ursprüngliche Transaction noch nicht Mitglied einer Family, so wird eine Family gegründet.

Unterprogrammaufruf:

```
      CALL SPLIT (NDUP,DUPADR,&1006,IPRINT)
```

Parameterliste:

NDUP Zahl der Duplikate
Hier wird angegeben, wieviele Duplikate erzeugt werden sollen.

DUPADR Zieladresse der Duplikate
Die Vater-Transaction fährt bei der Bearbeitung mit der Anweisung fort, die auf den Unterprogrammaufruf CALL SPLIT folgt. Die Duplikate werden an der Stelle im Modell weiterbearbeitet, die durch die Anweisungsnummer DUPADR gekennzeichnet ist.

&1006 Adreßausgang bei Listenüberlauf
Über diesen Ausgang wird SPLIT verlassen, wenn kein Duplikat erzeugt werden kann, weil die TR-Matrix oder die FAM-Matrix bereits besetzt sind. Es ist ratsam, in diesem Fall den Simulationslauf abzubrechen. Es wird zur Endabrechnung gesprungen, um einen ordnungsgemäßen Abschluß zu ermöglichen.

IPRINT Protokollsteuerung
Die Protokollausdrucke werden unterdrückt, wenn IPRINT=0.

Datenbereich:

Das Unterprogramm SPLIT benötigt die Aktivierungsliste, die TR-Matrix und die FAM-Matrix.

Programmbeschreibung:

"Prüfen"

```
        IF(NDUP.EQ.0) RETURN
        IF(LFAM.NE.0) GOTO 300
```

Wenn kein Duplikat erzeugt werden soll, wird SPLIT sofort wieder verlassen. Ist die ursprüngliche Transaction noch nicht Mitglied einer Family, so muß eine neue Family gegründet werden. Anderenfalls ist es nur erforderlich, die bereits bestehende Family zu erweitern.

"Neugründen"

```
        DO 100 LFAM = 1 , "FAM1"
        IF(FAM(LFAM,1).EQ.0) GOTO 200
100     CONTINUE
        RETURN 1
200     FAM(LFAM,1) = TR(LTR,1)
        FAM(LFAM,2) = 1
        FAM(LFAM,3) = 1
        TR(LTR,2) = 1
```

Es wird in der Family-Matrix nach einer freien Zeile gesucht, die der neuen Family zugeordnet werden soll. Die Zeilennummer wird in LFAM übertragen. Wird in der FAM-Matrix keine freie Zeile gefunden, so wird das Unterprogramm über den Adreßausgang Listenüberlauf verlassen. Im Augenblick besteht die Family nur aus der Vater-Transaction. Diese Tatsache wird in FAM(LFAM,2) und FAM(LFAM,3) vermerkt. Die Vater-Transaction bekommt die Duplikatsnummer 1. Die Family-Nummer ist mit der Transactionnummer der Transaction identisch, die diese Family gründet.

"Duplizieren"

In diesem Abschnitt werden die Datenbereiche für jedes Duplikat angelegt und besetzt.

```
300     DO 340 I = 1 , NDUP
        FAM(LFAM,2) = FAM(LFAM,2) + 1
```

```
        FAM(LFAM,3) = FAM(LFAM,3) + 1
```

Die Zähler in der FAM-Matrix werden hochgesetzt.

```
        DO 310 IA = 1 , "TR1"
        IF(TR(IA,1).EQ.0) GOTO 320
310     CONTINUE
        RETURN 1
320     LTRD = IA
        TR(LTRD,1) = TR(LTR,1)
        TR(LTRD,2) = FAM(LFAM,3)
        TR(LTRD,3) = T
        DO 330 JC = 4 , "TR2"
330     TR(LTRD,JC) = TR(LTR,JC)
```

In der TR-Matrix wird eine freie Zeile gesucht. Die Zeilennummer wird in LTRD festgehalten. Wird in der TR-Matrix keine freie Zeile gefunden, so wird das Unterprogramm über den Adreßausgang Listenüberlauf verlassen.
Für jedes Duplikat werden die Parameter der Vater-Transaction in die freie Zeile der TR-Matrix eingetragen. Gesondert eingetragen werden die Transactionnummer, der Entstehungszeitpunkt und die Duplikationsnummer.

```
        IF(LTRD.GT.LAL) LAL = LTRD
        AL(LTRD,1) = DUPADR
        AL(LTRD,2) = T
340     CONTINUE
        RETURN
        END
```

In der Aktivierungsliste wird für jedes Duplikat die Anweisungsnummer und als Startzeitpunkt der aktuelle Stand der Simulationsuhr eingetragen. Auf diese Weise wird sichergestellt, daß nach Bearbeitung der Vater-Transaction die Duplikate zum gleichen Zeitpunkt zu ihrer Anweisungsnummer geschickt werden.
Gleichzeitig wird die Variable LAL, die das Ende des besetzten Teils der Aktivierungsliste anzeigt, überprüft.

8.3.2 ASSEMB

Funktion:
Das Unterprogramm ASSEMB vernichtet Transactions derselben Family, bis die im Unterprogrammaufruf angegebene Zahl erreicht ist. Die letzte Transaction wird nicht vernichtet, sondern kann mit der Bearbeitung fortfahren. Auf diese Weise werden mehrere Transactions zu einer einzigen zusammengefaßt.

Beispiel:

* Die verschiedenen Bauteile eines Werkstückes treffen einzeln auf einem Montagestand ein und werden hier zusammengesetzt. Anschließend läuft das Werkstück als eine Einheit zur nächsten Bearbeitungsstation.

Unterprogrammaufruf:

```
CALL ASSEMB (NUMASS,NASSEM,&1005,IPRINT)
```

Parameterliste:

NUMASS Nummer der Assemb-Station (Typnummer)
Die Assemb-Stationen sind durchnumeriert. Jede einzelne Station kann über ihre Typ-Nummer angesprochen werden.

NASSEM Zahl der zu vereinigenden Transactions
NASSEM gibt an, wieviele Transactions zu einer einzigen zusammengefaßt werden sollen.

&1005 Adreßausgang zur Transactionsteuerung
Wenn eine Transaction vernichtet worden ist, muß anschließend die Transactionsteuerung aufgerufen werden, damit die nächste Transaction aktiviert werden kann. Die Anweisungsnummer muß den Unterprogrammaufruf CALL ACTIV2 bezeichnen.

IPRINT Protokollsteuerung
Die Protokollausdrucke werden unterdrückt, wenn IPRINT=0.

Datenbereich:

Das Unterprogramm ASSEMB benötigt die FAM-Matrix und die TR-Matrix. Um festzuhalten, wieviele Transactions einer Family an einer Assemb-Station bereits angekommen sind, müssen für alle Families an jeder Station Zähler vorhanden sein. Sie befinden sich in der ASM-Matrix. Sie ist wie folgt definiert:

```
INTEGER ASM
DIMENSION ASM("FAM1","ASM1")
```

Jede einzelne Assemb-Station hat für alle Families je einen Zähler. Sie befinden sich in der zu einer Station gehörigen Spalte der ASM-Matrix. In einer Zeile stehen dann die Zähler der verschiedenen Assemb-Stationen, die für jeweils eine Family zuständig sind.

Programmbeschreibung:

"Prüfen auf Family"

```
IF(LFAM.EQ.0) RETURN
```

Von der Assemb-Station werden nur Mitglieder von Families berücksichtigt. Transactions, die keiner Family angehören, durchlaufen die Station ungestört.

"Beginn des Zusammenfassens"

```
IF(ASM(LFAM,NUMASS).EQ.0) ASM(LFAM,NUMASS) = NASSEM
```

Steht der Zähler auf Null, so befindet sich keine Transaction in der Station.
In diesem Fall muß ein neuer Vorgang für das Zusammenfassen be-

gonnen werden. Dies geschieht, indem der Zähler wieder mit der Zahl der zusammenzufassenden Transactions besetzt wird.

"Zählersetzen"

```
        ASM(LFAM,NUMASS) = ASM(LFAM,NUMASS) - 1
```

Jede Transaction, die auf eine Assemb-Station läuft, setzt ihren Zähler in der ASM-Matrix um eins zurück.

"Zusammenfassen"

```
        IF(ASM(LFAM,NUMASS).GT.0) GOTO 200
        IF(FAM(LFAM,2).GT.1) GOTO 150
        RETURN
150     CONTINUE
        RETURN
```

Eine Transaction beendet einen Zusammenfassungs-Vorgang, wenn der Zähler bis auf Null heruntergezählt wurde. Die Transaction wird dann nicht zum Abschnitt "Vernichten" weitergeschickt, sondern kann die Station verlassen.

"Vernichten"

```
200     CALL TERMIN (&250,IPRINT)
250     RETURN 1
        END
```

In diesem Abschnitt werden alle Transactions vernichtet, die die Assemb-Station nicht wieder verlassen dürfen.

8.4 Die Koordination von Family-Mitgliedern

Die Gather-Stationen und User-Chains vom Typ 2 ermöglichen die Koordination von Transactions ohne Berücksichtigung der Family-Zugehörigkeit. Soll sich die Koordination nur auf Transactions erstrecken, die derselben Family angehören, müssen Gather-Stationen und User-Chains vom Typ 1 verwendet werden.

8.4.1 Gather-Stationen für Families

Die Funktion der Gather-Stationen für Families entspricht der Funktion der gewöhnlichen Gather-Stationen (siehe 7.4). Beide Stationen dienen der Koordination von Transactions in einem Bearbeitungszweig. Die Gather-Stationen für Families zeigen jedoch die folgenden beiden Besonderheiten:

a) Transactions, die nicht Mitglieder einer Family sind, werden nicht berücksichtigt; sie durchlaufen die Station ungestört.
b) Die Transactions, die auf eine Gather-Station treffen, werden nach Families sortiert und getrennt gezählt. Ein Stau wird erst dann aufgelöst, wenn sich die geforderte Anzahl von Transactions einer Family eingefunden hat.

8.4.2 GATHR1

Funktion:
Transactions, die den Unterprogrammaufruf CALL GATHR1 erreichen, werden solange gesperrt, bis eine vom Benutzer angebbare Anzahl an der Station zusammengekommen ist. Wenn das der Fall ist, wird die Station geöffnet, sodaß die gestauten Transactions gemeinsam mit der Bearbeitung fortfahren können. Die Family-Zugehörigkeit wird berücksichtigt. Transactions, die nicht Mitglied einer Family sind, durchlaufen die Station ungestört.

Unterprogrammaufruf:

```
..LL GATHR1 (NG,NGATH,ID,&1005,IPRINT)
```

Parameterliste:

NG — Anzahl der Transactions, die gestaut werden sollen
Es wird angegeben, wieviele Transactions einer Family zusammenkommen müssen, bevor die Transactions gemeinsam weiterlaufen dürfen.

NGATH — Nummer der Gather-Station vom Typ 1
Die Gather-Stationen für Families sind einzeln durchnumeriert.

ID — Anweisungsnummer des Unterprogrammaufrufes
Wird eine Gather-Station geöffnet, so werden die gesperrten Transactions von der Transactionsteuerung herausgesucht, aktiviert und noch einmal zum Unterprogrammaufruf CALL GATHR1 geschickt, der die Anweisungsnummer ID trägt.

&1005 — Adreßausgang bei Sperren
Wenn die geforderte Anzahl von Transactions noch nicht erreicht ist, wird eine neu ankommende Transaction gesperrt. Im Anschluß muß die Transactionsteuerung aufgerufen werden.

IPRINT — Protokollsteuerung
Die Protokollausdrucke werden unterdrückt, wenn IPRINT=0.

Datenbereich:

Das Unterprogramm GATHR1 benötigt die Aktivierungsliste und die TR-Matrix. Die Gather-Stationen vom Typ 1 besetzen im State-Vektor einen Bereich, der jeder Family ein eigenes Element zuordnet. Das ist erforderlich, weil die Gather-Station möglicherweise für die Mitglieder einer anderen Family geöffnet sein könnte. Die Gather-Station vom Typ 1 mit der Typnummer NGATH besetzt demnach im State-Vektor die Elemente von

```
STATE("EGATE2" + (NGATH-1) * "FAM1" + 1)
bis
STATE("EGATE2" + (NGATH-1) * "FAM1" + "FAM1")
```

Weiterhin wird ein Gather-Zähler benötigt, der für jede Gather-Station und für jede Family die Anzahl der bereits eingetroffenen Transactions angibt. Er ist wie folgt definiert:

```
INTEGER GATHF
DIMENSION GATHF("FAM1", "GATF1")
```

Die Zähler einer bestimmten Gather-Station stehen in dieser Matrix für jede Family in einer Spalte.

Programmbeschreibung:

"Prüfen der Family-Zugehörigkeit"

```
        IF(LFAM.EQ.0) RETURN
```

Ist LFAM = 0, so ist die Transaction nicht Mitglied einer Family. In diesem Fall verläßt die Transaction das Unterprogramm sofort wieder und fährt mit der Bearbeitung der Anweisung fort, die auf den Unterprogrammaufruf folgt.

"Löschen des Blockierungszeitpunktes"

```
        IF(TR(LTR,8).EQ.0) GOTO 100
        TR(LTR,8) = 0
        RETURN
```

Alle Transactions, die bereits einmal blockiert waren und daher in TR(LTR,8) einen Blockierungszeitpunkt tragen, erreichen den Unterprogrammaufruf CALL GATHR1 nur bei der Auflösung des Staus. Anschließend verlassen sie das Unterprogramm.

"Bestimmen der Stationsnummer"

```
100     K = "EGATE2" + "FAM1" * (NGATH - 1) + LFAM
```

Aus der Typnummer NGATH wird die Stationsnummer K bestimmt.

"Sperren"

```
        AL(LTR,1) = ID
        AL(LTR,2) = "KEND" - K
        TR(LTR,8) = T
        GATHF(LFAM,NGATH) = GATHF(LFAM,NGATH) + 1
```

Eine Transaction, die das erste Mal auf den Unterprogrammaufruf CALL GATHR1 trifft, wird auf jeden Fall erst einmal gesperrt. Gleichzeitig wird der Zählerstand im GATHR1-Zähler um eins erhöht.

"Prüfen des Zählerstandes"

```
        IF(GATHF(LFAM,NGATH).LT.NG) GOTO 200
```

Wenn die Transaction, die als letzte gesperrt worden ist, den Zählerstand für ihre Family auf die Sollhöhe gebracht hat, wird mit dem Abschnitt "Auflösen des Staus" weitergefahren. Ist die geforderte Zahl von Transactions noch nicht erreicht, wird das Unterprogramm GATHR1 verlassen.

"Auflösen des Staus"

```
      CALL UNLOCK (K,IPRINT)
      GATHF(LFAM,NGATH) = 0
200   RETURN 1
      END
```

Die Transaction, die als letzte gesperrt worden ist, öffnet die Gather-Station, indem sie durch den Unterprogrammaufruf CALL UNLOCK alle Transactions, die sich bisher vor der Gather-Station angesammelt hatten, in den Zustand blockiert überführt. Die Transactions können jetzt von der Transactionsteuerung herausgesucht und aktiviert werden. Sie erreichen noch einmal den Unterprogrammaufruf CALL GATHR1. Hier löschen sie ihren Blockiervermerk und fahren dann mit der Bearbeitung der Anweisung fort, die auf den Unterprogrammaufruf folgt.

8.4.3 User-Chains für Families

Die Funktion der User-Chains für Families entspricht der Funktion der gewöhnlichen User-Chains (siehe 7.5). Beide Stationen dienen der Koordination von Transactions in parallelen Bearbeitungszweigen. In der gleichen Weise wie bei Gather-Stationen zeigen auch die User-Chains für Families die folgenden beiden Besonderheiten:

a) Transactions, die nicht Mitglieder einer Family sind, werden nicht berücksichtigt; sie durchlaufen die Station ungestört.
b) Die Transactions, die auf eine User-Chain treffen, werden nach Families sortiert und getrennt gezählt. Die vor einer User-Chain versammelten Transactions können erst dann weiterlaufen, wenn sich die ausreichende Anzahl von Transactions einer Family eingefunden hat. Eine Transaction, die auf eine Trigger-Station läuft, kann an der User-Chain nur Mitglieder der eigenen Family auslösen.

Jede User-Chain und jede dazugehörige Trigger-Station besetzt im State-Vektor einen Bereich, der jeder Family ein eigenes Element zuordnet. Das ist erforderlich, da beide Stationen zwar für die Mitglieder einer Family geschlossen sein können, jedoch für die Mitglieder einer anderen Family möglicherweise geöffnet sind.
Die User-Chains und Trigger-Stationen vom Typ 1 mit der Typnummer NUCHN besetzen demnach im State-Vektor die Elemente von

STATE("EGATHT" + (NUCHN-1) * 2 * "FAM1" + 1)
bis
STATE("EGATHT" + (NUCHN-1) * 2 * "FAM1" + 2 * "FAM1")

In gleicher Weise wie bei den User-Chains vom Typ 2 werden die User-Chain und die dazugehörige Trigger-Station durch zwei aufeinanderfolgende Elemente repräsentiert. Das erste Element K gehört zur User-Chain, das zweite Element K+1 charakterisiert die Trigger-Station.
Zu den User-Chains vom Typ 1 gehört weiterhin die UCHF-Matrix. Sie ist wie folgt definiert:

```
INTEGER UCHF
DIMENSION UCHF("FAM1", "UCHF1", 2)
```

Die UCHF-Matrix für User-Chains vom Typ 1 entspricht der UCHT-Matrix für User-Chains vom Typ 2 (siehe 7.5.1). Da für User-Chain vom Typ 1 alle Zähler für jede Family getrennt geführt werden müssen, ergibt sich auf diese Weise eine dreidimensionale Matrix.

8.4.4 LINK1

Funktion:
Eine Transaction, die den Unterprogrammaufruf CALL LINK1 erreicht, wird blockiert und in die Warteschlange vor der User-Chain eingereiht. Gleichzeitig wird geprüft, ob hierdurch für eine Transaction, die vor der Trigger-Station blockiert ist, die gewünschte Anzahl von Transactions einer Family in der User-Chain eingetroffen ist.
Soll ein Abholvorgang begonnen werden, wird von der Trigger-Station aus die User-Chain geöffnet. Die vor der User-Chain blockierten Transactions werden dann von der Transactionsteuerung herausgesucht und erneut zum Unterprogrammaufruf CALL LINK1 geschickt. Ist der Abholvorgang beendet und die gewünschte Zahl von Transactions aktiviert worden, schließt das Unterprogramm LINK1 die User-Chain.
Die Family-Zugehörigkeit wird berücksichtigt. Transactions, die nicht Mitglieder einer Family sind, durchlaufen die Station ungestört.

Unterprogrammaufruf:

```
        CALL LINK1 (NUCHN,ID,&1005,IPRINT)
```

Parameterliste:

NUCHN Nummer der User-Chain vom Typ 1
Alle User-Chains vom Typ 1 sind einzeln durchnumeriert. Der Wert des Parameters NUCHN bezeichnet den Zähler, der die vor der User-Chain blockierten Transactions registriert. Der Wert des Parameters NUCHN bezeichnet ebenfalls die zu einer User-Chain gehörige Trigger-Station.

ID Anweisungsnummer des Unterprogrammaufrufes
Wird von der Trigger-Station aus ein Abholvorgang begonnen, so werden die vor der User-Chain blockierten Transactions herausgesucht und noch einmal zum Unterprogrammaufruf CALL LINK1 geschickt, der die Anweisungsnummer ID trägt.

&1005 Adreßausgang bei Blockierung
Jede Transaction, die auf eine User-Chain trifft, wird zunächst blockiert. Im Anschluß muß die Transactionsteuerung aufgerufen werden.

IPRINT Protokollsteuerung
Die Protokollausdrucke werden unterdrückt, wenn IPRINT=0.

Datenbereich:

Das Unterprogramm LINK1 benötigt die Aktivierungsliste, die TR-Matrix, den State-Vektor und die UCHF-Matrix.

Programmbeschreibung:

"Prüfen der Family-Zugehörigkeit"

```
        IF(LFAM.EQ.0) RETURN
```

Ist LFAM = 0, so ist die Transaction nicht Mitglied einer Family. In diesem Fall verläßt die Transaction das Unterprogramm sofort wieder und fährt mit der Bearbeitung der Anweisung fort, die auf den Unterprogrammaufruf folgt.

"Bestimmen der Stationsnummer"

```
        K = "EGATHT" + 2 * "FAM1" * (NUCHN - 1) + 2 * LFAM - 1
```

Aus der Typnummer NUCHN wird zunächst die Stationsnummer K der User-Chain bestimmt. Die dazugehörige Trigger-Station hat die Stationsnummer K+1.

"Blockieren"

```
        IF(TR(LTR,8).NE.0) GOTO 100
        UCHF(LFAM,NUCHN,1) = UCHF(LFAM,NUCHN,1) + 1
        IF(UCHF(LFAM,NUCHN,2).GT.0) GOTO 50
        STATE(K) = 0
        STATE(K+1) = 1
50      AL(LTR,1) = ID
        AL(LTR,2) = - K
        TR(LTR,8) = T
        RETURN 1
```

Eine Transaction, die das erste Mal auf den Unterprogrammaufruf CALL LINK1 trifft, wird auf jeden Fall blockiert. Gleichzeitig wird der Zählerstand in der UCHF-Matrix um eins erhöht.
Es ist möglich, daß die blockierte Transaction für ihre Family die Anzahl der Transactions in der User-Chain auf einen Stand gebracht hat, der den Abholvorgang möglich macht. Eine Transaction, die vor der Trigger-Station blockiert ist, muß die Möglichkeit erhalten, die infolge des Zugangs erhöhte Anzahl von blockierten Transactions vor der User-Chain zu überprüfen. Dies geschieht, indem die Trigger-Station probeweise geöffnet wird.
Falls die User-Chain aufgrund des vorhergegangenen Abholvorgangs noch geöffnet ist, wird sie geschlossen.

Das Öffnen der Trigger-Station und das Schließen der User-Chain muß unterbleiben, wenn zur Ankunftszeit der Transaction gerade ein Abholvorgang abläuft, der nicht gestört werden darf. Dies ist der Fall, wenn der Zähler UCHF(LFAM,NUCHN,2) nicht Null ist.

"Abholen"

```
100     UCHF(LFAM,NUCHN,1) = UCHF(LFAM,NUCHN,1) - 1
        UCHF(LFAM,NUCHN,2) = UCHF(LFAM,NUCHN,2) - 1
        IF(UCHF(LFAM,NUCHN,1).EQ.0) UCHF(LFAM,NUCHN,2) = 0
        IF(UCHF(LFAM,NUCHN,2).GT.0) GOTO 150
        STATE(K) = 0
        STATE(K+1) = 1
150     TR(LTR,8) = 0
        RETURN
        END
```

Eine Transaction, die einen Blockierungszeitpunkt trägt, erreicht den Unterprogrammaufruf CALL LINK1 nur, wenn von der Trigger-Station her ein Abholvorgang eingeleitet wurde. Zunächst wird der Zähler, der die Anzahl der Mitglieder in der User-Chain festhält, auf den neuen Stand gebracht. Im Zähler UCHF(LFAM,NUCHN,2) wird vom Unterprogramm UNLIN1 zu Beginn des Abholvorganges die Anzahl der höchstens zu aktivierenden Transactions angegeben. Auch er wird jeweils um eins heruntergezählt.

Hat die Anzahl der Transactions einer Family in der User-Chain den Wert NUMIN überschritten, jedoch den Wert NUMAX nicht erreicht, so ist die User-Chain nach Ende des Abholvorganges leer. Im Zähler UCHF(LFAM,NUCHN,2) steht jedoch noch ein Wert, der größer Null ist. In diesem Fall wird der Zähler der abgeholten Transactions gleich Null gesetzt. Dieses Verfahren ist erforderlich, um Transactions, die während eines Abholvorganges auf die User-Chain treffen, noch aktivieren zu können, wenn die Anzahl der blockierten Transactions in der User-Chain den Wert NUMAX noch nicht erreicht hat. Ist der Abholvorgang abgeschlossen, wird die User-Chain geschlossen. Gleichzeitig wird die Trigger-Station probeweise geöffnet, da während des Abholvorganges eine Transaction der gleichen Family auf die Trigger-Station gelaufen sein könnte, die einen weiteren Abholvorgang beginnen möchte. Für alle aktivierten Transactions wird anschließend der Blockierzeitpunkt gelöscht.

8.4.5 UNLIN1

Funktion:
Eine Transaction, die den Unterprogrammaufruf CALL UNLIN1 erreicht, prüft, ob die Anzahl der Mitglieder einer Family in der User-Chain einen Wert hat, der größer ist als NUMIN. In diesem Fall wird der Abholvorgang eingeleitet, der alle vor der User-Chain blockierten Transactions einer Family bis zu einer Zahl NUMAX aktiviert.
Ist die Zahl NUMIN, die für den Abholvorgang erforderlich ist, noch nicht erreicht, wird die Transaction vor der Trigger-Station blockiert. Sie wartet dann, bis sich in der User-Chain die ausreichende Zahl von Transactions eingefunden hat. Die Family-Zugehörigkeit wird berücksichtigt. Transactions, die nicht Mitglieder einer Family sind, durchlaufen die Station ungestört.

Unterprogrammaufruf:

```
CALL UNLIN1 (NUCHN,NUMIN,NUMAX,ID,&1005,IPRINT)
```

Parameterliste:

NUCHN Nummer der User-Chain vom Typ 1
Die Nummer der Trigger-Station ist mit der Nummer der dazugehörigen User-Chain identisch. Der Wert des Parameters NUCHN bezeichnet den Zähler, der die vor der User-Chain blockierten Transactions registriert.

NUMIN Mindestzahl
Ein Abholvorgang kann eingeleitet werden, wenn sich eine Mindestzahl von Transactions einer Family vor der User-Chain angesammelt hat.

NUMAX Maximalzahl
Der Wert des Parameters NUMAX gibt an, wieviele Transactions einer Family höchstens durch einen Abholvorgang aktiviert werden dürfen.

ID Anweisungsnummer des Unterprogrammaufrufes
Eine Transaction, die auf eine Trigger-Station läuft, wird blockiert, wenn sich vor der dazugehörigen User-Chain noch nicht die für den Abholvorgang erforderliche Mindestzahl von Transactions einer Family eingefunden hat. Jedesmal, wenn in der User-Chain eine weitere Transaction blockiert wird, die die Anzahl auf den Wert NUMIN bringen könnte, wird die gegebenenfalls vor der Trigger-Station blockierte Transaction herausgesucht und noch einmal zum Unterprogrammaufruf CALL UNLIN1 geschickt, der die Anweisungsnummer ID trägt.

&1005 Adreßausgang bei Blockierung
Eine Transaction, die in der User-Chain nicht die erforderliche Mindestzahl von Transactions vorfindet, wird blockiert. Im Anschluß muß die Transactionsteuerung aufgerufen werden.

IPRINT Protokollsteuerung
Die Protokollausdrucke werden unterdrückt, wenn IPRINT=0.

Datenbereich:

Das Unterprogramm UNLIN1 benötigt die Aktivierungsliste, die TR-Matrix, den State-Vektor und die UCHF-Matrix.

Programmbeschreibung:

"Prüfen der Family-Zugehörigkeit"

```
IF(LFAM.EQ.0) RETURN
```

Ist LFAM = 0, so ist die Transaction nicht Mitglied einer Family. In diesem Fall verläßt die Transaction das Unterprogramm sofort wieder und fährt mit der Bearbeitung der Anweisung fort, die auf den Unterprogrammaufruf folgt.

"Bestimmen der Stationsnummer"

```
K = "EGATHT" + 2 * "FAM1" * (NUCHN - 1) + 2 * LFAM - 1
```

Aus der Typnummer NUCHN wird zunächst die Stationsnummer K der User-Chain bestimmt. Die dazugehörige Trigger-Station hat die Stationsnummer K+1.

"Blockierentscheid"

```
IF(UCHF(LFAM,NUCHN,1).GE.NUMIN.AND.STATE(K+1).EQ.1)
+GOTO 100
```

Wenn vor der User-Chain die Mindestzahl von Transactions einer Family angekommen ist, und wenn die Trigger-Station nicht geschlossen ist, wird zum Abschnitt "Beginn des Abholvorganges" verzweigt. Sind diese Bedingungen nicht erfüllt, wird mit dem Abschnitt "Blockieren" fortgefahren.

"Blockieren"

```
STATE(K+1) = 0
AL(LTR,1) = ID
AL(LTR,2) = - (K + 1)
IF(TR(LTR,8).EQ.0) TR(LTR,8) = T
RETURN 1
```

Zunächst wird die Trigger-Station wieder geschlossen, die vom Unterprogramm LINK1 probeweise geöffnet wird, wenn ein Abholvorgang beendet worden ist oder wenn eine Transaction die User-Chain betritt. Die Transaction wird blockiert, indem der Blockiervermerk -(K+1) in die Aktivierungsliste eingetragen wird. Auf diese Weise kann die Transactionsteuerung die Transaction heraussuchen und erneut aktivieren. Dies geschieht, wenn die Anzahl der vor der User-Chain blockierten Transactions erneut überprüft werden soll.

"Beginn des Abholvorganges"

```
100     UCHF(LFAM,NUCHN,2) = NUMAX
        STATE(K) = 1
        IF(UCHF(LFAM,NUCHN,1).EQ.0) UCHF(LFAM,NUCHN,2) = 0
        STATE(K+1) = 0
        TR(LTR,8) = 0
        RETURN
        END
```

Zu Beginn des Abholvorganges erhält der Zähler, der die abgeholten Transactions registriert, unabhängig von der Zahl der Transactions, die aktiviert werden können, den Wert NUMAX. Im Unterprogramm LINK1 wird dieser Zähler schrittweise zurückgesetzt.
Es muß verhindert werden, daß der laufende Abholvorgang durch einen weiteren Abholvorgang gestört wird, der durch eine Transaction, die auf eine Trigger-Station läuft, begonnen werden könnte. Aus diesem Grund wird die Trigger-Station auf alle Fälle

geschlossen.
Um die blockierten Transactions zu aktivieren, wird die User-Chain mit der Stationsnummer K geöffnet. Der Blockierungszeitpunkt der Transaction, die den Abholvorgang angeregt hat, wird gelöscht. Anschließend wird die Transaction von der Anweisung weiterbearbeitet, die auf den Unterprogrammaufruf CALL UNLIN1 folgt.

9. DIE ERZEUGUNG VON ZUFALLSZAHLEN

Bei der Simulation stochastischer Systeme (siehe 1.1.2) spielt die Erzeugung von Zufallszahlen eine bedeutende Rolle. Alle zufälligen Ereignisse sind im Modell nachbildbar, wenn die entsprechenden Zufallsvariablen generiert werden können. Die Elemente einer Folge von Zahlen sollen Zufallszahlen heißen, wenn sie zwei Bedingungen genügen:

a) Die Häufigkeit der Zahlen muß einer vorgegebenen Verteilung genügen.
b) Es darf zwischen den Zahlen einer Folge keine Relation bestehen.

Beispiel:

* Die Zahlen der Zahlenfolge

1 1 1 1 1 2 2 2 2 2 3 3 3 3 3

sind keine Zufallszahlen, da sie zwar der Bedingung a), nicht jedoch der Bedingung b) genügen. Sie sind gleichverteilt, da jede Zahl gleich häufig vorkommt. Die Reihenfolge der Zahlen gehorcht jedoch einer sofort erkennbaren Relation.

9.1 Generatoren für Zufallszahlen

Untersucht man stochastische Systeme, so stellt man fest, daß die Zufälligkeit des Systemverhaltens daran liegt, daß eine oder mehrere Systemvariablen Zufallsvariablen sind. Diese Zufallsvariablen nehmen einer bestimmten Verteilung gehorchend verschiedene Werte an. Im Modell können die verschiedenen Werte der Zufallsvariablen durch Zufallszahlen nachgespielt werden. Hieraus folgt, daß stochastische Ereignisse jeder Art simulierbar sind, wenn Zufallszahlen einer bestimmten Verteilung zur Verfügung stehen.
Zufallszahlen einer bestimmten Verteilung lassen sich gewinnen, wenn gleichverteilte Zufallszahlen gegeben sind. Aus diesem Grund bilden die Zufallszahlengeneratoren für gleichverteilte Zufallszahlen die Grundlage für die Simulation stochastischer Systeme.

In der Regel werden zur Erzeugung von Zufallszahlen Rechenoperationen herangezogen, die nach einer festen Vorschrift Zahlenfolgen liefern. Dieses Verfahren hat den großen Vorteil, daß es auf einem Rechner einsetzbar ist und eine reproduzierbare Zahlenfolge liefert. Startet man einen derartigen Zufallszahlengenerator vom Anfangszustand aus, so liefert er jedesmal exakt eine identische Zahlenfolge.
Um einen Zufallszahlengenerator bequem handhaben zu können, sollte er die folgenden Eigenschaften aufweisen:

a) Er soll einfach sein und zur Erzeugung einer Zufallszahl wenig Rechenzeit benötigen. Diese Bedingung ist in der Regel erfüllt, wenn die Rechenvorschrift zur Erzeugung der Zufallszahl N(J+1) nur den Vorgänger der Folge N(J) benötigt:

b) Wenn eine Zahlenfolge aufgrund einer Rechenvorschrift erzeugt wird, besteht die Möglichkeit, daß die Folge Perioden enthält. Die Perioden sollen möglichst groß sein.

9.2 Erzeugen gleichverteilter Zufallszahlen

Zur Erzeugung gleichverteilter Zufallszahlen sind verschiedene Verfahren entwickelt worden. An dieser Stelle soll nur das multiplikative Kongruenzverfahren beschrieben werden, da es in GPSS-F Verwendung findet. Dieses Verfahren erzeugt die Zufallszahlenfolge nach der folgenden Rechenvorschrift:

```
X(I+1) = (DFAKT*X(I)+DKONST) mod DMODUL
```

Durch die Wahl von DFAKT, DKONST und DMODUL muß erreicht werden, daß Zahlen der erzeugten Folge tatsächlich Zufallszahlen sind. Es zeigt sich, daß sich die statistischen Bedingungen erfüllen lassen, wenn die folgenden Beschränkungen eingehalten werden /4/:

* Wenn DMODUL eine Zweierpotenz ist, soll für DFAKT gelten:

```
DFAKT mod 8 = 5
```

* Die Relation von DMODUL zu DFAKT soll bestimmt sein durch

```
SQRT(DMODUL).LT.DFAKT.LT.(DMODUL-SQRT(DMODUL))
```

wobei DMODUL möglichst groß ist.
Günstig ist weiterhin:

```
DFAKT.GT.DMODUL/100
```

* Die additive Konstante DKONST soll ungerade sein, falls DMODUL eine Potenz von 2 ist. Weiterhin soll DKONST kein Vielfaches von 5 sein, wenn DMODUL eine Potenz von 10 ist.

* Die Relation von DMODUL zu DKONST soll bestimmt sein durch:

```
DKONST/DMODUL = 1/2-1/6*SQRT(3) = 0.211
```

Die Werte für die Zufallszahlengeneratoren wurden so ausgewählt, daß sie den genannten Bedingungen genügen.
Weiterhin wurden die Zufallszahlengeneratoren in GPSS-F den folgenden Tests unterworfen:

* Spektraltest nach Coveyou und Mac Pherson /4/

* Chi-Quadrat-Test /4/

* Kolmogorov-Smirnov-Test /4/

* Gap-Test /4/

* Permutation-Test /4/

Die verwendeten Werte finden sich im Listing für das Unterprogramm INIT1 (siehe Anhang A5).

9.3 Erzeugung von Zufallszahlen einer beliebigen Verteilung

Grundlage für die Erzeugung von Zufallszahlen einer beliebigen Verteilung sind gleichverteilte Zufallszahlen. Es gibt verschiedene Verfahren, die aus gleichverteilten Zufallszahlen durch Umwandlung Zufallszahlen einer beliebigen Verteilung erzeugen. Sie sind z.B. in /5/ beschrieben.

9.3.1 Erzeugung von Zufallszahlen mit Hilfe der Umkehrfunktion

Sollen Zufallszahlen einer bestimmten Verteilung genügen, so ist diese Verteilung charakterisiert durch die Dichtefunktion f(X) und die Verteilungsfunktion F(X).
Wenn R(I) gleichverteilte Zufallszahlen sind, so lassen sich die Zufallszahlen X(I), die der Verteilung F(X) gehorchen, gewinnen, indem man die Umkehrfunktion von F(X) bildet:

$$X(I) = F^{-1}(R(I)) \qquad 0.LE.R(I).LE.1$$

Beispiel:

* Es sollen Zufallszahlen nach der Exponentialverteilung erzeugt werden. Die Dichtefunktion lautet:

$$f(X) = ALPHA*exp(-ALPHA*X)$$

Die Verteilungsfunktion lautet:

$$F(X) = \int_0^X ALPHA*exp(-ALPHA*T)dT = 1-exp(-ALPHA*X) = R$$

Die Umkehrfunktion lautet:

$$F^{-1}(X) = -1/ALPHA*ln(1-R) = X$$

Wenn R(I) gleichverteilte Zufallszahlen sind, so erhält man exponentiell verteilte Zufallszahlen X(I) nach der Beziehung:

$$X(I) = -1/ALPHA*ln(1-R(I))$$

Sind die Zufallszahlen R gleichverteilt, dann auch die Zufallszahlen (1-R). Man erhält dann:

X(I) = -1/ALPHA*ln R(I)

Das Verfahren zur Generierung von Zufallszahlen mit Hilfe der Umkehrfunktion läßt sich nur in einfachen Fällen durchführen. Häufig ist die Umkehrfunktion nicht in geschlossener Form darstellbar. Es müssen dann andere Verfahren herangezogen werden.

Beispiel:

Es sollen Zufallszahlen erzeugt werden, die der Gauss-Verteilung genügen.
Die Dichtefunktion für die Standard-Verteilung mit MEAN = 0 und SIGMA = 1 lautet:

f(X) = 1/SQRT(2*PI)*exp(-1/2*X**2)

Die Verteilungsfunktion lautet:

$$F(X) = 1/SQRT(2*PI)* \int_{-\infty}^{X} exp(-1/2*U**2)dU$$

Die Verteilungsfunktion ist nicht in geschlossener Form darstellbar. Damit ist das Verfahren zur Generierung von Zufallszahlen mit Hilfe der Umkehrfunktion nicht anwendbar.

9.3.2 Die Erlang-Verteilung

Wenn die Wahrscheinlichkeit für das Auftreten eines Ereignisses in einem kleinen Zeitintervall sehr klein ist und wenn dieses Ereignis unabhängig ist von den übrigen Ereignissen, dann gehorcht das Zeitintervall zwischen dem Auftreten zweier Ereignisse dieser Art der Exponentialverteilung.
Überraschenderweise gibt es eine große Zahl realer Systeme, deren Verhalten sich durch eine Exponentialfunktion beschreiben läßt.

Beispiele:

* Das Zeitintervall zwischen Unfällen in einer Fabrik.

* Die Ankunft von Aufträgen in einer Firma.

* Das Eintreffen von Patienten im Krankenhaus.

* Das Landen von Flugzeugen auf einem Flugplatz.

Die Erzeugung von Zufallszahlen nach der Exponentialverteilung ist von besonderer Wichtigkeit für die Simulation. Die Dichtefunktion für die Exponentialverteilung lautet:

f(X) = ALPHA*exp(-ALPHA*X)

Der Mittelwert für die Exponentialverteilung kann wie folgt bestimmt werden:

MEAN = 1/ALPHA

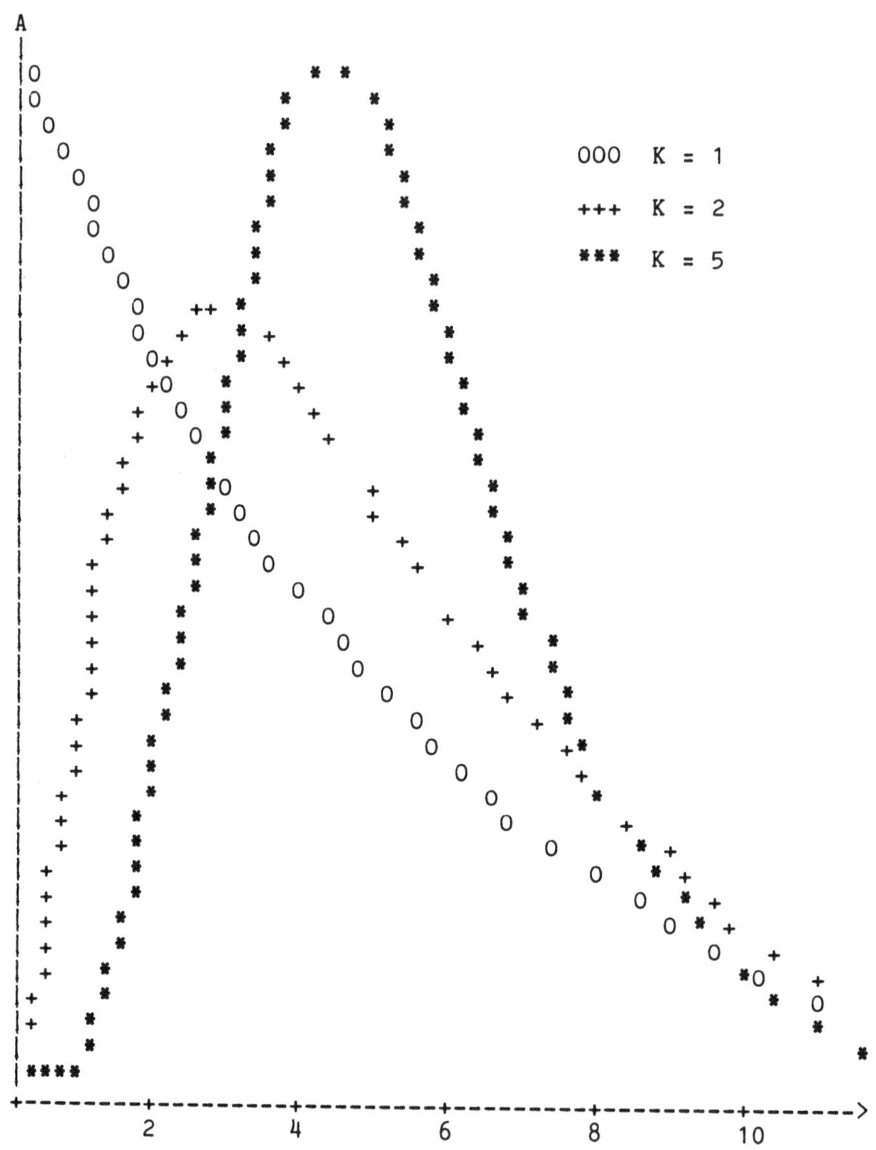

BILD 29 DIE ERLANG-VERTEILUNG FUER MEAN = 5

Die Erlang-Verteilung stellt eine Erweiterung der Exponentialverteilung dar. Man kann sich vorstellen, daß ein Prozeß aus K aufeinanderfolgenden Teilprozessen besteht, deren Bearbeitungszeit jeweils exponentiell verteilt ist, wobei der Parameter ALPHA für alle Teilprozesse identisch sein muß. Die Gesamtbearbeitungszeit, die sich als Summe der K Teilbearbeitungszeiten ergibt, gehorcht der Erlang-Verteilung. Die Dichtefunktion für die Erlang-Verteilung lautet (Bild 29):

```
f(X) = ALPHA**K*X**(K-1)*exp(-ALPHA*X)/FAC(K-1)
```

wobei die Funktion FAC(K) die Fakultäten bestimmt.

```
FAC(K) = 1 * 2 * . . . (K-1) * K
```

Der Mittelwert für die Erlang-Verteilung kann wie folgt bestimmt werden:

```
MEAN = K/ALPHA
```

Die Exponentialverteilung ergibt sich aus der Erlang-Verteilung, wenn K = 1.
Da die Verteilungsfunktion für die Erlang-Verteilung nicht in geschlossener Form darstellbar ist, können Zufallszahlen nicht mit Hilfe der Umkehrfunktion generiert werden. Man muß zu einem anderen Verfahren greifen.
Es ist möglich, die Zufallszahlen nach der Erlang-Verteilung zu generieren, indem man den Prozeß nachahmt, aufgrund dessen die Zufallszahlen entstehen. Man verwendet hierbei die Summe von K Zufallszahlen X(I), die alle der Exponentialverteilung gehorchen. Man erhält demnach für die Zufallszahlen X nach der Erlang-Verteilung die folgende Beziehung:

```
      K                    K
     ---                  ---
X =  >   X(I) = -1/ALPHA*  >  ln(RI)
     ---                  ---
     I=1                  I=1
```

Eine Umformung, die eine schnellere Berechnung ermöglicht, ergibt:

```
                  K
                 |~|
X = -1/ALPHA*ln  | |  R(I)
                 I=1
```

9.3.3 Die Gauss-Verteilung

Die Gauss-Verteilung ist eine sehr häufig verwendete Verteilung. Ihre Anwendung wird durch den zentralen Grenzwertsatz festgelegt. Man kann die Summe von n Zufallszahlen X(I) bilden, die einer beliebigen, jedoch für alle X(I) identischen Verteilung gehorchen, wobei der jeweilige Mittelwert MEAN(I) und die jeweilige Standardabweichung SIGMA(I) sein soll. Wird n sehr groß, so nähert sich die Verteilung für die Zufallszahlen

$$X = \sum_{I=1}^{n} X(I)$$

der Gauss-Verteilung mit

$$MEAN = \sum_{I=1}^{n} MEAN(I)$$

$$SIGMA^{**}2 = \sum_{I=1}^{n} SIGMA(I)^{**}2$$

Eine Zufallszahl X, die sich als Summe sehr vieler Zufallszahlen X(I) einer beliebigen, jedoch für alle X(I) identischen Verteilung darstellen läßt, gehorcht der Gauss-Verteilung.
In realen Systemen werden sehr häufig Parameter durch eine größere Zahl unabhängiger Einflüsse bestimmt, die sich additiv überlagern. Hieraus erklärt sich die Tatsache, daß sehr viele empirisch bestimmte Verteilungen entweder Gauss-Verteilungen sind oder zumindest durch Gauss-Verteilungen gut angenähert werden können.

Die Dichtefunktion für die Gauss-Verteilung lautet:

f(X) = 1/(SIGMA*SQRT(2*PI))*exp(-1/2*((X-MEAN)/SIGMA)**2)

Da die Verteilungsfunktion der Gauss-Verteilung nicht geschlossen darstellbar ist, muß zur Generierung von Zufallszahlen nach dieser Verteilung ein besonderes Verfahren verwendet werden. Sehr schnell und bequem lassen sich Gauss-verteilte Zufallszahlen auf die folgende Weise erzeugen:

Wenn R(1) und R(2) gleichverteilte Zufallszahlen im Intervall (0,1) sind, dann gehorchen die beiden Zufallszahlen X(1) und X(2) der Gauss-Verteilung mit MEAN = 0 und SIGMA = 1, wenn gilt /6/:

X(1) = (-2*ln R(1))**1/2*cos(2*PI*R(2))

X(2) = (-2*ln R(1))**1/2*sin(2*PI*R(2))

Will man von der standardisierten Gauss-Verteilung zu einer Gauss-Verteilung mit beliebigen MEAN und SIGMA übergehen, so erfolgt die Transformation durch die folgende Beziehung:

Z = X*SIGMA+MEAN

Z ist dann eine Zufallszahl, die einer allgemeinen Gauss-Verteilung gehorcht.

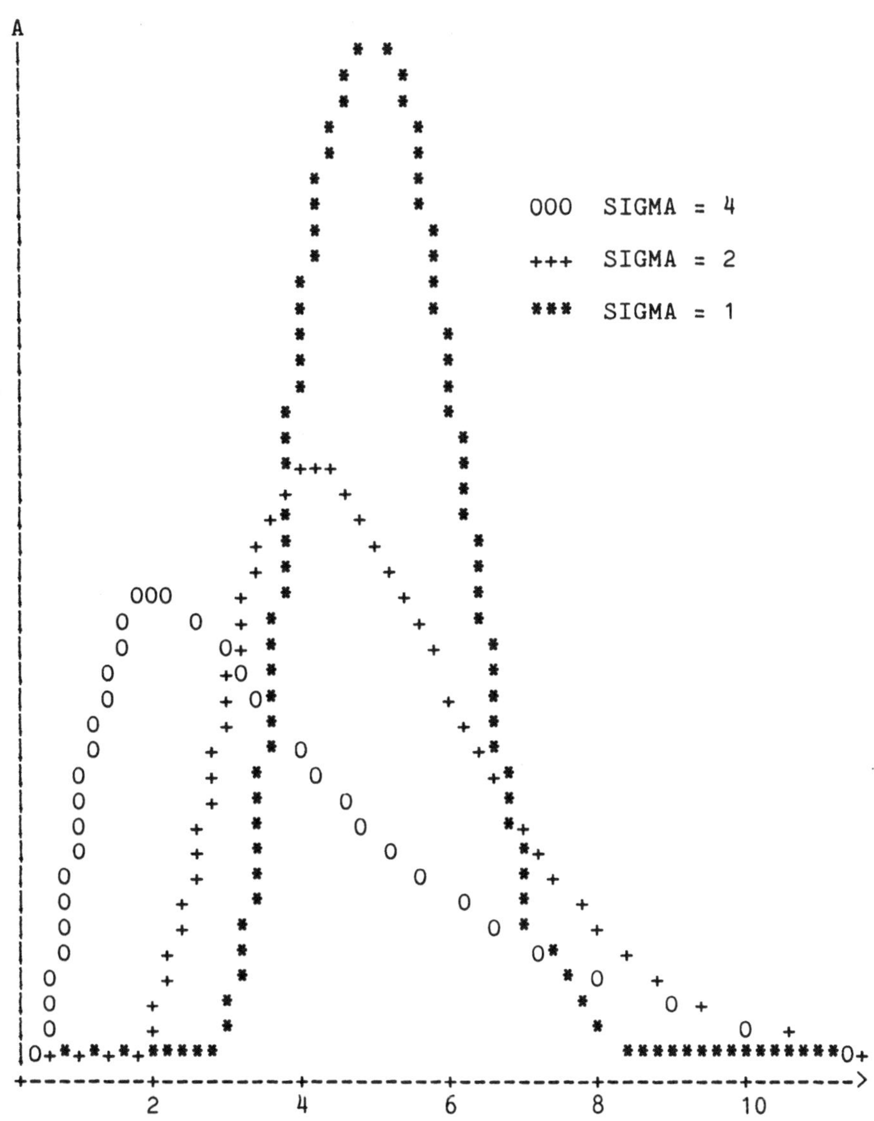

BILD 30 DIE LOGARITHMISCHE NORMALVERTEILUNG FUER MEAN = 5

9.3.4 Die logarithmische Normalverteilung

Zufallszahlen Q(I) heißen logarithmisch normalverteilt, wenn die Zufallszahlen X(I)=ln Q(I) einer Normalverteilung genügen.
Die Dichtefunktion der logarithmischen Normalverteilung lautet (Bild 30):

```
f(Q) = 1/F*exp(-1/2*ln(Q-MEANX)**2/SIGMAX**2

F = SIGMAX*SQRT(2*PI)*Q
```

SIGMAX und MEANX sind hierbei die Standardabweichung und der Mittelwert der ursprünglichen Gauss-Verteilung.

Für den Mittelwert und die Varianz der logarithmischen Normalverteilung gilt:

```
MEANQ = exp(MEANX+1/2*SIGMAX**2)

SIGMAQ**2 = exp(2*MEANX+SIGMAX**2)*(exp(SIGMAX**2)-1)
```

Um bei vorgegebenem Mittelwert MEANQ und vorgegebener Varianz SIGMAQ**2 die in der Wahrscheinlichkeitsdichte erscheinenden Größen MEANX und SIGMAX berechnen zu können, löst man die beiden Gleichungen für MEANQ und SIGMAQ auf. Man erhält dann:

```
SIGMAX**2 = ln(SIGMAQ**2/MEANQ**2+1)

MEANX = ln(MEANQ)-1/2*SIGMAX**2
```

9.3.5 Approximation empirisch bestimmter Verteilungen

Empirisch bestimmte Verteilungen lassen sich häufig nicht genau durch eine geschlossen darstellbare Funktion für die Wahrscheinlichkeitsdichte repräsentieren. In diesem Fall ist man auf Näherungsverfahren angewiesen.
Häufig ist es ausreichend, den Kurvenverlauf zu approximieren, indem man durch die Schar der empirisch bestimmten Punkte eine Funktion nach dem Verfahren der kleinsten Quadrate hindurchlegt. Für die zur Approximation verwendete Funktion müssen sich natürlich Zufallszahlen bestimmen lassen.
Genauere Ergebnisse erhält man, wenn die empirisch bestimmte Verteilung stückweise approximiert wird. Die Länge der hierbei gewählten Intervalle hängt von der Form der Verteilung und der geforderten Genauigkeit ab. Es kann notwendig werden, jeden Kurvenabschnitt zwischen zwei Meßpunkten als gesondertes Intervall aufzufassen. Diesem Intervall kann man dann z.B. eine Gleichverteilung zugrunde legen. Man erhält dann die Approximation der empirisch bestimmten Verteilung durch eine Treppenfunktion. Dieses Verfahren ist sehr einfach und läßt sich mit den von GPSS-F zur Verfügung gestellten Unterprogrammen realisieren.

Durch die Kombination verschiedener Verteilungen lassen sich oft mit einfachen Mitteln sehr verschiedenartige Verteilungen approximieren.

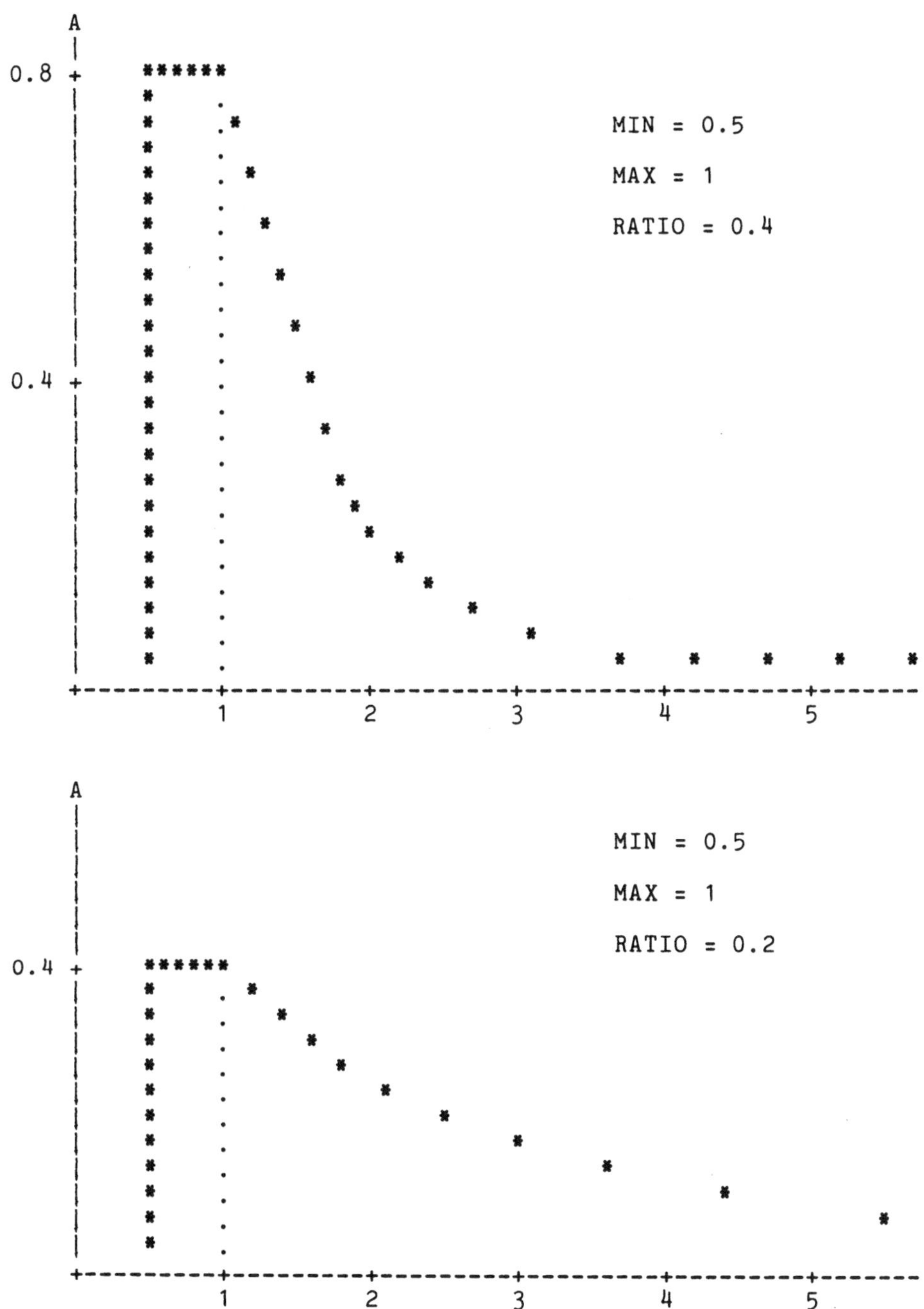

BILD 31 DIE VERTEILUNG FUER BOXEXP

Beispiel

* Es ist häufig möglich, die empirische Verteilung durch eine Gleichverteilung mit einer angehängten Exponentialverteilung darzustellen. Man gibt in diesem Fall die Grenzen des Intervalles für die Gleichverteilung MIN und MAX an. Weiterhin benötigt man die Größe RATIO, die bestimmt, mit welcher Wahrscheinlichkeit eine Zufallszahl aus dem Intervall der Gleichverteilung gezogen wird. Mit der Wahrscheinlichkeit 1-RATIO wird die Zufallszahl aus dem Anteil der Exponentialverteilung ermittelt.
Die Anpassung des exponentiell verteilten Anteiles an die Gleichverteilung ergibt die folgende Gleichung (siehe Bild 31).

Y = C*exp(-ALPHA*MAX)

Die Normierung der gesamten Verteilung liefert:

$$1\text{-RATIO} = C * \int_{MAX}^{\infty} \exp(-ALPHA*X)\,dX$$

Für die Gleichverteilung gilt:

Y = RATIO/(MAX-MIN)

Man erhält dann für die Zufallszahlen nach der Umkehrfunktion (siehe 9.3.1):

X(I) = (MAX-MIN)/RATIO*R(I)+MIN
für 0.LE.R(I).LT.RATIO

X(I) = MAX-(1-RATIO)*(MAX-MIN)/RATIO*ln(1-R(I)/(1-RATIO))
für RATIO.LE.R(I).LT.1

9.3.6 Das Abschneiden der Dichtefunktion

In GPSS-F besteht die Möglichkeit, für alle Verteilungen ein Intervall anzugeben, aus dem die Zufallszahlen gezogen werden. Diese Möglichkeit bietet die folgenden beiden Vorteile:

* Die empirisch bestimmten Verteilungen für reale Systeme folgen nur in Ausnahmefällen exakt den mathematisch darstellbaren Verteilungen. Insbesondere bei sehr kleinen und sehr großen Werten treten Unterschiede auf. Eine Verbesserung der Anpassung gelingt, wenn man bei Zufallszahlen, denen mathematische Verteilungen zugrunde liegen, die Dichtefunktion so abgeschnitten wird, daß die sehr kleinen und die sehr großen Zufallszahlen nicht auftreten.

* Ein Simulationslauf kann abgebrochen werden, wenn sich für die zu untersuchenden Größen die statistischen Schwankungen herausge-

mittelt haben (siehe 1.5.4). Dieser Vorgang dauert umso länger, je größer die Varianz der eingesetzten Verteilungsfunktion ist. Man kann die erforderliche Simulationszeit stark reduzieren, wenn man durch Abschneiden der Verteilungsfunktion die Varianz klein hält.
Sehr kleine und sehr große Zufallszahlen, deren Auftreten relativ unwahrscheinlich ist, können die Ergebnisse deutlich beeinflussen, wenn sie in einem Simulationslauf auftreten. Es dauert dann in der Regel sehr lange, bis sich die Auswirkungen eines derartigen "Ausreißers" ausgeglichen haben. Durch das Abschneiden werden solche Fälle ausgeschlossen.

Es ist zu beachten, daß eine abgeschnittene Verteilungsfunktion selbst bei gleichem Mittelwert von der ursprünglichen Verteilungsfunktion abweicht und bei einem Simulationslauf daher auch unterschiedliche Ergebnisse liefert. Dieser Sachverhalt ist besonders wichtig, wenn Simulationsergebnisse mit Ergebnissen verglichen werden sollen, die mit Hilfe analytischer Modelle gewonnen wurden (siehe 1.5.3). In diesem Fall muß auch im analytischen Modell mit bedingten Wahrscheinlichkeiten gearbeitet werden.

Durch das Abschneiden ist es möglich, daß der Mittelwert der abgeschnittenen Dichtefunktion nicht mehr mit dem Mittelwert der ursprünglichen Funktion übereinstimmt. Bei symmetrischen Dichtefunktionen, wie z.B. bei der Gauß-Verteilung, kann man das verhindern, wenn man symmetrisch um den Mittelwert abschneidet.
Für Verteilungen, die nicht symmetrisch sind, müssen die Intervallgrenzen MIN und MAX berechnet werden, um den Mittelwert zu erhalten.

Für die Dichtefunktion $f^*(X)$ der abgeschnittenen Verteilung gilt:

$$f^*(X) = 0 \qquad \text{für X.LE.MIN.AND.X.GT.MAX}$$

$$f^*(X) = f(X) \Big/ \int_{MIN}^{MAX} f(X)dX \qquad \text{für MIN.LT.X.LE.MAX}$$

Für den Mittelwert der abgeschnittenen Verteilung gilt:

$$MEAN^* = \int X*f^*(X)dX$$

Für den Mittelwert der ursprünglichen Verteilung gilt:

$$MEAN = \int X*f(X)dX$$

Die Intervallgrenzen MIN bzw. MAX sind so festzulegen, daß gilt:

$$MEAN^* = MEAN$$

Hieraus ergibt sich:

$$\int_{MIN}^{MAX} (X-MEAN)*f(X)dX = 0$$

Bei festliegendem Mittelwert MEAN bestimmt man eine Intervallgrenze beliebig und berechnet dann die andere mit Hilfe der oben angegebenen Integralgleichung.

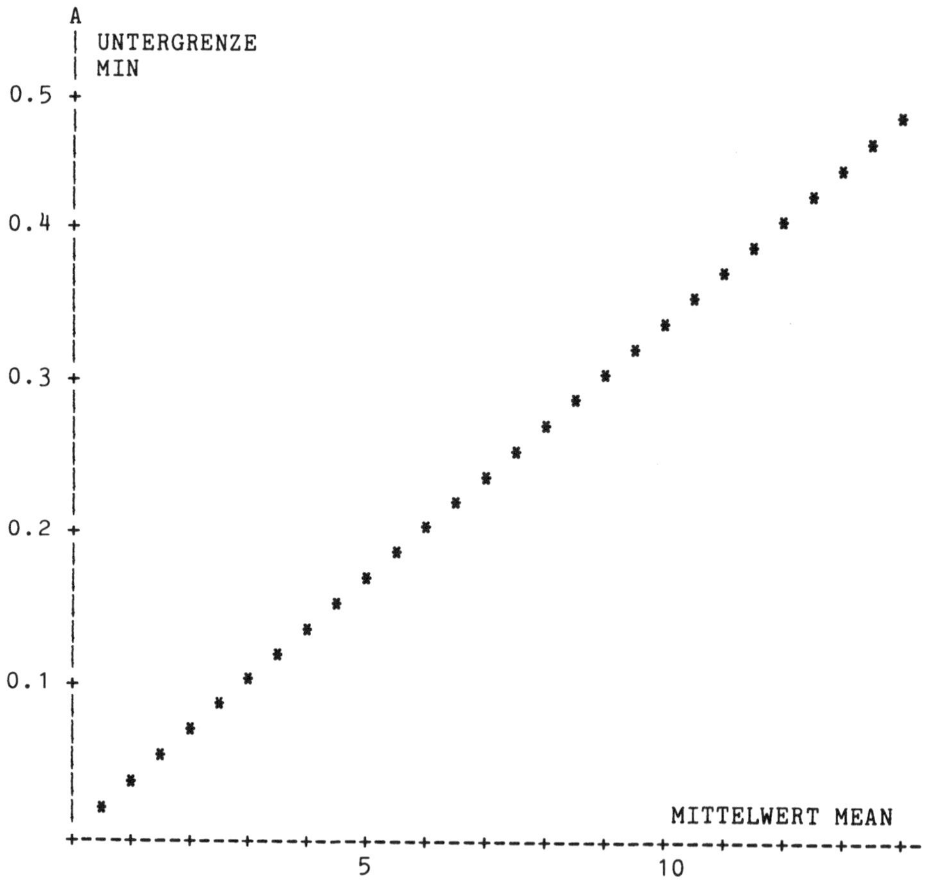

BILD 32 DIE WERTE FUER MIN BEI VERSCHIEDENEN WERTEN FUER MEAN

Beispiel:

* Für die Erlang-Verteilung ergibt sich:

MIN**K*exp(-ALPHA*MIN) = MAX**K*exp(-ALPHA*MAX)

Diese Gleichung ist nicht nach MIN oder MAX auflösbar. Wird eine Intervallgrenze festgelegt, berechnet man die andere am Besten mit Hilfe eines Iterationsverfahrens.

* Für die Exponentialverteilung mit K = 1 zeigt Bild 32 eine grobe Abschätzung der Werte für MIN in Abhängigkeit von MEAN, wenn die Verteilung am oberen Ende so abgeschnitten wird, daß gilt:

MAX = 5*MEAN

Wird z.B. bei einem Mittelwert von MEAN = 4 die Obergrenze MAX = 5 * 4 = 20 gesetzt, so ergibt sich aus Bild 32 MIN = 0.14. Die genaue Berechnung liefert MIN = 0.168.

* Für die logarithmische Normalverteilung gilt (siehe 9.3.4):

MAX = MEANQ**2/MIN

9.4 Zufallszahlen in GPSS-F

GPSS-F stellt eine vom Benutzer angebbare Zahl unabhängiger Generatoren für gleichverteilte Zufallszahlen zur Verfügung. Weiterhin gibt es Unterprogramme, die gleichverteilte Zufallszahlen in Zufallszahlen verwandeln, die einer bestimmten Verteilung genügen.

9.4.1 Die Funktion RN

Funktion:
Die Funktion erzeugt gleichverteilte Zufallszahlen nach dem multiplikativen Kongruenzverfahren (siehe 9.2), die im Intervall zwischen 0 und 1 liegen.

Funktionsaufruf:

```
RN(RNUM)
```

Parameterliste:

RNUM Nummer des Zufallszahlengenerators
Die Zufallszahlengeneratoren, die in GPSS-F zur Verfügung stehen, sind zur Identifizierung numeriert. Die Anzahl der Zufallszahlengeneratoren wird vom Benutzer bestimmt, indem die Variable "DRN1" einen aktuellen Wert erhält.

Datenbereich:

Die Funktion RN benötigt DFAKT, DMODUL und DKONST.
Weiterhin ist der Zufallszahlen-Vektor DRN erforderlich. Er ist wie folgt definiert:

```
REAL * 8 DRN
DIMENSION DRN("DRN1")
```

Beim multiplikativen Kongruenzverfahren wird die Zufallszahl X(I+1) aus der Zufallszahl X(I) bestimmt:

X(I+1) = f(X(I))

Für jeden Zufallszahlengenerator befindet sich in dem Feld des Zufallszahlen-Vektors, das der Nummer RNUM entspricht, die zuletzt erzeugte Zufallszahl X(I). Aus ihr berechnet die Funktion RN die neue Zufallszahl X(I+1).

Programmbeschreibung:

"Erzeugen einer gleichverteilten Zufallszahl"

```
      DRN(RNUM) = DMOD(DFAKT(RNUM) * DRN(RNUM) + DKONST(RNUM),
     +DMODUL)
      RN = DRN(RNUM) / (DMODUL - 1.)
      RETURN
      END
```

Die Zufallszahl wird nach dem multiplikativen Kongruenzverfahren erzeugt.

Der Divisionsrest wird mit Hilfe der Funktion DMOD gebildet. Die Funktion ist wie folgt definiert:

DMOD(x,y) = x mod y

Die Funktion DMOD ist vom Typ REAL*8. Die beiden Parameter x und y müssen ebenfalls vom Typ REAL*8 sein.

Hinweis:

* Die Werte des Vektors DFAKT und der Variablen DMODUL werden im Unterprogramm INIT1 bestimmt. In gleicher Weise wird die Vorbesetzung des Zufallszahlen-Vektors mit den Anfangswerten in INIT1 vorgenommen.

* Die meisten Rechenanlagen stellen einen eigenen Zufallszahlengenerator zur Verfügung. Es ist auf jeden Fall zu empfehlen, in diesem Fall nicht die von GPSS-F verwendete Funktion zu verwenden. Die Funktion RN ist Rechenanlagen-unabhängig und kann daher von besonderen Eigenschaften der benutzten Rechenanlage keinen Gebrauch machen.

9.4.2 GLEICH

Funktion:
Das Unterprogramm GLEICH erzeugt Zufallszahlen, die in einem vom Benutzer angebbaren Intervall gleichverteilt sind.

Unterprogrammaufruf:

```
CALL GLEICH (A,B,RNUM,RANDOM)
```

Parameterliste:

A Untere Intervallgrenze
B Obere Intervallgrenze
RNUM Nummer des Zufallszahlengenerators
Der Zufallszahlengenerator RNUM erzeugt mit Hilfe der Funktion RN eine gleichverteilte Zufallszahl zwischen 0 und 1. Diese Zufallszahl wird vom Unterprogramm GLEICH in der gewünschten Weise transformiert.
RANDOM Zufallszahl im angegebenen Intervall

Datenbereich:

Ein eigener Datenbereich wird nicht benötigt.

Programmbeschreibung:

```
RANDOM = A + (B - A) * RN(RNUM)
RETURN
END
```

Von der Funktion RN wird zunächst eine Zufallszahl vom Typ REAL zwischen 0 und 1 erzeugt. Diese Zufallszahl wird so transformiert, daß sie in das angegebene Intervall fällt.

9.4.3 ERLANG

Funktion:
Es werden Zufallszahlen erzeugt, die der Erlang-Verteilung genügen und in einem angebbaren Intervall liegen.

Unterprogrammaufruf:

```
CALL ERLANG (MEAN,K,MIN,MAX,RNUM,RANDOM,&1006)
```

Parameterliste:

MEAN Mittelwert
Es wird angegeben, welchen Mittelwert die Erlang-Verteilung haben soll.
K Grad
Der Grad der Erlang-Verteilung entspricht der Zahl der seriell geschalteten Bedienstationen mit exponential-verteilter Bedienzeit (siehe 9.3.2).
MIN Untere Intervallgrenze

MAX Obere Intervallgrenze

RNUM Nummer des Zufallszahlengenerators
Der Zufallszahlengenerator RNUM erzeugt mit Hilfe der Funktion RN eine gleichverteilte Zufallszahl im Intervall zwischen 0 und 1. Diese Zufallszahl wird vom Unterprogramm ERLANG in eine Zufallszahl verwandelt, die der Erlang-Verteilung genügt.

RANDOM Zufallszahl im angegebenen Intervall
Das Unterprogramm ERLANG gibt in der Variablen RANDOM eine Zufallszahl zurück, die der Erlang-Verteilung gehorcht und in dem angegebenen Intervall liegt.

&1006 Fehlerausgang
Wenn K.LT.1, wird das Unterprogramm über den Fehlerausgang verlassen. Es wird zur Endabrechnung gesprungen und der Simulationslauf abgebrochen.

Datenbereich:

Ein eigener Datenbereich wird nicht benötigt.

Programmbeschreibung:

"Fehlerkontrolle"

```
      IF(K-1.GE.0) GOTO 50
      RETURN 1
```

Wenn K.LT.1, wird das Unterprogramm über den Fehlerausgang verlassen.

"Erzeugen einer Erlang-verteilten Zufallszahl"

```
      ALPHA = FLOAT(K) / MEAN
100   R = 1.0
      DO 150 I = 1 , K
150   R = R * RN(RNUM)
      IF(R.EQ.0) GOTO 100
      RANDOM = - 1.0 / ALPHA * ALOG(R)
```

Von der Funktion RN wird eine gleichverteilte Zufallszahl im Intervall zwischen 0 und 1 erzeugt. Diese wird nach dem in 9.3.2 beschriebenen Verfahren in eine Zufallszahl nach der Erlang-Verteilung verwandelt.

"Intervallkontrolle"

```
      IF(RANDOM.LT.MIN.OR.RANDOM.GT.MAX) GOTO 100
      RETURN
      END
```

Wenn die erzeugte Zufallszahl nicht in das angegebene Intervall fällt, wird sie verworfen. Es wird dann zum Beginn des Unterprogrammes gesprungen und mit der Generierung einer weiteren Zufallszahl fortgefahren.

Hinweis:

* Für K = 1 geht die Erlang-Verteilung in die Exponentialverteilung über.

9.4.4 GAUSS

Funktion:
Es werden Zufallszahlen erzeugt, die der GAUSS-Verteilung genügen und in einem angebbaren Intervall liegen.

Unterprogrammaufruf:

```
CALL GAUSS (MEAN,SIGMA,MIN,MAX,RNUM,RANDOM)
```

Parameterliste:

MEAN Mittelwert
Es wird angegeben, welchen Mittelwert die Gauss-Verteilung haben soll.

SIGMA Standardabweichung
Es wird die Standardabweichung der Gauss-Verteilung angegeben.

MIN Untere Intervallgrenze

MAX Obere Intervallgrenze

RNUM Nummer des Zufallszahlengenerators
Der Zufallszahlengenerator erzeugt mit Hilfe der Funktion RN zwei gleichverteilte Zufallszahlen im Intervall zwischen 0 und 1. Diese Zufallszahlen werden vom Unterprogramm GAUSS in Zufallszahlen verwandelt, die der Gauss-Verteilung genügen.

RANDOM Zufallszahl im angegebenen Intervall
Das Unterprogramm GAUSS gibt in der Variablen RANDOM eine Gauss-verteilte Zufallszahl zurück, die im angegebenen Intervall liegt.

Datenbereich:

Ein eigener Datenbereich wird nicht benötigt.

Programmbeschreibung:

"Erzeugen einer Gauss-verteilten Zufallszahl"

```
100     R = RN(RNUM)
        IF(R.EQ.0) GOTO 100
        V = (-2.0 * ALOG(R)) ** 0.5 * COS(6.2832 * RN(RNUM))
        RANDOM = V * SIGMA + MEAN
```

Von der Funktion RN wird eine gleichverteilte Zufallszahl im Intervall zwischen 0 und 1 erzeugt. Diese wird nach dem in 9.3.3 beschriebenen Verfahren in eine Zufallszahl nach der Gauss-Verteilung verwandelt.

"Intervallkontrolle"

```
        IF(RANDOM.LT.MIN.OR.RANDOM.GT.MAX) GOTO 100
        RETURN
        END
```

Wenn die erzeugte Zufallszahl nicht in das angegebene Intervall fällt, wird sie verworfen. Es wird dann zum Beginn des Unterprogrammes gesprungen und mit der Generierung eines weiteren Zufallszahlenpaares fortgefahren.

9.4.5 LOGNOR

Funktion:
Es werden Zufallszahlen erzeugt, die der logarithmischen Normalverteilung genügen und in einem angebbaren Intervall liegen.

Unterprogrammaufruf:

```
        CALL LOGNOR (MEAN,SIGMA,MIN,MAX,RNUM,RANDOM)
```

Parameterliste:

MEAN Mittelwert
Es wird angegeben, welchen Mittelwert die logarithmische Normalverteilung haben soll.

SIGMA Standardabweichung
Es wird die Standardabweichung der logarithmischen Normalverteilung angegeben.

MIN Untere Intervallgrenze

MAX Obere Intervallgrenze

RNUM Nummer des Zufallszahlengenerators
Der Zufallszahlengenerator erzeugt mit Hilfe der Funktion RN zwei gleichverteilte Zufallszahlen im Intervall zwischen 0 und 1. Diese Zufallszahlen werden vom Unterprogramm LOGNOR in eine Zufallszahl verwandelt, die der logarithmischen Normalverteilung genügt.

RANDOM Zufallszahl im angegebenen Intervall
Das Unterprogramm LOGNOR gibt in der Variablen RANDOM eine Zufallszahl zurück, die der logarithmischen Normalverteilung genügt und im angegebenen Intervall liegt.

Datenbereich:

Ein eigener Datenbereich wird nicht benötigt.

Programmbeschreibung:

"Erzeugen einer lognormalverteilten Zufallszahl"

```
        SIGMX2 = ALOG(SIGMA ** 2 / MEAN ** 2 + 1.)
        MEANX = ALOG(MEAN) - 0.5 * SIGMX2
        SIGMX = SQRT(SIGMX2)
100     R = RN(RNUM)
        IF(R.EQ.0) GOTO 100
```

```
      V = (-2.0 * ALOG(R)) ** 0.5 * COS(6.2832 * RN(RNUM))
      RANDOM = EXP(V * SIGMX + MEANX)
```

Aus dem Mittelwert und der Standardabweichung werden die Größen MEANX und SIGMX berechnet. Sie entsprechen den Variablen MEANX und SIGMAX aus Kap. 9.3.4
Mit diesen Werten wird eine Gauss-verteilte Zufallszahl V bestimmt, die dann in die lognormalverteilte Zufallszahl RANDOM verwandelt wird.

"Intervallkontrolle"

```
      IF(RANDOM.LT.MIN.OR.RANDOM.GT.MAX) GOTO 100
      RETURN
      END
```

Wenn die erzeugte Zufallszahl nicht in das angegebene Intervall fällt, wird sie verworfen. Es wird dann zum Beginn des Unterprogrammes gesprungen und mit der Generierung eines weiteren Zufallszahlenpaares fortgefahren.

9.4.6 BOXEXP

Funktion:
Es werden Zufallszahlen erzeugt, die einer Gleichverteilung mit aufgehängter Exponentialverteilung genügen (siehe 9.3.5).

Unterprogrammaufruf:

```
      CALL BOXEXP (MIN,MAX1,MAX2,RATIO,RNUM,RANDOM)
```

Parameterliste:

MIN	Untere Intervallgrenze der Gleichverteilung
MAX1	Obere Intervallgrenze der Gleichverteilung
MAX2	Obere Intervallgrenze der Exponentialverteilung
RATIO	Wahrscheinlichkeit für die Erzeugung einer Zufallszahl nach der Gleichverteilung. RATIO muß zwischen 0 und 1 liegen.
RNUM	Nummer des Zufallszahlengenerators Der Zufallszahlengenerator RNUM erzeugt mit Hilfe der Funktion RN eine gleichverteilte Zufallszahl zwischen 0 und 1. Diese Zufallszahl wird vom Unterprogramm BOXEXP in der gewünschten Weise transformiert.
RANDOM	Zufallszahl im angegebenen Intervall

Datenbereich:

Ein eigener Datenbereich wird nicht benötigt.

Programmbeschreibung:

"Erzeugen einer Zufallszahl aus der Gleichverteilung"

```
      CALL GLEICH (0.,1.,RNUM,Z)
```

```
      IF(Z.GE.RATIO) GOTO 100
      RANDOM = MIN + ((MAX1 - MIN) / RATIO) * Z
      RETURN
```

Es wird eine Zufallszahl nach der Gleichverteilung erzeugt. Soll die Zufallszahl aus der angehängten Exponentialverteilung gezogen werden, wird zum folgenden Abschnitt verzweigt.

"Erzeugen einer Zufallszahl nach der Exponentialverteilung"

```
100   RANDOM = MAX1-(((1. - RATIO) * (MAX1 - MIN)) / RATIO)
     +* ALOG((1. - Z) / (1. - RATIO))
      IF(RANDOM.LE.MAX2) RETURN
      CALL GLEICH (RATIO,1.,RNUM,Z)
      GOTO 100
      END
```

Es wird eine Zufallszahl nach der Exponentialverteilung bestimmt. Für diese Zufallszahl wird anschließend die Intervallkontrolle durchgeführt.

9.4.7 Benutzerhinweise

** Die Variable RANDOM, in der von den Unterprogrammen GLEICH, ERLANG, GAUSS, LOGNOR und BOXEXP die entsprechende Zufallszahl zurückgegeben wird, ist vom Typ REAL. Da in GPSS-F die meisten Zufallszahlen vom Typ INTEGER sind, muß die erzeugte Zufallszahl konvertiert werden. Die Funktion IFIX verwandelt eine Zahl vom Typ REAL*4 in eine Zahl vom Typ INTEGER*4, indem auf die nächste ganze Zahl abgerundet wird.

$$IFIX(x) = sgn(x) * entier(|x|)$$

Um zu verhindern, daß durch das Abrunden ständig zu kleine Zufallszahlen erzeugt werden, ist eine Korrektur erforderlich. Die Konvertierung lautet dann:

```
      IRAND = IFIX(RANDOM + 0.5)
```

** Wenn der Mittelwert der Verteilung klein ist, wird durch die Konvertierung die Verteilung verfälscht. Es muß dann die entsprechende Zufallsvariable mit einem Skalierungsfaktor ISKAL multipliziert werden. Man kann sich vorstellen, daß die Werte der Zufallsvariablen dann in einer kleineren Einheit angegeben werden.

Beispiel:

* Der Kontostand eines Bankkunden ist Gauss-verteilt mit einem Mittelwert von 1.8 Tausend. Durch die Konvertierung werden für Werte, die kleiner sind als der Mittelwert, nur 0 und 1 erzeugt. Auf diese Weise wird die ursprüngliche Verteilung verfälscht.
Geht man mit Hilfe des Skalierungsfaktors ISKAL = 1000 von der Einheit "Tausend Mark" auf die Einheit "Mark" über, so liegt der

Mittelwert bei 1800. Jetzt werden für die Werte, die kleiner oder gleich sind als der Mittelwert, die ganzen Zahlen von 0 bis 1800 erzeugt. Hierdurch bleibt die ursprüngliche Form der Gauss-Verteilung erhalten.

** Aufgrund der Konvertierung werden die beiden Zufallszahlen an den Enden des Intervalles nur halb so oft erzeugt wie die übrigen Zufallszahlen.

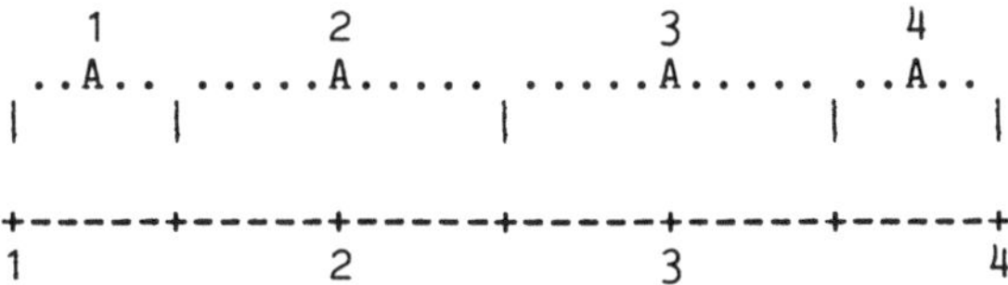

BILD 33 BESTIMMEN DER GRENZEN FUER EIN ZUFALLSINTERVALL

Beispiel:

* Es sollen gleichverteilte Zufallszahlen vom Typ INTEGER im Intervall zwischen 1 und 4 erzeugt werden.

```
      CALL GLEICH (1.,4.,RNUM,RANDOM)
      IRAND = IFIX(RANDOM + 0.5)
```

Durch die Konvertierung wird für die Zufallszahlen 1 bzw. 4 nur das Intervall zwischen 1.0 und 1.5 bzw. zwischen 3.5 und 4 herangezogen (siehe Bild 33).
Um auch die Zufallszahlen an den beiden Enden des Intervalles mit der gewünschten Häufigkeit zu erzeugen, müssen demnach die Intervallgrenzen um 0.5 nach unten bzw. oben vergrößert werden.
Für das Beispiel lautet der Unterprogrammaufruf:

```
      CALL GLEICH (0.5,4.49,RNUM,RANDOM)
      IRAND = IFIX(RANDOM + 0.5)
```

** Für einen Zufallszahlengenerator, der nach dem multiplikativen Kongruenzverfahren arbeitet, ist die Unabhängigkeit nur für zwei oder drei aufeinanderfolgende Mitglieder der Zahlenfolge gegeben. Das Paarverhalten bzw. das Tripelverhalten ist gut. Dagegen läßt sich über die Unabhängigkeit von Zufallszahlen, die in der Zahlenfolge einen größeren Abstand haben, keine Aussage machen. Es ist aus diesem Grund empfehlenswert, für jede Zufallsvariable im System einen eigenen Zufallszahlengenerator zu verwenden. Da die Zufallszahlen dann für diese Variable aufeinanderfolgend erzeugt werden, ist die Unabhängigkeit aufgrund des guten Paarverhaltens des Generators gewährleistet. Teilen sich mehrere Zufallsvariablen denselben Generator, kann es vorkommen, daß eine bestimmte Zufallsvariable eine Zufallszahl zugeteilt bekommt, die von der zuletzt zugeteilten einen Abstand in der Zahlenfolge hat, der größer ist als zwei. Auf diese Weise ist die Unabhängigkeit der Zufallszahlen, die eine bestimmte Zufallsvariable erhält, nicht mehr gesichert.

** Soll einem Unterprogramm, das eine Anweisungsnummer trägt, eine Zufallszahl zugeteilt werden, so muß die Anweisungsnummer auf das Unterprogramm übergehen, das die Zufallszahl generiert.

Beispiel:

* Transactions sollen erzeugt werden, deren Zwischenankunftszeiten der Exponentialverteilung mit dem Mittelwert 100 gehorchen.

```
    1    CALL ERLANG (100.,1,MIN,MAX,RNUM,RANDOM,&1006)
         IRAND = IFIX(RANDOM + 0.5)
         CALL GENERA (IRAND,ZTR,PR,1,&1006,IPRINT)
```

** Die Variable DMODUL soll nach 9.2 möglichst groß gewählt werden. Es sollten daher die Werte von DMODUL und DFAKT, die im Unterprogramm INIT1 gesetzt werden, vom Benutzer der Rechenanlage entsprechend angepaßt werden.

10. UNTERPROGRAMME ZUR SAMMLUNG UND DARSTELLUNG STATISTISCHEN MATERIALS

GPSS-F stellt dem Benutzer einige Unterprogramme zur Verfügung, die es ermöglichen sollen, statistisches Material schnell und bequem zu sammeln und darzustellen.

10.1 Das Warteschlangenverhalten

Um das Verhalten der Warteschlangen beobachten zu können, stehen während des Simulationslaufes für jede Warteschlange auf Wunsch ständig alle wesentlichen Informationen zur Verfügung.

10.1.1 Charakteristische Größen einer Warteschlange

Alle Größen, die für Warteschlangen charakteristisch sind, werden in der QUE-Matrix geführt. Die QUE-Matrix ist wie folgt definiert:

```
INTEGER QUE
DIMENSION QUE("QUE1",8)
```

Die einzelnen Felder haben die folgende Bedeutung:

QUE(NQU,1) Momentane Länge
Es wird angegeben, wieviele Einheiten sich zum aktuellen Zeitpunkt in der Queue aufhalten.

QUE(NQU,2) Maximale Länge
Es wird die maximale Länge festgehalten, die eine Queue bis zum aktuellen Zeitpunkt hatte.

QUE(NQU,3) Zahl der Zugänge
In dieses Feld wird eingetragen, wieviele Einheiten vom Unterprogramm QUEUE in die Queue eingebracht wurden.

QUE(NQU,4) Zahl der Abgänge
In dieses Feld wird eingetragen, wieviele Einheiten vom Unterprogramm DEPART aus der Queue entfernt wurden.

QUE(NQU,5) Anzahl der Nulldurchgänge
Ein Nulldurchgang wird festgehalten, wenn eine Einheit zu dem Zeitpunkt, zu dem sie in die Queue eingetragen wurde, auch wieder entfernt wird.

QUE(NQU,6) Gesamtwartezeit der abgefertigten Transactions
Die Gesamtwartezeit ist die Summe der Wartezeiten für alle Transactions, die eine Queue bereits wieder ver-

lassen haben. Nicht berücksichtigt werden die Wartezeiten derjenigen Transactions, die sich zum aktuellen Zeitpunkt noch in der Queue befinden.

QUE(NQU,7) Gesamtwartezeit
Die in diesem Feld geführte Gesamtwartezeit berücksichtigt die Wartezeit aller Transactions. Es wird auch die Wartezeit der Transactions verbucht, die sich zum aktuellen Zeitpunkt noch in der Queue befinden.

QUE(NQU,8) Zeitpunkt der letzten Veränderung
Jede Veränderung, die an einer Queue vorgenommen wird, muß vermerkt werden.

Die Gesamtwartezeit in QUE(NQU,6) wird nach Verfahren 1 bestimmt, indem für jede Transaction, die eine Queue verläßt, die individuelle Wartezeit berechnet wird; diese wird dann zur Gesamtwartezeit hinzugefügt. Die individuelle Wartezeit ist die Differenz aus dem aktuellen Zeitpunkt beim Verlassen der Queue und dem Eintrittszeitpunkt in die Queue. Der Eintrittszeitpunkt wird vom Unterprogramm QUEUE in das hierfür vorgesehene Feld in der TR-Matrix eingetragen. In Bild 34 entspricht ein waagrechter Balken der individuellen Wartezeit einer Transaction. Die Gesamtwartezeit ist die Summe der einzelnen Wartezeiten.

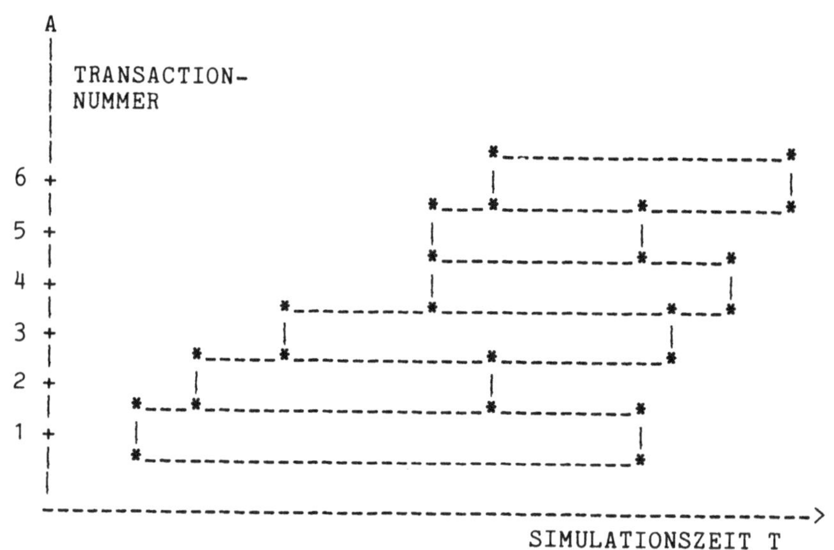

BILD 34 BESTIMMUNG DER GESAMTWARTEZEIT NACH VERFAHREN 1

Die Gesamtwartezeit in QUE(NQU,7) wird nach Verfahren 2 bestimmt, indem für alle Mitglieder der Warteschlange insgesamt berechnet wird, wielange sie sich zwischen zwei aufeinanderfolgenden Änderungszeitpunkten in der Warteschlange aufgehalten haben. Diese Wartezeit wird dann jeweils bei jedem neuen Veränderungszeitpunkt zur Gesamtwartezeit hinzugefügt. Sie ist gleich dem Produkt aus der Zahl der Warteschlangenmitglieder und dem Zeitintervall zwischen zwei Veränderungszeitpunkten. In Bild 35 entspricht einem senkrechten Block die Wartezeit aller Warteschlangenmitglieder zwischen zwei Veränderungszeitpunkten. Die Gesamtwartezeit ist dann die Summe der einzelnen Blockwartezeiten.

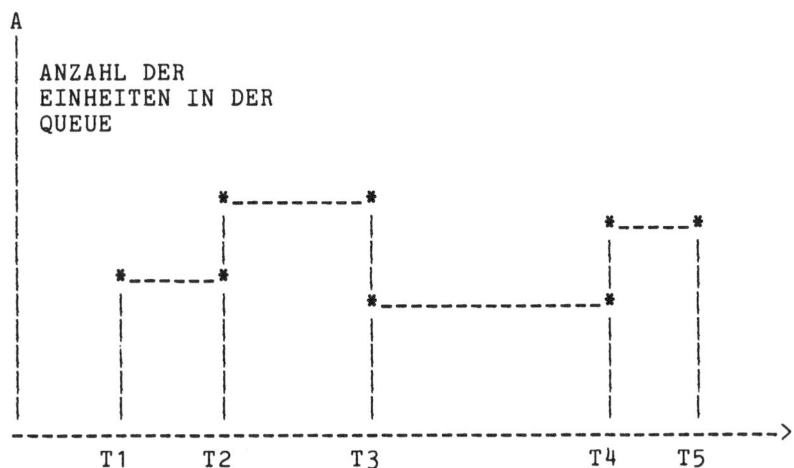

BILD 35 BESTIMMUNG DER GESAMTWARTEZEIT NACH VERFAHREN 2

Die mittlere Wartezeit WZ für Transactions in der Warteschlange kann nach zwei Verfahren bestimmt werden.

Verfahren 1
Es werden nur die Transactions berücksichtigt, die bereits abgefertigt sind. Für sie wird die mittlere Wartezeit nach der folgenden Beziehung berechnet:

WZ1 = QUE(NQU,6) / QUE(NQU,4)

Dieses Verfahren kann verwendet werden, wenn die Anzahl der bereits abgefertigten Transactions groß ist, und sich in der Warteschlange selbst nur wenige Transactions aufhalten.

Verfahren 2
Ist die Voraussetzung von Verfahren 1 nicht gegeben, so werden die Transactions, die sich noch in der Warteschlange befinden, zur Mittelwertbildung herangezogen. Man geht dabei von der Annahme aus, daß für diese Transactions die Wartezeit in der Queue im Mittel doppelt so groß ist wie die augenblickliche Aufenthaltszeit.
Man erhält dann die folgende Beziehung:

```
WZ2 = QUE(NQU,7) / (QUE(NQU,3) + QUE(NQU,4) / 2.)
```

Die mittlere Warteschlangenlänge erhält man, wenn man die Gesamtwartezeit durch die Simulationszeit dividiert. Man erhält dann die folgende Beziehung:

```
WSL = QUE(NQU,7) / (QUE(NQU,8) - 1.)
```

In der Matrix für die Queue-Statistik (QUESTA-Matrix) werden für jede Queue die mittlere Wartezeit berechnet nach Verfahren 2 und die mittlere Warteschlangenlänge geführt. Die QUESTA-Matrix ist wie folgt definiert:

```
REAL QUESTA
DIMENSION QUESTA("QUE1",2)
```

Die beiden Felder haben die folgende Bedeutung:

QUESTA(NQU,1) Mittlere Wartezeit WZ

QUESTA(NQU,2) Mittlere Warteschlangenlänge WSL

Hinweise:

* Eine Transaction kann mehrere Queue-Einheiten in einer Warteschlange abliefern. Alle in der Queue-Matrix angegebenen Größen beziehen sich auf Queue-Einheiten.

* Die Queue-Matrix sowie die Unterprogramme QUEUE und DEPART sammeln statistisches Material von bereits bestehenden Warteschlangen. Die Warteschlangen selbst existieren unabhängig von den Auswertprogrammen; sie werden von der Ablaufkontrolle selbständig vor der entsprechenden Station angelegt.

* Die Unterprogramme zur Bestimmung der charakteristischen Größen von Warteschlangen können auch eingesetzt werden, wenn ganz allgemein zeitverbrauchende Vorgänge untersucht werden sollen. Hierzu gehören insbesondere Verarbeitungszeiten und Lagerzeiten. In einer Queue befindet sich eine Transaction immer dann, wenn sie sich zwischen zwei Zeitkontrollmarken befindet, die durch die Unterprogrammaufrufe CALL QUEUE und CALL DEPART realisiert sind.

* Alle Werte der QUE-Matrix und der QUESTA-Matrix werden vom Unterprogramm REPORT ausgegeben.

10.1.2 QUEUE

Funktion:
Es werden alle Größen, die eine Warteschlange charakterisieren und die beim Eintritt einer Transaction in eine Queue verändert werden, in der QUE-Matrix modifiziert.

Unterprogrammaufruf:

```
CALL QUEUE (NQU,NE,&1006,IPRINT)
```

Parameterliste:

NQU Nummer der Queue
Die einzelnen Queues müssen zur Identifikation numeriert werden.

NE Anzahl der Queue-Einheiten
Eine Transaction vermag eine angebbare Anzahl von Queue-Einheiten in die Queue einzubringen.

&1006 Fehlerausgang
Jede Transaction kann sich zur gleichen Zeit höchstens in 5 Queues aufhalten. Für diese 5 Queues sind die Felder TR(LTR,9) bis TR(LTR,18) reserviert. Soll eine Transaction in eine weitere Queue eintreten, so wird das Unterprogramm über den Fehlerausgang verlassen. Im Anschluß wird der Simulationslauf abgebrochen und zur Endabrechnung verzweigt.

IPRINT Protokollsteuerung
Die Protokollausdrucke werden unterdrückt, wenn IPRINT=0.

Datenbereich:

Das Unterprogramm QUEUE benötigt die QUE-Matrix und die TR-Matrix.

Programmbeschreibung:

"Fehlerkontrolle"

```
      DO 100 I = 9 , 13
      IF(TR(LTR,I).EQ.0) GOTO 200
100   CONTINUE
      RETURN 1
```

Wenn in der TR-Matrix in TR(LTR,9) bis TR(LTR,13) kein freies Feld gefunden wird, so befindet sich die Transaction bereits in 5 Queues. In diesem Fall wird das Unterprogramm über den Fehlerausgang verlassen.

"Eintragen in die TR-Matrix"

```
200   TR(LTR,I) = NQU
      TR(LTR,I+5) = T
```

In der TR-Matrix wird vermerkt, zu welcher Zeit eine Transaction in die Queue mit der Nummer NQU eingetreten ist.

"Eintragen in die QUE-Matrix"

```
      QUE(NQU,7) = QUE(NQU,7) + QUE(NQU,1) * (T - QUE(NQU,8))
      QUE(NQU,8) = T
      QUE(NQU,1) = QUE(NQU,1) + NE
      IF(QUE(NQU,2).LT.QUE(NQU,1)) QUE(NQU,2) = QUE(NQU,1)
      QUE(NQU,3) = QUE(NQU,3) + NE
      RETURN
      END
```

Zunächst wird die Gesamtwartezeit nach Verfahren 2 in QUE(NQU,7) erhöht. Hierzu wird die Wartezeit aller Transactions seit dem letzten Veränderungszeitpunkt berechnet und zur Gesamtwartezeit hinzugefügt. Anschließend kann in QUE(NQU,8) der Zeitpunkt der letzten Veränderung neu gesetzt werden.
Weiterhin werden die momentane Länge, die Anzahl der Zugänge und ggf. die maximale Länge neu bestimmt.

10.1.3 DEPART

Funktion:
Es werden alle Größen, die eine Warteschlange charakterisieren und die beim Verlassen einer Queue verändert werden, in der Queue-Matrix modifiziert.

Unterprogrammaufruf:

```
        CALL DEPART (NQU,NE,&1006,IPRINT)
```

Parameterliste:

NQU — Nummer der Queue
Die einzelnen Queues müssen zur Identifikation numeriert werden.

NE — Anzahl der Queue-Einheiten
Eine Transaction vermag eine angebbare Anzahl von Queue-Einheiten aus der Queue abzuziehen.

&1006 — Fehlerausgang
Wenn eine Transaction eine Queue verlassen soll, in der sie nicht eingetragen ist, wird das Unterprogramm über den Fehlerausgang verlassen. Im Anschluß wird der Simulationslauf abgebrochen und zur Endabrechnung verzweigt.

IPRINT — Protokollsteuerung
Die Protokollausdrucke werden unterdrückt, wenn IPRINT=0.

Datenbereich:

Das Unterprogramm DEPART benötigt die TR-Matrix, die Simulationsuhr und COMMON/QUE/.

Programmbeschreibung:

"Fehlerkontrolle"

```
        DO 100 I = 9 , 13
        IF(TR(LTR,I).EQ.NQU) GOTO 200
100     CONTINUE
        RETURN 1
```

Beim Betreten einer Queue wird vom Unterprogramm QUEUE in die Transactionmatrix die Nummer der Queue eingetragen. Soll die Transaction eine Queue verlassen, deren Nummer nicht in der Transactionmatrix vermerkt ist, so wird das Unterprogramm über den Fehlerausgang verlassen.

"Löschen in der TR-Matrix"

```
200     IF(QUE(NQU,1).LT.NE) GOTO 500
        INQUE = TR(LTR,I+5)
        TR(LTR,I) = 0
        TR(LTR,I+5) = 0
```

Sollen mehr Queue-Einheiten abgezogen werden als vorhanden sind, so wird das Unterprogramm über den Fehlerausgang verlassen.
Beim Verlassen der Queue werden die Felder für die Nummer der Warteschlange und die Eintrittszeit in die Warteschlange gelöscht.

"Eintragen in die QUE-Matrix"

```
        QUE(NQU,7) = QUE(NQU,7) + QUE(NQU,1) * (T - QUE(NQU,8))
        QUE(NQU,8) = T
        QUE(NQU,1) = QUE(NQU,1) - NE
        QUE(NQU,4) = QUE(NQU,4) + NE
        IF(INQUE.EQ.T) GOTO 300
        QUE(NQU,6) = QUE(NQU,6) + (T - INQUE) * NE
        GOTO 400
300     QUE(NQU,5) = QUE(NQU,5) + NE
```

Zunächst wird die Gesamtwartezeit nach Verfahren 2 in QUE(NQU,7) erhöht. Hierzu wird die Wartezeit aller Transactions seit dem letzten Veränderungszeitpunkt bestimmt und zur Gesamtwartezeit hinzugefügt. Anschließend kann in QUE(NQU,8) der Zeitpunkt der letzten Veränderung neu gesetzt werden.
Die momentane Länge und die Zahl der Abgänge werden anschließend neu berechnet. Die Gesamtwartezeit der bereits abgefertigten Transactions nach Verfahren 1 wird festgelegt, indem die individuelle Wartezeit einer Transaction berechnet und zur Gesamtwartezeit hinzugefügt wird.
Weiterhin wird ggf. die Anzahl der Nulldurchgänge neu bestimmt.

"Berechnen der Mittelwerte"

```
400     IF(T.EQ.1) RETURN
        QUESTA(NQU,1) = QUE(NQU,7) / ((QUE(NQU,3) +
       +QUE(NQU,4)) / 2.)
        QUESTA(NQU,2) = QUE(NQU,7) / (QUE(NQU,8) - 1.)
        RETURN
500     RETURN 1
        END
```

Die mittlere Wartezeit und die mittlere Warteschlangenlänge werden berechnet und in die QUESTA-Matrix eingetragen.

10.1.4 ENDQUE

Funktion:
Am Ende des Simulationslaufes schließt das Unterprogramm ENDQUE die Bearbeitung der Queues ordnungsgemäß ab.

Unterprogrammaufruf:

```
        CALL ENDQUE
```

Parameterliste:

Die Parameterliste ist leer.

Datenbereich:

Das Unterprogramm ENDQUE benötigt die Simulationsuhr und COMMON/QUE/.

Programmbeschreibung:

"Abschluß der Queues"

```
        DO 100 NQU = 1 , "QUE1"
        IF(QUE(NQU,3).EQ.0) GOTO 100
        QUE(NQU,7) = QUE(NQU,7) + QUE(NQU,1) * (T - QUE(NQU,8))
        QUE(NQU,8) = T
```

Es wird für die Gesamtwartezeit nach Verfahren 2 die Wartezeit aller Transactions, die sich noch in der Queue befinden, berechnet und zur Gesamtwartezeit hinzugefügt. Anschließend wird als Zeitpunkt der letzten Veränderung der aktuelle Stand der Simulationsuhr eingetragen.

"Berechnen der Mittelwerte"

```
        IF(T.EQ.1) GOTO 100
        QUESTA(NQU,1) = QUE(NQU,7) / ((QUE(NQU,3) +
       +QUE(NQU,4)) / 2.)
        QUESTA(NQU,2)=QUE(NQU,7) / (QUE(NQU,8) - 1.)
100     CONTINUE
        RETURN
        END
```

Die mittlere Wartezeit und die mittlere Warteschlangenlänge werden berechnet und in die QUESTA-Matrix eingetragen.

10.2 Anlegen und Auswerten von Häufigkeitstabellen

GPSS-F stellt dem Benutzer drei Unterprogramme zur Verfügung, die die Werte statistischer Variablen in Häufigkeitstabellen sortieren, diese Häufigkeitstabellen auswerten und die Ergebnisse graphisch darstellen.

10.2.1 TABULA

Funktion:
Es wird der Wert einer Variablen in eine Häufigkeitstabelle einsortiert.

Unterprogrammaufruf:

```
CALL TABULA (X,Y,OG1,GBR,NG,TAB)
```

Parameterliste:

X Name der Variablen
Es wird der Wert der Variablen übergeben, der in die Häufigkeitstabelle einsortiert werden soll.

Y Zugeordnete Variable
Es ist möglich, den Wert der Variablen Y festzuhalten, wenn der Wert der Variablen X in ein bestimmtes Intervall fällt. Auf diese Weise läßt sich die Zuordnung der Variablen X und Y feststellen.

OG1 Obergrenze des ersten Werteintervalles
Der gesamte Wertebereich, der von einer Variablen besetzt werden kann, wird in gleichgroße Intervalle eingeteilt. Die Obergrenze des ersten Intervalles wird angegeben.

GBR Intervallbreite
Es wird festgelegt, welche Breite die Intervalle haben sollen.

NG Anzahl der Intervalle
Es kann die Anzahl der Intervalle angegeben werden, die benötigt wird. Es ist darauf zu achten, daß die Anzahl der Intervalle mit der Dimensionierung der Häufigkeitstabelle in Einklang steht.

TAB Name der Häufigkeitstabelle
Es muß angegeben werden, in welche Häufigkeitstabelle die Werte einer Variablen einsortiert werden sollen. Die Tabelle wird durch ihren Fortran-Namen identifiziert.

Datenbereich:

Das Unterprogramm TABULA benötigt eine Tabellen-Matrix, die vom Benutzer definiert werden muß. Sie enthält die Werte der Häufigkeitstabelle. Die TAB-Matrix ist wie folgt definiert:

```
REAL TAB
DIMENSION TAB("TAB1",4)
```

Die einzelnen Felder haben die folgende Bedeutung:

TAB(J,1) Obere Intervallgrenze
Für jedes Intervall wird die obere Grenze angegeben. Der Wert wird vom Unterprogramm TABULA im Abschnitt "Anlegen der Häufigkeitstabelle" bestimmt und in die TAB-Matrix eingetragen.

TAB(J,2) Absolute Häufigkeit
Die absolute Häufigkeit ist eine ganze Zahl n , die angibt, wie oft der Wert der Variablen X in das Intervall j einsortiert wurde.

TAB(J,3) Relative Häufigkeit
Es wird für jedes Intervall j die relative Häufigkeit eingetragen. Die Berechnung der relativen Häufigkeit er-

folgt durch das Unterprogramm EVALUE.

TAB(J,4) Werte der zugeordneten Variablen
Wenn der Wert der Variablen X in das Intervall j fällt, wird im Feld TAB(J,4) der Wert der zugeordneten Variablen Y zum bereits vorliegenden Inhalt hinzugezählt.

Programmbeschreibung:

"Anlegen der Häufigkeitstabelle"

```
        IF(NG.GT."TAB1") NG = "TAB1"
        IF(TAB(1,1).NE.0.OR.TAB(2,1).NE.0) GOTO 50
        G = OG1
        DO 10 J = 1 , NG
        TAB(J,1) = G
10      G = G + GBR
```

Gibt der Benutzer für die Zahl der Intervalle NG einen Wert an, der mit der Dimensionierung der TAB-Matrix nicht übereinstimmt, wird dieser Fehler korrigiert.
Wenn die TAB-Matrix das erste Mal benötigt wird, werden aufgrund der Angaben über die Obergrenze des ersten Intervalles und der Intervallbreite die Obergrenzen aller Intervalle bestimmt.

"Einsortieren"

```
50      DO 100 J = 1 , NG
        IF(X.LE.TAB(J,1)) GOTO 150
100     CONTINUE
        J = NG
150     TAB(J,2) = TAB(J,2) + 1
        TAB(J,4) = TAB(J,4) + Y
        RETURN
        END
```

In dem Intervall, in das der Wert der Variablen X hineinfällt, wird der Zähler um eins erhöht. Gleichzeitig wird der Wert der zugeordneten Variablen zum bereits vorliegenden Inhalt hinzugezählt.
Alle Werte, die größer sind als der Wert, der sich aus Intervallbreite und "TAB1" ergibt, werden in das letzte Feld der TAB-Matrix eingetragen.

Hinweis:

* Alle Variablen, die in eine Häufigkeitstabelle eingeordnet werden, müssen vom Typ REAL sein. Werte vom Typ INTEGER müssen vor dem Aufruf des Unterprogrammes TABULA konvertiert werden.

* Für alle Werte der Variablen X, die in ein bestimmtes Intervall fallen, kann der Mittelwert der zugehörigen Variablen Y bestimmt werden.

Beispiel:

* Es wird festgestellt, wie häufig Unfälle in Abhängigkeit des Alters der Beteiligten vorkommen. Gleichzeitig soll bestimmt werden, wie hoch im Mittel der entstandene Schaden für jede Altersgruppe ist. In diesem Fall wird das Alter der Unfallbeteiligten als Wert der Variablen X aufgefaßt; der entstandene Schaden ist der Wert der zugehörigen Variablen Y.

10.2.2 EVALUE

Funktion:
Es wird die Häufigkeitstabelle ausgewertet und ausgedruckt.

Unterprogrammaufruf:

```
CALL EVALUE (NG,TAB,NTAB,JPRINT)
```

Parameterliste:

NG — Anzahl der Intervalle
Es kann die Anzahl der Intervalle angegeben werden, die ausgewertet werden sollen. Es ist darauf zu achten, daß die Anzahl der Intervalle mit der Dimensionierung der Häufigkeitstabelle in Einklang steht.

TAB — Name der Häufigkeitstabelle
Es muß angegeben werden, welche Häufigkeitstabelle ausgewertet werden soll. Die Tabelle ist durch ihren Fortran-Namen identifiziert.

NTAB — Tabellennummer
Beim Ausdruck der Häufigkeitstabelle wird eine Nummer angegeben, die eine Identifikation ermöglicht. Im Ausdruck wird nicht der Tabellenname angegeben.

JPRINT — Protokollsteuerung
Der Ausdruck der Häufigkeitstabelle wird unterdrückt, wenn JPRINT = 0. Die Verteilungsparameter werden auf jeden Fall ausgegeben.

Datenbereich:

Das Unterprogramm benötigt eine Häufigkeitstabelle.

Programmbeschreibung:

"Initialisieren der Variablen"

```
XQU = 0.
VAR = 0.
SDV = 0.
SUMF = 0.
SUMX = 0.
SUMXQ = 0.
GBR = TAB(2,1) - TAB(1,1)
GM = TAB(1,1) - GBR / 2.
```

Alle Variablen, in denen Zwischenwerte abgelegt werden sollen, werden vorbesetzt.
In SUMF wird die Anzahl der Werte n geführt. In SUMX wird das Produkt aus der Anzahl der Werte pro Intervall und der Intervallmitte aufsummiert. SUMXQ erhält in ähnlicher Weise das Produkt aus der Anzahl der Werte pro Intervall und dem Quadrat der Intervallmitte. Die Intervallmitte selbst steht in GM.

"1. Tabellendurchlauf"

```
        DO 500 I = 1 , NG
        F = TAB(I,2)
        SUMF = SUMF + F
        SUMX = SUMX + F * GM
        SUMXQ = SUMXQ + F * GM * GM
500     GM = GM + GBR
```

Es werden die Zwischenwerte SUMF, SUMX und SUMXQ sowie die neue Gruppenmitte berechnet.

"2. Tabellendurchlauf"

```
        IF(SUMF.EQ.0) GOTO 700
        DO 600 I = 1 , NG
        TAB(I,3) = TAB(I,2) / SUMF
        IF(TAB(I,2).NE.0) TABX(I) = TAB(I,4) / TAB(I,2)
600     CONTINUE
```

Für jede Gruppe wird die relative Häufigkeit und der Mittelwert für die zugeordnete Variable Y berechnet.

"Berechnen des Mittelwertes, der Varianz und der Standardabweichung"

```
        XQU = SUMX / SUMF
        IF(SUMF.EQ.1) VAR = 0
        IF(SUMF.NE.1) VAR = (SUMXQ - SUMX * SUMX / SUMF) /
       +(SUMF - 1)
        SDV = SQRT(VAR)
```

Der Mittelwert XQU, die Varianz VAR und die Standardabweichung SDV werden bestimmt. Die Varianz wird nach der folgenden Beziehung berechnet:

```
                          N                 N
                         ---               ---
  SIGMA**2=1/(N-1)*(  >    X(I)**2-1/N*(  >    X(I))**2)
                         ---               ---
                         I=1               I=1
```

"Ausgeben der Ergebnisse"

```
700     IF(JPRINT.GT.0) WRITE ("OUTD",3000)
3000    FORMAT(1H1)
        WRITE ("OUTD",3001) NTAB
```

```
3001     FORMAT(1HO,15X,7HTABELLE,I3/)
         IF(JPRINT.EQ.0) GOTO 900
         WRITE("OUTD",3002)
3002     FORMAT(3X,1HI,12X,1HX,13X,4HF(X),10X,3HF/N,11X,
        +4HCUMY,11X,4HE(Y)/)
         DO 800 I = 1 , NG
         IF(TAB(I,2).EQ.0) GOTO 800
         WRITE("OUTD",3003) I,(TAB(I,J),J=1,4),TABX(I)
3003     FORMAT(1X,I3,3(5X,F10.3),5X,E10.3,5X,F10.3)
800      CONTINUE
900      WRITE("OUTD",3004) SUMF,XQU,VAR,SDV
3004     FORMAT(/2X,6H SUMF=,F10.1,2X,5H XQU=,F10.2,2X,5H VAR=,
        +F10.2,2X,5H SDV=,F10.2//)
         RETURN
         END
```

Zunächst können nach Wahl die TAB-Matrix sowie die Mittelwerte für die zugeordnete Variable Y dargestellt werden. Weiterhin werden die Verteilungsparameter ausgedruckt.

10.2.3 GRAPH

Funktion:
In einem Histogramm wird die absolute oder relative Häufigkeit einer Häufigkeitstabelle dargestellt.

Unterprogrammaufruf:

```
CALL GRAPH (TAB,NTAB,IU,IO,Y,&1006)
```

Parameterliste:

TAB — Name der Häufigkeitstabelle
Es muß der Name der Häufigkeitstabelle angegeben werden, deren relative Häufigkeit graphisch dargestellt werden sollen. Die Tabelle wird durch ihren Fortran-Namen identifiziert.

NTAB — Tabellennummer
Beim Ausdruck des Histogrammes wird eine Nummer angegeben, die eine Identifikation ermöglicht. Die graphische Darstellung wird nicht durch den Fortran-Namen der Tabelle gekennzeichnet.

IU — Nummer des untersten Intervalles
Es ist möglich, aus einer Häufigkeitstabelle nur einen Teilbereich graphisch darzustellen. IU bezeichnet die Nummer des untersten Intervalles, das dargestellt werden soll.

IO — Nummer des obersten Intervalles
In gleicher Weise bezeichnet IO die Nummer des obersten Intervalles, das dargestellt werden soll.

Y — Darstellungsmodus
Es kann wahlweise die relative oder absolute Häufigkeit graphisch dargestellt werden.
Y = 0 relative Häufigkeit
Y = 1 absolute Häufigkeit

&1006 Fehlerausgang
Sind die Intervallgrenzen nicht korrekt angegeben, so wird das Unterprogramm über den Fehlerausgang verlassen. Es wird zur Endabrechnung verzweigt und der Simulationslauf abgebrochen.

Datenbereich:

Das Unterprogramm GRAPH benötigt eine Häufigkeitstabelle.

Programmbeschreibung:

"Fehlerkontrolle"

```
        IF(IO-IU.GT.99.OR.IO-IU.LT.4) GOTO 900
```

Wenn die Grenzen des Intervalles, das graphisch dargestellt werden soll, nicht korrekt gewählt sind, wird das Unterprogramm über den Fehlerausgang verlassen.

"Initialisieren der Variablen"

```
        DO 1 I = 1 , 100
        M(I) = 0.
1       LINE(I) = KBLANC
        INT = 100 / (IO - IU + 1)
        INT1 = 1
        IF(INT.EQ.1) GOTO 2
        INT1 = INT / 2
        INT2 = INT1
        IF(INT1+INT2.LT.INT) INT1 = INT1 + 1
2       MAX = 0.
```

M gibt für jede Druckposition auf der X-Achse die Obergrenze der Histogrammsäule an, in dem Feld LINE werden die Zeilen aufgebaut, INT enthält die Druckbreite eines Intervalles, in MAX wird die Obergrenze der höchsten Histogrammsäule eingetragen.

"Bestimmen der Obergrenzen der Histogrammsäulen"

```
        I1 = 0
        IF(Y.GT.0) GOTO 5
        SUM = 0.
        DO 3 I = 1 , "TAB1"
3       SUM = SUM + TAB(I,2)
5       DO 50 I = IU , IO
        I1 = I1 + 1
        IF(Y.GT.0) M(I1) = TAB(I,2)
        IF(Y.EQ.0) M(I1) = TAB(I,2) / SUM * 100.
        IF(M(I1).GT.MAX) MAX = M(I1)
        IF(INT.EQ.1) GOTO 50
        IF(INT1.EQ.1) GOTO 20
        DO 10 I2 = 2 , INT1
        I1 = I1 + 1
10      M(I1) = M(I1-1)
20      I1 = I1 + INT2
```

```
50      CONTINUE
```

Für jedes Intervall wird die relative oder absolute Häufigkeit in M eingetragen und die Breite jeder Säule bestimmt. Weiterhin werden die Zwischenräume zwischen zwei Säulen festgelegt.

"Bestimmen der Beschriftung der Y-Achse"

```
        IND = 0
        IMAX = MAX
        DO 60 I = 1 , 20
        IF(IMAX.LT.10.OR.IMAX.EQ.10.AND.MAX.EQ.10**(IND+1))
       +GOTO 70
        IND = IND + 1
        IMAX = IMAX / 10
60      CONTINUE
70      IF(MAX.GT.IMAX*10**IND) IMAX = IMAX + 1
        YMAX = IMAX * 10. ** IND
        IF(IMAX.LE.5.AND.YMAX.GT.10) IMAX = IMAX * 2
```

Aus dem Wert MAX wird der höchste Wert der Skala für die Y-Achse berechnet und in YMAX abgespeichert.

"Überschrift der graphischen Darstellung"

```
100     WRITE("OUTD",3000) NTAB
3000    FORMAT(1H1,15X,8HTABELLE,I3//)
        IF(Y.EQ.0) WRITE("OUTD",3001)
3001    FORMAT(4X,7HPROZENT/)
```

Die Überschrift der graphischen Darstellung wird ausgedruckt.

"Graphische Darstellung der Histogrammsäulen"

```
        INTY = 50
        MODUL1 = MOD(50,IMAX)
        INTY = INTY - MODUL1
        YVALL = YMAX / INTY
        YCORR = YVALL / 1000.
        INTB = INTY / IMAX
        J = 0
        DO 150 I = 1 , INTY
        DO 120 I1 = 1 , 100
        IF(LINE(I1).NE.KBLANC) GOTO 120
        IF(M(I1)+YCORR.GE.YMAX) LINE(I1) = KSTERN
120     CONTINUE
        J = J + 1
        IF(J.GT.1) GOTO 130
        IMAX = IFIX(YMAX+0.5)
        WRITE("OUTD",3002) IMAX,(LINE(I1),I1=1,100)
3002    FORMAT(1X,I10,2H I,100A1)
        GOTO 140
130     WRITE("OUTD",3003) (LINE(I1),I1=1,100)
3003    FORMAT(12X,1HI,100A1)
140     YMAX = YMAX - YVALL
        IF(J.EQ.INTB) J = 0
```

```
150     CONTINUE
```

Jede Zeile wird einzeln in dem Feld LINE aufgebaut und ausgedruckt; zusätzlich wird in jeder 10. Zeile die Y-Achse beschriftet.

"Ausgeben der X-Achse"

```
        IPL = INT1
        MULT = 1
        IF(INT.GT.1.AND.INT.LT.11) MULT = 4
        IF(INT.EQ.1) MULT = 9
        DO 170 I = 1 , 100
        IF(I.EQ.IPL) GOTO 160
        LINE(I) = KSTR
        GOTO 170
160     LINE(I) = KPL
        IPL = IPL + MULT * INT
        IF(MULT.EQ.4.OR.MULT.EQ.9) MULT = MULT + 1
170     CONTINUE
        WRITE("OUTD",3004) (LINE(I1),I1=1,100)
3004    FORMAT(10X,3HO I,100A1)
        IS = 16 - INT
        IF(INT.EQ.14) IS = 3
        IF(INT.EQ.16) IS = 2
        IF(INT.EQ.20) IS = 1
        DO 180 I = 1 , 7
180     IFORM(I) = IFORM1(I,IS)
        IB = IU + 1
        IS = 1
        IF(INT.GT.10) GOTO 190
        IF(INT.GT.1) IS = 5
        IF(INT.EQ.1) IS = 10
        IB = IU + IS - 1
190     WRITE("OUTD",IFORM) TAB(IU,1),(TAB(I,1),I=IB,IO,IS)
        RETURN
```

Es werden die Abstände für die Beschriftung der X-Achse bestimmt und auf dieser durch "+" gekennzeichnet. Anschließend werden die Werte aus TAB(I,1) in der Schrittweite IS als Achsenbeschriftung im variablen Format IFORM ausgegeben.

"Fehlerausgang"

```
900     RETURN 1
        END
```

Über diesen Ausgang wird das Unterprogramm verlassen, wenn die Fehlerkontrolle eine unzulässige Angabe in den Unterprogrammparametern meldet.

Hinweis:

* Es ist darauf zu achten, daß ein Teilbereich, der ausgedruckt werden soll, nicht weniger als 5 und nicht mehr als 100 einzelne Intervalle umfaßt.

10.3 Protokoll des Systemzustandes

Um den Systemzustand zu protokollieren, stehen drei Unterprogramme zur Verfügung. Das Unterprogramm REPORT druckt wichtige Datenbereiche von GPSS-F aus. Zur Protokollierung der Speicherbelegung bei adressierbaren Speichern dient das Unterprogramm SMLIST. SELIST stellt die Datenbereiche für die Multifacilities dar.

10.3.1 REPORT

Funktion:
Das Unterprogramm REPORT druckt die QUE-Matrix, die QUESTA-Matrix, die FAC-Matrix, die MFAC-Matrix, die STO-Matrix, die Ereignisliste, die Aktivierungsliste, die TR-Matrix und die FAM-Matrix aus.

Unterprogrammaufruf:

```
CALL REPORT (IQUE,IFAC,IMFAC,ISTO,IEL,IAL,ITR,IFAM)
```

Parameterliste:

Für jeden Datenbereich kann die Anzahl der Zeilen angegeben werden, die ausgedruckt werden sollen. Freie Zeilen bleiben dabei unberücksichtigt.

IQUE = Zahl der auszudruckenden Queues
IFAC = Zahl der auszudruckenden Facilities
IMFAC= Zahl der auszudruckenden Multifacilities
ISTO = Zahl der auszudruckenden Storages
IEL = Zahl der auszudruckenden Zeilen der Ereignisliste
IAL = Zahl der auszudruckenden Zeilen der Aktivierungsliste
ITR = Zahl der auszudruckenden Zeilen der TR-Matrix
IFAM = Zahl der auszudruckenden Zeilen der Family-Matrix

Programmbeschreibung:

Siehe Listing in Anhang A5

10.3.2 SMLIST

Funktion:
Das Unterprogramm SMLIST druckt den Abschnitt in der Segment-Matrix zeilenweise aus, der der adressierbaren Storage mit der Typnummer NST entspricht. Leere Zeilen bleiben dabei unberücksichtigt.

Unterprogrammaufruf:

```
CALL SMLIST (NST)
```

Parameterliste:

NST Nummer der Storage
Die Nummer der Storage wird benötigt, um den Abschnitt in der Segment-Matrix zu finden, der diese adressierbare Storage repräsentiert.

Datenbereich:

Das Unterprogramm benötigt den SBV-Vektor, die STO-Matrix und die SM-Matrix.

Programmbeschreibung:

"Ausdrucken der SM-Matrix"

```
      WRITE("OUTD",3000) NST
3000  FORMAT(1H0,27HS M - M A T R I X : STORAGE,I3,/4X,
     +55HZEILE ADRESSE GROESSE MARKIERUNG/FREISPEICHER
     +VERMERK)
      I = SBV(NST)
      IE = I + STO(NST,2) - 1
10    IADDR = I - SBV(NST) + 1
      WRITE("OUTD",3001) I,IADDR,SM(I,1),SM(I,2)
3001  FORMAT(5X,I4,4X,I4,5X,I4,8X,I4)
      I = I + SM(I,1)
      IF(I.LE.IE) GOTO 10
      WRITE("OUTD",3002)
3002  FORMAT(1H0)
      RETURN
      END
```

Es werden die Grenzen des Abschnittes festgelegt, der die Storage mit der Typnummer NST repräsentiert. Ausgegeben werden die Zeile der SM-Matrix, die Adresse, die Größe des entsprechenden Bereiches sowie die Markierung bzw. der Freispeichervermerk. Freie Zeilen werden unterdrückt.

10.3.3 SELIST

Funktion:
Das Unterprogramm SELIST druckt den Teil der SE-Matrix zeilenweise aus, der zu der Multifacility mit der Typnummer MFA gehört.

Unterprogrammaufruf:

```
      CALL SELIST (MFA)
```

Parameterliste:

MFA Nummer der Multifacility
Die Nummer der Multifacility wird benötigt, um den Abschnitt in der SE-Matrix zu finden, der zu dieser Multifacility gehört.

Datenbereich:

Das Unterprogramm benötigt den MBV-Vektor, die MFAC-Matrix und die SE-Matrix.

Programmbeschreibung:

"Ausdrucken der SE-Matrix"

```
        WRITE("OUTD",3000) MFA
3000    FORMAT(1H0,24HS E - M A T R I X : MFAC,I3//4X,
       +30HZEILE ELEM INH VKZ PHASE)
        I1 = MBV(MFA)
        I2 = I1 + MFAC(MFA,2) - 1
        I3 = 1
        DO 100 I = I1 , I2
        WRITE("OUTD",3001) I,I3,(SE(I,J),J=1,3)
3001    FORMAT(6X,I3,3X,3(I3,2X),I7)
100     I3 = I3 + 1
        WRITE("OUTD",3002)
3002    FORMAT(1H0)
        RETURN
        END
```

Es werden zunächst die Grenzen des Teiles der SE-Matrix bestimmt, der zu der Multifacility mit der Typnummer MFA gehört. Anschließend wird zeilenweise ausgedruckt. Freie Zeilen werden unterdrückt.
Ausgegeben werden die Zeile der SE-Matrix, die Nummer des Service-Elementes innerhalb der Multifacility, der Belegvermerk INH, der Verdrängungsvermerk VKZ und die Bearbeitungsphase.

10.4 Das Retten des Systemzustandes

Bei längeren Simulationsläufen muß die Möglichkeit bestehen, den Simulationslauf zu unterbrechen, um z.B. Zwischenergebnisse kontrollieren zu können. Anschließend soll die Ablaufkontrolle den Simulationslauf an der Stelle fortsetzen, wo er unterbrochen wurde. Hierzu stellt GPSS-F die beiden Unterprogramme SAVE und CONT zur Verfügung.

10.4.1 SAVE

Funktion:
Das Unterprogramm schreibt alle GPSS-F Datenbereiche auf eine Datei mit der logischen Gerätenummer "SAVO".

Unterprogrammaufruf:

```
        CALL SAVE
```

Parameterliste:

Die Parameterliste ist leer.

Datenbereich:

Es werden alle Datenbereiche, die in GPSS-F vorkommen, benötigt.

Programmbeschreibung:

Siehe Listing in Anhang A5

Hinweis:

* Das Unterprogramm SAVE rettet nur die GPSS-F Datenbereiche. Datenbereiche, die der Benutzer angelegt hat, wie z.B. Häufigkeitstabellen, müssen gesondert gesichert werden.

10.4.2 CONT

Funktion:
Das Unterprogramm CONT liest alle GPSS-F-Datenbereiche ein, die auf einer Datei mit der logischen Gerätenummer "SAVI" stehen.

Unterprogrammaufruf:

```
        CALL CONT
```

Parameterliste:

Die Parameterliste ist leer.

Datenbereich:

Es werden alle Datenbereiche, die in GPSS-F vorkommen, benötigt.

Programmbeschreibung:

Siehe Listing in Anhang A5

10.5 Der Abbruch eines Simulationslaufes

Beobachtet man die mittlere Wartezeit der Aufträge einer Warteschlange in Abhängigkeit der Simulationszeit, so ergibt sich, daß sie für den stationären Fall einem Grenzwert zustrebt. Das bedeutet, daß sich im Laufe der Simulationszeit alle statistischen Schwankungen herausgemittelt haben (siehe 1.5.4).
Der Mittelwert, der sich als Grenzwert ergibt, soll wahrer Mittelwert genannt werden. Er unterscheidet sich vom empirischen Mittelwert, der durch die Simulation zu einem bestimmten Zeitpunkt aufgrund der folgenden Beziehung bestimmt wird:

$$\text{Mittlere Wartezeit} = 1/\text{Anzahl der Auftraege} * \sum \text{Wartezeit des Auftrages i.}$$

Summiert wird hierbei über alle bisher beobachteten Aufträge i.

Die Abweichung zwischen dem wahren Mittelwert und dem zu einem bestimmten Zeitpunkt ermittelten empirischen Mittelwert wird mit fortschreitender Simulationszeit und wachsenden i abnehmen.
Bei der Simulation muß entschieden werden, wie lange simuliert werden muß bzw. wieviele Aufträge beobachtet werden müssen, bevor sich der empirische Mittelwert dem wahren Mittelwert ausreichend genähert hat.
In GPSS-F wird als Abbruchkriterium ein Verfahren eingesetzt, das vom zuletzt bestimmten empirischen Mittelwert für die Wartezeit der Aufträge in einer Queue ausgeht. Um diesen Mittelwert wird ein Intervall gelegt, dessen Breite vom Benutzer angegeben werden kann. Wenn 20 vorher beobachtete empirische Mittelwerte in dieses Intervall fallen, wird der Simulationslauf abgebrochen.
Die Überprüfung des Abbruchkriteriums übernimmt das Unterprogramm SIMEND.

Funktion:
Das Unterprogramm SIMEND prüft, ob die letzten 20 empirischen Mittelwerte für die Wartezeit der Aufträge in einer Queue innerhalb des vorgegebenen Intervalles liegen.

Unterprogrammaufruf:

```
CALL SIMEND (NQU,NE,P,&1006)
```

Parameterliste:

NQU Nummer der zu überprüfenden Queue
Es muß die Nummer der Queue angegeben werden, deren zeitliches Verhalten für den Abbruch des Simulationslaufes entscheidend sein soll.

NE Anzahl der Transactions zwischen zwei Überprüfungen
Es kann angegeben werden, wieviele Transactions die Queue verlassen haben müssen, bevor die Überprüfung erfolgt und ein neuer empirischer Mittelwert registriert wird.

P Zugelassene Abweichung vom Mittelwert (in Prozent)
Es muß die Breite des Intervalles angegeben werden, in das alle Mittelwerte fallen müssen, wenn der Simulationslauf abgebrochen werden soll. P gibt die zulässige Abweichung nach oben bzw. unten in Prozent vom Mittelwert an.
Das Intervall um den Mittelwert hat die Breite 2*P*MEAN/100.

&1006 Adreßausgang bei Simulationsende
Wenn das Abbruchkriterium erfüllt ist, wird zur Endabrechnung verzweigt.

Datenbereich:

Das Unterprogramm SIMEND benötigt den Vektor MEAN, in dem die zu überprüfenden mittleren Wartezeiten abgespeichert sind. Er ist wie folgt definiert:

```
REAL MEAN
```

```
DIMENSION MEAN (20)
```

Weiterhin wird der Bereich COMMON/QUE/ benötigt.

Programmbeschreibung:

"Bestimmen des Überprüfungszeitpunktes"

```
      NT = NA + NE
      IF(QUE(NQU,4).LT.NT) RETURN
```

Es wird festgestellt, ob seit der letzten Überprüfung NE Transactions die Queue verlassen haben. Ist das nicht der Fall, wird das Unterprogramm sofort wieder verlassen.

"Eintragen der mittleren Wartezeit"

```
      NA = NT
      PM = MOD(PM,20) + 1
      MEAN(PM) = FLOAT(QUE(NQU,6)) / FLOAT(QUE(NQU,4))
```

Wenn ein Überprüfungszeitpunkt erreicht ist, wird der neue Mittelwert für die Wartezeit in den Vektor MEAN eingetragen. Der Vektor MEAN wird hierbei zyklisch mit Daten besetzt. Alte Mittelwerte werden überschrieben.

"Bestimmen des zulässigen Intervalles"

```
      PR = (MEAN(PM) * P) / 100
      MU = MEAN(PM) - PR
      MO = MEAN(PM) + PR
```

Aus dem zuletzt bestimmten Wert für die mittlere Wartezeit und der zugelassenen Abweichung werden die Intervallgrenzen bestimmt.

"Überprüfen des Abbruchkriteriums"

```
      IM = PM
10    IM = MOD(IM,20) + 1
      IF(MEAN(IM).EQ.0.OR.MEAN(IM).LT.MU.OR.MEAN(IM).GT.MO)
     +RETURN
      IF(IM.NE.PM) GOTO 10
      RETURN 1
      END
```

Es wird geprüft, ob die letzten 20 Mittelwerte in dem angegebenen Intervall liegen. Weiterhin wird festgestellt, ob bereits 20 Mittelwerte registriert sind.
Ist das nicht der Fall, so kann der Simulationslauf nicht abgebrochen werden. Es wird mit der auf den Unterprogrammaufruf folgenden Anweisung fortgefahren.

Hinweise:

* Das Unterprogramm SIMEND kann an jeder Stelle des Simulationslaufes aufgerufen werden. Es ist jedoch empfehlenswert, das

Abbruchkriterium nach der Bearbeitung aller bedingten Aktivierungen einzusetzen. Das bedeutet, daß nach dem Unterprogramm ACTIV2 zum Unterprogramm SIMEND gesprungen werden muß, bevor mit dem Aufruf von ACTIV1 weitergefahren werden kann.
Die Ablaufkontrolle hat damit den folgenden Aufbau:

```
1001    CALL SIMEND (NQU,NE,P,&1006)
        CALL ACTIV1 (&1006)

1003    Adreßverteiler

        Modell

1005    CALL ACTIV2 (&1001,&1003)

1006    Endabrechnung
```

* In GPSS-F kann ein Simulationslauf aufgrund von drei Abbruchkriterien beendet werden:
Überschreitung der Zeitobergrenze N.
Nach Bearbeitung aller Transactions, die von den Sources erzeugt wurden. Die Transactionobergrenze für eine Source steht hierbei in der Variablen ZTR.
Überprüfung des zulässigen Intervalles für die mittlere Wartezeit durch das Unterprogramm SIMEND.

* Wenn man aus vorhergegangenen Simulationsläufen weiß, wieviele Transactions beobachtet werden müssen, läßt sich ein brauchbarer Wert für NE gewinnen.
Sei QUE(NQU,4) die Anzahl der Transactions, die beobachtet werden müssen, bevor der Wert für die mittlere Wartezeit in der Queue NQU den geforderten Bedingungen genügt. Die erste Hälfte dieser Transactions fällt in die Einschwingphase und in die Phase starker statistischer Schwankungen. Die andere Hälfte wird auf die 20 Intervalle verteilt. Für NE ergibt sich hiermit:
NE = QUE(NQU,4) / (2*20)

11. MODELLE

11.1 Die Ablaufkontrolle

An einem ganz einfachen Beispiel soll gezeigt werden, wie der Rahmen und die Unterprogramme zusammenarbeiten. Insbesondere wird deutlich gemacht, auf welche Weise die Ablaufkontrolle die Aufeinanderfolge der Zustandsänderungen organisiert.

Für das Modell Bankschalter ist die Kenntnis der folgenden Kapitel erforderlich: Kap. 1.6, Kap. 2(ohne 2.6.2-2.6.4), Kap. 3.3, Kap. 3.5, Kap. 4.1, Kap. 10.3.1, Kap.10.4.

11.1.1 Modell Bankschalter

Ein Bankschalter öffnet um 8.00 Uhr. Von diesem Zeitpunkt an kommt genau alle 5 Minuten ein Kunde. Wenn 50 Kunden die Bank betreten haben, wird die Bank geschlossen. Der Bankangestellte braucht für die Behandlung eines Kunden genau 6 Minuten.

Die folgenden beiden Fragen sollen mit Hilfe der Simulation beantwortet werden:

* Wann ist der Bankangestellte mit seiner Arbeit fertig ?

* Wie groß ist die mittlere Wartezeit ?

Um 10.30 Uhr soll die Facility-Matrix, die Ereignisliste, die Aktivierungsliste und die Transaction-Matrix ausgedruckt werden.

11.1.2 GPSS-Rahmen

* Abschnitt 1: Allgemeine Fortran-Definitionen
Außer den Systemgrößen, die von GPSS-F definiert werden, wird für die Variablen WZ (mittlere Wartezeit) und ZEIT (Ende der Arbeitszeit) der Typ REAL festgelegt. Das ist erforderlich, da durch

```
IMPLICIT INTEGER (A-Z)
```

in GPSS-F alle Variablen zunächst vom Typ INTEGER sind.

* Abschnitt 2: Definition von Statement-Functions
Funktionen werden nicht benötigt.

* Abschnitt 3: Nullsetzen der Datenbereiche
Zur Berechnung der mittleren Wartezeit werden die beiden Variablen WZG (Wartezeit gesamt) und WZ (mittlere Wartezeit) benötigt. Sie werden mit Null vorbesetzt.

* Abschnitt 4: Wertzuweisungen von konstanten Steuer- und Anfangswerten

Private Konstante sind nicht vorgesehen. Da eine Warteschlange nach PFIFO abgearbeitet wird, wenn in der Policy-Matrix kein Eintrag vorliegt, ist es nicht erforderlich, für die Facility, die den Bankangestellten am Schalter repräsentiert, eine Policy anzugeben (siehe 3.3, insbesondere 3.3.1 und 3.3.2).

* Abschnitt 5: Variable Steuerwerte, Anfangswerte und Funktionswerte-Tabellen

Es werden die folgenden Variablen eingelesen:
Zeitobergrenze N = 2000
Transactionobergrenze = 50
Kontrollvariable CONTIN = 0
Kontrollvariable SECURE = 0
Protokollsteuerung IPRINT = 0

Der Simulationslauf soll beendet werden, wenn alle Kunden fertig behandelt sind. Der Abbruch erfolgt daher mittelbar durch die Transactionobergrenze, denn es dürfen nur 50 Transactions erzeugt werden. Die Zeitobergrenze wird in einem ordnungsgemäßen Simulationslauf nicht erreicht. Sie bildet eine Kontrollgrenze, die bei fehlerhaftem Ablauf zum Abbruch führen soll.
Die beiden Kontrollvariablen CONTIN und SECURE steuern das Einlesen und Retten der GPSS-F Systemdaten (siehe 10.4). Sie haben die folgende Bedeutung:

CONTIN	0	Das Einlesen der Systemdaten ist nicht erforderich.
	1	Der vorher abgebrochene Simulationslauf soll fortgesetzt werden. Die Systemdaten müssen eingelesen werden.
SECURE	0	Der Simulationslauf ist beendet
	1	Der Simulationslauf soll zu einem späteren Zeitpunkt an der Stelle, an der er abgebrochen wurde, fortgesetzt werden. Die Systemdaten müssen gerettet werden.

Die Protokollsteuerung wird so eingestellt, daß die Kontrollausdrucke unterdrückt werden.

* Abschnitt 6: Wertzuweisung der ersten Startzeitpunkte

Um den Systemablauf in Gang zu setzen, muß der Benutzer die ersten Ereignisse mit Hilfe des Unterprogrammes EVENT selbst festlegen.
Als Zeiteinheit wurde für die vorliegende Aufgabe die Minute gewählt. Um 8.00 Uhr, d.h. bei 480 Zeiteinheiten soll die Source mit der Nummer NS = 1 gestartet werden. Der dazugehörige Unterprogrammaufruf CALL GENERA besitzt im Modell die Anweisungsnummer &1.
Um 10.30 Uhr, d.h. nach 630 Zeiteinheiten, sollen die Ereignisliste, die Aktivierungsliste, die Transaction-Matrix und die Facility-Matrix ausgedruckt werden. Das Unterprogramm REPORT, das den Ausdruck vornimmt, trägt die Anweisungsnummer &4.

* Abschnitt 7: Zeitabhängige Aktivierung
Die Abschnitte 1 bis 6 gehören zur Vorbereitung des Simulationslaufes. Mit Abschnitt 7 beginnt der eigentliche Ablauf, der bis Abschnitt 10 reicht. Der Abschluß des Simulationslaufes erfolgt in den Abschnitten 11 und 12.
Zu Beginn des Simulationslaufes oder wenn keine bedingten Aktivierungen erforderlich sind, wird das Unterprogramm ACTIV1 aufgerufen, das die nächste zeitabhängige Aktivierung heraussucht.
Vom Unterprogramm ACTIV1 wird in die Variable NADR als Wert die Zieladresse desjenigen Unterprogrammes eingetragen, bei der mit der Bearbeitung fortgefahren werden soll. Für Transactions wird weiterhin die Variable LTR besetzt, die angibt, welche Zeile in der Transaction-Matrix von der ausgewählten Transaction besetzt wird.

* Abschnitt 8: Adreßverteiler
Der Adreßverteiler muß alle Anweisungsnummern enthalten, die als Zieladressen in der Ereignisliste oder der Aktivierungsliste vorkommen können. Für die vorliegende Aufgabe werden vier Anweisungsnummern benötigt.
&1 bezeichnet den Unterprogrammaufruf CALL GENERA. Das Unterprogramm GENERA wird angesprungen, wenn eine Transaction erzeugt werden soll.
Über &2 wird das Unterprogramm SEIZE angesprungen, wenn eine blockierte Transaction von der Transactionsteuerung für eine bedingte Aktivierung vorgesehen ist. In diesem Fall wurde die Facility frei. Die ausgewählte Transaction muß das Unterprogramm SEIZE erneut aufrufen, um die Belegung der Facility vorzunehmen.
Die Anweisungsnummer &3 wird benötigt, um den Unterprogrammaufruf CALL WORK zu bezeichnen. Das Unterprogramm WORK wird über den Adreßverteiler mit Hilfe der Zieladresse angeprungen, wenn die Transaction zu diesem Unterprogramm zurückkehrt, um das Ende der Bearbeitungszeit anzuzeigen.
&4 bezeichnet den Unterprogrammaufruf CALL REPORT, mit dessen Hilfe die Ereignisliste, die Aktivierungsliste, die Transaction-Matrix und die Facility-Matrix um 10.30 Uhr ausgedruckt werden.
Die Unterprogramme CLEAR und TERMIN benötigen selbst keine Anweisungsnummern. Sie werden immer nur aufgerufen, wenn eine Transaction das Unterprogramm in der Anweisung zuvor über den normalen RETURN-Ausgang verlassen hat.

* Abschnitt 9: Modell
Das Unterprogramm GENERA erzeugt im Abstand von 5 Zeiteinheiten eine Transaction. Jedesmal, wenn eine Transaction zum Zeitpunkt T in das System gekommen ist, wird der Zeitpunkt für die nächste Aktivierung der Source festgelegt und in die Ereignisliste eingetragen. Da ZTR=50 ist, stellt die Source ihre Erzeugung ein, wenn die angegebene Zahl von Transactions erreicht ist.
Das Unterprogramm SEIZE wird einmal von allen Transactions erreicht, die von GENERA erzeugt worden sind. Für sie wird geprüft, ob die Facility frei oder belegt ist. Ist sie frei, so darf die Transaction mit der Belegung fortfahren. Anderenfalls wird die Transaction blockiert. Das Unterprogramm SEIZE kann jedoch auch direkt angesprungen werden, wenn die Facility frei geworden ist. Eine Transaction hat dann die Facility verlassen und das Unter-

programm CLEAR aufgerufen. Anschließend wurde sie durch das Unterprogramm TERMIN vernichtet. In diesem Fall wird vom Unterprogramm ACTIV2 nach der Policy PFIFO eine Transaction aus den blockierten Transactions ausgewählt und zur Belegung unmittelbar zur Anweisungsnummer &2 geschickt.
Wenn eine Transaction das Unterprogramm SEIZE über den normalen RETURN-Ausgang verläßt, belegt sie die Facility. Es wird zunächst die Zeit festgehalten, die eine Transaction in der Warteschlange vor der Facility verbracht hat, indem vom aktuellen Stand der Simulationsuhr der Entstehungszeitpunkt abgezogen wird. Die Wartezeit einer Transaction wird zur Gesamtwartezeit WZG hinzugezählt.
Anschließend wird das Unterprogramm WORK aufgerufen, das eine Transaction um die Bearbeitungszeit von 6 Minuten verzögert.
Die auf diese Weise verzögerte Transaction wird am Ende der Behandlungszeit vom Unterprogramm ACTIV1 herausgesucht und erneut zum Unterprogramm WORK geschickt. Sie verläßt dieses Unterprogramm über den normalen RETURN-Ausgang und läuft weiter zum nachfolgenden Unterprogrammaufruf CALL CLEAR.
Nach dem Unterprogramm CLEAR erreicht eine Transaction den Unterprogrammaufruf CALL TERMIN. Hier wird die Transaction aus dem System entfernt. Nach dem Unterprogrammaufruf CALL TERMIN muß mit der Suche nach einer bedingten Aktivierung fortgefahren werden.
Der Aufruf des Unterprogrammes REPORT wird zum Zeitpunkt T=630 angesprungen. Anschließend wird mit der Suche nach einer bedingten Aktivierung fortgefahren.

* Abschnitt 10: Bedingte Aktivierung
Immer, wenn eine Transaction deaktiviert worden ist, muß als nächstes das Unterprogramm ACTIV2 aufgerufen werden. Das ist der Fall, wenn eine Transaction an der Facility vom Unterprogramm SEIZE blockiert worden ist, vom Unterprogramm WORK 6 Minuten verzögert wurde oder vom Unterprogramm TERMIN vernichtet wurde. Daher haben die angegebenen Unterprogramm jeweils einen Adreßausgang, der auf das Unterprogramm ACTIV2 verzweigt. Im vorliegenden Fall ist eine bedingte Aktivierung nur möglich, wenn eine Transaction die Facility verläßt und vernichtet wird. Die Facility ist dadurch frei geworden und kann durch eine Transaction aus der Warteschlange belegt werden.
Sind alle bedingten Aktivierungen bearbeitet, so wird zur zeitabhängigen Ereignissteuerung bei Anweisungsnummer &1001 verzweigt. Damit beginnt der nächste Simulationszyklus, der die nächste zeitabhängige Aktivierung bearbeitet (siehe Bild 12).

* Abschnitt 11: Endabrechnung der Statistiken
Es wird ausgerechnet, zu welcher Uhrzeit der Bankangestellte mit seinem Schalter fertig ist. Weiterhin wird die mittlere Wartezit bestimmt, indem die Gesamtwartezeit durch die Anzahl der Kunden geteilt wird.

* Abschnitt 12: Auswahl der Ergebnisse
Am Ende des Simulationslaufes wird vom Unterprogramm REPORT der Systemzustand gezeigt. Der Anwender kann überprüfen, ob das Modell korrekt abgelaufen ist. Weiterhin werden die Ergebnisse für die Uhrzeit und die mittlere Wartezeit ausgegeben.

11.1.3 Die Ausdrucke für die Facility-Matrix, die Ereignisliste und die Transaction-Matrix

In der Facility-Matrix ist nur die erste Zeile besetzt, die der Facility mit NFA=1 gehört. Zum Zeitpunkt T=630 ist die Facility von einer Transaction belegt, die in der Aktivierungsliste und der TR-Matrix in der Zeile 6 steht und deren Transaction-Nummer 25 ist.
Die Transaction in der Zeile 6 der Aktivierungsliste soll zum Zeitpunkt T=630 wieder gestartet werden. Sie wird dann zur Anweisungsnummer &3 geschickt, damit sie dort dem Unterprogramm WORK das Ende der Bearbeitungszeit anzeigen kann.
Sechs weitere Transactions befinden sich in der Warteschlange vor der Facility. Sie tragen den Blockiervermerk -1.
Wenn die Facility frei wird, so wird aus den blockierten Transactions nach der Policy PFIFO die nächste ausgewählt und zur Belegung der Facility auf den Unterprogrammaufruf CALL SEIZE geschickt, der die Anweisungsnummer &2 trägt.
Für alle blockierten Transactions befindet sich der Blockierungszeitpunkt in der Transaction-Matrix in dem Feld TR(LTR,8). Es zeigt sich, daß die Transaction mit der Nummer 26 die Warteschlange als erste betreten hat und daher als nächste von ACTIV2 ausgewählt werden muß.
Zum Zeitpunkt T=630 hat soeben die Erzeugung einer Transaction durch die Source in der Zeile 1 der Ereignisliste stattgefunden. Es handelt sich um die Transaction mit der Nummer 31, die in der Transaction-Matrix als Entstehungszeitpunkt TR(7,3) den Wert 630 stehen hat. In der Ereignisliste ist in EL(1,2) bereits der Zeitpunkt für den nächsten Start eingetragen.
In der Zeile 2 der Ereignisliste, die den Ausdruck durch REPORT veranlaßt hat, befindet sich kein Eintrag. Nach Aktivierung des Ereignisses wurde diese Zeile vom Unterprogramm ACTIV1 gelöscht.

11.1.4 Endergebnisse

Der Ausdruck von REPORT am Ende des Simulationslaufes zeigt, daß keine weiteren Ereignisse angemeldet sind und sich auch keine Transaction im Modell befindet.

11.1.5 Das Listing für das Modell

```
C     GPSS  FORTRAN  SIMULATIONSPROGRAMM
C     ==================================
C
C
C     S I M U L A T O R :  G P S S - F O R T R A N  /  T R 4 4 0
C
C
C     MODELL  BANKSCHALTER
C
C
C     VERSION VOM  01. 03. 78
C
C
C
C
C
C     1. ALLGEMEINE FORTRAN-DEFINITIONEN
C
C
      IMPLICIT INTEGER (A - Z)
      REAL  QUESTA
      REAL*8  DRN , DFAKT , DMODUL , DKONST
C
C
C     ****** PRIVATE TYP-DEKLARATIONEN ******
C
      REAL  WZ , ZEIT
C
C     ****** ENDE PRIVATE TYP-DEKLARATIONEN ******
C
C
C     ****** PRIVATE DIMENSION-STATEMENTS ******
C
C     ****** DIE FUER DIE BEARBEITUNG DURCH ******
C     ****** TABULA, EVALUE ODER GRAPH BE- ******
C     ****** STIMMTEN TABELLEN MUESSEN DIE ******
C     ****** DIMENSION  (100,4)  HABEN ******
C
C     ****** ENDE PRIVATE DIMENSION-STATEMENTS ******
C
C
      COMMON  TR(200,30) , AL(200,2) , LAL , LTR , EL(30,2)
      COMMON  LEL , LEV , LFAM , NADR , STATE(6122) , OK
      COMMON  N , T , IT , RT
      COMMON  /ASM/ ASM(200,10)
      COMMON  /DRN/ DRN(30) , DFAKT(30) , DMODUL , DKONST(30)
      COMMON  /FAC/ FAC(20,3)
      COMMON  /FAM/ FAM(200,3)
      COMMON  /GA1/ GATHF(200,10)
      COMMON  /GA2/ GATHT(10)
      COMMON  /MFA/ LSE , MFAC(2,2) , MBV(2) , SE(20,3)
      COMMON  /PLA/ PLAMA(2,2)
      COMMON  /POL/ POLVEC(200) , POLC , POL(20,2)
```

```
      COMMON  /QUE/ QUE(50,8) , QUESTA(50,2)
      COMMON  /SBV/ LSM , SBV(20) , SM(1024,2)
      COMMON  /SRC/ SRC(20,2) , NTRC
      COMMON  /STO/ STO(20,2)
      COMMON  /STR/ STRAMA(20,2)
      COMMON  /UC1/ UCHF(200,10,2)
      COMMON  /UC2/ UCHT(10,2)
C
C
C     ****** PRIVATE COMMON-STATEMENTS ******
C
C     ****** ENDE PRIVATE COMMON-STATEMENTS ******
C
C
C     ****** PRIVATE EQUIVALENCE- UND EXTERNAL-STATEMENTS ******
C
C     ****** ENDE PRIVATE EQUIV.- UND EXTERNAL-STATEMENTS ******
C
C
C     ****** PRIVATE DATA-STATEMENTS ******
C
C     ****** ENDE PRIVATE DATA-STATEMENTS ******
C
C
C
C
C
C     2. DEFINITION VON STATEMENT FUNCTIONS
C
C
C     ****** PRIVATE FUNCTION-STATEMENTS ******
C
C     ****** ENDE PRIVATE FUNCTION-STATEMENTS ******
C
C
C
C
C
C     3. NULLSETZEN DER DATENBEREICHE
C
C
3000  CONTINUE
      CALL RESET
C
C
C     ****** NULLSETZEN PRIVATER GROESSEN UND TABELLEN ******
C
      WZG=0
      WZ=0
C
C     ****** ENDE NULLSETZEN PRIV. GROESSEN UND TABELLEN ******
C
C
C
C
C
```

```
C     4. WERTZUWEISUNG VON KONSTANTEN STEUER- UND ANFANGSWERTEN
C
C
4000  CONTINUE
C
C
C     ****** SETZEN POLICY-, STRATEGIE- UND PLAN-MATRIX ******
C
C     ****** ENDE SETZEN POL.-, STRAT.- UND PLAN-MATRIX ******
C
C
C     ****** SETZEN SPEICHERKAPAZITAETEN ******
C
C     ****** ENDE SETZEN SPEICHERKAPAZITAETEN ******
C
C
C     ****** SETZEN KAPAZITAETEN DER MULTIFACILITIES ******
C
C     ****** ENDE SETZEN DER KAPAZ. DER MULTIFACILITIES ******
C
C
      CALL INIT1
      CALL INIT2(&9999)
      CALL INIT3(&9999)
C
C
C
C
C
C     5. VARIABLE STEUERWERTE, ANFANGSWERTE UND FUNKTIONSWERTE-
C        TABELLEN
C
C
5000  CONTINUE
      WRITE(6,5001)
5001  FORMAT(1H1)
      CALL VERSIO
      N = ITREAD('N       ')
      IF(N.LE.0) GOTO 5097
      ZTR = ITREAD('ZTR     ')
      IF(ZTR.LE.0) GOTO 5097
      CONTIN = ITREAD('CONTIN  ')
      SECURE = ITREAD('SECURE  ')
      IPRINT = ITREAD('PRINT   ')
      GOTO 5500
5097  WRITE(6,5098)
5098  FORMAT(1H0,'*** FALSCHE EINGABE ***')
      GOTO 9999
C
C
5500  CONTINUE
C
C
C     ****** EINLESEN PRIVATER GROESSEN ******
C
C     ****** ENDE EINLESEN PRIVATER GROESSEN ******
```

```
C
C
C     ****** SETZEN PRIVATER GROESSEN ******
C
C     ****** ENDE SETZEN PRIVATER GROESSEN ******
C
C
      IF(IPRINT.NE.0) WRITE(6,5001)
      IF(CONTIN.EQ.0) GOTO 6000
      CALL CONT
      GOTO 1001
C
C
C
C
C
C     6. ANMELDEN DER ERSTEN EREIGNISSE
C
C
6000  CONTINUE
      CALL EVENT(480,1,1,&1006,IPRINT)
      CALL EVENT(630,4,0,&1006,IPRINT)
C
C
C
C
C
C     7. ABLAUFKONTROLLE 1 : ZEITABHAENGIGE AKTIVIERUNG VON
C        EREIGNISSEN UND TRS
C
C
1001  CALL ACTIV1(&1006)
      LT = T
      NT = RT
C
C
C
C
C
C     8. ADRESSVERTEILER
C
C
1003  CONTINUE
C
C
C     ****** ADRESSVERTEILER ******
C
      GOTO (1,2,3,4),NADR
C
C     ****** ENDE ADRESSVERTEILER ******
C
C
C
C
C
C     9. MODELL
```

```
C
C
C      ****** MODELL ******
C
C      ERZEUGEN DER TRS
C      ================
1      CALL GENERA(5,ZTR,0,1,&1006,IPRINT)
C
C      BELEGEN UND FREIGEBEN DER FACILITY
C      ==================================
2      CALL SEIZE(1,2,&1005,IPRINT)
       WZG=WZG+(T-TR(LTR,3))
3      CALL WORK(6,1,3,&1005,&1006,IPRINT)
       CALL CLEAR(1,&1005,&1006,IPRINT)
C
C      VERNICHTEN DER TRS
C      ==================
       CALL TERMIN(&1005,IPRINT)
C
C      AUSDRUCK DES SYSTEMZUSTANDES
C      ============================
4      WRITE(6,5001)
       CALL REPORT(0,20,0,0,30,200,200,0)
C
C      ****** ENDE MODELL ******
C
C
C
C
C
C      10. ABLAUFKONTROLLE 2 : BEDINGTE AKTIVIERUNG VON TRS
C
C
1005   CONTINUE
       CALL ACTIV2(&1001,&1003)
C
C
C
C
C
C      11. ENDABRECHNUNG
C
C
1006   CONTINUE
       T = LT
       RT = NT
       CALL ENDQUE
C
C
C      ****** ENDABRECHNUNG ******
C
```

```
      ZEIT=FLOAT(LT/60)+FLOAT(MOD(LT,60))/100.
      WZ=FLOAT(WZG)/FLOAT(NTRC)
C
C     ****** ENDE ENDABRECHNUNG ******
C
C
C
C
C
C     12. AUSGABE DER ERGEBNISSE
C
C
8000  CONTINUE
      WRITE(6,5001)
      CALL REPORT(0,20,0,0,30,200,200,0)
      IF(SECURE.EQ.1)  CALL SAVE
C
C
C     ****** AUSGABE PRIVATER GROESSEN ******
C
      WRITE(6,8010)
8010  FORMAT(/////21X,37(1H*),2(/21X,1H*,35X,1H*))
      WRITE(6,8020) ZEIT
8020  FORMAT(21X,1H*,2X,21HENDE DER ARBEIT    : ,F6.2,4H UHR,2X,
     +1H*)
      WRITE(6,8030) WZ
8030  FORMAT(21X,1H*,2X,21HMITTLERE WARTEZEIT : ,F6.2,6X,1H*)
      WRITE(6,8040)
8040  FORMAT(2(21X,1H*,35X,1H*/),21X,37(1H*))
      WRITE(6,5001)
C
C     ****** ENDE AUSGABE PRIVATER GROESSEN ******
C
C
      READ(5,8992) INPUT
8992  FORMAT(I1)
      IF(INPUT.EQ.1) GOTO 3000
C
C
9999  STOP
      END
```

```
GPSS FORTRAN SIMULATIONSPROGRAMM
================================

VERSION VOM  01. 03. 78
======================


N          (I10)        2000

ZTR        (I10)          50

CONTIN     (I10)           0

SECURE     (I10)           0

PRINT      (I10)           0




          T =      630  RT =      630


          INHALT DER FACILITIES

          NR.   INH.   VKZ   PHASE
           1     6      0       2


          EREIGNISLISTE

          I       NADR        ZEIT
          1          1         635
```

AKTIVIERUNGSLISTE

I	NADR	ZUSTAND
1	2	-1
2	2	-1
3	2	-1
4	2	-1
5	2	-1
6	3	630
7	2	-1

PARAMETERMATRIX

LTR	P1	P2	P3	P4	P5	P6
1	26	0	605	0	0	0
2	27	0	610	0	0	0
3	29	0	620	0	0	0
4	28	0	615	0	0	0
5	30	0	625	0	0	0
6	25	0	600	0	2	0
7	31	0	630	0	0	0

LTR	P7	P8	P9	P10	P11	P12
1	0	605	0	0	0	0
2	0	610	0	0	0	0
3	0	620	0	0	0	0
4	0	615	0	0	0	0
5	0	625	0	0	0	0
6	0	0	0	0	0	0
7	0	630	0	0	0	0

LTR	P13	P14	P15	P16	P17	P18
1	0	0	0	0	0	0
2	0	0	0	0	0	0
3	0	0	0	0	0	0
4	0	0	0	0	0	0
5	0	0	0	0	0	0
6	0	0	0	0	0	0
7	0	0	0	0	0	0

```
        T =     780  RT =     780


        INHALT DER FACILITIES

        NR.   INH.   VKZ   PHASE


        EREIGNISLISTE

        I       NADR       ZEIT


        AKTIVIERUNGSLISTE

        I       NADR    ZUSTAND


        PARAMETERMATRIX
LTR       P1       P2       P3       P4       P5       P6
LTR       P7       P8       P9      P10      P11      P12
LTR      P13      P14      P15      P16      P17      P18


        *************************************
        *                                   *
        *                                   *
        *  ENDE DER ARBEIT    :  13.00 UHR  *
        *  MITTLERE WARTEZEIT :  24.50      *
        *                                   *
        *                                   *
        *************************************
```

11.2 Zufallszahlen

Um stochastische Systeme (siehe 1.1.2) im Modell nachbilden zu können, benötigt man die Erzeugung von Zufallszahlen. An einem Beispiel-Modell wird gezeigt, wie Zufallszahlen in GPSS-F erzeugt und eingesetzt werden können.

Für das Modell Eichhörnchen ist die Kenntnis der folgenden Kapitel erforderlich: Kap. 2.6.2, Kap. 9, Kap. 10.1.

11.2.1 Modell Eichhörnchen

Unter einem Nußbaum liegen 10 Nüsse. Zur Zeit T=1 beginnt ein Eichhörnchen mit dem Knacken. Es benötigt im Durchschnitt 4 Minuten pro Nuß. Durchschnittlich alle 5 Minuten fällt eine neue Nuß vom Baum. (Die erste Nuß falle zum Zeitpunkt T=6). Wenn das erste Mal keine Nuß mehr am Boden liegt, wendet sich das Eichhörnchen einer neuen Beschäftigung zu.
Den zufälligen Ereignissen liege eine exponentielle Wahrscheinlichkeitsverteilung zugrunde.

Die folgenden beiden Fragen sollen mit Hilfe der Simulation beantwortet werden:

* Wieviel Nüsse hat das Eichhörnchen durchschnittlich geknackt ?

* Wie lange ist das Eichhörnchen durchschnittlich mit Knacken beschäftigt ?

Zur Berechnung der Durchschnittswerte soll der Simulationslauf 100 Mal wiederholt werden.

11.2.2 Der Einsatz der Zufallszahlengeneratoren

Der zeitliche Abstand, der zwischen dem Fallen von zwei Nüssen liegt, wird Ankunftsabstand genannt. Die Zeit, die das Eichhörnchen zum Knacken einer Nuß benötigt, heißt Bedienzeit.
Im Modell Eichhörnchen sind der Ankunftsabstand und die Bedienzeit stochastische Variable, die der Exponentialverteilung genügen. Daher muß vor jedem Aufruf der Unterprogramme GENERA und WORK das Unterprogramm ERLANG aufgerufen werden, das die Zufallszahlen bestimmt und in der Variablen RANDOM zurückgibt.
Um den Fehler auszugleichen, der aufgrund der Typumwandlung durch die Funktion IFIX entsteht, ist eine Korrektur erforderlich (siehe 9.4.7).
Weiterhin ist zu beachten, daß die Anweisungsnummer, die in der Parameterliste des Unterprogrammaufrufes CALL GENERA erscheint, vor der Anweisung CALL ERLANG stehen muß (siehe 9.4.7 und 11.2.4).

Da die Zeitangaben in der Aufgabenstellung sehr klein sind, ist es erforderlich, Skalierung einzuführen (siehe 9.4.7). Das heißt, alle Zeitangaben werden mit dem Skalierungsfaktor ISCAL=10 multipliziert. Das geschieht zunächst in Abschnitt 5 des Rahmens. Hier

werden die Mittelwerte sowie die Unter- und Obergrenzen skaliert. Weiterhin müssen die Zeitangaben bei der Anmeldung von Ereignissen berücksichtigt werden (siehe Abschnitt 6 des Rahmens).
Nach Ende eines Simulationslaufes muß die Skalierung für die Variable T, die angibt, wielange das Eichhörnchen mit Knacken beschäftigt war, wieder rückgängig gemacht werden. Das geschieht in Abschnitt 11 des Rahmens durch die Anweisung

```
T1 = T / ISCAL
```

Im Modell Eichhörnchen wird von der Möglichkeit Gebrauch gemacht, die Verteilungsfunktion für die Ankunftsabstände und die Bearbeitungszeit unter und oben abzuschneiden (siehe 9.3.6). Als Obergrenze wird in beiden Fällen

```
MAX = MEAN * 5.
```

gewählt. Um den Mittelwert zu erhalten, wird die Untergrenze MIN dem Bild 32 aus Kap. 9.3.6 entnommen (siehe Abschnitt 5 des Rahmens).

11.2.3 Der Aufbau des Modells

Das Eichhörnchen mit seinen Nüssen läßt sich als einfache Bedienstation mit Warteschlange darstellen. Das Eichhörnchen gilt als Facility, die während der Zeit, die zum Knacken einer Nuß benötigt wird, als belegt gilt. Alle Nüsse, die vom Baum gefallen sind, bilden eine Warteschlange. In dieser Beziehung stimmt das Modell Eichhörnchen mit dem Modell Bankschalter überein. Daher findet sich in Abschnitt 9 Modell die typische Folge der Unterprogrammaufrufe:

```
CALL GENERA
CALL SEIZE
CALL WORK
CALL CLEAR
CALL TERMIN
```

Die beiden Unterprogrammaufrufe CALL QUEUE und CALL DEPART dienen zur Sammlung und Darstellung statistischen Materials, das die Nüsse betrifft.
Eine Nuß betritt die Queue durch den Unterprogrammaufruf CALL QUEUE. Das geschieht unmittelbar nach ihrer Erzeugung. Die Nuß verläßt die Queue wieder nach Freigabe der Facility und vor der Vernichtung . Hierdurch wird die gesamte Verweilzeit der Nuß erfaßt, die sich aus Wartezeit in der Warteschlange und Bedienzeit in der Facility zusammensetzt.
Die Anzahl der Nüsse, die das Eichhörnchen während eines Simulationslaufes knackt, ist identisch mit der Zahl der Zugänge, die in dem Element QUE(1,3) gespeichert wird.

Als Abbruchkriterium für einen Simulationslauf gilt die Anzahl der Nüsse in der Queue. Wenn sich keine Nuß mehr im System befindet, d.h. wenn QUE(1,1).EQ.0, dann wird zur Endabrechnung gesprungen.

Hinweise:

* Eine Queue, die von den beiden Unterprogrammen QUEUE und DEPART bearbeitet wird, ist nicht identisch mit einer tatsächlichen Warteschlange. Im Modell Eichhörnchen befindet sich eine Nuß während ihrer gesamten Lebenszeit in einer Queue. Alle statistischen Aussagen gelten für Transactions nur für den Zeitraum, in dem sie sich in einer Queue befinden.

* Sollen für eine Bedienstation die statistischen Daten für das Verhalten der Warteschlange bestimmt werden, so muß die Folge der Unterprogrammaufrufe die folgende Form haben:

```
CALL QUEUE
CALL SEIZE
CALL DEPART
CALL WORK
CALL CLEAR
```

Wenn statistische Daten über das Verhalten der Transactions während ihrer Aufenthaltszeit in der Facility gesammelt werden sollen, hat die Folge der Unterprogrammaufrufe die folgende Form:

```
CALL SEIZE
CALL QUEUE
CALL WORK
CALL CLEAR
CALL DEPART
```

Natürlich ist es möglich, die bisher genannten Verfahren zu kombinieren. So kann man z.B. mit Hilfe von zwei Queues die Verweilzeit und die Wartezeit bestimmen. Die Folge der Unterprogrammaufrufe hat dann die folgende Form:

```
CALL QUEUE (NQU=1)
CALL QUEUE (NQU=2)
CALL SEIZE
CALL DEPART (NQU=2)
CALL WORK
CALL CLEAR
CALL DEPART (NQU=1)
```

Die Queue mit NQU=1 ermittelt hierbei die Verweilzeit, während die Queue mit NQU=2 die Wartezeit in der Warteschlange bestimmt.

Das Modell Eichhörnchen beginnt mit einem vorbesetzten Zustand. D.h. zu Beginn des Simulationslaufes befinden sich bereits 10 Nüsse in der Warteschlange.
Um diese ersten 10 Nüsse in das Modell zu bringen, gibt es verschiedene Möglichkeiten. Zunächst könnte der Benutzer die Aktivierungsliste und die TR-Matrix selbst besetzen. Hierbei würde der Vorteil deutlich, den GPSS-F als Fortran-Programmpaket bietet. Der Benutzer hat Zugang zu allen Systemdaten und kann sie manipulieren.
Weiterhin ist es möglich, die ersten 10 Nüsse durch einen Aufruf des Unterprogrammes GENERA mit ET=0 und ZTR=10 zu erzeugen.

Hierzu wird die Source mit NS=1 benötigt. Das Ereignis, das zur Erzeugung der ersten Nuß führt, wird hierbei durch den folgenden Unterprogrammaufruf angemeldet:

```
CALL EVENT (1*ISCAL,1,1,&1006,IPRINT)
```

Nach Erzeugung der ersten 10 Nüsse wird die Source NS=1 stillgelegt.
Die übrigen Nüsse werden von der Source NS=2 erzeugt. Hierfür ist ein eigener Aufruf des Unterprogrammes GENERA vorgesehen. Die Zwischenankunftsabstände gehorchen einer Exponentialverteilung mit dem Mittelwert MEAN1.
Das Ereignis, das die Erzeugung der ersten Nuß durch die Source NS=2 bewirken soll, wird durch den folgenden Unterprogrammaufruf für den Zeitpunkt 6*ISCAL angemeldet:

```
CALL EVENT (6*ISCAL,2,2,&1006,IPRINT)
```

Da der Simulationslauf 100 Mal wiederholt werden soll, befinden sich die Abschnitte 6 bis 11 innerhalb einer DO-Schleife, die bei Anweisungsnummer 5999 beginnt und bei Anweisungsnummer 7999 abschließt.
Bei der Anlage der DO-Schleife sind die folgenden drei Punkte zu beachten:

* Vor jedem neuen Simulationslauf müssen alle Datenbereiche gelöscht werden. D.h. der Aufruf des Unterprogrammes RESET muß innerhalb der DO-Schleife stehen.

* Die Zufallszahlengeneratoren dürfen nicht neu initialisiert werden. Anderenfalls würde jeder Simulationslauf eine identische Folge von Zufallszahlen und daher identische Ergebnisse erzielen. D.h. der Aufruf des Unterprogrammes INIT1 darf nicht innerhalb der DO-Schleife stehen.

* Die Anzahl der Nüsse, die für jeden Durchgang geknackt wurden und die Zeit, die hierfür erforderlich war, wird in den Variablen ANZ und ZEI aufsummiert. Im Abschnitt 12 Ausgabe der Ergebnisse werden die entsprechenden Mittelwerte RA und RZ gebildet, indem durch die Anzahl der Simulationsläufe geteilt wird.

11.2.4 Das Listing für das Modell

```
C       GPSS  FORTRAN  SIMULATIONSPROGRAMM
C       ==================================
C
C
C       S I M U L A T O R :  G P S S - F O R T R A N  /  T R 4 4 0
C
C
C       MODELL  EICHHOERNCHEN
C
C
C       VERSION VOM  01. 03. 78
C
C
C
C
C
C       1. ALLGEMEINE FORTRAN-DEFINITIONEN
C
C
        IMPLICIT INTEGER (A - Z)
        REAL  QUESTA
        REAL*8  DRN , DFAKT , DMODUL , DKONST
C
C
C       ****** PRIVATE TYP-DEKLARATIONEN ******
C
        REAL  RANDOM , RA , RZ
        REAL  MEAN1 , MIN1 , MAX1 , MEAN2 , MIN2 , MAX2
C
C       ****** ENDE PRIVATE TYP-DEKLARATIONEN ******
C
C
C       ****** PRIVATE DIMENSION-STATEMENTS ******
C
C       ****** DIE FUER DIE BEARBEITUNG DURCH ******
C       ****** TABULA, EVALUE ODER GRAPH BE-  ******
C       ****** STIMMTEN TABELLEN MUESSEN DIE ******
C       ****** DIMENSION  (100,4)  HABEN ******
C
C       ****** ENDE PRIVATE DIMENSION-STATEMENTS ******
C
C
        COMMON  TR(200,30) , AL(200,2) , LAL , LTR , EL(30,2)
        COMMON  LEL , LEV , LFAM , NADR , STATE(6122) , OK
        COMMON  N , T , IT , RT
        COMMON  /ASM/ ASM(200,10)
        COMMON  /DRN/ DRN(30) , DFAKT(30) , DMODUL , DKONST(30)
        COMMON  /FAC/ FAC(20,3)
        COMMON  /FAM/ FAM(200,3)
        COMMON  /GA1/ GATHF(200,10)
        COMMON  /GA2/ GATHT(10)
        COMMON  /MFA/ LSE , MFAC(2,2) , MBV(2) , SE(20,3)
        COMMON  /PLA/ PLAMA(2,2)
```

```
      COMMON  /POL/ POLVEC(200) , POLC , POL(20,2)
      COMMON  /QUE/ QUE(50,8) , QUESTA(50,2)
      COMMON  /SBV/ LSM , SBV(20) , SM(1024,2)
      COMMON  /SRC/ SRC(20,2) , NTRC
      COMMON  /STO/ STO(20,2)
      COMMON  /STR/ STRAMA(20,2)
      COMMON  /UC1/ UCHF(200,10,2)
      COMMON  /UC2/ UCHT(10,2)
C
C
C     ****** PRIVATE COMMON-STATEMENTS ******
C
C     ****** ENDE PRIVATE COMMON-STATEMENTS ******
C
C
C     ****** PRIVATE EQUIVALENCE- UND EXTERNAL-STATEMENTS ******
C
C     ****** ENDE PRIVATE EQUIV.- UND EXTERNAL-STATEMENTS ******
C
C
C     ****** PRIVATE DATA-STATEMENTS ******
C
C     ****** ENDE PRIVATE DATA-STATEMENTS ******
C
C
C
C
C
C     2. DEFINITION VON STATEMENT FUNCTIONS
C
C
C     ****** PRIVATE FUNCTION-STATEMENTS ******
C
C     ****** ENDE PRIVATE FUNCTION-STATEMENTS ******
C
C
C
C
C
C     3. NULLSETZEN DER DATENBEREICHE
C
C
3000  CONTINUE
      CALL RESET
C
C
C     ****** NULLSETZEN PRIVATER GROESSEN UND TABELLEN ******
C
      ANZ=0
      ZEI=0
C
C     ****** ENDE NULLSETZEN PRIV. GROESSEN UND TABELLEN ******
C
C
C
C
```

```
C
C     4. WERTZUWEISUNG VON KONSTANTEN STEUER- UND ANFANGSWERTEN
C
C
4000  CONTINUE
C
C
C     ****** SETZEN POLICY-, STRATEGIE- UND PLAN-MATRIX ******
C
C     ****** ENDE SETZEN POL.-, STRAT.- UND PLAN-MATRIX ******
C
C
C     ****** SETZEN SPEICHERKAPAZITAETEN ******
C
C     ****** ENDE SETZEN SPEICHERKAPAZITAETEN ******
C
C
C     ****** SETZEN KAPAZITAETEN DER MULTIFACILITIES ******
C
C     ****** ENDE SETZEN DER KAPAZ. DER MULTIFACILITIES ******
C
C
      CALL INIT1
      CALL INIT2(&9999)
      CALL INIT3(&9999)
C
C
C
C
C
C     5. VARIABLE STEUERWERTE, ANFANGSWERTE UND FUNKTIONSWERTE-
C        TABELLEN
C
C
5000  CONTINUE
      WRITE(6,5001)
5001  FORMAT(1H1)
      CALL VERSIO
      N = ITREAD('N       ')
      IF(N.LE.0) GOTO 5097
      ZTR = ITREAD('ZTR     ')
      IF(ZTR.LE.0) GOTO 5097
      CONTIN = ITREAD('CONTIN  ')
      SECURE = ITREAD('SECURE  ')
      IPRINT = ITREAD('PRINT   ')
      GOTO 5500
5097  WRITE(6,5098)
5098  FORMAT(1H0,'*** FALSCHE EINGABE ***')
      GOTO 9999
C
C
5500  CONTINUE
C
C
C     ****** EINLESEN PRIVATER GROESSEN ******
C
```

```
      ISCAL=ITREAD('ISCAL')
C
C     ****** ENDE EINLESEN PRIVATER GROESSEN ******
C
C
C     ****** SETZEN PRIVATER GROESSEN ******
C
      MEAN1=5.*ISCAL
      MIN1=0.17*ISCAL
      MAX1=5.*5.*ISCAL
      MEAN2=4.*ISCAL
      MIN2=0.14*ISCAL
      MAX2=4.*5.*ISCAL
C
C     ****** ENDE SETZEN PRIVATER GROESSEN ******
C
C
      IF(IPRINT.NE.0) WRITE(6,5001)
      IF(CONTIN.NE.0) CALL CONT
5999  DO 7999 INU=1,100
      CALL RESET
C
C
C
C     6. ANMELDEN DER ERSTEN EREIGNISSE
C
C
6000  CONTINUE
      CALL EVENT(1*ISCAL,1,1,&1006,IPRINT)
      CALL EVENT(6*ISCAL,2,2,&1006,IPRINT)
C
C
C
C
C
C     7. ABLAUFKONTROLLE 1 : ZEITABHAENGIGE AKTIVIERUNG VON
C        EREIGNISSEN UND TRS
C
C
1001  CALL ACTIV1(&1006)
      LT = T
      NT = RT
C
C
C
C
C
C     8. ADRESSVERTEILER
C
C
1003  CONTINUE
C
C
C     ****** ADRESSVERTEILER ******
C
      GOTO (1,2,3,4),NADR
```

```
C
C      ****** ENDE ADRESSVERTEILER ******
C
C
C
C
C
C      9. MODELL
C
C
C      ****** MODELL ******
C
C      ERZEUGEN DER ERSTEN 10 TRS
C      ==========================
1      CALL GENERA(0,10,1,1,&1006,IPRINT)
       GOTO 21
C
C      ERZEUGEN DER FOLGENDEN TRS
C      ==========================
2      CALL ERLANG(MEAN1,1,MIN1,MAX1,1,RANDOM,&1006)
       IZ=IFIX(RANDOM+0.5)
       CALL GENERA(IZ,ZTR,1,2,&1006,IPRINT)
C
C      BELEGEN UND FREIGEBEN DER FACILITY
C      ==================================
21     CALL QUEUE(1,1,&1006,IPRINT)
3      CALL SEIZE(1,3,&1005,IPRINT)
       CALL ERLANG(MEAN2,1,MIN2,MAX2,2,RANDOM,&1006)
       IZ=IFIX(RANDOM+0.5)
4      CALL WORK(IZ,1,4,0,&1005,&1006,IPRINT)
       CALL CLEAR(1,&1005,&1006,IPRINT)
       CALL DEPART(1,1,&1006,IPRINT)
C
C      VERNICHTEN DER TRS
C      ==================
       CALL TERMIN(&1005,IPRINT)
C
C      ****** ENDE MODELL ******
C
C
C
C
C
C      10. ABLAUFKONTROLLE 2 : BEDINGTE AKTIVIERUNG VON TRS
C
C
1005   CONTINUE
       IF(QUE(1,1).EQ.0) GOTO 1006
       CALL ACTIV2(&1001,&1003)
C
C
C
C
C
C      11. ENDABRECHNUNG
C
```

```
C
1006  CONTINUE
      T = LT
      RT = NT
      CALL ENDQUE
C
C
C     ****** ENDABRECHNUNG ******
C
      T1=T/ISCAL
      ANZ=ANZ+QUE(1,3)
      ZEI=ZEI+T1
C
C     ****** ENDE ENDABRECHNUNG ******
C
C
7999  CONTINUE
C
C
C
C
C
C     12. AUSGABE DER ERGEBNISSE
C
C
8000  CONTINUE
      WRITE(6,5001)
      CALL REPORT(1,1,0,0,30,200,200,0)
      IF(SECURE.EQ.1)  CALL SAVE
C
C
C     ****** AUSGABE PRIVATER GROESSEN ******
C
      RA=FLOAT(ANZ)/100.
      RZ=FLOAT(ZEI)/100.
      WRITE(6,8010)
8010  FORMAT(/////16X,47(1H*),2(/16X,1H*,45X,1H*))
      WRITE(6,8020) RA,RZ
8020  FORMAT(16X,1H*,2X,41HDAS EICHHOERNCHEN KNACKT
     +16HDURCHSCHNITTLICH,2X,1H*,/16X,1H*,2X,F5.2,
     +11H NUESSE IN ,F6.2,14H ZEITEINHEITEN,7X,1H*)
      WRITE(6,8030)
8030  FORMAT(2(16X,1H*,45X,1H*/),16X,47(1H*))
      WRITE(6,5001)
C
C     ****** ENDE AUSGABE PRIVATER GROESSEN ******
C
C
      READ(5,8992) INPUT
8992  FORMAT(I1)
      IF(INPUT.EQ.1) GOTO 3000
C
C
9999  STOP
      END
```

```
GPSS FORTRAN SIMULATIONSPROGRAMM
================================

VERSION VOM  01. 03. 78
=======================


N           (I10)        10000

ZTR         (I10)          500

CONTIN      (I10)            0

SECURE      (I10)            0

PRINT       (I10)            0

ISCAL       (I10)           10
```

```
        T =     1877  RT =     1877


        INHALT DER QUEUES

QNR  QLFD  QMAX    SUMZ    SUMA    SUMD      SUMW        BT         LT
  1     0    13      43      43       0     10732     10732       1877

QNR            WZ          WSL
  1   249.58140      5.72068


        INHALT DER FACILITIES

        NR.   INH.   VKZ   PHASE


        EREIGNISLISTE

        I        NADR        ZEIT
        2           2        1910


        AKTIVIERUNGSLISTE

        I        NADR    ZUSTAND


        PARAMETERMATRIX

LTR      P1       P2       P3       P4       P5       P6

LTR      P7       P8       P9      P10      P11      P12

LTR     P13      P14      P15      P16      P17      P18



        ***********************************************
        *                                             *
        *                                             *
        *  DAS EICHHOERNCHEN KNACKT DURCHSCHNITTLICH  *
        *  48.08 NUESSE IN 190.56 ZEITEINHEITEN       *
        *                                             *
        *                                             *
        ***********************************************
```

11.3 Policies

In GPSS-F kann jede Warteschlange nach einer eigenen, für die entsprechenden Warteschlangen charakteristischen Policy abgearbeitet werden. Das vorliegende Beispiel behandelt eine Bedienstation, deren Warteschlange nach der Policy SJF (siehe 3.1.4) mit Verdrängung behandelt wird. Die für die Verdrängung erforderliche Umrüstzeit soll berücksichtigt werden (siehe 4.2).

Für das Modell Reparaturwerkstätte ist die Kenntnis der folgenden Kapitel erforderlich: Kap. 3 und Kap. 4.2

11.3.1 Modell Reparaturwerkstätte

Eine Reparaturwerkstätte bearbeitet alle Aufträge mit der kürzesten Reparaturzeit vorrangig. Trifft ein Auftrag ein, dessen Reparaturzeit kleiner ist als die restliche Reparaturzeit des Wagens, der sich gerade in Arbeit befindet, so wird letzterer unterbrochen und durch den neuen Auftrag ersetzt.
Die Aufträge treffen exponentiell verteilt mit einem Mittelwert von MEAN=20 in der Werkstatt ein. Die Reparaturzeit genügt der Gauss-Verteilung mit dem Mittelwert MEAN=30 und der Standardabweichung SIGMA = MEAN/3. Die Zeit für das Zu- und Abrüsten ist in Bearbeitungszeit bereits enthalten.
Die bei einer Verdrängung zusätzlich anfallende Umrüstzeit beträgt 8 Minuten.
Die während eines 10-Stunden-Tages nicht bearbeiteten Aufträge werden am Abend zurückgegeben. Sollte bei Arbeitsende noch ein Auto in Arbeit sein, wird es fertiggestellt.

Die folgenden beiden Fragen sollen mit Hilfe der Simulation beantwortet werden:

* Wie hoch ist der mittlere Durchsatz (Durchsatz = fertiggestellte Aufträge/Tag) der Reparaturwerkstätte ?

* Welcher Anteil geht durch den Verwaltungsaufwand aufgrund des Umrüstens verloren (Verwaltungsaufwand = Gesamtzeit für Umrüsten * 100 / Gesamtbearbeitungszeit) ?

Zur Berechnung der Durchschnittswerte soll der Simulationslauf 100 Mal wiederholt werden.

11.3.2 Der Aufbau des Modells

Zunächst werden die Transactions erzeugt. Anschließend wird die Bearbeitungszeit bestimmt und in dem Element TR(LTR,19) abgelegt. Eine neu erzeugte Transaction prüft, ob sie verdrängen kann. Hierzu muß die Restbearbeitungszeit und damit die Priorität derjenigen Transaction bestimmt werden, die die Facility gerade belegt. Der Zeitpunkt, in dem diese Transaction fertig bearbeitet sein wird, ist in dem Element TR(LTR,20) festgelegt. Die Differenz aus dem aktuellen Stand der Simulationsuhr und dem Fertigstellungstermin ergibt die negative Restbearbeitungszeit.

Im Unterprgramm CLEAR wird der Ausgang MARKE1 benutzt, wenn eine Transaction verdrängt wurde. In diesem Fall ist die verdrängte Transaction noch aktiviert. Das heißt, die Variable LTR zeigt auf die Zeile, die die verdrängte Transaction in der TR-Matrix besetzt.
Nach der Verdrängung muß für die verdrängte Transaction die Restbearbeitungszeit nach TR(LTR,19) übertragen werden. Das geschieht in einem Abschnitt bei Anweisungsnummer &100. Anschließend wird zur Transactionsteuerung gesprungen.

Als Abbruchkriterium für einen Simulationslauf dient die Abfrage

```
IF(T.GE.600) GOTO 1006
```

die vor den Aufruf des Unterprogrammes TERMIN eingefügt wird. Wird zu einem Zeitpunkt T.GE.600 die Facility durch die zuletzt bearbeitete Transaction frei, so wird zur Endabrechnung gesprungen.

Um zuverlässige Mittelwerte zu erhalten, wird der Simulationslauf 100 Mal wiederholt. Hierbei sind die drei Punkte zu beachten, die bereits in Kap. 11.2.3 erläutert wurden.

Für jeden Simulationslauf werden die folgenden Größen bestimmt:

Durchsatz D
Transportzeit TZ
Gesamtbearbeitungszeit T
Verwaltungsaufwand V

Nach Abschluß der 100 Simulationsläufe wird der mittlere Durchsatz MD und der mittlere Verwaltungsaufwand MV berechnet und ausgegeben.

11.3.3 Das Listing für das Modell

```
C     GPSS  FORTRAN  SIMULATIONSPROGRAMM
C     ==================================
C
C
C     S I M U L A T O R :  G P S S - F O R T R A N  /  T R 4 4 0
C
C
C     MODELL  REPERATURWERKSTAETTE
C
C
C     VERSION VOM  01. 03. 78
C
C
C
C
C
C     1. ALLGEMEINE FORTRAN-DEFINITIONEN
C
C
      IMPLICIT INTEGER (A - Z)
      REAL  QUESTA
      REAL*8  DRN , DFAKT , DMODUL , DKONST
C
C
C     ****** PRIVATE TYP-DEKLARATIONEN ******
C
      REAL  MEAN1, MIN1 , MAX1 , MEAN2 , MIN2 , MAX2 , RAND
      REAL  SIGMA , MV , MD
C
C     ****** ENDE PRIVATE TYP-DEKLARATIONEN ******
C
C
C     ****** PRIVATE DIMENSION-STATEMENTS ******
C
C     ****** DIE FUER DIE BEARBEITUNG DURCH ******
C     ****** TABULA, EVALUE ODER GRAPH BE-  ******
C     ****** STIMMTEN TABELLEN MUESSEN DIE ******
C     ****** DIMENSION  (100,4)  HABEN ******
C
C     ****** ENDE PRIVATE DIMENSION-STATEMENTS ******
C
C
      COMMON  TR(200,30) , AL(200,2) , LAL , LTR , EL(30,2)
      COMMON  LEL , LEV , LFAM , NADR , STATE(6122) , OK
      COMMON  N , T , IT , RT
      COMMON  /ASM/ ASM(200,10)
      COMMON  /DRN/ DRN(30) , DFAKT(30) , DMODUL  , DKONST(30)
      COMMON  /FAC/ FAC(20,3)
      COMMON  /FAM/ FAM(200,3)
      COMMON  /GA1/ GATHF(200,10)
      COMMON  /GA2/ GATHT(10)
      COMMON  /MFA/ LSE , MFAC(2,2) , MBV(2) , SE(20,3)
      COMMON  /PLA/ PLAMA(2,2)
```

```
      COMMON  /POL/ POLVEC(200) , POLC , POL(20,2)
      COMMON  /QUE/ QUE(50,8) , QUESTA(50,2)
      COMMON  /SBV/ LSM , SBV(20) , SM(1024,2)
      COMMON  /SRC/ SRC(20,2) , NTRC
      COMMON  /STO/ STO(20,2)
      COMMON  /STR/ STRAMA(20,2)
      COMMON  /UC1/ UCHF(200,10,2)
      COMMON  /UC2/ UCHT(10,2)
C
C
C     ****** PRIVATE COMMON-STATEMENTS ******
C
C     ****** ENDE PRIVATE COMMON-STATEMENTS ******
C
C
C     ****** PRIVATE EQUIVALENCE- UND EXTERNAL-STATEMENTS ******
C
C     ****** ENDE PRIVATE EQUIV.- UND EXTERNAL-STATEMENTS ******
C
C
C     ****** PRIVATE DATA-STATEMENTS ******
C
C     ****** ENDE PRIVATE DATA-STATEMENTS ******
C
C
C
C
C
C     2. DEFINITION VON STATEMENT FUNCTIONS
C
C
C     ****** PRIVATE FUNCTION-STATEMENTS ******
C
C     ****** ENDE PRIVATE FUNCTION-STATEMENTS ******
C
C
C
C
C
C     3. NULLSETZEN DER DATENBEREICHE
C
C
3000  CONTINUE
      CALL RESET
C
C
C     ****** NULLSETZEN PRIVATER GROESSEN UND TABELLEN ******
C
      DS=0
      VS=0
      MD=0
      MV=0
C
C     ****** ENDE NULLSETZEN PRIV. GROESSEN UND TABELLEN ******
C
C
```

```
C
C
C
C     4. WERTZUWEISUNG VON KONSTANTEN STEUER- UND ANFANGSWERTEN
C
C
4000  CONTINUE
C
C
C     ****** SETZEN POLICY-, STRATEGIE- UND PLAN-MATRIX ******
C
C     ****** ENDE SETZEN POL.-, STRAT.- UND PLAN-MATRIX ******
C
C
C     ****** SETZEN SPEICHERKAPAZITAETEN ******
C
C     ****** ENDE SETZEN SPEICHERKAPAZITAETEN ******
C
C
C     ****** SETZEN KAPAZITAETEN DER MULTIFACILITIES ******
C
C     ****** ENDE SETZEN DER KAPAZ. DER MULTIFACILITIES ******
C
C
      CALL INIT1
      CALL INIT2(&9999)
      CALL INIT3(&9999)
C
C
C
C
C
C     5. VARIABLE STEUERWERTE, ANFANGSWERTE UND FUNKTIONSWERTE-
C        TABELLEN
C
C
5000  CONTINUE
      WRITE(6,5001)
5001  FORMAT(1H1)
      CALL VERSIO
      N = ITREAD('N       ')
      IF(N.LE.0) GOTO 5097
      ZTR = ITREAD('ZTR     ')
      IF(ZTR.LE.0) GOTO 5097
      CONTIN = ITREAD('CONTIN  ')
      SECURE = ITREAD('SECURE  ')
      IPRINT = ITREAD('PRINT   ')
      GOTO 5500
5097  WRITE(6,5098)
5098  FORMAT(1H0,'*** FALSCHE EINGABE ***')
      GOTO 9999
C
C
5500  CONTINUE
C
C
```

```
C       ****** EINLESEN PRIVATER GROESSEN ******
C
        MEAN1=ITREAD('MEAN1')
        MEAN2=ITREAD('MEAN2')
C
C       ******ENDE EINLESEN PRIVATER GROESSEN ******
C
C
C       ******SETZEN PRIVATER GROESSEN ******
C
        MIN1=0.69
        MAX1=5.*MEAN1
        MIN2=MEAN2-MEAN2/5.
        MAX2=MEAN2+MEAN2/5.
        SIGMA=MEAN2/3.
C
C       ****** ENDE SETZEN PRIVATER GROESSEN ******
C
C
        IF(IPRINT.NE.0) WRITE(6,5001)
        IF(CONTIN.NE.0) CALL CONT
5999    DO 7999 IW=1,100
        CALL RESET
        TZ=0
        D=0
        V=0
C
C
C
C       6. ANMELDEN DER ERSTEN EREIGNISSE
C
C
6000    CONTINUE
        CALL EVENT(1,1,1,&1006,IPRINT)
C
C
C
C
C
C       7. ABLAUFKONTROLLE 1 : ZEITABHAENGIGE AKTIVIERUNG VON
C          EREIGNISSEN UND TRS
C
C
1001    CALL ACTIV1(&1006)
        LT = T
        NT = RT
        IF(T.LT.600.OR.LEV.EQ.0) GOTO 1003
        CALL EVENT(0,0,1,&1006,IPRINT)
        GOTO 1001
C
C
C
C
C
C       8. ADRESSVERTEILER
C
```

```
C
1003  CONTINUE
C
C
C     ****** ADRESSVERTEILER ******
C
      GOTO (1,2,3,4),NADR
C
C     ****** ENDE ADRESSVERTEILER ******
C
C
C
C
C
C     9. MODELL
C
C
C     ****** MODELL ******
C
C
C     ERZEUGEN DER TRS
C     ================
1     CALL ERLANG(MEAN1,1,MIN1,MAX1,1,RAND,&1006)
      IZ=IFIX(RAND+0.5)
      CALL GENERA(IZ,ZTR,1,1,&1006,IPRINT)
C
C     BESTIMMEN DER BEDIENZEIT UND DER PRIORITAET
C     ===========================================
11    CALL GAUSS(MEAN2,SIGMA,MIN2,MAX2,2,RAND)
      TR(LTR,19)=IFIX(RAND+0.5)
      TR(LTR,4)=-TR(LTR,19)
C
C     BESTIMMEN DER PRIORITAET DER BELEGENDEN TR
C     ==========================================
      IF(FAC(1,1).EQ.0.OR.FAC(1,3).NE.2) GOTO 2
      TR(FAC(1,1),4)=T-TR(FAC(1,1),20)
C
C     BELEGEN UND FREIEGEBEN DER FACILITY
C     ===================================
2     CALL PREEMP(1,2,&1005,IPRINT)
      CALL SETUP(4,1,3,&1005,&1006,IPRINT)
3     CALL WORK(TR(LTR,19),1,3,0,&200,&1006,IPRINT)
      CALL KNOCKD(4,1,4,&1005,&1006,IPRINT)
4     CALL CLEAR(1,&100,&1006,IPRINT)
      D=D+1
      IF(T.GE.600) GOTO 1006
C
C     VERNICHTEN DER TRS
C     ==================
      CALL TERMIN(&1005,IPRINT)
C
C     NEUBESTIMMEN DER PRIORITAET FUER VERDRAENGTE TRS
C     ================================================
100   TR(LTR,19)=TR(LTR,6)
      TR(LTR,4)=-TR(LTR,19)
      TZ=TZ+8
```

```
      GOTO 1005
C
C     BESTIMMEN DES FERTIGSTELLUNGSZEITPUNKTES
C     ========================================
200   TR(LTR,20)=T+TR(LTR,19)
      GOTO 1005
C
C     ****** ENDE MODELL ******
C
C
C
C
C
C     10. ABLAUFKONTROLLE 2 : BEDINGTE AKTIVIERUNG VON TRS
C
C
1005  CONTINUE
      CALL ACTIV2(&1001,&1003)
C
C
C
C
C
C     11. ENDABRECHNUNG
C
C
1006  CONTINUE
      T = LT
      RT = NT
      CALL ENDQUE
C
C
C     ****** ENDABRECHNUNG ******
C
      V=TZ*100./T
C
      DS=DS+D
      VS=VS+V
C
C     ****** ENDE ENDABRECHNUNG ******
C
C
7999  CONTINUE
C
C
C
C
C
C     12. AUSGABE DER ERGEBNISSE
C
C
8000  CONTINUE
      WRITE(6,5001)
      CALL REPORT(0,20,0,0,30,200,200,0)
      IF(SECURE.EQ.1)  CALL SAVE
C
```

```
C
C     ****** AUSGABE PRIVATER GROESSEN ******
C
      MD=DS/100.
      MV=VS/100.
      WRITE(6,8010)
8010  FORMAT(/////21X,40(1H*),2(/21X,1H*,38X,1H*))
      WRITE(6,8020) MD,MV
8020  FORMAT(21X,1H*,2X,29HDURCHSCHNITTLICHER
     +10HDURCHSATZ ,F5.2,2X,1H*,/21X,
     +19HVERWALTUNGSAUFWAND ,F4.2,1H%,12X,1H*)
      WRITE(6,8030)
8030  FORMAT(2(21X,1H*,38X,1H*/),21X,40(1H*))
      WRITE(6,5001)
C
C     ****** ENDE AUSGABE PRIVATER GROESSEN ******
C
C
      READ(5,8992) INPUT
8992  FORMAT(I1)
      IF(INPUT.EQ.1) GOTO 3000
C
C
9999  STOP
      END
```

```
GPSS FORTRAN SIMULATIONSPROGRAMM
================================

VERSION VOM  01. 03. 78
=======================


N         (I10)        1000

ZTR       (I10)         100

CONTIN    (I10)           0

SECURE    (I10)           0

PRINT     (I10)           0

MEAN1     (I10)          20

MEAN2     (I10)          30
```

T = 623 RT = 623

INHALT DER FACILITIES

NR.	INH.	VKZ	PHASE

EREIGNISLISTE

I	NADR	ZEIT

AKTIVIERUNGSLISTE

I	NADR	ZUSTAND
1	2	-1
2	2	-1
3	2	-1
4	2	-1
5	2	-1
6	2	-1
7	2	-1
8	2	-1
9	2	-1
10	2	-1
11	2	-1
12	2	-1
13	2	-1
14	2	-1
15	4	623

PARAMETERMATRIX

LTR	P1	P2	P3	P4	P5	P6
1	7	0	163	-36	0	0
2	2	0	23	-35	0	0
3	11	0	298	-31	0	0
4	13	0	316	-33	0	0
5	20	0	423	-30	0	0
6	25	0	454	-33	0	0
7	16	0	370	-35	0	0
8	18	0	407	-34	0	0
9	30	0	562	-30	0	0
10	27	0	502	-35	0	0
11	22	0	431	-34	0	0
12	23	0	436	-31	0	0
13	31	0	593	-29	0	0
14	26	0	483	-36	0	0
15	29	0	544	-25	0	0

LTR	P7	P8	P9	P10	P11	P12
1	0	163	0	0	0	0
2	0	23	0	0	0	0
3	0	298	0	0	0	0
4	0	316	0	0	0	0
5	0	423	0	0	0	0
6	0	454	0	0	0	0
7	0	370	0	0	0	0
8	0	407	0	0	0	0
9	0	562	0	0	0	0
10	0	502	0	0	0	0
11	0	431	0	0	0	0
12	0	436	0	0	0	0
13	0	593	0	0	0	0
14	0	483	0	0	0	0
15	0	0	0	0	0	0

LTR	P13	P14	P15	P16	P17	P18
1	0	0	0	0	0	0
2	0	0	0	0	0	0
3	0	0	0	0	0	0
4	0	0	0	0	0	0
5	0	0	0	0	0	0
6	0	0	0	0	0	0
7	0	0	0	0	0	0
8	0	0	0	0	0	0
9	0	0	0	0	0	0
10	0	0	0	0	0	0
11	0	0	0	0	0	0
12	0	0	0	0	0	0
13	0	0	0	0	0	0
14	0	0	0	0	0	0
15	0	0	0	0	0	0

```
****************************************
*                                      *
*                                      *
*  DURCHSCHNITTLICHER DURCHSATZ 16.87  *
*  VERWALTUNGSAUFWAND 1.30%            *
*                                      *
*                                      *
****************************************
```

11.4 Dynamische Prioritätenvergabe

In GPSS-F besteht die Möglichkeit, Prioritäten dynamisch zu vergeben. Eine Neubewertung der Transactions in Abhängigkeit des Systemzustandes erfolgt durch das Unterprogramm DYNVAL.

Für das Modell Auftragsverwaltung ist die Kenntnis der folgenden Kapitel erforderlich: Kap. 3.2, Kap. 3.3.4, Kap. 10.2, Kap.10.5.

11.4.1 Modell Auftragsverwaltung

Die Fertigungsaufträge, die eine Firma erhält, werden von der Auftragsverwaltung nach organisatorischen Gesichtspunkten in 20 Prioritätsklassen eingeteilt.
Die Ankunftsabstände und die Bearbeitungszeit der Aufträge sind jeweils exponentiell verteilt mit MEAN1 = 50 ZE und MEAN2 = 40 ZE.
Die Prioritätenvergabe erfolgt so, daß die Wahrscheinlichkeit eines Auftrags in eine Prioritätenklasse zu fallen, für alle Prioritätenklassen gleich ist.

Um die mittlere Wartezeit für die Aufträge mit niedriger Priorität zu verbessern, soll dynamische Prioritätenvergabe nach WTL (Waiting Time Limit; siehe 3.2.4) erfolgen. Die Neubewertung soll hierbei nach der Beziehung

$$P = P(0) + WZ / 100$$

vorgenommen werden. Die Variablen haben die folgende Bedeutung:

P Priorität aufgrund der Neubewertung

P(0) Anfangspriorität des Auftragens beim Eintreffen in das System

WZ Wartezeit des Auftrages in ZE

Das heißt, daß ein Auftrag nach einer Wartezeit von 100 Zeiteinheiten in die nächst höhere Prioritätenlasse aufrückt. Die Auftragspriorität P(0) wird berücksichtigt.
Die dynamische Neubewertung erfolgt immer dann, wenn die Bedienstation frei wird und ein neuer Auftrag ausgewählt werden muß. Die dynamische Prioritätenvergabe selbst soll hierbei zeitlos ablaufen.

Die folgenden beiden Fragen sollen mit Hilfe der Simulation untersucht werden:

* Wie hoch ist die mittlere Wartezeit für die Aufträge in Abhängigkeit ihrer Anfangspriorität P(0) bei statischer Prioritätenvergabe ?

* Wie hoch ist die mittlere Wartezeit für die Aufträge in Abhängigkeit ihrer Anfangspriorität P(0) bei dynamischer Prioritätenvergabe nach WTL ?

Die mittlere Wartezeit in Abhängigkeit der Anfangspriorität P(0) soll graphisch dargestellt werden.

Der Simulationslauf soll abgebrochen werden, wenn die letzten 20 Werte für die mittlere Wartezeit der Aufträge mit der Anfangspriorität P(0) = 1 in dem Intervall Mittelwert - 10% und Mittelwert + 10% liegen. Als Anzahl der Transactions zwischen zwei Überprüfungen soll hierbei NE = 100 gesetzt werden.

11.4.2 Der Aufbau des Modells

Zunächst werden die Transactions erzeugt und mit ihrer Anfangspriorität versehen. Die Anfangspriorität P(0) wird in TR(LTR,20) abgelegt. In TR(LTR,4) steht die aktuelle Priorität, die für den Fall der dynamischen Prioritätenvergabe im Unterprogramm DYNVAL jeweils neu bestimmt wird. Bei statischer Prioritätenvergabe ist TR(LTR,20) = TR(LTR,4).

Eine Transaction belegt die Facility, behandelt ihre Bearbeitungszeit und gibt die Facility wieder frei. Falls PRIOR.EQ.1, soll mit dynamischer Prioritätenvergabe gearbeitet werden. Es erfolgt dann eine Neubewertung der Prioritäten nach der Freigabe und vor der Neubelegung der Facility.

Zur Sammlung und Darstellung des statistischen Materials werden zunächst 21 Queues benötigt. Die Queues mit NQU = 1...20 behandeln die Transactions mit der Anfangspriorität P(0) = 1....20
Daher gilt: NQU = TR(LTR,20)
In der Queue mit NQU = 21 werden alle Transactions ohne Berücksichtigung ihrer Priorität registriert.
Die Anordnung der Unterprogramme QUEUE und DEPART zeigen, daß die Transactions während ihres Aufenthaltes in der Warteschlange überwacht werden.

Um die Abhängigkeit der mittleren Wartezeit von der Anfangspriorität graphisch darstellen zu können, wird eine Häufigkeitstabelle TAB1 verwendet. In X wird die Anfangspriorität übergeben. Y ist die zugeordnete Variable, die den Wert für die individuelle Wartezeit einer Transaction enthält.
Um das Abbruchkriterium zu überprüfen, wird das Unterprogramm SIMEND verwendet. Für die Queue, die die Transactions mit der Anfangspriorität P(0)=1 überprüft, gilt NQU=1.

Die Ausgabe der Ergebnisse zeigt zunächst die 21 Queues.
Die Auswertung und Darstellung der Häufigkeitstabelle TAB1 würde die Anzahl der beobachteten Transactions in Abhängigkeit der Anfangspriorität P(0) zeigen. Nach Voraussetzung muß sich als Ergebnis eine Gleichverteilung ergeben.
Soll die mittlere Wartezeit in Abhängigkeit der Priorität dargestellt werden, so muß diese bestimmt und in die Elemente TAB2(I,2) einer weiteren Häufigkeitstabelle übertragen werden. Die Häufigkeitstabelle TAB2 wird durch das Unterprogramm EVALUE ausgewertet und durch das Unterprogramm GRAPH graphisch dargestellt.

11.4.3 Das Listing für das Modell

```
C     GPSS  FORTRAN  SIMULATIONSPROGRAMM
C     ==================================
C
C
C     S I M U L A T O R :  G P S S - F O R T R A N  /  T R 4 4 0
C
C
C     MODELL  AUFTRAGSVERWALTUNG
C
C
C     VERSION VOM  01. 03. 78
C
C
C
C
C
C     1. ALLGEMEINE FORTRAN-DEFINITIONEN
C
C
      IMPLICIT INTEGER (A - Z)
      REAL  QUESTA
      REAL*8  DRN , DFAKT , DMODUL , DKONST
C
C
C     ****** PRIVATE TYP-DEKLARATIONEN ******
C
      REAL  TAB1 , RANDOM , TAB2 , X , Y
      REAL  MEAN1 , MIN1 , MAX1 , MEAN2 , MIN2 , MAX2
C
C     ****** ENDE PRIVATE TYP-DEKLARATIONEN ******
C
C
C     ****** PRIVATE DIMENSION-STATEMENTS ******
C
C     ****** DIE FUER DIE BEARBEITUNG DURCH ******
C     ****** TABULA, EVALUE ODER GRAPH BE- ******
C     ****** STIMMTEN TABELLEN MUESSEN DIE ******
C     ****** DIMENSION  (100,4)  HABEN ******
C
      DIMENSION  TAB1(100,4) , TAB2(100,4)
C
C     ****** ENDE PRIVATE DIMENSION-STATEMENTS ******
C
C
      COMMON  TR(200,30) , AL(200,2) , LAL , LTR , EL(30,2)
      COMMON  LEL , LEV , LFAM , NADR , STATE(6122) , OK
      COMMON  N , T , IT , RT
      COMMON  /ASM/ ASM(200,10)
      COMMON  /DRN/ DRN(30) , DFAKT(30) , DMODUL , DKONST(30)
      COMMON  /FAC/ FAC(20,3)
      COMMON  /FAM/ FAM(200,3)
      COMMON  /GA1/ GATHF(200,10)
      COMMON  /GA2/ GATHT(10)
```

```
      COMMON  /MFA/ LSE , MFAC(2,2) , MBV(2) , SE(20,3)
      COMMON  /PLA/ PLAMA(2,2)
      COMMON  /POL/ POLVEC(200) , POLC , POL(20,2)
      COMMON  /QUE/ QUE(50,8) , QUESTA(50,2)
      COMMON  /SBV/ LSM , SBV(20) , SM(1024,2)
      COMMON  /SRC/ SRC(20,2) , NTRC
      COMMON  /STO/ STO(20,2)
      COMMON  /STR/ STRAMA(20,2)
      COMMON  /UC1/ UCHF(200,10,2)
      COMMON  /UC2/ UCHT(10,2)
C
C
C     ****** PRIVATE COMMON-STATEMENTS ******
C
C     ****** ENDE PRIVATE COMMON-STATEMENTS ******
C
C
C     ****** PRIVATE EQUIVALENCE- UND EXTERNAL-STATEMENTS ******
C
C     ****** ENDE PRIVATE EQUIV.- UND EXTERNAL-STATEMENTS ******
C
C
C     ****** PRIVATE DATA-STATEMENTS ******
C
C     ****** ENDE PRIVATE DATA-STATEMENTS ******
C
C
C
C
C
C     2. DEFINITION VON STATEMENT FUNCTIONS
C
C
C     ****** PRIVATE FUNCTION-STATEMENTS ******
C
C     ****** ENDE PRIVATE FUNCTION-STATEMENTS ******
C
C
C
C
C
C     3. NULLSETZEN DER DATENBEREICHE
C
C
3000  CONTINUE
      CALL RESET
C
C
C     ****** NULLSETZEN PRIVATER GROESSEN UND TABELLEN ******
C
      DO 3010 I=1,100
      DO 3010 J=1,4
      TAB1(I,J)=0
3010  TAB2(I,J)=0
C
C     ****** ENDE NULLSETZEN PRIV. GROESSEN UND TABELLEN ******
```

```
C
C
C
C
C
C     4. WERTZUWEISUNG VON KONSTANTEN STEUER- UND ANFANGSWERTEN
C
C
4000  CONTINUE
C
C
C     ****** SETZEN POLICY-, STRATEGIE- UND PLAN-MATRIX ******
C
C     ****** ENDE SETZEN POL.-, STRAT.- UND PLAN-MATRIX ******
C
C
C     ****** SETZEN SPEICHERKAPAZITAETEN ******
C
C     ****** ENDE SETZEN SPEICHERKAPAZITAETEN ******
C
C
C     ****** SETZEN KAPAZITAETEN DER MULTIFACILITIES ******
C
C     ****** ENDE SETZEN DER KAPAZ. DER MULTIFACILITIES ******
C
C
      CALL INIT1
      CALL INIT2(&9999)
      CALL INIT3(&9999)
C
C
C
C
C
C     5. VARIABLE STEUERWERTE, ANFANGSWERTE UND FUNKTIONSWERTE-
C        TABELLEN
C
C
5000  CONTINUE
      WRITE(6,5001)
5001  FORMAT(1H1)
      CALL VERSIO
      N = ITREAD('N        ')
      IF(N.LE.0) GOTO 5097
      ZTR = ITREAD('ZTR      ')
      IF(ZTR.LE.0) GOTO 5097
      CONTIN = ITREAD('CONTIN   ')
      SECURE = ITREAD('SECURE   ')
      IPRINT = ITREAD('PRINT    ')
      GOTO 5500
5097  WRITE(6,5098)
5098  FORMAT(1H0,'*** FALSCHE EINGABE ***')
      GOTO 9999
C
C
5500  CONTINUE
```

```
C
C
C      ****** EINLESEN PRIVATER GROESSEN ******
C
       MEAN1=ITREAD('MEAN1')
       MEAN2=ITREAD('MEAN2')
       PRIOR=ITREAD('PRIOR')
C
C      ****** ENDE EINLESEN PRIVATER GROESSEN ******
C
C
C      ****** SETZEN PRIVATER GROESSEN ******
C
       MIN1=1.7
       MAX1=MEAN1*5.
       MIN2=1.4
       MAX2=MEAN2*5.
C
C
       IF(IPRINT.NE.0) WRITE(6,5001)
       IF(CONTIN.EQ.0) GOTO 6000
       CALL CONT
       GOTO 1001
C
C
C
C
C
C      6. ANMELDEN DER ERSTEN EREIGNISSE
C
C
6000   CONTINUE
       CALL EVENT(1,1,1,&1006,IPRINT)
C
C
C
C
C
C      7. ABLAUFKONTROLLE 1 : ZEITABHAENGIGE AKTIVIERUNG VON
C         EREIGNISSEN UND TRS
C
C
1001   CALL SIMEND(1,100,10,&1006)
       CALL ACTIV1(&1006)
       LT = T
       NT = RT
C
C
C
C
C
C      8. ADRESSVERTEILER
C
C
1003   CONTINUE
C
```

```
C
C      ****** ADRESSVERTEILER ******
C
       GOTO (1,2,3),NADR
C
C      ****** ENDE ADRESSVERTEILER ******
C
C
C
C
C
C
C      9. MODELL
C
C
C      ****** MODELL ******
C
C
C      ERZEUGEN DER TRS
C      ================
 1     CALL ERLANG(MEAN1,1,MIN1,MAX1,1,RANDOM,&1006)
       IZ=IFIX(RANDOM+0.5)
       CALL GENERA(IZ,ZTR,1,1,&1006,IPRINT)
C
C      BESTIMMEN DER ANFANGSPRIORITAET
C      ===============================
       CALL GLEICH(0.5,20.49,2,RANDOM)
       TR(LTR,4)=IFIX(RANDOM+0.5)
       TR(LTR,20)=TR(LTR,4)
C
C      BELEGEN UND FREIGEBEN DER FACILITY
C      ==================================
       CALL QUEUE(TR(LTR,20),1,&1006,IPRINT)
       CALL QUEUE(21,1,&1006,IPRINT)
2      CALL SEIZE(1,2,&1005,IPRINT)
       CALL DEPART(TR(LTR,20),1,&1006,IPRINT)
       CALL DEPART(21,1,&1006,IPRINT)
       X=FLOAT(TR(LTR,20))
       Y=FLOAT(T)-FLOAT(TR(LTR,3))
       CALL TABULA(X,Y,1.,1.,20,TAB1)
       CALL ERLANG(MEAN2,1,MIN2,MAX2,3,RANDOM,&1006)
       IZ=IFIX(RANDOM+0.5)
3      CALL WORK(IZ,1,3,0,&1005,&1006,IPRINT)
       CALL CLEAR(1,&1005,&1006,IPRINT)
C
C      DYNAMISCHE PRIORITAETENVERGABE
C      ==============================
       IF(PRIOR.EQ.1) CALL DYNVAL(1,PC,IPRINT)
C
C      VERNICHTEN DER TRS
C      ==================
       CALL TERMIN(&1005,IPRINT)
C
C      ****** ENDE MODELL ******
C
C
C
```

```
C
C
C     10. ABLAUFKONTROLLE 2 : BEDINGTE AKTIVIERUNG VON TRS
C
C
1005  CONTINUE
      CALL ACTIV2(&1001,&1003)
C
C
C
C
C
C     11. ENDABRECHNUNG
C
C
1006  CONTINUE
      T = LT
      RT = NT
      CALL ENDQUE
C
C
C     ****** ENDABRECHNUNG ******
C
C     ****** ENDE ENDABRECHNUNG ******
C
C
C
C
C
C     12. AUSGABE DER ERGEBNISSE
C
C
8000  CONTINUE
      WRITE(6,5001)
      CALL REPORT(21,20,0,0,30,200,200,0)
      DO 8100 I=1,20
      TAB2(I,1)=TAB1(I,1)
      IF(TAB1(I,2).EQ.0) GOTO 8100
      TAB2(I,2)=TAB1(I,4)/TAB1(I,2)
8100  CONTINUE
      CALL EVALUE(20,TAB2,1,1)
      CALL GRAPH(TAB2,1,1,20,1,&1006)
      WRITE(6,5001)
      IF(SECURE.EQ.1)  CALL SAVE
C
C
C     ****** AUSGABE PRIVATER GROESSEN ******
C
C     ****** ENDE AUSGABE PRIVATER GROESSEN ******
C
C
      READ(5,8992) INPUT
8992  FORMAT(I1)
      IF(INPUT.EQ.1) GOTO 3000
C
C
```

```
9999  STOP
      END
C
C
C
      INTEGER FUNCTION DYNPR(LTR1)
      IMPLICIT INTEGER (A - Z)
      COMMON  TR(200,30) , AL(200,2) , LAL , LTR , EL(30,2)
      COMMON  LEL , LEV , LFAM , NADR , STATE(6122) , OK
      COMMON  N , T , IT , RT
      IF(TR(LTR1,4).EQ.20) GOTO 10
      PR=TR(LTR1,20)+(T-TR(LTR1,3))/100
      IF(PR.LT.20) GOTO 20
10    PR=20
20    DYNPR=PR
      RETURN
      END
```

```
GPSS FORTRAN SIMULATIONSPROGRAMM
================================

VERSION VOM  01. 03. 78
=======================


N          (I10) 1000000000

ZTR        (I10) 1000000000

CONTIN     (I10)          0

SECURE     (I10)          0

PRINT      (I10)          0

MEAN1      (I10)         50

MEAN2      (I10)         40

PRIOR      (I10)          0



          ****** S I M U L A T I O N S E N D E ******

                 T    =    2550158

                 NTRC =      50882

          MITTLERE WARTEZEIT FUER QUEUE  1 BETRAEGT  445.25200

          BEI       2500 ABGAENGEN
```

T = 2550158 RT = 2550158

INHALT DER QUEUES

QNR	QLFD	QMAX	SUMZ	SUMA	SUMD	SUMW	BT	LT
1	0	10	2500	2500	571	1113130	1113130	2550158
2	0	7	2589	2589	550	874138	874138	2550158
3	0	6	2548	2548	621	706612	706612	2550158
4	0	6	2498	2498	584	517611	517611	2550158
5	0	7	2498	2498	566	449982	449982	2550158
6	0	7	2473	2473	565	372213	372213	2550158
7	0	6	2508	2508	554	327680	327680	2550158
8	0	5	2498	2498	590	271471	271471	2550158
9	0	4	2575	2575	616	239434	239434	2550158
10	0	5	2583	2583	599	213393	213393	2550158
11	0	6	2548	2548	560	184454	184454	2550158
12	0	5	2460	2460	624	147226	147226	2550158
13	0	4	2667	2667	635	146366	146366	2550158
14	0	4	2587	2587	598	132891	132891	2550158
15	0	3	2614	2614	612	118660	118660	2550158
16	0	3	2547	2547	625	102925	102925	2550158
17	0	4	2525	2525	562	98400	98400	2550158
18	0	3	2575	2575	619	89351	89351	2550158
19	0	3	2597	2597	586	83945	83945	2550158
20	0	3	2492	2492	619	72761	72761	2550158
21	0	26	50882	50882	11856	6262643	6262643	2550158

QNR	WZ	WSL
1	445.25200	0.43649
2	337.63538	0.34278
3	277.32025	0.27709
4	207.21017	0.20297
5	180.13691	0.17645
6	150.51072	0.14596
7	130.65391	0.12849
8	108.67534	0.10645
9	92.98408	0.09389
10	82.61440	0.08368
11	72.39168	0.07233
12	59.84797	0.05773
13	54.88039	0.05739
14	51.36877	0.05211
15	45.39403	0.04653
16	40.41029	0.04036
17	38.97030	0.03859
18	34.69942	0.03504
19	32.32384	0.03292
20	29.19783	0.02853
21	123.08170	2.45579

INHALT DER FACILITIES

NR.	INH.	VKZ	PHASE
1	1	0	2

EREIGNISLISTE

I	NADR	ZEIT
1	1	2550350

AKTIVIERUNGSLISTE

I	NADR	ZUSTAND
1	3	2550165

PARAMETERMATRIX

LTR	P1	P2	P3	P4	P5	P6
1	50879	0	2549941	1	0	0

LTR	P7	P8	P9	P10	P11	P12
1	0	0	0	0	0	0

LTR	P13	P14	P15	P16	P17	P18
1	0	0	0	0	0	0

TABELLE 1

I	X	F(X)	F/N	CUMY	E(Y)
1	1.000	445.252	0.180	0.0	0.0
2	2.000	337.635	0.137	0.0	0.0
3	3.000	277.320	0.112	0.0	0.0
4	4.000	207.210	0.084	0.0	0.0
5	5.000	180.137	0.073	0.0	0.0
6	6.000	150.511	0.061	0.0	0.0
7	7.000	130.654	0.053	0.0	0.0
8	8.000	108.675	0.044	0.0	0.0
9	9.000	92.984	0.038	0.0	0.0
10	10.000	82.614	0.033	0.0	0.0
11	11.000	72.392	0.029	0.0	0.0
12	12.000	59.848	0.024	0.0	0.0
13	13.000	54.880	0.022	0.0	0.0
14	14.000	51.369	0.021	0.0	0.0
15	15.000	45.394	0.018	0.0	0.0
16	16.000	40.410	0.016	0.0	0.0
17	17.000	38.970	0.016	0.0	0.0
18	18.000	34.699	0.014	0.0	0.0
19	19.000	32.324	0.013	0.0	0.0
20	20.000	29.198	0.012	0.0	0.0

SUMF= 2472.5 XQU= 5.48 VAR= 24.81 SDV= 4.98

TABELLE 1

```
500 I
    I
    I
    I
    I
450 I
    I**
    I**
    I**
    I**
400 I**
    I**
    I**
    I**
    I**
350 I**
    I**
    I** **
    I** **
    I** **
300 I** **
    I** **
    I** **
    I** ** **
    I** ** **
250 I** ** **
    I** ** **
    I** ** **
    I** ** **
    I** ** **
200 I** ** ** **
    I** ** ** **
    I** ** ** ** **
    I** ** ** ** **
    I** ** ** ** **
150 I** ** ** ** ** **
    I** ** ** ** ** **
    I** ** ** ** ** ** **
    I** ** ** ** ** ** **
    I** ** ** ** ** ** **
100 I** ** ** ** ** ** ** **
    I** ** ** ** ** ** ** ** **
    I** ** ** ** ** ** ** ** ** **
    I** ** ** ** ** ** ** ** ** ** **
    I** ** ** ** ** ** ** ** ** ** **
 50 I** ** ** ** ** ** ** ** ** ** ** ** ** **
    I** ** ** ** ** ** ** ** ** ** ** ** ** ** ** **
    I** ** ** ** ** ** ** ** ** ** ** ** ** ** ** ** ** ** **
    I** ** ** ** ** ** ** ** ** ** ** ** ** ** ** ** ** ** ** **
    I** ** ** ** ** ** ** ** ** ** ** ** ** ** ** ** ** ** ** **
  0 I-+-----------+--------------+--------------+--------------+
      1.          5.             10.            15.            20
```

```
GPSS FORTRAN SIMULATIONSPROGRAMM
================================

VERSION VOM  01. 03. 78
=======================


N           (I10) 1000000000

ZTR         (I10) 1000000000

CONTIN      (I10)          0

SECURE      (I10)          0

PRINT       (I10)          0

MEAN1       (I10)         50

MEAN2       (I10)         40

PRIOR       (I10)          1



            ****** S I M U L A T I O N S E N D E ******

                   T    =    2449504

                   NTRC =      48840

            MITTLERE WARTEZEIT FUER QUEUE  1 BETRAEGT  276.15500

            BEI       2400 ABGAENGEN
```

T = 2449504 RT = 2449504

INHALT DER QUEUES

QNR	QLFD	QMAX	SUMZ	SUMA	SUMD	SUMW	BT	LT
1	0	6	2400	2400	555	662772	662772	2449504
2	0	6	2479	2479	526	676533	676533	2449504
3	0	5	2437	2437	595	613523	613523	2449504
4	0	5	2394	2394	552	537731	537731	2449504
5	0	6	2404	2404	554	484060	484060	2449504
6	0	5	2385	2385	545	428872	428872	2449504
7	0	5	2415	2415	535	398961	398961	2449504
8	0	4	2411	2411	567	322665	322665	2449504
9	0	4	2462	2462	597	288455	288455	2449504
10	0	5	2489	2489	581	260963	260963	2449504
11	0	5	2434	2434	540	222643	222643	2449504
12	0	5	2354	2354	605	168299	168299	2449504
13	0	4	2544	2544	607	160936	160936	2449504
14	0	4	2479	2479	580	143874	143874	2449504
15	0	3	2521	2521	585	128560	128560	2449504
16	0	3	2446	2446	604	106178	106178	2449504
17	0	4	2412	2412	545	96240	96240	2449504
18	0	3	2486	2486	600	89400	89400	2449504
19	0	3	2503	2503	569	82602	82602	2449504
20	0	3	2385	2385	600	70795	70795	2449504
21	0	26	48840	48840	11442	5944062	5944062	2449504

QNR	WZ	WSL
1	276.15500	0.27057
2	272.90561	0.27619
3	251.75339	0.25047
4	224.61612	0.21953
5	201.35607	0.19762
6	179.82055	0.17509
7	165.20124	0.16287
8	133.83036	0.13173
9	117.16288	0.11776
10	104.84652	0.10654
11	91.47206	0.09089
12	71.49490	0.06871
13	63.26101	0.06570
14	58.03711	0.05874
15	50.99564	0.05248
16	43.40883	0.04335
17	39.90050	0.03929
18	35.96138	0.03650
19	33.00120	0.03372
20	29.68344	0.02890
21	121.70479	2.42664

INHALT DER FACILITIES

NR.	INH.	VKZ	PHASE
1	3	0	2

EREIGNISLISTE

I	NADR	ZEIT
1	1	2449591

AKTIVIERUNGSLISTE

I	NADR	ZUSTAND
3	3	2449515

PARAMETERMATRIX

LTR	P1	P2	P3	P4	P5	P6
3	48840	0	2449442	1	0	0

LTR	P7	P8	P9	P10	P11	P12
3	0	0	0	0	0	0

LTR	P13	P14	P15	P16	P17	P18
3	0	0	0	0	0	0

TABELLE 1

I	X	F(X)	F/N	CUMY	E(Y)
1	1.000	276.155	0.113	0.0	0.0
2	2.000	272.906	0.112	0.0	0.0
3	3.000	251.753	0.103	0.0	0.0
4	4.000	224.616	0.092	0.0	0.0
5	5.000	201.356	0.082	0.0	0.0
6	6.000	179.821	0.074	0.0	0.0
7	7.000	165.201	0.068	0.0	0.0
8	8.000	133.830	0.055	0.0	0.0
9	9.000	117.163	0.048	0.0	0.0
10	10.000	104.847	0.043	0.0	0.0
11	11.000	91.472	0.037	0.0	0.0
12	12.000	71.495	0.029	0.0	0.0
13	13.000	63.261	0.026	0.0	0.0
14	14.000	58.037	0.024	0.0	0.0
15	15.000	50.996	0.021	0.0	0.0
16	16.000	43.409	0.018	0.0	0.0
17	17.000	39.900	0.016	0.0	0.0
18	18.000	35.961	0.015	0.0	0.0
19	19.000	33.001	0.013	0.0	0.0
20	20.000	29.683	0.012	0.0	0.0

SUMF= 2444.9 XQU= 6.21 VAR= 23.90 SDV= 4.90

TABELLE 1

```
500 I
    I
    I
    I
    I
450 I
    I
    I
    I
    I
400 I
    I
    I
    I
    I
350 I
    I
    I
    I
    I
300 I
    I
    I
    I** **
    I** **
250 I** ** **
    I** ** **
    I** ** **
    I** ** ** **
    I** ** ** **
200 I** ** ** ** **
    I** ** ** ** **
    I** ** ** ** **
    I** ** ** ** ** **
    I** ** ** ** ** ** **
150 I** ** ** ** ** ** **
    I** ** ** ** ** ** **
    I** ** ** ** ** ** ** **
    I** ** ** ** ** ** ** **
    I** ** ** ** ** ** ** ** **
100 I** ** ** ** ** ** ** ** ** **
    I** ** ** ** ** ** ** ** ** ** **
    I** ** ** ** ** ** ** ** ** ** **
    I** ** ** ** ** ** ** ** ** ** ** **
    I** ** ** ** ** ** ** ** ** ** ** ** **
 50 I** ** ** ** ** ** ** ** ** ** ** ** ** ** **
    I** ** ** ** ** ** ** ** ** ** ** ** ** ** ** **
    I** ** ** ** ** ** ** ** ** ** ** ** ** ** ** ** ** ** **
    I** ** ** ** ** ** ** ** ** ** ** ** ** ** ** ** ** ** ** **
    I** ** ** ** ** ** ** ** ** ** ** ** ** ** ** ** ** ** ** **
  0 I-+-----------+--------------+--------------+--------------+
      1.          5.             10.            15.            20
```

11.5 Multifacilities

Eine Multifacility besteht aus mehreren Service-Elementen, die parallel angeordnet sind und auf gemeinsame Warteschlangen zugreifen. GPSS-F stellt fertige Unterprogramme zur Verfügung, die die Service-Elemente einer Multifacility belegen und freigeben.

Für das Modell Gemeinschaftspraxis ist die Kenntnis der folgenden Kapitel erforderlich: Kap. 2.6.3, Kap. 4.3, Kap. 5, Kap. 7.1, Kap. 10.3.3.

11.5.1 Modell Gemeinschaftspraxis

4 Ärzte betreiben zusammen eine Gemeinschaftspraxis. Die Praxis besteht aus 4 voneinander unabhängigen Behandlungszimmern und drei getrennten Wartezimmern für Kassen- bzw. Privatpatienten und Notfälle.
Die Ankunft der Patienten wird durch eine Exponentialverteilung mit MEAN1 = 30 ZE wiedergegeben. Der Anteil der Privatpatienten beträgt 20%. Sie werden vorrangig behandelt.
Innerhalb eines Wartezimmers werden die Patienten jeweils nach der Policy FIFO aufgerufen. Die Patienten haben bei den Ärzten keine Wahlmöglichkeit. Sobald ein Behandlungszimmer frei wird, wird zunächst das Wartezimmer für Privatpatienten überprüft. Ist dieses leer, wird der am längsten wartende Patient aus dem Wartezimmer für Kassenpatienten ausgewählt. Die Behandlungszeit entspricht einer Gauss-Verteilung mit MEAN2 = 100 ZE und SIGMA = 5. Zusätzlich werden für die Zurüstzeit und die Abrüstzeit jeweils 3 ZE benötigt.
Sind mehrere Behandlungszimmer frei, so erfolgt die Zuteilung eines neu ankommenden Patienten nach dem Plan LFIRST (siehe 5.4). Eine Sonderregelung gilt für Notfallpatienten, deren Anteil 1% ausmacht. Sie werden sofort berücksichtigt: Sind alle Behandlungszimmer belegt, muß eine bereits laufende Untersuchung unterbrochen werden. Hierbei wird zunächst versucht, die Verdrängung bei einem Kassenpatienten vorzunehmen. Ein Patient, dessen Behandlung unterbrochen wurde, muß zu dem Arzt zurückkehren, der die Behandlung begonnen hatte.

Eine Darstellung des Systems gibt Bild 36

Mit Hilfe der Simulation soll die folgende Frage untersucht werden:

* Wie lang ist die mittlere Wartezeit für Notfallpatienten, Privatpatienten und Kassenpatienten ?

Der Simulationslauf soll abgebrochen werden, wenn die letzten 20 Werte für die mittlere Wartezeit der Notfallpatienten in dem Intervall Mittelwert - 10% und Mittelwert + 10% liegt. Die Anzahl der Transactions zwischen zwei Überprüfungen sei NE = 5.

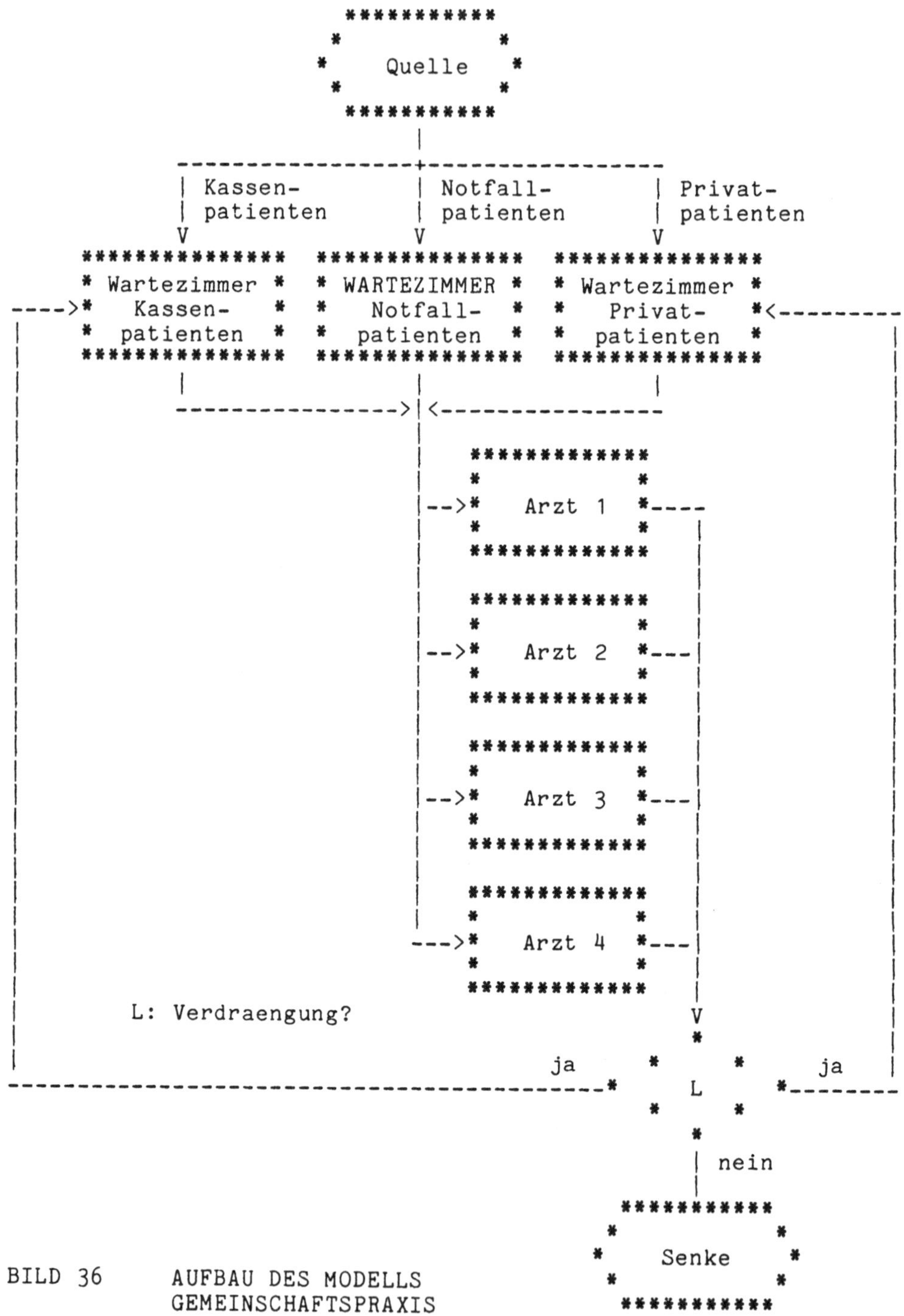

BILD 36 AUFBAU DES MODELLS GEMEINSCHAFTSPRAXIS

11.5.2 Der Aufbau des Modells

Die Behandlungszimmer lassen sich als Service-Elemente einer Multifacility darstellen. Die drei Wartezimmer entsprechen drei Warteschlangen. Die Prioritäten werden wie folgt festgelegt:

Kassenpatient	Priorität TR(LTR,4) = 1
Privatpatient	Priorität TR(LTR,4) = 2
Notfall	Priorität TR(LTR,4) = 3

Zunächst werden die Transactions erzeugt. Mit den entsprechenden Wahrscheinlichkeiten werden die Notfälle und Privatpatienten herausgesucht.
Die Privatpatienten erhalten ihre neue Priorität und laufen mit den Kassenpatienten auf den Unterprogrammaufruf CALL MSEIZE. Anschließend wird die Bearbeitungszeit bestimmt und durch das Unterprogramm MWORK behandelt. Die Umrüstzeit übernehmen die beiden Unterprogramme MSETUP und MKNOCK. Die Freigabe erfolgt durch den Unterprogrammaufruf CALL MCLEAR bei Anweisungsnummer &9.
Die Notfälle durchlaufen einen eigenen Bearbeitungszweig, der bei der Anweisungsnummer &4 beginnt und die Verdrängung berücksichtigt.
Es muß sowohl für MSEIZE wie für MPREEM NFA=1 sein. Im Gegensatz zu Bild 20 treffen sich die Transactions beider Bearbeitungszweige bereits vor dem Aufruf des Unterprogrammes MWORK.

Zur Überwachung der Wartezeiten dienen die folgenden Queues:

Wartezeit Kassenpatient	NQU = 1
Wartezeit Privatpatient	NQU = 2
Wartezeit Notfall	NQU = 3

Hinweise:

* Es ist zu beachten, daß im Abschnitt 4 des Rahmens die Plan-Matrix PLAMA vom Benutzer besetzt werden muß (siehe 5.4).
Der Plan-I LFIRST trägt als Kennzeichnung die Nummer 1. Durch die Anweisung

```
PLAMA (1,1) = 1
```

wird der Multifacility MFA = 1 daher als Plan-I zugewiesen.
In gleicher Weise erhält die Multifacility MFA = 1 den Plan-O PRIOR durch die Anweisung

```
PLAMA (1,2) = 1
```

* Ebenfalls in Abschnitt 4 des Rahmens muß angegeben werden, wieviele Service-Elemente die Multifacility besitzen soll. Das geschieht durch die Anweisung

```
MFAC (1,2) = 4
```

11.5.3 Das Listing für das Modell

```
C     GPSS  FORTRAN  SIMULATIONSPROGRAMM
C     ==================================
C
C
C     S I M U L A T O R :  G P S S - F O R T R A N  /  T R 4 4 0
C
C
C     MODELL  GEMEINSCHAFTSPRAXIS
C
C
C     VERSION VOM  01. 03. 78
C
C
C
C
C
C     1. ALLGEMEINE FORTRAN-DEFINITIONEN
C
C
      IMPLICIT INTEGER (A - Z)
      REAL  QUESTA
      REAL*8  DRN , DFAKT , DMODUL , DKONST
C
C
C     ****** PRIVATE TYP-DEKLARATIONEN ******
C
      REAL  MEAN1 , MIN1 , MAX1 , MEAN2 , MIN2 , MAX2 , SIGMA
      REAL  RANDOM , QU1
C
C     ****** ENDE PRIVATE TYP-DEKLARATIONEN ******
C
C
C     ****** PRIVATE DIMENSION-STATEMENTS ******
C
C     ****** DIE FUER DIE BEARBEITUNG DURCH ******
C     ****** TABULA, EVALUE ODER GRAPH BE- ******
C     ****** STIMMTEN TABELLEN MUESSEN DIE ******
C     ****** DIMENSION  (100,4)  HABEN ******
C
C     ****** ENDE PRIVATE DIMENSION-STATEMENTS ******
C
C
      COMMON  TR(200,30) , AL(200,2) , LAL , LTR , EL(30,2)
      COMMON  LEL , LEV , LFAM , NADR , STATE(6122) , OK
      COMMON  N , T , IT , RT
      COMMON  /ASM/ ASM(200,10)
      COMMON  /DRN/ DRN(30) , DFAKT(30) , DMODUL , DKONST(30)
      COMMON  /FAC/ FAC(20,3)
      COMMON  /FAM/ FAM(200,3)
      COMMON  /GA1/ GATHF(200,10)
      COMMON  /GA2/ GATHT(10)
      COMMON  /MFA/ LSE , MFAC(2,2) , MBV(2) , SE(20,3)
      COMMON  /PLA/ PLAMA(2,2)
```

```
      COMMON  /POL/ POLVEC(200) , POLC , POL(20,2)
      COMMON  /QUE/ QUE(50,8) , QUESTA(50,2)
      COMMON  /SBV/ LSM , SBV(20) , SM(1024,2)
      COMMON  /SRC/ SRC(20,2) , NTRC
      COMMON  /STO/ STO(20,2)
      COMMON  /STR/ STRAMA(20,2)
      COMMON  /UC1/ UCHF(200,10,2)
      COMMON  /UC2/ UCHT(10,2)
C
C
C     ****** PRIVATE COMMON-STATEMENTS ******
C
C     ****** ENDE PRIVATE COMMON-STATEMENTS ******
C
C
C     ****** PRIVATE EQUIVALENCE- UND EXTERNAL-STATEMENTS ******
C
C     ****** ENDE PRIVATE EQUIV.- UND EXTERNAL-STATEMENTS ******
C
C
C     ****** PRIVATE DATA-STATEMENTS ******
C
C     ****** ENDE PRIVATE DATA-STATEMENTS ******
C
C
C
C
C
C     2. DEFINITION VON STATEMENT FUNCTIONS
C
C
C     ****** PRIVATE FUNCTION-STATEMENTS ******
C
C     ****** ENDE PRIVATE FUNCTION-STATEMENTS ******
C
C
C
C
C
C     3. NULLSETZEN DER DATENBEREICHE
C
C
3000  CONTINUE
      CALL RESET
C
C
C     ****** NULLSETZEN PRIVATER GROESSEN UND TABELLEN ******
C
C     ****** ENDE NULLSETZEN PRIV. GROESSEN UND TABELLEN ******
C
C
C
C
C
C     4. WERTZUWEISUNG VON KONSTANTEN STEUER- UND ANFANGSWERTEN
C
```

```
C
4000  CONTINUE
C
C
C     ****** SETZEN POLICY-, STRATEGIE- UND PLAN-MATRIX ******
C
      PLAMA(1,1)=1
      PLAMA(1,2)=1
C
C     ****** ENDE SETZEN POL.-, STRAT.- UND PLAN-MATRIX ******
C
C
C     ****** SETZEN SPEICHERKAPAZITAETEN ******
C
C     ****** ENDE SETZEN SPEICHERKAPAZITAETEN ******
C
C
C     ****** SETZEN KAPAZITAETEN DER MULTIFACILITIES ******
C
      MFAC(1,2)=4
C
C     ****** ENDE SETZEN DER KAPAZ. DER MULTIFACILITIES ******
C
C
      CALL INIT1
      CALL INIT2(&9999)
      CALL INIT3(&9999)
C
C
C
C
C
C     5. VARIABLE STEUERWERTE, ANFANGSWERTE UND FUNKTIONSWERTE-
C        TABELLEN
C
C
5000  CONTINUE
      WRITE(6,5001)
5001  FORMAT(1H1)
      CALL VERSIO
      N = ITREAD('N       ')
      IF(N.LE.0) GOTO 5097
      ZTR = ITREAD('ZTR     ')
      IF(ZTR.LE.0) GOTO 5097
      CONTIN = ITREAD('CONTIN  ')
      SECURE = ITREAD('SECURE  ')
      IPRINT = ITREAD('PRINT   ')
      GOTO 5500
5097  WRITE(6,5098)
5098  FORMAT(1H0,'*** FALSCHE EINGABE ***')
      GOTO 9999
C
C
5500  CONTINUE
C
C
```

```
C      ****** EINLESEN PRIVATER GROESSEN ******
C
C      ****** ENDE EINLESEN PRIVATER GROESSEN ******
C
C
C      ****** SETZEN PRIVATER GROESSEN ******
C
       MEAN1=30.
       MIN1=1.
       MAX1=MEAN1*5.
       MEAN2=100.
       SIGMA=5
       MIN2=MEAN2-MEAN2/5.
       MAX2=MEAN2+MEAN2/5
C
C      ****** ENDE SETZEN PRIVATER GROESSEN ******
C
C
       IF(IPRINT.NE.0) WRITE(6,5001)
       IF(CONTIN.EQ.0) GOTO 6000
       CALL CONT
       GOTO 1001
C
C
C
C
C      6. ANMELDEN DER ERSTEN EREIGNISSE
C
C
6000   CONTINUE
       CALL EVENT(1,1,1,&1006,IPRINT)
C
C
C
C
C
C      7. ABLAUFKONTROLLE 1 : ZEITABHAENGIGE AKTIVIERUNG VON
C         EREIGNISSEN UND TRS
C
C
1001   CALL SIMEND(3,5,10,&1006)
       CALL ACTIV1(&1006)
       LT = T
       NT = RT
C
C
C
C
C
C      8. ADRESSVERTEILER
C
C
1003   CONTINUE
C
C
C      ****** ADRESSVERTEILER ******
```

```
C
      GOTO (1,2,3,4,5,6,7,8,9),NADR
C
C     ****** ENDE ADRESSVERTEILER ******
C
C
C
C
C
C     9. MODELL
C
C
C     ****** MODELL ******
C
C
C     ERZEUGEN DER AUFTRAEGE
C     ======================
1     CALL ERLANG(MEAN1,1,MIN1,MAX1,1,RANDOM,&1006)
      IZ=IFIX(RANDOM+0.5)
      CALL GENERA(IZ,ZTR,1,1,&1006,IPRINT)
C
C     FESTLEGEN DER PRIORITAET
C     ========================
      CALL TRANSF(0.01,&4,2,IPRINT)
      CALL TRANSF(0.2,&2,3,IPRINT)
C
C     BELEGEN OHNE VERDRAENGUNG
C     =========================
      CALL QUEUE(1,1,&1006,IPRINT)
      GOTO 3
2     TR(LTR,4)=2
      CALL QUEUE(2,1,&1006,IPRINT)
3     CALL MSEIZE(1,3,0,&1005,&1006,IPRINT)
      CALL DEPART(TR(LTR,4),1,&1006,IPRINT)
      IEX=0
      GOTO 6
C
C     BELEGEN MIT VERDRAENGUNG
C     ========================
4     CALL QUEUE(3,1,&1006,IPRINT)
      TR(LTR,4)=3
5     CALL MPREEM(1,5,0,&1005,&1006,IPRINT)
      CALL DEPART(3,1,&1006,IPRINT)
      IEX=1
C
C     BEARBEITUNGSZEIT
C     ================
6     CALL MSETUP(3,1,7,&1005,&1006,IPRINT)
7     CALL GAUSS(MEAN2,SIGMA,MIN2,MAX2,4,RANDOM)
      IZ=IFIX(RANDOM+0.5)
8     CALL MWORK(IZ,1,9,0,&1005,&1006,IPRINT)
      CALL MKNOCK(3,1,9,&1005,&1006,IPRINT)
C
C     FREIGEBEN
C     =========
9     CALL MCLEAR(1,&100,&1006,IPRINT)
```

```
C
C      VERNICHTEN DER TRS
C      ==================
       CALL TERMIN(&1005,IPRINT)
C
100    CALL QUEUE(TR(LTR,4),1,&1006,IPRINT)
       GOTO 1005
C
C      ****** ENDE MODELL ******
C
C
C
C
C
C      10. ABLAUFKONTROLLE 2 : BEDINGTE AKTIVIERUNG VON TRS
C
C
1005   CONTINUE
       CALL ACTIV2(&1001,&1003)
C
C
C
C
C
C      11. ENDABRECHNUNG
C
C
1006   CONTINUE
       T = LT
       RT = NT
       CALL ENDQUE
C
C
C      ****** ENDABRECHNUNG ******
C
C      ****** ENDE ENDABRECHNUNG ******
C
C
C
C
C
C      12. AUSGABE DER ERGEBNISSE
C
C
8000   CONTINUE
       WRITE(6,5001)
       CALL REPORT(50,0,2,0,30,200,200,0)
       WRITE(6,8010)
8010   FORMAT(/////25X,29(1H*),2(/25X,1H*,27X,1H*))
       WRITE(6,8020)(QUESTA(I,1),I=1,3)
8020   FORMAT(25X,1H*,8X,11HWARTEZEITEN,8X,1H*/25X,1H*,2X,
     +15HKASSENPATIENTEN,F8.3,2X,1H*/25X,1H*,2X,
     +15HPRIVATPATIENTEN,F8.3,2X,1H*/25X,1H*,2X,9HNOTFAELLE,
     +6X,F8.3,2X,1H*)
       WRITE(6,8030)
8030   FORMAT(2(25X,1H*,27X,1H*/),25X,29(1H*))
```

```
      WRITE(6,5001)
      IF(SECURE.EQ.1)  CALL SAVE
C
C
C     ****** AUSGABE PRIVATER GROESSEN ******
C
C     ****** ENDE AUSGABE PRIVATER GROESSEN ******
C
C
      READ(5,8992) INPUT
8992  FORMAT(I1)
      IF(INPUT.EQ.1) GOTO 3000
C
C
9999  STOP
      END
```

```
GPSS FORTRAN SIMULATIONSPROGRAMM
================================

VERSION VOM  01. 03. 78
=======================


N         (I10) 1000000000

ZTR       (I10) 1000000000

CONTIN    (I10)          0

SECURE    (I10)          0

PRINT     (I10)          0



          ****** S I M U L A T I O N S E N D E ******

                T    =      414560
                NTRC =       13750

          MITTLERE WARTEZEIT FUER QUEUE  3 BETRAEGT    1.91613

          BEI        155 ABGAENGEN
```

T = 414560 RT = 414560

INHALT DER QUEUES

QNR	QLFD	QMAX	SUMZ	SUMA	SUMD	SUMW	BT	LT
1	6	21	10990	10984	3423	874282	874536	414560
2	0	3	2710	2710	916	39742	39742	414560
3	0	1	155	155	51	297	297	414560

QNR	WZ	WSL
1	79.59734	2.10596
2	14.66494	0.09587
3	1.91613	0.00072

INHALT DER MULTIFACILITIES

NR.	INH.	KAP.
1	4	4

EREIGNISLISTE

I	NADR	ZEIT
1	1	414581

AKTIVIERUNGSLISTE

I	NADR	ZUSTAND
1	3	-21
2	3	-21
3	7	414563
4	8	414604
5	8	414651
6	3	-21
7	3	-21
8	3	-21
9	3	-21
10	8	414620

PARAMETERMATRIX

LTR	P1	P2	P3	P4	P5	P6
1	13749	0	414550	1	0	0
2	13748	0	414537	1	0	0
3	13750	0	414557	3	5	0
4	13738	0	414279	1	3	0
5	13744	0	414461	1	3	0
6	13740	0	414349	1	0	62
7	13747	0	414513	1	0	0
8	13745	0	414463	1	0	0
9	13746	0	414483	1	0	0
10	13742	0	414373	1	3	0

LTR	P7	P8	P9	P10	P11	P12
1	0	414550	1	0	0	0
2	0	414537	1	0	0	0
3	0	0	0	0	0	0
4	1	0	0	0	0	0
5	1	0	0	0	0	0
6	1	414560	1	0	0	0
7	0	414513	1	0	0	0
8	0	414463	1	0	0	0
9	0	414483	1	0	0	0
10	1	0	0	0	0	0

LTR	P13	P14	P15	P16	P17	P18
1	0	414550	0	0	0	0
2	0	414537	0	0	0	0
3	0	0	0	0	0	0
4	0	0	0	0	0	0
5	0	0	0	0	0	0
6	0	414560	0	0	0	0
7	0	414513	0	0	0	0
8	0	414463	0	0	0	0
9	0	414483	0	0	0	0
10	0	0	0	0	0	0

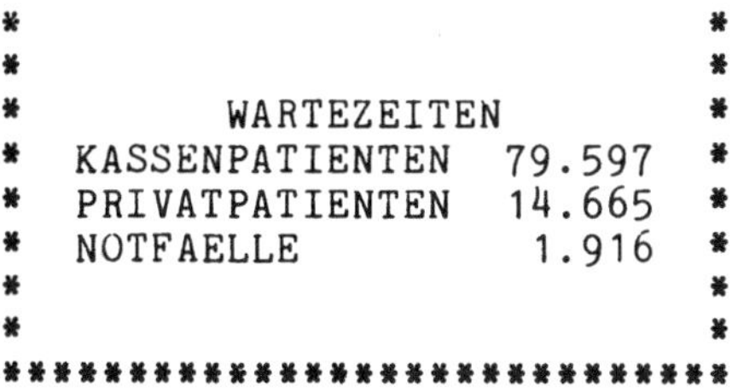

11.6 Strategien

Für die Belegung und Freigabe von Speichern stellt GPSS-F die entsprechenden Strategien zur Verfügung. Weiterhin kann über die Belegung Buch geführt werden. Das Modell Rechenanlage zeigt, wie die Strategien und die Buchführung eingesetzt werden können.

Für das Modell Rechenanlage ist die Kenntnis der folgenden Kapitel erforderlich: Kap. 2.6.4, Kap. 6, Kap.10.3.2.

11.6.1 Modell Rechenanlage

Eine Rechenanlage besteht aus einem Prozessor, einem Arbeitsspeicher mit einer Kapazität von 32 K und einem peripheren Speicher mit einer Kapazität von 128 K.
Die Zwischenankunftszeit und die Bearbeitungszeit eines Auftrages gehorchen der Exponentialverteilung. Die Speicherplatzanforderungen sind gleichverteilt. Die Mittelwerte und die Unter- bzw. Obergrenzen sind in der Tabelle 3 angegeben.

TABELLE 3 PARAMETER FUER DAS MODELL RECHENANLAGE

PARAMETER	MITTELWERT	UNTERGRENZE	OBERGRENZE
ZWISCHENAN-KUNFTSZEIT	5 ZE	0.17 ZE	25 ZE
BEARBEITUNGSZEIT	4.8 ZE	0.17 ZE	24 ZE
SPEICHERBEDARF	5 K	2 K	8 K

Die Speichervergabe teilt den Speicher in Einheiten von 1 K nach der Strategie-A First-Fit zu. Ein Auftrag, der in der Rechenanlage aufgenommen werden soll, bewirbt sich zuerst um Arbeitsspeicher. Ist der Arbeitsspeicher besetzt, so wird der Auftrag auf dem peripheren Speicher nach der im Arbeitsspeicher verwendeten Strategie-A abgelegt.
Die Speichervergabe soll ohne Inanspruchnahme des Prozessors und ohne Zeitverbrauch erfolgen.
Der Prozessor wählt aus den Aufträgen, die sich im Arbeitspeicher befinden, nach Round Robin den nächsten zur Bearbeitung aus. Die Länge der Zeitscheibe beträgt 1 Zeiteinheit (ZE).
Nach Abschluß der Bearbeitungszeit gibt der Auftrag seinen Arbeitsspeicher frei. Gleichzeitig wird geprüft, ob durch diese Freigabe weitere Aufträge vom peripheren Speicher in den Arbeitsspeicher nachgeladen werden können. Das Nachladen erfolgt nach FIFO.

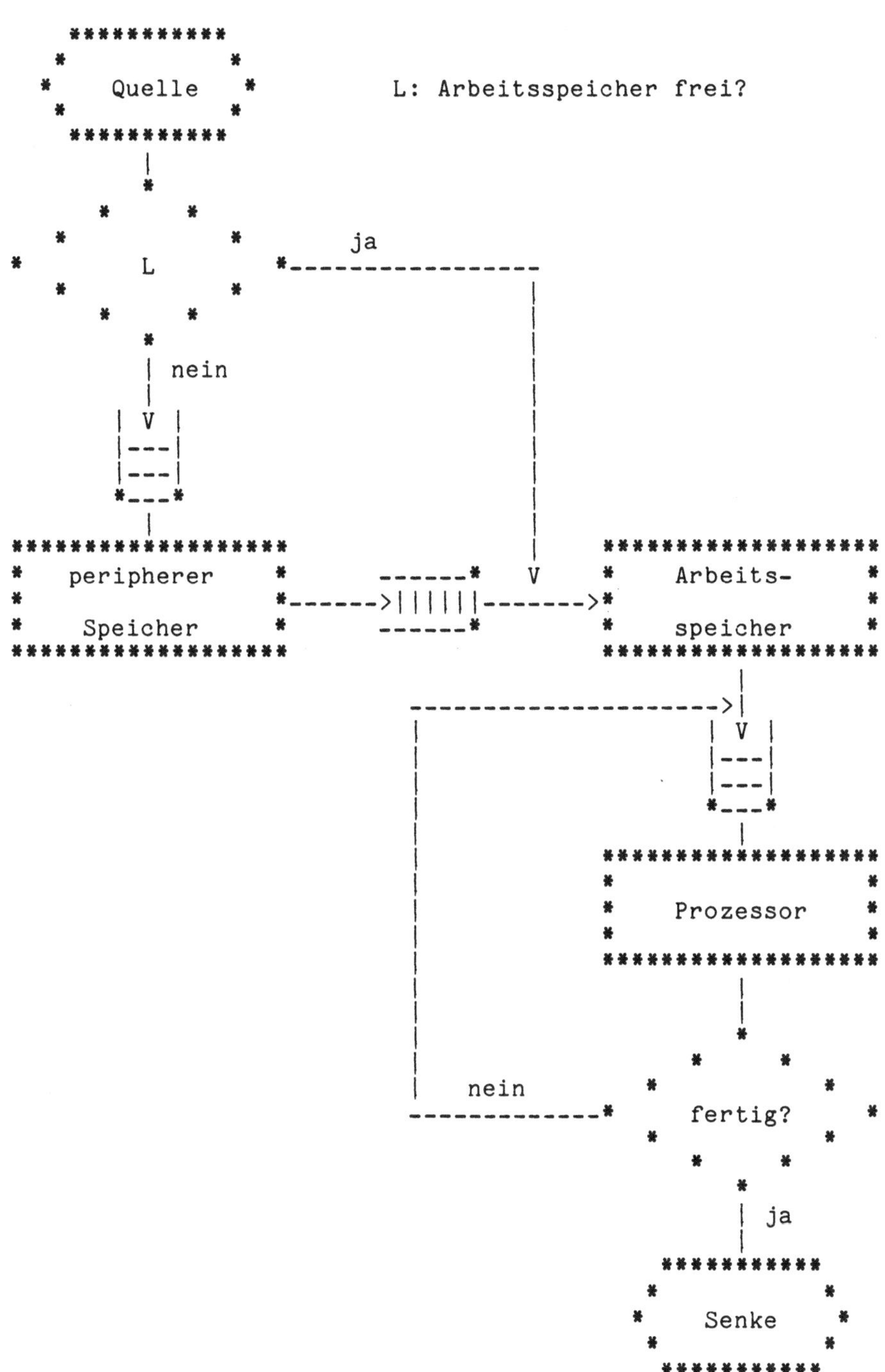

BILD 37 AUFBAU DES MODELLS RECHENANLAGE

Den Aufbau der Rechenanlage zeigt Bild 37.

Mit Hilfe der Simulation sollen die folgenden beiden Fragen beantwortet werden:

* Wie hoch ist die mittlere Belegung der beiden Speicher, wenn die Vergabe mit Hilfe der Strategie-A First-Fit erfolgt?

* Wie groß ist die mittlere Wartezeit der Aufträge in Abhängigkeit des Speicherbedarfes (Wartezeit = Zeit vom Eintritt des Auftrages in die Rechenanlage bis zum Beginn der Bearbeitung) ? Die Abhängigkeit soll graphisch dargestellt werden.

Der Simulationslauf soll abgebrochen werden, wenn die letzten 20 Werte für die Verweilzeit aller Aufträge in dem Intervall Mittelwert - 10% und Mittelwert + 10% liegen. Die Anzahl der Transactions zwischen zwei Überprüfungen sei NE = 100.

11.6.2 Der Aufbau des Modells

Zunächst werden die Aufträge mit den charakteristischen Eigenschaften erzeugt. Für den vorliegenden Fall wird ihre Bearbeitungszeit und der Speicherbedarf festgelegt.
Nach Eintritt in das System wird geprüft, ob der Auftrag sofort in den Arbeitsspeicher eingelagert werden kann oder erst im peripheren Speicher abgelegt werden muß. Diese Entscheidung wird vom Unterprogramm STRATA vorbereitet.
Falls die Belegung des Arbeitsspeichers möglich ist, ist die Variable LSM.NE.0. Es wird dann mit der Belegung des Arbeitsspeichers durch das Unterprogramm ALLOC bei Programmadresse &4 fortgefahren. Gleichzeitig reiht sich der Auftrag in die Warteschlange vor dem Prozessor ein. Er wartet zusammen mit den anderen Aufträgen, die ebenfalls bereits den Arbeitsspeicher belegt haben, auf Bearbeitung.
Findet der neu ins System gekommene Auftrag im Arbeitsspeicher keinen Platz, so wird er zunächst im peripheren Speicher abgelegt. Die Belegung des peripheren Speichers erfolgt dann durch das Unterprogramm ALLOC bei Programmadresse &3.

Wenn ein Auftrag den Arbeitsspeicher belegt, müssen zwei Fälle unterschieden werden:
a) Der Auftrag hat direkt Zugang zum Arbeitsspeicher; er hat sich vorher nicht im peripheren Speicher aufgehalten. In diesem Fall kann er sich sofort in die Warteschlange vor dem Prozessor einreihen.
b) Der Auftrag befindet sich vorher im peripheren Speicher und wird jetzt in den Arbeitsspeicher umgeladen. Für diesen Fall muß der Bereich, den der Auftrag im peripheren Speicher inne hatte, freigegeben werden. Gleichzeitig müssen Aufträge, die vor dem peripheren Speicher warten, prüfen können, ob durch diese Freigabe ihre eigene Speicherplatzanforderung erfüllbar geworden ist. Das heißt, nach Belegung des Arbeitsspeichers muß das Unterprogramm FREE aufgerufen werden, das den peripheren Speicher freigibt. Im Anschluß ermöglicht der Unterprogrammaufruf CALL

UNLOCK den Aufträgen, die vor dem peripheren Speicher warten, die Prüfung ihrer Speicherplatzanforderungen.

Der Prozessor wird als Bedienstation aufgefaßt, die durch das Unterprogramm SEIZE belegt und durch das Unterprogramm CLEAR wieder freigegeben wird. Die Bedienzeit entspricht der Länge der Zeitscheibe (siehe 3.1.5). Wenn die Restbearbeitungszeit eines Auftrages kleiner ist als die Zeitscheibe, wird die Bedienzeit gleich der Restbearbeitungszeit gesetzt.

Wenn der Auftrag fertig bearbeitet worden ist, gibt er seinen Arbeitsspeicher frei. Gleichzeitig ermöglicht er den Aufträgen, die sich im peripheren Speicher aufhalten und auf Arbeitsspeicher warten, die Prüfung ihrer Anforderungen. Anschließend verläßt der Auftrag das Modell, indem er das Unterprogramm TERMIN aufruft.

Hinweis:

* Im Abschnitt 4 des Rahmens muß für die beiden Storages NST = 1 und NST = 2 die Strategie-A angegeben werden. Die Angabe der Strategie-F ist nicht erforderlich.
Weiterhin muß die Kapazität der beiden Speicher durch den Eintrag in die STO-Matrix bestimmt werden.

11.6.3 Der Einschwingvorgang

Um den Einschwingvorgang zu umgehen, wird das Modell zunächst in einen Zustand gebracht, der dem eingeschwungenen Zustand nahe kommen soll.
Die Warteschlangentheorie zeigt, daß das Modell Rechenanlage einen stationären Zustand erreicht, da die mittlere Bearbeitungszeit kleiner ist als die mittlere Ankunftszeit.
Eine Abschätzung für die mittlere Anzahl der Aufträge im System ergibt /7/:

MEAN = ALPHA / (1 - ALPHA)

wobei

ALPHA = mittlere Bearbeitungszeit/mittlerer Ankunftsabstand

Für die vorliegenden Werte ergibt sich demnach:

MEAN = 24

Aus diesem Grund werden als erstes zum Zeitpunkt T=1 24 Aufträge erzeugt und auf die beiden Speicher verteilt.

11.6.4 Die Sammlung und Darstellung statistischen Materials

Die Belegung der beiden Speicher wird festgehalten, indem durch die Unterprogramme QUEUE und DEPART die Zu- und Abgänge registriert werden. Die Anzahl der Einheiten für jeden Zu- und Abgang entspricht der Anzahl der Speicherplätze. Aus den auf diese Weise bestimmten Daten kann die mittlere Speicherbelegung

berechnet werden.
Um festzustellen, in welcher Weise die mittlere Wartezeit eines Auftrages von seinem Speicherbedarf abhängt, werden die Unterprogramme TABULA und EVALUE herangezogen. Zunächst wird bestimmt, wie häufig ein Auftrag mit einer bestimmten Speicherplatzanforderung auftritt. Das geschieht, indem der Speicherbedarf als statistische Variable in die Häufigkeitstabelle TAB1 einsortiert wird. Die mittlere Wartezeit wird als zugeordnete Variable betrachtet. Auf diese Weise kann vom Unterprogramm EVALUE der Mittelwert der Wartezeit in Abhängigkeit des Speicherbedarfes berechnet werden (siehe 10.2).

11.6.5 Endergebnisse

Am Ende des Simulationslaufes wird der gegenwärtige Stand der Speicherbelegung und die prozentuale, mittlere Speicherbelegung ausgedruckt. Der Ausdruck der Häufigkeitstabelle zeigt in Spalte 2, wie oft ein Auftrag mit der in Spalte 1 eingetragenen Speicheranforderung registriert worden ist. In der Spalte 5, die außer der Häufigkeitstabelle ausgedruckt wird, stehen die zu den Speicherplatzanforderungen gehörigen mittleren Bearbeitungszeiten (siehe 10.2). Die Abhängigkeit der mittleren Wartezeit von der Speicherplatzanforderung ist in Tabelle 1 wiedergegeben. Man findet, daß die mittlere Wartezeit steigt, wenn der Speicherbedarf zunimmt. Dieses Verhalten ist zu erwarten, da die Wahrscheinlichkeit mit zunehmendem Speicherbedarf geringer wird, im Arbeitsspeicher Platz zu finden.

11.6.6 Das Listing für das Modell

```
C      GPSS  FORTRAN  SIMULATIONSPROGRAMM
C      ==================================
C
C
C      S I M U L A T O R :  G P S S - F O R T R A N  /  T R 4 4 0
C
C
C      MODELL  RECHENANLAGE
C
C
C      VERSION VOM  01. 03. 78
C
C
C
C
C
C      1. ALLGEMEINE FORTRAN-DEFINITIONEN
C
C
       IMPLICIT INTEGER (A - Z)
       REAL  QUESTA
       REAL*8  DRN , DFAKT , DMODUL , DKONST
C
C
C      ****** PRIVATE TYP-DEKLARATIONEN ******
C
       REAL  MIN1 , MAX1 , MEAN2 , MIN2 , MAX2 , MEAN3 , MIN3
       REAL  MAX3 , RAND , X , Y , TAB1 , TAB2 , PR
C
C      ****** ENDE PRIVATE TYP-DEKLARATIONEN ******
C
C
C      ****** PRIVATE DIMENSION-STATEMENTS ******
C
C      ****** DIE FUER DIE BEARBEITUNG DURCH ******
C      ****** TABULA, EVALUE ODER GRAPH BE-  ******
C      ****** STIMMTEN TABELLEN MUESSEN DIE  ******
C      ****** DIMENSION  (100,4)  HABEN ******
C
       DIMENSION  TAB1(100,4) , TAB2(100,4)
C
C      ****** ENDE PRIVATE DIMENSION-STATEMENTS ******
C
C
       COMMON  TR(200,30) , AL(200,2) , LAL , LTR , EL(30,2)
       COMMON  LEL , LEV , LFAM , NADR , STATE(6122) , OK
       COMMON  N , T , IT , RT
       COMMON  /ASM/ ASM(200,10)
       COMMON  /DRN/ DRN(30) , DFAKT(30) , DMODUL , DKONST(30)
       COMMON  /FAC/ FAC(20,3)
       COMMON  /FAM/ FAM(200,3)
       COMMON  /GA1/ GATHF(200,10)
       COMMON  /GA2/ GATHT(10)
```

```
      COMMON  /MFA/ LSE , MFAC(2,2) , MBV(2) , SE(20,3)
      COMMON  /PLA/ PLAMA(2,2)
      COMMON  /POL/ POLVEC(200) , POLC , POL(20,2)
      COMMON  /QUE/ QUE(50,8) , QUESTA(50,2)
      COMMON  /SBV/ LSM , SBV(20) , SM(1024,2)
      COMMON  /SRC/ SRC(20,2) , NTRC
      COMMON  /STO/ STO(20,2)
      COMMON  /STR/ STRAMA(20,2)
      COMMON  /UC1/ UCHF(200,10,2)
      COMMON  /UC2/ UCHT(10,2)
C
C
C     ****** PRIVATE COMMON-STATEMENTS ******
C
C     ****** ENDE PRIVATE COMMON-STATEMENTS ******
C
C
C     ****** PRIVATE EQUIVALENCE- UND EXTERNAL-STATEMENTS ******
C
C     ****** ENDE PRIVATE EQUIV.- UND EXTERNAL-STATEMENTS ******
C
C
C     ****** PRIVATE DATA-STATEMENTS ******
C
C     ****** ENDE PRIVATE DATA-STATEMENTS ******
C
C
C
C
C
C     2. DEFINITION VON STATEMENT FUNCTIONS
C
C
C     ****** PRIVATE FUNCTION-STATEMENTS ******
C
C     ****** ENDE PRIVATE FUNCTION-STATEMENTS ******
C
C
C
C
C
C     3. NULLSETZEN DER DATENBEREICHE
C
C
30.0  CONTINUE
      CALL RESET
C
C
C     ****** NULLSETZEN PRIVATER GROESSEN UND TABELLEN ******
C
      DO 3010 I=1,100
      DO 3010 J=1,4
      TAB1(I,J)=0
3010  TAB2(I,J)=0
C
C     ****** ENDE NULLSETZEN PRIV. GROESSEN UND TABELLEN ******
```

```
C
C
C
C
C
C     4. WERTZUWEISUNG VON KONSTANTEN STEUER- UND ANFANGSWERTEN
C
C
4000  CONTINUE
C
C
C     ****** SETZEN POLICY-, STRATEGIE- UND PLAN-MATRIX ******
C
      STRAMA(1,1)=1
      STRAMA(2,1)=1
C
C     ****** ENDE SETZEN POL.-, STRAT.- UND PLAN-MATRIX ******
C
C
C     ****** SETZEN SPEICHERKAPAZITAETEN ******
C
      STO(1,2)=32
      STO(2,2)=128
C
C     ****** ENDE SETZEN SPEICHERKAPAZITAETEN ******
C
C
C     ****** SETZEN KAPAZITAETEN DER MULTIFACILITIES ******
C
C     ****** ENDE SETZEN DER KAPAZ. DER MULTIFACILITIES ******
C
C
      CALL INIT1
      CALL INIT2(&9999)
      CALL INIT3(&9999)
C
C
C
C
C
C     5. VARIABLE STEUERWERTE, ANFANGSWERTE UND FUNKTIONSWERTE-
C        TABELLEN
C
C
5000  CONTINUE
      WRITE(6,5001)
5001  FORMAT(1H1)
      CALL VERSIO
      N = ITREAD('N       ')
      IF(N.LE.0) GOTO 5097
      ZTR = ITREAD('ZTR     ')
      IF(ZTR.LE.0) GOTO 5097
      CONTIN = ITREAD('CONTIN  ')
      SECURE = ITREAD('SECURE  ')
      IPRINT = ITREAD('PRINT   ')
      GOTO 5500
```

```
5097  WRITE(6,5098)
5098  FORMAT(1H0,'*** FALSCHE EINGABE ***')
      GOTO 9999
C
C
5500  CONTINUE
C
C
C     ****** EINLESEN PRIVATER GROESSEN ******
C
      ISCAL=ITREAD('ISCAL')
      IZT=ITREAD('IZT')
C
C     ****** ENDE EINLESEN PRIVATER GROESSEN ******
C
C
C     ******SETZEN PRIVATER GROESSEN ******
C
      MIN1=2.
      MAX1=8.
      MEAN2=5.*ISCAL
      MIN2=0.17*ISCAL
      MAX2=5.*5.*ISCAL
      MEAN3=4.8*ISCAL
      MIN3=0.17*ISCAL
      MAX3=4.8*5.*ISCAL
      IZT=IZT*ISCAL
C
C     ******ENDE SETZEN PRIVATER GROESSEN ******
C
C
C
C
C
C     6. ANMELDEN DER ERSTEN EREIGNISSE
C
C
6000  CONTINUE
      CALL EVENT(1,1,1,&1006,IPRINT)
      CALL EVENT(2,2,2,&1006,IPRINT)
C
C
C
C
C
C     7. ABLAUFKONTROLLE 1 : ZEITABHAENGIGE AKTIVIERUNG VON
C        EREIGNISSEN UND TRS
C
C
1001  CALL SIMEND(1,100,10,&1006)
      CALL ACTIV1(&1006)
      LT = T
      NT = RT
C
C
C
```

```
C
C
C      8. ADRESSVERTEILER
C
C
1003   CONTINUE
C
C
C      ****** ADRESSVERTEILER ******
C
       GOTO (1,2,3,4,5,6),NADR
C
C      ****** ENDE ADRESSVERTEILER ******
C
C
C
C
C
C      9. MODELL
C
C
C      ****** MODELL ******
C
C
C      ERZEUGEN DER ERSTEN 24 AUFTRAEGE
C      ================================
1      CALL GENERA(0,24,1,1,&1006,IPRINT)
       CALL QUEUE(1,1,&1006,IPRINT)
       GOTO 201
C
C      ERZEUGEN DER FOLGENDEN AUFTRAEGE
C      ================================
2      CALL ERLANG(MEAN2,1,MIN2,MAX2,1,RAND,&1006)
       IZ=IFIX(RAND+0.5)
       CALL GENERA(IZ,ZTR,1,2,&1006,IPRINT)
       CALL QUEUE(1,1,&1006,IPRINT)
201    CALL ERLANG(MEAN3,1,MIN3,MAX3,2,RAND,&1006)
       TR(LTR,19)=IFIX(RAND+0.5)
       CALL GLEICH(MIN1-0.5,MAX1+0.49,3,RAND)
       TR(LTR,20)=IFIX(RAND+0.5)
C
C      UEBERPRUEFEN DES ARBEITSSPEICHERS
C      =================================
       CALL STRATA(1,TR(LTR,20))
       IF(LSM.NE.0) GOTO 4
C
C      BELEGEN DES PERIPHEREN SPEICHERS
C      ================================
3      CALL ALLOC(2,TR(LTR,20),1,3,LINE,0,&1005,&1006,IPRINT)
       CALL QUEUE(22,TR(LTR,20),&1006,IPRINT)
       TR(LTR,22)=LINE
C
C      BELEGEN DES ARBEITSSPEICHERS
C      ============================
4      CALL ALLOC(1,TR(LTR,20),1,4,LINE,0,&1005,&1006,IPRINT)
       CALL QUEUE(11,TR(LTR,20),&1006,IPRINT)
```

```
      TR(LTR,21)=LINE
      IF(TR(LTR,22).EQ.0) GOTO 5
C
C     FREIGEBEN DES PERIPHEREN SPEICHERS
C     ==================================
      CALL FREE(2,TR(LTR,20),TR(LTR,22),LINE,&1006,&1006,IPRINT)
      CALL DEPART(22,TR(LTR,20),&1006,IPRINT)
      CALL UNLOCK(24,IPRINT)
C
C     BELEGEN UND FREIGEBEN DES PROZESSORS
C     ====================================
5     CALL SEIZE(1,5,&1005,IPRINT)
      IF(TR(LTR,23).EQ.1) GOTO 501
      X=FLOAT(TR(LTR,20))
      Y=FLOAT(T-TR(LTR,3))/FLOAT(ISCAL)
      CALL TABULA(X,Y,2.,1.,10,TAB1)
      TR(LTR,23)=1
501   IZ=IZT
      IF(TR(LTR,19).LT.IZT) IZ=TR(LTR,19)
6     CALL WORK(IZ,1,6,0,&1005,&1006,iprint)
      CALL CLEAR(1,&1005,&1006,IPRINT)
      TR(LTR,19)=TR(LTR,19)-IZT
      IF(TR(LTR,19).GT.0) GOTO 5
C
C     FREIGEBEN DES ARBEITSSPEICHERS
C     ==============================
      CALL FREE(1,TR(LTR,20),TR(LTR,21),LINE,&1006,&1006,IPRINT)
      CALL DEPART(11,TR(LTR,20),&1006,IPRINT)
      CALL UNLOCK(23,IPRINT)
C
C     VERNICHTEN DER TRS
C     ==================
      CALL DEPART(1,1,&1006,IPRINT)
      CALL TERMIN(&1005,IPRINT)
C
C     ****** ENDE MODELL ******
C
C
C
C
C
C     10. ABLAUFKONTROLLE 2 : BEDINGTE AKTIVIERUNG VON TRS
C
C
1005  CONTINUE
      CALL ACTIV2(&1001,&1003)
C
C
C
C
C
C     11. ENDABRECHNUNG
C
C
1006  CONTINUE
      T = LT
```

```
      RT = NT
      CALL ENDQUE
C
C
C     ****** ENDABRECHNUNG ******
C
      WRITE(6,5001)
      CALL SMLIST(1)
      PR=(QUESTA(11,2)*100.)/32.
      WRITE(6,100) QUESTA(11,2),PR
100   FORMAT(1X,'BELEGT SIND DURCHSCHNITTLICH ',F6.2,' K = ',
     +F6.2,' %'/)
      CALL SMLIST(2)
      PR=(QUESTA(22,2)*100.)/128.
      WRITE(6,100) QUESTA(22,2),PR
C
C     ****** ENDE ENDABRECHNUNG ******
C
C
C
C
C
C     12. AUSGABE DER ERGEBNISSE
C
C
8000  CONTINUE
      WRITE(6,5001)
      CALL REPORT(50,20,0,2,30,200,200,0)
      DO 8010 I=1,10
      TAB2(I,1)=TAB1(I,1)
      IF(TAB1(I,2).EQ.0) GOTO 8010
      TAB2(I,2)=TAB1(I,4)/TAB1(I,2)
8010  CONTINUE
      CALL EVALUE(8,TAB2,1,1)
      CALL GRAPH(TAB2,1,1,8,1,&1006)
      WRITE(6,5001)
      IF(SECURE.EQ.1)  CALL SAVE
C
C
C     ****** AUSGABE PRIVATER GROESSEN ******
C
C     ****** ENDE AUSGABE PRIVATER GROESSEN ******
C
C
      READ(5,8992) INPUT
8992  FORMAT(I1)
      IF(INPUT.EQ.1) GOTO  3000
C
C
9999  STOP
      END
```

```
GPSS FORTRAN SIMULATIONSPROGRAMM
================================

VERSION VOM  01. 03. 78
=======================


N          (I10) 1000000000

ZTR        (I10) 1000000000

CONTIN     (I10)          0

SECURE     (I10)          0

PRINT      (I10)          0

ISCAL      (I10)         10

IZT        (I10)          1



          ****** S I M U L A T I O N S E N D E ******

                T     =      289590

                NTRC  =        5805

          MITTLERE WARTEZEIT FUER QUEUE  1 BETRAEGT  673.56741
          BEI        5800 ABGAENGEN
```

S M - M A T R I X : STORAGE 1

ZEILE	ADRESSE	GROESSE	MARKIERUNG/FREISPEICHERVERMERK
1	1	5	1
6	6	5	1
11	11	3	-1
14	14	2	1
16	16	6	1
22	22	2	-1
24	24	7	1
31	31	2	-1

BELEGT SIND DURCHSCHNITTLICH 23.80 K = 74.39 %

S M - M A T R I X : STORAGE 2

ZEILE	ADRESSE	GROESSE	MARKIERUNG/FREISPEICHERVERMERK
33	1	128	-1

BELEGT SIND DURCHSCHNITTLICH 48.76 K = 38.09 %

T = 289590 RT = 289590

INHALT DER QUEUES

QNR	QLFD	QMAX	SUMZ	SUMA	SUMD	SUMW	BT	LT
1	5	44	5805	5800	0	3906691	3907067	289590
11	25	32	29341	29316	0	6891722	6893302	289590
22	0	128	19705	19705	36	14119380	14119380	289590

QNR	WZ	WSL
1	673.34201	13.49177
11	235.03766	23.80374
22	716.53793	48.75662

INHALT DER FACILITIES

NR.	INH.	VKZ	PHASE
1	2	0	2

INHALT DER STORAGES

NR.	INH.	KAP.
1	25	32
2	0	128

EREIGNISLISTE

I	NADR	ZEIT
2	2	289622

AKTIVIERUNGSLISTE

I	NADR	ZUSTAND
1	5	-1
2	6	289600
3	5	-1
5	5	-1
6	5	-1

PARAMETERMATRIX

LTR	P1	P2	P3	P4	P5	P6
1	5801	0	289498	1	0	0
2	5803	0	289528	1	0	0
3	5805	0	289575	1	0	0
5	5800	0	289427	1	0	0
6	5804	0	289546	1	0	0

LTR	P7	P8	P9	P10	P11	P12
1	0	289563	1	11	0	0
2	0	0	1	0	0	0
3	0	289590	1	0	11	0
5	0	289573	1	0	11	0
6	0	289583	1	11	0	0

LTR	P13	P14	P15	P16	P17	P18
1	0	289498	289498	0	0	0
2	0	289528	0	289553	0	0
3	0	289575	0	289553	11	0
5	0	289427	0	289469	11	0
6	0	289546	289546	0	0	0

TABELLE 1

I	X	F(X)	F/N	CUMY	E(Y)
1	2.000	8.962	0.028	0.0	0.0
2	3.000	17.588	0.054	0.0	0.0
3	4.000	28.204	0.087	0.0	0.0
4	5.000	39.710	0.123	0.0	0.0
5	6.000	56.928	0.176	0.0	0.0
6	7.000	72.391	0.224	0.0	0.0
7	8.000	99.337	0.307	0.0	0.0

SUMF= 323.1 XQU= 5.77 VAR= 2.80 SDV= 1.67

TABELLE 1

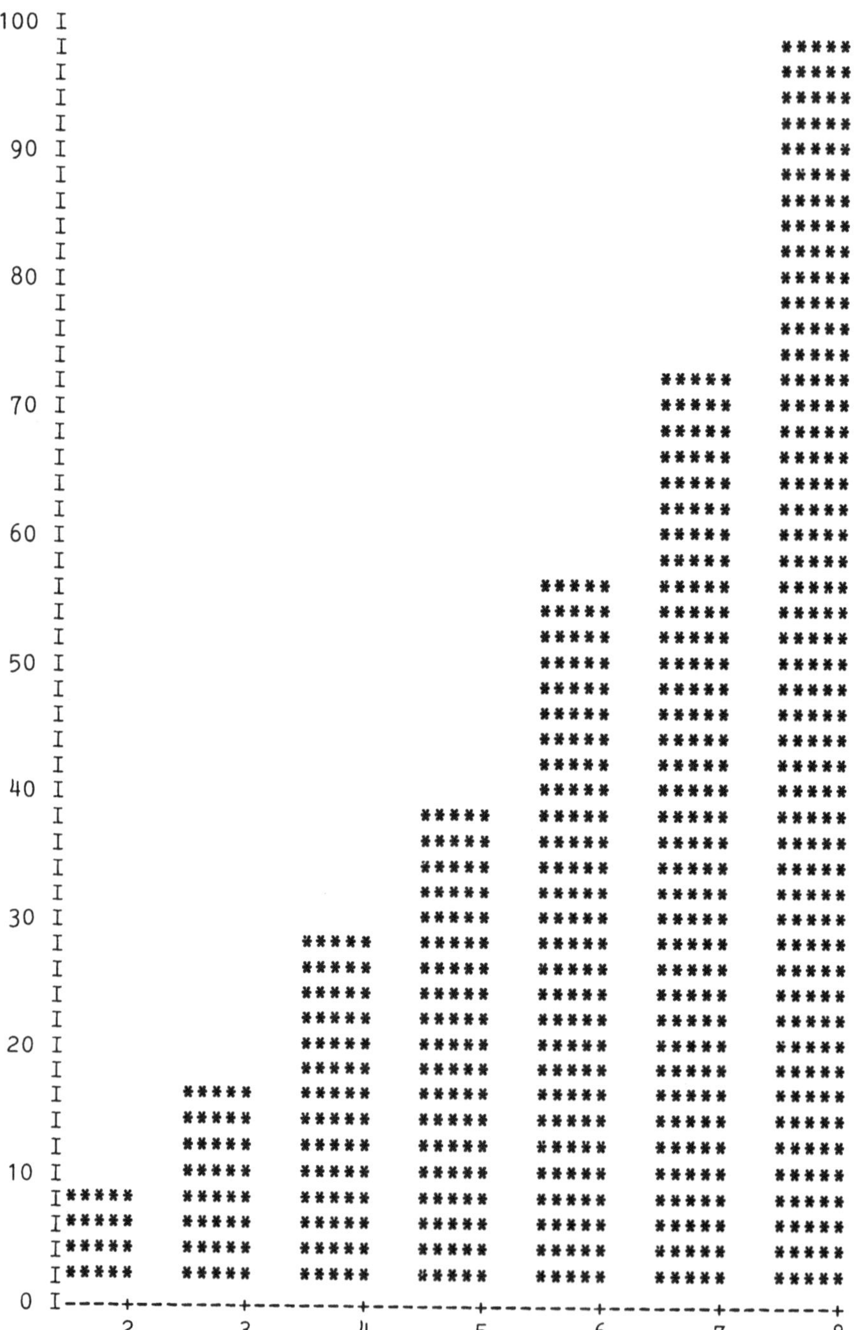

11.7 Die Steuerung von Transactions

In vielen Fällen gibt es zur Modellerstellung mehrere Möglichkeiten. In dem folgenden Beispiel wird gezeigt, wie Gates vom Typ1, Gates vom Typ2 oder User-Chains zur Lösung herangezogen werden können.

Für das Modell Fahrstuhl ist die Kenntnis des folgenden Kapitels erforderlich: Kap. 7

11.7.1 Modell Fahrstuhl

Die Besucher eines Fernsehturmes müssen einen Fahrstuhl benützen. Die Ankunftszeit der Besucher ist exponentiell verteilt mit einem Mittelwert von MEAN1=6.
Der Fahrstuhl hat eine Kapazität von 8 Personen. Er fährt, wenn mindestens 3 Personen befördert werden sollen. Die Fahrzeit einschließlich der Zeit zum Ein- bzw. Aussteigen beträgt 15 Minuten. Die Aufenthaltszeit der Besucher auf dem Turm ist Gauss-verteilt mit MEAN2=5 und SIGMA=3.
Den Aufbau des Modells Fahrstuhl zeigt Bild 38

Die folgenden beiden Fragen sollen mit Hilfe der Simulation beantwortet werden:

* Wie groß ist die mittlere Wartezeit vor dem Fahrstuhl für den Auf- bzw. Abstieg ?

* Es soll die Besetzungswahrscheinlichkeit für den Fahrstuhl graphisch dargestellt werden.

Der Simulationslauf soll abgebrochen werden, wenn die letzten 20 Werte für die mittlere Wartezeit (Auffahrt) in dem Intervall Mittelwert -10% und Mittelwert +10% liegen. Die Anzahl der Transactions zwischen zwei Überprüfungen sei NE=100.

11.7.2 Aufbau des Modells mit Hilfe der Gates vom Typ 1

Um das System beschreiben zu können, werden zunächst die erforderlichen Zustandsvariablen festgelegt:

IFAHR Zustand des Fahrstuhls
IFAHR = 0 Der Fahrstuhl befindet sich unten
IFAHR = 1 Der Fahrstuhl ist in Fahrt
IFAHR = 2 Der Fahrstuhl befindet sich oben

Die Zustandsänderung wird jeweils von der letzten Transaction, die den Fahrstuhl betritt bzw. verläßt, vorgenommen.
Weiterhin werden Zähler benötigt, die angeben, wieviele Fahrgäste sich in der Warteschlange und im Fahrstuhl befinden:

IANZ1 Zahl der wartenden Fahrgäste unten
IANZ2 Zahl der Fahrgäste im Fahstuhl (aufwärts)
IANZ3 Zahl der wartenden Fahrgäste oben
IANZ4 Zahl der Fahrgäste im Fahrstuhl (abwärts)

Die ankommenden Transactions treffen als erstes auf das Gate mit der Typnummer NGATE = 1. Hier werden sie solange blockiert, bis sich der Fahrstuhl unten befindet und die Zahl der Fahrgäste größer ist als drei. In diesem Fall können bis zu 8 Transactions mit der Bearbeitung fortfahren. Sie laufen als nächstes auf den Unterprogrammaufruf CALL ADVANC; hier werden sie für 15 Zeiteinheiten verzögert. Diese Zeit entspricht der Fahrzeit des Fahrstuhles.
Die beschriebene Blockierbedingung für das Gate mit der Typnummer NGATE=1 wird im logischen Ausdruck BV1(D) festgelegt, der im Abschnitt 2 des Rahmens definiert ist.
Die Warteschlange für den Abstieg wird vor dem Gate mit der Typnummer NGATE=2 aufgebaut. Der logische Ausdruck BV2(D) entspricht BV1(D). Zusätzlich enthält er noch die Variable IB, die die Zahl der Besucher angibt, die sich zum aktuellen Zeitpunkt auf dem Fernsehturm (oben) befinden. Diese Korrektur ist erforderlich, damit dann, wenn sich der Fahrstuhl oben befindet, die Anzahl der Besucher jedoch kleiner als drei ist, keine Systemverklemmung auftreten kann.
Die Gates vom Typ 1 zeichnen sich dadurch aus, daß die Überprüfung der Blockierbedingung vom Benutzer veranlaßt wird. Für die Warteschlangen muß daher von der letzten Transaction, die den Fahrstuhl verläßt, das Unterprogramm UNLOCK aufgerufen werden. Dadurch wird allen Transactions, die vor einem Gate warten, die Möglichkeit gegeben, zu prüfen, ob sie den Fahrstuhl betreten können.
Weiterhin muß das Unterprogramm UNLOCK von allen Transactions aufgerufen werden, die in die Warteschlange eintreten, da es möglich ist, daß sich der Fahrstuhl bereits am Ort befindet, die erforderliche Anzahl der Fahrgäste jedoch noch nicht erreicht hat.
Das Beispiel zeigt, daß immer dann, wenn eine Variable, die im logischen Ausdruck vorkommt, verändert worden ist, die Überprüfung der logischen Bedingung durch den Aufruf des Unterprogrammes UNLOCK erforderlich ist.

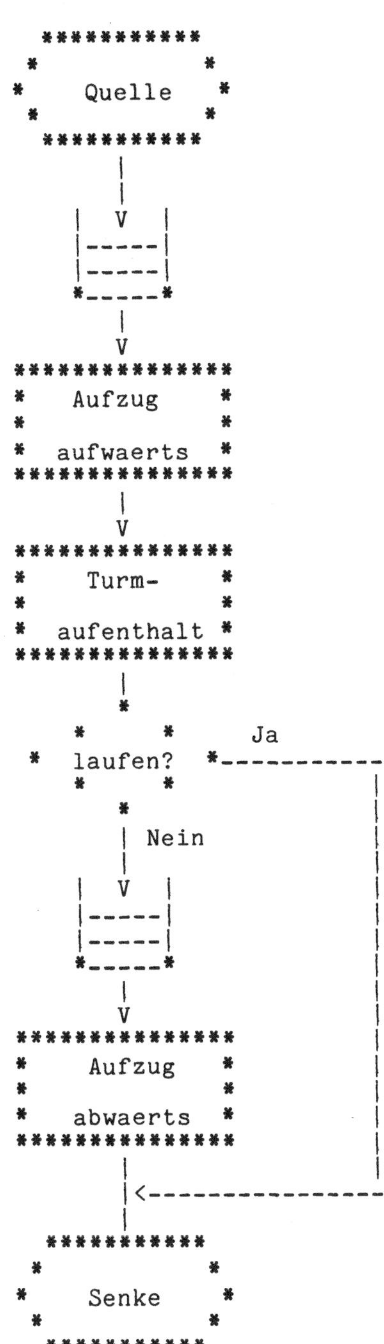

BILD 38 AUFBAU DES MODELLS FAHRSTUHL

11.7.3 Das Listing für das Modell mit Gates vom Typ 1

```
C     GPSS  FORTRAN  SIMULATIONSPROGRAMM
C     ==================================
C
C
C     S I M U L A T O R :   G P S S - F O R T R A N   /   T R 4 4 0
C
C
C     MODELL  FAHRSTUHL (GATE1)
C
C
C     VERSION VOM  01. 03. 78
C
C
C
C
C
C     1. ALLGEMEINE FORTRAN-DEFINITIONEN
C
C
      IMPLICIT INTEGER (A - Z)
      REAL  QUESTA
      REAL*8  DRN , DFAKT , DMODUL , DKONST
C
C
C     ****** PRIVATE TYP-DEKLARATIONEN ******
C
      REAL  MEAN1 , MIN1 , MAX1 , MEAN2 , MIN2 , MAX2 , SIGMA
      REAL  RAND , ANZ , TAB
      LOGICAL  BV1 , BV2
C
C     ****** ENDE PRIVATE TYP-DEKLARATIONEN ******
C
C
C     ****** PRIVATE DIMENSION-STATEMENTS ******
C
C     ****** DIE FUER DIE BEARBEITUNG DURCH ******
C     ****** TABULA, EVALUE ODER GRAPH BE- ******
C     ****** STIMMTEN TABELLEN MUESSEN DIE ******
C     ****** DIMENSION  (100,4)  HABEN ******
C
      DIMENSION  TAB(100,4)
C
C     ****** ENDE PRIVATE DIMENSION-STATEMENTS ******
C
C
      COMMON  TR(200,30) , AL(200,2) , LAL , LTR , EL(30,2)
      COMMON  LEL , LEV , LFAM , NADR , STATE(6122) , OK
      COMMON  N , T , IT , RT
      COMMON  /ASM/ ASM(200,10)
      COMMON  /DRN/ DRN(30) , DFAKT(30) , DMODUL ,DKONST(30)
      COMMON  /FAC/ FAC(20,3)
      COMMON  /FAM/ FAM(200,3)
      COMMON  /GA1/ GATHF(200,10)
```

```
      COMMON  /GA2/ GATHT(10)
      COMMON  /MFA/ LSE , MFAC(2,2) , MBV(2) , SE(20,3)
      COMMON  /PLA/ PLAMA(2,2)
      COMMON  /POL/ POLVEC(200) , POLC , POL(20,2)
      COMMON  /QUE/ QUE(50,8) , QUESTA(50,2)
      COMMON  /SBV/ LSM , SBV(20) , SM(1024,2)
      COMMON  /SRC/ SRC(20,2) , NTRC
      COMMON  /STO/ STO(20,2)
      COMMON  /STR/ STRAMA(20,2)
      COMMON  /UC1/ UCHF(200,10,2)
      COMMON  /UC2/ UCHT(10,2)
C
C
C     ****** PRIVATE COMMON-STATEMENTS ******
C
C     ****** ENDE PRIVATE COMMON-STATEMENTS ******
C
C
C     ****** PRIVATE EQUIVALENCE- UND EXTERNAL-STATEMENTS ******
C
C     ****** ENDE PRIVATE EQUIV.- UND EXTERNAL-STATEMENTS ******
C
C
C     ****** PRIVATE DATA-STATEMENTS ******
C
C     ****** ENDE PRIVATE DATA-STATEMENTS ******
C
C
C
C
C     2. DEFINITION VON STATEMENT FUNCTIONS
C
C
C     ****** PRIVATE FUNCTION-STATEMENTS ******
C
      BV1(D) = IFAHR.EQ.0.AND.IANZ1.GE.3
      BV2(D) = IFAHR.EQ.2.AND.(IANZ3.GE.3.OR.IANZ3.EQ.IB)
C
C     ****** ENDE PRIVATE FUNCTION-STATEMENTS ******
C
C
C
C
C     3. NULLSETZEN DER DATENBEREICHE
C
C
3000  CONTINUE
      CALL RESET
C
C
C     ****** NULLSETZEN PRIVATER GROESSEN UND TABELLEN ******
C
      IB=0
      IANZ1=0
      IANZ2=0
      IANZ3=0
```

```
      IANZ4=0
      IFAHR=0
      DO 3010 I=1,100
      DO 3010 J=1,4
3010  TAB(I,J)=0
C
C     ****** ENDE NULLSETZEN PRIV. GROESSEN UND TABELLEN ******
C
C
C
C
C     4. WERTZUWEISUNG VON KONSTANTEN STEUER- UND ANFANGSWERTEN
C
C
4000  CONTINUE
C
C
C     ****** SETZEN POLICY-, STRATEGIE- UND PLAN-MATRIX ******
C
C     ****** ENDE SETZEN POL.-, STRAT.- UND PLAN-MATRIX ******
C
C
C     ****** SETZEN SPEICHERKAPAZITAETEN ******
C
C     ****** ENDE SETZEN SPEICHERKAPAZITAETEN ******
C
C
C     ****** SETZEN KAPAZITAETEN DER MULTIFACILITIES ******
C
C     ****** ENDE SETZEN DER KAPAZ. DER MULTIFACILITIES ******
C
C
      CALL INIT1
      CALL INIT2(&9999)
      CALL INIT3(&9999)
C
C
C
C
C
C     5. VARIABLE STEUERWERTE, ANFANGSWERTE UND FUNKTIONSWERTE-
C        TABELLEN
C
C
5000  CONTINUE
      WRITE(6,5001)
5001  FORMAT(1H1)
      CALL VERSIO
      N = ITREAD('N       ')
      IF(N.LE.0) GOTO 5097
      ZTR = ITREAD('ZTR     ')
      IF(ZTR.LE.0) GOTO 5097
      CONTIN = ITREAD('CONTIN  ')
      SECURE = ITREAD('SECURE  ')
      IPRINT = ITREAD('PRINT   ')
      GOTO 5500
```

```
5097  WRITE(6,5098)
5098  FORMAT(1H0,'*** FALSCHE EINGABE ***')
      GOTO 9999
C
C
5500  CONTINUE
C
C
C     ****** EINLESEN PRIVATER GROESSEN ******
C
      ISCAL=ITREAD('ISCAL')
C
C     ****** ENDE EINLESEN PRIVATER GROESSEN ******
C
C
C     ****** SETZEN PRIVATER GROESSEN ******
C
      MEAN1=6.*ISCAL
      MIN1=0.21*ISCAL
      MAX1=6.*5.*ISCAL
      MEAN2=5.*ISCAL
      SIGMA=3.
      MIN2=MEAN2-MEAN2/5.
      MAX2=MEAN2+MEAN2/5
C
C     ****** ENDE SETZEN PRIVATER GROESSEN ******
C
C
      IF(IPRINT.NE.0) WRITE(6,5001)
      IF(CONTIN.EQ.0) GOTO 6000
      CALL CONT
      GOTO 1001
C
C
C
C
C
C     6. ANMELDEN DER ERSTEN EREIGNISSE
C
C
6000  CONTINUE
      CALL EVENT(1,1,1,&1006,IPRINT)
C
C
C
C
C
C     7. ABLAUFKONTROLLE 1 : ZEITABHAENGIGE AKTIVIERUNG VON
C        EREIGNISSEN UND TRS
C
C
1001  CALL SIMEND(1,100,10,&1006)
      CALL ACTIV1(&1006)
      LT = T
      NT = RT
C
```

```
C
C
C
C
C     8. ADRESSVERTEILER
C
C
1003  CONTINUE
C
C
C     ****** ADRESSVERTEILER ******
C
      GOTO (1,2,3,4,5,6,7),NADR
C
C     ****** ENDE ADRESSVERTEILER ******
C
C
C
C
C     9. MODELL
C
C
C     ****** MODELL ******
C
C     ERZEUGEN DER TRS
C     ================
1     CALL ERLANG(MEAN1,1,MIN1,MAX1,1,RAND,&1006)
      IZ=IFIX(RAND+0.5)
      CALL GENERA(IZ,ZTR,1,1,&1006,IPRINT)
      CALL UNLOCK(43,IPRINT)
C
C     WARTEN AUF DEN FAHRSTUHL (UNTEN)
C     ================================
      CALL QUEUE(1,1,&1006,IPRINT)
      IANZ1=IANZ1+1
2     CALL GATE1(BV1(D),1,1,2,0,&1005,IPRINT)
C
C     FAHRT (AUFWAERTS)
C     =================
      CALL DEPART(1,1,&1006,IPRINT)
      IANZ2=IANZ2+1
      IF(QUE(1,1).GT.0.AND.IANZ2.LT.8) GOTO 21
      IANZ1=IANZ1-IANZ2
      IFAHR=1
      ANZ=FLOAT(IANZ2)
      CALL TABULA(ANZ,0.,1.,1.,8,TAB)
21    CALL ADVANC(15*ISCAL,3,&1005,IPRINT)
C
C     AUSSTEIGEN (OBEN)
C     =================
3     IANZ2=IANZ2-1
      IB=IB+1
      IF(IANZ2.GT.0) GOTO 31
      IFAHR=2
      CALL UNLOCK(44,IPRINT)
C
```

```
C     AUFENTHALT AUF DEM TURM
C     =======================
31    CALL GAUSS(MEAN2,SIGMA,MIN2,MAX2,2,RAND)
      IZ=IFIX(RAND+0.5)
      CALL ADVANC(IZ,4,&1005,IPRINT)
C
C     ENTSCHEID ZUR FAHRSTUHLBENUTZUNG
C     ================================
4     IF(IB.EQ.1.AND.IFAHR.EQ.2) GOTO 41
      CALL TRANSF(0.2,&7,3,IPRINT)
      CALL UNLOCK(44,IPRINT)
C
C     WARTEN AUF DEN FAHRSTUHL (OBEN)
C     ===============================
41    CALL QUEUE(2,1,&1006,IPRINT)
      IANZ3=IANZ3+1
5     CALL GATE1(BV2(D),1,2,5,0,&1005,IPRINT)
C
C     FAHRT ABWAERTS
C     ==============
      CALL DEPART(2,1,&1006,IPRINT)
      IANZ4=IANZ4+1
      IF(QUE(2,1).GT.0.AND.IANZ4.LT.8) GOTO 51
      IANZ3=IANZ3-IANZ4
      IB=IB-IANZ4
      IFAHR=1
      ANZ=FLOAT(IANZ4)
      CALL TABULA(ANZ,0.,1.,1.,8,TAB)
51    CALL ADVANC(15*ISCAL,6,&1005,IPRINT)
C
C     AUSSTEIGEN (UNTEN)
C     ==================
6     IANZ4=IANZ4-1
      IF(IANZ4.GT.0) GOTO 71
      IFAHR=0
      CALL UNLOCK(43,IPRINT)
      GOTO 71
C
C     VERNICHTEN DER TRS
C     ==================
7     IB=IB-1
      CALL UNLOCK(44,IPRINT)
71    CALL TERMIN(&1005,IPRINT)
C
C     ****** ENDE MODELL ******
C
C
C
C
C
C     10. ABLAUFKONTROLLE 2 : BEDINGTE AKTIVIERUNG VON TRS
C
C
1005  CONTINUE
      CALL ACTIV2(&1001,&1003)
C
```

```
C
C
C
C
C     11. ENDABRECHNUNG
C
C
1006  CONTINUE
      T = LT
      RT = NT
      CALL ENDQUE
C
C
C     ****** ENDABRECHNUNG ******
C
C     ****** ENDE ENDABRECHNUNG ******
C
C
C
C
C
C     12. AUSGABE DER ERGEBNISSE
C
C
8000  CONTINUE
      WRITE(6,5001)
      CALL REPORT(50,0,0,0,30,200,200,0)
      QUESTA(1,1)=QUESTA(1,1)/FLOAT(ISCAL)
      QUESTA(2,1)=QUESTA(2,1)/FLOAT(ISCAL)
      WRITE(6,8010)
8010  FORMAT(/////25X,30(1H*),2(/25X,1H*,28X,1H*))
      WRITE(6,8020) QUESTA(I,1),QUESTA(I,2)
8020  FORMAT(25X,1H*,8X,11HWARTEZEITEN,9X,1H*,/25X,1H*,
     +2X,10HAUFSTIEG  ,F6.3,8H MINUTEN,2X,1H*/25X,1H*,
     +2X,10HABSTIEG   ,F6.3,8H MINUTEN,2X,1H*)
      WRITE(6,8030)
8030  FORMAT(2(25X,1H*,28X,1H*/),25X,30(1H*))
      CALL EVALUE(8,TAB,1,1)
      CALL GRAPH(TAB,1,3,8,0,&1006)
      WRITE(6,5001)
      IF(SECURE.EQ.1) CALL SAVE
C
C
C     ****** AUSGABE PRIVATER GROESSEN ******
C
C     ****** ENDE AUSGABE PRIVATER GROESSEN ******
C
C
      READ(5,8992) INPUT
8992  FORMAT(I1)
      IF(INPUT.EQ.1) GOTO 3000
C
C
9999  STOP
      END
```

11.7.4 Aufbau des Modells mit Hilfe der Gates vom Typ 2

Das Modell, das mit Hilfe der Gates vom Typ 2 aufgebaut wird, entspricht dem Modell von 11.7.2. Insbesondere haben sich die Zufallsvariablen und die logischen Bedingungen nicht verändert. Es fehlen jedoch die Aufrufe des Unterprogrammes UNLOCK, da die Blockierbedingungen bei Gates vom Typ 2 nach jeder Veränderung im Modell von der Transactionsteuerung überprüft werden.
Das Modell, das mit Gates vom Typ 2 arbeitet, ist etwas einfacher und weniger fehleranfällig. Es benötigt jedoch erheblich mehr Rechenzeit.

11.7.5 Das Listing für das Modell mit Gates vom Typ 2

```
C     ****** MODELL ******
C
C     ERZEUGEN DER TRS
C     ================
1     CALL ERLANG(MEAN1,1,MIN1,MAX1,1,RAND,&1006)
      IZ=IFIX(RAND+0.5)
      CALL GENERA(IZ,ZTR,1,1,&1006,IPRINT)
C
C     WARTEN AUF DEN FAHRSTUHL (UNTEN)
C     ================================
      CALL QUEUE(1,1,&1006,IPRINT)
      IANZ1=IANZ1+1
2     CALL GATE2(BV1(D),1,2,&1005,IPRINT)
C
C     FAHRT (AUFWAERTS)
C     =================
      CALL DEPART(1,1,&1006,IPRINT)
      IANZ2=IANZ2+1
      IF(QUE(1,1).GT.0.AND.IANZ2.LT.8) GOTO 21
      IANZ1=IANZ1-IANZ2
      IFAHR=1
      ANZ=FLOAT(IANZ2)
      CALL TABULA(ANZ,0.,1.,1.,8,TAB)
21    CALL ADVANC(15*ISCAL,3,&1005,IPRINT)
C
C     AUSSTEIGEN (OBEN)
C     =================
3     IANZ2=IANZ2-1
      IB=IB+1
      IF(IANZ2.GT.0) GOTO 31
      IFAHR=2
C
C     AUFENTHALT AUF DEM TURM
C     =======================
31    CALL GAUSS(MEAN2,SIGMA,MIN2,MAX2,2,RAND)
      IZ=IFIX(RAND+0.5)
      CALL ADVANC(IZ,4,&1005,IPRINT)
```

```
C
C      ENTSCHEID ZUR FAHRSTUHLBENUTZUNG
C      ================================
4      IF(IB.EQ.1.AND.IFAHR.EQ.2) GOTO 41
       CALL TRANSF(0.2,&7,3,IPRINT)
C
C      WARTEN AUF DEN FAHRSTUHL (OBEN)
C      ===============================
41     CALL QUEUE(2,1,&1006,IPRINT)
       IANZ3=IANZ3+1
5      CALL GATE2(BV2(D),2,5,&1005,IPRINT)
C
C      FAHRT ABWAERTS
C      ==============
       CALL DEPART(2,1,&1006,IPRINT)
       IANZ4=IANZ4+1
       IF(QUE(2,1).GT.0.AND.IANZ4.LT.8) GOTO 51
       IANZ3=IANZ3-IANZ4
       IB=IB-IANZ4
       IFAHR=1
       ANZ=FLOAT(IANZ4)
       CALL TABULA(ANZ,0.,1.,1.,8,TAB)
51     CALL ADVANC(15*ISCAL,6,&1005,IPRINT)
C
C      AUSSTEIGEN (UNTEN)
C      ==================
6      IANZ4=IANZ4-1
       IF(IANZ4.GT.0) GOTO 71
       IFAHR=0
       GOTO 71
C
C      VERNICHTEN DER TRS
C      ==================
7      IB=IB-1
71     CALL TERMIN(&1005,IPRINT)
C
C      ****** ENDE MODELL ******
```

11.7.6 Aufbau des Modells mit Hilfe der User-Chains

Im Gegensatz zu den bisher beschriebenen Modellen wird im vorliegenden Fall der Fahrstuhl durch eine eigene Transaction repräsentiert. Diese Transaction wird zu Beginn des Simulationslaufes erzeugt und läuft dann in einer Schleife. Die Fahrzeiten werden durch den Aufruf des Unterprogrammes ADVANC verwirklicht. Durch den Aufruf des Unterprogrammes UNLIN2 werden die in den beiden User-Chains wartenden Transactions abgeholt.
Die Transactions, die die Fahrgäste repräsentieren, reihen sich in die jeweiligen User-Chains ein, indem sie das Unterprogramm LINK2 aufrufen.
Die Anzahl der wartenden Fahrgäste unten und oben wird nicht mehr benötigt (siehe 11.7.1). Die dementsprechenden Zähler werden in der UCHT-Matrix geführt. In gleicher Weise kann auch die Festlegung der logischen Bedingung entfallen.

11.7.7 Das Listing für das Modell mit User-Chains

```
C      ****** MODELL ******
C
C      ERZEUGEN DES FAHRSTUHLS
C      =======================
1      CALL GENERA(0,1,1,1,&1006,IPRINT)
C
C      FAHRT AUFWAERTS
C      ===============
2      CALL UNLIN2(1,3,8,2,&1005,IPRINT)
       CALL ADVANC(15*ISCAL,3,&1005,IPRINT)
C
C      FAHRT ABWAERTS
C      ==============
3      MIN=3
       IF(IB.GT.QUE(2,1).AND.QUE(2,1).LT.3) CALL ADVANC(1,3,
      +&1005,IPRINT)
       IF(QUE(2,1).LT.3) MIN=IB
4      CALL UNLIN2(2,MIN,8,4,&1005,IPRINT)
       CALL ADVANC(15*ISCAL,2,&1005,IPRINT)
C
C      ERZEUGEN DER WEITEREN TRS
C      =========================
5      CALL ERLANG(MEAN1,1,MIN1,MAX1,1,RAND,&1006)
       IZ=IFIX(RAND+0.5)
       CALL GENERA(IZ,ZTR,1,5,&1006,IPRINT)
C
C      WARTEN AUF DEN FAHRSTUHL (UNTEN)
C      ================================
       CALL QUEUE(1,1,&1006,IPRINT)
6      CALL LINK2(1,6,&1005,IPRINT)
```

```
C
C     FAHRT AUFWAERTS
C     ===============
      CALL DEPART(1,1,&1006,IPRINT)
      IANZ2=IANZ2+1
      IB=IB+1
      CALL ADVANC(15*ISCAL,7,&1005,IPRINT)
C
C     AUSSTEIGEN (OBEN)
C     =================
7     IF(IANZ2.EQ.0) GOTO 71
      ANZ=FLOAT(IANZ2)
      CALL TABULA(ANZ,0.,1.,1.,8,TAB)
      IANZ2=0
C
C     AUFENTHALT AUF DEM TURM
C     =======================
71    CALL GAUSS(MEAN2,SIGMA,MIN2,MAX2,2,RAND)
      IZ=IFIX(RAND+0.5)
      CALL ADVANC(IZ,8,&1005,IPRINT)
C
C     ENTSCHEID ZUR FAHRSTUHLBENUTZUNG
C     ================================
8     IF(IB.EQ.1.AND.IFAHR.EQ.2) GOTO 81
      CALL TRANSF(0.2,&11,3,IPRINT)
C
C     WARTEN AUF DEN FAHRSTUHL (OBEN)
C     ===============================
81    CALL QUEUE(2,1,&1006,IPRINT)
9     CALL LINK2(2,9,&1005,IPRINT)
C
C     FAHRT ABWAERTS
C     ==============
      CALL DEPART(2,1,&1006,IPRINT)
      IANZ4=IANZ4+1
      CALL ADVANC(15*ISCAL,10,&1005,IPRINT)
C
C     AUSSTEIGEN (UNTEN)
C     ==================
10    IF(IANZ4.EQ.0) GOTO 111
      ANZ=FLOAT(IANZ4)
      IB=IB-IANZ4
      CALL TABULA(ANZ,0.,1.,1.,8,TAB)
      IANZ4=0
C
C     VERNICHTEN DER TRS
C     ==================
11    IB=IB-1
111   CALL TERMIN(&1005,IPRINT)
C
C     ****** ENDE MODELL ******
```

11.7.8 Endergebnisse

Um die mittlere Wartezeit für den Auf- bzw. Abstieg zu bestimmen, wird das statistische Verhalten der beiden Warteschlangen mit Hilfe der Unterprogramme QUEUE und DEPART überwacht.
Die Anzahl der Fahrgäste, die sich während der Fahrt im Fahrstuhl befinden, wird in der Variablen ANZ geführt. Die Werte dieser Variablen werden durch das Unterprogramm TABULA in eine Häufigkeitstabelle einsortiert und mit Hilfe der Unterprogramme EVALUE und GRAPH ausgewertet bzw. graphisch dargestellt.
Die Ergebnisse sind mit dem Modell aus Kap. 11.7.6 gewonnen worden.

```
GPSS FORTRAN SIMULATIONSPROGRAMM
================================

VERSION VOM  01. 03. 78
=======================


N          (I10) 1000000000

ZTR        (I10) 1000000000

CONTIN     (I10)          0

SECURE     (I10)          0

PRINT      (I10)          0

ISCAL      (I10)         10


          ****** S I M U L A T I O N S E N D E ******

                 T    =      119600

                 NTRC =        2001

         MITTLERE WARTEZEIT FUER QUEUE  1 BETRAEGT  158.01550

         BEI      2000 ABGAENGEN
```

T = 119600 RT = 119600

INHALT DER QUEUES

QNR	QLFD	QMAX	SUMZ	SUMA	SUMD	SUMW	BT	LT
1	0	14	2000	2000	39	316031	310631	119600
2	4	8	1615	1611	0	409121	409523	119600

QNR	WZ	WSL
1	158.01550	2.64242
2	253.88903	3.42413

EREIGNISLISTE

I	NADR	ZEIT
2	5	119762

AKTIVIERUNGSLISTE

I	NADR	ZUSTAND
1	3	119750
2	7	119750
3	9	-6105
4	9	-6105
5	9	-6105
6	10	119600
7	10	119600
8	7	119750
9	7	119750
10	9	-6105
11	7	119750

PARAMETERMATRIX

LTR	P1	P2	P3	P4	P5	P6
1	1	0	1	1	0	0
2	1998	0	119429	1	0	0
3	1997	0	119251	1	0	0
4	1994	0	119084	1	0	0
5	1995	0	119086	1	0	0
6	1992	0	118900	1	0	0
7	1993	0	118966	1	0	0
8	1999	0	119468	1	0	0
9	2000	0	119547	1	0	0
10	1996	0	119094	1	0	0
11	2001	0	119552	1	0	0

LTR	P7	P8	P9	P10	P11	P12
1	0	0	0	0	0	0
2	0	0	0	0	0	0
3	0	119500	2	0	0	0
4	0	119502	2	0	0	0
5	0	119498	2	0	0	0
6	0	0	0	0	0	0
7	0	0	0	0	0	0
8	0	0	0	0	0	0
9	0	0	0	0	0	0
10	0	119498	2	0	0	0
11	0	0	0	0	0	0

LTR	P13	P14	P15	P16	P17	P18
1	0	0	0	0	0	0
2	0	0	0	0	0	0
3	0	119500	0	0	0	0
4	0	119502	0	0	0	0
5	0	119498	0	0	0	0
6	0	0	0	0	0	0
7	0	0	0	0	0	0
8	0	0	0	0	0	0
9	0	0	0	0	0	0
10	0	119498	0	0	0	0
11	0	0	0	0	0	0

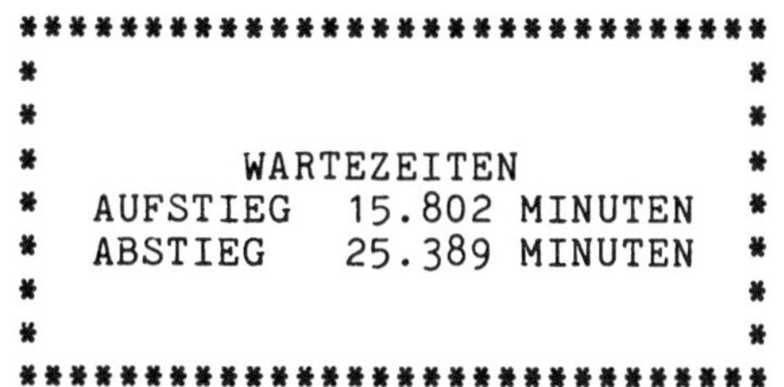

TABELLE 1

I	X	F(X)	F/N	CUMY	E(Y)
1	1.000	15.000	0.019	0.0	0.0
2	2.000	51.000	0.065	0.0	0.0
3	3.000	180.000	0.230	0.0	0.0
4	4.000	152.000	0.195	0.0	0.0
5	5.000	145.000	0.186	0.0	0.0
6	6.000	111.000	0.142	0.0	0.0
7	7.000	67.000	0.086	0.0	0.0
8	8.000	60.000	0.077	0.0	0.0

SUMF= 781.0 XQU= 4.12 VAR= 3.04 SDV= 1.74

TABELLE 1

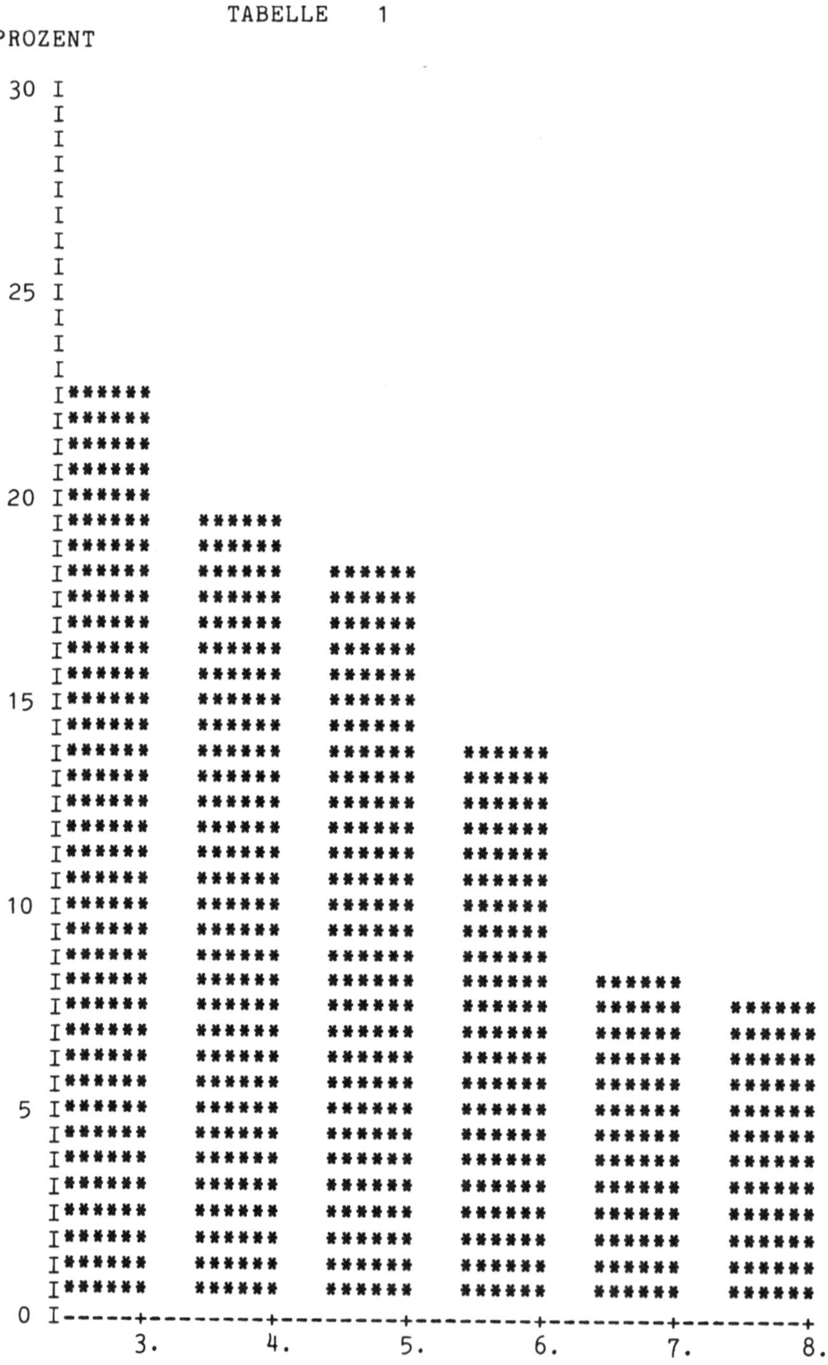

A N H A N G A 1

VERZEICHNIS DER SYSTEMVARIABLEN

AL("TR1",2) Aktivierungsliste

In der Aktivierungsliste stehen für die Transactions die Zieladresse und der Transaction-Zustand.

ASM("ASM1","FAM1") Assemb-Matrix

In der Assemb-Matrix werden für die Assemb-Stationen die Zähler geführt, die angeben, wieviele Mitglieder einer Family bereits vernichtet wurden.

DKONST("DRN1") Konstanten-Vektor für Zufallszahlen

Jeder Zufallszahlengenerator besitzt eine additive Konstante für das multiplikative Kongruenzverfahren.

DFAKT("DRN1") Faktoren-Vektor für Zufallszahlen

Jeder Zufallszahlen-Generator besitzt einen eigenen Faktor für das multiplikative Kongruenzverfahren.

DRN("DRN1") Zufallszahlen-Vektor

Jedem Zufallszahlengenerator ist ein Element zugeordnet, in dem die von diesem Zufallszahlengenerator zuletzt erzeugte Zufallszahl abgespeichert wird.

EL("EL1",2) Ereignisliste

In der Ereignisliste wird für jedes Ereignis die Zieladresse und der Aktivierungszeitpunkt eingetragen.

FAC("FAC1",3) Facility-Matrix

Jeder Facility wird durch eine Zeile in der Facility-Matrix dargestellt, in der die Information über ihren Zustand eingetragen ist.

FAM("FAM1",3) Family-Matrix

In der Family-Matrix findet sich die Information, die zur Beschreibung einer Family erforderlich ist.

GATHF("FAM1","GATHF1") Gather1-Matrix

Für jede Gather1-Station wird ein Zähler geführt, der angibt, wieviele Mitglieder einer Family bereits angekommen sind.

GATHT("GATHT1") Gather2-Matrix

Für jede Gather2-Station wird ein Zähler geführt, der angibt, wieviele Transactions bereits angekommen sind.

IT Steuervariable für Gates vom Typ 2

Der IT-Mechanismus steuert das Freischalten der Gates vom Typ 2.

LAL Listenendezeiger in der Aktivierungsliste

Die Variable LAL zeigt auf die letzte besetzte Zeile in der Aktivierungsliste.

LEL Listenendezeiger in der Ereignisliste

Die Variable LEL zeigt auf die letzte besetzte Zeile in der Ereignisliste.

LEV Zeilennummer in der Ereignisliste

In der Variablen LEV steht die Zeilennummer des Ereignisses, das augenblicklich bearbeitet wird.

LFAM Zeilennummer einer Family

Die Variable LFAM zeigt für eine Family auf die zugehörige Zeile in der ASM-, FAM-, GATHF- und UCHF-Matrix.

LSE Zeilennummer in der Service-Element-Matrix

Jedem Service-Element ist in der Service-Element-Matrix eine Zeile zugeordnet; die Variable LSE zeigt auf die Zeile, die gerade bearbeitet wird.

LSM Zeilennummer in der Segment-Matrix

Für jeden Speicherplatz in der Segment-Matrix ist eine Zeile vorgesehen. Die Nummer dieser Zeile wird in LSM geführt.

LTR Zeilennummer der aktiven Transaction

Die Variable LTR zeigt für die gerade aktive Transaction auf die zugehörige Zeile in der Transaction-Matrix und Aktivierungsliste.

MBV("MFAC1") Multifacility-Basis-Vektor

Für jede Multifacility steht im MBV-Vektor die Zeilennummer des ersten Service-Elements in der SE-Matrix.

MFAC("MFAC1",2) Multifacility-Matrix

In der MFAC-Matrix wird die Information über Kapazität und Belegung aller Multifacilities geführt.

N Zeitobergrenze

N gibt die obere Grenze der Simulationszeit an. Hat die Simulationsuhr den Wert N erreicht, wird die Simulation abgebrochen.

NADR Zieladresse

Vor jeder Aktivierung steht in NADR die Anweisungsnummer derjenigen Anweisung, mit der der Simulationslauf fortgesetzt werden soll.

NTRC Transaction-Zähler

In NTRC wird die Anzahl der Transactions geführt, die bisher insgesamt erzeugt worden sind.

OK Steuervariable für den OK-Mechanismus

Der OK-Mechanismus soll erreichen, daß eine Transaction, die gerade aktiv ist, nicht sofort eine Station belegen kann, sondern erst mit den anderen, bisher blockierten Transactions konkurrieren muß.

PLAMA("MFAC1",2) Plan-Matrix

In die Plan-Matrix wird die Nummer des Plan-in, bzw. Plan-out eingetragen, nach dem eine Multifacility belegt oder geräumt werden soll.

POL("POL1",2) Policy-Matrix

In dieser Matrix wird festgehalten, nach welcher Policy die Warteschlange vor einer Station abgearbeitet werden soll.

POLC Policy-Zähler

In der Variablen POLC wird von der Transactionsteuerung die Anzahl der Transactions eingetragen, die vor einer bestimmten Station blockiert sind.

POLVEC("TR1") Policy-Vektor

In POLVEC werden alle Transactions eingetragen, die vor einer bestimmten Station blockiert sind. Die Policy wählt aus diesen Transactions diejenige aus, die gestartet werden soll.

QUE("QUE1",8) Queue-Matrix

In der Queue-Matrix werden alle Informationen geführt, die zur statistischen Auswertung des Warteschlangenverhaltens erforderlich sind.

QUESTA("QUE1",2) Statistik über Queues

Für jede Queue werden die aktuellen Werte über mittlere Warteschlangenlänge und mittlere Wartezeit geführt.

RT Benutzeruhr

Diese, dem Benutzer zugängliche Uhr mißt Zeitintervalle während des Simulationslaufes.

SBV("STO1") Speicherbasis-Vektor

Jede adressierbare Storage besitzt einen Abschnitt in der Segment-Matrix. Die Zeilennummer des ersten Speicherplatzes einer Storage wird im SB-Vektor eingetragen.

SE("SE1",3) Service-Element-Matrix

In der SE-Matrix wird über den Zustand jedes Service-Elementes Buch geführt.

SM("SM1",2) Segment-Matrix

Jeder Speicherplatz eines adressierbaren Speichers besitzt eine Zeile in der Segment-Matrix, in die die Belegung eingetragen wird.

SRC("SRC1",2) Source-Matrix

Die SR-Matrix gibt für jede Source die Anzahl der bisher von ihr erzeugten Transactions sowie die zugehörige Zeile in der Ereignisliste an.

STATE("STATE1") State-Vektor

Jede Station besitzt im State-Vektor ein Feld, das angibt, ob die entsprechende Station geschlossen oder offen ist.

STO("STO1",2) Storage-Matrix

In der Storage-Matrix wird für alle Speicher die Kapazität und der augenblickliche Bestand festgehalten.

STRAMA("STO1",2) Strategie-Matrix

In der STRA-Matrix wird die Strategie-A und die Strategie-F eingetragen, nach der eine adressierbare Storage belegt bzw. geräumt werden soll.

T Simulationsuhr

T gibt den augenblicklichen Stand der Simulationsuhr an.

TR("TR1","TR2") Transaction-Matrix

Jede Transaction besitzt in der TR-Matrix eine Zeile, in der alle Parameter abgelegt sind, die eine Transaction charakterisieren.

UCHF("FAM1","UCHF1",2) User-Chain1-Matrix

In der User-Chain1-Matrix wird für jede User-Chain festgehalten, wieviele Mitglieder einer Family bereits angekommen sind und wieviele durch einen Abholvorgang wieder entfernt wurden.

UCHT("UCHT1",2) User-Chain2-Matrix

In der User-Chain2-Matrix wird für jede User-Chain festgehalten, wieviele Transactions bereits angekommen sind und wieviele durch einen Abholvorgang wieder entfernt wurden.

ZTR Transactionobergrenze für eine Source

ZTR gibt an, wieviele Transactions von einer Source erzeugt werden sollen. Ist die Anzahl ZTR erreicht, so wird die Source stillgelegt.

A N H A N G A 2

BESCHREIBUNG DER DATENBEREICHE

EREIGNISLISTE

1	ZIELADRESSE
2	AKTIVIERUNGS-ZEITPUNKT

AKTIVIERUNGSLISTE

1	ZIELADRESSE
2	TRANSACTIONS-ZUSTAND

SOURCE-MATRIX

1	ZEIGER AUF DIE EREIGNISLISTE
2	ANZAHL DER ERZEUG-TEN TRANSACTIONS

TRANSACTION-MATRIX

1	NUMMER DER TRANSACTION
2	DUPLIKATSNUMMER
3	ENTSTEHUNGS-ZEITPUNKT
4	PRIORITAET
5	ZIELADRESSE BEI VERDRAENGUNG
6	RESTZEIT BEI VERDRAENGUNG
7	RUECKKEHRVERMERK BEI MULTI-FACILITIES
8	BLOCKIERUNGS-ZEITPUNKT
9	NUMMER DER WARTESCHLANGEN
14	EINTRITTSZEIT IN DIE WARTESCHLANGEN
19	FREIE PARAMETER

FACILITY-MATRIX

1	BELEGUNGSVERMERK
2	VERDRAENGUNGS-VERMERK
3	BEARBEITUNGSPHASE

SERVICEELEMENT-MATRIX

1	BELEGUNGSVERMERK
2	VERDRAENGUNGS-VERMERK
3	BEARBEITUNGSPHASE

MULTIFACILITY-MATRIX

1	ANZAHL DER BELEGTEN SERVICE-ELEMENTE
2	KAPAZITAET

STO-MATRIX

1	BESTAND
2	KAPAZITAET

SM-MATRIX

1	LAENGE
2	KENNUNG

UCHN-, UCHF-MATRIX

1	ANZAHL DER MIT-GLIEDER DER USER CHAIN
2	ZAEHLER DER ABGEHOLTEN TRANSACTIONS

FAM-MATRIX

1	NUMMER DER TRANSACTION
2	ANZAHL DER MITGLIEDER
3	NUMMER DES ZULETZT ERZEUGTEN DUPLIKATES

QUE-MATRIX

1	MOMENTANE LAENGE
2	MAXIMALE LAENGE
3	ANZAHL DER ZUGAENGE
4	ANZAHL DER ABGAENGE
5	ANZAHL DER NULL-DURCHGAENGE
6	GESAMTWARTEZEIT DER ABGEFERTIGTEN TRANSACTIONS
7	GESAMTWARTEZEIT
8	ZEITPUNKT DER LETZTEN VER-AENDERUNG

QUESTA-MATRIX

1	MITTLERE WARTEZEIT
2	MITTLERE WARTE-SCHLANGENLAENGE

```
       STATE-VEKTOR
---------------------
|                   |    1
| FACILITIES        |    .
|                   |    .
|                   |    "EFAC"
---------------------
|                   |    "BMFAC"
| MULTIFACILITIES   |    .
|                   |    .
|                   |    "EMFAC"
---------------------
|                   |    "BSTO"
| STORAGES          |    .
|                   |    .
|                   |    "ESTO"
---------------------
|                   |    "BGATE1"
| GATES 1           |    .
|                   |    .
|                   |    "EGATE1"
---------------------
|                   |    "BGATE2"
| GATES 2           |    .
|                   |    .
|                   |    "EGATE2"
---------------------
|                   |    "BGATHF"
| GATHER 1          |    .
| STATIONEN         |    .
|                   |    "EGATHF"
---------------------
|                   |    "BGATHT"
| GATHER 2          |    .
| STATIONEN         |    .
|                   |    "EGATHT"
---------------------
|                   |    "BUCHNF"
| USER CHAIN 1      |    .
|                   |    .
|                   |    "EUCHNF"
---------------------
|                   |    "BUCHNT"
| USER CHAIN 2      |    .
|                   |    .
|                   |    "EUCHNT
---------------------
```

A N H A N G A 3

GPSS-ANPASSPARAMETER

Der Benutzer hat in GPSS-F die Möglichkeit, die Ausbaustufe des Simulators selbst zu bestimmen. Es kann angeben, wieviel Events und Transactions zur gleichen Zeit zulässig sein sollen und wieviele Stationen von jedem Typ verwendet werden können.

Die Ausbaustufe wird festgelegt, indem in der Fluchtsymbolversion des Simulators die Datenbereiche dimensioniert werden. Das geschieht, wenn den durch einen Doppelapostroph eingeschlossenen Variablen ein aktueller Wert zugewiesen wird.

Beispiel:

* In der Fluchtsymbolversion des Simulators wird der Datenbereich für die Ereignisliste mit EL("EL1",2) bezeichnet. Um eine lauffähige Version zu erhalten, muß "EL1" durch einen Wert ersetzt werden, der die Länge der Matrix festlegt. Damit wird die Anzahl der Events bestimmt, die zur gleichen Zeit angemeldet sein können.

Im folgenden wird ein Dimensionierungsvorschlag gegeben. Die Ausbaustufe ist hierbei so, daß der Simulator auch für sehr umfangreiche Modelle ausreichend ist.

Ereignisliste EL("EL1",2)

"EL1" = 30
Zur gleichen Zeit können bis zu 30 Events angemeldet sein.

Aktivierungsliste AL("TR1",2)

"TR1" = 200
Zur gleichen Zeit können sich bis zu 200 Transactions im Modell befinden.

Transaction-Matrix TR("TR1","TR2")

"TR1" = 200
"TR2" = 30
Einer Transaction stehen insgesamt 30 Parameter zur Verfügung. Da die ersten 18 Parameter für GPSS-F fest vergeben sind, bleiben 12 Parameter zur freien Verwendung durch den Benutzer.

Family-Matrix FAM("FAM1",3)

"FAM1" = 200
"FAM1" gibt die Zahl der möglichen Families an. Da es vorkommen kann, daß jede Transaction einer gesonderten Familie angehört, soll "TR1" = "FAM1" sein.

Source-Matrix SRC("SRC1",2)

"SRC1" = 20
Die Anzahl der Sources ist 20.

Assemb-Matrix ASM("FAM1","ASM1")

"FAM1" = 200
"ASM1" = 10
Es sind 10 verschiedene Assemb-Stationen möglich.

Facility

"FAC1" = 20
Es gibt 20 Facilities.

Multifacility

"MFAC1" = 2
"SE1" = 20
Es gibt 2 Multifacilities mit insgesamt 20 Service-Elementen. Die Verteilung der Service-Elemente auf die Multifacilities erfolgt vom Benutzer mit Hilfe der MFAC-Matrix.

Storage

"STO1" = 20
"SM1" = 1024
Den 20 Storages stehen insgesamt 1024 Speicherplätze zur Verfügung. Die Verteilung der Speicherplätze auf die Storages erfolgt vom Benutzer mit Hilfe der Storage-Matrix.

Gates

"GATE1" = 25
"GATE2" = 25
Die Zahl der Gates vom Typ 1 und Typ 2 beträgt jeweils 25.

Gather-Stationen

"GATHT1" = 10
Es gibt Gather-Stationen, die für Transactions ohne Berücksichtigung der Family-Zugehörigkeit Staus anlegen. Hiervon sind 10 Stück vorgesehen.
"GATHF1" = 10 Es gibt 10 Gather-Stationen, die die Family-Zugehörigkeit berücksichtigen.

User-Chains

"UCHT1" = 10
Es gibt User-Chains, die Transactions ohne Berücksichtigung der Family-Zugehörigkeit koordinieren. Hiervon sind 10 Stück vorgesehen.
"UCHF1" = 10
Es gibt 10 User-Chains, die die Family-Zugehörigkeit berücksichtigen.

Höchste Stationsnummer "KEND"

"KEND" = 6122
Die Stationen werden einzeln durchnumeriert. "KEND" gibt die höchste Stationsnummer an.

Der State-Vektor STATE("STATE1")

"STATE1" = 6122
Für jede Station muß im State-Vektor ein Element reserviert werden. Es muß "KEND" = "STATE1" sein.

Aufbau des State-Vektors

Für jede Station ist im State-Vektor ein Bereich vorgesehen, dessen Ende gekennzeichnet werden muß. Für Multifacilities, Storages und Gates vom Typ 1 muß weiterhin der Beginn dieses Bereiches angegeben werden.
Die Grenzen werden unter Berücksichtigung des Aufbaues des State-Vektors aus der Anzahl der verwendeten Stationen jeden Typs bestimmt (siehe 3.4 und Anhang A2).

Policy-Matrix POL("POL1",2)

"POL1" = 20
"POL1" gibt die Zahl der Staionen an, die durch eine gesonderte Policy bearbeitet werden können.

Queue-Matrix

"QUE1" = 50
Es gibt 50 Queues zur Sammlung statistischer Daten für Warteschlangen.

Tabellen-Matrix

"TAB1" = 100
Es ist eine Tabellen-Matrix mit 100 Zeilen vorgesehen.

Zufallszahlen-Generator

"DRN1" = 30
Es gibt 30 voneinander unabhängige Zufallszahlengeneratoren. Es sind im Höchstfall "DRN1" = 30 Zufallszahlengeneratoren zulässig.

Logische Gerätenummern IND und OUTD

"IND" = 5
"OUTD" = 6
Es wird angegeben, über welche Geräte die Ein- und Ausgabe erfolgen soll.

Logische Gerätenummern SAVI und SAVO

"SAVI" = 25
"SAVO" = 25
Es wird angegeben, über welche Geräte das Retten und Wiedereinlesen des Systemzustandes erfolgen soll.

Datum der GPSS-F Version

"TAG" = 15.
"MONAT" = 5.
"JAHR" = 78
Es wird das Datum angegeben, an dem die vorliegende Version des GPSS-F Simulators herausgegeben wurde.

Eine Liste aller Anpassparameter, die besetzt werden müssen, zeigt Tabelle 4.

Hinweis:

* Von jedem Typ muß mindestens eine Station vorhanden sein. Es ist nicht möglich, einen Stationstyp vollständig wegfallen zu lassen.

TABELLE 4 GPSS-F ANPASSPARAMETER

"EL1 "	30	"EFAC "	20
"TR1 "	200	"EMFAC "	22
"TR2 "	30	"ESTO "	42
"FAM1 "	200	"EGATE "	67
"SRC1 "	20	"EGATE2"	92
"ASM1 "	10	"EGATHF"	2092
"FAC1 "	20	"EGATHT"	2102
"MFAC1 "	2	"EUCHF "	6102
"SE1 "	20	"BMFAC "	21
"STO1 "	20	"BSTO "	23
"SM1 "	1024	"BGATE2"	68
"GATE1 "	25	"POL1 "	20
"GATE2 "	25	"QUE "	50
"GATHT1"	10	"TAB1 "	100
"GATHF1"	10	"DRN1 "	30
"UCHT1 "	10	"IND "	5
"UCHF1 "	10	"OUTD "	6
"KEND "	6122	"SAVI "	25
"STATE1"	6122	"SAVO "	26

A N H A N G A 4

LISTING DES RAHMENS

```
C      GPSS  FORTRAN  SIMULATIONSPROGRAMM
C      ==================================
C
C
C      S I M U L A T O R :    G P S S - F O R T R A N  /  T R 4 4 0
C
C
C      MODELL  **
C
C
C      VERSION VOM  **. **. **
C
C
C      PROGRAMMIERER:  **
C
C
C
C
C
C      1. ALLGEMEINE FORTRAN-DEFINITIONEN
C
C
       IMPLICIT INTEGER (A - Z)
       REAL  QUESTA
       REAL*8  DRN , DFAKT , DMODUL , DKONST
C
C
C      ****** PRIVATE TYP-DEKLARATIONEN ******
C
C      ****** ENDE PRIVATE TYP-DEKLARATIONEN ******
C
C
C      ****** PRIVATE DIMENSION-STATEMENTS ******
C
C      ****** DIE FUER DIE BEARBEITUNG DURCH ******
C      ****** TABULA, EVALUE ODER GRAPH BE-  ******
C      ****** STIMMTEN TABELLEN MUESSEN DIE ******
C      ****** DIMENSION  ("TAB1",4)  HABEN ******
C
C      ****** ENDE PRIVATE DIMENSION-STATEMENTS ******
C
C
       COMMON  TR("TR1","TR2") , AL("TR1",2) , LAL , LTR , EL("EL1",2)
       COMMON  LEL , LEV , LFAM , NADR , STATE("STATE1") , OK
       COMMON  N , T , IT , RT
       COMMON  /ASM/ ASM("FAM1","ASM1")
       COMMON  /DRN/ DRN("DRN1") , DFAKT("DRN1") , DMODUL , DKONST("DRN1")
       COMMON  /FAC/ FAC("FAC1",3)
       COMMON  /FAM/ FAM("FAM1",3)
       COMMON  /GA1/ GATHF("FAM1","GATHF1")
       COMMON  /GA2/ GATHT("GATHT1")
       COMMON  /MFA/ LSE , MFAC("MFAC1",3) , MBV("MFAC1") , SE("SE1",3)
       COMMON  /PLA/ PLAMA("MFAC1",2)
       COMMON  /POL/ POLVEC("TR1") , POLC , POL("POL1",2)
       COMMON  /QUE/ QUE("QUE1",8) , QUESTA("QUE1",2)
       COMMON  /SBV/ LSM , SBV("STO1") , SM("SM1",2)
```

```
      COMMON  /SRC/ SRC("SRC1",2) , NTRC
      COMMON  /STO/ STO("STO1",2)
      COMMON  /STR/ STRAMA("STO1",2)
      COMMON  /UC1/ UCHF("FAM1","UCHF1",2)
      COMMON  /UC2/ UCHT("UCHT1",2)
C
C
C     ****** PRIVATE COMMON-STATEMENTS ******
C
C     ****** ENDE PRIVATE COMMON-STATEMENTS ******
C
C
C     ****** PRIVATE EQUIVALENCE- UND EXTERNAL-STATEMENTS ******
C
C     ****** ENDE PRIVATE EQUIV.- UND EXTERNAL-STATEMENTS ******
C
C
C     ****** PRIVATE DATA-STATEMENTS ******
C
C     ****** ENDE PRIVATE DATA-STATEMENTS ******
C
C
C
C
C
C     2. DEFINITION VON STATEMENT FUNCTIONS
C
C
C     ****** PRIVATE FUNCTION-STATEMENTS ******
C
C     ****** ENDE PRIVATE FUNCTION-STATEMENTS ******
C
C
C
C
C
C     3. NULLSETZEN DER DATENBEREICHE
C
C
3000  CONTINUE
      CALL RESET
C
C
C     ****** NULLSETZEN PRIVATER GROESSEN UND TABELLEN ******
C
C     ****** ENDE NULLSETZEN PRIVATER GROESSEN UND TABELLEN ******
C
C
C
C
C
C     4. WERTZUWEISUNG VON KONSTANTEN STEUER- UND ANFANGSWERTEN
C
C
4000  CONTINUE
C
C
```

```
C     ****** SETZEN POLICY-, STRATEGIE- UND PLAN-MATRIX ******
C
C     ****** ENDE SETZEN POLICY-, STRATEGIE- UND PLAN-MATRIX ******
C
C
C     ****** SETZEN SPEICHERKAPAZITAETEN ******
C
C     ****** ENDE SETZEN SPEICHERKAPAZITAETEN ******
C
C
C     ****** SETZEN KAPAZITAETEN DER MULTIFACILITIES ******
C
C     ****** ENDE SETZEN DER KAPAZITAETEN DER MULTIFACILITIES ******
C
C
      CALL INIT1
      CALL INIT2(&9999)
      CALL INIT3(&9999)
C
C
C
C
C
C     5. VARIABLE STEUERWERTE, ANFANGSWERTE UND FUNKTIONSWERTE-TABELLEN
C
C
5000  CONTINUE
      WRITE("OUTD",5001)
5001  FORMAT(1H1)
      CALL VERSIO
      N = ITREAD('N       ')
      IF(N.LE.0) GOTO 5097
      ZTR = ITREAD('ZTR     ')
      IF(ZTR.LE.0) GOTO 5097
      CONTIN = ITREAD('CONTIN  ')
      SECURE = ITREAD('SECURE  ')
      IPRINT = ITREAD('PRINT   ')
      GOTO 5500
5097  WRITE("OUTD",5098)
5098  FORMAT(1H0,'*** FALSCHE EINGABE ***')
      GOTO 9999
C
C
5500  CONTINUE
C
C
C     ****** EINLESEN PRIVATER GROESSEN ******
C
C     ******ENDE EINLESEN PRIVATER GROESSEN ******
C
C
C     ****** SETZEN PRIVATER GROESSEN ******
C
C     ****** ENDE SETZEN PRIVATER GROESSEN ******
C
C
      IF(IPRINT.NE.0) WRITE("OUTD",5001)
```

```
      IF(CONTIN.EQ.0) GOTO 6000
      CALL CONT
      GOTO 1001
C
C
C
C
C
C     6. ANMELDEN DER ERSTEN EREIGNISSE
C
C
6000  CONTINUE
C
C
C
C
C
C     7. ABLAUFKONTROLLE 1 : ZEITABHAENGIGE AKTIVIERUNG VON EREIGNISSEN
C        UND TRS
C
C
1001  CALL ACTIV1(&1006)
      LT = T
      NT = RT
C
C
C
C
C
C     8. ADRESSVERTEILER
C
C
1003  CONTINUE
C
C
C     ****** ADRESSVERTEILER ******
C
C     ****** ENDE ADRESSVERTEILER ******
C
C
C
C
C
C     9. MODELL
C
C
C     ****** MODELL ******
C
C     ****** ENDE MODELL ******
C
C
C
C
C
C     10. ABLAUFKONTROLLE 2 : BEDINGTE AKTIVIERUNG VON TRS
C
C
```

```
1005  CONTINUE
      CALL ACTIV2(&1001,&1003)
C
C
C
C
C
C     11. ENDABRECHNUNG
C
C
1006  CONTINUE
      T = LT
      RT = NT
      CALL ENDQUE
C
C
C     ****** ENDABRECHNUNG ******
C
C     ****** ENDE ENDABRECHNUNG ******
C
C
C
C
C
C     12. AUSGABE DER ERGEBNISSE
C
C
8000  CONTINUE
      WRITE("OUTD",5001)
      CALL REPORT("QUE1","FAC1","MFAC1","STO1","EL1","TR1","TR1","FAM1")
      IF(SECURE.EQ.1)  CALL SAVE
C
C
C     ****** AUSGABE PRIVATER GROESSEN ******
C
C     ****** ENDE AUSGABE PRIVATER GROESSEN ******
C
C
      READ("IND",8992) INPUT
8992  FORMAT(I1)
      IF(INPUT.EQ.1) GOTO 3000
C
C
9999  STOP
      END
```

A N H A N G A 5

LISTING DER UNTERPROGRAMME

```
      SUBROUTINE ACTIV1(*)
C     ***
C     ***          CALL ACTIV1(&1006)
C     ***
C     *** FUNKTION :  SUCHE NACH ZEITABHAENGIGEN AKTIVIERUNGEN VON TRS
C     ***             ODER EVENTS
C     *** PARAMETER:  MARKE1 = ADRESSAUSGANG ZUR ENDABRECHNUNG
C     ***
      IMPLICIT INTEGER (A - Z)
      COMMON  TR("TR1","TR2") , AL("TR1",2) , LAL , LTR , EL("EL1",2)
      COMMON  LEL , LEV , LFAM , NADR , STATE("STATE1") , OK
      COMMON  N , T , IT , RT
      COMMON  /FAM/ FAM("FAM1",3)
C
C     NULLSETZEN DER ZEILENZEIGER
C     ===========================
      LEV = 0
      LTR = 0
C
C     SETZEN DER SIMULATIONSUHREN
C     ===========================
      T1 = T - RT
      T = N + 1
C
C     SUCHEN NACH DEM NAECHSTEN EREIGNIS
C     ==================================
      DO 100  J = 1 , LEL
      IF(EL(J,2).EQ.0.OR.EL(J,2).GE.T) GOTO 100
      T = EL(J,2)
      LEV = J
      NADR = EL(LEV.1)
100   CONTINUE
C
C     SUCHEN NACH DER NAECHSTEN TR-AKTIVIERUNG
C     ========================================
      DO 200  J = 1 , LAL
      IF(AL(J,2).LE.0.OR.AL(J,2).GE.T) GOTO 200
      T = AL(J,2)
      LTR = J
      NADR = AL(LTR,1)
      LEV = 0
200   CONTINUE
C
C     PRUEFEN AUF SIMULATIONSENDE
C     ===========================
      IF(T.GT.N) RETURN 1
C
C     SETZEN DER BENUTZERUHR
C     ======================
      RT = T - T1
C
C     FAMILY-ZUGEHOERIGKEIT
C     =====================
      LFAM = 0
      IF(LTR.EQ.0) GOTO 400
      IF(TR(LTR,2).EQ.0) RETURN
```

```
      DO 300  J = 1 , "FAM1"
      IF(TR(LTR,1).EQ.FAM(J,1)) GOTO 350
300   CONTINUE
      RETURN
350   LFAM = J
      RETURN
C
C     LOESCHEN DER EREIGNISANMELDUNG
C     ==============================
400   EL(LEV,1) = 0
      EL(LEV,2) = 0
C
C     NEUBESTIMMEN DES LISTENENDEZEIGERS LEL
C     ======================================
450   IF(EL(LEL,1).NE.0.OR.LEL.EQ.1) RETURN
      LEL = LEL - 1
      GOTO 450
      END
```

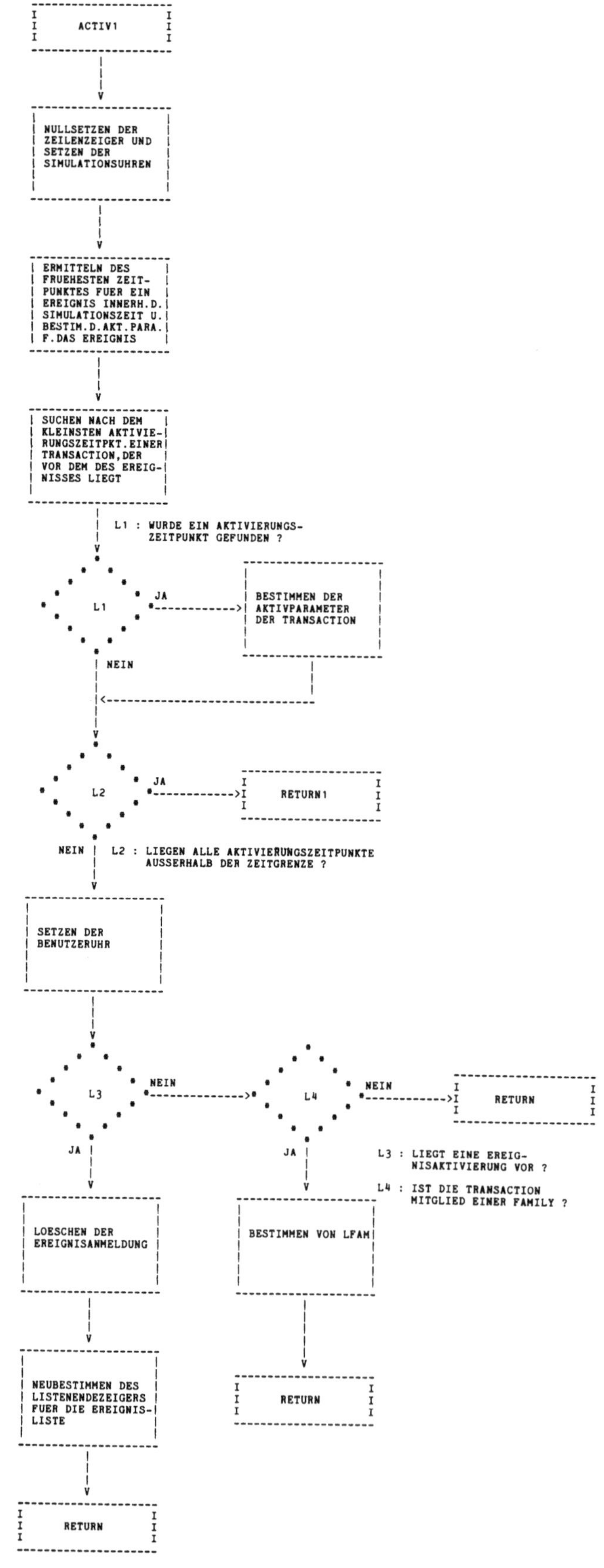
ACTIV1
NULLSETZEN DER ZEILENZEIGER UND SETZEN DER SIMULATIONSUHREN
ERMITTELN DES FRUEHESTEN ZEIT-PUNKTES FUER EIN EREIGNIS INNERH.D. SIMULATIONSZEIT U. BESTIM.D.AKT.PARA. F.DAS EREIGNIS
SUCHEN NACH DEM KLEINSTEN AKTIVIE-RUNGSZEITPKT.EINER TRANSACTION,DER VOR DEM DES EREIG-NISSES LIEGT
L1 : WURDE EIN AKTIVIERUNGS-ZEITPUNKT GEFUNDEN ?
L1
JA
BESTIMMEN DER AKTIVPARAMETER DER TRANSACTION
NEIN
L2
JA
RETURN1
NEIN
L2 : LIEGEN ALLE AKTIVIERUNGSZEITPUNKTE AUSSERHALB DER ZEITGRENZE ?
SETZEN DER BENUTZERUHR
L3
NEIN
L4
NEIN
RETURN
JA
JA
L3 : LIEGT EINE EREIG-NISAKTIVIERUNG VOR ?
L4 : IST DIE TRANSACTION MITGLIED EINER FAMILY ?
LOESCHEN DER EREIGNISANMELDUNG
BESTIMMEN VON LFAM
NEUBESTIMMEN DES LISTENENDEZEIGERS FUER DIE EREIGNIS-LISTE
RETURN
RETURN

```
      SUBROUTINE ACTIV2(*,*)
C     ***
C     ***         CALL ACTIV2(&1001, &1003)
C     ***
C     *** FUNKTION :  SUCHE NACH BEDINGTEN AKTIVIERUNGEN VON TRS
C     *** PARAMETER:  MARKE1 = ADRESSAUSGANG ZUR ZEITABHAENGIGEN
C     ***                      AKTIVIERUNG
C     ***             MARKE2 = ADRESSAUSGANG ZUM ADRESSVERTEILER
C     ***
      IMPLICIT INTEGER (A - Z)
      COMMON  TR("TR1","TR2") , AL("TR1",2) , LAL , LTR , EL("EL1",2)
      COMMON  LEL , LEV , LFAM , NADR . STATE("STATE1") , OK
      COMMON  N , T , IT , RT
      COMMON  /FAM/ FAM("FAM1",3)
      COMMON  /POL/ POLVEC("TR1") , POLC , POL("POL1",2)
C
C     LOESCHEN DES ZEILENZEIGERS LEV
C     ==============================
      LEV = 0
C
C     FREISCHALTEN DER GATES VOM TYP 2
C     ================================
      IF(IT.EQ.T) GOTO 200
      IT = T
      DO 100  I = "BGATE2" , "EGATE2"
100   STATE(I) = 1
C
C     SUCHEN NACH EINER BLOCKIERTEN TR
C     ================================
200   DO 201  JA = 1 , LAL
      IF(AL(JA,2).GE.0)  GOTO  201
      K = - AL(JA,2)
      IF(K.GT."KEND") GOTO 201
      IF(STATE(K).NE.0)  GOTO  250
201   CONTINUE
      IT = 0
      RETURN 1
C
C     SAMMELN
C     =======
250   POLC = 1
      POLVEC(POLC) = JA
      JA = JA + 1
      IF(JA.GT.LAL) GOTO 350
      DO 300  JB = JA , LAL
      IF(AL(JB,2).NE.-K) GOTO 300
      POLC = POLC + 1
      POLVEC(POLC) = JB
300   CONTINUE
C
C     AUSWAHL DURCH DIE POLICY
C     ========================
350   CALL POLICY(K)
```

```
C
C     ABSCHLUSS
C     =========
      IF(K.LE."EGATE2") OK = 1
      IF(K.LT."BGATE2".OR.K.GT."EGATE2") IT = 0
C
C     AKTIVIEREN DER TR
C     =================
      NADR = AL(LTR,1)
      LFAM = 0
      IF(TR(LTR,2).EQ.0) RETURN 2
      DO 400  J = 1 , "FAM1"
      IF(TR(LTR,1).EQ.FAM(J,1)) GOTO 450
400   CONTINUE
      RETURN 2
450   LFAM = J
      RETURN 2
      END
```

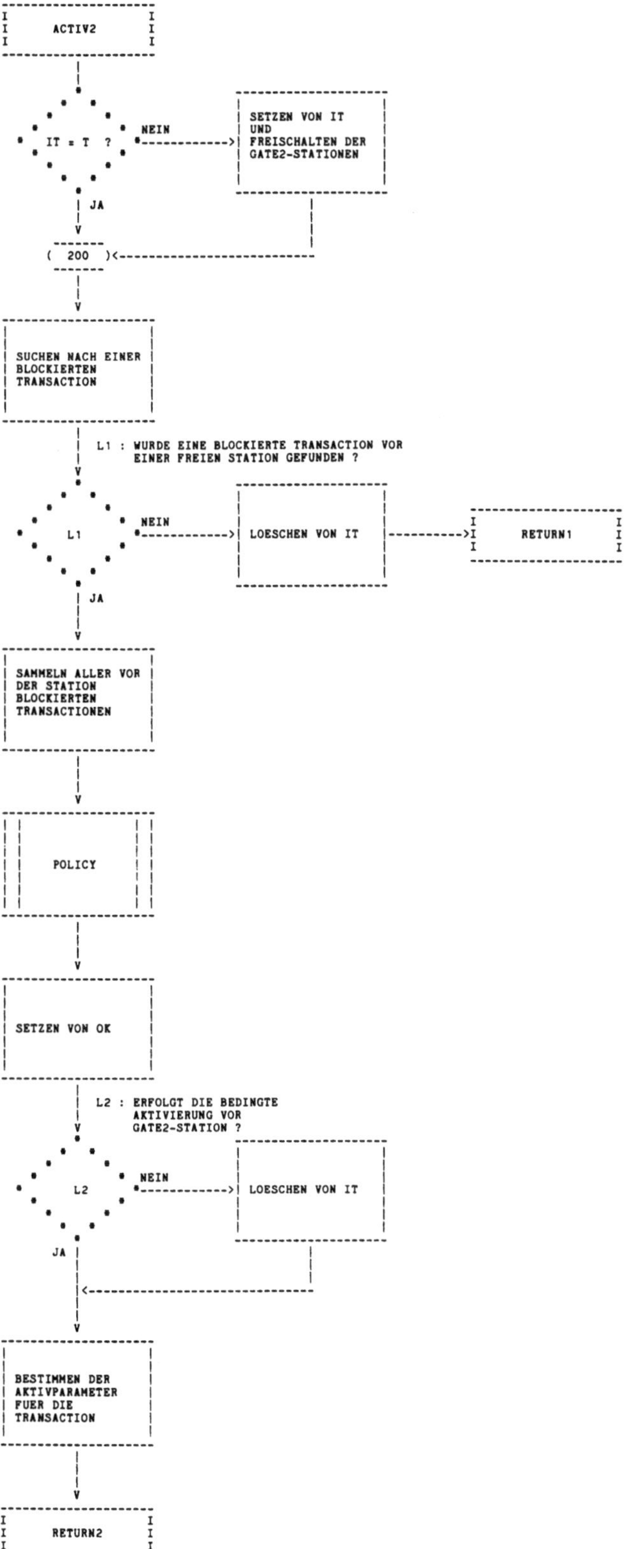

ACTIV2
IT = T ?
NEIN
SETZEN VON IT
UND
FREISCHALTEN DER
GATE2-STATIONEN
JA
200
SUCHEN NACH EINER
BLOCKIERTEN
TRANSACTION
L1 : WURDE EINE BLOCKIERTE TRANSACTION VOR
EINER FREIEN STATION GEFUNDEN ?
L1
NEIN
LOESCHEN VON IT
RETURN1
JA
SAMMELN ALLER VOR
DER STATION
BLOCKIERTEN
TRANSACTIONEN
POLICY
SETZEN VON OK
L2 : ERFOLGT DIE BEDINGTE
AKTIVIERUNG VOR
GATE2-STATION ?
L2
NEIN
LOESCHEN VON IT
JA
BESTIMMEN DER
AKTIVPARAMETER
FUER DIE
TRANSACTION
RETURN2

```
      SUBROUTINE ADVANC(AT,IDN,*,IPRINT)
C     ***
C     ***       CALL ADVANC(AT, IDN, &1005, IPRINT)
C     ***
C     *** FUNKTION :  ZEITVERZOEGERN EINER TR
C     *** PARAMETER:  AT  = VERZOEGERUNGSZEIT
C     ***             IDN = ZIELADRESSE
C     ***
      IMPLICIT INTEGER (A - Z)
      COMMON  TR("TR1","TR2") , AL("TR1",2) , LAL , LTR , EL("EL1",2)
      COMMON  LEL , LEV , LFAM , NADR , STATE("STATE1") , OK
      COMMON  N , T , IT , RT
C
C     VERZOEGERN
C     ==========
      AL(LTR,1) = IDN
      AL(LTR,2) = T + AT
      IF(IPRINT.EQ.0)  RETURN 1
      WRITE("OUTD",3000) T,TR(LTR,1),TR(LTR,2),AL(LTR,2)
3000  FORMAT(3H T=,I7,2X,2HTR,I5,1H,,I3,2X,17H WIRD BEDIENT BIS,I7)
      RETURN 1
      END
```

```
--------------------
I                  I
I      ADVANC      I
I                  I
--------------------
          |
          |
          |
          V
--------------------
|                  |
| EINTRAGEN DER    |
| ZIELADRESSE UND  |
| DES AKTIVIERUNGS-|
| ZEITPUNKTES IN   |
| DIE EREIGNISLISTE|
|                  |
--------------------
          |
          |
          |
          V
--------------------
I                  I
I      RETURN      I
I                  I
--------------------
```

```
      SUBROUTINE ALLOC(NST,NE,MARK,ID,LINE,IBLOCK,*,*,IPRINT)
C     ***
C     ***          CALL ALLOC(NST, NE, MARK, ID, LINE, IBLOCK, &1005,
C     ***                     &1006, IPRINT)
C     ***
C     *** FUNKTION :  BELEGUNG EINER ADRESSIERBAREN STORAGE
C     *** PARAMETER:  NST    = NUMMER DER STORAGE
C     ***             NE     = ZAHL DER ZU BELEGENDEN SPEICHERPLAETZE
C     ***             MARK   = SPEICHERPLATZKENNZEICHEN
C     ***             ID     = ANWEISUNGSNUMMER DES UNTERPROGRAMMAUF-
C     ***                      RUFES
C     ***             LINE   = SPEICHERPLATZADRESSE
C     ***             IBLOCK = BLOCKIERPARAMETER
C     ***                    = 0: DIE TR UEBERPRUEFT BEI DER ANKUNFT
C     ***                         IHRE SPEICHERPLATZANFORDERUNG
C     ***                    = 1: DIE TR WIRD BEI DER ANKUNFT
C     ***                         SOFORT GESPERRT
C     ***
      IMPLICIT INTEGER (A - Z)
      COMMON  TR("TR1","TR2") , AL("TR1",2) , LAL , LTR , EL("EL1",2)
      COMMON  LEL , LEV , LFAM , NADR , STATE("STATE1") , OK
      COMMON  N , T , IT , RT
      COMMON  /SBV/ LSM , SBV("STO1") , SM("SM1",2)
      COMMON  /STO/ STO("STO1",2)
C
C     BESTIMMEN DER STATIONSNUMMER
C     ============================
      K = "EMFAC" + NST
C
C     OK-MECHANISMUS
C     ==============
      IF(OK.EQ.0) GOTO 50
      OK = 0
      IF(NE.LE.0) RETURN
C
C     SPEICHERPLATZZUTEILUNG DURCH DIE STRATEGIE
C     ==========================================
      CALL STRATA(NST,NE,&70)
      IF(LSM.EQ.0) GOTO 60
C
C     EINTRAGEN IN DIE SEGMENT-MATRIX
C     ===============================
      IF(SM(LSM,1).NE.0) GOTO 30
      DO 100  I = 1 , "SM1"
      J = LSM - I
      IF(SM(J,1).NE.0) GOTO 20
100   CONTINUE
20    SM(LSM,1) = SM(J,1) - I
      SM(J,1) = I
30    IF(SM(LSM,1).EQ.NE) GOTO 40
      J = LSM + NE
      SM(J,1) = SM(LSM,1) - NE
      SM(J,2) = - 1
40    SM(LSM,1) = NE
      SM(LSM,2) = MARK
      STO(NST,1) = STO(NST,1) + NE
```

```
      TR(LTR,8) = 0
      LINE = LSM - SBV(NST) + 1
      IF(IPRINT.EQ.0) RETURN
      WRITE("OUTD",3000) T,TR(LTR,1),TR(LTR,2),NST,LINE
3000  FORMAT(3H T=,I7,2X,2HTR,I5,1H,,I3,2X,11H BELEGT STO,I3,
     +11H AB ADRESSE,I5)
      RETURN
C
C     DER ERSTE BELEGUNGSVERSUCH
C     ========================
50    IF(NE.LE.0) RETURN
      IF(IPRINT.EQ.0) GOTO 5001
      WRITE("OUTD",3001) T,TR(LTR,1),TR(LTR,2),NE
3001  FORMAT(3H T=,I7,2X,2HTR,I5,1H,,I3,2X,10H BENOETIGT,I5,
     +16H SPEICHERPLAETZE)
5001  IF(IBLOCK.GT.0) GOTO 60
      AL(LTR,1) = ID
      AL(LTR,2) = - K
      TR(LTR,8) = T
      RETURN 1
C
C     SPERREN
C     =======
60    AL(LTR,1) = ID
      AL(LTR,2) = - "KEND" - K
      IF(TR(LTR,8).EQ.0) TR(LTR,8) = T
      IF(IPRINT.EQ.0) RETURN 1
      WRITE("OUTD",3002) T,TR(LTR,1),TR(LTR,2),NST
3002  FORMAT(3H T=,I7,2X,2HTR,I5,1H,,I3,2X,21H WIRD GESPERRT AN STO,
     +I3)
      RETURN 1
C
C     FEHLERHAFTE SPEICHERBELEGUNG
C     ============================
70    RETURN 2
      END
```

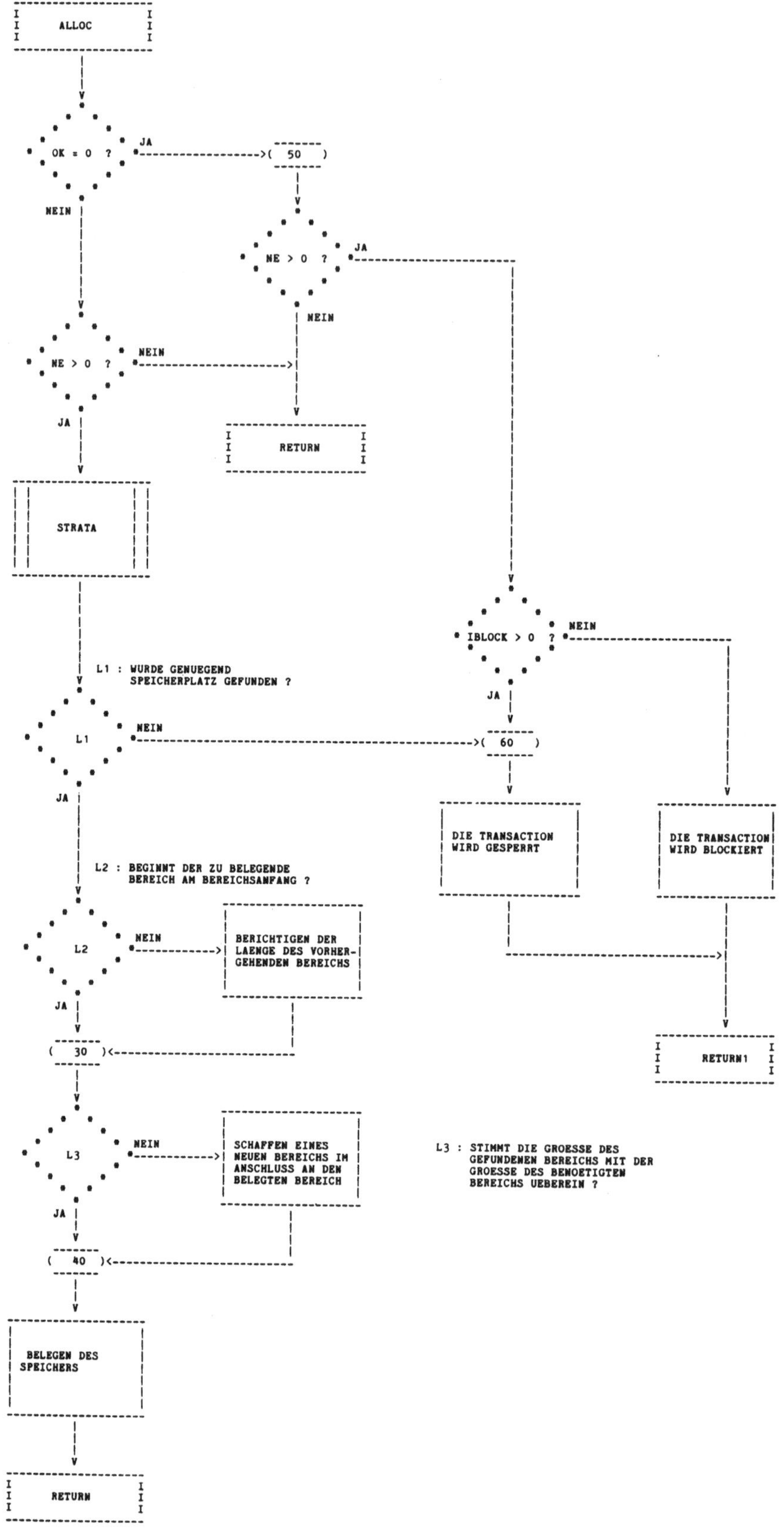

ALLOC
OK = 0 ?
JA
NEIN
50
NE > 0 ?
JA
NEIN
NE > 0 ?
NEIN
JA
RETURN
STRATA
IBLOCK > 0 ?
NEIN
JA
L1 : WURDE GENUEGEND SPEICHERPLATZ GEFUNDEN ?
L1
NEIN
JA
60
DIE TRANSACTION WIRD GESPERRT
DIE TRANSACTION WIRD BLOCKIERT
L2 : BEGINNT DER ZU BELEGENDE BEREICH AM BEREICHSANFANG ?
L2
NEIN
JA
BERICHTIGEN DER LAENGE DES VORHERGEHENDEN BEREICHS
30
RETURN1
L3
NEIN
JA
SCHAFFEN EINES NEUEN BEREICHS IM ANSCHLUSS AN DEN BELEGTEN BEREICH
L3 : STIMMT DIE GROESSE DES GEFUNDENEN BEREICHS MIT DER GROESSE DES BENOETIGTEN BEREICHS UEBEREIN ?
40
BELEGEN DES SPEICHERS
RETURN

```
      SUBROUTINE ASSEMB(NUMASS,NASSEM,*,IPRINT)
C     ***
C     ***       CALL ASSEMB(NUMASS, NASSEM, &1005, IPRINT)
C     ***
C     *** FUNKTION :  ZUSAMMENLEGEN VON TRS EINER FAMILY
C     *** PARAMETER:  NUMASS = NUMMER DER ASSEMB-STATION
C     ***             NASSEM = ZAHL DER ZU VEREINIGENDEN TRS
C     ***
      IMPLICIT INTEGER (A - Z)
      COMMON  TR("TR1","TR2") , AL("TR1",2) , LAL , LTR , EL("EL1",2)
      COMMON  LEL , LEV , LFAM , NADR , STATE("STATE1") , OK
      COMMON  N , T , IT , RT
      COMMON  /ASM/ ASM("FAM1","ASM1")
      COMMON  /FAM/ FAM("FAM1",3)
      IF(IPRINT.EQ.0)  GOTO  5000
      WRITE("OUTD",3000) T,TR(LTR,1),TR(LTR,2),NUMASS
3000  FORMAT(3H T=,I7,2X,2HTR,I5,1H,,I3,2X,26H LAEUFT IN DIE ASS-STATION
     +,I3,4H EIN)
C
C     PRUEFEN AUF FAMILY
C     ==================
5000  IF(LFAM.EQ.0) RETURN
C
C     BEGINN DES ZUSAMMENFASSENS
C     ==========================
      IF(ASM(LFAM,NUMASS).EQ.0) ASM(LFAM,NUMASS) = NASSEM
C
C     ZAEHLERSETZEN
C     =============
      ASM(LFAM,NUMASS) = ASM(LFAM,NUMASS) - 1
C
C     ZUSAMMENFASSEN
C     ==============
      IF(ASM(LFAM,NUMASS).GT.0) GOTO 200
      IF(FAM(LFAM,2).GT.1) GOTO 150
      IF(IPRINT.EQ.0) RETURN
      WRITE("OUTD",3001)
3001  FORMAT(52H UND VERLAESST ALS LETZTE IHRER FAMILY DIESE STATION)
      RETURN
150   CONTINUE
      IF(IPRINT.EQ.0) RETURN
      WRITE("OUTD",3002)
3002  FORMAT(51H UND VERLAESST ALS LETZTE DIESER TEILZUSAMMENLEGUNG,
     +14H DIESE STATION)
      RETURN
C
C     VERNICHTEN
C     ==========
200   CALL TERMIN(&250,IPRINT)
250   RETURN 1
      END
```

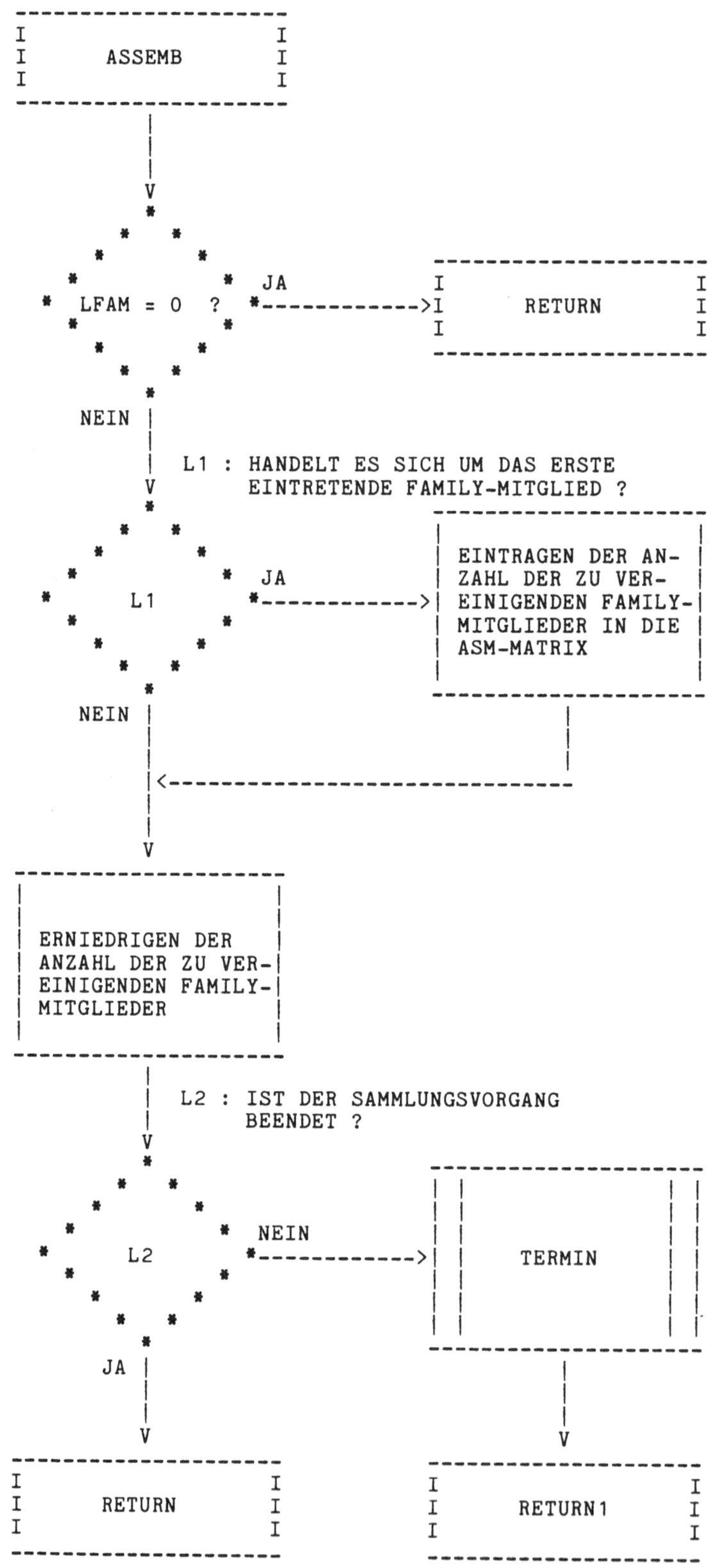

ASSEMB
LFAM = 0 ?
JA
RETURN
NEIN
L1 : HANDELT ES SICH UM DAS ERSTE EINTRETENDE FAMILY-MITGLIED ?
L1
JA
EINTRAGEN DER ANZAHL DER ZU VEREINIGENDEN FAMILY-MITGLIEDER IN DIE ASM-MATRIX
NEIN
ERNIEDRIGEN DER ANZAHL DER ZU VEREINIGENDEN FAMILY-MITGLIEDER
L2 : IST DER SAMMLUNGSVORGANG BEENDET ?
L2
NEIN
TERMIN
JA
RETURN
RETURN1

```
      SUBROUTINE BFIT(NST,NE)
C     ***
C     ***       CALL BFIT(NST, NE)
C     ***
C     *** FUNKTION :  SUCHEN NACH EINEM FREIEN SPEICHERBERICH
C     ***             NACH DER STRATEGIE  BEST-FIT
C     *** PARAMETER:  NST = NUMMER DER STORAGE
C     ***             NE  = ZAHL DER ZU BELEGENDEN SPEICHERPLAETZE
C     ***
      IMPLICIT INTEGER (A - Z)
      COMMON  /SBV/ LSM , SBV("STO1") , SM("SM1",2)
      COMMON  /STO/ STO("STO1",2)
C
C     INITIALISIEREN DER SUCHE
C     ========================
      LSM = 0
      D = STO(NST,2)
      I = SBV(NST)
      IE = I + STO(NST,2) - 1
C
C     SUCHEN DER LUECKE
C     =================
10    IF(SM(I,2).NE.-1) GOTO 20
      IF(SM(I,1).LT.NE) GOTO 20
      IF(SM(I,1)-NE.GE.D) GOTO 20
      D = SM(I,1) - NE
      LSM = I
20    I = I + SM(I,1)
      IF(I.LE.IE) GOTO 10
      RETURN
      END
```

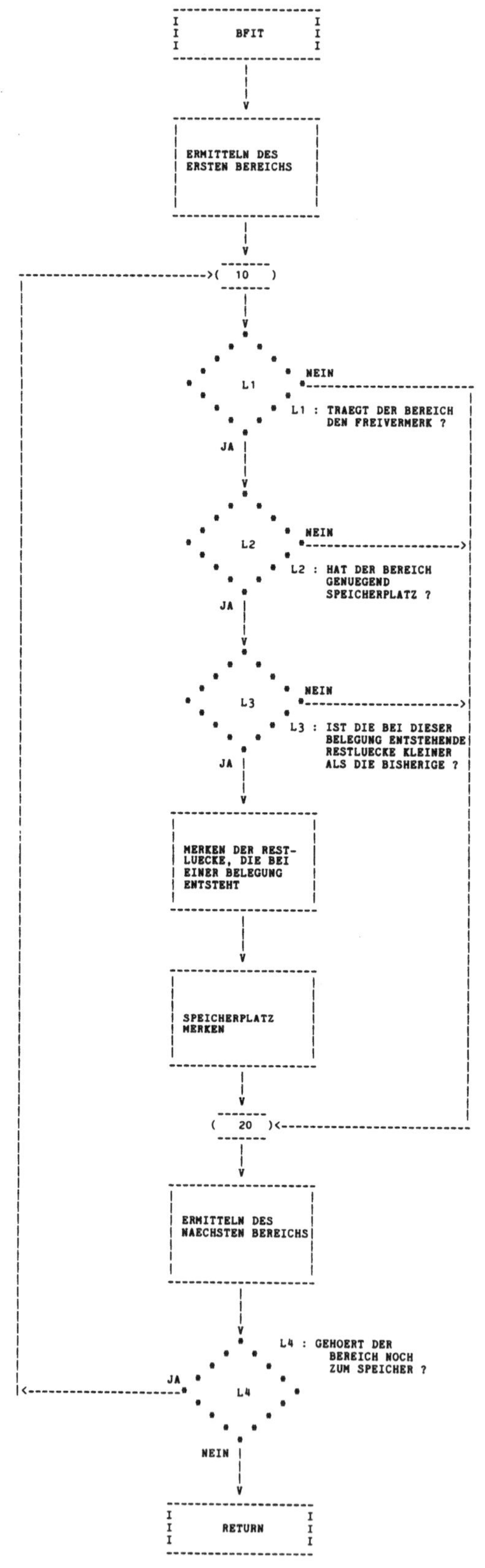
BFIT
ERMITTELN DES ERSTEN BEREICHS
10
L1
NEIN
L1 : TRAEGT DER BEREICH DEN FREIVERMERK ?
JA
L2
NEIN
L2 : HAT DER BEREICH GENUEGEND SPEICHERPLATZ ?
JA
L3
NEIN
L3 : IST DIE BEI DIESER BELEGUNG ENTSTEHENDE RESTLUECKE KLEINER ALS DIE BISHERIGE ?
JA
MERKEN DER REST-LUECKE, DIE BEI EINER BELEGUNG ENTSTEHT
SPEICHERPLATZ MERKEN
20
ERMITTELN DES NAECHSTEN BEREICHS
L4 : GEHOERT DER BEREICH NOCH ZUM SPEICHER ?
JA
L4
NEIN
RETURN

```
      SUBROUTINE BOXEXP(MIN,MAX1,MAX2,RATIO,RNUM,RANDOM)
C     ***
C     ***        CALL BOXEXP(MIN, MAX1, MAX2, RATIO, RNUM, RANDOM)
C     ***
C     *** FUNKTION :  ERZEUGEN EINER ZUFALLSZAHL AUS EINER GLEICHVER-
C     ***             TEILUNG MIT EXPONENTIELLEM ANTEIL
C     *** PARAMETER:  MIN    = UNTERE INTERVALLGRENZE DER GLEICH-
C     ***                      VERTEILUNG
C     ***             MAX1   = OBERE INTERVALLGRENZE DER GLEICH-
C     ***                      VERTEILUNG
C     ***             MAX2   = OBERE INTERVALLGRENZE DER EXPONENTIAL-
C     ***                      VERTEILUNG
C     ***             RATIO  = WAHRSCHEINLICHKEIT FUER DIE
C     ***                      ERZEUGUNG EINER ZUFALLSZAHL NACH
C     ***                      DER GLEICHVERTEILUNG
C     ***             RNUM   = NUMMER DES ZUFALLSZAHLENGENERATORS
C     ***             RANDOM = ZUFALLSZAHL IM ANGEGEBENEN INTERVALL
C     ***
      INTEGER  RNUM
      REAL  MIN , MAX1 , MAX2
C
C     ERZEUGEN EINER ZUFALLSZAHL AUS DER GLEICHVERTEILUNG
C     ================================================
      CALL GLEICH(0.,1.,RNUM,Z)
      IF(Z.GE.RATIO) GOTO 100
      RANDOM = MIN + ((MAX1 - MIN) / RATIO) * Z
      RETURN
C
C     ERZEUGEN EINER ZUFALLSZAHL NACH DER EXPONENTIALVERTEILUNG
C     ========================================================
100   RANDOM = MAX1 - (((1. - RATIO) * (MAX1 - MIN)) / RATIO)
     + * ALOG((1. - Z) / (1. - RATIO))
      IF(RANDOM.LE.MAX2) RETURN
      CALL GLEICH(RATIO,1.,RNUM,Z)
      GOTO 100
      END
```

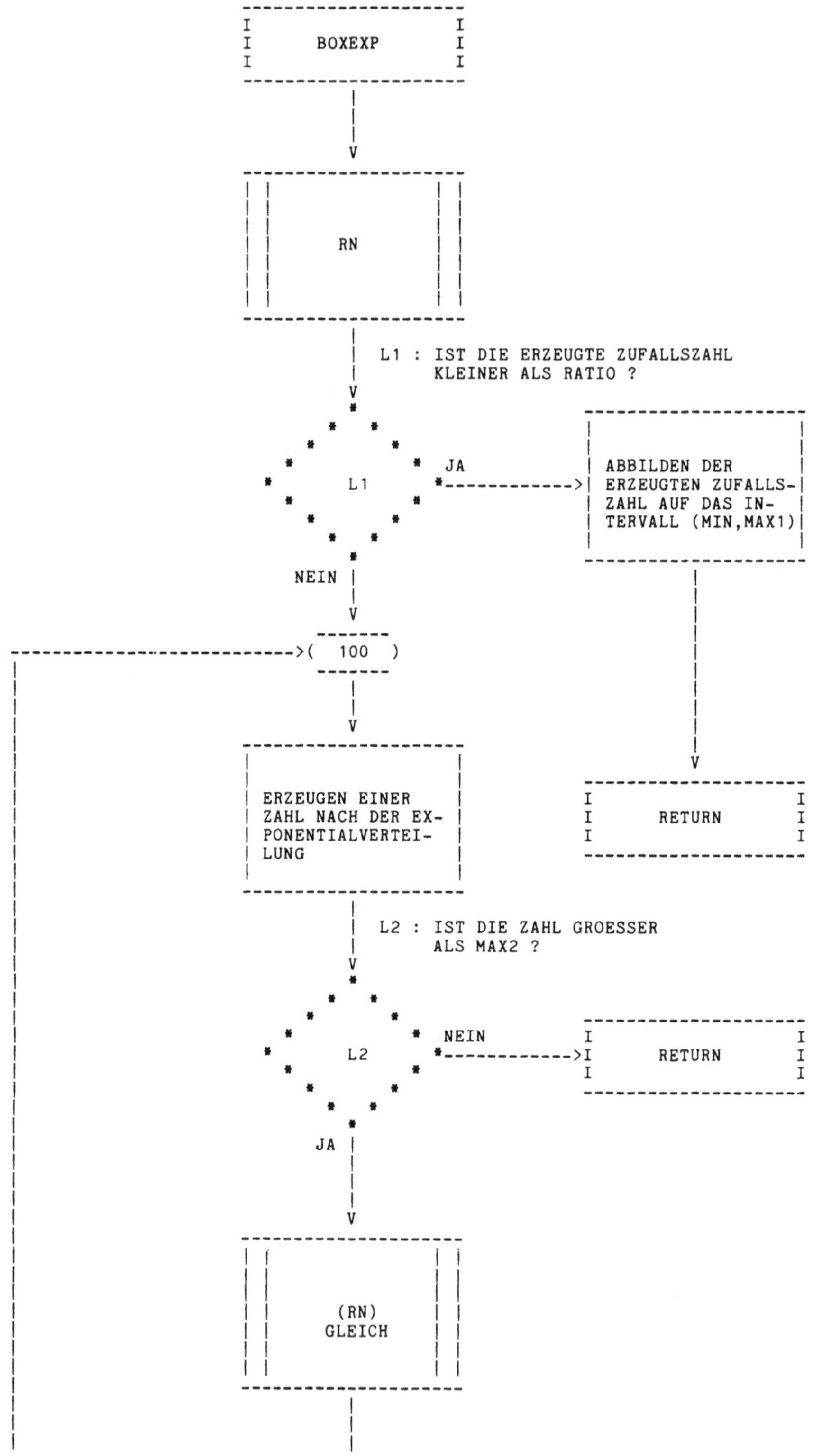
BOXEXP
RN
L1 : IST DIE ERZEUGTE ZUFALLSZAHL KLEINER ALS RATIO ?
L1
JA
ABBILDEN DER ERZEUGTEN ZUFALLS-ZAHL AUF DAS IN-TERVALL (MIN,MAX1)
NEIN
100
RETURN
ERZEUGEN EINER ZAHL NACH DER EX-PONENTIALVERTEI-LUNG
L2 : IST DIE ZAHL GROESSER ALS MAX2 ?
L2
NEIN
RETURN
JA
(RN)
GLEICH

```
      SUBROUTINE BUFFER(IDN,*,IPRINT)
C     ***
C     ***       CALL BUFFER(IDN, &1005, IPRINT)
C     ***
C     *** FUNKTION :  DEAKTIVIEREN EINER TR
C     *** PARAMETER:  IDN = ZIELADRESSE
C     ***
      IMPLICIT INTEGER (A - Z)
      COMMON  TR("TR1","TR2") , AL("TR1",2) , LAL , LTR , EL("EL1",2)
      COMMON  LEL , LEV , LFAM , NADR , STATE("STATE1") , OK
      COMMON  N , T , IT , RT
C
C     DEAKTIVIEREN
C     ============
      AL(LTR,1) = IDN
      AL(LTR,2) = T
      IF(IPRINT.EQ.0) RETURN 1
      WRITE("OUTD",3000) T,TR(LTR,1),TR(LTR,2)
3000  FORMAT(3H T=,I7,2X,2HTR,I5,1H,,I3,2X,17H WIRD DEAKTIVIERT)
      RETURN 1
      END
```

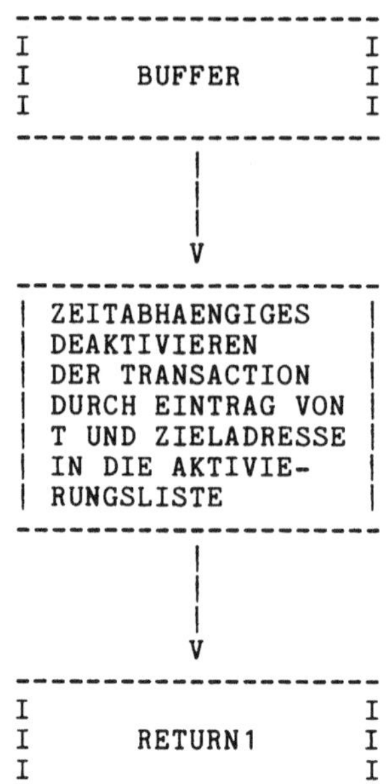
BUFFER
ZEITABHAENGIGES DEAKTIVIEREN DER TRANSACTION DURCH EINTRAG VON T UND ZIELADRESSE IN DIE AKTIVIE-RUNGSLISTE
RETURN1

```
      SUBROUTINE CLEAR(NFA,*,*,IPRINT)
C     ***
C     ***       CALL CLEAR(NFA, MARKE1, &1006, IPRINT)
C     ***
C     *** FUNKTION :  FREIGEBEN EINER FACILITY
C     *** PARAMETER:  NFA    = NUMMER DER FACILITY
C     ***             MARKE1 = ADRESSAUSGANG FUER VERDRAENGTE TRS
C     ***
      IMPLICIT INTEGER (A - Z)
      COMMON  TR("TR1","TR2") , AL("TR1",2) , LAL , LTR , EL("EL1",2)
      COMMON  LEL , LEV , LFAM , NADR , STATE("STATE1") , OK
      COMMON  N , T , IT , RT
      COMMON  /FAC/ FAC("FAC1",3)
C
C     FEHLERAUSGANG
C     =============
      IF(IABS(FAC(NFA,1)).EQ.LTR) GOTO 100
      WRITE("OUTD",3000) T,TR(LTR,1),TR(LTR,2),NFA
3000  FORMAT(1H0,24(1H+),26H FEHLER: SUBROUTINE CLEAR ,30(1H+)/1X,
     +24(1H+),3H T=,I7,2X,2HTR,I5,1H,,I3,11H BELEGT FAC,I3,7H NICHT ,
     +12(1H+)/)
      RETURN 2
C
C     FREIGEBEN
C     =========
100   DO 150  I = 1 , 3
150   FAC(NFA,I) = 0
      STATE(NFA) = 1
C
C     BLOCKIEREN DER VERDRAENGTEN TR
C     ==============================
      IF(TR(LTR,6).EQ.0) GOTO 200
      AL(LTR,1) = TR(LTR,5)
      AL(LTR,2) = - NFA
      TR(LTR,8) = T
200   TR(LTR,5) = 0
      IF(IPRINT.EQ.0) GOTO 5001
      WRITE("OUTD",3001) T,TR(LTR,1),TR(LTR,2),NFA
3001  FORMAT(3H T=,I7,2X,2HTR,I5,1H,,I3,2X,14H VERLAESST FAC,I3)
C
C     BESTIMMEN DES ADRESSAUSGANGS
C     ============================
5001  IF(TR(LTR,6).EQ.0) RETURN
      RETURN 1
      END
```

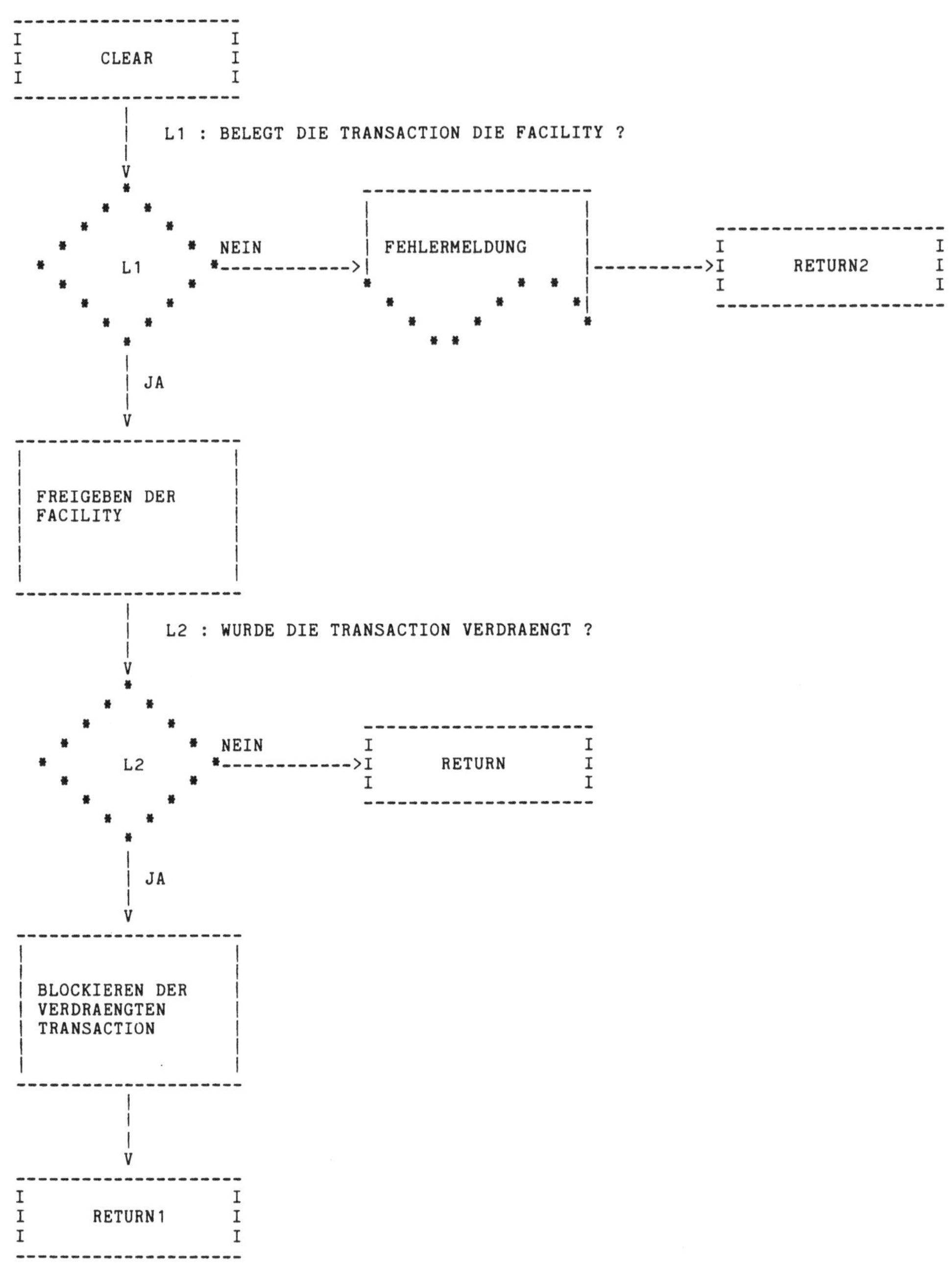
CLEAR
L1 : BELEGT DIE TRANSACTION DIE FACILITY ?
L1
NEIN
FEHLERMELDUNG
RETURN2
JA
FREIGEBEN DER FACILITY
L2 : WURDE DIE TRANSACTION VERDRAENGT ?
L2
NEIN
RETURN
JA
BLOCKIEREN DER VERDRAENGTEN TRANSACTION
RETURN1

```
      SUBROUTINE CONT
C     ***
C     ***        CALL CONT
C     ***
C     *** FUNKTION :  EINLESEN DES SYSTEMZUSTANDES VON EINER DATEI MIT
C     ***             LOGISCHER GERAETENUMMER "SAVI"
C     ***
      IMPLICIT INTEGER (A - Z)
      REAL  QUESTA
      REAL*8  DRN , DFAKT , DMODUL , DKONST
      COMMON  TR("TR1","TR2") , AL("TR1",2) , LAL , LTR , EL("EL1",2)
      COMMON  LEL , LEV , LFAM , NADR , STATE("STATE1") , OK
      COMMON  N , T , IT , RT
      COMMON  /ASM/ ASM("FAM1","ASM1")
      COMMON  /DRN/ DRN("DRN1") , DFAKT("DRN1") , DMODUL , DKONST("DRN1")
      COMMON  /FAC/ FAC("FAC1",3)
      COMMON  /FAM/ FAM("FAM1",3)
      COMMON  /GA1/ GATHF("FAM1","GATHF1")
      COMMON  /GA2/ GATHT("GATHT1")
      COMMON  /MFA/ LSE , MFAC("MFAC1",2) , MBV("MFAC1") , SE("SE1",3)
      COMMON  /PLA/ PLAMA("MFAC1",2)
      COMMON  /POL/ POLVEC("TR1") , POLC , POL("POL1",2)
      COMMON  /QUE/ QUE("QUE1",8) , QUESTA("QUE1",2)
      COMMON  /SBV/ LSM , SBV("STO1") , SM("SM1",2)
      COMMON  /SRC/ SRC("SRC1",2) , NTRC
      COMMON  /STO/ STO("STO1",2)
      COMMON  /STR/ STRAMA("STO1",2)
      COMMON  /UC1/ UCHF("FAM1","UCHF1",2)
      COMMON  /UC2/ UCHT("UCHT1",2)
      REWIND "SAVI"
      READ("SAVI",1) LAL,LEL
1     FORMAT(10I10)
      K = 5
      DO 2  I = 1 , LEL , 5
      IF(K.GT.LEL) K = LEL
      READ("SAVI",1) ((EL(J,M),M=1,2),J=I,K)
2     K = K + 5
      K = 5
      DO 3  I = 1 , LAL , 5
      IF(K.GT.LAL) K = LAL
      READ("SAVI",1) ((AL(J,M),M=1,2),J=I,K)
3     K = K + 5
      DO 4  I = 1 , LAL
      K = 10
      DO 4  J = 1 , "TR2" , 10
      IF(K.GT."TR2") K = "TR2"
      READ("SAVI",1) (TR(I,M),M=J,K)
4     K = K + 10
      K = 10
      DO 5  I = 1 , "STATE1" , 10
      IF(K.GT."STATE1") K = "STATE1"
      READ("SAVI",1) (STATE(M),M=I,K)
5     K = K + 10
      READ("SAVI",1) T
      READ("SAVI",1) RT
      DO 6  I = 1 , "FAM1"
```

```
      K = 10
      DO 6  J = 1 , "ASM1" , 10
      IF(K.GT."ASM1") K = "ASM1"
      READ("SAVI",1) (ASM(I,M),M=J,K)
6     K = K + 10
      K = 3
      DO 7  I = 1 , "FAM1" , 3
      IF(K.GT."FAM1") K = "FAM1"
      READ("SAVI",1) ((FAM(J,M),M=1,3),J=I,K)
7     K = K + 3
      DO 8  I = 1 , "FAM1"
      K = 10
      DO 8  J = 1 , "GATHF1" , 10
      IF(K.GT."GATHF1") K = "GATHF1"
      READ("SAVI",1) (GATHF(I,M),M=J,K)
8     K = K + 10
      DO 9  I = 1 , "FAM1"
      K = 5
      DO 9  J = 1 , "UCHF1" , 5
      IF(K.GT."UCHF1") K = "UCHF1"
      READ("SAVI",1) ((UCHF(I,M,L),L=1,2),M=J,K)
9     K = K + 5
      K = 3
      DO 10  I = 1 , "FAC1" , 3
      IF(K.GT."FAC1") K = "FAC1"
      READ("SAVI",1) ((FAC(J,M),M=1,3),J=I,K)
10    K = K + 3
      K = 5
      DO 11  I = 1 , "MFAC1" , 5
      IF(K.GT."MFAC1") K = "MFAC1"
      READ("SAVI",1) ((MFAC(J,M),M=1,2),J=I,K)
11    K = K + 5
      K = 10
      DO 12  I = 1 , "MFAC1" , 10
      IF(K.GT."MFAC1") K = "MFAC1"
      READ("SAVI",1) (MBV(M),M=I,K)
12    K = K + 10
      K = 5
      DO 13  I = 1 , "MFAC1" , 5
      IF(K.GT."MFAC1") K = "MFAC1"
      READ("SAVI",1) ((PLAMA(J,M),M=1,2),J=I,K)
13    K = K + 5
      K = 3
      DO 14  I = 1 , "SE1" , 3
      IF(K.GT."SE1") K = "SE1"
      READ("SAVI",1) ((SE(J,M),M=1,3),J=I,K)
14    K = K + 3
      K = 5
      DO 15  I = 1 , "STO1" , 5
      IF(K.GT."STO1") K = "STO1"
      READ("SAVI",1) ((STO(J,M),M=1,2),J=I,K)
15    K = K + 5
      K = 10
      DO 16  I = 1 , "STO1" , 10
      IF(K.GT."STO1") K = "STO1"
      READ("SAVI",1) (SBV(M),M=I,K)
16    K = K + 10
```

```
      K = 5
      DO 17  I = 1 , "SM1" , 5
      IF(K.GT."SM1") K = "SM1"
      READ("SAVI",1) ((SM(J,M),M=1,2),J=I,K)
17    K = K + 5
      K = 5
      DO 18  I = 1 , "STO1" , 5
      IF(K.GT."STO1") K = "STO1"
      READ("SAVI",1) ((STRAMA(J,M),M=1,2),J=I,K)
18    K = K + 5
      K = 5
      DO 19  I = 1 , "POL1" , 5
      IF(K.GT."POL1") K = "POL1"
      READ("SAVI",1) ((POL(J,M),M=1,2),J=I,K)
19    K = K + 5
      K = 10
      DO 20  I = 1 , "GATHT1" , 10
      IF(K.GT."GATHT1") K = "GATHT1"
      READ("SAVI",1) (GATHT(M),M=I,K)
20    K = K + 10
      K = 5
      DO 21  I = 1 , "UCHT1" , 5
      IF(K.GT."UCHT1") K = "UCHT1"
      READ("SAVI",1) ((UCHT(J,M),M=1,2),J=I,K)
21    K = K + 10
      READ("SAVI",1) NTRC
      K = 5
      DO 22  I = 1 , "SRC1" , 5
      IF(K.GT."SRC1") K = "SRC1"
      READ("SAVI",1) ((SRC(J,M),M=1,2),J=I,K)
22    K = K + 5
      DO 23  I = 1 , "QUE1"
23    READ("SAVI",1) (QUE(I,M),M=1,8)
      K = 3
      DO 25  I = 1 , "QUE1" , 3
      IF(K.GT."QUE1") K = "QUE1"
      READ("SAVI",24) ((QUESTA(J,M),M=1,2),J=I,K)
24    FORMAT(6D15.8)
25    K = K + 3
      K = 6
      DO 26  I = 1 , "DRN1" , 6
      IF(K.GT."DRN1") K = "DRN1"
      READ("SAVI",24) (DRN(M),M=I,K)
26    K = K + 6
      REWIND "SAVI"
      RETURN
      END
```

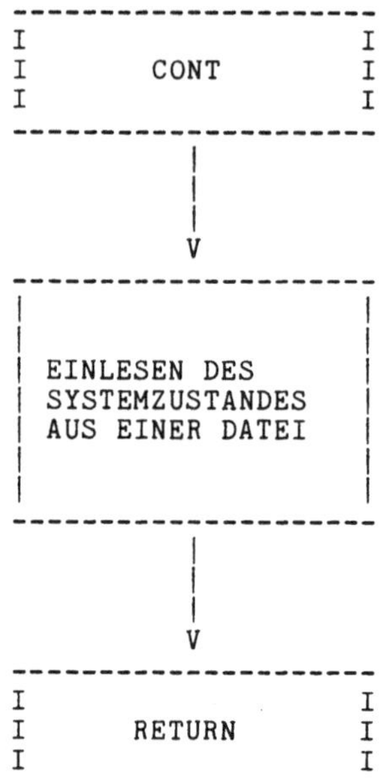
CONT
EINLESEN DES
SYSTEMZUSTANDES
AUS EINER DATEI
RETURN

```
      SUBROUTINE DEPART(NQU,NE,*,IPRINT)
C     ***
C     ***       CALL DEPART(NQU, NE, &1006, IPRINT)
C     ***
C     *** FUNKTION :  VERLASSEN EINER QUEUE
C     *** PARAMETER:  NQU = NUMMER DER QUEUE
C     ***             NE  = ANZAHL DER QUEUE-EINHEITEN
C     ***
      IMPLICIT INTEGER (A - Z)
      REAL  QUESTA
      COMMON  TR("TR1","TR2") , AL("TR1",2) , LAL , LTR , EL("EL1",2)
      COMMON  LEL , LEV , LFAM , NADR , STATE("STATE1") , OK
      COMMON  N , T , IT , RT
      COMMON  /QUE/ QUE("QUE1",8) , QUESTA("QUE1",2)
C
C     FEHLERKONTROLLE
C     ===============
      DO 100  I = 9 , 13
      IF(TR(LTR,I).EQ.NQU) GOTO 200
100   CONTINUE
      WRITE("OUTD",3000) T,TR(LTR,1),TR(LTR,2),NQU
3000  FORMAT(1H0,24(1H+),27H FEHLER: SUBROUTINE DEPART ,29(1H+)/1X,
     +24(1H+),3H T=,I7,2X,2HTR,I5,1H,,I3,11H BELEGT QUE,I3,7H NICHT ,
     +12(1H+)/)
      RETURN 1
C
C     LOESCHEN IN DER TR-MATRIX
C     =========================
200   IF(QUE(NQU,1).LT.NE) GOTO 500
      INQUE = TR(LTR,I+5)
      TR(LTR,I) = 0
      TR(LTR,I+5) = 0
C
C     EINTRAGEN IN DIE QUE-MATRIX
C     ===========================
      QUE(NQU,7) = QUE(NQU,7) + QUE(NQU,1) * (T - QUE(NQU,8))
      QUE(NQU,8) = T
      QUE(NQU,1) = QUE(NQU,1) - NE
      QUE(NQU,4) = QUE(NQU,4) + NE
      IF(INQUE.EQ.T) GOTO 300
      QUE(NQU,6) = QUE(NQU,6) + (T - INQUE) * NE
      GOTO 400
300   QUE(NQU,5) = QUE(NQU,5) + NE
C
C     BERECHNEN DER MITTELWERTE
C     =========================
400   IF(T.EQ.1) GOTO 450
      QUESTA(NQU,1) = QUE(NQU,7) / ((QUE(NQU,3) + QUE(NQU,4)) / 2.)
      QUESTA(NQU,2) = QUE(NQU,7) / (QUE(NQU,8) - 1.)
450   IF(IPRINT.EQ.0) RETURN
      WRITE("OUTD",3001) T,TR(LTR,1),TR(LTR,2),NQU
3001  FORMAT(3H T=,I7,2X,2HTR,I5,1H,,I3,2X,14H VERLAESST QUE,I3)
      RETURN
500   WRITE("OUTD",3002) T,TR(LTR,1),TR(LTR,2),NE,NQU
3002  FORMAT(1H0,24(1H+),27H FEHLER: SUBROUTINE DEPART ,29(1H+)/1X,
     +24(1H+),3H T=,I7,2X,2HTR,I5,1H,,I3,26H ANZAHL DER ABZUZIEHENDEN ,
```

```
     +7(1H+)/1X,24(1H+),11H EINHEITEN=,I3,27H UEBERSCHREITET INHALT DER
     +,3HQUE,I3,1X,8(1H+)/)
      RETURN 1
      END
```

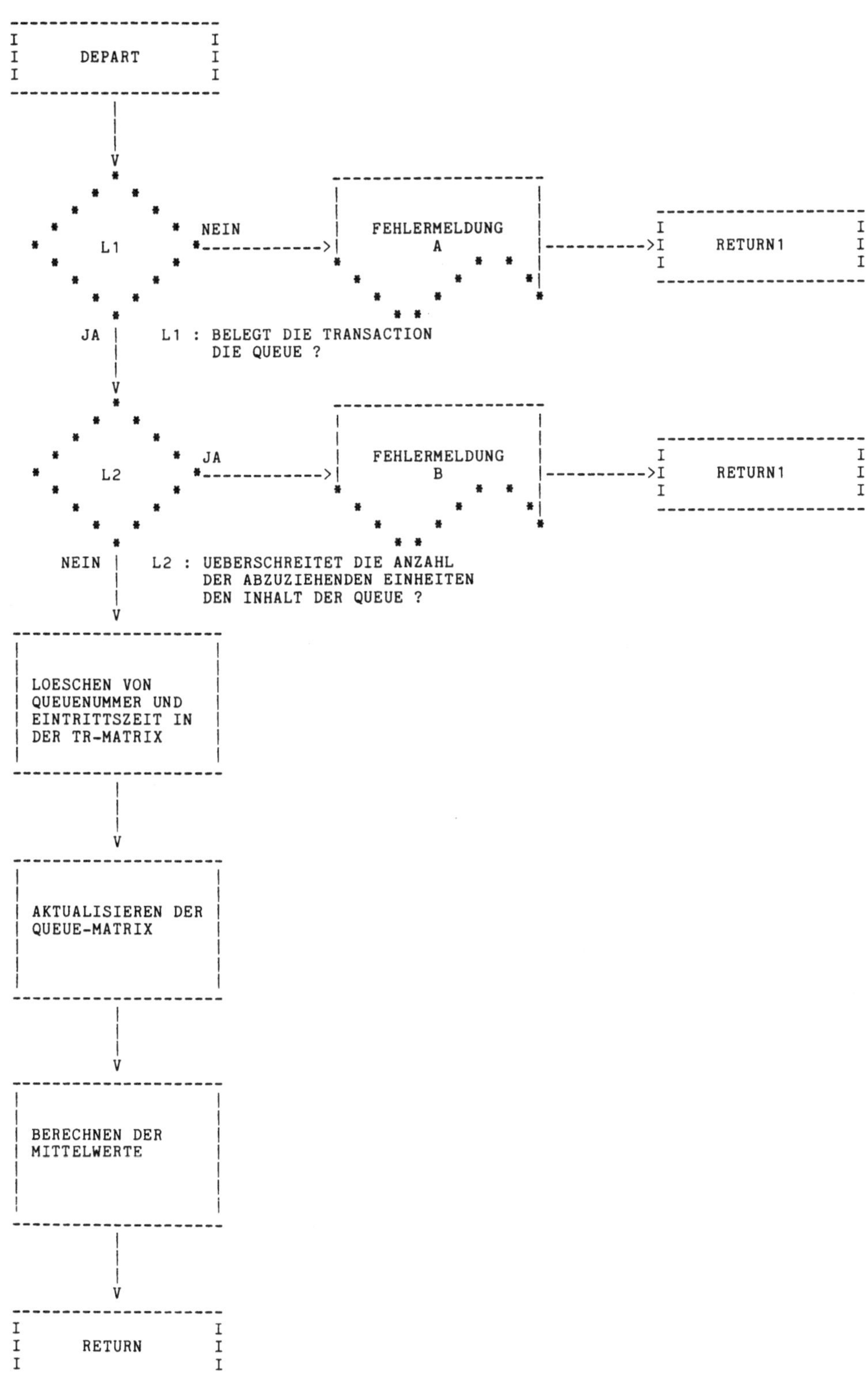

DEPART
L1
NEIN
FEHLERMELDUNG A
RETURN1
JA
L1 : BELEGT DIE TRANSACTION DIE QUEUE ?
L2
JA
FEHLERMELDUNG B
RETURN1
NEIN
L2 : UEBERSCHREITET DIE ANZAHL DER ABZUZIEHENDEN EINHEITEN DEN INHALT DER QUEUE ?
LOESCHEN VON QUEUENUMMER UND EINTRITTSZEIT IN DER TR-MATRIX
AKTUALISIEREN DER QUEUE-MATRIX
BERECHNEN DER MITTELWERTE
RETURN

```
      SUBROUTINE DYNVAL(K,PCOUNT,IPRINT)
C     ***
C     ***       CALL DYNVAL(K, PCOUNT, IPRINT)
C     ***
C     *** FUNKTION :  NEUBESTIMMEN DER PRIORITAETEN FUER ALLE TRS, DIE
C     ***             AN DER STATION MIT DER STATIONSNUMMER K BLOCKIERT
C     ***             ODER GESPERRT SIND
C     *** PARAMETER:  K      = STATIONSNUMMER
C     ***             PCOUNT = ANZAHL DER PRIORITAETSNEUBESTIMMUNGEN
C     ***
      IMPLICIT INTEGER (A - Z)
      COMMON  TR("TR1","TR2") , AL("TR1",2) , LAL , LTR , EL("EL1",2)
      COMMON  LEL , LEV , LFAM , NADR , STATE("STATE1") , OK
      COMMON  N , T , IT , RT
C
C     NEUFESTLEGEN DER PRIORITAETEN
C     =============================
      PCOUNT = 0
      DO 100  I = 1 , LAL
      IF(AL(I,2).NE.-K.AND.AL(I,2).NE.-K-"KEND") GOTO 100
      PR = TR(I,4)
      TR(I,4) = DYNPR(I)
      PCOUNT = PCOUNT + 1
      IF(IPRINT.EQ.0) GOTO 100
      WRITE("OUTD",3000) T,TR(I,1),TR(I,2),PR,TR(I,4)
3000  FORMAT(3H T=,I7,2X,2HTR,I5,1H,,I3,2X,16H ALTE PRIORITAET,I7,
     +17H WIRD GEANDERT IN,I7)
100   CONTINUE
      RETURN
      END
```

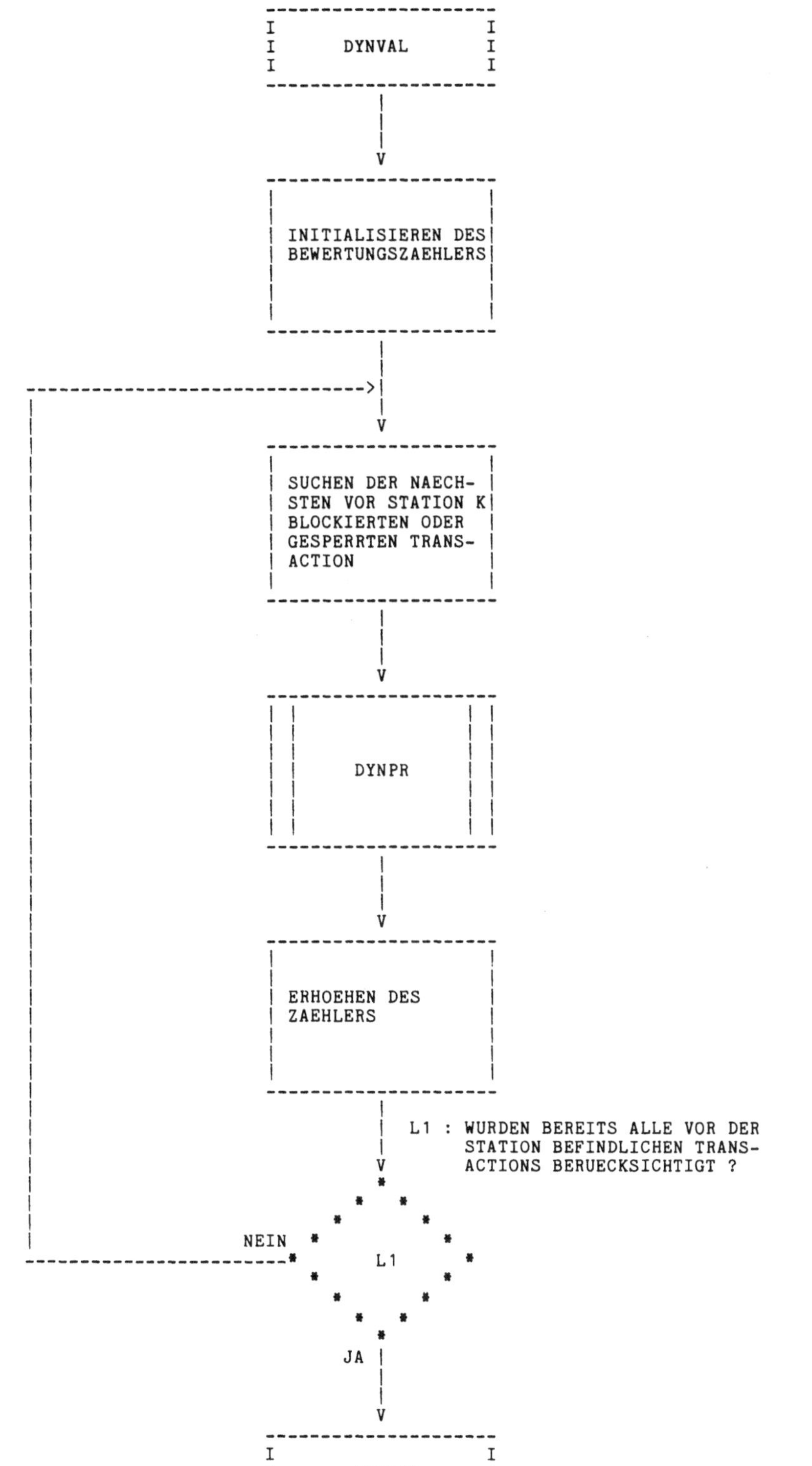
DYNVAL
INITIALISIEREN DES BEWERTUNGSZAEHLERS
SUCHEN DER NAECH-STEN VOR STATION K BLOCKIERTEN ODER GESPERRTEN TRANS-ACTION
DYNPR
ERHOEHEN DES ZAEHLERS
L1 : WURDEN BEREITS ALLE VOR DER STATION BEFINDLICHEN TRANS-ACTIONS BERUECKSICHTIGT ?
NEIN
L1
JA
RETURN

```
      INTEGER FUNCTION DYNPR(LTR1)
C     ***
C     *** FUNKTION :  NEUBESTIMMEN DER PRIORITAET EINER TR
C     *** PARAMETER:  LTR1 = ZEILENNUMMER DER TR, DEREN PRIORITAET NEU
C     ***                    FESTGELEGT WERDEN SOLL
C     ***
      IMPLICIT INTEGER (A - Z)
      COMMON  TR("TR1","TR2") , AL("TR1",2) , LAL , LTR , EL("EL1",2)
      COMMON  LEL , LEV , LFAM , NADR , STATE("STATE1") , OK
      COMMON  N , T , IT , RT
      DYNPR = TR(LTR1,4)
      RETURN
      END
```

```
---------------------
I                   I
I       DYNPR       I
I                   I
---------------------
          |
          |
          |
          V
---------------------
|                   |
| NEUBESTIMMEN DER  |
| PRIORITAET EINER  |
| TRANSACTION AUF   |
| GRUND EINER       |
| RECHENVORSCHRIFT  |
|                   |
---------------------
          |
          |
          |
          V
---------------------
I                   I
I       RETURN      I
I                   I
---------------------
```

```
      SUBROUTINE ENDQUE
C     ***
C     ***       CALL ENDQUE
C     ***
C     *** FUNKTION :  ENDABRECHNUNG DER QUEUES
C     ***
      IMPLICIT INTEGER (A - Z)
      REAL  QUESTA
      COMMON  TR("TR1","TR2") , AL("TR1",2) , LAL , LTR , EL("EL1",2)
      COMMON  LEL , LEV , LFAM , NADR , STATE("STATE1") , OK
      COMMON  N , T , IT , RT
      COMMON  /QUE/ QUE("QUE1",8) , QUESTA("QUE1",2)
C
C     ABSCHLUSS DER QUEUES
C     ====================
      DO 100  NQU = 1 , "QUE1"
      IF(QUE(NQU,3).EQ.0) GOTO 100
      QUE(NQU,7) = QUE(NQU,7) + QUE(NQU,1) * (T - QUE(NQU,8))
      QUE(NQU,8) = T
C
C     BERECHNEN DER MITTELWERTE
C     =========================
      IF(T.EQ.1) GOTO 100
      QUESTA(NQU,1) = QUE(NQU,7) / ((QUE(NQU,3) + QUE(NQU,4)) / 2.)
      QUESTA(NQU,2) = QUE(NQU,7) / (QUE(NQU,8) - 1.)
100   CONTINUE
      RETURN
      END
```

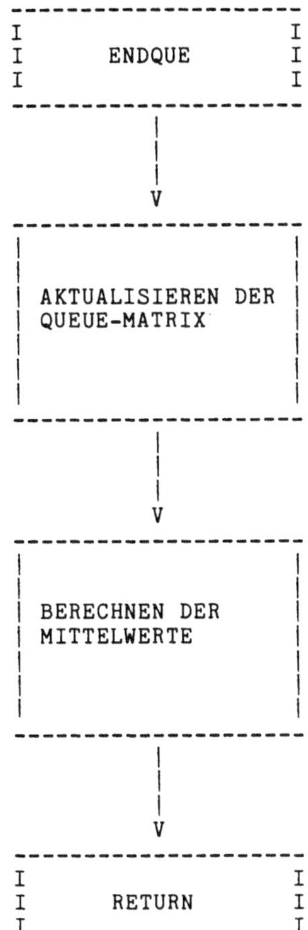
ENDQUE
AKTUALISIEREN DER QUEUE-MATRIX
BERECHNEN DER MITTELWERTE
RETURN

```
      SUBROUTINE ENTER(NST,NE,ID,IBLOCK,*,IPRINT)
C     ***
C     ***       CALL ENTER(NST, NE, ID, IBLOCK, &1005, IPRINT)
C     ***
C     *** FUNKTION :  BELEGEN EINER STORAGE
C     *** PARAMETER:  NST    = NUMMER DER STORAGE
C     ***             NE     = ZAHL DER ZU BELEGENDEN SPEICHERPLAETZE
C     ***             ID     = ANWEISUNGSNUMMER DES UNTERPROGRAMMAUF-
C     ***                      RUFES
C     ***             IBLOCK = BLOCKIERPARAMETER
C     ***                    = 0: DIE TR UEBERPRUEFT BEI DER ANKUNFT
C     ***                         IHRE SPEICHERANFORDERUNG
C     ***                    = 1: DIE TR WIRD BEI DER ANKUNFT
C     ***                         SOFORT GESPERRT
C     ***
      IMPLICIT INTEGER (A - Z)
      COMMON  TR("TR1","TR2") , AL("TR1",2) , LAL , LTR , EL("EL1",2)
      COMMON  LEL , LEV , LFAM , NADR , STATE("STATE1") , OK
      COMMON  N , T , IT , RT
      COMMON  /STO/ STO("STO1",2)
C
C     BESTIMMEN DER STATIONSNUMMER
C     ============================
      K = "EMFAC" + NST
C
C     OK-MECHANISMUS
C     ==============
      IF(OK.EQ.0) GOTO 10
      OK = 0
C
C     PRUEFEN DER SPEICHERPLATZANFORDERUNG
C     ====================================
      IF(STO(NST,1)+NE.GT.STO(NST,2)) GOTO 20
C
C     BELEGEN
C     =======
      STO(NST,1) = STO(NST,1) + NE
      TR(LTR,8) = 0
      IF(IPRINT.EQ.0) RETURN
      WRITE("OUTD",3000) T,TR(LTR,1),TR(LTR,2),NE,NST
3000  FORMAT(3H T=,I7,2X,2HTR,I5,1H,,I3,2X,7H BELEGT,I5,
     +24H SPEICHERPLAETZE DER STO,I3)
      RETURN
C
C     DER ERSTE BELEGUNGSVERSUCH
C     ==========================
10    CONTINUE
      IF(IPRINT.EQ.0) GOTO 5001
      WRITE("OUTD",3001) T,TR(LTR,1),TR(LTR,2),NE
3001  FORMAT(3H T=,I7,2X,2HTR I5,1H,,I3,2X,10H BENOETIGT,I5,
     +16H SPEICHERPLAETZE)
5001  IF(IBLOCK.GT.0) GOTO 20
      AL(LTR,1) = ID
      AL(LTR,2) = - K
      TR(LTR,8) = T
      RETURN 1
```

```
C
C     SPERREN
C     =======
20    AL(LTR,1) = ID
      AL(LTR,2) = - "KEND" - K
      IF(TR(LTR,8).EQ.0) TR(LTR,8) = T
      IF(IPRINT.EQ.0) RETURN 1
      WRITE("OUTD",3002) T,TR(LTR,1),TR(LTR,2),NST
3002  FORMAT(3H T=,I7,2X,2HTR,I5,1H,,I3,2X,21H WIRD GESPERRT AN STO,
     +I3)
      RETURN 1
      END
```

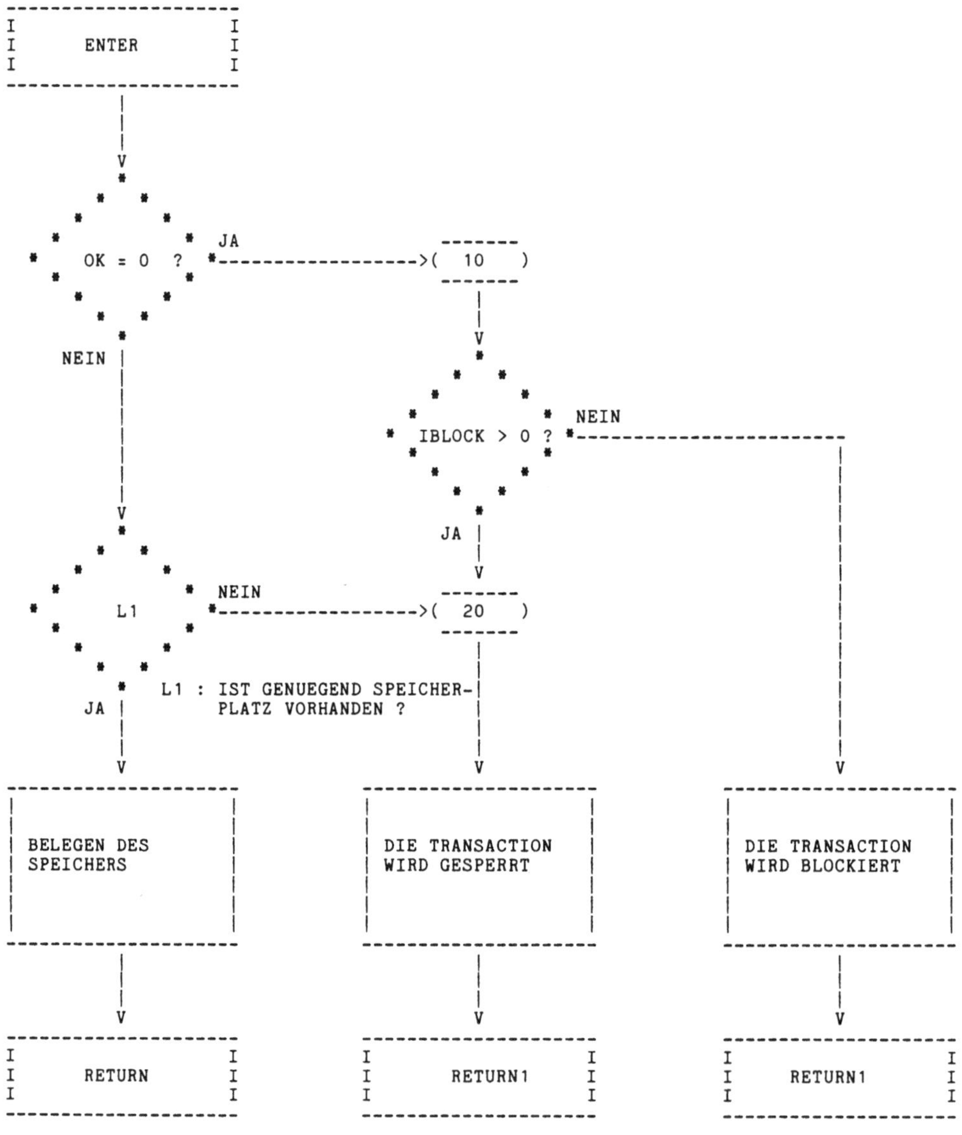
ENTER
OK = 0 ?
JA
NEIN
10
IBLOCK > 0 ?
NEIN
JA
L1
NEIN
20
JA
L1 : IST GENUEGEND SPEICHER-
PLATZ VORHANDEN ?
BELEGEN DES
SPEICHERS
DIE TRANSACTION
WIRD GESPERRT
DIE TRANSACTION
WIRD BLOCKIERT
RETURN
RETURN1
RETURN1

```
      SUBROUTINE ERLANG(MEAN,K,MIN,MAX,RNUM,RANDOM,*)
C     ***
C     ***        CALL ERLANG(MEAN, K, MIN, MAX, RNUM, RANDOM,
C     ***                    &1006)
C     ***
C     *** FUNKTION :  ERZEUGEN EINER ZUFALLSZAHL AUS EINER
C     ***             ERLANG-K-VERTEILUNG
C     *** PARAMETER:  MEAN   = MITTELWERT
C     ***             K      = GRAD
C     ***             MIN    = UNTERE INTERVALLGRENZE
C     ***             MAX    = OBERE INTERVALLGRENZE
C     ***             RNUM   = NUMMER DES ZUFALLSZAHLENGENERATORS
C     ***             RANDOM = ZUFALLSZAHL IM ANGEGEBENEN INTERVALL
C     ***
      INTEGER  RNUM
      REAL  MAX , MIN , MEAN
C
C     FEHLERKONTROLLE
C     ===============
      IF(K-1.GE.0)  GOTO  50
      WRITE("OUTD",3000) K
3000  FORMAT(1H0,24(1H+),27H FEHLER: SUBROUTINE ERLANG ,29(1H+)/1X,
     +24(1H+),8H GRAD K=,I3,15H KLEINER ALS 1 ,30(1H+)/)
      RETURN 1
C
C     ERZEUGEN EINER ERLANG-VERTEILTEN ZUFALLSZAHL
C     ============================================
50    ALPHA = FLOAT(K) / MEAN
100   R = 1.0
      DO 150  I = 1 , K
150   R = R * RN(RNUM)
      IF(R.EQ.0.) GOTO 100
      RANDOM = - 1.0 / ALPHA * ALOG(R)
C
C     INTERVALLKONTROLLE
C     ==================
      IF(RANDOM.LT.MIN.OR.RANDOM.GT.MAX) GOTO 100
      RETURN
      END
```

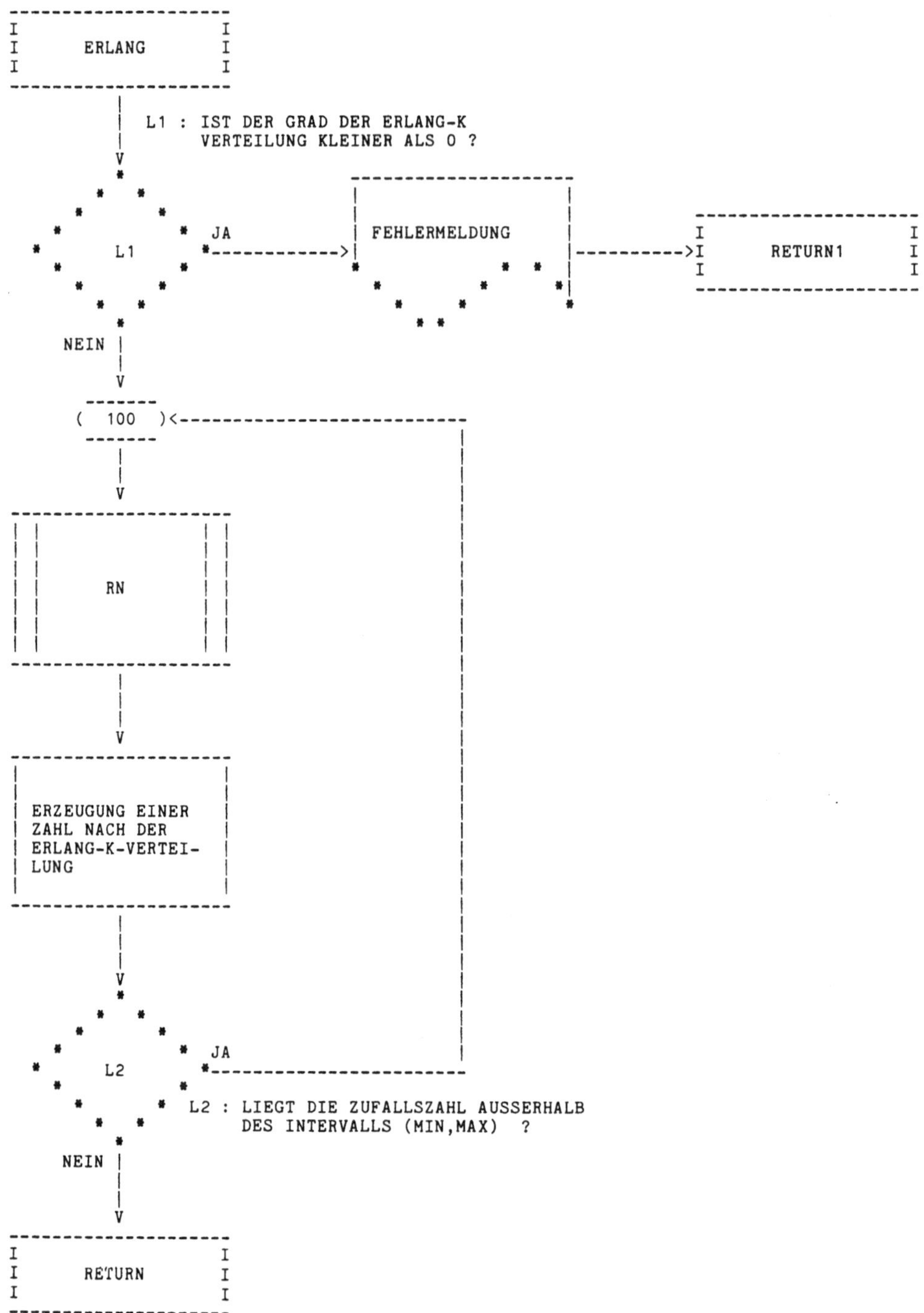
ERLANG
L1 : IST DER GRAD DER ERLANG-K VERTEILUNG KLEINER ALS 0 ?
L1
JA
FEHLERMELDUNG
RETURN1
NEIN
100
RN
ERZEUGUNG EINER ZAHL NACH DER ERLANG-K-VERTEI-LUNG
L2
JA
L2 : LIEGT DIE ZUFALLSZAHL AUSSERHALB DES INTERVALLS (MIN,MAX) ?
NEIN
RETURN

```
      SUBROUTINE EVALUE(NG,TAB,NTAB,JPRINT)
C     ***
C     ***        CALL EVALUE(NG, TAB, NTAB, JPRINT)
C     ***
C     *** FUNKTION :  AUSWERTEN UND DRUCKEN EINER HAEUFIGKEITSTABELLE
C     *** PARAMETER:  NG     = ANZAHL DER INTERVALLE
C     ***             TAB    = NAME DER HAEUFIGKEITSTABELLE
C     ***             NTAB   = TABELLENNUMMER
C     ***             JPRINT = PROTOKOLLSTEUERUNG
C     ***
      DIMENSION TAB("TAB1",4) , TABX("TAB1")
C
C     INITIALISIEREN DER VARIABLEN
C     ============================
      XQU = 0.
      VAR = 0.
      SDV = 0.
      SUMF = 0.
      SUMX = 0.
      SUMXQ = 0.
      GBR = TAB(2,1) - TAB(1,1)
      GM = TAB(1,1) - GBR / 2.
C
C     1. TABELLENDURCHLAUF
C     ====================
      DO 500  I = 1 , NG
      F = TAB(I,2)
      SUMF = SUMF + F
      SUMX = SUMX + F * GM
      SUMXQ = SUMXQ + F * GM * GM
500   GM = GM + GBR
C
C     2. TABELLENDURCHLAUF
C     ====================
      IF(SUMF.EQ.0) GOTO 700
      DO 600  I = 1 , NG
      TAB(I,3) = TAB(I,2) / SUMF
      IF(TAB(I,2).NE.0) TABX(I) = TAB(I,4) / TAB(I,2)
600   CONTINUE
C
C     BERECHNEN DES MITTELWERTES, DER VARIANZ UND DER STANDARDABWEICHUNG
C     ==================================================================
      XQU = SUMX / SUMF
      IF(SUMF.EQ.1.) VAR = 0.
      IF(SUMF.NE.1) VAR = (SUMXQ - SUMX * SUMX / SUMF) / (SUMF - 1)
      SDV = SQRT(VAR)
C
C     AUSGEBEN DER ERGEBNISSE
C     =======================
700   IF(JPRINT.GT.0) WRITE ("OUTD",3000)
3000  FORMAT(1H1)
      WRITE("OUTD",3001) NTAB
3001  FORMAT(1H0,15X,7HTABELLE,I3/)
      IF(JPRINT.EQ.0) GOTO 900
      WRITE("OUTD",3002)
3002  FORMAT(3X,1HI,12X,1HX,13X,4HF(X),10X,3HF/N,
```

```
     +11X,4HCUMY,11X,4HE(Y)/)
      DO 800  I = 1 , NG
      IF(TAB(I,2).EQ.0) GOTO 800
      WRITE("OUTD",3003) I,(TAB(I,J),J=1,4),TABX(I)
3003  FORMAT(1X,I3,3(5X,F10.3),5X,E10.3,5X,F10.3)
800   CONTINUE
900   WRITE("OUTD",3004) SUMF,XQU,VAR,SDV
3004  FORMAT(/2X,6H SUMF=,F10.1,2X,5H XQU=,F10.2,2X,5H VAR=,F10.2,2X,
     +5H SDV=,F10.2//)
      RETURN
      END
```

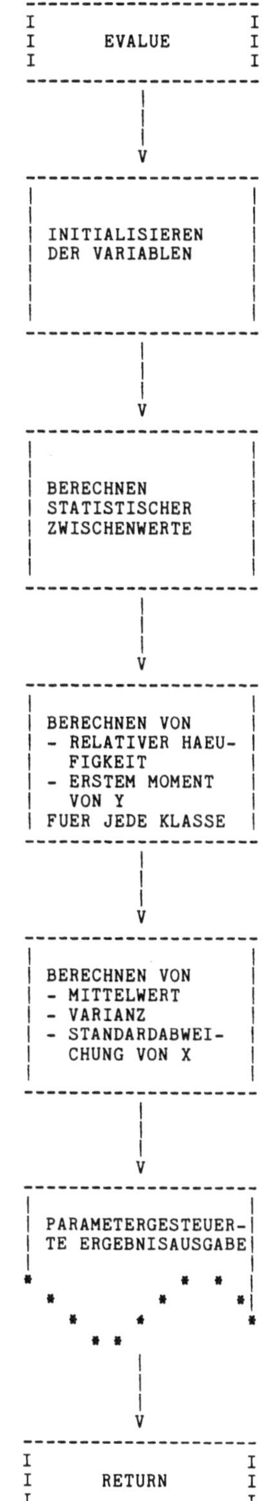
EVALUE
INITIALISIEREN DER VARIABLEN
BERECHNEN STATISTISCHER ZWISCHENWERTE
BERECHNEN VON
- RELATIVER HAEU-FIGKEIT
- ERSTEM MOMENT VON Y
FUER JEDE KLASSE
BERECHNEN VON
- MITTELWERT
- VARIANZ
- STANDARDABWEI-CHUNG VON X
PARAMETERGESTEUER-TE ERGEBNISAUSGABE
RETURN

```
      SUBROUTINE EVENT(EVT,EVAD,NS,*,IPRINT)
C     ***
C     ***       CALL EVENT(EVT, EVAD, NS, &1006, IPRINT)
C     ***
C     *** FUNKTION :  ANMELDEN EINES EREIGNISSES
C     *** PARAMETER:  EVT  = AKTIVIERUNGSZEITPUNKT
C     ***             EVAD = ZIELADRESSE
C     ***             NS   = NUMMER DER SOURCE
C     ***
      IMPLICIT INTEGER (A - Z)
      COMMON  TR("TR1","TR2") , AL("TR1",2) , LAL , LTR , EL("EL1",2)
      COMMON  LEL , LEV , LFAM , NADR , STATE("STATE1") , OK
      COMMON  N , T , IT , RT
      COMMON  /SRC/ SRC("SRC1",2) , NTRC
C
C     NEUBESTIMMEN DES AKTIVIERUNGSZEITPUNKTES
C     ========================================
      IF(NS.EQ.0) GOTO 50
      IF(NS.LE."SRC1") GOTO 20
      WRITE("OUTD",3000) T,NS
3000  FORMAT(1H0,24(1H+),26H FEHLER: SUBROUTINE EVENT ,30(1H+)/1X,
     +24(1H+),3H T=,I7,18H NUMMER DER SOURCE,I3,1X,24(1H+)/1X,
     +24(1H+),35H UEBERSTEIGT DIE VORHANDENE ANZAHL ,21(1H+)/1X,
     +24(1H+),13H DER SOURCES ,43(1H+)/)
      RETURN 1
20    IF(EVT.EQ.0) GOTO 200
      IF(SRC(NS,1).EQ.0) GOTO 50
      I = SRC(NS,1)
      GOTO 150
C
C     ANMELDEN
C     ========
50    DO 100  I = 1 , "EL1"
      IF(EL(I,1).EQ.0) GOTO 150
100   CONTINUE
      WRITE("OUTD",3001) T,EVT,EVAD
3001  FORMAT(1H0,24(1H+),26H FEHLER: SUBROUTINE EVENT ,30(1H+)/1X,
     +24(1H+),3H T=,I7,29H UEBERLAUF DER EREIGNISLISTE ,17(1H+)/
     +1X,24(1H+),10H FUER EVT=,I7,6H EVAD=,I3,1X,29(1H+)/)
      RETURN 1
150   EL(I,1) = EVAD
      EL(I,2) = EVT
      IF(LEL.LT.I) LEL = I
C
C     ANMELDEN EINES SOURCE-STARTS
C     ============================
      IF(NS.GT.0) SRC(NS,1) = I
      IF(IPRINT.EQ.0) RETURN
      WRITE("OUTD",3002) EVT,EL(I,1)
3002  FORMAT(33H EREIGNIS WIRD ANGEMELDET FUER T=,I7,11H NACH EVAD=,
     +I3)
      RETURN
```

```
C
C     STILLEGEN EINER SOURCE
C     ======================
200   I = SRC(NS,1)
      EL(I,1) = 0
      EL(I,2) = 0
      IF(IPRINT.EQ.0) GOTO 250
      WRITE("OUTD",3003) NS
3003  FORMAT(7H SOURCE,I3,17H WIRD STILLGELEGT)
C
C     NEUBESTIMMEN DES LISTENENDEZEIGERS LEL
C     ======================================
250   IF(EL(LEL,1).NE.0.OR.LEL.EQ.1) RETURN
      LEL = LEL - 1
      GOTO 250
      END
```

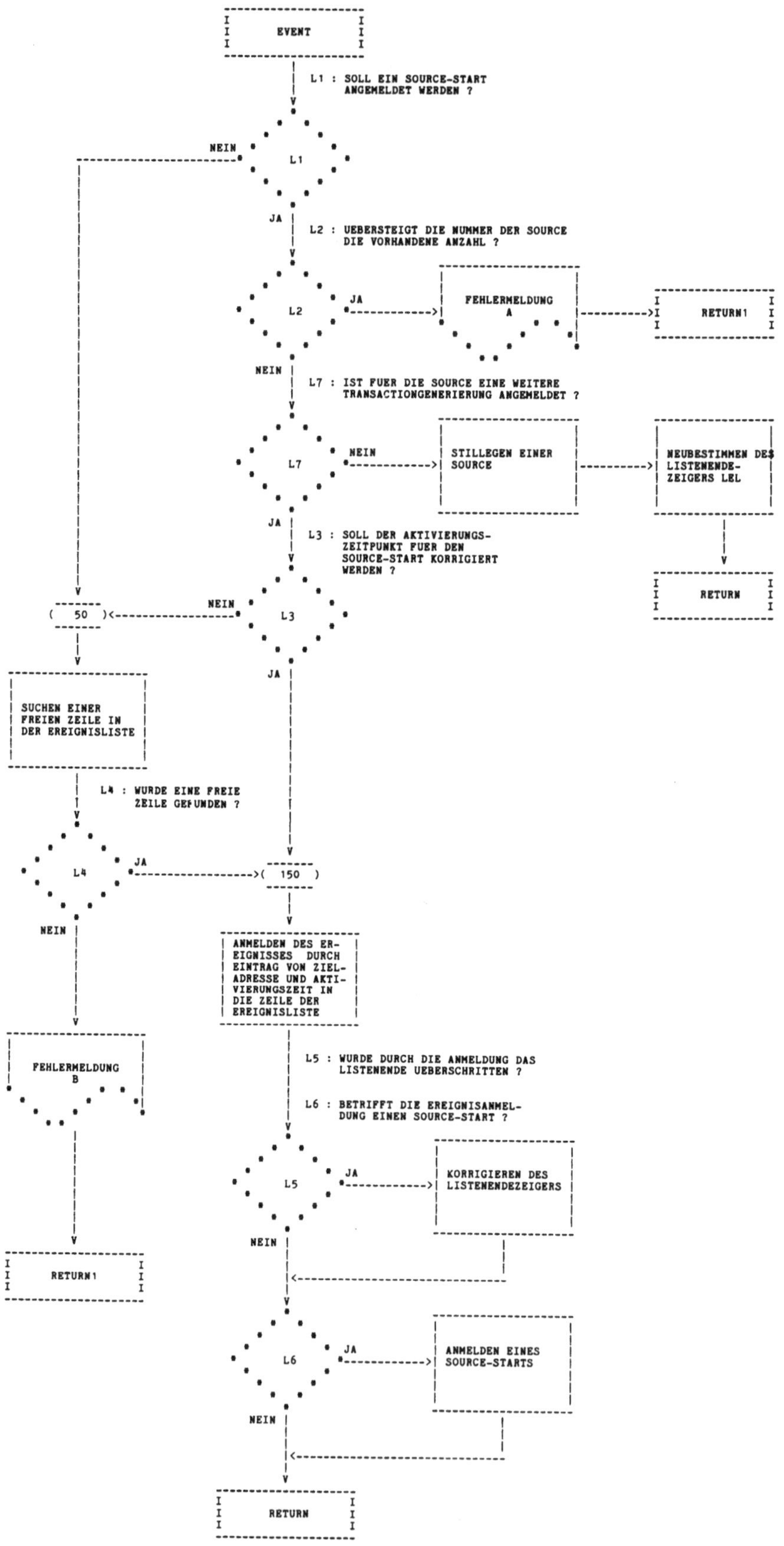

EVENT
L1 : SOLL EIN SOURCE-START ANGEMELDET WERDEN ?
NEIN
L1
JA
L2 : UEBERSTEIGT DIE NUMMER DER SOURCE DIE VORHANDENE ANZAHL ?
L2
JA
FEHLERMELDUNG A
RETURN1
NEIN
L7 : IST FUER DIE SOURCE EINE WEITERE TRANSACTIONGENERIERUNG ANGEMELDET ?
L7
NEIN
STILLEGEN EINER SOURCE
NEUBESTIMMEN DES LISTENENDE-ZEIGERS LEL
RETURN
JA
L3 : SOLL DER AKTIVIERUNGSZEITPUNKT FUER DEN SOURCE-START KORRIGIERT WERDEN ?
50
NEIN
L3
JA
SUCHEN EINER FREIEN ZEILE IN DER EREIGNISLISTE
L4 : WURDE EINE FREIE ZEILE GEFUNDEN ?
L4
JA
150
NEIN
ANMELDEN DES EREIGNISSES DURCH EINTRAG VON ZIELADRESSE UND AKTIVIERUNGSZEIT IN DIE ZEILE DER EREIGNISLISTE
FEHLERMELDUNG B
RETURN1
L5 : WURDE DURCH DIE ANMELDUNG DAS LISTENENDE UEBERSCHRITTEN ?
L6 : BETRIFFT DIE EREIGNISANMELDUNG EINEN SOURCE-START ?
L5
JA
KORRIGIEREN DES LISTENENDEZEIGERS
NEIN
L6
JA
ANMELDEN EINES SOURCE-STARTS
NEIN
RETURN

```
      SUBROUTINE FFIT(NST,NE)
C     ***
C     ***          CALL FFIT(NST, NE)
C     ***
C     *** FUNKTION :  SUCHEN NACH EINEM FREIEN SPEICHERBEREICH
C     ***             NACH DER STRATEGIE  FIRST-FIT
C     *** PARAMETER:  NST = NUMMER DER STORAGE
C     ***             NE  = ZAHL DER ZU BELEGENDEN SPEICHERPLAETZE
C     ***
      IMPLICIT INTEGER (A - Z)
      COMMON  /SBV/ LSM , SBV("STO1") , SM("SM1",2)
      COMMON  /STO/ STO("STO1",2)
C
C     INITIALISIEREN DER SUCHE
C     ========================
      LSM = 0
      I = SBV(NST)
      IE = I + STO(NST,2) - 1
C
C     SUCHEN DER LUECKE
C     =================
10    IF(SM(I,2).NE.-1) GOTO 20
      IF(SM(I,1).GE.NE) GOTO 30
20    I = I + SM(I,1)
      IF(I.LE.IE) GOTO 10
      RETURN
30    LSM = I
      RETURN
      END
```

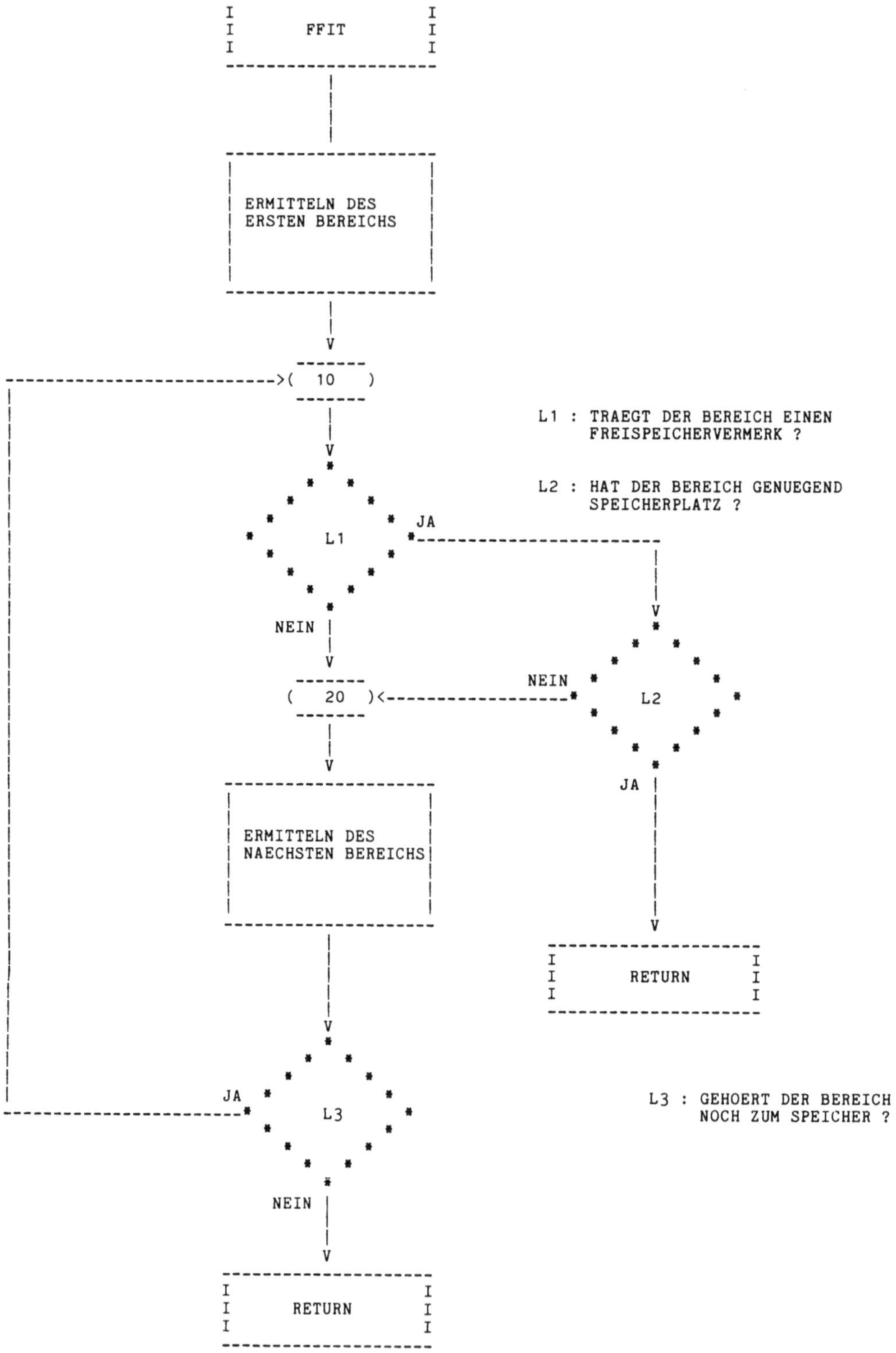
FFIT
ERMITTELN DES
ERSTEN BEREICHS
10
L1 : TRAEGT DER BEREICH EINEN
FREISPEICHERVERMERK ?
L2 : HAT DER BEREICH GENUEGEND
SPEICHERPLATZ ?
L1
JA
NEIN
20
NEIN
L2
JA
ERMITTELN DES
NAECHSTEN BEREICHS
RETURN
JA
L3
L3 : GEHOERT DER BEREICH
NOCH ZUM SPEICHER ?
NEIN
RETURN

```
      SUBROUTINE FIFO
C     ***
C     ***        CALL FIFO
C     ***
C     *** FUNKTION :  AUSWAEHLEN EINER TR NACH FIFO
C     ***
      IMPLICIT INTEGER (A - Z)
      COMMON  TR("TR1","TR2") , AL("TR1",2) , LAL , LTR , EL("EL1",2)
      COMMON  LEL , LEV , LFAM , NADR , STATE("STATE1") , OK
      COMMON  N , T , IT , RT
      COMMON  /POL/ POLVEC("TR1") , POLC , POL("POL1",2)
C
C     INITIALISIEREN DER SUCHE
C     ========================
      LTR = POLVEC(1)
      IF(POLC.EQ.1) RETURN
C
C     VERGLEICHEN
C     ===========
      DO 150  I = 2 , POLC
      LTR1 = POLVEC(I)
100   IF(TR(LTR,8)-TR(LTR1,8)) 150 , 110 , 130
110   IF(TR(LTR,1)-TR(LTR1,1)) 150 , 120 , 130
120   IF(TR(LTR,2)-TR(LTR1,2)) 150 , 150 , 130
130   LTR = LTR1
150   CONTINUE
      RETURN
      END
```

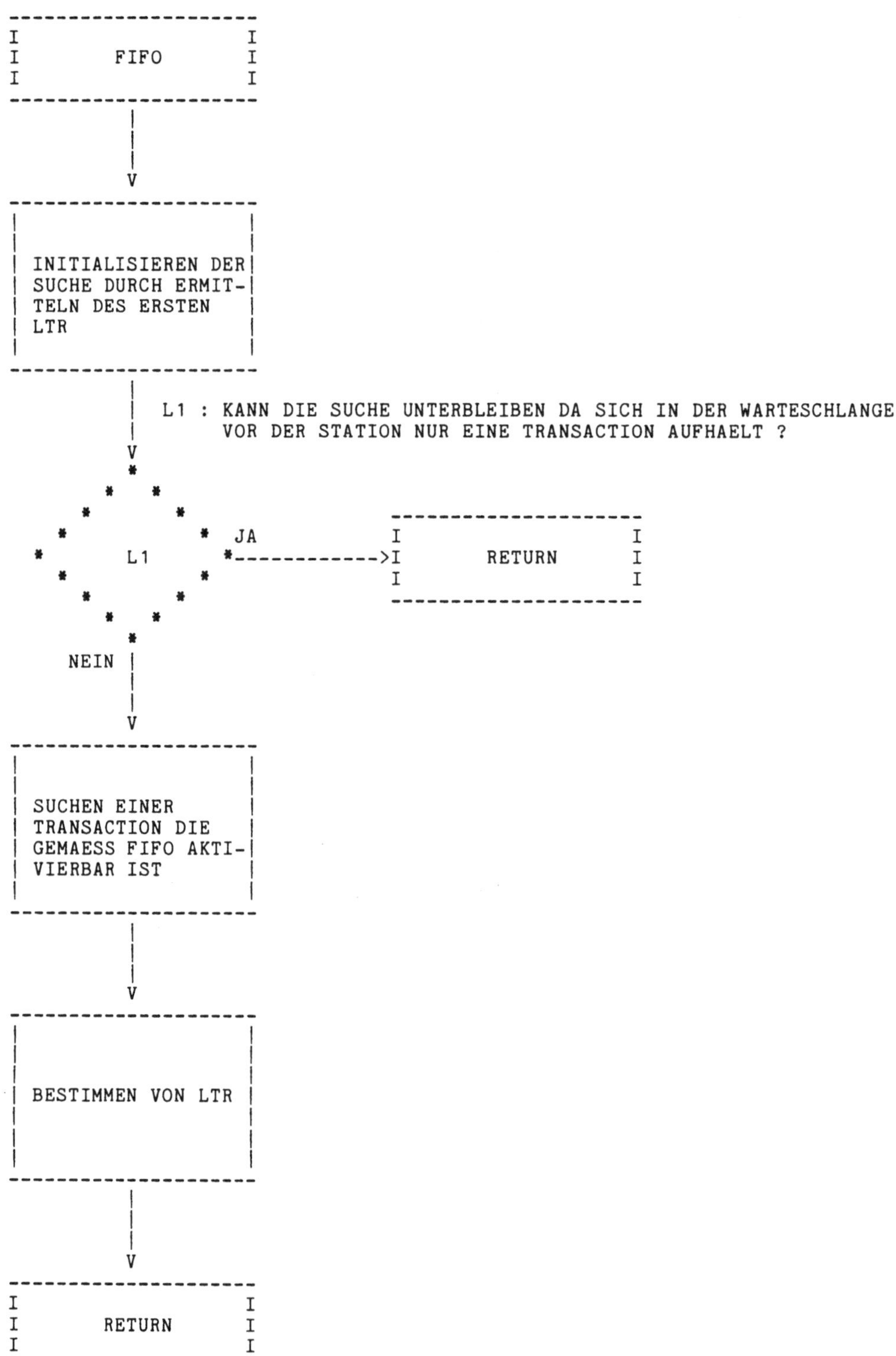
FIFO
INITIALISIEREN DER SUCHE DURCH ERMITTELN DES ERSTEN LTR
L1 : KANN DIE SUCHE UNTERBLEIBEN DA SICH IN DER WARTESCHLANGE VOR DER STATION NUR EINE TRANSACTION AUFHAELT ?
L1
JA
RETURN
NEIN
SUCHEN EINER TRANSACTION DIE GEMAESS FIFO AKTIVIERBAR IST
BESTIMMEN VON LTR
RETURN

```
      SUBROUTINE FREE(NST,NE,KEY,LINE,*,*,IPRINT)
C     ***
C     ***         CALL FREE(NST, NE, KEY, LINE, MARKE1, &1006,
C     ***                   IPRINT)
C     ***
C     *** FUNKTION :  FREIGEBEN EINES SPEICHERBEREICHS MIT
C     ***             FREIGABE-SCHLUESSEL KEY
C     *** PARAMETER:  NST    = NUMMER DER STORAGE
C     ***             NE     = ZAHL DER FREIZUGEBENDEN SPEICHERPLAETZE
C     ***             KEY    = FREIGABE-SCHLUESSEL
C     ***             LINE   = ANFANGSADRESSE DES RESTBEREICHES
C     ***             MARKE1 = ADRESSAUSGANG BEI ERFOLGLOSER FREIGABE
C     ***
      IMPLICIT INTEGER (A - Z)
      COMMON  TR("TR1","TR2") , AL("TR1",2) , LAL , LTR , EL("EL1",2)
      COMMON  LEL , LEV , LFAM , NADR , STATE("STATE1") , OK
      COMMON  N , T , IT , RT
      COMMON  /SBV/ LSM , SBV("STO1") , SM("SM1",2)
      COMMON  /STO/ STO("STO1",2)
      COMMON  /STR/ STRAMA("STO1",2)
      IF(STRAMA(NST,1).EQ.0) GOTO 50
C
C     BESTIMMEN VON LSM
C     =================
      LSM = KEY + SBV(NST) - 1
      IF(STRAMA(NST,2).NE.0) CALL STRATF(NST,KEY,&1)
1     IF(LSM.EQ.0) GOTO 40
C
C     RESTBELEGUNG
C     ============
      LINE = 0
      IF(SM(LSM,1).LT.NE) GOTO 40
      IF(SM(LSM,1).EQ.NE) GOTO 10
      J = LSM + NE
      SM(J,1) = SM(LSM,1) - NE
      SM(J,2) = SM(LSM,2)
      LINE = J - SBV(NST) + 1
      SM(LSM,1) = NE
C
C     FREIGEBEN DES SPEICHERBEREICHES
C     ===============================
10    SM(LSM,2) = -1
      STO(NST,1) = STO(NST,1) - NE
      IF(IPRINT.EQ.0) GOTO 5000
      IADDR = LSM - SBV(NST) + 1
      WRITE("OUTD",3000) T,TR(LTR,1),TR(LTR,2),IADDR,SM(LSM,1),NST
3000  FORMAT(3H T=,I7,2X,2HTR,I5,1H,,I3,2X,16H GIBT AB ADRESSE,I5,1H,,
     +I5,16H PLAETZE DER STO,I3,5H FREI)
C
C     VERSCHMELZEN BUENDIGER FREIER BEREICHE
C     ======================================
5000  J = LSM + SM(LSM,1)
      IF(SM(J,2).NE.-1.OR.J.GE.SBV(NST)+STO(NST,2)) GOTO 20
      SM(LSM,1) = SM(LSM,1) + SM(J,1)
      SM(J,1) = 0
      SM(J,2) = 0
```

```
20     IF(LSM.EQ.SBV(NST)) RETURN
       DO 100  I = 1 , "SM1"
       J = LSM - I
       IF(SM(J,1).NE.0) GOTO 30
100    CONTINUE
30     IF(SM(J,2).NE.-1) RETURN
       SM(J,1) = SM(LSM,1) + I
       SM(LSM,1) = 0
       SM(LSM,2) = 0
       RETURN
C
C      ERFOLGLOSE FREIGABE
C      ===================
40     WRITE("OUTD",3001) T,TR(LTR,1),TR(LTR,2),NST
3001   FORMAT(1H0,24(1H+),26H WARNUNG: SUBROUTINE FREE ,30(1H+)/1X,
      +24(1H+),3H T=,I7,2X,2HTR,I5,1H,,I3,15H NICHTBELEGTER ,
      +18(1H+),/1X,24(1H+),40H SPEICHER SOLL FREIGEGEBEN WERDEN IN STO,
      +I3,1X,12(1H+)/)
       RETURN 1
50     WRITE("OUTD",3002) T,TR(LTR,1),TR(LTR,2),NST
3002   FORMAT(1H0,24(1H+),25H FEHLER: SUBROUTINE FREE ,31(1H+)/1X,
      +24(1H+),3H T=,I7,2X,2HTR,I5,1H,,I3,21H NICHTADRESSIERBARER ,
      +12(1H+),/1X,24(1H+),13H SPEICHER STO,I3,16H KANN NICHT MIT ,
      +24(1H+)/1X,24(1H+),28H UP FREE FREIGEGEBEN WERDEN ,28(1H+)/)
       RETURN 2
       END
```

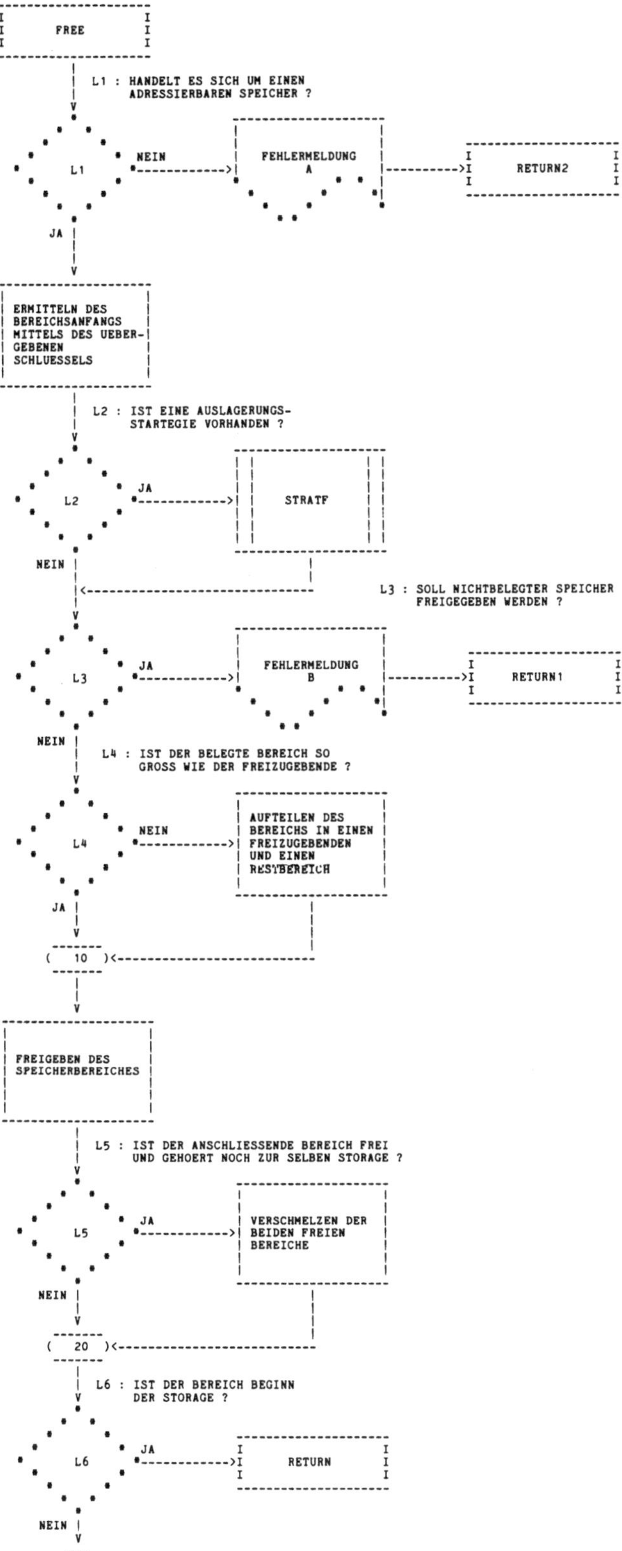

FREE
L1 : HANDELT ES SICH UM EINEN ADRESSIERBAREN SPEICHER ?
L1
NEIN
FEHLERMELDUNG A
RETURN2
JA
ERMITTELN DES BEREICHSANFANGS MITTELS DES UEBER-GEBENEN SCHLUESSELS
L2 : IST EINE AUSLAGERUNGS-STARTEGIE VORHANDEN ?
L2
JA
STRATF
NEIN
L3 : SOLL NICHTBELEGTER SPEICHER FREIGEGEBEN WERDEN ?
L3
JA
FEHLERMELDUNG B
RETURN1
NEIN
L4 : IST DER BELEGTE BEREICH SO GROSS WIE DER FREIZUGEBENDE ?
L4
NEIN
AUFTEILEN DES BEREICHS IN EINEN FREIZUGEBENDEN UND EINEN RESTBEREICH
JA
10
FREIGEBEN DES SPEICHERBEREICHES
L5 : IST DER ANSCHLIESSENDE BEREICH FREI UND GEHOERT NOCH ZUR SELBEN STORAGE ?
L5
JA
VERSCHMELZEN DER BEIDEN FREIEN BEREICHE
NEIN
20
L6 : IST DER BEREICH BEGINN DER STORAGE ?
L6
JA
RETURN
NEIN
1

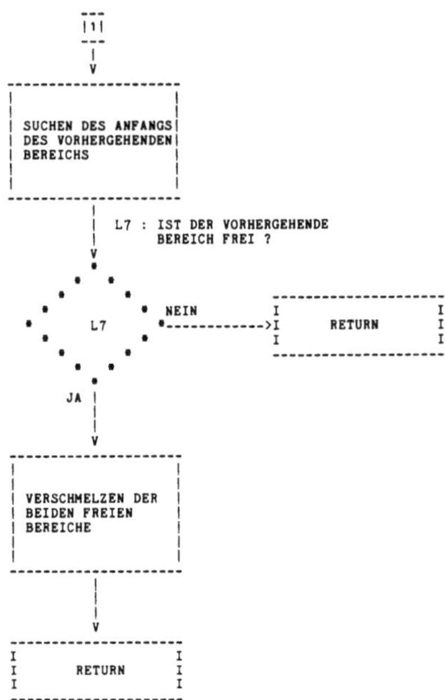
1
SUCHEN DES ANFANGS DES VORHERGEHENDEN BEREICHS
L7 : IST DER VORHERGEHENDE BEREICH FREI ?
L7
NEIN
RETURN
JA
VERSCHMELZEN DER BEIDEN FREIEN BEREICHE
RETURN

```
      SUBROUTINE GATE1(LOGEXP,GLOBAL,NGATE,ID,IBLOCK,*,IPRINT)
C     ***
C     ***        CALL GATE1(LOGEXP, GLOBAL, NGATE, ID, IBLOCK, &1005,
C     ***                   IPRINT)
C     ***
C     *** FUNKTION :  SPERREN ODER WEITERLEITEN VON TRS
C     ***             IN ABHAENGIGKEIT VOM WAHRHEITSWERT EINES
C     ***             LOGISCHEN AUSDRUCKS
C     *** PARAMETER:  LOGEXP = LOGISCHER AUSDRUCK FUER DIE
C     ***                      WARTEBEDINGUNG
C     ***             GLOBAL = PARAMETERKENNZEICHNUNG
C     ***                    = 0: DER LOGISCHE AUSDRUCK ENTHAELT
C     ***                         PRIVATE PARAMETER
C     ***                    = 1: DER LOGISCHE AUSDRUCK ENTHAELT
C     ***                         NUR GLOBALE PARAMETER
C     ***             NGATE  = NUMMER DES GATES VOM TYP 1
C     ***             ID     = ANWEISUNGSNUMMER DES UNTERPROGRAMMAUF-
C     ***                      RUFES
C     ***             IBLOCK = BLOCKIERPARAMETER
C     ***                    = 0: DIE TR UEBERPRUEFT BEI DER ANKUNFT
C     ***                         DIE WARTEBEDINGUNG
C     ***                    = 1: DIE TR WIRD BEI DER ANKUNFT
C     ***                         SOFORT GESPERRT
C     ***
      IMPLICIT INTEGER (A - Z)
      LOGICAL  LOGEXP
      COMMON  TR("TR1","TR2") , AL("TR1",2) , LAL , LTR , EL("EL1",2)
      COMMON  LEL , LEV , LFAM , NADR , STATE("STATE1") , OK
      COMMON  N , T , IT , RT
      IF(IPRINT.EQ.0) GOTO 5000
      WRITE("OUTD",3000) T,TR(LTR,1),TR(LTR,2),NGATE
3000  FORMAT(3H T=,I7,2X,2HTR,I5,1H,,I3,2X,22H BETRITT DAS GATE1 NR.,
     +I3)
C
C     BESTIMMEN DER STATIONSNUMMER
C     ============================
5000  K = "ESTO" + NGATE
C
C     BLOCKIERENTSCHEID
C     =================
      IF(OK.EQ.0) GOTO 10
      OK = 0
C
C     SPERRENTSCHEID
C     ==============
      IF(.NOT.LOGEXP) GOTO 20
      TR(LTR,8) = 0
      IF(IPRINT.EQ.0) RETURN
      WRITE("OUTD",3001)
3001  FORMAT(38H UND GEHT WEITER ZUR NAECHSTEN STATION)
      RETURN
C
C     BLOCKIEREN AUFGRUND DES OK-MECHANISMUS
C     ======================================
10    IF(IBLOCK.GT.0) GOTO 30
      AL(LTR,1) = ID
```

```
      AL(LTR,2) = - K
      TR(LTR,8) = T
      IF(IPRINT.EQ.0) RETURN 1
      WRITE("OUTD",3002)
3002  FORMAT(19H UND WIRD BLOCKIERT)
      RETURN 1
C
C     PRUEFEN DER PARAMETERKENNZEICHNUNG
C     ==================================
20    IF(GLOBAL.GT.0) GOTO 40
C
C     SPERREN DER AKTIVIERTEN TR
C     ==========================
30    AL(LTR,1) = ID
      AL(LTR,2) = - "KEND" - K
      IF(TR(LTR,8).EQ.0) TR(LTR,8) = T
      IF(IPRINT.EQ.0) RETURN 1
      WRITE("OUTD",3003)
3003  FORMAT(18H UND WIRD GESPERRT)
      RETURN 1
C
C     SPERREN AUFGRUND DER WARTEBEDINGUNG
C     ===================================
40    AL(LTR,1) = ID
      AL(LTR,2) = - "KEND" - K
      IF(TR(LTR,8).EQ.0) TR(LTR,8) = T
      DO 100  I = 1 , LAL
      IF(AL(I,2).EQ.-K) AL(I,2) = - "KEND" - K
100   CONTINUE
      IF(IPRINT.EQ.0) RETURN 1
      WRITE("OUTD",3003)
      RETURN 1
      END
```

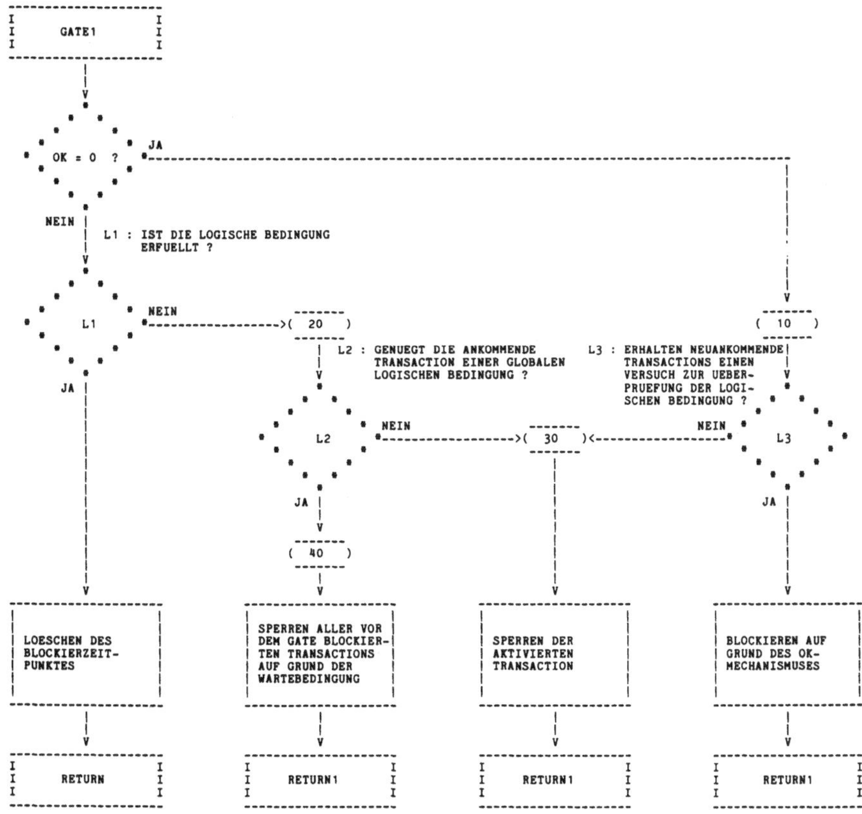
GATE1
OK = 0 ?
JA
NEIN
L1 : IST DIE LOGISCHE BEDINGUNG ERFUELLT ?
L1
NEIN
20
10
L2 : GENUEGT DIE ANKOMMENDE TRANSACTION EINER GLOBALEN LOGISCHEN BEDINGUNG ?
L3 : ERHALTEN NEUANKOMMENDE TRANSACTIONS EINEN VERSUCH ZUR UEBERPRUEFUNG DER LOGISCHEN BEDINGUNG ?
JA
L2
NEIN
30
NEIN
L3
JA
JA
40
LOESCHEN DES BLOCKIERZEITPUNKTES
SPERREN ALLER VOR DEM GATE BLOCKIERTEN TRANSACTIONS AUF GRUND DER WARTEBEDINGUNG
SPERREN DER AKTIVIERTEN TRANSACTION
BLOCKIEREN AUF GRUND DES OK-MECHANISMUSES
RETURN
RETURN1
RETURN1
RETURN1

```
      SUBROUTINE GATE2(LOGEXP,NGATE,ID,*,IPRINT)
C     ***
C     ***         CALL GATE2(LOGEXP, NGATE, ID, &1005, IPRINT)
C     ***
C     *** FUNKTION :  BLOCKIEREN ODER WEITERLEITEN VON TRS
C     ***             IN ABHAENGIGKEIT VOM WAHRHEITSWERT EINES
C     ***             LOGISCHEN AUSDRUCKS
C     *** PARAMETER:  LOGEXP = LOGISCHER AUSDRUCK FUER DIE
C     ***                      WARTEBEDINGUNG
C     ***             NGATE  = NUMMER DES GATES VOM TYP 2
C     ***             ID     = ANWEISUNGSNUMMER DES UNTERPROGRAMMAUF-
C     ***                      RUFES
C     ***
      IMPLICIT INTEGER (A - Z)
      LOGICAL  LOGEXP
      COMMON  TR("TR1","TR2") , AL("TR1",2) , LAL , LTR , EL("EL1",2)
      COMMON  LEL , LEV , LFAM , NADR , STATE("STATE1") , OK
      COMMON  N , T , IT , RT
      IF(IPRINT.EQ.0)  GOTO  5000
      WRITE("OUTD",3000) T,TR(LTR,1),TR(LTR,2),NGATE
3000  FORMAT(3H T=,I7,2X,2HTR,I5,1H,,I3,2X,22H BETRITT DAS GATE2 NR.,
     +I3)
C
C     BESTIMMEN DER STATIONSNUMMER
C     ============================
5000  K = "EGATE1" + NGATE
C
C     BLOCKIERENTSCHEID
C     =================
      IF(OK.EQ.0) GOTO 250
      OK = 0
      IF(.NOT.LOGEXP) GOTO 200
100   TR(LTR,8) = 0
      IT = 0
      IF(IPRINT.EQ.0) RETURN
      WRITE("OUTD",3001)
3001  FORMAT(38H UND GEHT WEITER ZUR NAECHSTEN STATION)
      RETURN
C
C     SCHLIESSEN DES GATES
C     ====================
200   STATE(K) = 0
C
C     BLOCKIEREN
C     ==========
250   AL(LTR,1) = ID
      AL(LTR,2) = - K
      IF(TR(LTR,8).EQ.0) TR(LTR,8) = T
      IF(IPRINT.EQ.0)  RETURN 1
      WRITE("OUTD",3002)
3002  FORMAT(19H UND WIRD BLOCKIERT)
      RETURN 1
      END
```

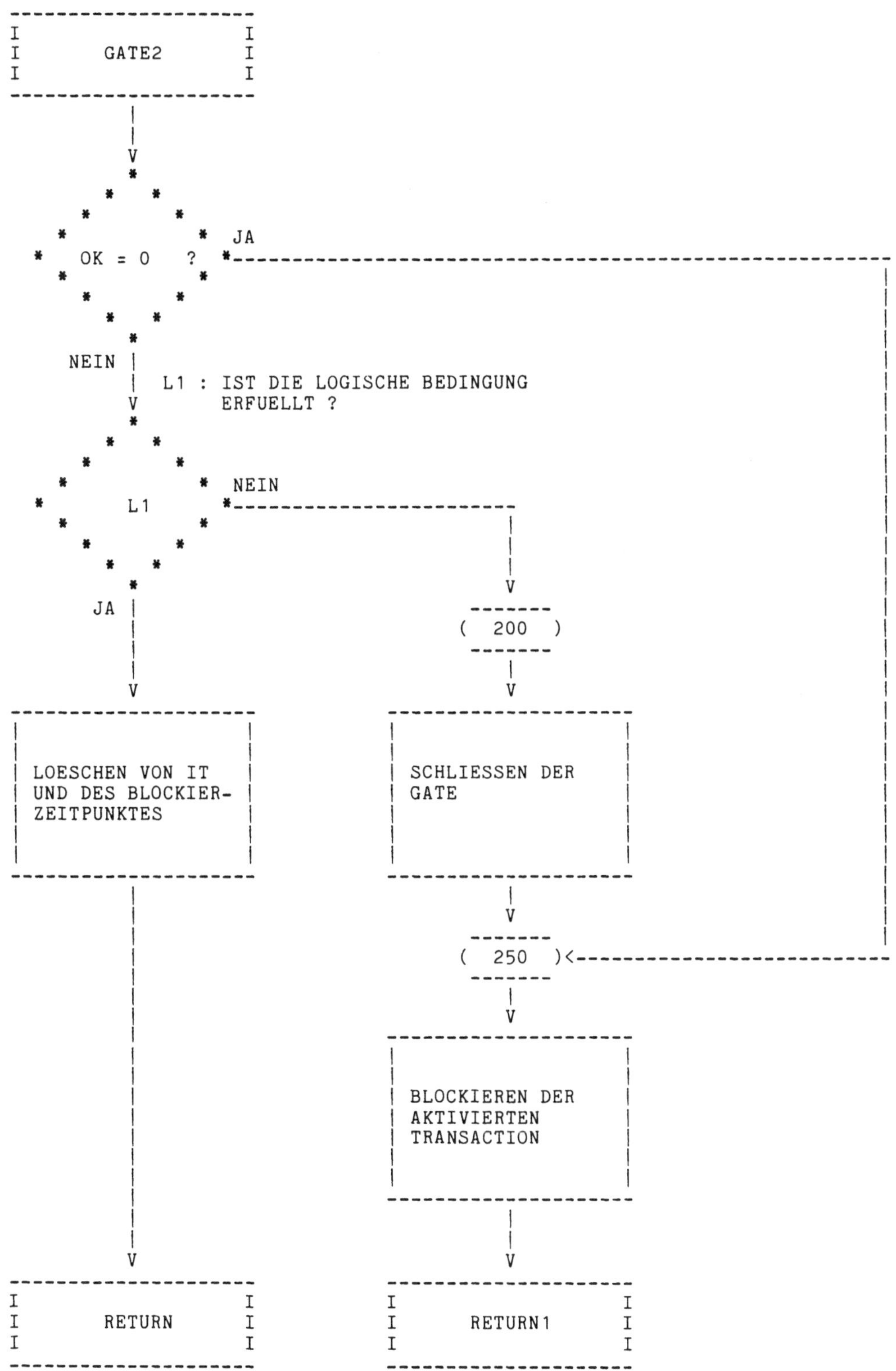
GATE2
JA
OK = 0 ?
NEIN
L1 : IST DIE LOGISCHE BEDINGUNG
ERFUELLT ?
NEIN
L1
JA
200
LOESCHEN VON IT
UND DES BLOCKIER-
ZEITPUNKTES
SCHLIESSEN DER
GATE
250
BLOCKIEREN DER
AKTIVIERTEN
TRANSACTION
RETURN
RETURN1

```
      SUBROUTINE GATHR1(NG,NGATH,ID,*,IPRINT)
C     ***
C     ***        CALL GATHR1(NG, NGATH, ID, &1005, IPRINT)
C     ***
C     *** FUNKTION :  ERZEUGEN EINES STAUS VON TRS UNTER
C     ***             BERUECKSICHTIGUNG DER FAMILY-ZUGEHORIGKEIT
C     *** PARAMETER:  NG    = ANZAHL DER TRS, DIE GESTAUT WERDEN SOLLEN
C     ***             NGATH = NUMMER DER GATHER-STATION VOM TYP 1
C     ***             ID    = ANWEISUNGSNUMMER DES UNTERPROGRAMMAUFRUFES
C     ***
      IMPLICIT INTEGER (A - Z)
      COMMON  TR("TR1","TR2") , AL("TR1",2) , LAL , LTR , EL("EL1",2)
      COMMON  LEL , LEV , LFAM , NADR , STATE("STATE1") , OK
      COMMON  N , T , IT , RT
      COMMON  /GA1/ GATHF("FAM1","GATHF1")
C
C     PRUEFEN DER FAMILY-ZUGEHOERIGKEIT
C     =================================
      IF(LFAM.EQ.0) RETURN
C
C     LOESCHEN DES BLOCKIERUNGSZEITPUNKTES
C     ====================================
      IF(TR(LTR,8).EQ.0) GOTO 100
      TR(LTR,8) = 0
      RETURN
C
C     BESTIMMEN DER STATIONSNUMMER
C     ============================
100   K = "EGATE2" + "FAM1" * (NGATH - 1) + LFAM
      IF(IPRINT.EQ.0)  GOTO  5000
      WRITE("OUTD",3000) T,TR(LTR,1),TR(LTR,2),NGATH
3000  FORMAT(3H T=,I7,2X,2HTR,I5,1H,,I3,2X,22H LAEUFT IN DIE GATHR1-,
     +11HSTATION NR.,I3,4H EIN)
C
C     SPERREN
C     =======
5000  AL(LTR,1) = ID
      AL(LTR,2) = - "KEND" - K
      TR(LTR,8) = T
      GATHF(LFAM,NGATH) = GATHF(LFAM,NGATH) + 1
C
C     PRUEFEN DES ZAEHLERSTANDES
C     ==========================
      IF(GATHF(LFAM,NGATH).LT.NG) GOTO 200
C
C     AUFLOESEN DES STAUS
C     ===================
      IF(IPRINT.EQ.0)  GOTO 5001
      WRITE("OUTD",3001)
3001  FORMAT(36H UND BEENDET DIESEN SAMMLUNGSVORGANG)
5001  CALL UNLOCK(K,IPRINT)
      GATHF(LFAM,NGATH) = 0
      RETURN 1
200   CONTINUE
      IF(IPRINT.EQ.0)  RETURN 1
      WRITE("OUTD",3002)
```

```
3002  FORMAT(18H UND WIRD GESPERRT)
      RETURN 1
      END
```

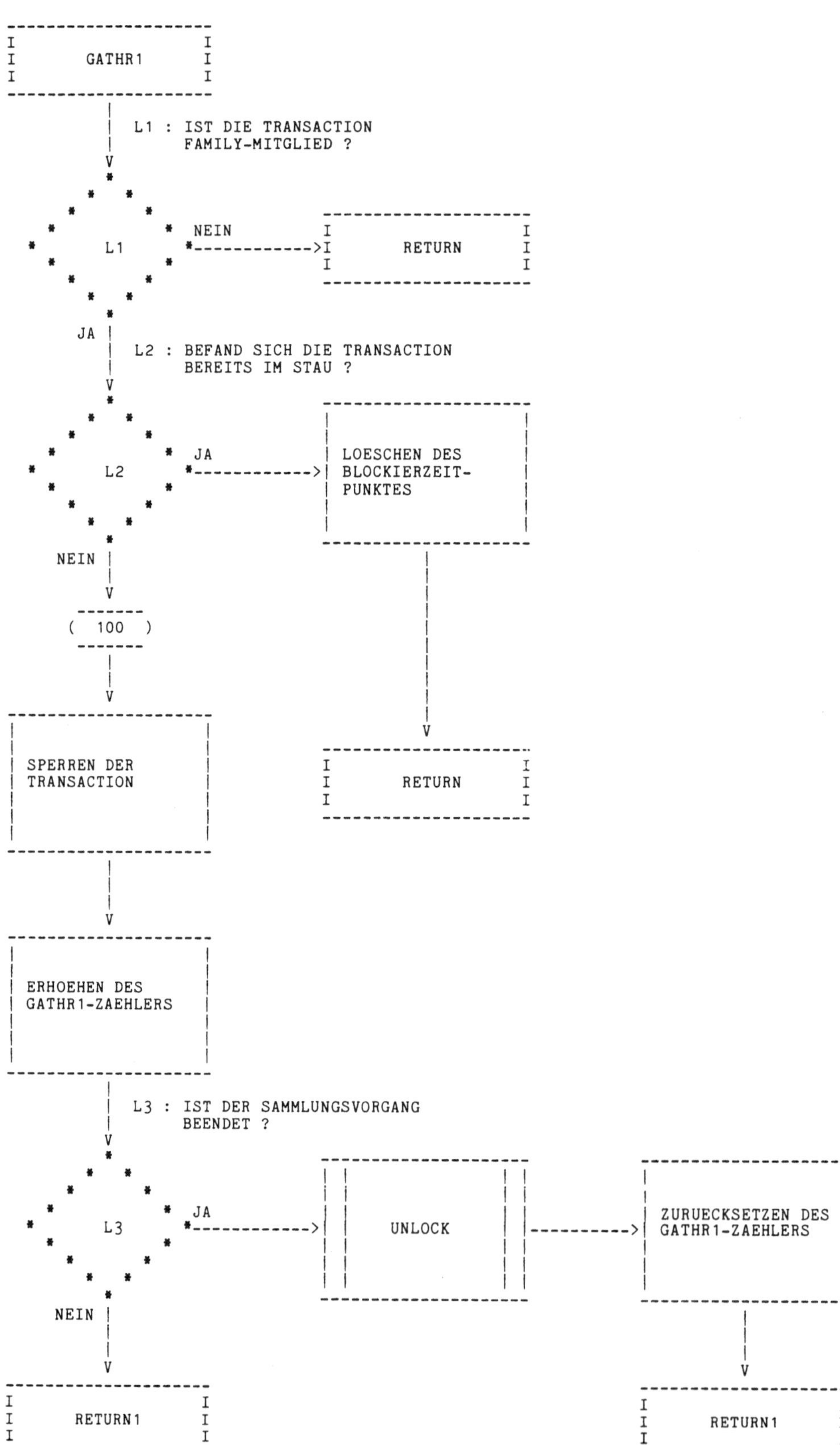
GATHR1
L1 : IST DIE TRANSACTION FAMILY-MITGLIED ?
L1
NEIN
RETURN
JA
L2 : BEFAND SICH DIE TRANSACTION BEREITS IM STAU ?
L2
JA
LOESCHEN DES BLOCKIERZEIT-PUNKTES
NEIN
(100)
RETURN
SPERREN DER TRANSACTION
ERHOEHEN DES GATHR1-ZAEHLERS
L3 : IST DER SAMMLUNGSVORGANG BEENDET ?
L3
JA
UNLOCK
ZURUECKSETZEN DES GATHR1-ZAEHLERS
NEIN
RETURN1
RETURN1

```
      SUBROUTINE GATHR2 (NG,NGATH,ID,*,IPRINT)
C     ***
C     ***       CALL GATHR2(NG, NGATH, ID, &1005, IPRINT)
C     ***
C     *** FUNKTION :  ERZEUGEN EINES STAUS VON TRS OHNE
C     ***             BERUECKSICHTIGUNG DER FAMILY-ZUGEHOERIGKEIT
C     *** PARAMETER:  NG    = ANZAHL DER TRS, DIE GESTAUT WERDEN SOLLEN
C     ***             NGATH = NUMMER DER GATHER-STATION VOM TYP 2
C     ***             ID    = ANWEISUNGSNUMMER DES UNTERPROGRAMMAUFRUFES
C     ***
      IMPLICIT INTEGER (A - Z)
      COMMON  TR("TR1","TR2") , AL("TR1",2) , LAL , LTR , EL("EL1",2)
      COMMON  LEL , LEV , LFAM , NADR , STATE("STATE1") , OK
      COMMON  N , T , IT , RT
      COMMON  /GA2/ GATHT("GATHT1")
C
C     LOESCHEN DES BLOCKIERUNGSZEITPUNKTES
C     ====================================
      IF(TR(LTR,8).EQ.0) GOTO 100
      TR(LTR,8) = 0
      RETURN
C
C     BESTIMMEN DER STATIONSNUMMER
C     ============================
100   K = "EGATHF" + NGATH
      IF(IPRINT.EQ.0) GOTO 5000
      WRITE("OUTD",3000) T,TR(LTR,1),TR(LTR,2),NGATH
3000  FORMAT(3H T=,I7,2X,2HTR,I5,1H,,I3,2X,22H LAEUFT IN DIE GATHR2-,
     +11HSTATION NR.,I3,4H EIN)
C
C     SPERREN
C     =======
5000  AL(LTR,1) = ID
      AL(LTR,2) = - "KEND" - K
      TR(LTR,8) = T
      GATHT(NGATH) = GATHT(NGATH) + 1
C
C     PRUEFEN DES ZAEHLERSTANDES
C     ==========================
      IF(GATHT(NGATH).LT.NG) GOTO 200
C
C     AUFLOESEN DES STAUS
C     ===================
      IF(IPRINT.EQ.0) GOTO 5001
      WRITE("OUTD",3001)
3001  FORMAT(36H UND BEENDET DIESEN SAMMLUNGSVORGANG)
5001  CALL UNLOCK(K,IPRINT)
      GATHT(NGATH) = 0
      RETURN 1
200   CONTINUE
      IF(IPRINT.EQ.0) RETURN 1
      WRITE("OUTD",3002)
3002  FORMAT(18H UND WIRD GESPERRT)
      RETURN 1
      END
```

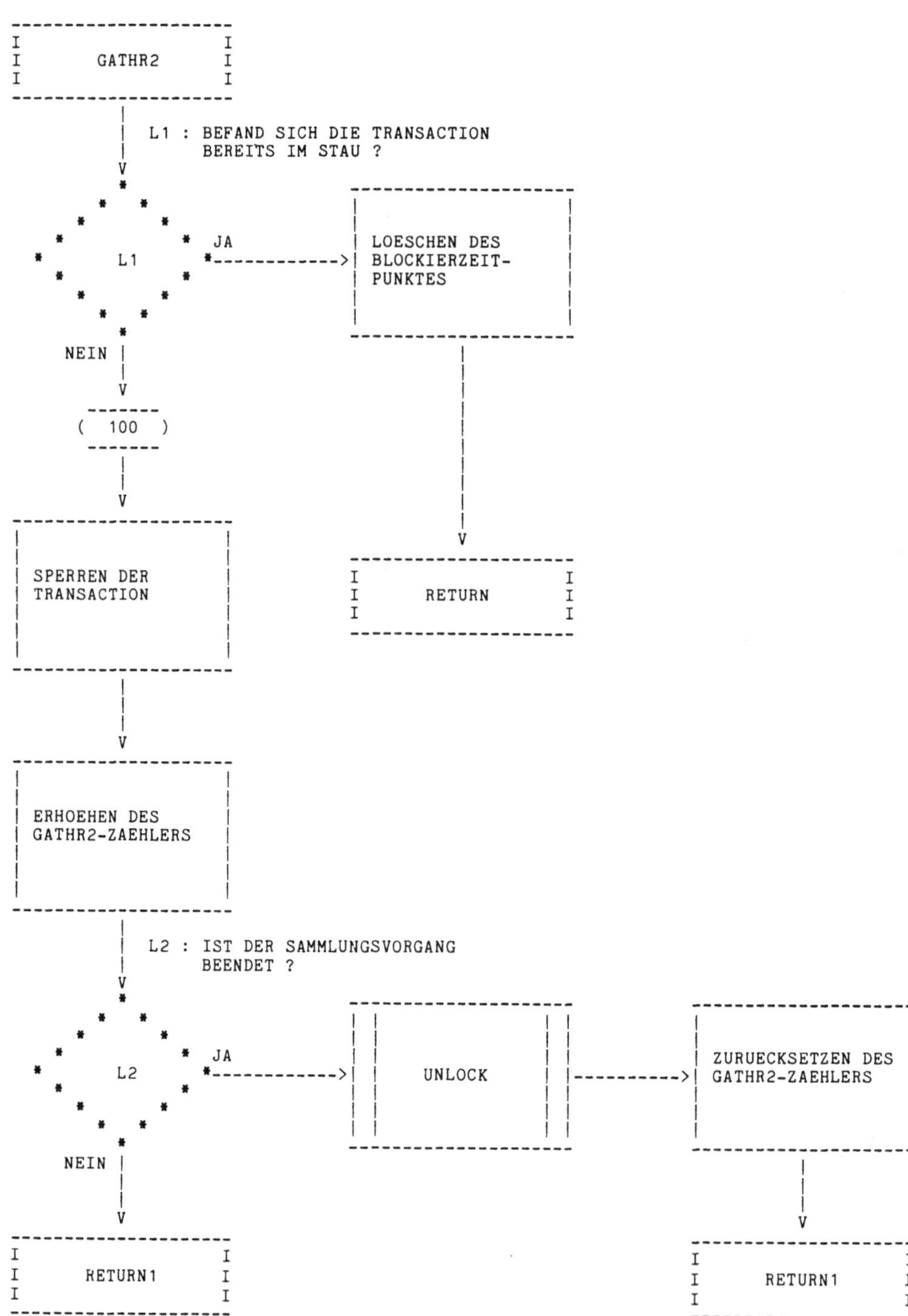
GATHR2
L1 : BEFAND SICH DIE TRANSACTION BEREITS IM STAU ?
L1
JA
LOESCHEN DES BLOCKIERZEIT-PUNKTES
NEIN
100
RETURN
SPERREN DER TRANSACTION
ERHOEHEN DES GATHR2-ZAEHLERS
L2 : IST DER SAMMLUNGSVORGANG BEENDET ?
L2
JA
UNLOCK
ZURUECKSETZEN DES GATHR2-ZAEHLERS
NEIN
RETURN1
RETURN1

```
      SUBROUTINE GAUSS(MEAN,SIGMA,MIN,MAX,RNUM,RANDOM)
C     ***
C     ***       CALL GAUSS(MEAN, SIGMA, MIN, MAX, RNUM, RANDOM)
C     ***
C     *** FUNKTION :  ERZEUGEN EINER NORMAL-VERTEILTEN ZUFALLSZAHL
C     *** PARAMETER:  MEAN   = MITTELWERT
C     ***             SIGMA  = STANDARDABWEICHUNG
C     ***             MIN    = UNTERE INTERVALLGRENZE
C     ***             MAX    = OBERE INTERVALLGRENZE
C     ***             RNUM   = NUMMER DES ZUFALLSZAHLENGENERATORS
C     ***             RANDOM = ZUFALLSZAHL IM ANGEGEBENEN INTERVALL
C     ***
      INTEGER  RNUM
      REAL  MAX , MEAN , MIN
C
C     ERZEUGEN EINER GAUSS-VERTEILTEN ZUFALLSZAHL
C     ===========================================
100   R = RN(RNUM)
      IF(R.EQ.0.) GOTO 100
      V = (-2.0 * ALOG(R)) ** 0.5 * COS(6.2832 * RN(RNUM))
      RANDOM = V * SIGMA + MEAN
C
C     INTERVALLKONTROLLE
C     ==================
      IF(RANDOM.LT.MIN.OR.RANDOM.GT.MAX) GOTO 100
      RETURN
      END
```

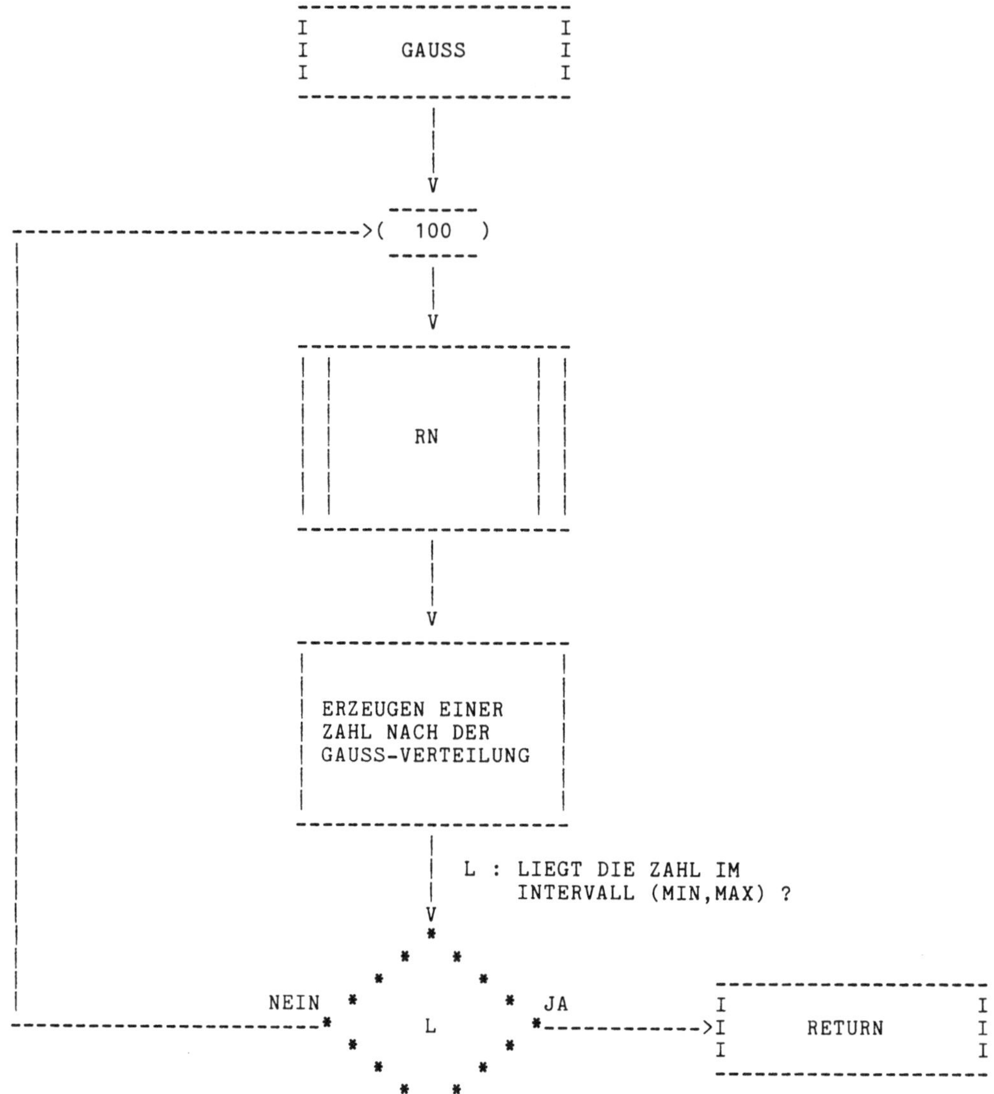
GAUSS
100
RN
ERZEUGEN EINER ZAHL NACH DER GAUSS-VERTEILUNG
L : LIEGT DIE ZAHL IM INTERVALL (MIN,MAX) ?
NEIN
L
JA
RETURN

```
      SUBROUTINE GENERA(ET,ZTR,PR,ID,*,IPRINT)
C     ***
C     ***        CALL GENERA(ET, ZTR, PR, ID, &1006, IPRINT)
C     ***
C     *** FUNKTION :  ERZEUGEN EINER TR
C     *** PARAMETER:  ET  = ANKUNFTSABSTAENDE
C     ***             ZTR = MAXIMALE ZAHL DER VON DIESER SOURCE ZU
C     ***                   ERZEUGENDEN TRS
C     ***             PR  = PRIORITAET DER ERZEUGTEN TR
C     ***             ID  = ANWEISUNGSNUMMER DES UNTERPROGRAMMAUFRUFES
C     ***
      IMPLICIT INTEGER (A - Z)
      COMMON  TR("TR1","TR2") , AL("TR1",2) , LAL , LTR , EL("EL1",2)
      COMMON  LEL , LEV , LFAM , NADR , STATE("STATE1") , OK
      COMMON  N , T , IT , RT
      COMMON  /SRC/ SRC("SRC1",2) , NTRC
C
C     BESTIMMEN DER SOURCE
C     ====================
      DO 100  J = 1 , "SRC1"
      IF(SRC(J,1).EQ.LEV) GOTO 150
100   CONTINUE
      WRITE("OUTD",3000) T,LEV
3000  FORMAT(1H0,24(1H+),27H FEHLER: SUBROUTINE GENERA ,29(1H+)/1X,
     +24(1H+),3H T=,I7,6H ZEILE,I3,19H DER EREIGNISLISTE ,
     +18(1H+)/1X,24(1H+),23H ENTHAELT KEINE SOURCE ,33(1H+)/)
      RETURN 1
C
C     BERICHTIGEN DER ZAEHLER
C     =======================
150   SRC(J,1) = 0
      SRC(J,2) = SRC(J,2) + 1
      NTRC = NTRC + 1
C
C     GENERIEREN
C     ==========
      DO 200  LTR = 1 , "TR1"
      IF(TR(LTR,1).EQ.0)  GOTO  250
200   CONTINUE
      WRITE("OUTD",3001) T,J
3001  FORMAT(1H0,24(1H+),27H FEHLER: SUBROUTINE GENERA ,29(1H+)/1X,
     +24(1H+),3H T=,I7,25H UEBERLAUF DER TR-MATRIX ,21(1H+)/1X,24(1H+),
     +12H FUER SOURCE,I3,1X,40(1H+)/)
      RETURN 1
250   TR(LTR,1) = NTRC
      TR(LTR,3) = T
      TR(LTR,4) = PR
      IF(IPRINT.EQ.0)  GOTO  5002
      WRITE("OUTD",3002) T,NTRC,J
3002  FORMAT(3H T=,I7,2X,2HTR,I5,6H,   0  ,24H WIRD ERZEUGT VON SOURCE,
     +I3)
C
C     NEUBESETZEN DER EREIGNISLISTE
C     =============================
5002  IF(LTR.GT.LAL) LAL = LTR
      IF(SRC(J,2).GE.ZTR) RETURN
```

```
      SRC(J,1) = LEV
      EL(LEV,1) = ID
      EL(LEV,2) = T + ET
      IF(LEV.GT.LEL) LEL = LEV
      IF(IPRINT.EQ.0)  RETURN
      WRITE("OUTD",3003) EL(LEV,2)
3003  FORMAT(30H NAECHSTER SOURCE-START BEI T=,I7)
      RETURN
      END
```

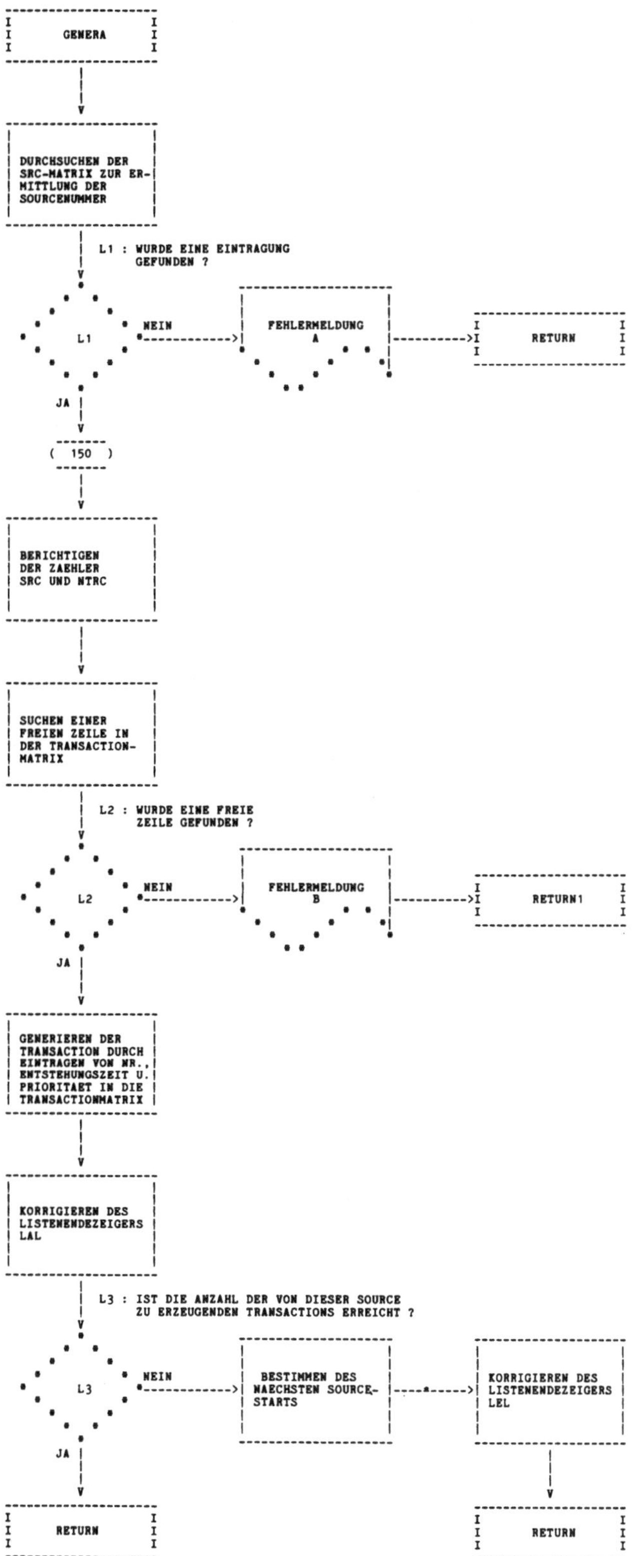

GENERA
DURCHSUCHEN DER SRC-MATRIX ZUR ERMITTLUNG DER SOURCENUMMER
L1 : WURDE EINE EINTRAGUNG GEFUNDEN ?
L1
NEIN
FEHLERMELDUNG A
RETURN
JA
150
BERICHTIGEN DER ZAEHLER SRC UND NTRC
SUCHEN EINER FREIEN ZEILE IN DER TRANSACTIONMATRIX
L2 : WURDE EINE FREIE ZEILE GEFUNDEN ?
L2
NEIN
FEHLERMELDUNG B
RETURN1
JA
GENERIEREN DER TRANSACTION DURCH EINTRAGEN VON NR., ENTSTEHUNGSZEIT U. PRIORITAET IN DIE TRANSACTIONMATRIX
KORRIGIEREN DES LISTENENDEZEIGERS LAL
L3 : IST DIE ANZAHL DER VON DIESER SOURCE ZU ERZEUGENDEN TRANSACTIONS ERREICHT ?
L3
NEIN
BESTIMMEN DES NAECHSTEN SOURCESTARTS
KORRIGIEREN DES LISTENENDEZEIGERS LEL
JA
RETURN
RETURN

```
      SUBROUTINE GLEICH(A,B,RNUM,RANDOM)
C     ***
C     ***       CALL GLEICH(A, B, RNUM, RANDOM)
C     ***
C     *** FUNKTION :  ERZEUGEN EINER IM INTERVALL (A,B) GLEICH-
C     ***             VERTEILTEN ZUFALLSZAHL
C     *** PARAMETER:  A      = UNTERE INTERVALLGRENZE
C     ***             B      = OBERE INTERVALLGRENZE
C     ***             RNUM   = NUMMER DES ZUFALLSZAHLENGENERATORS
C     ***             RANDOM = ZUFALLSZAHL IM ANGEGEBENEN INTERVALL
C     ***
      INTEGER  RNUM
      RANDOM = A + (B - A) * RN(RNUM)
      RETURN
      END
```

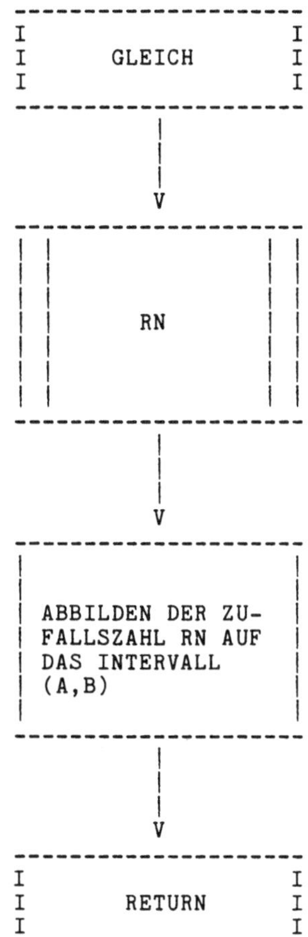
GLEICH
RN
ABBILDEN DER ZUFALLSZAHL RN AUF DAS INTERVALL (A,B)
RETURN

```
      SUBROUTINE GRAPH(TAB,NTAB,IU,IO,Y,*)
C     ***
C     ***       CALL GRAPH(TAB, NTAB, IU, IO, Y, &1006)
C     ***
C     *** FUNKTION :  GRAPHISCHE DARSTELLUNG EINER HAEUFIGKEITSTABELLE
C     *** PARAMETER:  TAB  = NAME DER HAEUFIGKEITSTABELLE
C     ***             NTAB = TABELLENNUMMER
C     ***             IU   = NUMMER DES UNTERSTEN INTERVALLS
C     ***             IO   = NUMMER DES OBERSTEN INTERVALLS
C     ***             Y    = DARSTELLUNGSMODUS
C     ***                  = 0: RELATIVE HAEUFIGKEIT
C     ***                  = 1: ABSOLUTE HAEUFIGKEIT
C     ***
      INTEGER  Y
      REAL  M , MAX
      DIMENSION  TAB("TAB1",4) , LINE(100) , M(100)
      DIMENSION  IFORM(7) , IFORM1(7,15)
      DATA  KSTERN /'*'/ , KBLANC /' '/ , KSTR /'-'/ , KPL /'+'/
      DATA  IFORM1 /
     +'(18X,5(F6.0,14X))           ',
     +'(16X,6(F6.0,10X))           ',
     +'(15X,7(F6.0,8X))            ',
     +'(14X,8(F6.0,6X))            ',
     +'(14X,9(F6.0,5X))            ',
     +'(13X,F6.0,34X,F6.0,44X,F6.0)',
     +'(13X,F6.0,30X,F6.0,39X,F6.0)',
     +'(12X,F6.0,26X,F6.0,34X,F6.0)',
     +'(12X,F6.0,22X,F6.0,29X,F6.0)',
     +'(11X,F6.0,18X,3(F6.0,24X))  ',
     +'(11X,F6.0,14X,4(F6.0,19X))  ',
     +'(10X,F6.0,10X,5(F6.0,14X))  ',
     +'(10X,F6.0,6X,6(F6.0,9X))    ',
     +'(9X,F6.0,2X,10(F6.0,4X))    ',
     +'(9X,F6.0,3X,10(F6.0,4X))    '/
C
C     FEHLERKONTROLLE
C     ===============
      IF(IO-IU.GT.99.OR.IO-IU.LT.4) GOTO 900
C
C     INITIALISIEREN DER VARIABLEN
C     ============================
      DO 1  I = 1 , 100
      M(I) = 0.
1     LINE(I) = KBLANC
      INT = 100 / (IO - IU + 1)
      INT1 = 1
      IF(INT.EQ.1) GOTO 2
      INT1 = INT / 2
      INT2 = INT1
      IF(INT1+INT2.LT.INT) INT1 = INT1 + 1
2     MAX = 0.
C
C     BESTIMMEN DER OBERGRENZEN DER HISTOGRAMMSAEULEN
C     ===============================================
      I1 = 0
      IF(Y.GT.0) GOTO 5
```

```
      SUM = 0.
      DO 3  I = 1 ,"TAB1"
3     SUM = SUM + TAB(I,2)
5     DO 50  I = IU , IO
      I1 = I1 + 1
      IF(Y.GT.0) M(I1) = TAB(I,2)
      IF(Y.EQ.0) M(I1) = TAB(I,2) / SUM * 100.
      IF(M(I1).GT.MAX) MAX = M(I1)
      IF(INT.EQ.1) GOTO 50
      IF(INT1.EQ.1) GOTO 20
      DO 10  I2 = 2 , INT1
      I1 = I1 + 1
10    M(I1) = M(I1-1)
20    I1 = I1 + INT2
50    CONTINUE
C
C     BESTIMMEN DER BESCHRIFTUNG DER Y-ACHSE
C     ======================================
      IND = 0
      IMAX = MAX
      DO 60  I = 1 , 20
      IF(IMAX.LT.10.OR.IMAX.EQ.10.AND.MAX.EQ.10**(IND+1)) GOTO 70
      IND = IND + 1
      IMAX = IMAX / 10
60    CONTINUE
70    IF(MAX.GT.IMAX*10**IND) IMAX = IMAX + 1
      YMAX = IMAX * 10. ** IND
      IF(IMAX.LE.5.AND.YMAX.GT.10) IMAX = IMAX * 2
C
C     UEBERSCHRIFT DER GRAPHISCHEN DARSTELLUNG
C     ========================================
100   WRITE("OUTD",3000) NTAB
3000  FORMAT(1H1,15X,8HTABELLE ,I3//)
      IF(Y.EQ.0) WRITE("OUTD",3001)
3001  FORMAT(4X,7HPROZENT/)
C
C     GRAPHISCHE DARSTELLUNG DER HISTOGRAMMSAEULEN
C     ============================================
      INTY = 50
      MODUL1 = MOD(50,IMAX)
      INTY = INTY - MODUL1
      YVALL = YMAX / INTY
      YCORR = YVALL / 1000.
      INTB = INTY / IMAX
      J = 0
      DO 150  I = 1 , INTY
      DO 120  I1 = 1 , 100
      IF(LINE(I1).NE.KBLANC) GOTO 120
      IF(M(I1)+YCORR.GE.YMAX) LINE(I1) = KSTERN
120   CONTINUE
      J = J + 1
      IF(J.GT.1) GOTO 130
      IMAX = IFIX(YMAX + 0.5)
      WRITE("OUTD",3002) IMAX,(LINE(I1),I1=1,100)
3002  FORMAT(1X,I10,2H I,100A1)
      GOTO 140
130   WRITE("OUTD",3003) (LINE(I1),I1=1,100)
```

```
3003  FORMAT(12X,1HI,100A1)
140   YMAX = YMAX - YVALL
      IF(J.EQ.INTB) J = 0
150   CONTINUE
C
C     AUSGEBEN DER X-ACHSE
C     ====================
      IPL = INT1
      MULT = 1
      IF(INT.GT.1.AND.INT.LT.11) MULT = 4
      IF(INT.EQ.1) MULT = 9
      DO 170  I = 1 , 100
      IF(I.EQ.IPL) GOTO 160
      LINE(I) = KSTR
      GOTO 170
160   LINE(I) = KPL
      IPL = IPL + MULT * INT
      IF(MULT.EQ.4.OR.MULT.EQ.9) MULT = MULT + 1
170   CONTINUE
      WRITE("OUTD",3004) (LINE(I1),I1=1,100)
3004  FORMAT(10X,3H0 I,100A1)
      IS = 16 - INT
      IF(INT.EQ.14) IS = 3
      IF(INT.EQ.16) IS = 2
      IF(INT.EQ.20) IS = 1
      DO 180  I = 1 , 7
180   IFORM(I) = IFORM1(I,IS)
      IB = IU + 1
      IS = 1
      IF(INT.GT.10) GOTO 190
      IF(INT.GT.1) IS = 5
      IF(INT.EQ.1) IS = 10
      IB = IU + IS - 1
190   WRITE("OUTD",IFORM) TAB(IU,1),(TAB(I,1),I=IB,IO,IS)
      RETURN
C
C     FEHLERAUSGANG
C     =============
900   WRITE("OUTD",3020) IU,IO
3020  FORMAT(1H0,24(1H+),26H FEHLER: SUBROUTINE GRAPH ,30(1H+)/1X,
     +24(1H+),4H IU=,I3,4H IO=,I3,27H IO-IU > 99 ODER IO-IU < 4 ,
     +15(1H+)/)
      RETURN 1
      END
```

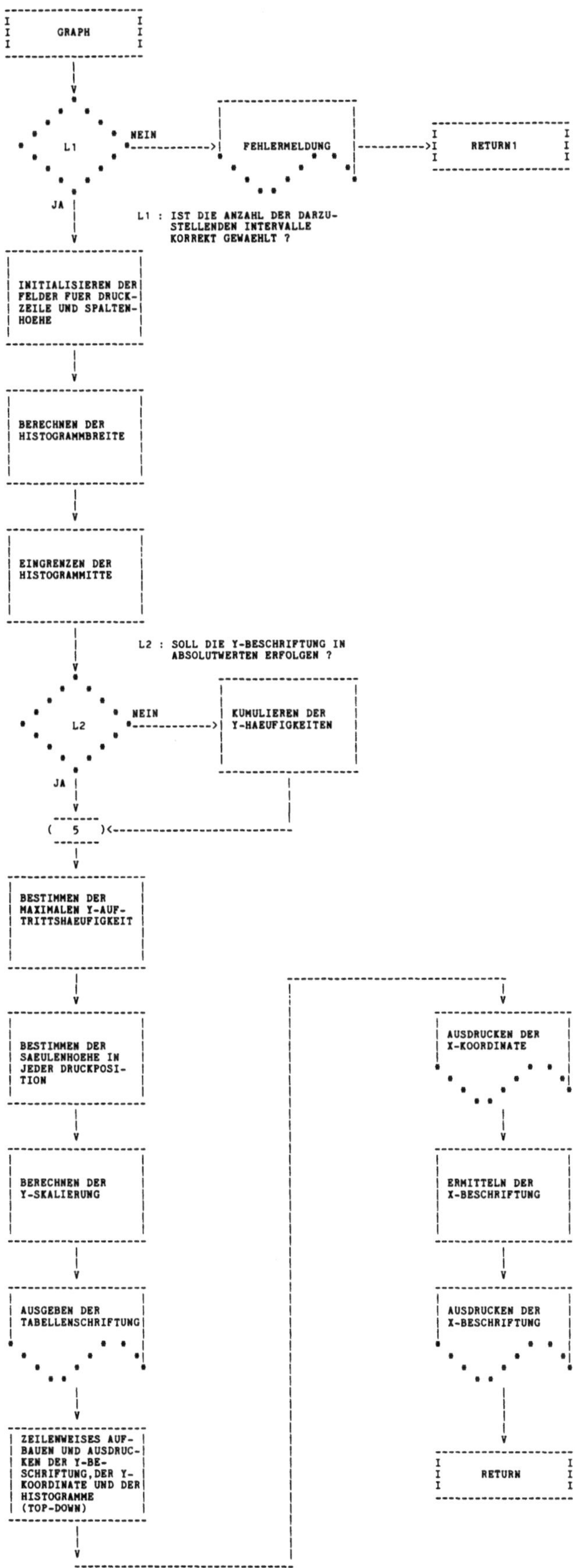
GRAPH
L1
NEIN
FEHLERMELDUNG
RETURN1
JA
L1 : IST DIE ANZAHL DER DARZUSTELLENDEN INTERVALLE KORREKT GEWAEHLT ?
INITIALISIEREN DER FELDER FUER DRUCKZEILE UND SPALTENHOEHE
BERECHNEN DER HISTOGRAMMBREITE
EINGRENZEN DER HISTOGRAMMITTE
L2 : SOLL DIE Y-BESCHRIFTUNG IN ABSOLUTWERTEN ERFOLGEN ?
L2
NEIN
KUMULIEREN DER Y-HAEUFIGKEITEN
JA
5
BESTIMMEN DER MAXIMALEN Y-AUFTRITTSHAEUFIGKEIT
BESTIMMEN DER SAEULENHOEHE IN JEDER DRUCKPOSITION
BERECHNEN DER Y-SKALIERUNG
AUSGEBEN DER TABELLENSCHRIFTUNG
ZEILENWEISES AUFBAUEN UND AUSDRUCKEN DER Y-BESCHRIFTUNG, DER Y-KOORDINATE UND DER HISTOGRAMME (TOP-DOWN)
AUSDRUCKEN DER X-KOORDINATE
ERMITTELN DER X-BESCHRIFTUNG
AUSDRUCKEN DER X-BESCHRIFTUNG
RETURN

```
      SUBROUTINE INIT1
C     ***
C     ***        CALL INIT1
C     ***
C     *** FUNKTION :  WERTZUWEISUNG AN ZUFALLSZAHLENGENERATOREN
C     ***
      REAL*8  DRN , DFAKT , DMODUL , DKONST
      COMMON  /DRN/ DRN("DRN1") , DFAKT("DRN1") , DMODUL , DKONST("DRN1")
C
C     BESTIMMEN DER MULTIPLIKATOREN
C     ============================
      DFAKT( 1) =  10753813.
      DFAKT( 2) = 228181237.
      DFAKT( 3) = 348984893.
      DFAKT( 4) = 590634277.
      DFAKT( 5) =  10841757.
      DFAKT( 6) = 107408213.
      DFAKT( 7) = 469770781.
      DFAKT( 8) = 832159853.
      DFAKT( 9) =  10842045.
      DFAKT(10) = 228244373.
      DFAKT(11) = 348969437.
      DFAKT(12) =  10763125.
      DFAKT(13) = 107452989.
      DFAKT(14) = 469773661.
      DFAKT(15) = 590648085.
      DFAKT(16) =  10784189.
      DFAKT(17) = 228206429.
      DFAKT(18) = 469793853.
      DFAKT(19) = 832230813.
      DFAKT(20) = 107464661.
      DFAKT(21) = 469808301.
      DFAKT(22) = 590585901.
      DFAKT(23) = 228178005.
      DFAKT(24) = 349045949.
      DFAKT(25) =  10845149.
      DFAKT(26) = 107441485.
      DFAKT(27) = 469795933.
      DFAKT(28) = 349062285.
      DFAKT(29) = 107380645.
      DFAKT(30) =  10767581.
C
C     BESTIMMEN DER ADD. KONST. UND DES MODULS
C     ========================================
      DMODUL = 2.**30
      DO 10  I = 1 , "DRN1"
10    DKONST(I) = 227623267.
C
C     BESTIMMEN DER STARTWERTE
C     ========================
      DO 20  I = 1 , "DRN1"
20    DRN(I) = 1.
      RETURN
      END
```

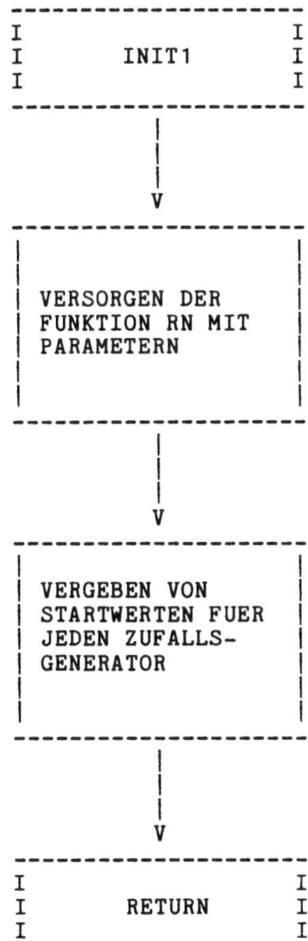
INIT1
VERSORGEN DER FUNKTION RN MIT PARAMETERN
VERGEBEN VON STARTWERTEN FUER JEDEN ZUFALLS-GENERATOR
RETURN

```
      SUBROUTINE INIT2(*)
C     ***
C     ***        CALL INIT2(&9999)
C     ***
C     *** FUNKTION :  ANLEGEN DER DATENBEREICHE FUER MULTIFACILITIES
C     *** PARAMETER:  MARKE1 = ADRESSAUSGANG BEI LISTENUEBERLAUF
C     ***
      INTEGER  SE
      COMMON  /MFA/ LSE , MFAC("MFAC1",2) , MBV("MFAC1") , SE("SE1",3)
C
C     BESTIMMEN DER VERWENDETEN MULTIFACILITIES
C     ==========================================
      LSE = 1
      DO 100  I = 1 , "MFAC1"
      IF(MFAC(I,2).EQ.0) GOTO 100
C
C     ANLEGEN EINES ABSCHNITTES
C     =========================
      MBV(I) = LSE
      LSE = LSE + MFAC(I,2)
      IF(LSE-1.GT."SE1") GOTO 200
100   CONTINUE
      RETURN
200   WRITE("OUTD",3000) I
3000  FORMAT(1H0,24(1H+),26H FEHLER: SUBROUTINE INIT2 ,30(1H+),/1X,
     +24(1H+),32H UEBERLAUF IN SE-MATRIX BEI MFAC,I3,1X,20(1H+)/)
      RETURN 1
      END
```

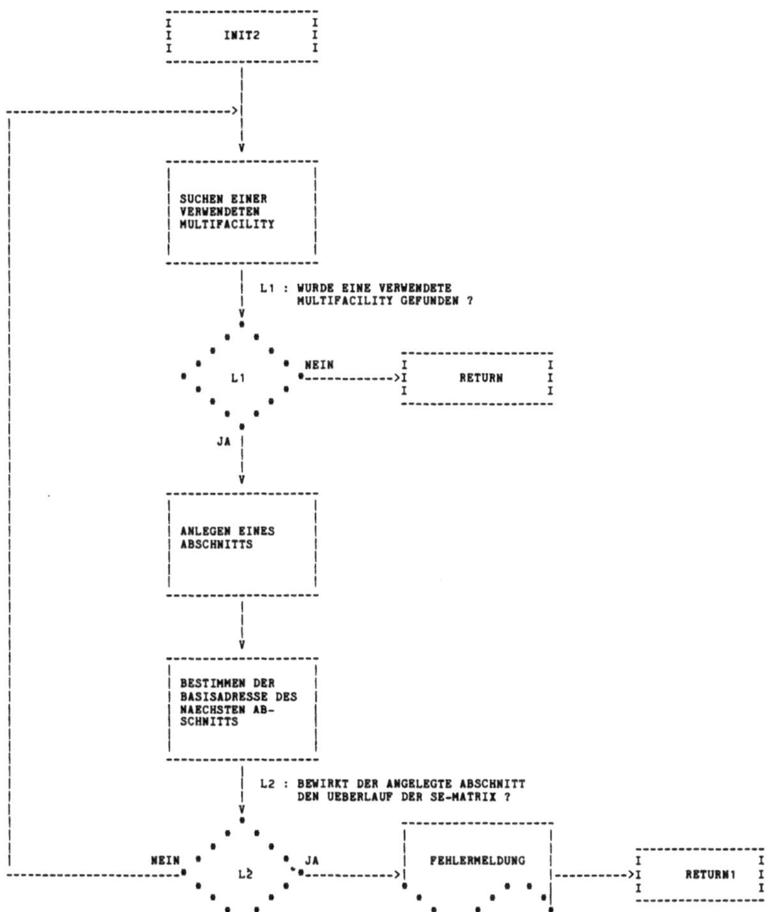
INIT2
SUCHEN EINER VERWENDETEN MULTIFACILITY
L1 : WURDE EINE VERWENDETE MULTIFACILITY GEFUNDEN ?
L1
NEIN
RETURN
JA
ANLEGEN EINES ABSCHNITTS
BESTIMMEN DER BASISADRESSE DES NAECHSTEN AB-SCHNITTS
L2 : BEWIRKT DER ANGELEGTE ABSCHNITT DEN UEBERLAUF DER SE-MATRIX ?
NEIN
L2
JA
FEHLERMELDUNG
RETURN1

```
      SUBROUTINE INIT3(*)
C     ***
C     ***       CALL INIT3(&9999)
C     ***
C     *** FUNKTION :  ANLEGEN DER DATENBEREICHE FUER ADRESSIERBARE
C     ***             STORAGES
C     *** PARAMETER:  MARKE1 = ADRESSAUSGANG BEI LISTENUEBERLAUF
C     ***
      IMPLICIT INTEGER (A - Z)
      COMMON  /SBV/ LSM , SBV("STO1") , SM("SM1",2)
      COMMON  /STO/ STO("STO1",2)
      COMMON  /STR/ STRAMA("STO1",2)
C
C     ADRESSIERUNGSENTSCHEID
C     ======================
      LSM = 1
      DO 100  I = 1 , "STO1"
      IF(STRAMA(I,1).EQ.0) GOTO 100
C
C     ANLEGEN EINES ABSCHNITTES
C     =========================
      SBV(I) = LSM
      SM(LSM,1) = STO(I,2)
      SM(LSM,2) = - 1
      LSM = LSM + STO(I,2)
      IF(LSM-1.GT."SM1") GOTO 200
100   CONTINUE
      RETURN
200   WRITE("OUTD",3000) I
3000  FORMAT(1H0,24(1H+),26H FEHLER: SUBROUTINE INIT3 ,30(1H+),/1X,
     +24(1H+),31H UEBERLAUF IN SM-MATRIX BEI STO,I3,1X,21(1H+)/)
      RETURN 1
      END
```

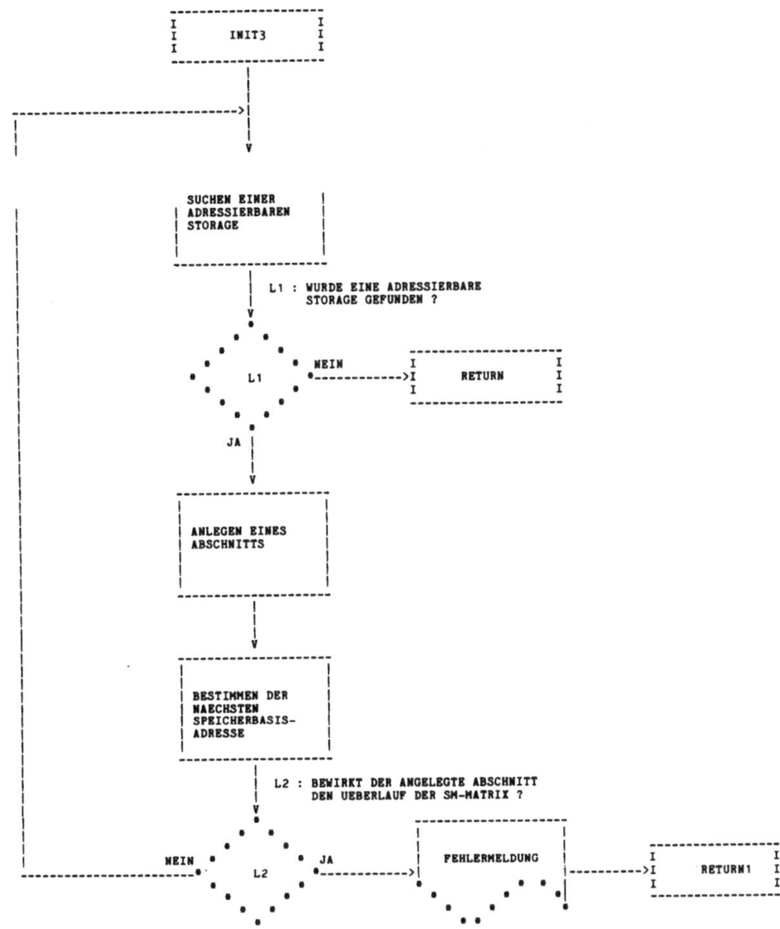
INIT3
SUCHEN EINER ADRESSIERBAREN STORAGE
L1 : WURDE EINE ADRESSIERBARE STORAGE GEFUNDEN ?
L1
NEIN
RETURN
JA
ANLEGEN EINES ABSCHNITTS
BESTIMMEN DER NAECHSTEN SPEICHERBASIS-ADRESSE
L2 : BEWIRKT DER ANGELEGTE ABSCHNITT DEN UEBERLAUF DER SM-MATRIX ?
NEIN
L2
JA
FEHLERMELDUNG
RETURN1

```
      INTEGER FUNCTION ITREAD(I1)
C     ***
C     *** FUNKTION :  EINLESEN EINER INTEGERZAHL UND
C     ***             AUSDRUCKEN IM AUSGABEPROTOKOLL
C     *** PARAMETER:  I1 = LITERALKONSTANTE, 8 CHARACTERS
C     ***
      REAL*8  I1 , IFORM
      DATA  IFORM /'  (I10) '/
      READ("IND",1000) I
1000  FORMAT(I10)
      WRITE("OUTD",3000) I1,IFORM,I
3000  FORMAT(1X,2A8,I10/)
      ITREAD = I
      RETURN
      END
```

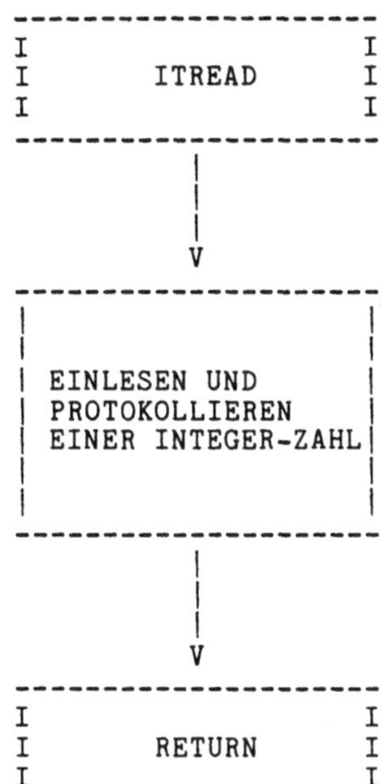
ITREAD
EINLESEN UND
PROTOKOLLIEREN
EINER INTEGER-ZAHL
RETURN

```
      SUBROUTINE KNOCKD(KT,NFA,IDN,*,*,IPRINT)
C     ***
C     ***        CALL KNOCKD(KT, NFA, IDN, &1005, &1006, IPRINT)
C     ***
C     *** FUNKTION :  ABRUESTEN EINER FACILITY
C     *** PARAMETER:  KT  = ABRUESTZEIT
C     ***             NFA = NUMMER DER FACILITY
C     ***             IDN = ZIELADRESSE
C     ***
      IMPLICIT INTEGER (A - Z)
      COMMON  TR("TR1","TR2") , AL("TR1",2) , LAL , LTR , EL("EL1",2)
      COMMON  LEL , LEV , LFAM , NADR , STATE("STATE1") , OK
      COMMON  N , T , IT , RT
      COMMON  /FAC/ FAC("FAC1",3)
C
C     FEHLERAUSGANG
C     =============
      IF(IABS(FAC(NFA,1)).EQ.LTR) GOTO 100
      WRITE("OUTD",3000) T,TR(LTR,1),TR(LTR,2),NFA
3000  FORMAT(1H0,24(1H+),27H FEHLER: SUBROUTINE KNOCKD ,29(1H+)/1X,
     +24(1H+),3H T=,I7,2X,2HTR,I5,1H,,I3,11H BELEGT FAC,I3,7H NICHT ,
     +12(1H+)/)
      RETURN 2
C
C     ABRUESTEN
C     =========
100   FAC(NFA,1) = - LTR
      FAC(NFA,3) = 3
      AL(LTR,1) = IDN
      AL(LTR,2) = T + KT
      IF(IPRINT.EQ.0) RETURN 1
      WRITE("OUTD",3001) T,TR(LTR,1),TR(LTR,2),NFA,AL(LTR,2)
3001  FORMAT(3H T=,I7,2X,2HTR,I5,1H,,I3,2X,4H FAC,I3,
     +21H WIRD ABGERUESTET BIS,I7)
      RETURN 1
      END
```

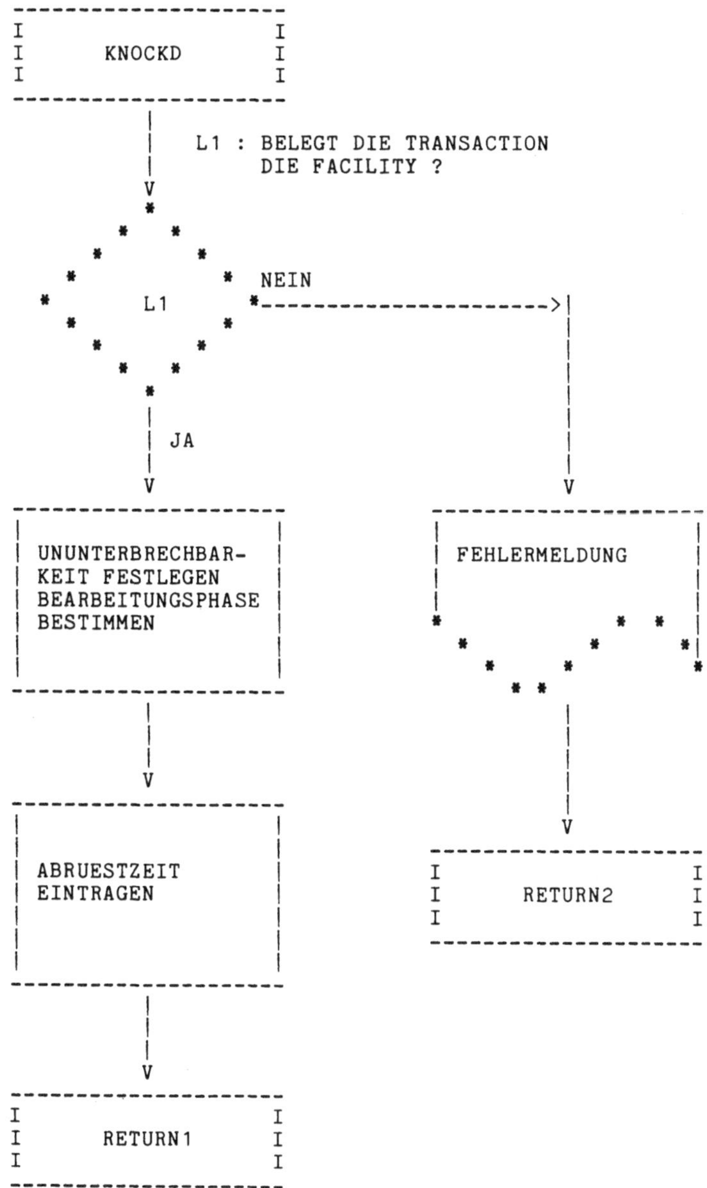
KNOCKD
L1 : BELEGT DIE TRANSACTION
DIE FACILITY ?
L1
NEIN
JA
UNUNTERBRECHBAR-
KEIT FESTLEGEN
BEARBEITUNGSPHASE
BESTIMMEN
FEHLERMELDUNG
ABRUESTZEIT
EINTRAGEN
RETURN2
RETURN1

```
      SUBROUTINE LEAVE(NST,NE,*,IPRINT)
C     ***
C     ***       CALL LEAVE(NST, NE, MARKE1, IPRINT)
C     ***
C     *** FUNKTION :  SPEICHERFREIGABE EINER STORAGE
C     *** PARAMETER:  NST    = NUMMER DER STORAGE
C     ***             NE     = ZAHL DER FREIZUGEBENDEN SPEICHERPLAETZE
C     ***             MARKE1 = ADRESSAUSGANG BEI ERFOLGLOSER FREIGABE
C     ***
      IMPLICIT INTEGER (A - Z)
      COMMON  TR("TR1","TR2") , AL("TR1",2) , LAL , LTR , EL("EL1",2)
      COMMON  LEL , LEV , LFAM , NADR , STATE("STATE1") , OK
      COMMON  N , T , IT , RT
      COMMON  /STO/ STO("STO1",2)
C
C     FREIGEBEN
C     =========
      IF(STO(NST,1).LT.NE) GOTO 10
      STO(NST,1) = STO(NST,1) - NE
      IF(IPRINT.EQ.0) RETURN
      WRITE("OUTD",3000) T,TR(LTR,1),TR(LTR,2),NE,NST
3000  FORMAT(3H T=,I7,2X,2HTR,I5,1H,,I3,2X,5H GIBT,I5,
     +24H SPEICHERPLAETZE DER STO,I3,5H FREI)
      RETURN
10    WRITE("OUTD",3001) T,TR(LTR,1),TR(LTR,2),NST
3001  FORMAT(1H0,24(1H+),27H WARNUNG: SUBROUTINE LEAVE ,29(1H+)/1X,
     +24(1H+),3H T=,I7,2X,2HTR,I5,1H,,I3,15H NICHTBELEGTER ,
     +18(1H+),/1X,24(1H+),40H SPEICHER SOLL FREIGEGEBEN WERDEN IN STO,
     +I3,1X,12(1H+)/)
      RETURN 1
      END
```

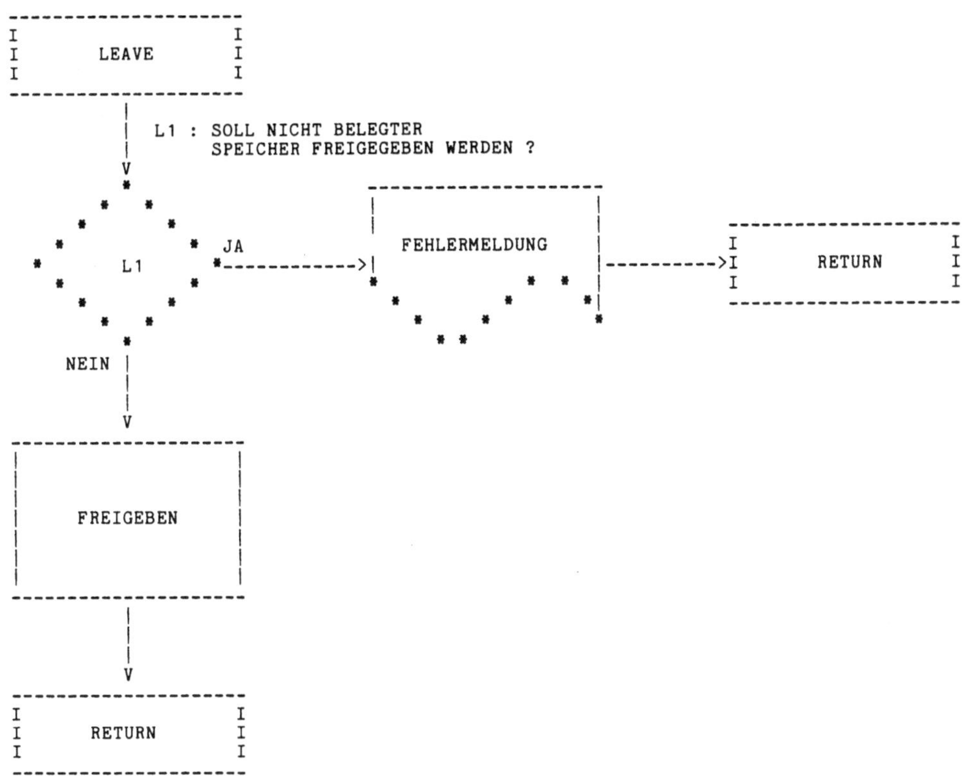
LEAVE
L1 : SOLL NICHT BELEGTER
SPEICHER FREIGEGEBEN WERDEN ?
L1
JA
FEHLERMELDUNG
RETURN
NEIN
FREIGEBEN
RETURN

```
      SUBROUTINE LFIRST(MFA,*)
C     ***
C     ***        CALL LFIRST(MFA, MARKE1)
C     ***
C     *** FUNKTION :  SUCHEN DES ERSTEN FREIEN SERVICE-ELEMENTES IN
C     ***             EINER MULTIFACILITY
C     *** PARAMETER:  MFA    = NUMMER DER MULTIFACILITY
C     ***             MARKE1 = ADRESSAUSGANG BEI FEHLERHAFTER BELEGUNG
C     ***
      IMPLICIT INTEGER (A - Z)
      COMMON  TR("TR1","TR2") , AL("TR1",2) , LAL , LTR , EL("EL1",2)
      COMMON  LEL , LEV , LFAM , NADR , STATE("STATE1") , OK
      COMMON  N , T , IT , RT
      COMMON  /MFA/ LSE , MFAC("MFAC1",2) , MBV("MFAC1") , SE("SE1",3)
C
C     SUCHEN EINES FREIEN SERVICE-ELEMENTES
C     =====================================
      I1 = MBV(MFA)
      I2 = I1 + MFAC(MFA,2) - 1
      DO 100  LSE = I1 , I2
      IF(SE(LSE,1).EQ.0) RETURN
100   CONTINUE
C
C     FEHLERHAFTE BELEGUNG DER SERVICE-ELEMENTE
C     =========================================
      WRITE("OUTD",3000) MFA
3000  FORMAT(1H0,24(1H+),27H FEHLER: SUBROUTINE LFIRST ,29(1H+)/1X,
     +24(1H+),36H KEIN FREIES SERVICE-ELEMENT IN MFAC,I3,1X,16(1H+)/)
      RETURN 1
      END
```

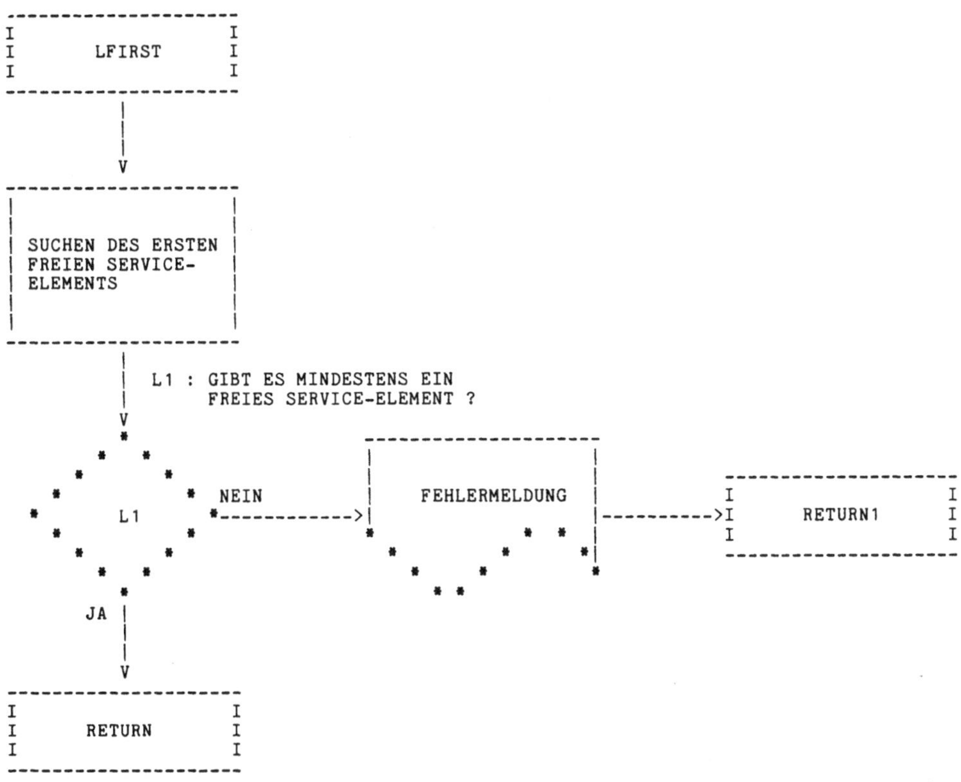
LFIRST
SUCHEN DES ERSTEN FREIEN SERVICE-ELEMENTS
L1 : GIBT ES MINDESTENS EIN FREIES SERVICE-ELEMENT ?
L1
NEIN
FEHLERMELDUNG
RETURN1
JA
RETURN

```
      SUBROUTINE LINK1(NUCHN,ID,*,IPRINT)
C     ***
C     ***       CALL LINK1(NUCHN, ID, &1005, IPRINT)
C     ***
C     *** FUNKTION :  BLOCKIEREN VON TRS EINER FAMILY IN EINER
C     ***             USER-CHAIN
C     *** PARAMETER:  NUCHN = NUMMER DER USER-CHAIN VOM TYP 1
C     ***             ID    = ANWEISUNGSNUMMER DES UNTERPROGRAMMAUFRUFES
C     ***
      IMPLICIT INTEGER (A - Z)
      COMMON  TR("TR1","TR2") , AL("TR1",2) , LAL , LTR , EL("EL1",2)
      COMMON  LEL , LEV , LFAM , NADR , STATE("STATE1") , OK
      COMMON  N , T , IT , RT
      COMMON  /UC1/ UCHF("FAM1","UCHF1",2)
C
C     PRUEFEN DER FAMILY-ZUGEHOERIGKEIT
C     =================================
      IF(LFAM.EQ.0) RETURN
C
C     BESTIMMEN DER STATIONSNUMMER
C     ============================
      K = "EGATHT" + 2 * "FAM1" * (NUCHN - 1) + 2 * LFAM - 1
C
C     BLOCKIEREN
C     ==========
      IF(TR(LTR,8).NE.0) GOTO 100
      UCHF(LFAM,NUCHN,1) = UCHF(LFAM,NUCHN,1) + 1
      IF(UCHF(LFAM,NUCHN,2).GT.0) GOTO 50
      STATE(K) = 0
      STATE(K+1) = 1
50    AL(LTR,1) = ID
      AL(LTR,2) = - K
      TR(LTR,8) = T
      IF(IPRINT.EQ.0) RETURN 1
      WRITE("OUTD",3000) T,TR(LTR,1),TR(LTR,2),NUCHN
3000  FORMAT(3H T=,I7,2X,2HTR,I5,1H,,I3,2X,
     + 29H WIRD VOR DER USER-CHAIN1 NR.,I3,19H VON LINK BLOCKIERT)
      RETURN 1
C
C     ABHOLEN
C     =======
100   UCHF(LFAM,NUCHN,1) = UCHF(LFAM,NUCHN,1) - 1
      UCHF(LFAM,NUCHN,2) = UCHF(LFAM,NUCHN,2) - 1
      IF(UCHF(LFAM,NUCHN,1).EQ.0) UCHF(LFAM,NUCHN,2) = 0
      IF(UCHF(LFAM,NUCHN,2).GT.0) GOTO 150
      STATE(K) = 0
      STATE(K+1) = 1
150   TR(LTR,8) = 0
      IF(IPRINT.EQ.0)   RETURN
      WRITE("OUTD",3001) T,TR(LTR,1),TR(LTR,2),NUCHN
3001  FORMAT(3H T=,I7,2X,2HTR,I5,1H,,I3,2X,
     + 30H VERLAESST DIE USER-CHAIN1 NR.,I3)
      RETURN
      END
```

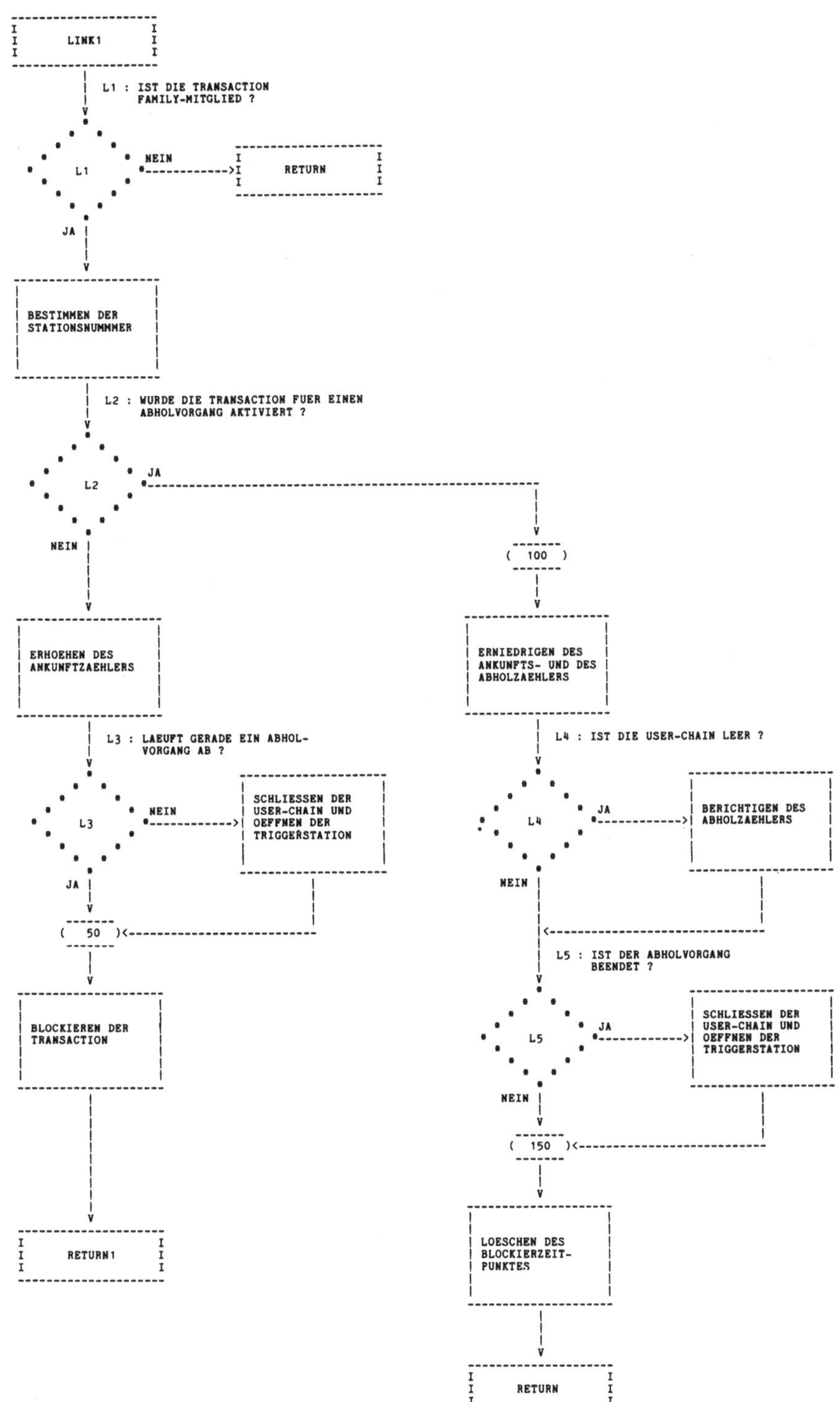
LINK1
L1 : IST DIE TRANSACTION FAMILY-MITGLIED ?
L1
NEIN
RETURN
JA
BESTIMMEN DER STATIONSNUMMMER
L2 : WURDE DIE TRANSACTION FUER EINEN ABHOLVORGANG AKTIVIERT ?
L2
JA
NEIN
(100)
ERHOEHEN DES ANKUNFTZAEHLERS
ERNIEDRIGEN DES ANKUNFTS- UND DES ABHOLZAEHLERS
L3 : LAEUFT GERADE EIN ABHOL-VORGANG AB ?
L3
NEIN
SCHLIESSEN DER USER-CHAIN UND OEFFNEN DER TRIGGERSTATION
JA
(50)
L4 : IST DIE USER-CHAIN LEER ?
L4
JA
BERICHTIGEN DES ABHOLZAEHLERS
NEIN
L5 : IST DER ABHOLVORGANG BEENDET ?
L5
JA
SCHLIESSEN DER USER-CHAIN UND OEFFNEN DER TRIGGERSTATION
NEIN
(150)
BLOCKIEREN DER TRANSACTION
RETURN1
LOESCHEN DES BLOCKIERZEIT-PUNKTES
RETURN

```
      SUBROUTINE LINK2(NUCHN,ID,*,IPRINT)
C     ***
C     ***       CALL LINK2(NUCHN, ID, &1005, IPRINT)
C     ***
C     *** FUNKTION :  BLOCKIEREN VON TRS IN EINER USER-CHAIN
C     *** PARAMETER:  NUCHN = NUMMER DER USER-CHAIN VOM TYP 2
C     ***             ID    = ANWEISUNGSNUMMER DES UNTERPROGRAMMAUFRUFES
C     ***
      IMPLICIT INTEGER (A - Z)
      COMMON  TR("TR1","TR2") , AL("TR1",2) , LAL , LTR , EL("EL1",2)
      COMMON  LEL , LEV , LFAM , NADR , STATE("STATE1") , OK
      COMMON  N , T , IT , RT
      COMMON  /UC2/ UCHT("UCHT1",2)
C
C     BESTIMMEN DER STATIONSNUMMER
C     ============================
      K = "EUCHF" + 2 * NUCHN - 1
C
C     BLOCKIEREN
C     ==========
      IF(TR(LTR,8).NE.0) GOTO 100
      UCHT(NUCHN,1) = UCHT(NUCHN,1) + 1
      IF(UCHT(NUCHN,2).GT.0) GOTO 50
      STATE(K) = 0
      STATE(K+1) = 1
50    AL(LTR,1) = ID
      AL(LTR,2) = - K
      TR(LTR,8) = T
      IF(IPRINT.EQ.0) RETURN 1
      WRITE("OUTD",3000) T,TR(LTR,1),TR(LTR,2),NUCHN
3000  FORMAT(3H T=,I7,2X,2HTR,I5,1H,,I3,2X,
     + 29H WIRD VOR DER USER-CHAIN2 NR.,I3,19H VON LINK BLOCKIERT)
      RETURN 1
C
C     ABHOLEN
C     =======
100   UCHT(NUCHN,1) = UCHT(NUCHN,1) - 1
      UCHT(NUCHN,2) = UCHT(NUCHN,2) - 1
      IF(UCHT(NUCHN,1).EQ.0) UCHT(NUCHN,2) = 0
      IF(UCHT(NUCHN,2).GT.0) GOTO 150
      STATE(K) = 0
      STATE(K+1) = 1
150   TR(LTR,8) = 0
      IF(IPRINT.EQ.0) RETURN
      WRITE("OUTD",3001) T,TR(LTR,1),TR(LTR,2),NUCHN
3001  FORMAT(3H T=,I7,2X,2HTR,I5,1H,,I3,2X,
     + 30H VERLAESST DIE USER-CHAIN2 NR.,I3)
      RETURN
      END
```

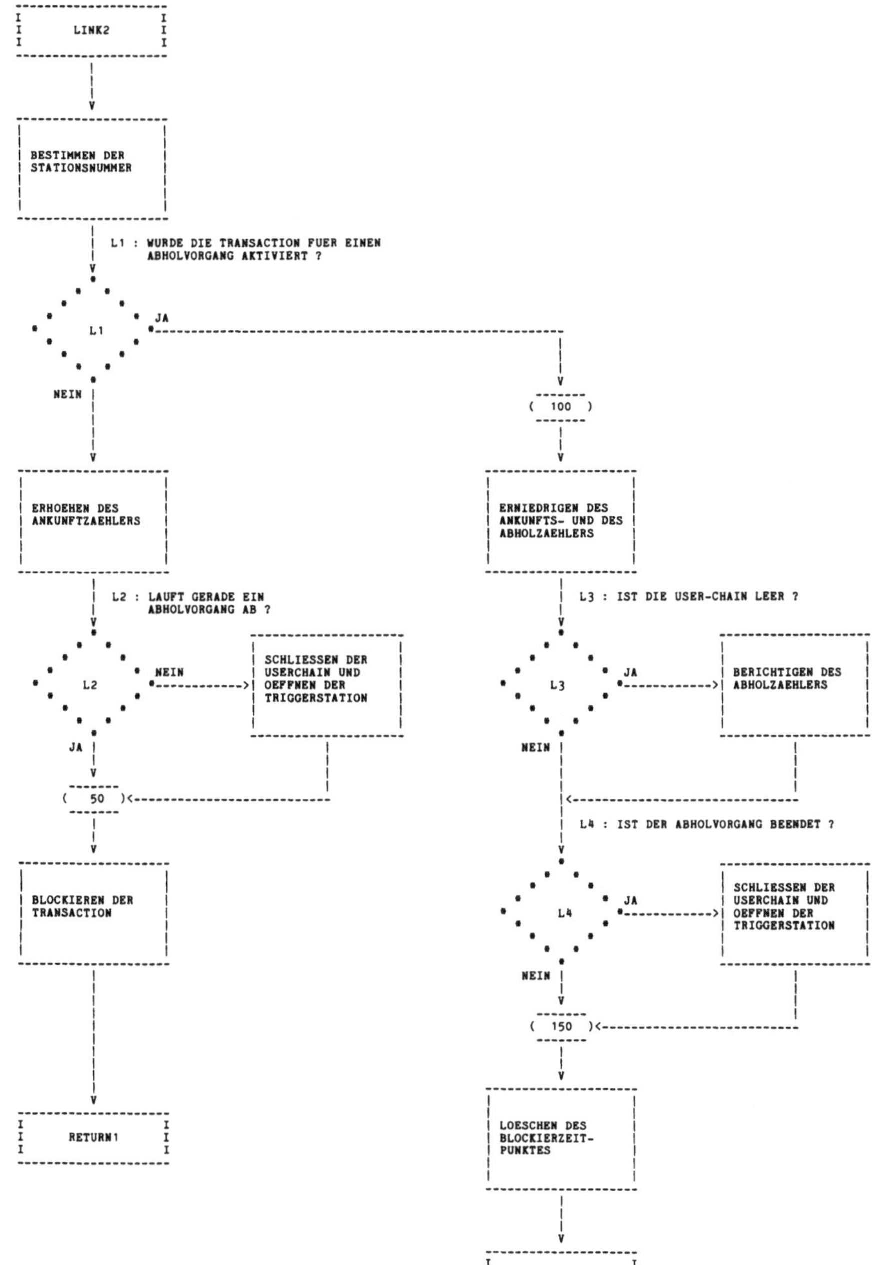

LINK2
BESTIMMEN DER STATIONSNUMMER
L1 : WURDE DIE TRANSACTION FUER EINEN ABHOLVORGANG AKTIVIERT ?
L1
JA
NEIN
100
ERHOEHEN DES ANKUNFTZAEHLERS
ERNIEDRIGEN DES ANKUNFTS- UND DES ABHOLZAEHLERS
L2 : LAUFT GERADE EIN ABHOLVORGANG AB ?
L2
NEIN
SCHLIESSEN DER USERCHAIN UND OEFFNEN DER TRIGGERSTATION
JA
50
BLOCKIEREN DER TRANSACTION
RETURN1
L3 : IST DIE USER-CHAIN LEER ?
L3
JA
BERICHTIGEN DES ABHOLZAEHLERS
NEIN
L4 : IST DER ABHOLVORGANG BEENDET ?
L4
JA
SCHLIESSEN DER USERCHAIN UND OEFFNEN DER TRIGGERSTATION
NEIN
150
LOESCHEN DES BLOCKIERZEIT-PUNKTES
RETURN

```
      SUBROUTINE LOGNOR(MEAN,SIGMA,MIN,MAX,RNUM,RANDOM)
C     ***
C     ***      CALL LOGNOR(MEAN, SIGMA, MIN, MAX, RNUM, RANDOM)
C     ***
C     *** FUNKTION :  ERZEUGEN EINER LOG-NORMAL-VERTEILTEN
C     ***             ZUFALLSZAHL
C     *** PARAMETER:  MEAN   = MITTELWERT
C     ***             SIGMA  = STANDARDABWEICHUNNG
C     ***             MIN    = UNTERE INTERVALLGRENZE
C     ***             MAX    = OBERE INTERVALLGRENZE
C     ***             RNUM   = NUMMER DES ZUFALLSGENERATORS
C     ***             RANDOM = ZUFALLSZAHL IM ANGEGEBENEN INTERVALL
C     ***
      INTEGER  RNUM
      REAL  MAX , MEAN , MIN , MEANX
C
C     ERZEUGEN EINER LOGNORMALVERTEILTEN ZUFALLSZAHL
C     ==============================================
      SIGMX2 = ALOG(SIGMA ** 2 / MEAN ** 2 + 1.)
      MEANX = ALOG(MEAN) - 0.5 * SIGMX2
      SIGMX = SQRT(SIGMX2)
100   R = RN(RNUM)
      IF(R.EQ.0) GOTO 100
      V = (-2.0 * ALOG(R)) ** 0.5 * COS(6.2832 * RN(RNUM))
      RANDOM = EXP(V * SIGMX + MEANX)
C
C     INTERVALLKONTROLLE
C     ==================
      IF(RANDOM.LT.MIN.OR.RANDOM.GT.MAX) GOTO 100
      RETURN
      END
```

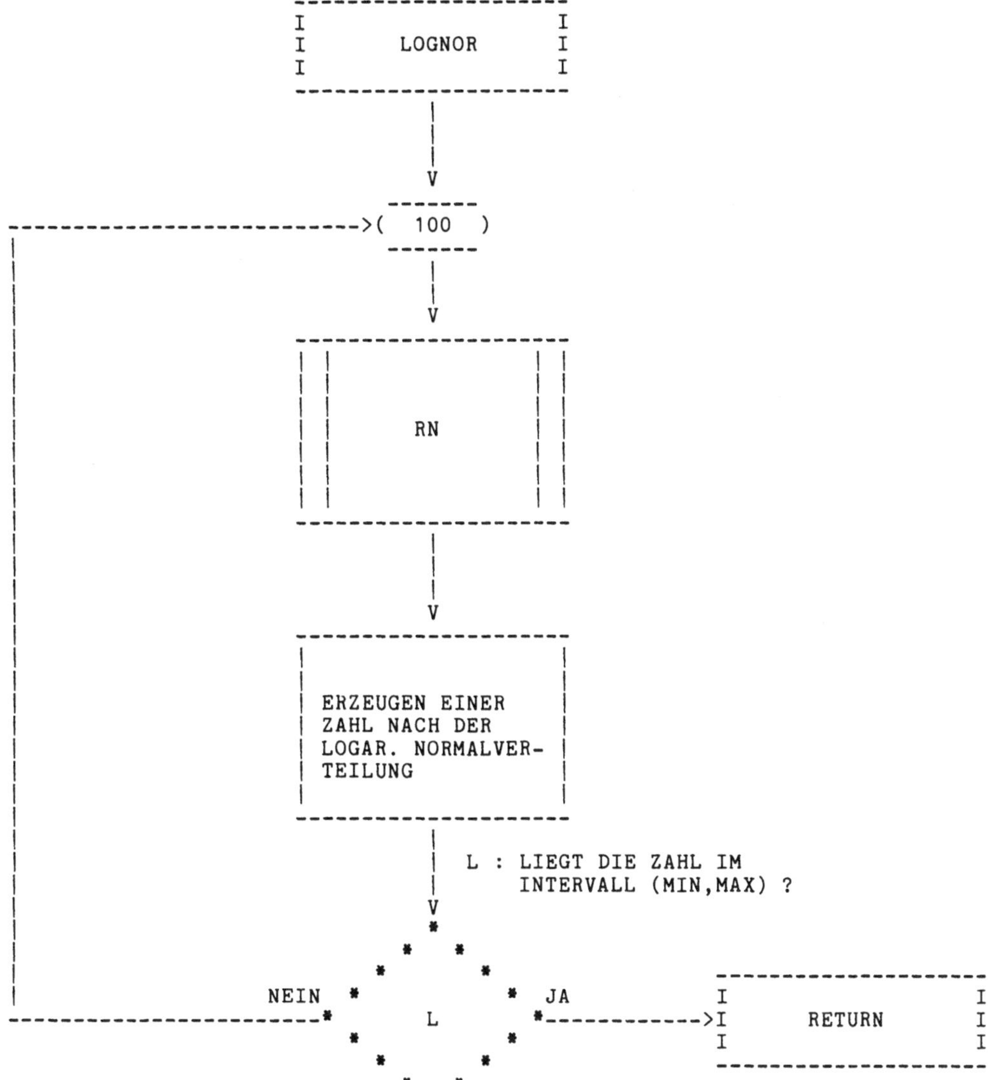
LOGNOR
100
RN
ERZEUGEN EINER
ZAHL NACH DER
LOGAR. NORMALVER-
TEILUNG
L : LIEGT DIE ZAHL IM
INTERVALL (MIN,MAX) ?
NEIN
L
JA
RETURN

```
      SUBROUTINE MCLEAR(MFA,*,*,IPRINT)
C     ***
C     ***       CALL MCLEAR(MFA, MARKE1, &1006, IPRINT)
C     ***
C     *** FUNKTION :  FREIGEBEN EINES SERVICE-ELEMENTES IN EINER
C     ***             MULTIFACILITY
C     *** PARAMETER:  MFA    = NUMMER DER MULTIFACILITY
C     ***             MARKE1 = ADRESSAUSGANG FUER VERDRAENGTE TRS
C     ***
      IMPLICIT INTEGER (A - Z)
      COMMON  TR("TR1","TR2") , AL("TR1",2) , LAL , LTR , EL("EL1",2)
      COMMON  LEL , LEV , LFAM , NADR , STATE("STATE1") , OK
      COMMON  N , T , IT , RT
      COMMON  /MFA/ LSE , MFAC("MFAC1",2) , MBV("MFAC1") , SE("SE1",3)
C
C     BESTIMMEN DES SERVICE-ELEMENTES
C     ===============================
      I1 = MBV(MFA)
      I2 = I1 + MFAC(MFA,2) - 1
      DO 50  LSE = I1 , I2
      IF(IABS(SE(LSE,1)).EQ.LTR) GOTO 100
50    CONTINUE
      WRITE("OUTD",3000) T,TR(LTR,1),TR(LTR,2),MFA
3000  FORMAT(1H0,24(1H+),27H FEHLER: SUBROUTINE MCLEAR ,29(1H+)/1X,
     +24(1H+),3H T=,I7,2X,2HTR,I5,1H,,I3,12H BELEGT MFAC,I3,7H NICHT ,
     +11(1H+)/)
      RETURN 2
C
C     FREIGEBEN
C     =========
100   DO 150  I = 1 , 3
150   SE(LSE,I) = 0
      MFAC(MFA,1) = MFAC(MFA,1) - 1
C
C     BESTIMMEN DER STATIONSNUMMER
C     ============================
      K = "EFAC" + MFA
C
C     ABSCHLUSS DER BELEGUNG
C     ======================
      IF(TR(LTR,6).EQ.0) GOTO 200
      AL(LTR,1) = TR(LTR,5)
      AL(LTR,2) = - K
      TR(LTR,8) = T
200   TR(LTR,5) = 0
      IF(TR(LTR,6).EQ.0) TR(LTR,7) = 0
      IF(IPRINT.EQ.0) GOTO 5001
      NSE = LSE - MBV(MFA) + 1
      WRITE("OUTD",3001) T,TR(LTR,1),TR(LTR,2),MFA,NSE
3001  FORMAT(3H T=,I7,2X,2HTR,I5,1H,,I3,2X,15H VERLAESST MFAC,I3,
     +16H SERVICE-ELEMENT,I3)
C
C     STARTEN DER GESPERRTEN TRS
C     ==========================
5001  STATE(K) = 1
      CALL UNLOCK(K,IPRINT)
```

```
      IF(TR(LTR,6).EQ.0) RETURN
      RETURN 1
      END
```

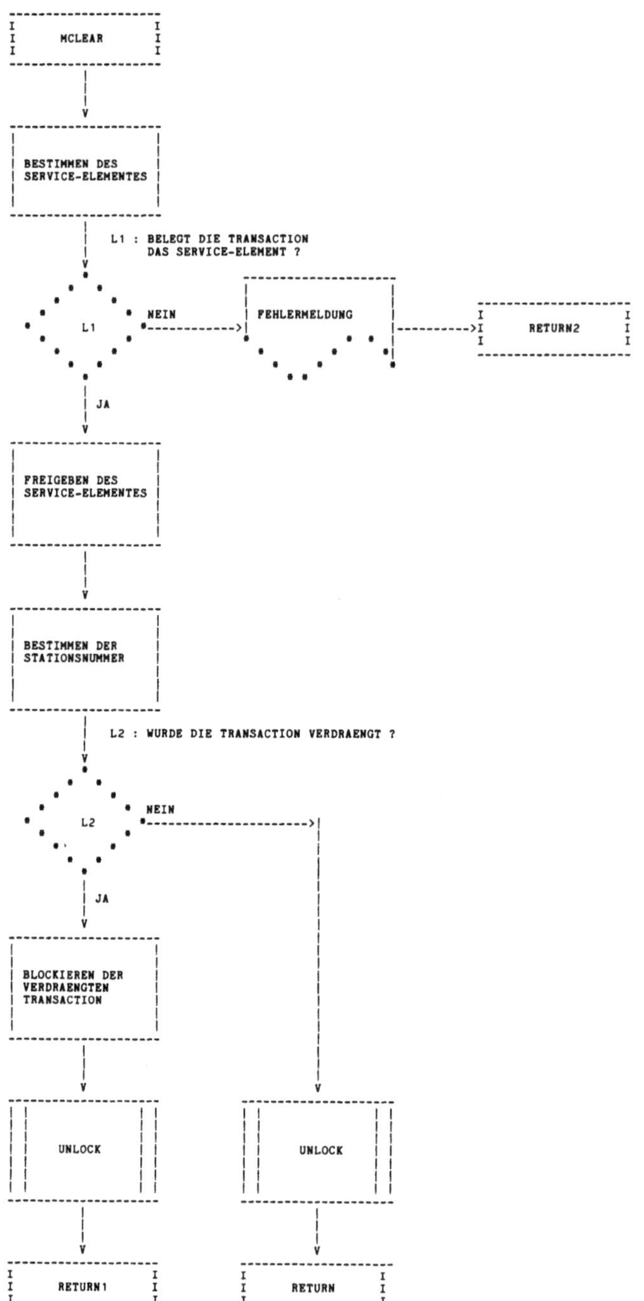
MCLEAR
BESTIMMEN DES SERVICE-ELEMENTES
L1 : BELEGT DIE TRANSACTION DAS SERVICE-ELEMENT ?
L1
NEIN
FEHLERMELDUNG
RETURN2
JA
FREIGEBEN DES SERVICE-ELEMENTES
BESTIMMEN DER STATIONSNUMMER
L2 : WURDE DIE TRANSACTION VERDRAENGT ?
L2
NEIN
JA
BLOCKIEREN DER VERDRAENGTEN TRANSACTION
UNLOCK
UNLOCK
RETURN1
RETURN

```
      SUBROUTINE MKNOCK(KT,MFA,IDN,*,*,IPRINT)
C     ***
C     ***       CALL MKNOCK(KT, MFA, IDN, &1005, &1006, IPRINT)
C     ***
C     *** FUNKTION :  ABRUESTEN EINES SERVICE-ELEMENTES IN EINER
C     ***             MULTIFACILITY
C     *** PARAMETER:  KT  = ABRUESTZEIT
C     ***             MFA = NUMMER DER MULTIFACILITY
C     ***             IDN = ZIELADRESSE
C     ***
      IMPLICIT INTEGER (A - Z)
      COMMON  TR("TR1","TR2") , AL("TR1",2) , LAL , LTR , EL("EL1",2)
      COMMON  LEL , LEV , LFAM , NADR , STATE("STATE1") , OK
      COMMON  N , T , IT , RT
      COMMON  /MFA/ LSE , MFAC("MFAC1",2) , MBV("MFAC1") , SE("SE1",3)
C
C     BESTIMMEN DES SERVICE-ELEMENTES
C     ===============================
      I1= MBV(MFA)
      I2 = I1 + MFAC(MFA,2) - 1
      DO 100  LSE = I1 , I2
      IF(IABS(SE(LSE,1)).EQ.LTR) GOTO 200
100   CONTINUE
      WRITE("OUTD",3000) T,TR(LTR,1),TR(LTR,2),MFA
3000  FORMAT(1H0,24(1H+),27H FEHLER: SUBROUTINE MKNOCK ,29(1H+)/1X,
     +24(1H+),3H T=,I7,2X,2HTR,I5,1H,,I3,12H BELEGT MFAC,I3,7H NICHT ,
     +11(1H+)/)
      RETURN 2
C
C     ABRUESTEN
C     =========
200   SE(LSE,1) = - LTR
      SE(LSE,3) = 3
      AL(LTR,1) = IDN
      AL(LTR,2) = T + KT
      IF(IPRINT.EQ.0) RETURN 1
      NSE = LSE - MBV(MFA) + 1
      WRITE("OUTD",3001) T,TR(LTR,1),TR(LTR,2),NSE,MFA,AL(LTR,2)
3001  FORMAT(3H T=,I7,2X,2HTR,I5,1H,,I3,2X,16H SERVICE-ELEMENT,
     +I3,8H IN MFAC,I3,21H WIRD ABGERUESTET BIS,I7)
      RETURN 1
      END
```

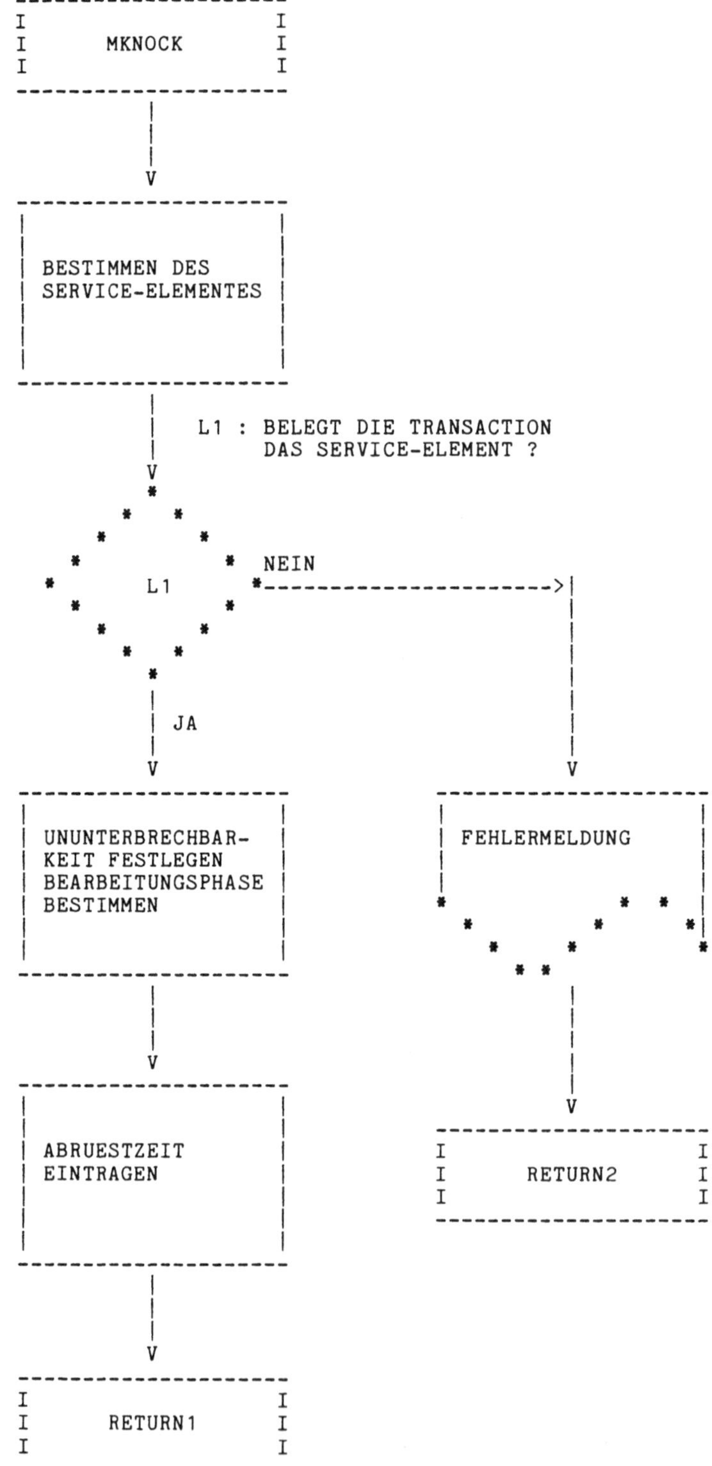

MKNOCK
BESTIMMEN DES
SERVICE-ELEMENTES
L1 : BELEGT DIE TRANSACTION
DAS SERVICE-ELEMENT ?
L1
NEIN
JA
UNUNTERBRECHBAR-
KEIT FESTLEGEN
BEARBEITUNGSPHASE
BESTIMMEN
FEHLERMELDUNG
ABRUESTZEIT
EINTRAGEN
RETURN2
RETURN1

```
      SUBROUTINE MPREEM(MFA,ID,REP,*,*,IPRINT)
C     ***
C     ***       CALL MPREEM(MFA, ID, REP, &1005, &1006, IPRINT)
C     ***
C     *** FUNKTION :  BEVORRECHTIGTES BELEGEN EINES SERVICE-ELEMENTES
C     ***             IN EINER MULTIFACILITY MIT PRIORITAETENVERGLEICH
C     *** PARAMETER:  MFA = NUMMER DER MULTIFACILITY
C     ***             ID  = ANWEISUNGSNUMMER DES UNTERPROGRAMMAUF-
C     ***                   RUFES
C     ***             REP = WIEDERBELEGUNGSKENNZEICHEN
C     ***                 = 0: DIE VERDRAENGTE TR DARF BEI WIEDER-
C     ***                      LEGUNG JEDES SERVICE-ELEMENT BELEGEN
C     ***                 = 1: DIE VERDRAENGTE TR DARF BEI WIEDER-
C     ***                      LEGUNG NUR DASSELBE SERVICE-ELEMENT
C     ***                      BELEGEN
C     ***
      IMPLICIT INTEGER (A - Z)
      COMMON  TR("TR1","TR2") , AL("TR1",2) , LAL , LTR , EL("EL1",2)
      COMMON  LEL , LEV , LFAM , NADR , STATE("STATE1") , OK
      COMMON  N , T , IT , RT
      COMMON  /MFA/ LSE , MFAC("MFAC1",2) , MBV("MFAC1") , SE("SE1",3)
      COMMON  /POL/ POLVEC("TR1") , POLC , POL("POL1",2)
C
C     BESTIMMEN DER STATIONSNUMMER
C     ============================
      K = "EFAC" + MFA
C
C     BLOCKIERENTSCHEID
C     =================
      K1 = 1
      IF(MFAC(MFA,1).EQ.MFAC(MFA,2)) GOTO 300
      K1 = 0
      IF(OK.EQ.0) GOTO 300
      OK = 0
C
C     BESTIMMEN EINES FREIEN SERVICE-ELEMENTES
C     ========================================
      IF(TR(LTR,7).EQ.0) GOTO 100
      LSE = TR(LTR,7)
      IF(SE(LSE,1).NE.0) GOTO 200
      GOTO 150
100   CALL PLANI(MFA,&400)
      IF(LSE.EQ.0) GOTO 200
C
C     BELEGEN
C     =======
150   MFAC(MFA,1) = MFAC(MFA,1) + 1
      IF(MFAC(MFA,1).EQ.MFAC(MFA,2)) STATE(K) = 0
      SE(LSE,1) = LTR
      TR(LTR,5) = ID
      IF(REP.EQ.1) TR(LTR,7) = LSE
      TR(LTR,8) = 0
      IF(IPRINT.EQ.0) RETURN
      NSE = LSE - MBV(MFA) + 1
      WRITE("OUTD",3000) T,TR(LTR,1),TR(LTR,2),MFA,NSE
3000  FORMAT(3H T=,I7,2X,2HTR,I5,1H,,I3,2X,12H BELEGT MFAC,
```

```
     +I3,16H SERVICE-ELEMENT,I3)
      RETURN
C
C     SPERREN
C     =======
200   AL(LTR,1) = ID
      AL(LTR,2) = - "KEND" - K
      IF(TR(LTR,8).EQ.0) TR(LTR,8) = T
      IF(IPRINT.EQ.0) RETURN 1
      WRITE("OUTD",3001) T,TR(LTR,1),TR(LTR,2),MFA
3001  FORMAT(3H T=,I7,2X,2HTR,I5,1H,,I3,2X,17H WIRD GESPERRT AN,
     +5H MFAC,I3)
      RETURN 1
C
C     BLOCKIEREN
C     ==========
300   AL(LTR,1) = ID
      AL(LTR,2) = - K
      TR(LTR,8) = T
      IF(IPRINT.EQ.0) GOTO 5002
      WRITE("OUTD",3002) T,TR(LTR,1),TR(LTR,2),MFA
3002  FORMAT(3H T=,I7,2X,2HTR,I5,1H,,I3,2X,23H WIRD BLOCKIERT AN MFAC,
     +I3)
5002  IF(K1.EQ.0) RETURN 1
C
C     VERDRAENGUNGSENTSCHEID
C     ======================
      CALL PLANO(MFA,&400)
      IF(LSE.EQ.0.OR.SE(LSE,1).LT.0.AND.SE(LSE,3).EQ.2) RETURN 1
      IF(SE(LSE,3).EQ.3) RETURN 1
C
C     AUFRUFEN DER POLICY
C     ===================
      POLVEC(1) = IABS(SE(LSE,1))
      POLC = 1
      DO 350  I = 1 , LAL
      IF(AL(I,2).NE.-K) GOTO 350
      POLC = POLC + 1
      POLVEC(POLC) = I
350   CONTINUE
      CALL POLICY(K)
      IF(LTR.EQ.IABS(SE(LSE,1))) RETURN 1
C
C     VERDRAENGEN
C     ===========
      IF(IPRINT.EQ.0) GOTO 5003
      NSE = LSE - MBV(MFA) + 1
      WRITE("OUTD",3003) T,TR(LTR,1),TR(LTR,2),MFA,NSE
3003  FORMAT(3H T=,I7,2X,2HTR,I5,1H,,I3,2X,25H WIRD VERDRAENGT VON MFAC,
     +I3,16H SERVICE-ELEMENT,I3)
5003  SE(LSE,2) = 1
      IF(SE(LSE,3).EQ.1) RETURN 1
      LTR = IABS(SE(LSE,1))
      TR(LTR,6) = AL(LTR,2) - T
      AL(LTR,2) = T
      RETURN 1
```

```
C
C     FEHLERHAFTE BELEGUNG DER MULTIFACILITY
C     ======================================
400   RETURN 2
      END
```

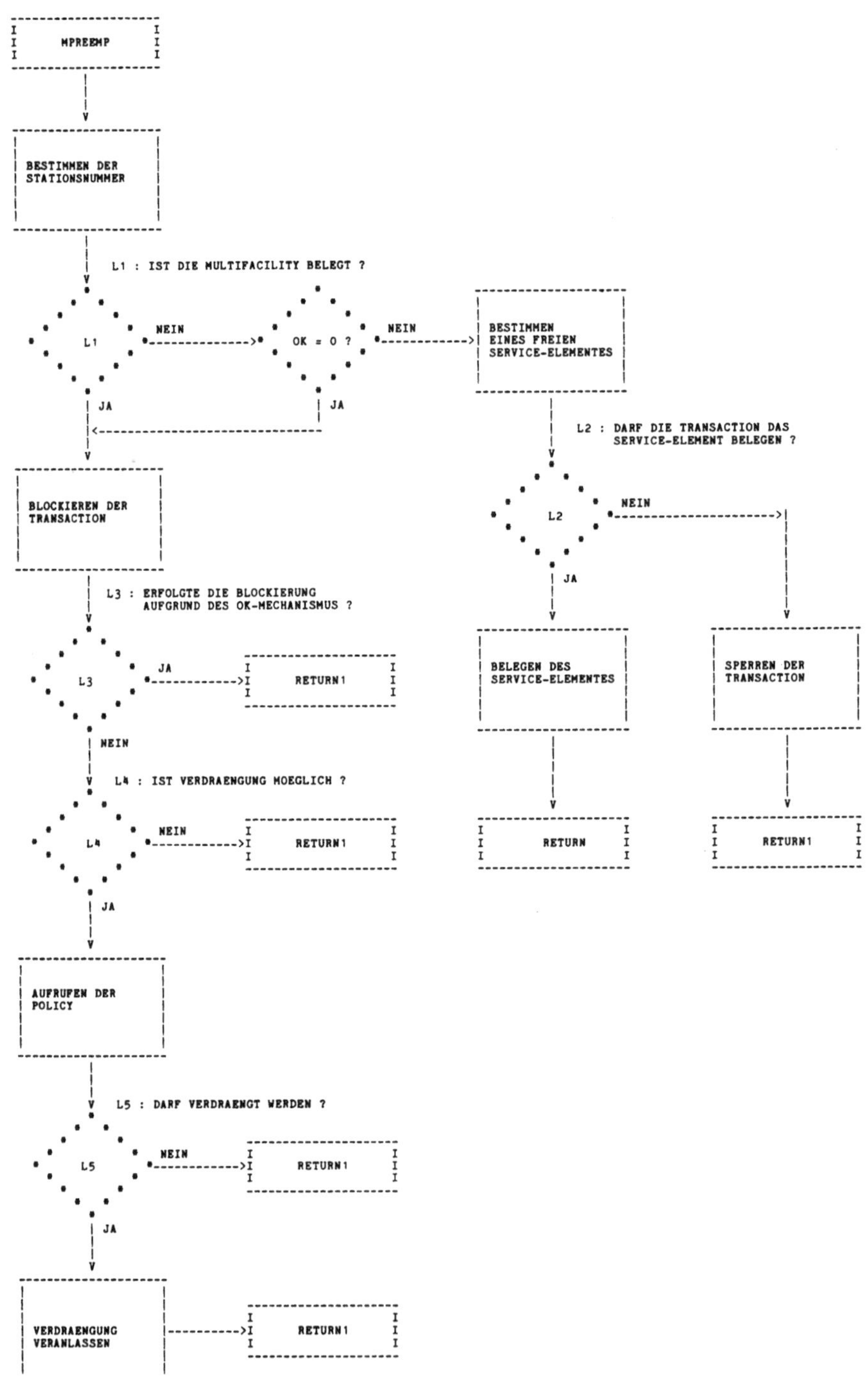
MPREEMP
BESTIMMEN DER STATIONSNUMMER
L1 : IST DIE MULTIFACILITY BELEGT ?
L1
NEIN
OK = 0 ?
NEIN
JA
JA
BESTIMMEN EINES FREIEN SERVICE-ELEMENTES
L2 : DARF DIE TRANSACTION DAS SERVICE-ELEMENT BELEGEN ?
L2
NEIN
JA
BELEGEN DES SERVICE-ELEMENTES
RETURN
SPERREN DER TRANSACTION
RETURN1
BLOCKIEREN DER TRANSACTION
L3 : ERFOLGTE DIE BLOCKIERUNG AUFGRUND DES OK-MECHANISMUS ?
L3
JA
RETURN1
NEIN
L4 : IST VERDRAENGUNG MOEGLICH ?
L4
NEIN
RETURN1
JA
AUFRUFEN DER POLICY
L5 : DARF VERDRAENGT WERDEN ?
L5
NEIN
RETURN1
JA
VERDRAENGUNG VERANLASSEN
RETURN1

```
      SUBROUTINE MSEIZE(MFA,ID,REP,*,*,IPRINT)
C     ***
C     ***       CALL MSEIZE(MFA, ID, REP, &1005, &1006,
C     ***                   IPRINT)
C     ***
C     *** FUNKTION :  BELEGEN EINES SERVICE-ELEMENTES IN
C     ***             EINER MULTIFACILITY
C     *** PARAMETER:  MFA = NUMMER DER MULTIFACILITY
C     ***             ID  = ANWEISUNGSNUMMER DES UNTERPROGRAMMAUF-
C     ***                   RUFES
C     ***             REP = WIEDERBELEGUNGSKENNZEICHEN
C     ***                 = 0: DIE VERDRAENGTE TR DARF BEI WIEDER-
C     ***                      LEGUNG JEDES SERVICE-ELEMENT BELEGEN
C     ***                 = 1: DIE VERDRAENGTE TR DARF BEI WIEDER-
C     ***                      BELEGUNG NUR DASSELBE SERVICE-
C     ***                      ELEMENT BELEGEN
C     ***
      IMPLICIT INTEGER (A - Z)
      COMMON  TR("TR1","TR2") , AL("TR1",2) , LAL , LTR , EL("EL1",2)
      COMMON  LEL , LEV , LFAM , NADR , STATE("STATE1") , OK
      COMMON  N , T , IT , RT
      COMMON  /MFA/ LSE , MFAC("MFAC1",2) , MBV("MFAC1") , SE("SE1",3)
C
C     BESTIMMEN DER STATIONSNUMMER
C     ============================
      K = "EFAC" + MFA
C
C     BLOCKIERENTSCHEID
C     =================
      IF(OK.EQ.0) GOTO 300
      OK = 0
      IF(MFAC(MFA,1).EQ.MFAC(MFA,2)) GOTO 300
C
C     ZUTEILEN EINES SERVICE-ELEMENTES DURCH DEN PLAN
C     ===============================================
      IF(TR(LTR,7).EQ.0) GOTO 100
      LSE = TR(LTR,7)
      IF(SE(LSE,1).NE.0) GOTO 200
      GOTO 150
100   CALL PLANI(MFA,&400)
      IF(LSE.EQ.0) GOTO 200
C
C     BELEGEN
C     =======
150   MFAC(MFA,1) = MFAC(MFA,1) + 1
      IF(MFAC(MFA,1).EQ.MFAC(MFA,2)) STATE(K) = 0
      SE(LSE,1) = LTR
      TR(LTR,5) = ID
      IF(REP.EQ.1) TR(LTR,7) = LSE
      TR(LTR,8) = 0
      IF(IPRINT.EQ.0) RETURN
      NSE = LSE - MBV(MFA) + 1
      WRITE("OUTD",3000) T,TR(LTR,1),TR(LTR,2),MFA,NSE
3000  FORMAT(3H T=,I7,2X,2HTR,I5,1H,,I3,2X,12H BELEGT MFAC,I3,
     +16H SERVICE-ELEMENT,I3)
      RETURN
```

```
C
C     SPERREN
C     =======
200   AL(LTR,1) = ID
      AL(LTR,2) = - "KEND" - K
      IF(TR(LTR,8).EQ.0) TR(LTR,8) = T
      IF(IPRINT.EQ.0) RETURN 1
      WRITE("OUTD",3001) T,TR(LTR,1),TR(LTR,2),MFA
3001  FORMAT(3H T=,I7,2X,2HTR,I5,1H,,I3,2X,22H WIRD GESPERRT AN MFAC,
     +I3)
      RETURN 1
C
C     BLOCKIEREN
C     ==========
300   AL(LTR,1) = ID
      AL(LTR,2) = - K
      TR(LTR,8) = T
      IF(IPRINT.EQ.0) RETURN 1
      WRITE("OUTD",3002) T,TR(LTR,1),TR(LTR,2),MFA
3002  FORMAT(3H T=,I7,2X,2HTR,I5,1H,,I3,2X,23H WIRD BLOCKIERT AN MFAC,
     +I3)
      RETURN 1
C
C     FEHLERHAFTE BELEGUNG DER MULTIFACILITY
C     ======================================
400   RETURN 2
      END
```

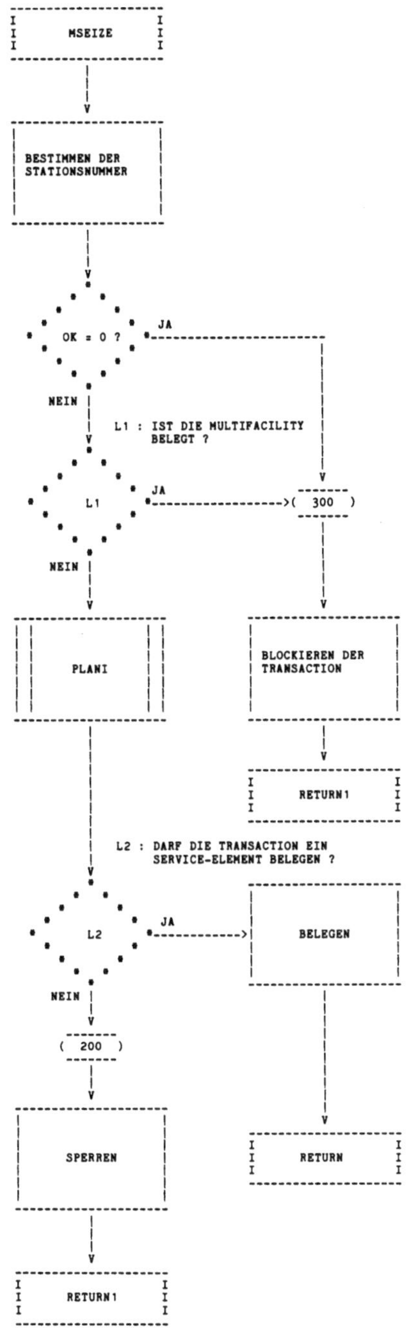

MSEIZE
BESTIMMEN DER STATIONSNUMMER
OK = 0 ?
JA
NEIN
L1 : IST DIE MULTIFACILITY BELEGT ?
L1
JA
300
NEIN
PLANI
BLOCKIEREN DER TRANSACTION
RETURN1
L2 : DARF DIE TRANSACTION EIN SERVICE-ELEMENT BELEGEN ?
L2
JA
BELEGEN
NEIN
200
SPERREN
RETURN
RETURN1

```
      SUBROUTINE MSETUP(ST,MFA,IDN,*,*,IPRINT)
C     ***
C     ***        CALL MSETUP (ST, MFA, IDN, &1005, &1006, IPRINT)
C     ***
C     *** FUNKTION :  ZURUESTEN EINES SERVICE-ELEMENTES
C     *** PARAMETER:  ST  = ZURUESTZEIT
C     ***             MFA = NUMMER DER MULTIFACILITY
C     ***             IDN = ZIELADRESSE
C     ***
      IMPLICIT INTEGER (A - Z)
      COMMON  TR("TR1","TR2") , AL("TR1",2) , LAL , LTR , EL("EL1",2)
      COMMON  LEL , LEV , LFAM , NADR , STATE("STATE1") , OK
      COMMON  N , T , IT , RT
      COMMON  /MFA/ LSE , MFAC("MFAC1",2) , MBV("MFAC1") , SE("SE1",3)
C
C     BESTIMMEN DES SERVICE-ELEMENTES
C     ================================
      I1 = MBV(MFA)
      I2 = I1 + MFAC(MFA,2) - 1
      DO 100  LSE = I1 , I2
      IF(IABS(SE(LSE,1)).EQ.LTR) GOTO 200
100   CONTINUE
      WRITE("OUTD",3000) T,TR(LTR,1),TR(LTR,2),MFA
3000  FORMAT(1H0,24(1H+),27H FEHLER: SUBROUTINE MSETUP ,29(1H+)/1X,
     +24(1H+),3H T=,I7,2X,2HTR,I5,1H,,I3,12H BELEGT MFAC,I3,7H NICHT ,
     +11(1H+)/)
      RETURN 2
C
C     ZURUESTEN
C     =========
200   SE(LSE,1) = - LTR
      SE(LSE,3) = 1
      AL(LTR,1) = IDN
      AL(LTR,2) = T + ST
      IF(IPRINT.EQ.0) RETURN 1
      NSE = LSE - MBV(MFA) + 1
      WRITE("OUTD",3001) T,TR(LTR,1),TR(LTR,2),NSE,MFA,AL(LTR,2)
3001  FORMAT(3H T=,I7,2X,2HTR,I5,1H,,I3,2X,16H SERVICE-ELEMENT,
     +I3,8H IN MFAC,I3,21H WIRD ZUGERUESTET BIS,I7)
      RETURN 1
      END
```

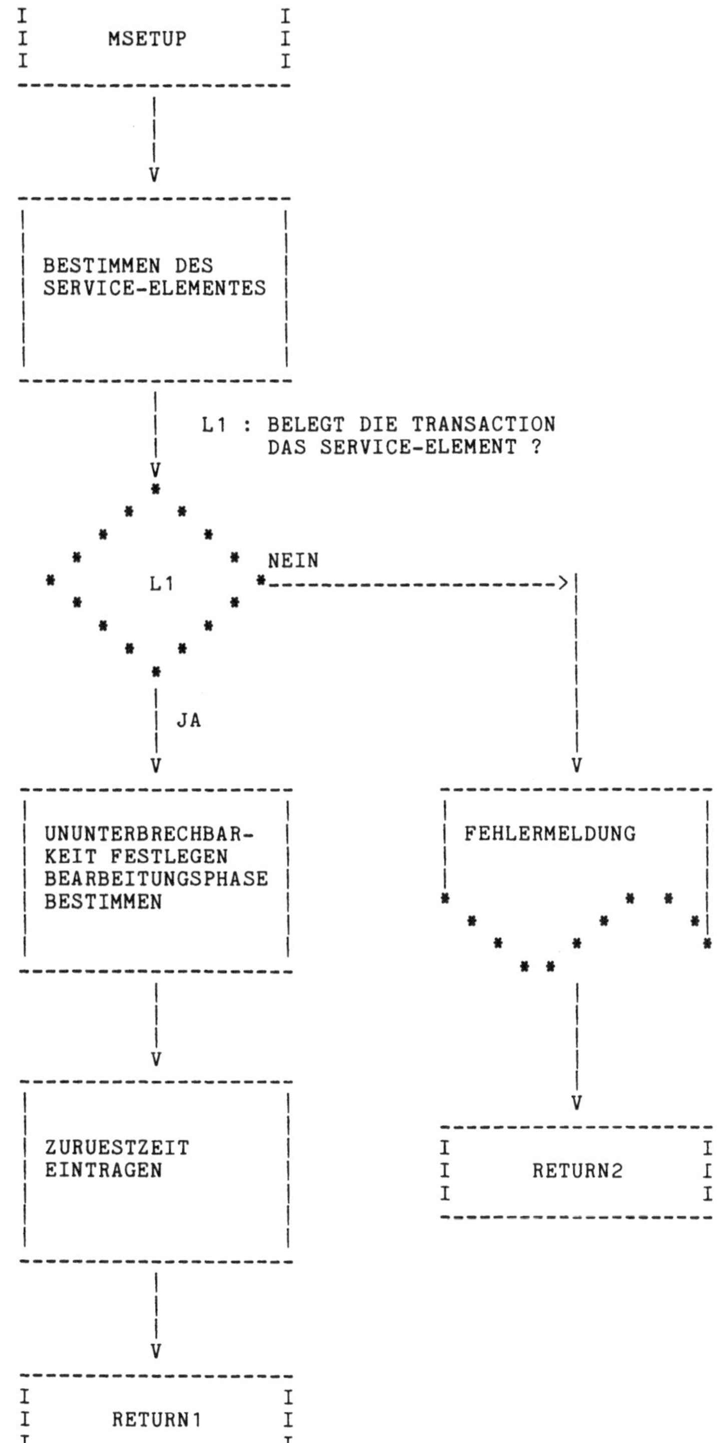
MSETUP
BESTIMMEN DES SERVICE-ELEMENTES
L1 : BELEGT DIE TRANSACTION DAS SERVICE-ELEMENT ?
L1
NEIN
JA
UNUNTERBRECHBARKEIT FESTLEGEN BEARBEITUNGSPHASE BESTIMMEN
FEHLERMELDUNG
ZURUESTZEIT EINTRAGEN
RETURN1
RETURN2

```
      SUBROUTINE MWORK(WT,MFA,ID,IEX,*,*,IPRINT)
C     ***
C     ***      CALL MWORK(WT, MFA, ID, IEX, &1005, &1006, IPRINT)
C     ***
C     *** FUNKTION :  BEARBEITEN IN EINEM SERVICE-ELEMENT
C     *** PARAMETER:  WT  = BEARBEITUNGSZEIT
C     ***             MFA = NUMMER DER MULITFACILITY
C     ***             ID  = ANWEISUNGSNUMMER DES UNTERPROGRAMMAUF-
C     ***                   RUFES
C     ***             IEX = VERDRAENGUNGSSPERRE
C     ***                   = 0: DIE TR DARF VERDRAENGT WERDEN
C     ***                   = 1: DIE TR DARF NICHT VERDRAENGT WERDEN
C     ***
      IMPLICIT INTEGER (A - Z)
      COMMON  TR("TR1","TR2") , AL("TR1",2) , LAL , LTR , EL("EL1",2)
      COMMON  LEL , LEV , LFAM , NADR , STATE("STATE1") , OK
      COMMON  N , T , IT , RT
      COMMON  /MFA/ LSE , MFAC("MFAC1",2) , MBV("MFAC1") , SE("SE1",3)
C
C     BESTIMMEN DES SERVICE-ELEMENTES
C     ===============================
      I1 = MBV(MFA)
      I2 = I1 + MFAC(MFA,2) - 1
      DO 100  LSE = I1 , I2
      IF(IABS(SE(LSE,1)).EQ.LTR) GOTO 200
100   CONTINUE
      WRITE("OUTD",3000) T,TR(LTR,1),TR(LTR,2),MFA
3000  FORMAT(1HO,24(1H+),26H FEHLER: SUBROUTINE MWORK ,30(1H+)/1X,
     +24(1H+),3H T=,I7,2X,2HTR,I5,1H,,I3,12H BELEGT MFAC,I3,7H NICHT ,
     +11(1H+)/)
      RETURN 2
C
C     BEARBEITUNGENTSCHEID
C     ====================
200   IF(SE(LSE,2).EQ.0) GOTO 250
      IF(SE(LSE,3).EQ.1) TR(LTR,6) = WT
      RETURN
250   IF(SE(LSE,3).EQ.2) RETURN
C
C     BEARBEITEN
C     ==========
      IF(IEX.EQ.0) SE(LSE,1) = LTR
      IF(IEX.EQ.1) SE(LSE,1) = - LTR
      SE(LSE,3) = 2
      IF(TR(LTR,6).NE.0) GOTO 300
      AL(LTR,1) = ID
      AL(LTR,2) = T + WT
      IF(IPRINT.EQ.0) RETURN 1
      WRITE("OUTD",3001) T,TR(LTR,1),TR(LTR,2),AL(LTR,2)
3001  FORMAT(3H T=,I7,2X,2HTR,I5,1H,,I3,2X,5H WIRD,
     +15H BEARBEITET BIS,I7)
      RETURN 1
```

```
C
C     BEARBEITEN NACH WIEDERBELEGUNG
C     ==============================
300   AL(LTR,1) = ID
      AL(LTR,2) = T + TR(LTR,6)
      TR(LTR,6) = 0
      IF(IPRINT.EQ.0) RETURN 1
      WRITE("OUTD",3002) T,TR(LTR,1),TR(LTR,2),AL(LTR,2)
3002  FORMAT(3H T=,I7,2X,2HTR,I5,1H,,I3,2X,5H WIRD,
     +21H WEITERBEARBEITET BIS,I7)
      RETURN 1
      END
```

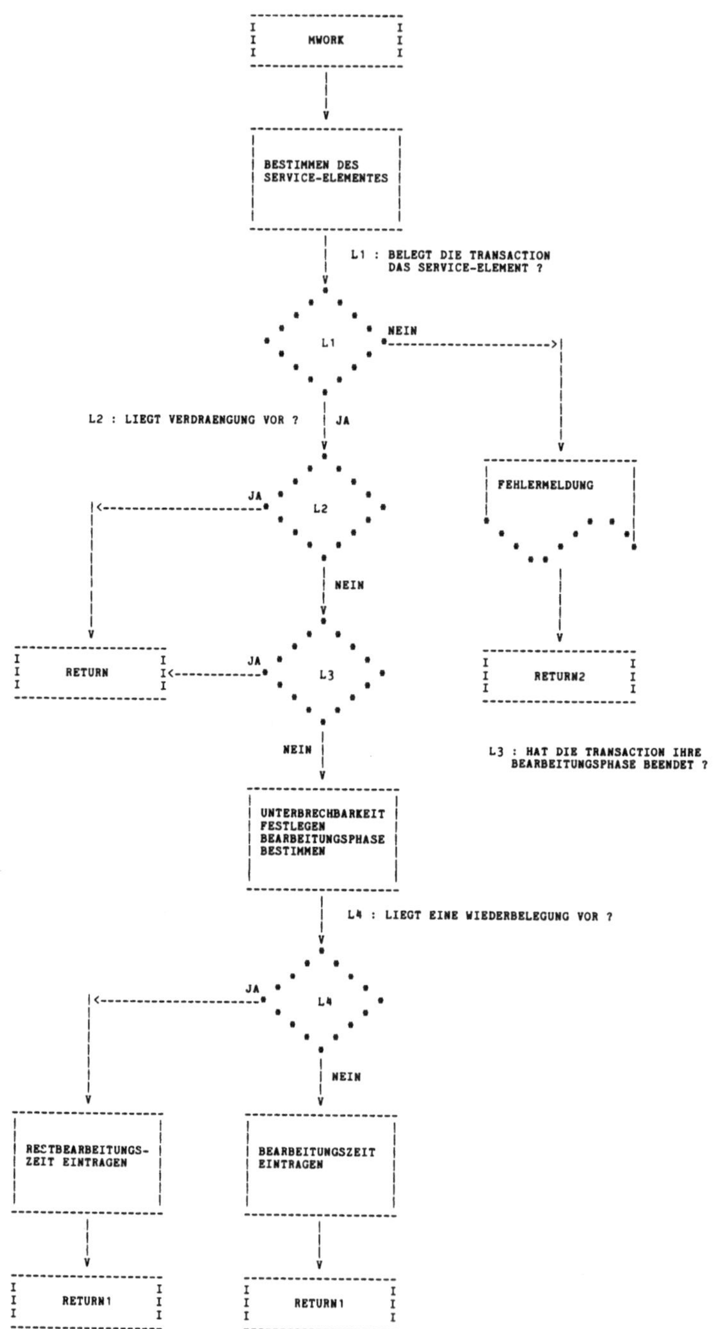

MWORK
BESTIMMEN DES SERVICE-ELEMENTES
L1 : BELEGT DIE TRANSACTION DAS SERVICE-ELEMENT ?
L1
NEIN
JA
L2 : LIEGT VERDRAENGUNG VOR ?
FEHLERMELDUNG
JA
L2
NEIN
RETURN
JA
L3
RETURN2
NEIN
L3 : HAT DIE TRANSACTION IHRE BEARBEITUNGSPHASE BEENDET ?
UNTERBRECHBARKEIT FESTLEGEN BEARBEITUNGSPHASE BESTIMMEN
L4 : LIEGT EINE WIEDERBELEGUNG VOR ?
JA
L4
NEIN
RESTBEARBEITUNGS-ZEIT EINTRAGEN
BEARBEITUNGSZEIT EINTRAGEN
RETURN1
RETURN1

```
      SUBROUTINE PLANI(MFA,*)
C     ***
C     ***       CALL PLANI(MFA, MARKE1)
C     ***
C     *** FUNKTION :  ERMITTLUNG DES PLANS, NACH DEM EIN SERVICE-ELEMENT
C     ***             EINER MULTIFACILITY BELEGT WERDEN SOLL
C     *** PARAMETER:  MFA    = NUMMER DER MULTIFACILITY
C     ***             MARKE1 = ADRESSAUSGANG BEI FEHLENDEM PLAN
C     ***
      INTEGER  PLAMA
      COMMON  /PLA/ PLAMA("MFAC1",2)
C
C     PLAN SUCHEN
C     ===========
      IF(PLAMA(MFA,1).NE.0) GOTO 100
      WRITE("OUTD",3000) MFA
3000  FORMAT(1H0,24(1H+),26H FEHLER: SUBROUTINE PLANI ,30(1H+)/1X,
     +24(1H+),10H FUER MFAC,I3,20H KEIN BELEGUNGSPLAN ,23(1H+)/)
50    RETURN 1
100   IADR = PLAMA(MFA,1)
      GOTO (1,2,3,4,5) , IADR
C
C     AUFRUFEN DES UNTERPROGRAMMES PLANI
C     ==================================
1     CALL LFIRST(MFA,&50)
      RETURN
2     CALL PLANI2(MFA)
      RETURN
3     CALL PLANI3(MFA)
      RETURN
4     CALL PLANI4(MFA)
      RETURN
5     CALL PLANI5(MFA)
      RETURN
      END
```

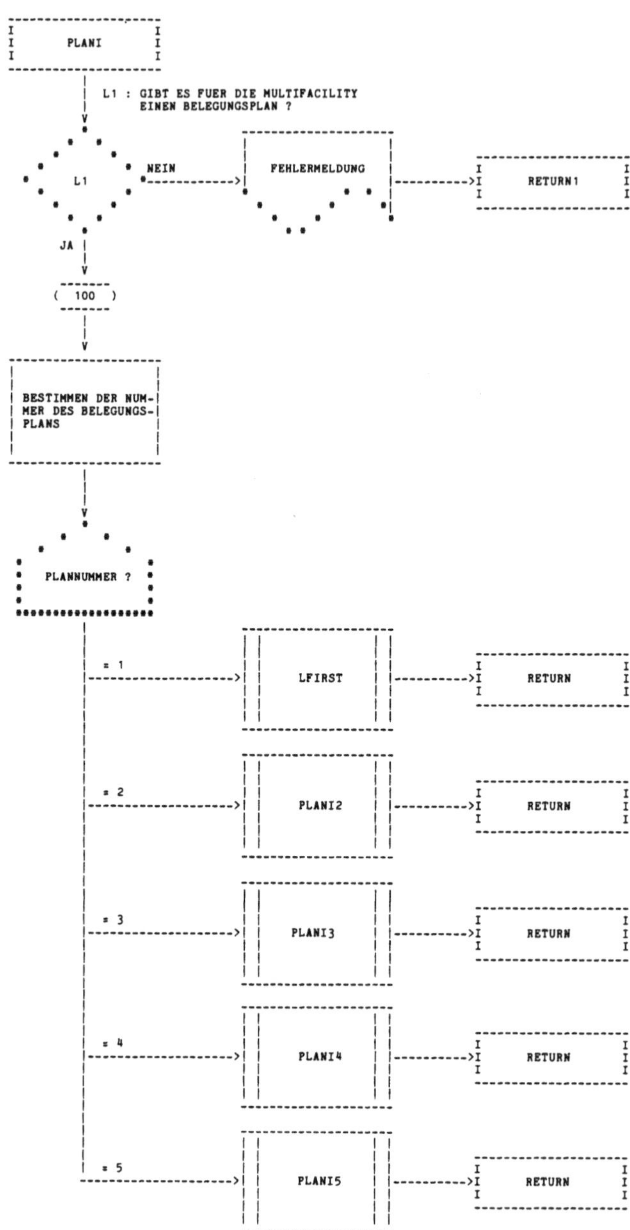
PLANI
L1 : GIBT ES FUER DIE MULTIFACILITY EINEN BELEGUNGSPLAN ?
L1
NEIN
FEHLERMELDUNG
RETURN1
JA
100
BESTIMMEN DER NUMMER DES BELEGUNGSPLANS
PLANNUMMER ?
= 1
LFIRST
RETURN
= 2
PLANI2
RETURN
= 3
PLANI3
RETURN
= 4
PLANI4
RETURN
= 5
PLANI5
RETURN

```
      SUBROUTINE PLANI2(MFA)
      RETURN
      END
      SUBROUTINE PLANI3(MFA)
      RETURN
      END
      SUBROUTINE PLANI4(MFA)
      RETURN
      END
      SUBROUTINE PLANI5(MFA)
      RETURN
      END
```

```
      SUBROUTINE PLANO(MFA,*)
C     ***
C     ***        CALL PLANO(MFA, MARKE1)
C     ***
C     *** FUNKTION :  ERMITTLUNG DES PLANS, NACH DEM EINE TR AUS
C     ***             EINER MULTIFACILITY VERDRAENGT WERDEN SOLL
C     *** PARAMETER:  MFA    = NUMMER DER MULTIFACILITY
C     ***             MARKE1 = ADRESSAUSGANG BEI FEHLENDEM PLAN
C     ***
      INTEGER  PLAMA
      COMMON  /PLA/ PLAMA("MFAC1",2)
C
C     PLAN SUCHEN
C     ===========
      IF(PLAMA(MFA,2).NE.0) GOTO 100
      WRITE("OUTD",3000) MFA
3000  FORMAT(1H0,24(1H+),26H FEHLER: SUBROUTINE PLANO ,30(1H+)/1X,
     +24(1H+),10H FUER MFAC,I3,24H KEIN VERDRAENGUNGSPLAN ,19(1H+)/)
      RETURN 1
100   IADR = PLAMA(MFA,2)
      GOTO (1,2,3,4,5) , IADR
C
C     AUFRUFEN DES UNTERPROGRAMMES PLANO
C     ==================================
1     CALL PRIOR(MFA)
      RETURN
2     CALL PLANO2(MFA)
      RETURN
3     CALL PLANO3(MFA)
      RETURN
4     CALL PLANO4(MFA)
      RETURN
5     CALL PLANO5(MFA)
      RETURN
      END
```

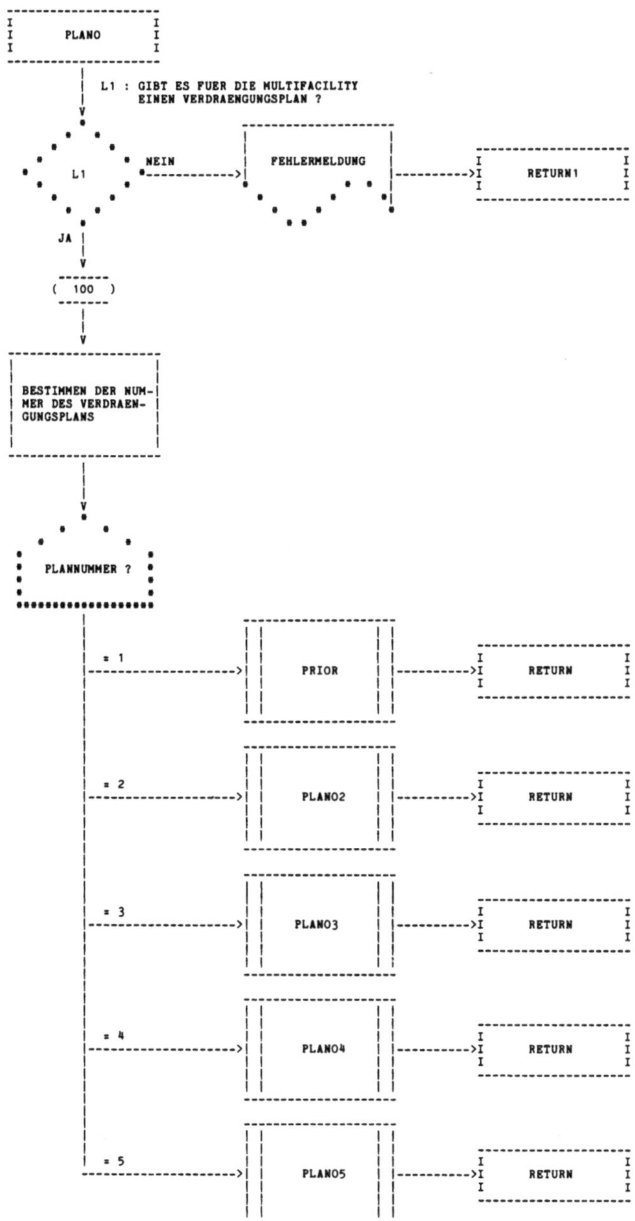
PLANO
L1 : GIBT ES FUER DIE MULTIFACILITY
EINEN VERDRAENGUNGSPLAN ?
L1
NEIN
FEHLERMELDUNG
RETURN1
JA
(100)
BESTIMMEN DER NUMMER DES VERDRAENGUNGSPLANS
PLANNUMMER ?
= 1
PRIOR
RETURN
= 2
PLANO2
RETURN
= 3
PLANO3
RETURN
= 4
PLANO4
RETURN
= 5
PLANO5
RETURN

```
      SUBROUTINE PLANO2(MFA)
      RETURN
      END
      SUBROUTINE PLANO3(MFA)
      RETURN
      END
      SUBROUTINE PLANO4(MFA)
      RETURN
      END
      SUBROUTINE PLANO5(MFA)
      RETURN
      END
```

```
      SUBROUTINE POLICY(K)
C     ***
C     ***         CALL POLICY(K)
C     ***
C     *** FUNKTION :  ERMITTLUNG DER POLICY, NACH DER DIE WARTESCHLANGE
C     ***             VOR DER STATION MIT DER STATIONSNUMMER K BEHANDELT
C     ***             WIRD
C     *** PARAMETER:  K = STATIONSNUMMMER
C     ***
      IMPLICIT INTEGER (A - Z)
      COMMON  /POL/ POLVEC("TR1") , POLC , POL("POL1",2)
C
C     POLICY SUCHEN
C     ==============
      DO 100  I = 1 , "POL1"
      IF(POL(I,1).NE.K) GOTO 100
      IADR = POL(I,2)
      GOTO 120
100   CONTINUE
      IADR = 1
120   CONTINUE
      GOTO (1,2,3,4,5) , IADR
C
C     AUFRUFEN DES UNTERPRGRAMMES POLI
C     ================================
1     CALL PFIFO
      RETURN
2     CALL FIFO
      RETURN
3     CALL POLI3
      RETURN
4     CALL POLI4
      RETURN
5     CALL POLI5
      RETURN
      END
```

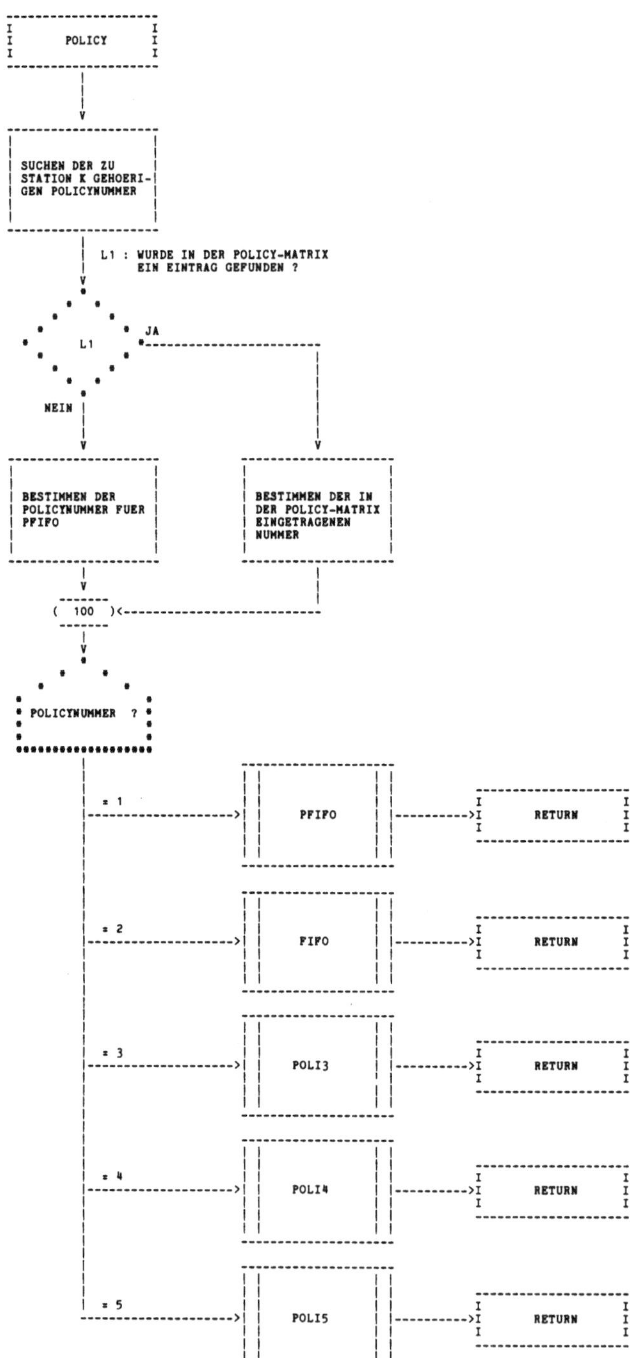

POLICY
SUCHEN DER ZU STATION K GEHOERIGEN POLICYNUMMER
L1 : WURDE IN DER POLICY-MATRIX EIN EINTRAG GEFUNDEN ?
L1
JA
NEIN
BESTIMMEN DER POLICYNUMMER FUER PFIFO
BESTIMMEN DER IN DER POLICY-MATRIX EINGETRAGENEN NUMMER
100
POLICYNUMMER ?
= 1
PFIFO
RETURN
= 2
FIFO
RETURN
= 3
POLI3
RETURN
= 4
POLI4
RETURN
= 5
POLI5
RETURN

```
      SUBROUTINE PFIFO
C     ***
C     ***       CALL PFIFO
C     ***
C     *** FUNKTION :  AUSWAEHLEN DER TR MIT DER HOECHSTEN PRIORITAET
C     ***
      IMPLICIT INTEGER (A - Z)
      COMMON  TR("TR1","TR2") , AL("TR1",2) , LAL , LTR , EL("EL1",2)
      COMMON  LEL , LEV , LFAM , NADR , STATE("STATE1") , OK
      COMMON  N , T , IT , RT
      COMMON  /POL/ POLVEC("TR1") , POLC , POL("POL1",2)
C
C     INITIALISIEREN DER SUCHE
C     ========================
      IPR = 1
      LTR = POLVEC(1)
      IF(POLC.EQ.1) RETURN
C
C     VERGLEICHEN
C     ===========
      DO 100  I = 2 , POLC
      LTR1 = POLVEC(I)
      IF(TR(LTR,4)-TR(LTR1,4))  110 , 120 , 100
110   LTR = LTR1
      IPR = 1
      POLVEC(1) = LTR
      GOTO 100
120   IPR = IPR + 1
      POLVEC(IPR) = LTR1
100   CONTINUE
C
C     AUFRUFEN VON FIFO
C     =================
      POLC = IPR
      IF(IPR.LE.1) RETURN
      CALL FIFO
      RETURN
      END
```

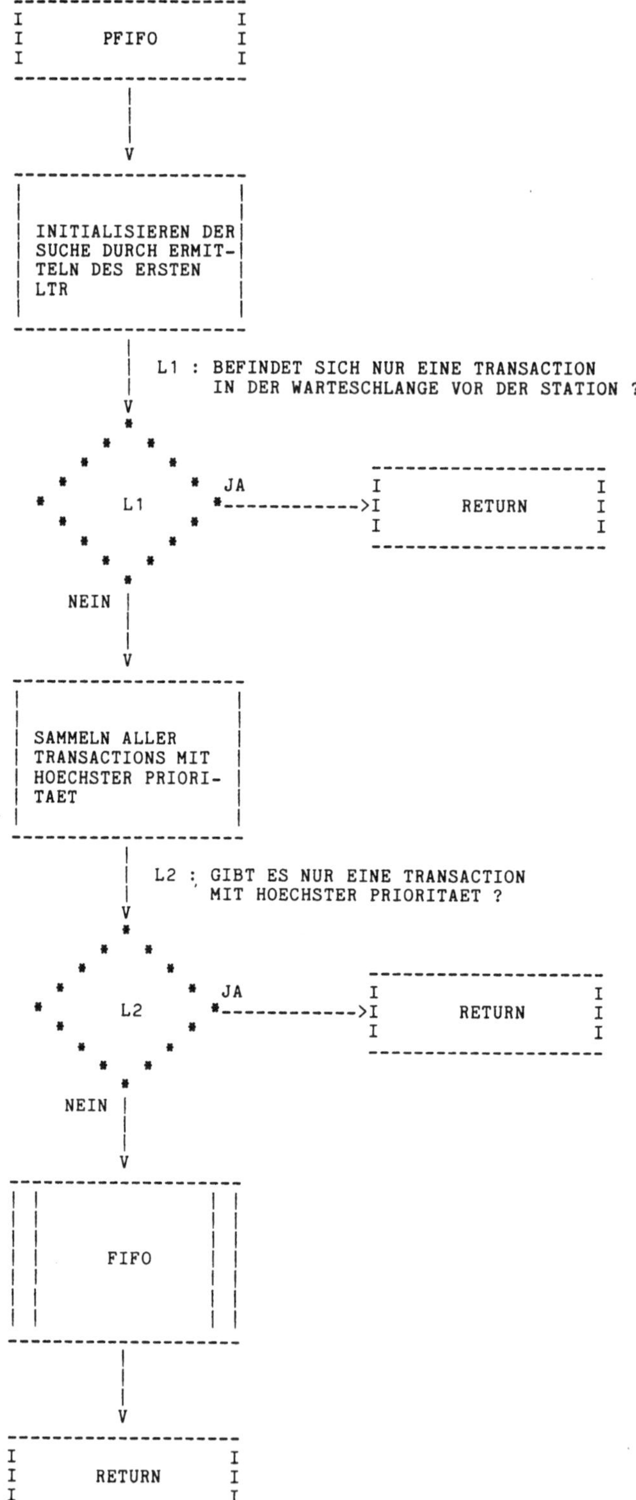
PFIFO
INITIALISIEREN DER SUCHE DURCH ERMITTELN DES ERSTEN LTR
L1 : BEFINDET SICH NUR EINE TRANSACTION IN DER WARTESCHLANGE VOR DER STATION ?
L1
JA
RETURN
NEIN
SAMMELN ALLER TRANSACTIONS MIT HOECHSTER PRIORITAET
L2 : GIBT ES NUR EINE TRANSACTION MIT HOECHSTER PRIORITAET ?
L2
JA
RETURN
NEIN
FIFO
RETURN

```
      SUBROUTINE POLI3
      RETURN
      END
      SUBROUTINE POLI4
      RETURN
      END
      SUBROUTINE POLI5
      RETURN
      END
```

```
      SUBROUTINE PREEMP(NFA,ID,*,IPRINT)
C     ***
C     ***       CALL PREEMP(NFA, ID, &1005, IPRINT)
C     ***
C     *** FUNKTION :  BEVORRECHTIGTES BELEGEN EINER FACILITY
C     ***             MIT PRIORITAETENVERGLEICH
C     *** PARAMETER:  NFA = NUMMER DER FACILITY
C     ***             ID  = ANWEISUNGSNUMMER DES UNTERPROGRAMMAUF-
C     ***                   RUFES
C     ***
      IMPLICIT INTEGER (A - Z)
      COMMON  TR("TR1","TR2") , AL("TR1",2) , LAL , LTR , EL("EL1",2)
      COMMON  LEL , LEV , LFAM , NADR , STATE("STATE1") , OK
      COMMON  N , T , IT , RT
      COMMON  /FAC/ FAC("FAC1",3)
      COMMON  /POL/ POLVEC("TR1") , POLC , POL("POL1",2)
C
C     BLOCKIERENTSCHEID
C     =================
      K1 = 1
      IF(FAC(NFA,1).NE.0) GOTO 200
      K1 = 0
      IF(OK.EQ.0) GOTO 200
      OK = 0
C
C     BELEGEN
C     =======
      FAC(NFA,1) = LTR
      STATE(NFA) = 0
      TR(LTR,8) = 0
      TR(LTR,5) = ID
      IF(IPRINT.EQ.0) RETURN
      WRITE("OUTD",3000) T,TR(LTR,1),TR(LTR,2),NFA
3000  FORMAT(3H T=,I7,2X,2HTR,I5,1H,,I3,2X,11H BELEGT FAC,I3)
      RETURN
C
C     BLOCKIEREN
C     ==========
200   AL(LTR,1) = ID
      AL(LTR,2) = - NFA
      TR(LTR,8) = T
      IF(IPRINT.EQ.0) GOTO 5001
      WRITE("OUTD",3001) T,TR(LTR,1),TR(LTR,2),NFA
3001  FORMAT(3H T=,I7,2X,2HTR,I5,1H,,I3,2X,22H WIRD BLOCKIERT AN FAC,
     +I3)
5001  IF(K1.EQ.0) RETURN 1
C
C     VERDRAENGUNGSENTSCHEID
C     ======================
300   IF(FAC(NFA,1).LT.0.AND.FAC(NFA,3).EQ.2) RETURN 1
      IF(FAC(NFA,3).EQ.3) RETURN 1
C
C     AUFRUFEN DER POLICY
C     ===================
      POLVEC(1) = IABS(FAC(NFA,1))
      POLC = 1
```

```
      DO 350  I = 1 , LAL
      IF(AL(I,2).NE.-NFA) GOTO 350
      POLC = POLC + 1
      POLVEC(POLC) = I
350   CONTINUE
      CALL POLICY(NFA)
      IF(LTR.EQ.IABS(FAC(NFA,1))) RETURN 1
C
C     VERDRAENGEN
C     ===========
      IF(IPRINT.EQ.0) GOTO 5002
      WRITE("OUTD",3002) T,TR(LTR,1),TR(LTR,2),NFA
3002  FORMAT(3H T=,I7,2X,2HTR,I5,1H,,I3,2X,24H WIRD VERDRAENGT VON FAC,
     +I3)
5002  FAC(NFA,2) = 1
      IF(FAC(NFA,3).EQ.1) RETURN 1
      LTR = IABS(FAC(NFA,1))
      TR(LTR,6) = AL(LTR,2) - T
      AL(LTR,2) = T
      RETURN 1
      END
```

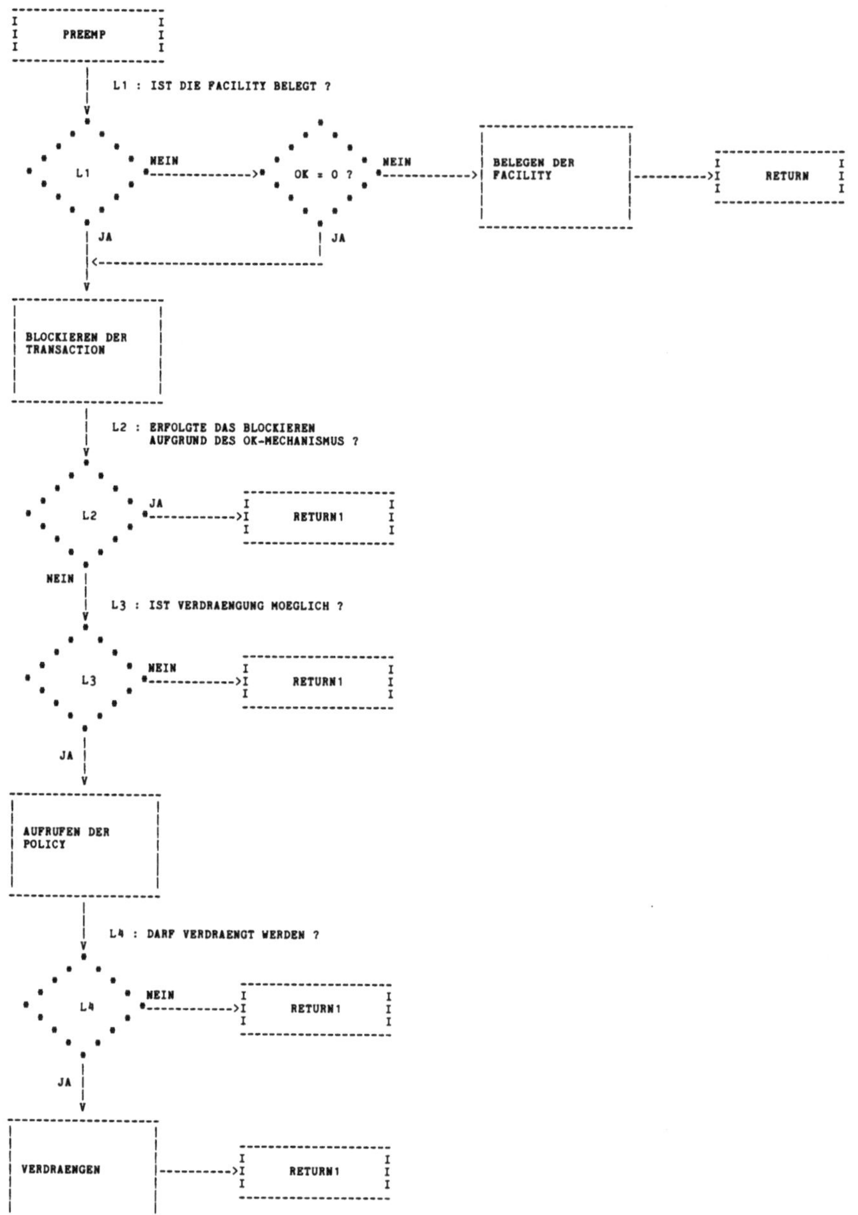
PREEMP
L1 : IST DIE FACILITY BELEGT ?
L1
NEIN
OK = 0 ?
NEIN
BELEGEN DER FACILITY
RETURN
JA
JA
BLOCKIEREN DER TRANSACTION
L2 : ERFOLGTE DAS BLOCKIEREN AUFGRUND DES OK-MECHANISMUS ?
L2
JA
RETURN1
NEIN
L3 : IST VERDRAENGUNG MOEGLICH ?
L3
NEIN
RETURN1
JA
AUFRUFEN DER POLICY
L4 : DARF VERDRAENGT WERDEN ?
L4
NEIN
RETURN1
JA
VERDRAENGEN
RETURN1

```
      SUBROUTINE PRIOR(MFA)
C     ***
C     ***        CALL PRIOR(MFA)
C     ***
C     *** FUNKTION :  AUSWAEHLEN DER TR MIT DER NIEDRIGSTEN
C     ***             PRIORITAET IN DER MULTIFACILITY MFA
C     *** PARAMETER:  MFA = NUMMER DER MULTIFACILITY
C     ***
      IMPLICIT INTEGER (A - Z)
      COMMON  TR("TR1","TR2") , AL("TR1",2) , LAL , LTR , EL("EL1",2)
      COMMON  LEL , LEV , LFAM , NADR , STATE("STATE1") , OK
      COMMON  N , T , IT , RT
      COMMON  /MFA/ LSE , MFAC("MFAC1",2) , MBV("MFAC1") , SE("SE1",3)
C
C     INITIALISIEREN DER SUCHE
C     ========================
      LSE = 0
      PR = TR(LTR,4)
      I1 = MBV(MFA)
      I2 = I1 + MFAC(MFA,2) - 1
C
C     SUCHEN NACH DEM SERVICE-ELEMENT
C     ===============================
      DO 100  I = I1 , I2
      IF(SE(I,1).LT.0.AND.SE(I,3).EQ.2) GOTO 100
      LTR1 = IABS(SE(I,1))
      IF(TR(LTR1,4).GE.PR) GOTO 100
      PR = TR(LTR1,4)
      LSE = I
100   CONTINUE
      RETURN
      END
```

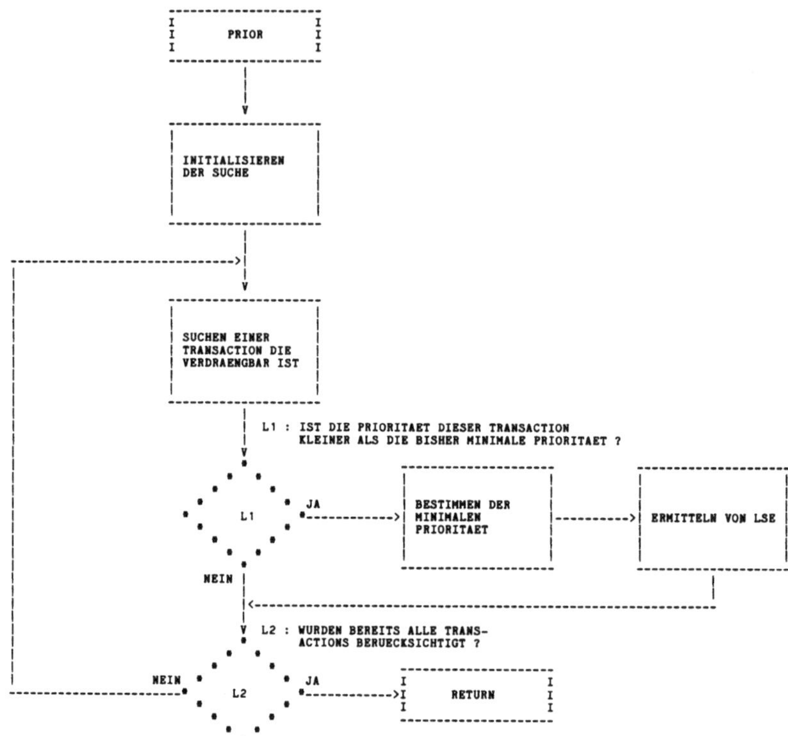
PRIOR
INITIALISIEREN DER SUCHE
SUCHEN EINER TRANSACTION DIE VERDRAENGBAR IST
L1 : IST DIE PRIORITAET DIESER TRANSACTION KLEINER ALS DIE BISHER MINIMALE PRIORITAET ?
L1
JA
BESTIMMEN DER MINIMALEN PRIORITAET
ERMITTELN VON LSE
NEIN
L2 : WURDEN BEREITS ALLE TRANS-ACTIONS BERUECKSICHTIGT ?
NEIN
L2
JA
RETURN

```
      SUBROUTINE QUEUE(NQU,NE,*,IPRINT)
C     ***
C     ***       CALL QUEUE(NQU, NE, &1006, IPRINT)
C     ***
C     *** FUNKTION :  BETRETEN EINER QUEUE
C     *** PARAMETER:  NQU = NUMMER DER QUEUE
C     ***             NE  = ANZAHL DER QUEUE-EINHEITEN
C     ***
      IMPLICIT INTEGER (A - Z)
      REAL  QUESTA
      COMMON  TR("TR1","TR2") , AL("TR1",2) , LAL , LTR , EL("EL1",2)
      COMMON  LEL , LEV , LFAM , NADR , STATE("STATE1") , OK
      COMMON  N , T , IT , RT
      COMMON  /QUE/ QUE("QUE1",8) , QUESTA("QUE1",2)
C
C     FEHLERKONTROLLE
C     ===============
      DO 100  I = 9 , 13
      IF(TR(LTR,I).EQ.0) GOTO 200
100   CONTINUE
      WRITE("OUTD",3000) T,TR(LTR,1),TR(LTR,2),NQU
3000  FORMAT(1H0,24(1H+),26H FEHLER: SUBROUTINE QUEUE ,30(1H+)/1X,
     +24(1H+),3H T=,I7,2X,2HTR,I5,1H,,I3,24H BEFINDET SICH ZUR ZEIT ,
     +9(1H+),/1X,24(1H+),29H IN 5 QUEUES, EINTRITT IN QUE,I3,
     +1X,23(1H+)/1X,24(1H+),21H NICHT MEHR MOEGLICH ,35(1H+)/)
      RETURN 1
C
C     EINTRAGEN IN DIE TR-MATRIX
C     ==========================
200   TR(LTR,I) = NQU
      TR(LTR,I+5) = T
C
C     EINTRAGEN IN DIE QUE-MATRIX
C     ===========================
      QUE(NQU,7) = QUE(NQU,7) + QUE(NQU,1) * (T - QUE(NQU,8))
      QUE(NQU,8) = T
      QUE(NQU,1) = QUE(NQU,1) + NE
      IF(QUE(NQU,2).LT.QUE(NQU,1)) QUE(NQU,2) = QUE(NQU,1)
      QUE(NQU,3) = QUE(NQU,3) + NE
      IF(IPRINT.EQ.0)  RETURN
      WRITE("OUTD",3001) T,TR(LTR,1),TR(LTR,2),NQU
3001  FORMAT(3H T=,I7,2X,2HTR,I5,1H,,I3,2X,12H BETRITT QUE,I3)
      RETURN
      END
```

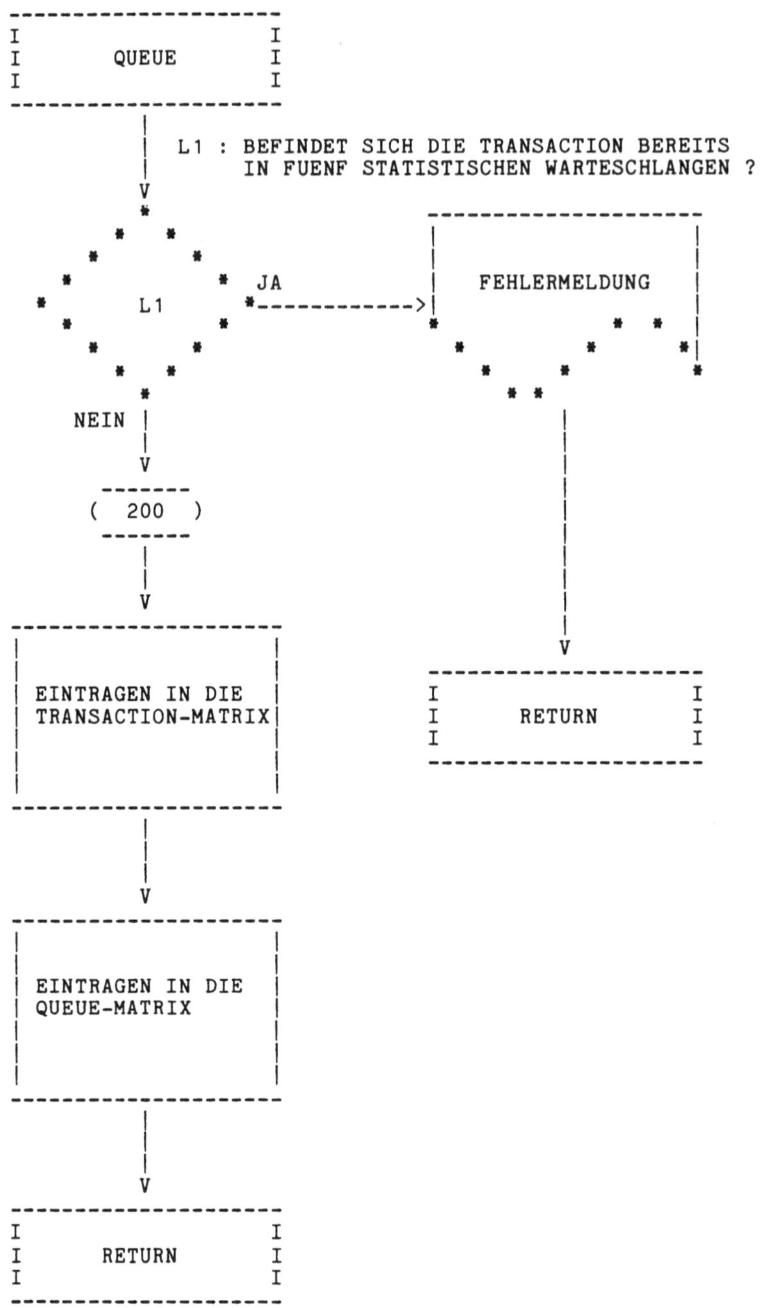
QUEUE
L1 : BEFINDET SICH DIE TRANSACTION BEREITS IN FUENF STATISTISCHEN WARTESCHLANGEN ?
L1
JA
FEHLERMELDUNG
NEIN
200
EINTRAGEN IN DIE TRANSACTION-MATRIX
RETURN
EINTRAGEN IN DIE QUEUE-MATRIX
RETURN

```
      SUBROUTINE REPORT(IQUE,IFAC,IMFAC,ISTO,IEL,IAL,ITR,IFAM)
C     ***
C     ***       CALL REPORT(IQUE, IFAC, IMFAC, ISTO, IEL, IAL, ITR,
C     ***                   IFAM)
C     ***
C     *** FUNKTION :  AUSDRUCKEN DER DATENBEREICHE FUER QUEUES,
C     ***             FACILITIES, MULTIFACILITIES, STORAGES UND FAMI-
C     ***             LIES, DER EREIGNISLISTE, AKTIVIERUNGSLISTE UND
C     ***             TRANSACTION-MATRIX
C     *** PARAMETER:  IQUE  = ZAHL DER AUSZUDRUCKENDEN QUEUES
C     ***             IFAC  = ZAHL DER AUSZUDRUCKENDEN FACILITIES
C     ***             IMFAC = ZAHL DER AUSZUDRUCKENDEN MULTI-
C     ***                     FACILITIES
C     ***             ISTO  = ZAHL DER AUSZUDRUCKENDEN STORAGES
C     ***             IEL   = ZAHL DER AUSZUDRUCKENDEN ZEILEN DER
C     ***                     EREIGNISLISTE
C     ***             IAL   = ZAHL DER AUSZUDRUCKENDEN ZEILEN DER
C     ***                     AKTIVIERUNGSLISTE
C     ***             ITR   = ZAHL DER AUSZUDRUCKENDEN ZEILEN DER
C     ***                     TRANSACTION-MATRIX
C     ***             IFAM  = ZAHL DER AUSZUDRUCKENDEN ZEILEN DER
C     ***                     FAMILY-MATRIX
C     ***
      IMPLICIT INTEGER (A - Z)
      REAL  QUESTA
      COMMON  TR("TR1","TR2") , AL("TR1",2) , LAL , LTR , EL("EL1",2)
      COMMON  LEL , LEV , LFAM , NADR , STATE("STATE1") , OK
      COMMON  N , T , IT , RT
      COMMON  /FAC/ FAC("FAC1",3)
      COMMON  /FAM/ FAM("FAM1",3)
      COMMON  /MFA/ LSE , MFAC("MFAC1",2) , MBV("MFAC1") , SE("SE1",3)
      COMMON  /QUE/ QUE("QUE1",8) , QUESTA("QUE1",2)
      COMMON  /STO/ STO("STO1",2)
      WRITE("OUTD",3000) T,RT
3000  FORMAT(10X,4HT = ,I7,2X,5HRT = ,I7)
C
C     AUSDRUCKEN DER QUE-MATRIX
C     =========================
      IF(IQUE.EQ.0) GOTO 200
      WRITE("OUTD",3001)
3001  FORMAT(///9X,18H INHALT DER QUEUES)
      WRITE("OUTD",3002)
3002  FORMAT(/44H         QNR        QLFD        QMAX        SUMZ,
     +44H       SUMA        SUMD        SUMW         BT,
     +33H         LT          WZ         WSL)
      DO 100  I = 1 , IQUE
      IF(QUE(I,3).EQ.0) GOTO 100
      WRITE("OUTD",3003) I,(QUE(I,J1),J1=1,8),QUESTA(I,1),QUESTA(I,2)
3003  FORMAT(9(1X,I10),2(1X,F10.5))
100   CONTINUE
C
C     AUSDRUCKEN DER FAC-MATRIX
C     =========================
200   IF(IFAC.EQ.0) GOTO 300
      WRITE("OUTD",3004)
3004  FORMAT(///9X,22H INHALT DER FACILITIES)
```

```
      WRITE("OUTD",3005)
3005  FORMAT(/10X,24HNR.   INH.   VKZ   PHASE)
      DO 250  I = 1 , IFAC
      IF(FAC(I,1).EQ.0.AND.FAC(I,2).EQ.0) GOTO 250
      WRITE("OUTD",3006) I,(FAC(I,J),J=1,3)
3006  FORMAT(10X,I2,2(1X,I6),1X,I7)
250   CONTINUE
C
C     AUSDRUCKEN DER MFAC-MATRIX
C     ==========================
300   IF(IMFAC.EQ.0) GOTO 400
      WRITE("OUTD",3007)
3007  FORMAT(///9X,27H INHALT DER MULTIFACILITIES)
      WRITE("OUTD",3008)
3008  FORMAT(/10X,17HNR.   INH.   KAP.)
      DO 350  I = 1 , IMFAC
      IF(MFAC(I,2).EQ.0) GOTO 350
      WRITE("OUTD",3006) I,MFAC(I,1),MFAC(I,2)
350   CONTINUE
C
C     AUSDRUCKEN DER STO-MATRIX
C     =========================
400   IF(ISTO.EQ.0) GOTO 500
      WRITE("OUTD",3009)
3009  FORMAT(///9X,20H INHALT DER STORAGES)
      WRITE("OUTD",3010)
3010  FORMAT(/10X,17HNR.   INH.   KAP.)
      DO 450  I = 1 , ISTO
      IF(STO(I,2).EQ.0) GOTO 450
      WRITE("OUTD",3006) I,STO(I,1),STO(I,2)
450   CONTINUE
C
C     AUSDRUCKEN DER EREIGNISLISTE
C     ============================
500   IF(IEL.EQ.0) GOTO 600
      WRITE("OUTD",3011)
3011  FORMAT(///9X,14H EREIGNISLISTE)
      WRITE("OUTD",3012)
3012  FORMAT(/33H          I        NADR        ZEIT)
      DO 550  I = 1 , IEL
      IF(EL(I,1).EQ.0) GOTO 550
      WRITE("OUTD",3013) I,(EL(I,J1),J1=1,2)
3013  FORMAT(3(1X,I10))
550   CONTINUE
C
C     AUSDRUCKEN DER AKTIVIERUNGSLISTE
C     ================================
600   IF(IAL.EQ.0) GOTO 700
      WRITE("OUTD",3014)
3014  FORMAT(///9X,18H AKTIVIERUNGSLISTE)
      WRITE("OUTD",3015)
3015  FORMAT(/33H          I        NADR     ZUSTAND)
      DO 650  I = 1 , IAL
      IF(AL(I,1).EQ.0) GOTO 650
      WRITE("OUTD",3013) I,(AL(I,J1),J1=1,2)
650   CONTINUE
```

```
C
C     AUSDRUCKEN DER TR-MATRIX
C     ========================
700   IF(ITR.EQ.0) GOTO 800
      WRITE("OUTD",3016)
3016  FORMAT(///9X,16H PARAMETERMATRIX)
      WRITE("OUTD",3017)
3017  FORMAT(/44H        LTR          P1          P2          P3,
     +44H          P4          P5          P6          P7,
     +11H          P8)
      DO 710  I = 1 , ITR
      IF(TR(I,1).EQ.0) GOTO 710
      WRITE("OUTD",3018) I,(TR(I,J1),J1=1,8)
3018  FORMAT(9(1X,I10))
710   CONTINUE
      WRITE("OUTD",3019)
3019  FORMAT(/44H        LTR          P9         P10         P11,
     +44H         P12         P13         P14         P15,
     +33H         P16         P17         P18)
      DO 720  I = 1 , ITR
      IF(TR(I,1).EQ.0) GOTO 720
      WRITE("OUTD",3020) I,(TR(I,J1),J1=9,18)
3020  FORMAT(11(1X,I10))
720   CONTINUE
C
C     AUSDRUCKEN DER FAM-MATRIX
C     =========================
800   IF(IFAM.EQ.0) RETURN
      WRITE("OUTD",3021)
3021  FORMAT(///9X,9H FAMILIES)
      WRITE("OUTD",3022)
3022  FORMAT(/33H          I      FAMNR      MENGE)
      DO 850  I = 1 , IFAM
      IF(FAM(I,1).EQ.0) GOTO 850
      WRITE("OUTD",3013) I,FAM(I,1),FAM(I,2)
850   CONTINUE
      RETURN
      END
```

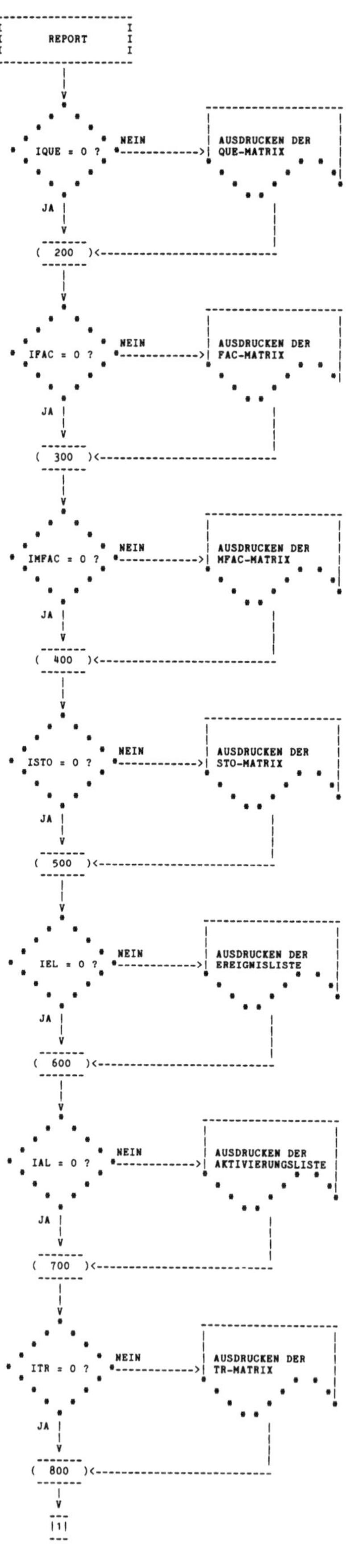
REPORT
IQUE = 0 ?
NEIN
AUSDRUCKEN DER QUE-MATRIX
JA
200
IFAC = 0 ?
NEIN
AUSDRUCKEN DER FAC-MATRIX
JA
300
IMFAC = 0 ?
NEIN
AUSDRUCKEN DER MFAC-MATRIX
JA
400
ISTO = 0 ?
NEIN
AUSDRUCKEN DER STO-MATRIX
JA
500
IEL = 0 ?
NEIN
AUSDRUCKEN DER EREIGNISLISTE
JA
600
IAL = 0 ?
NEIN
AUSDRUCKEN DER AKTIVIERUNGSLISTE
JA
700
ITR = 0 ?
NEIN
AUSDRUCKEN DER TR-MATRIX
JA
800
1

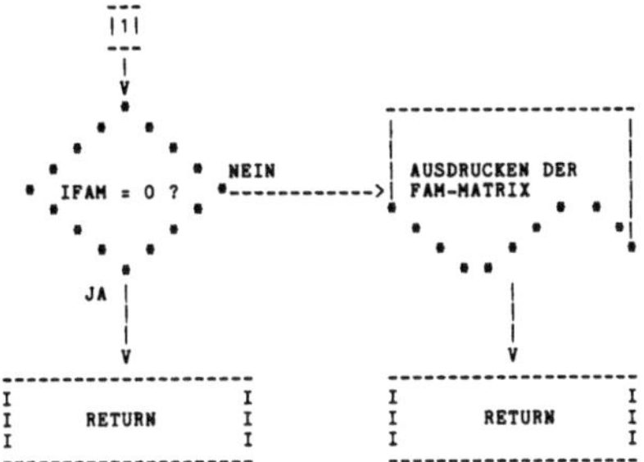
1
IFAM = 0 ?
NEIN
JA
AUSDRUCKEN DER
FAM-MATRIX
RETURN
RETURN

```
      SUBROUTINE RESET
C     ***
C     ***       CALL RESET
C     ***
C     *** FUNKTION :  NULLSETZEN DER VON GPSS-F BENOETIGTEN
C     ***             DATENBEREICHE
C     ***
      IMPLICIT INTEGER (A - Z)
      REAL  QUESTA
      COMMON  TR("TR1","TR2") , AL("TR1",2) , LAL , LTR , EL("EL1",2)
      COMMON  LEL , LEV , LFAM , NADR , STATE("STATE1") , OK
      COMMON  N , T , IT , RT
      COMMON  /ASM/ ASM("FAM1","ASM1")
      COMMON  /FAC/ FAC("FAC1",3)
      COMMON  /FAM/ FAM("FAM1",3)
      COMMON  /GA1/ GATHF("FAM1","GATHF1")
      COMMON  /GA2/ GATHT("GATHT1")
      COMMON  /MFA/ LSE , MFAC("MFAC1",2) , MBV("MFAC1") , SE("SE1",3)
      COMMON  /PLA/ PLAMA("MFAC1",2)
      COMMON  /POL/ POLVEC("TR1") , POLC , POL("POL1",2)
      COMMON  /QUE/ QUE("QUE1",8) , QUESTA("QUE1",2)
      COMMON  /SBV/ LSM , SBV("STO1") , SM("SM1",2)
      COMMON  /SRC/ SRC("SRC1",2) , NTRC
      COMMON  /STO/ STO("STO1",2)
      COMMON  /STR/ STRAMA("STO1",2)
      COMMON  /UC1/ UCHF("FAM1","UCHF1",2)
      COMMON  /UC2/ UCHT("UCHT1",2)
C
C     LOESCHEN DER SIMULATIONSUHREN
C     =============================
      T   = 0
      RT  = 0
C
C     ZURUECKSETZEN DES OK- UND IT-MECHANISMUS
C     ========================================
      IT  = 0
      OK  = 0
C
C     ZURUECKSETZEN DES ZAEHLERS NTRC
C     ===============================
      NTRC= 0
C
C     ZURUECKSETZEN DER LISTENENDEZEIGER
C     ==================================
      LEL = 1
      LAL = 1
C
C     LOESCHEN DER DATENBEREICHE
C     ==========================
      DO 111  I = 1 , "SRC1"
      DO 111  J = 1 , 2
111   SRC(I,J) = 0
      DO 222  I = 1 , "EL1"
      DO 222  J = 1 , 2
222   EL(I,J) = 0
      DO 444  I = 1 , "TR1"
```

```
      DO 333  J = 1 , 2
333   AL(I,J) = 0
      DO 444  J = 1 , "TR2"
444   TR(I,J) = 0
      DO 555  I = 1 , "FAC1"
      DO 555  J = 1 , 3
555   FAC(I,J) = 0
      DO 666  I = 1 , "MFAC1"
      MBV(I) = 0
      DO 666  J = 1 , 2
      MFAC(I,J) = 0
666   PLAMA(I,J) = 0
      DO 777  I = 1 , "SE1"
      DO 777  J = 1 , 3
777   SE(I,J) = 0
      DO 888  I = 1 , "STO1"
      SBV(I) = 0
      DO 888  J = 1 , 2
      STO(I,J) = 0
888   STRAMA(I,J) = 0
      DO 999  I = 1 , "SM1"
      DO 999  J = 1 , 2
999   SM(I,J) = 0
      DO 2222  I = 1 , "QUE1"
      QUE(I,8) = 1
      DO 1111  J = 1 , 7
1111  QUE(I,J) = 0
      DO 2222  J = 1 , 2
2222  QUESTA(I,J) = 0.
      DO 3333  I = 1 , "STATE1"
3333  STATE(I) = 1
      DO 7777  I = 1 , "FAM1"
      DO 4444  J = 1 , 3
4444  FAM(I,J) = 0
      DO 5555  J = 1 , "ASM1"
5555  ASM(I,J) = 0
      DO 6666  J = 1 , "GATHF1"
6666  GATHF(I,J) = 0
      DO 7777  J = 1 , "UCHF1"
      DO 7777  K = 1 , 2
7777  UCHF(I,J,K) = 0
      DO 8888  I = 1 , "UCHT1"
      DO 8888  J = 1 , 2
8888  UCHT(I,J) = 0
      DO 9999  I = 1 , "GATHT1"
9999  GATHT(I) = 0
      DO 11111  I = 1 , "POL1"
      DO 11111  J = 1 , 2
11111 POL(I,J) = 0
      RETURN
      END
```

RESET

1. LOESCHEN DER SIMULATIONSUHREN
2. ZURUECKSETZEN DES OK- UND IT-MECHANISMUSES
3. ZURUECKSETZEN DES ZAEHLERS NTRC
4. ZURUECKSETZEN DER LISTENENDEZEIGER
5. LOESCHEN DES DATENBEREICHS "SRC"
6. LOESCHEN DER TRANSACTIONSMATRIX DER EREIGNIS UND DER AKTIVIERUNGSLISTE
7. LOESCHEN DES DATENBEREICHS "FAC"
8. LOESCHEN DER DATENBEREICHE "MFA" UND "MPL"
9. LOESCHEN DER DATENBEREICHE "SBV", "STO" UND "STR"
10. LOESCHEN DES DATENBEREICHS "QUE"
11. INITIALISIEREN DES STATE-VEKTORS
12. LOESCHEN DER DATENBEREICHE "GA1" UND "GA2"
13. LOESCHEN DER DATENBEREICHE "ASM" UND "FAM"
14. LOESCHEN DER DATENBEREICHE "UC1" UND "UC2"
15. LOESCHEN DES DATENBEREICHS "POL"

RETURN

```
      FUNCTION RN(RNUM)
C     ***
C     *** FUNKTION :  ERZEUGEN EINER PSEUDO-ZUFALLSZAHL IM INTERVALL
C     ***             (0,1)
C     *** PARAMETER:  RNUM = NUMMER DES ZUFALLSZAHLENGENERATORS
C     ***
      INTEGER  RNUM
      REAL*8  DRN , DFAKT , DMODUL , DKONST
      COMMON  /DRN/ DRN("DRN1") , DFAKT("DRN1") , DMODUL , DKONST("DRN1")
C
C     ERZEUGEN EINER GLEICHVERTEILTEN ZUFALLSZAHL
C     ==========================================
      DRN(RNUM) = DMOD(DFAKT(RNUM) * DRN(RNUM) + DKONST(RNUM),DMODUL)
      RN = DRN(RNUM) / (DMODUL - 1.)
      RETURN
      END
```

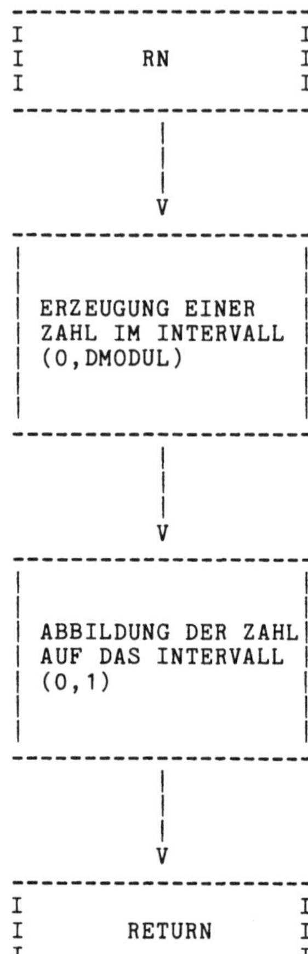
RN
ERZEUGUNG EINER ZAHL IM INTERVALL (0,DMODUL)
ABBILDUNG DER ZAHL AUF DAS INTERVALL (0,1)
RETURN

```
      SUBROUTINE SAVE
C     ***
C     ***        CALL SAVE
C     ***
C     *** FUNKTION :  RETTEN DES SYSTEMZUSTANDES AUF EINE DATEI MIT
C     ***             LOGISCHER GERAETENUMMER "SAVO"
C     ***
      IMPLICIT INTEGER (A - Z)
      REAL  QUESTA
      REAL*8  DRN , DFAKT , DMODUL , DKONST
      COMMON  TR("TR1","TR2") , AL("TR1",2) , LAL , LTR , EL("EL1",2)
      COMMON  LEL , LEV , LFAM , NADR , STATE("STATE1") , OK
      COMMON  N , T , IT , RT
      COMMON  /ASM/ ASM("FAM1","ASM1")
      COMMON  /DRN/ DRN("DRN1") , DFAKT("DRN1") , DMODUL , DKONST("DRN1")
      COMMON  /FAC/ FAC("FAC1",3)
      COMMON  /FAM/ FAM("FAM1",3)
      COMMON  /GA1/ GATHF("FAM1","GATHF1")
      COMMON  /GA2/ GATHT("GATHT1")
      COMMON  /MFA/ LSE , MFAC("MFAC1",2) , MBV("MFAC1") , SE("SE1",3)
      COMMON  /PLA/ PLAMA("MFAC1",2)
      COMMON  /POL/ POLVEC("TR1") , POLC , POL("POL1",2)
      COMMON  /QUE/ QUE("QUE1",8) , QUESTA("QUE1",2)
      COMMON  /SBV/ LSM , SBV("STO1") , SM("SM1",2)
      COMMON  /SRC/ SRC("SRC1",2) , NTRC
      COMMON  /STO/ STO("STO1",2)
      COMMON  /STR/ STRAMA("STO1",2)
      COMMON  /UC1/ UCHF("FAM1","UCHF1",2)
      COMMON  /UC2/ UCHT("UCHT1",2)
      REWIND "SAVO"
      WRITE("SAVO",1) LAL,LEL
1     FORMAT(10I10)
      K = 5
      DO 2  I = 1 , LEL , 5
      IF(K.GT.LEL) K = LEL
      WRITE("SAVO",1) ((EL(J,M),M=1,2),J=I,K)
2     K = K + 5
      K = 5
      DO 3  I = 1 , LAL , 5
      IF(K.GT.LAL) K = LAL
      WRITE("SAVO",1) ((AL(J,M),M=1,2),J=I,K)
3     K = K + 5
      DO 4  I = 1 , LAL
      K = 10
      DO 4  J = 1 , "TR2" , 10
      IF(K.GT."TR2") K = "TR2"
      WRITE("SAVO",1) (TR(I,M),M=J,K)
4     K = K + 10
      K = 10
      DO 5  I = 1 , "STATE1" , 10
      IF(K.GT."STATE1") K = "STATE1"
      WRITE("SAVO",1) (STATE(M),M=I,K)
5     K = K + 10
      WRITE("SAVO",1) T
      WRITE("SAVO",1) RT
      DO 6  I = 1 , "FAM1"
```

```
      K = 10
      DO 6  J = 1 , "ASM1" , 10
      IF(K.GT."ASM1") K = "ASM1"
      WRITE("SAVO",1) (ASM(I,M),M=J,K)
6     K = K + 10
      K = 3
      DO 7  I = 1 , "FAM1" , 3
      IF(K.GT."FAM1") K = "FAM1"
      WRITE("SAVO",1) ((FAM(J,M),M=1,3),J=I,K)
7     K = K + 3
      DO 8  I = 1 , "FAM1"
      K = 10
      DO 8  J = 1 , "GATHF1" , 10
      IF(K.GT."GATHF1") K = "GATHF1"
      WRITE("SAVO",1) (GATHF(I,M),M=J,K)
8     K = K + 10
      DO 9  I = 1 , "FAM1"
      K = 5
      DO 9  J = 1 , "UCHF1" , 5
      IF(K.GT."UCHF1") K = "UCHF1"
      WRITE("SAVO",1) ((UCHF(I,M,L),L=1,2),M=J,K)
9     K = K + 5
      K = 3
      DO 10  I = 1 , "FAC1" , 3
      IF(K.GT."FAC1") K = "FAC1"
      WRITE("SAVO",1) ((FAC(J,M),M=1,3),J=I,K)
10    K = K + 3
      K = 5
      DO 11  I = 1 , "MFAC1" , 5
      IF(K.GT."MFAC1") K = "MFAC1"
      WRITE("SAVO",1) ((MFAC(J,M),M=1,2),J=I,K)
11    K = K + 5
      K = 10
      DO 12  I = 1 , "MFAC1" , 10
      IF(K.GT."MFAC1") K = "MFAC1"
      WRITE("SAVO",1) (MBV(M),M=I,K)
12    K = K + 10
      K = 5
      DO 13  I = 1 , "MFAC1" , 5
      IF(K.GT."MFAC1") K = "MFAC1"
      WRITE("SAVO",1) ((PLAMA(J,M),M=1,2),J=I,K)
13    K = K + 5
      K = 3
      DO 14  I = 1 , "SE1" , 3
      IF(K.GT."SE1") K = "SE1"
      WRITE("SAVO",1) ((SE(J,M),M=1,3),J=I,K)
14    K = K + 3
      K = 5
      DO 15  I = 1 , "STO1" , 5
      IF(K.GT."STO1") K = "STO1"
      WRITE("SAVO",1) ((STO(J,M),M=1,2),J=I,K)
15    K = K + 5
      K = 10
      DO 16  I = 1 , "STO1" , 10
      IF(K.GT."STO1") K = "STO1"
      WRITE("SAVO",1) (SBV(M),M=I,K)
16    K = K + 10
```

```
      K = 5
      DO 17  I = 1 , "SM1" , 5
      IF(K.GT."SM1") K = "SM1"
      WRITE("SAVO",1) ((SM(J,M),M=1,2),J=I,K)
17    K = K + 5
      K = 5
      DO 18  I = 1 , "STO1" , 5
      IF(K.GT."STO1") K = "STO1"
      WRITE("SAVO",1) ((STRAMA(J,M),M=1,2),J=I,K)
18    K = K + 5
      K = 5
      DO 19  I = 1 , "POL1" , 5
      IF(K.GT."POL1") K = "POL1"
      WRITE("SAVO",1) ((POL(J,M),M=1,2),J=I,K)
19    K = K + 5
      K = 10
      DO 20  I = 1 , "GATHT1" , 10
      IF(K.GT."GATHT1") K = "GATHT1"
      WRITE("SAVO",1) (GATHT(M),M=I,K)
20    K = K + 10
      K = 5
      DO 21  I = 1 , "UCHT1" , 5
      IF(K.GT."UCHT1") K = "UCHT1"
      WRITE("SAVO",1) ((UCHT(J,M),M=1,2),J=I,K)
21    K = K + 10
      WRITE("SAVO",1) NTRC
      K = 5
      DO 22  I = 1 , "SRC1" , 5
      IF(K.GT."SRC1") K = "SRC1"
      WRITE("SAVO",1) ((SRC(J,M),M=1,2),J=I,K)
22    K = K + 5
      DO 23  I = 1 , "QUE1"
23    WRITE("SAVO",1) (QUE(I,M),M=1,8)
      K = 3
      DO 25  I = 1 , "QUE1" , 3
      IF(K.GT."QUE1") K = "QUE1"
      WRITE("SAVO",24) ((QUESTA(J,M),M=1,2),J=I,K)
24    FORMAT(6D15.8)
25    K = K + 3
      K = 6
      DO 26  I = 1 , "DRN1" , 6
      IF(K.GT."DRN1") K = "DRN1"
      WRITE("SAVO",24) (DRN(M),M=I,K)
26    K = K + 6
      REWIND "SAVO"
      RETURN
      END
```

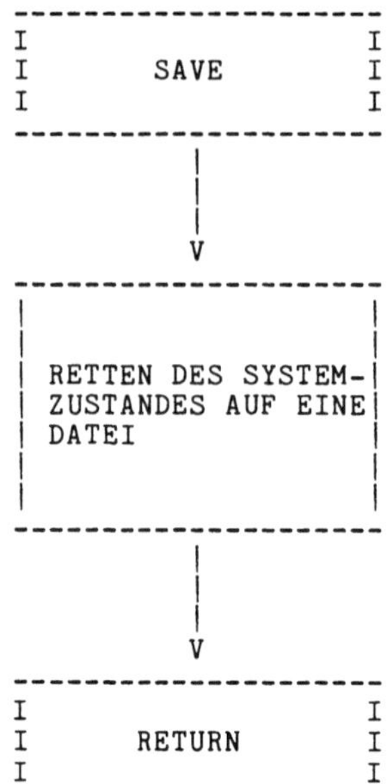
SAVE
RETTEN DES SYSTEM-
ZUSTANDES AUF EINE
DATEI
RETURN

```
      SUBROUTINE SEIZE(NFA,ID,*,IPRINT)
C     ***
C     ***       CALL SEIZE(NFA, ID, &1005, IPRINT)
C     ***
C     *** FUNKTION :  BELEGEN EINER FACILITY
C     *** PARAMETER:  NFA = NUMMER DER FACILITY
C     ***             ID  = ANWEISUNGSNUMMER DES UNTERPROGRAMMAUF-
C     ***                   RUFES
C     ***
      IMPLICIT INTEGER (A - Z)
      COMMON  TR("TR1","TR2") , AL("TR1",2) , LAL , LTR , EL("EL1",2)
      COMMON  LEL , LEV , LFAM , NADR , STATE("STATE1") , OK
      COMMON  N , T , IT , RT
      COMMON  /FAC/ FAC("FAC1",3)
C
C     BLOCKIERENTSCHEID
C     =================
      IF(OK.EQ.0) GOTO 100
      OK = 0
      IF(FAC(NFA,1).NE.0) GOTO 100
C
C     BELEGEN
C     =======
      FAC(NFA,1) = LTR
      STATE(NFA) = 0
      TR(LTR,5) = ID
      TR(LTR,8) = 0
      IF(IPRINT.EQ.0) RETURN
      WRITE("OUTD",3000) T,TR(LTR,1),TR(LTR,2),NFA
3000  FORMAT(3H T=,I7,2X,2HTR,I5,1H,,I3,2X,11H BELEGT FAC,I3)
      RETURN
C
C     BLOCKIEREN
C     ==========
100   AL(LTR,1) = ID
      AL(LTR,2) = - NFA
      TR(LTR,8) = T
      IF(IPRINT.EQ.0) RETURN 1
      WRITE("OUTD",3001) T,TR(LTR,1),TR(LTR,2),NFA
3001  FORMAT(3H T=,I7,2X,2HTR,I5,1H,,I3,2X,22H WIRD BLOCKIERT AN FAC,
     +I3)
      RETURN 1
      END
```

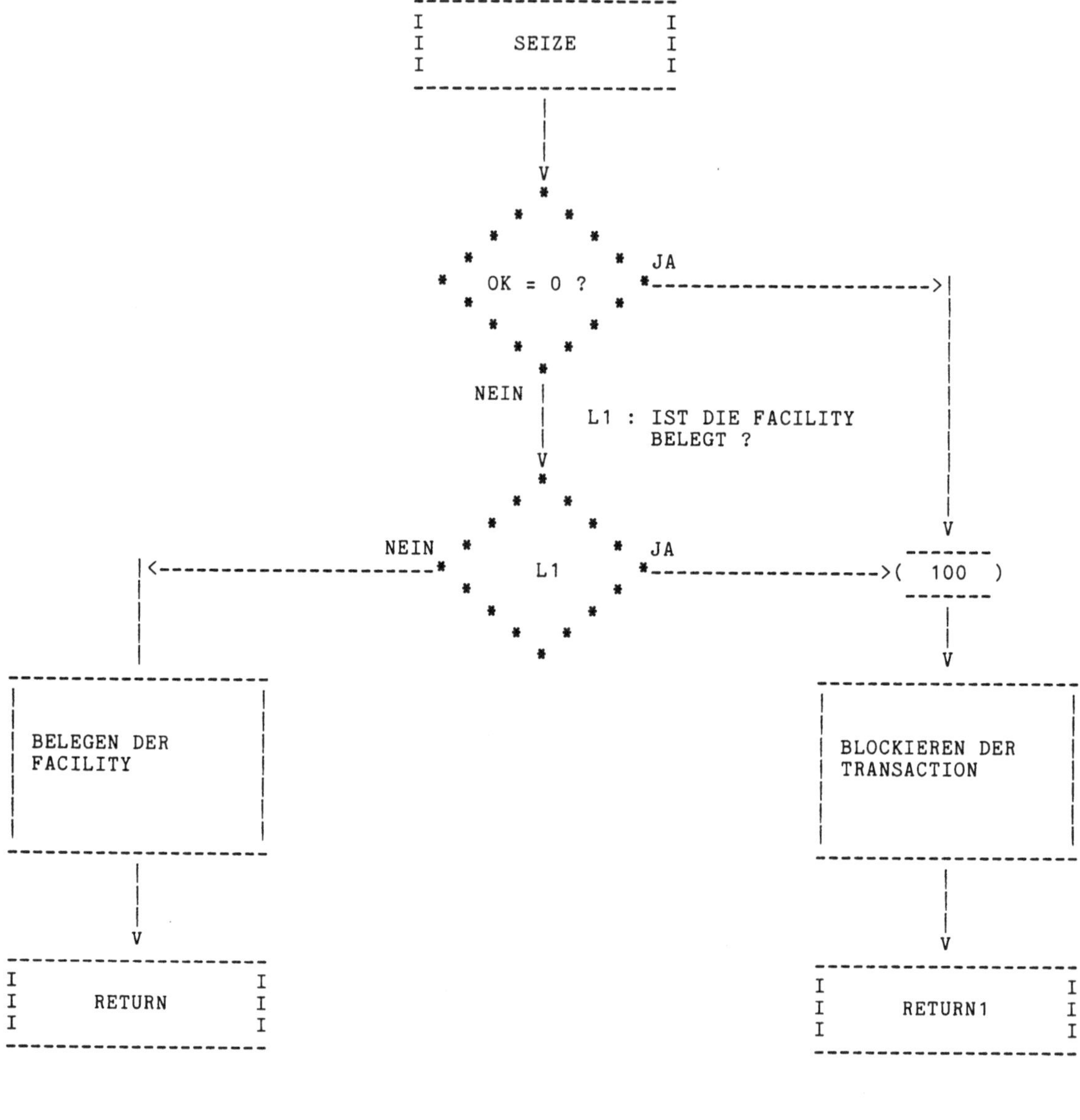
SEIZE
OK = 0 ?
JA
NEIN
L1 : IST DIE FACILITY
BELEGT ?
NEIN
L1
JA
100
BELEGEN DER
FACILITY
BLOCKIEREN DER
TRANSACTION
RETURN
RETURN1

```
      SUBROUTINE SELIST(MFA)
C     ***
C     ***        CALL SELIST(MFA)
C     ***
C     *** FUNKTION :  AUSDRUCKEN DER BELEGUNG DER MULTIFACILITY MFA
C     *** PARAMETER:  MFA = NUMMER DER MULTIFACILITY
C     ***
      INTEGER  SE
      COMMON  /MFA/ LSE , MFAC("MFAC1",2) , MBV("MFAC1") , SE("SE1",3)
C
C     AUSDRUCKEN DER SE-MATRIX
C     ========================
      WRITE("OUTD",3000) MFA
3000  FORMAT(1H0,24HS E - M A T R I X : MFAC,I3,//4X,
     +30HZEILE  ELEM  INH  VKZ    PHASE)
      I1 = MBV(MFA)
      I2 = I1 + MFAC(MFA,2) - 1
      I3 = 1
      DO 100  I = I1 , I2
      WRITE("OUTD",3001) I,I3,(SE(I,J),J=1,3)
3001  FORMAT(6X,I3,3X,3(I3,2X),I7)
100   I3 = I3 + 1
      WRITE("OUTD",3002)
3002  FORMAT(1H0)
      RETURN
      END
```

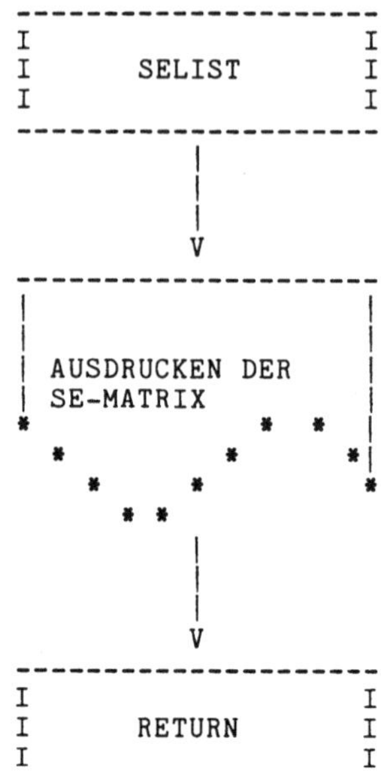
SELIST
AUSDRUCKEN DER SE-MATRIX
RETURN

```
      SUBROUTINE SETUP(ST,NFA,IDN,*,*,IPRINT)
C     ***
C     ***        CALL SETUP(ST, NFA, IDN, &1005, &1006, IPRINT)
C     ***
C     *** FUNKTION :  ZURUESTEN EINER FACILITY
C     *** PARAMETER:  ST  = ZURUESTZEIT
C     ***             NFA = NUMMER DER FACILITY
C     ***             IDN = ZIELADRESSE
C     ***
      IMPLICIT INTEGER (A - Z)
      COMMON  TR("TR1","TR2") , AL("TR1",2) , LAL , LTR , EL("EL1",2)
      COMMON  LEL , LEV , LFAM , NADR , STATE("STATE1") , OK
      COMMON  N , T , IT , RT
      COMMON  /FAC/ FAC("FAC1",3)
C
C     FEHLERAUSGANG
C     =============
      IF(IABS(FAC(NFA,1)).EQ.LTR) GOTO 100
      WRITE("OUTD",3000) T,TR(LTR,1),TR(LTR,2),NFA
3000  FORMAT(1H0,24(1H+),26H FEHLER: SUBROUTINE SETUP ,30(1H+)/1X,
     +24(1H+),3H T=,I7,2X,2HTR,I5,1H,,I3,11H BELEGT FAC,I3,7H NICHT ,
     +12(1H+)/)
      RETURN 2
C
C     ZURUESTEN
C     =========
100   FAC(NFA,1) = - LTR
      FAC(NFA,3) = 1
      AL(LTR,1) = IDN
      AL(LTR,2) = T + ST
      IF(IPRINT.EQ.0) RETURN 1
      WRITE("OUTD",3001) T,TR(LTR,1),TR(LTR,2),NFA,AL(LTR,2)
3001  FORMAT(3H T=,I7,2X,2HTR,I5,1H,,I3,2X,4H FAC,I3,5H WIRD,
     +16H ZUGERUESTET BIS,I7)
      RETURN 1
      END
```

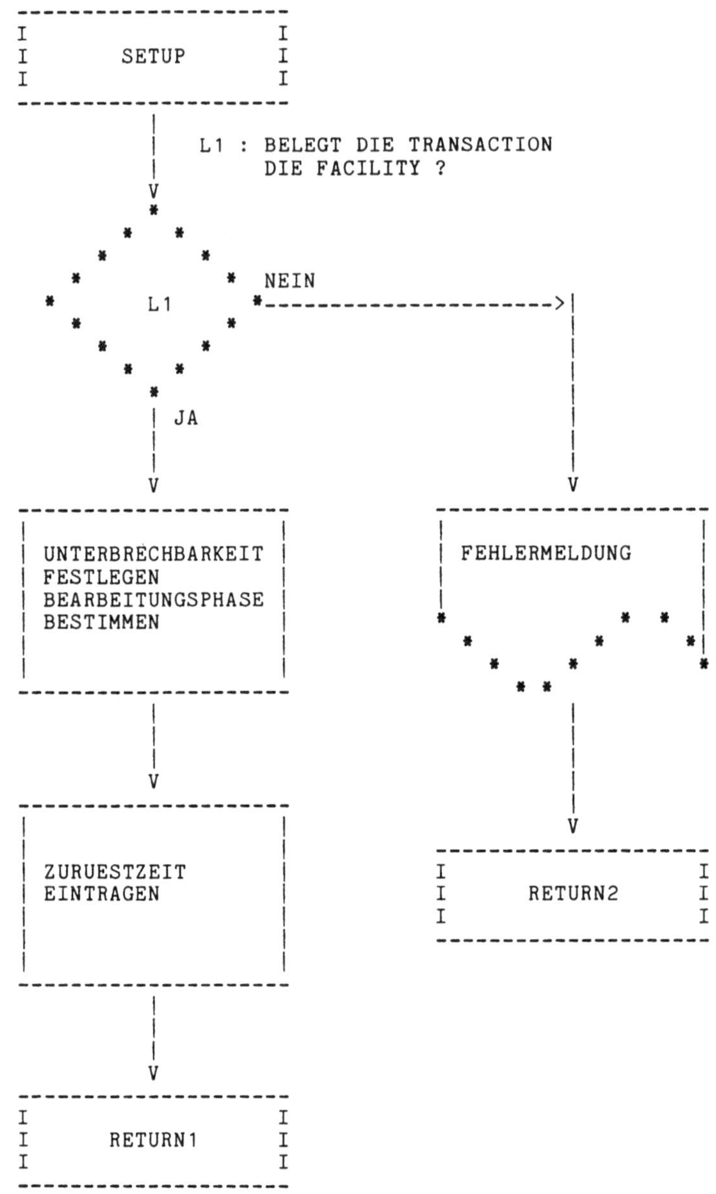
SETUP
L1 : BELEGT DIE TRANSACTION
DIE FACILITY ?
L1
NEIN
JA
UNTERBRECHBARKEIT
FESTLEGEN
BEARBEITUNGSPHASE
BESTIMMEN
FEHLERMELDUNG
ZURUESTZEIT
EINTRAGEN
RETURN2
RETURN1

```
      SUBROUTINE SIMEND(NQU,NE,P,*)
C     ***
C     ***        CALL SIMEND(NQU, NE, P, &1006)
C     ***
C     *** FUNKTION :  BESTIMMEN DES SIMULATIONSENDES MIT HILFE DER
C     ***             MITTLEREN WARTEZEIT DER QUEUE NQU
C     *** PARAMETER:  NQU    = NUMMER DER ZU UEBERPRUEFENDEN QUEUE
C     ***             NE     = ANZAHL DER TRANSACTIONS, DIE ZWISCHEN
C     ***                      ZWEI UEBERPRUEFUNGEN DIE QUEUE VERLASSEN
C     ***                      SOLLEN
C     ***             P      = ZUGELASSENE ABWEICHUNG VOM MITTEL-
C     ***                      WERT (IN PROZENT)
C     ***             MARKE1 = ADRESSAUSGANG BEI SIMULATIONSENDE
C     ***
      IMPLICIT INTEGER (A - Z)
      REAL  QUESTA , MEAN , PR , MO , MU
      DIMENSION  MEAN(20)
      COMMON  TR("TR1","TR2") , AL("TR1",2) , LAL , LTR , EL("EL1",2)
      COMMON  LEL , LEV , LFAM , NADR , STATE("STATE1") , OK
      COMMON  N , T , IT , RT
      COMMON  /QUE/ QUE("QUE1",8) , QUESTA("QUE1",2)
      COMMON  /SRC/ SRC("SRC1",2) , NTRC
      DATA  PM /0/ , NA /0/ , MEAN /20*0./
C
C     BESTIMMEN DES UEBERPRUEFUNGSZEITPUNKTES
C     =======================================
      NT = NA + NE
      IF(QUE(NQU,4).LT.NT) RETURN
C
C     EINTRAGEN DER MITTLEREN WARTEZEIT
C     =================================
      NA = NT
      PM = MOD(PM,20) + 1
      MEAN(PM) = FLOAT(QUE(NQU,6)) / FLOAT(QUE(NQU,4))
C
C     BESTIMMEN DES ZULAESSIGEN INTERVALLES
C     =====================================
      PR = (MEAN(PM) * P) / 100.
      MU = MEAN(PM) - PR
      MO = MEAN(PM) + PR
C
C     UEBERPRUEFEN DES ABBRUCHKRITERIUMS
C     ==================================
      IM = PM
10    IM = MOD(IM,20) + 1
      IF(MEAN(IM).EQ.0.OR.MEAN(IM).LT.MU.OR.MEAN(IM).GT.MO) RETURN
      IF(IM.NE.PM) GOTO 10
      WRITE("OUTD",3000) T,NTRC,NQU,MEAN(PM),QUE(NQU,4)
3000  FORMAT(1H1,///20X,43H****** S I M U L A T I O N S E N D E ******,
     +//27X,7HT     = ,I10/27X,7HNTRC = ,I10,//20X,19HMITTLERE WARTEZEIT ,
     +11HFUER QUEUE ,I2,10H BETRAEGT ,F10.5,5H BEI ,I10,10H ABGAENGEN)
      RETURN 1
      END
```

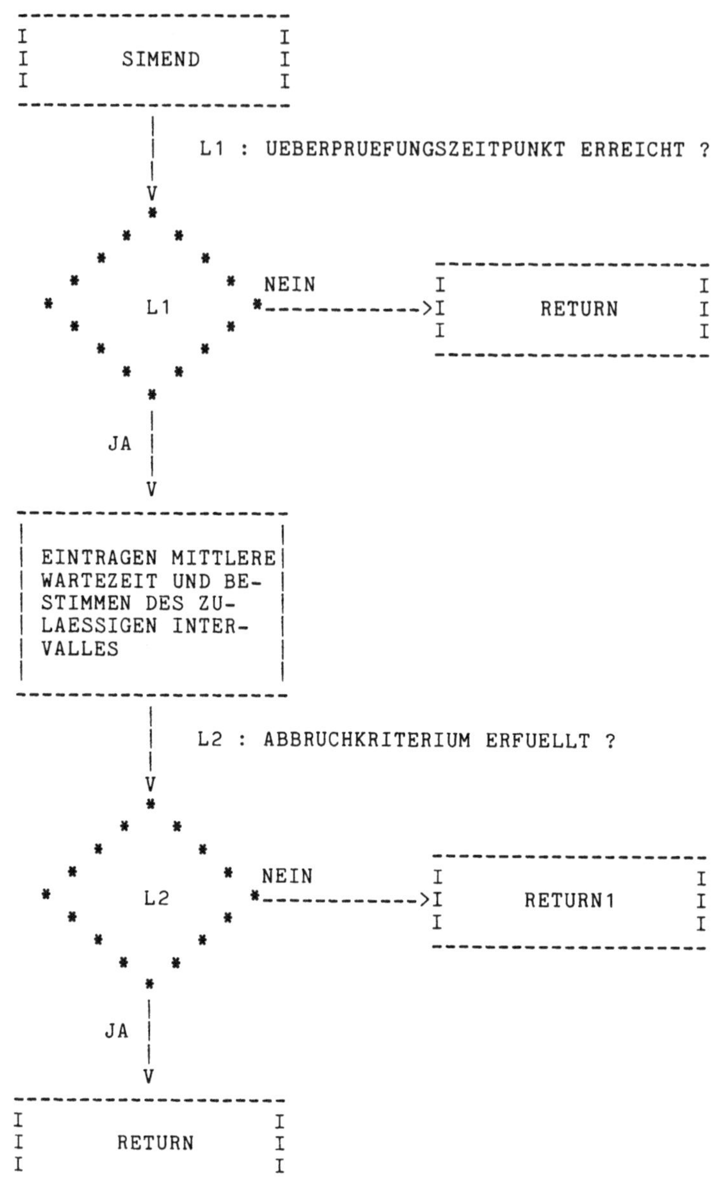
SIMEND
L1 : UEBERPRUEFUNGSZEITPUNKT ERREICHT ?
L1
NEIN
RETURN
JA
EINTRAGEN MITTLERE WARTEZEIT UND BESTIMMEN DES ZULAESSIGEN INTERVALLES
L2 : ABBRUCHKRITERIUM ERFUELLT ?
L2
NEIN
RETURN1
JA
RETURN

```
      SUBROUTINE SMLIST(NST)
C     ***
C     ***      CALL SMLIST(NST)
C     ***
C     *** FUNKTION :  AUSDRUCKEN DER BELEGUNG DER STORAGE NST
C     *** PARAMETER:  NST = NUMMER DER STORAGE
C     ***
      IMPLICIT INTEGER (A - Z)
      COMMON  /SBV/ LSM , SBV("STO1") , SM("SM1",2)
      COMMON  /STO/ STO("STO1",2)
C
C     AUSDRUCKEN DER SM-MATRIX
C     ========================
      WRITE("OUTD",3000) NST
3000  FORMAT(1HO,27HS M - M A T R I X : STORAGE,I3,/4X,55HZEILE  ADRESSE
     +  GROESSE  MARKIERUNG/FREISPEICHERVERMERK)
      I = SBV(NST)
      IE = I + STO(NST,2) - 1
10    IADDR = I - SBV(NST) + 1
      WRITE("OUTD",3001) I,IADDR,SM(I,1),SM(I,2)
3001  FORMAT(5X,I4,4X,I4,5X,I4,8X,I4)
      I = I + SM(I,1)
      IF(I.LE.IE) GOTO 10
      WRITE("OUTD",3002)
3002  FORMAT(1HO)
      RETURN
      END
```

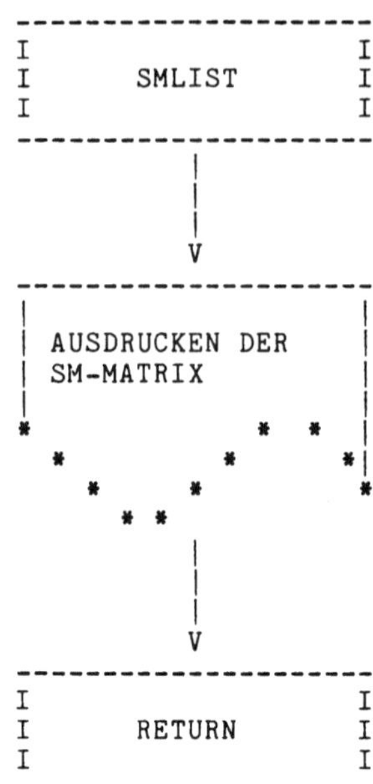
SMLIST
AUSDRUCKEN DER
SM-MATRIX
RETURN

```
      SUBROUTINE SPLIT(NDUP,DUPADR,*,IPRINT)
C     ***
C     ***       CALL SPLIT(NDUP, DUPADR, &1006, IPRINT)
C     ***
C     *** FUNKTION :  DUPLIZIEREN EINER TR
C     *** PARAMETER:  NDUP   = ZAHL DER DUPLIKATE
C     ***             DUPADR = ZIELADRESSE DER DUPLIKATE
C     ***
      IMPLICIT INTEGER (A - Z)
      COMMON  TR("TR1","TR2") , AL("TR1",2) , LAL , LTR , EL("EL1",2)
      COMMON  LEL , LEV , LFAM , NADR , STATE("STATE1") , OK
      COMMON  N , T , IT , RT
      COMMON  /FAM/ FAM("FAM1",3)
C
C     PRUEFEN
C     =======
      IF(NDUP.EQ.0) RETURN
      IF(IPRINT.EQ.0) GOTO 5000
      WRITE("OUTD",3000) T,TR(LTR,1),TR(LTR,2),NDUP
3000  FORMAT(3H T=,I7,2X,2HTR,I5,1H,,I3,2X,20H WIRD GESPLITTET UND,
     +8H BEKOMMT,I3,10H DUPLIKATE)
5000  IF(LFAM.NE.0) GOTO 300
C
C     NEUGRUENDEN
C     ===========
      DO 100  LFAM = 1 , "FAM1"
      IF(FAM(LFAM,1).EQ.0) GOTO 200
100   CONTINUE
      WRITE("OUTD",3001) T,TR(LTR,1),TR(LTR,2)
3001  FORMAT(1H0,24(1H+),26H FEHLER: SUBROUTINE SPLIT ,30(1H+)/1X,
     +24(1H+),3H T=,I7,2X,2HTR,I5,1H,,I3,11H UEBERLAUF ,22(1H+)/
     +1X,24(1H+),16H DER FAM-MATRIX ,40(1H+)/)
      RETURN 1
200   FAM(LFAM,1) = TR(LTR,1)
      FAM(LFAM,2) = 1
      FAM(LFAM,3) = 1
      TR(LTR,2) = 1
C
C     DUPLIZIEREN
C     ===========
300   DO 340  I = 1 , NDUP
      FAM(LFAM,2) = FAM(LFAM,2) + 1
      FAM(LFAM,3) = FAM(LFAM,3) + 1
      DO  310  IA = 1 , "TR1"
      IF(TR(IA,1).EQ.0) GOTO 320
310   CONTINUE
      WRITE("OUTD",3002) T,TR(LTR,1),TR(LTR,2)
3002  FORMAT(1H0,24(1H+),26H FEHLER: SUBROUTINE SPLIT ,30(1H+)/1X,
     +24(1H+),3H T=,I7,2X,2HTR,I5,1H,,I3,11H UEBERLAUF ,22(1H+)/
     +1X,24(1H+),15H DER TR-MATRIX ,41(1H+)/)
      RETURN 1
320   LTRD = IA
      TR(LTRD,1) = TR(LTR,1)
      TR(LTRD,2) = FAM(LFAM,3)
      TR(LTRD,3) = T
      DO 330  JC = 4 , "TR2"
```

```
330   TR(LTRD,JC) = TR(LTR,JC)
      IF(LTRD.GT.LAL) LAL = LTRD
      AL(LTRD,1) = DUPADR
      AL(LTRD,2) = T
340   CONTINUE
      RETURN
      END
```

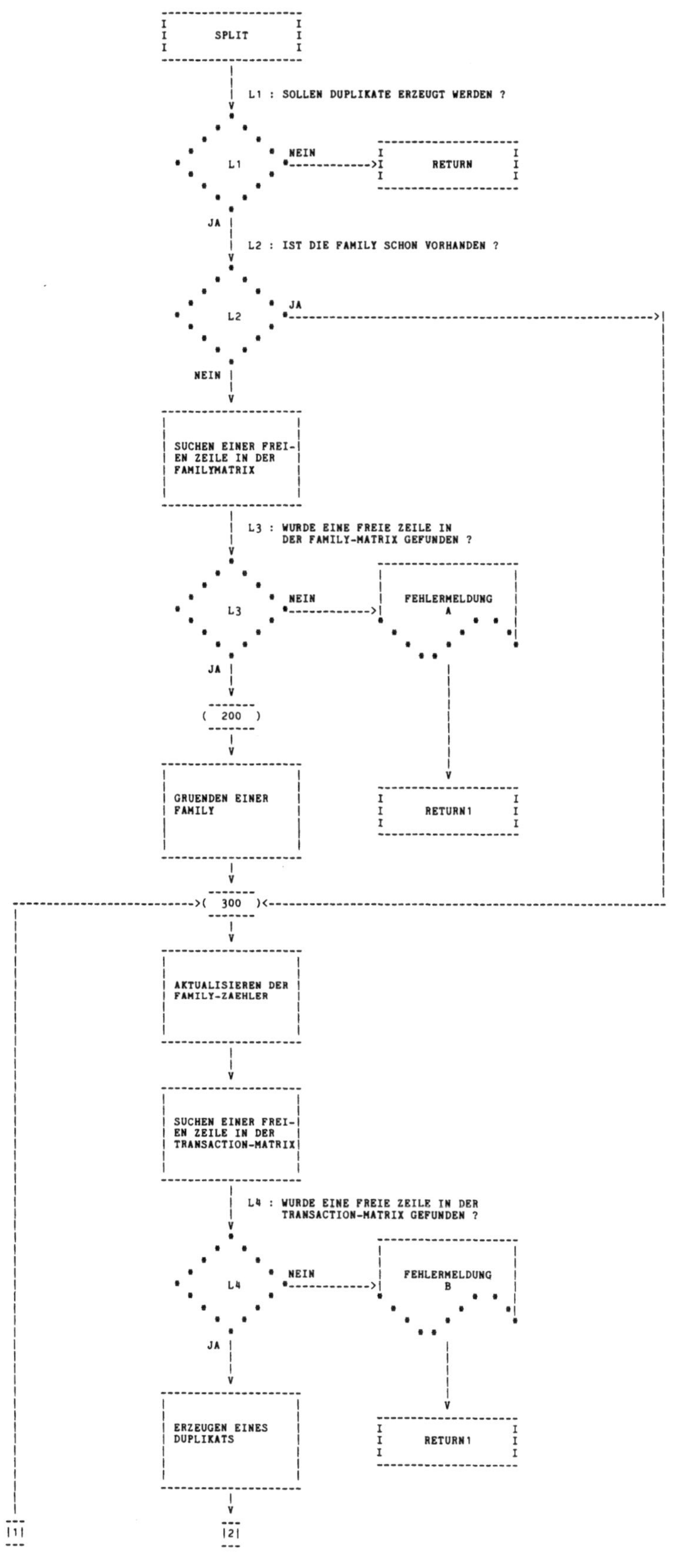
SPLIT
L1 : SOLLEN DUPLIKATE ERZEUGT WERDEN ?
L1
NEIN
RETURN
JA
L2 : IST DIE FAMILY SCHON VORHANDEN ?
L2
JA
NEIN
SUCHEN EINER FREIEN ZEILE IN DER FAMILYMATRIX
L3 : WURDE EINE FREIE ZEILE IN DER FAMILY-MATRIX GEFUNDEN ?
L3
NEIN
FEHLERMELDUNG A
JA
200
RETURN1
GRUENDEN EINER FAMILY
300
AKTUALISIEREN DER FAMILY-ZAEHLER
SUCHEN EINER FREIEN ZEILE IN DER TRANSACTION-MATRIX
L4 : WURDE EINE FREIE ZEILE IN DER TRANSACTION-MATRIX GEFUNDEN ?
L4
NEIN
FEHLERMELDUNG B
JA
ERZEUGEN EINES DUPLIKATS
RETURN1
1
2

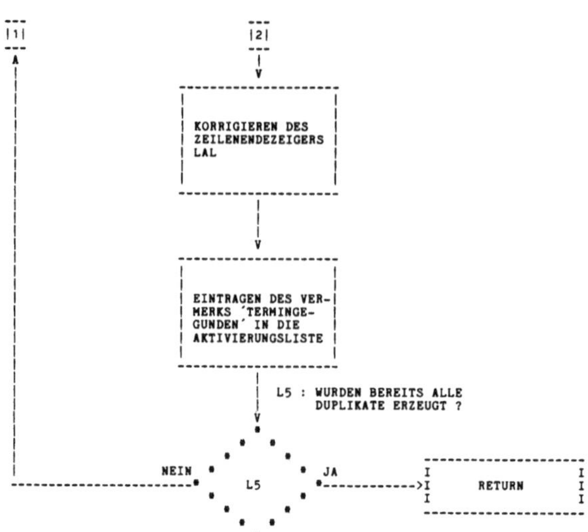
1
2
KORRIGIEREN DES ZEILENENDEZEIGERS LAL
EINTRAGEN DES VERMERKS 'TERMINGEGUNDEN' IN DIE AKTIVIERUNGSLISTE
L5 : WURDEN BEREITS ALLE DUPLIKATE ERZEUGT ?
NEIN
L5
JA
RETURN

```
      SUBROUTINE STRATA(NST,NE,*)
C     ***
C     ***        CALL STRATA(NST, NE, MARKE1)
C     ***
C     *** FUNKTION :  ERMITTLUNG DER SPEICHERBELEGUNGSSTRATEGIE, NACH
C     ***             DER DIE STORAGE NST BEHANDELT WIRD
C     *** PARAMETER:  NST    = NUMMER DER STORAGE
C     ***             NE     = ZAHL DER ZU BELEGENDEN SPEICHERPLAETZE
C     ***             MARKE1 = ADRESSAUSGANG BEI FEHLENDER
C     ***                      STRATEGIE
C     ***
      INTEGER STRAMA
      COMMON  /STR/ STRAMA("STO1",2)
C
C     STRATEGIE SUCHEN
C     ================
      IF(STRAMA(NST,1).NE.0) GOTO 100
      WRITE("OUTD",3000) NST
3000  FORMAT(1H0,24(1H+),27H FEHLER: SUBROUTINE STRATA ,29(1H+)/1X,
     +24(1H+),9H FUER STO,I3,26H KEINE BELEGUNGSSTRATEGIE ,18(1H+)/)
      RETURN 1
100   IADR = STRAMA(NST,1)
      GOTO (1,2,3,4,5) , IADR
C
C     AUFRUFEN DES UNTERPROGRAMMES STRAA
C     ==================================
1     CALL FFIT(NST,NE)
      RETURN
2     CALL BFIT(NST,NE)
      RETURN
3     CALL STRAA3(NST,NE)
      RETURN
4     CALL STRAA4(NST,NE)
      RETURN
5     CALL STRAA5(NST,NE)
      RETURN
      END
```

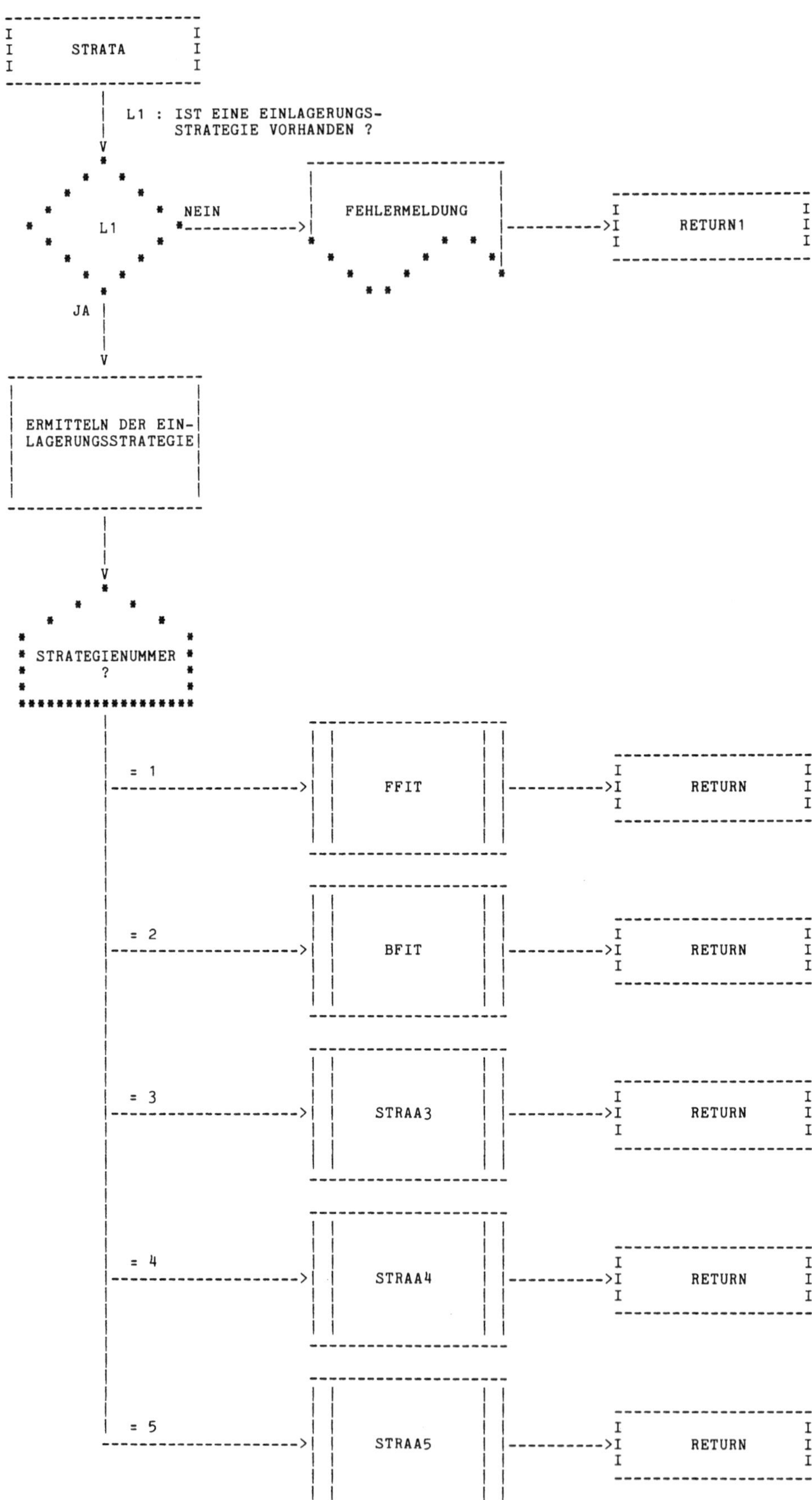

STRATA
L1 : IST EINE EINLAGERUNGS-
STRATEGIE VORHANDEN ?
L1
NEIN
FEHLERMELDUNG
RETURN1
JA
ERMITTELN DER EIN-
LAGERUNGSSTRATEGIE
STRATEGIENUMMER
?
= 1
FFIT
RETURN
= 2
BFIT
RETURN
= 3
STRAA3
RETURN
= 4
STRAA4
RETURN
= 5
STRAA5
RETURN

```
      SUBROUTINE STRAA3(NST,NE)
      RETURN
      END
      SUBROUTINE STRAA4(NST,NE)
      RETURN
      END
      SUBROUTINE STRAA5(NST,NE)
      RETURN
      END
```

```
      SUBROUTINE STRATF(NST,KEY,*)
C     ***
C     ***       CALL STRATF(NST, KEY, MARKE1)
C     ***
C     *** FUNKTION :  ERMITTLUNG DER AUSLAGERUNGSSTRATEGIE, NACH
C     ***             DER DIE STORAGE NST BEHANDELT WIRD
C     *** PARAMETER:  NST    = NUMMER DER STORAGE
C     ***             KEY    = FREIGABE-SCHLUESSEL
C     ***             MARKE1 = ADRESSAUSGANG BEI FEHLENDER
C     ***                      STRATEGIE
C     ***
      INTEGER STRAMA
      COMMON  /STR/ STRAMA("STO1",2)
C
C     STRATEGIE SUCHEN
C     ================
      IF(STRAMA(NST,2).NE.0) GOTO 100
      WRITE("OUTD",3000) NST
3000  FORMAT(1H0,24(1H+),27H FEHLER: SUBROUTINE STRATF ,29(1H+)/1X,
     +24(1H+),9H FUER STO,I3,29H KEINE AUSLAGERUNGSSTRATEGIE ,15(1H+)/)
      RETURN 1
100   IADR = STRAMA(NST,2)
      GOTO (1,2,3,4,5) , IADR
C
C     AUFRUFEN DES UNTERPROGRAMMES STRAF
C     ==================================
1     CALL STRAF1(NST,KEY)
      RETURN
2     CALL STRAF2(NST,KEY)
      RETURN
3     CALL STRAF3(NST,KEY)
      RETURN
4     CALL STRAF4(NST,KEY)
      RETURN
5     CALL STRAF5(NST,KEY)
      RETURN
      END
```

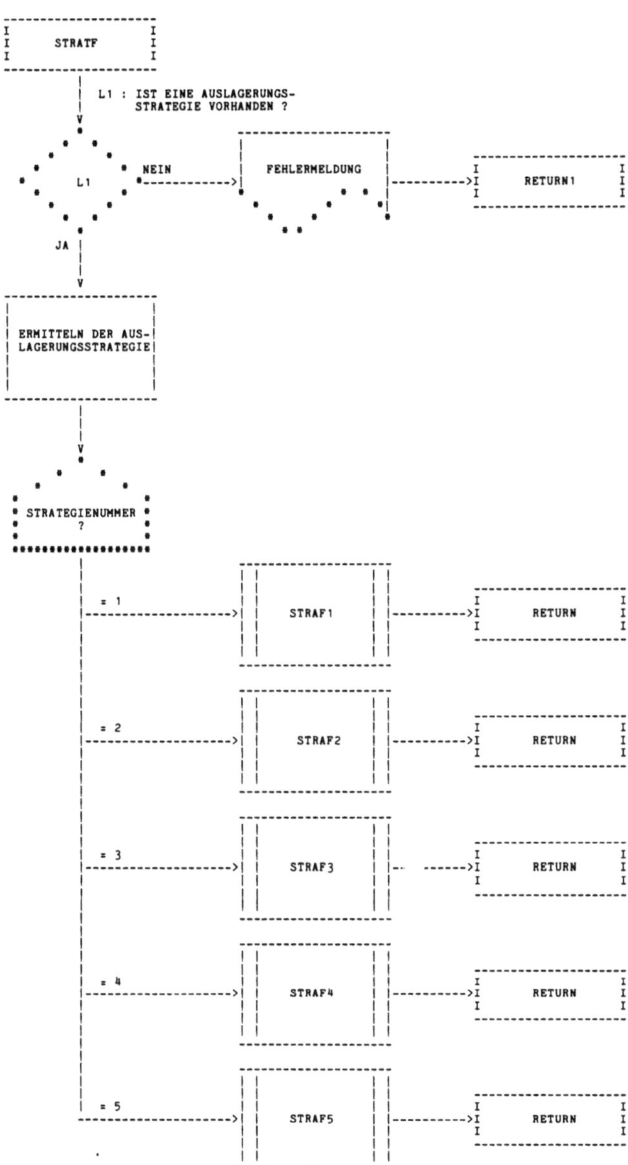
STRATF
L1 : IST EINE AUSLAGERUNGS-
STRATEGIE VORHANDEN ?
L1
NEIN
FEHLERMELDUNG
RETURN1
JA
ERMITTELN DER AUS-
LAGERUNGSSTRATEGIE
STRATEGIENUMMER
?
= 1
STRAF1
RETURN
= 2
STRAF2
RETURN
= 3
STRAF3
RETURN
= 4
STRAF4
RETURN
= 5
STRAF5
RETURN

```
      SUBROUTINE STRAF1(NST,KEY)
      RETURN
      END
      SUBROUTINE STRAF2(NST,KEY)
      RETURN
      END
      SUBROUTINE STRAF3(NST,KEY)
      RETURN
      END
      SUBROUTINE STRAF4(NST,KEY)
      RETURN
      END
      SUBROUTINE STRAF5(NST,KEY)
      RETURN
      END
```

```
      SUBROUTINE TABULA(X,Y,OG1,GBR,NG,TAB)
C     ***
C     ***       CALL TABULA(X, Y, OG1, GBR, NG, TAB)
C     ***
C     *** FUNKTION :  EINSORTIEREN DER AUSPRAEGUNG EINER VARIABLEN  X
C     ***             IN EINE HAEUFIGKEITSTABELLE
C     ***             UND - FALLS Y § 0.0 - EINSORTIEREN EINER
C     ***             VARIABLEN  Y  IN ABHAENGIGKEIT VON DER
C     ***             AUSPRAEGUNG DER VARIABLEN  X
C     *** PARAMETER:  X   = NAME DER VARIABLEN
C     ***             Y   = ZUGEORDNETE VARIABLE
C     ***             OG1 = OBERGRENZE DES ERSTEN WERTEINTERVALLS
C     ***             GBR = INTERVALLBREITE
C     ***             NG  = ANZAHL DER INTERVALLE
C     ***             TAB = NAME DER HAEUFIGKEITSTABELLE
C     ***
      DIMENSION  TAB("TAB1",4)
C
C     ANLEGEN DER HAEUFIGKEITSTABELLE
C     ===============================
      IF(NG.GT."TAB1") NG = "TAB1"
      IF(TAB(1,1).NE.0.OR.TAB(2,1).NE.0) GOTO 50
      G = OG1
      DO 10  J = 1 , NG
      TAB(J,1) = G
10    G = G + GBR
C
C     EINSORTIEREN
C     ============
50    DO 100  J = 1 , NG
      IF(X.LE.TAB(J,1)) GOTO 150
100   CONTINUE
      J = NG
150   TAB(J,2) = TAB(J,2) + 1
      TAB(J,4) = TAB(J,4) + Y
      RETURN
      END
```

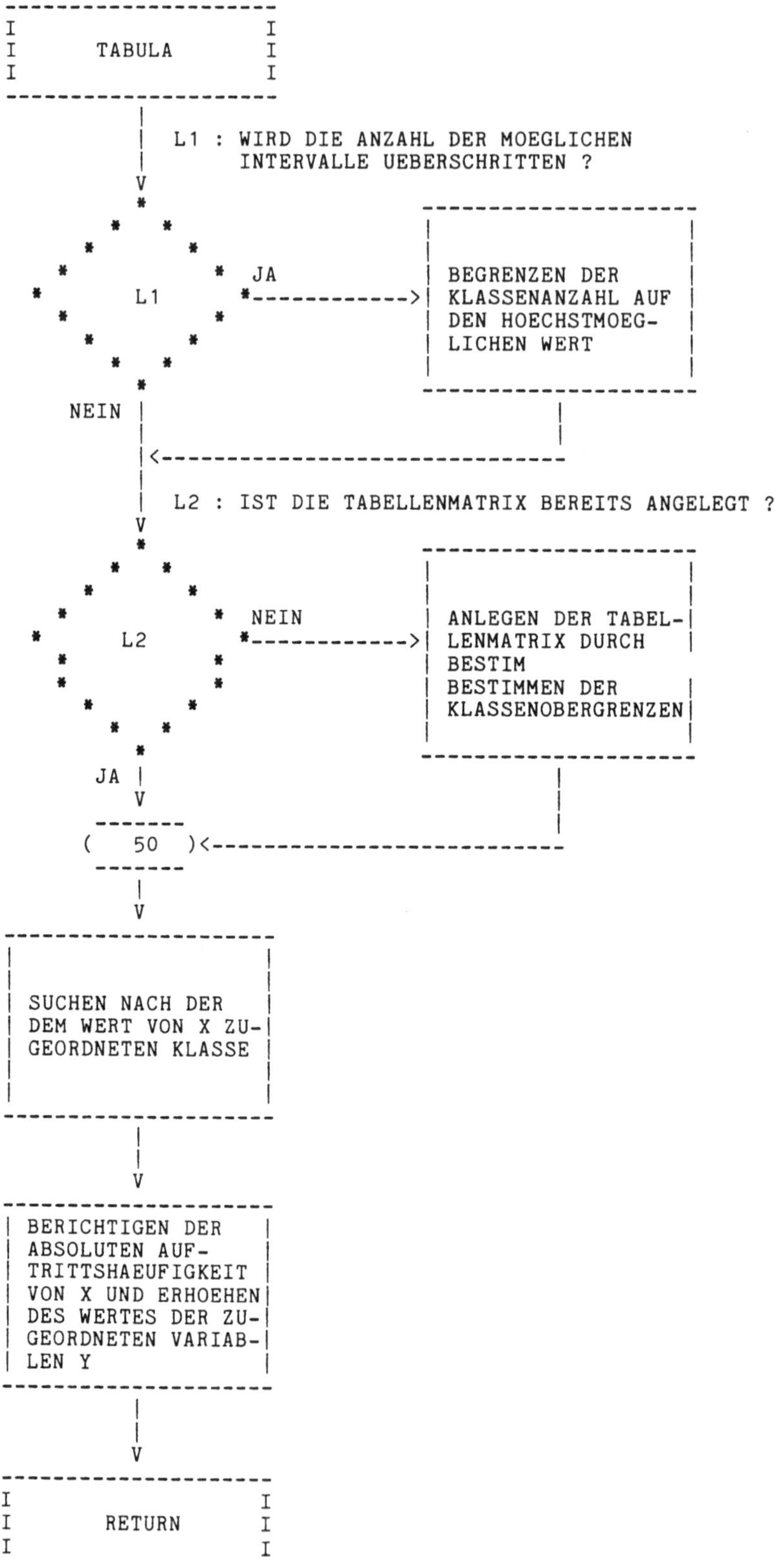

TABULA
L1 : WIRD DIE ANZAHL DER MOEGLICHEN INTERVALLE UEBERSCHRITTEN ?
L1
JA
BEGRENZEN DER KLASSENANZAHL AUF DEN HOECHSTMOEG- LICHEN WERT
NEIN
L2 : IST DIE TABELLENMATRIX BEREITS ANGELEGT ?
L2
NEIN
ANLEGEN DER TABEL- LENMATRIX DURCH BESTIM BESTIMMEN DER KLASSENOBERGRENZEN
JA
50
SUCHEN NACH DER DEM WERT VON X ZU- GEORDNETEN KLASSE
BERICHTIGEN DER ABSOLUTEN AUF- TRITTSHAEUFIGKEIT VON X UND ERHOEHEN DES WERTES DER ZU- GEORDNETEN VARIAB- LEN Y
RETURN

```
      SUBROUTINE TERMIN(*,IPRINT)
C     ***
C     ***        CALL TERMIN(&1005, IPRINT)
C     ***
C     *** FUNKTION :  VERNICHTEN EINER TR
C     ***
      IMPLICIT INTEGER (A - Z)
      COMMON  TR("TR1","TR2") , AL("TR1",2) , LAL , LTR , EL("EL1",2)
      COMMON  LEL , LEV , LFAM , NADR , STATE("STATE1") , OK
      COMMON  N , T , IT , RT
      COMMON  /ASM/ ASM("FAM1","ASM1")
      COMMON  /FAM/ FAM("FAM1",3)
      IF(IPRINT.EQ.0)  GOTO  5000
      WRITE("OUTD",3000) T,TR(LTR,1),TR(LTR,2)
3000  FORMAT(3H T=,I7,2X,2HTR,I5,1H,,I3,2X,16H WIRD VERNICHTET)
C
C     FAMILY
C     ======
5000  IF(LFAM.EQ.0) GOTO 200
      FAM(LFAM,2) = FAM(LFAM,2) - 1
      IF(FAM(LFAM,2).GT.0) GOTO 200
      DO 100  IB = 1 , 3
100   FAM(LFAM,IB) = 0
      DO 110  IB = 1 , "ASM1"
110   ASM(LFAM,IB) = 0
      LFAM = 0
C
C     VERNICHTEN
C     ==========
200   DO 201  IA = 1 , "TR2"
201   TR(LTR,IA) = 0
      DO 202  IA = 1 , 2
202   AL(LTR,IA) = 0
C
C     NEUBESTIMMEN DES LISTENENDEZEIGERS LAL
C     ======================================
250   IF(TR(LAL,1).NE.0.OR.LAL.EQ.1) RETURN 1
      LAL = LAL - 1
      GOTO 250
      END
```

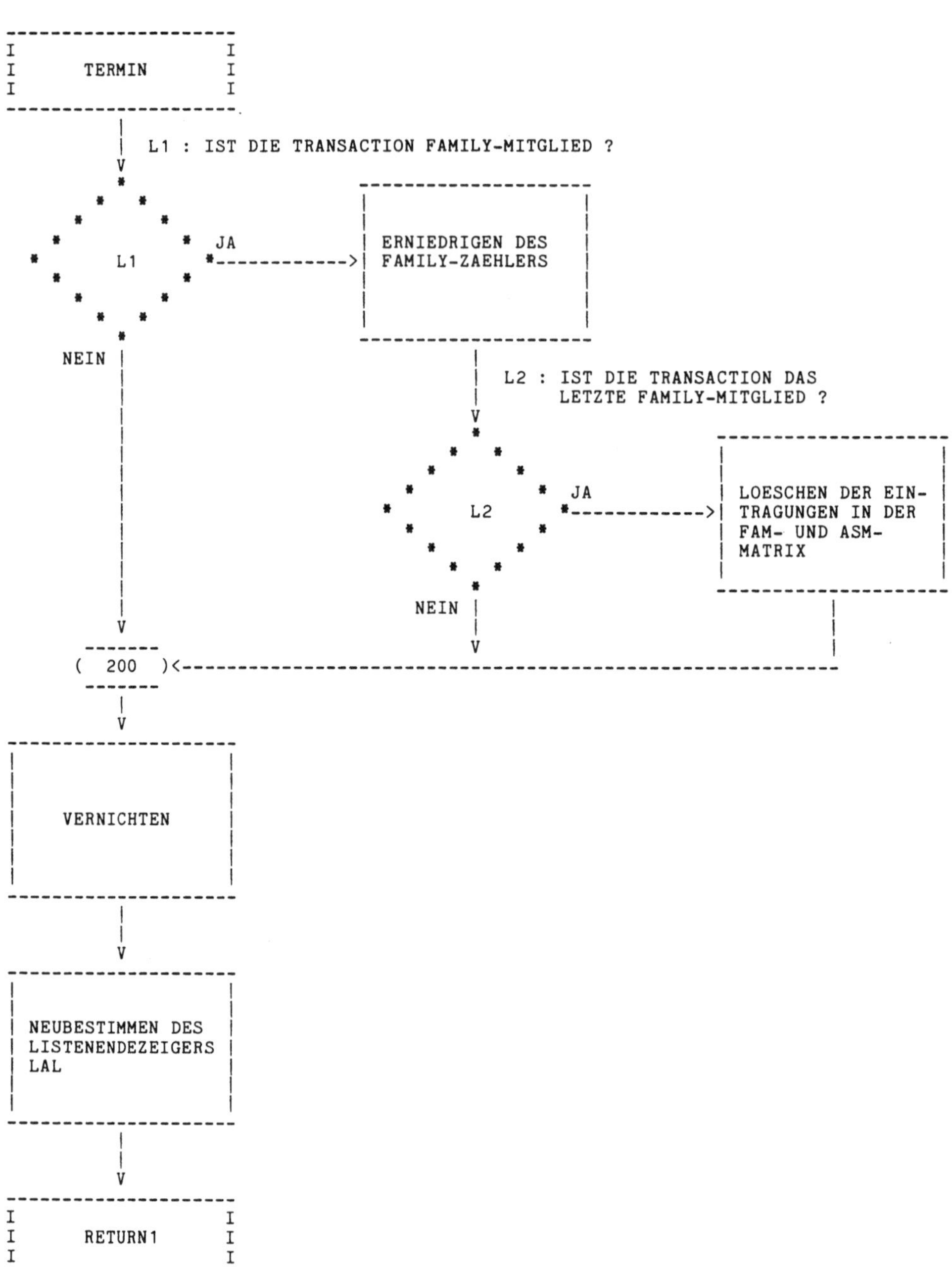
TERMIN
L1 : IST DIE TRANSACTION FAMILY-MITGLIED ?
L1
JA
ERNIEDRIGEN DES FAMILY-ZAEHLERS
NEIN
L2 : IST DIE TRANSACTION DAS LETZTE FAMILY-MITGLIED ?
L2
JA
LOESCHEN DER EIN-TRAGUNGEN IN DER FAM- UND ASM-MATRIX
NEIN
200
VERNICHTEN
NEUBESTIMMEN DES LISTENENDEZEIGERS LAL
RETURN1

```
      SUBROUTINE TRANSF(RATIO,*,RNUM,IPRINT)
C     ***
C     ***        CALL TRANSF(RATIO, MARKE1, RNUM, IPRINT)
C     ***
C     *** FUNKTION :  STOCHASTISCHE AUFTEILUNG EINES TR-STROMS
C     ***             NACH EINER VORGEGEBENEN QUOTE
C     *** PARAMETER:  RATIO  = WAHRSCHEINLICHKEIT FUER DAS AUSSORTIEREN
C     ***             MARKE1 = ADRESSAUSGANG FUER AUSSORTIERTE TRS
C     ***             RNUM   = NUMMER DES ZUFALLSZAHLENGENERATORS
C     ***
      IMPLICIT INTEGER (A - Z)
      REAL  RATIO , RN , Z
      COMMON  TR("TR1","TR2") , AL("TR1",2) , LAL , LTR , EL("EL1",2)
      COMMON  LEL , LEV , LFAM , NADR , STATE("STATE1") , OK
      COMMON  N , T , IT , RT
      Z = RN(RNUM)
      IF(Z.LE.RATIO.AND.RATIO.GT.0) GOTO 100
      IF(IPRINT.EQ.0)  RETURN
      WRITE("OUTD",3000) T,TR(LTR,1),TR(LTR,2)
3000  FORMAT(3H T=,I7,2X,2HTR,I5,1H,,I3,2X,22H WIRD TRANSFERIERT ZUR,
     +18H NAECHSTEN STATION)
      RETURN
100   CONTINUE
      IF(IPRINT.EQ.0) RETURN 1
      WRITE("OUTD",3001) T,TR(LTR,1),TR(LTR,2)
3001  FORMAT(3H T=,I7,2X,2HTR,I5,1H,,I3,2X,22H WIRD TRANSFERIERT ZUR
     +20H ANGEGEBENEN STATION)
      RETURN 1
      END
```

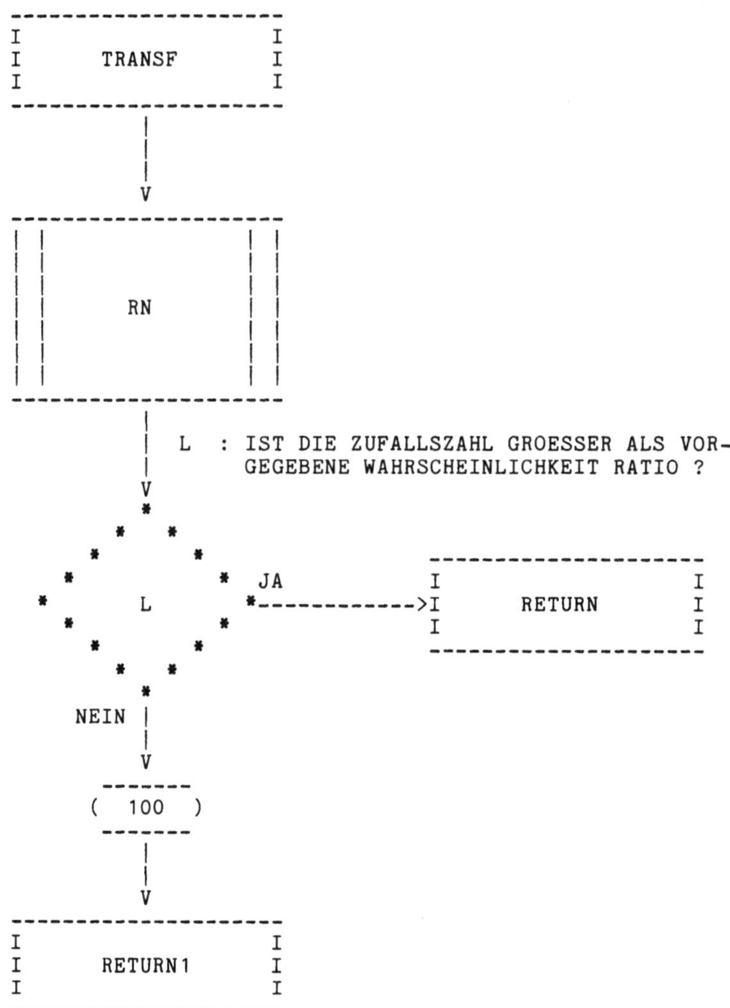
TRANSF
RN
L : IST DIE ZUFALLSZAHL GROESSER ALS VORGEGEBENE WAHRSCHEINLICHKEIT RATIO ?
L
JA
RETURN
NEIN
100
RETURN1

```
      SUBROUTINE UNLIN1(NUCHN,NUMIN,NUMAX,ID,*,IPRINT)
C     ***
C     ***       CALL UNLIN1(NUCHN, NUMIN, NUMAX, ID, &1005, IPRINT)
C     ***
C     *** FUNKTION :  HOLEN EINES BLOCKS VON TRS EINER FAMILY
C     ***             VON EINER USER-CHAIN
C     *** PARAMETER:  NUCHN = NUMMER DER USER-CHAIN VOM TYP 1
C     ***             NUMIN = MINDESTZAHL
C     ***             NUMAX = MAXIMALZAHL
C     ***             ID    = ANWEISUNGSNUMMER DES UNTERPROGRAMMAUFRUFES
C     ***
      IMPLICIT INTEGER (A - Z)
      COMMON  TR("TR1","TR2") , AL("TR1",2) , LAL , LTR , EL("EL1",2)
      COMMON  LEL , LEV , LFAM , NADR , STATE("STATE1") , OK
      COMMON  N , T , IT , RT
      COMMON  /UC1/ UCHF("FAM1","UCHF1",2)
C
C     PRUEFEN DER FAMILY-ZUGEHOERIGKEIT
C     =================================
      IF(LFAM.EQ.0) RETURN
C
C     BESTIMMEN DER STATIONSNUMMER
C     ============================
      K = "EGATHT" + 2 * "FAM1" * (NUCHN - 1) + 2 * LFAM - 1
C
C     BLOCKIERENTSCHEID
C     =================
      IF(UCHF(LFAM,NUCHN,1).GE.NUMIN.AND.STATE(K+1).EQ.1) GOTO 100
C
C     BLOCKIEREN
C     ==========
      STATE(K+1) = 0
      AL(LTR,1) = ID
      AL(LTR,2) = - (K + 1)
      IF(TR(LTR,8).EQ.0) TR(LTR,8) = T
      IF(IPRINT.EQ.0) RETURN 1
      WRITE("OUTD",3000) T,TR(LTR,1),TR(LTR,2),NUCHN
3000  FORMAT(3H T=,I7,2X,2HTR,I5,1H,,I3,2X,
     +34H WIRD VOR DER TRIGGER-STATION1 NR.,I3,12H VON UNLINK ,
     +9HBLOCKIERT)
      RETURN 1
C
C     BEGINN DES ABHOLVORGANGES
C     =========================
100   UCHF(LFAM,NUCHN,2) = NUMAX
      STATE(K) = 1
      STATE(K+1) = 0
      IF(UCHF(LFAM,NUCHN,1).EQ.0) UCHF(LFAM,NUCHN,2) = 0
      TR(LTR,8) = 0
      IF(IPRINT.EQ.0)   RETURN
      WRITE("OUTD",3001) T,TR(LTR,1),TR(LTR,2),NUCHN,NUMIN,NUMAX
3001  FORMAT(3H T=,I7,2X,2HTR,I5,1H,,I3,2X,
     +29H HOLT VON DER USER-CHAIN1 NR.,I3,/11H MINDESTENS,I3,
     +16H ABER HOECHSTENS,I3,16H TRANSACTIONS AB)
      RETURN
      END
```

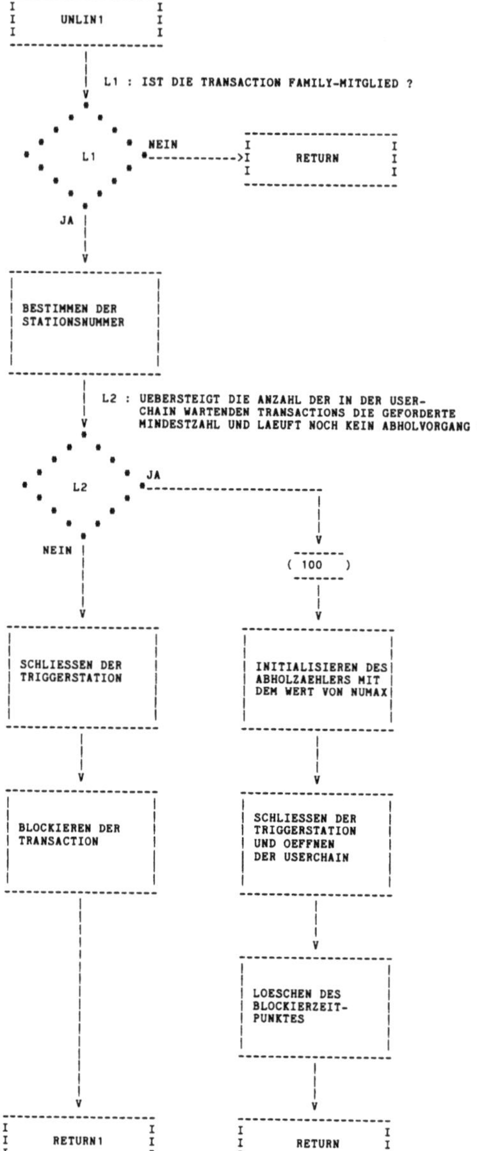
UNLIN1
L1 : IST DIE TRANSACTION FAMILY-MITGLIED ?
L1
NEIN
RETURN
JA
BESTIMMEN DER STATIONSNUMMER
L2 : UEBERSTEIGT DIE ANZAHL DER IN DER USER-CHAIN WARTENDEN TRANSACTIONS DIE GEFORDERTE MINDESTZAHL UND LAEUFT NOCH KEIN ABHOLVORGANG ?
L2
JA
NEIN
(100)
SCHLIESSEN DER TRIGGERSTATION
INITIALISIEREN DES ABHOLZAEHLERS MIT DEM WERT VON NUMAX
BLOCKIEREN DER TRANSACTION
SCHLIESSEN DER TRIGGERSTATION UND OEFFNEN DER USERCHAIN
LOESCHEN DES BLOCKIERZEIT-PUNKTES
RETURN1
RETURN

```
      SUBROUTINE UNLIN2(NUCHN,NUMIN,NUMAX,ID,*,IPRINT)
C     ***
C     ***       CALL UNLIN2(NUCHN, NUMIN, NUMAX, ID, &1005, IPRINT)
C     ***
C     *** FUNKTION :  HOLEN EINES BLOCKS VON TRS VON EINER
C     ***             USER-CHAIN
C     *** PARAMETER:  NUCHN = NUMMER DER USER-CHAIN VOM TYP 2
C     ***             NUMIN = MINDESTZAHL
C     ***             NUMAX = MAXIMALZAHL
C     ***             ID    = ANWEISUNGSNUMMER DES UNTERPROGRAMMAUFRUFES
C     ***
      IMPLICIT INTEGER (A - Z)
      COMMON  TR("TR1","TR2") , AL("TR1",2) , LAL , LTR , EL("EL1",2)
      COMMON  LEL , LEV , LFAM , NADR , STATE("STATE1") , OK
      COMMON  N , T , IT , RT
      COMMON  /UC2/ UCHT("UCHT1",2)
C
C     BESTIMMEN DER STATIONSNUMMER
C     ============================
      K = "EUCHF" + 2 * NUCHN - 1
C
C     BLOCKIERENTSCHEID
C     =================
      IF(UCHT(NUCHN,1).GE.NUMIN.AND.STATE(K+1).EQ.1) GOTO 100
C
C     BLOCKIEREN
C     ==========
      STATE(K+1) = 0
      AL(LTR,1) = ID
      AL(LTR,2) = - (K + 1)
      IF(TR(LTR,8).EQ.0) TR(LTR,8) = T
      IF(IPRINT.EQ.0) RETURN 1
      WRITE("OUTD",3000) T,TR(LTR,1),TR(LTR,2),NUCHN
3000  FORMAT(3H T=,I7,2X,2HTR,I5,1H,,I3,2X,
     +34H WIRD VOR DER TRIGGER-STATION2 NR.,I3,12H VON UNLINK ,
     +9HBLOCKIERT)
      RETURN 1
C
C     BEGINN DES ABHOLVORGANGES
C     =========================
100   UCHT(NUCHN,2) = NUMAX
      STATE(K+1) = 0
      STATE(K) = 1
      IF(UCHT(NUCHN,1).EQ.0) UCHT(NUCHN,2) = 0
      TR(LTR,8) = 0
      IF(IPRINT.EQ.0) RETURN
      WRITE("OUTD",3001) T,TR(LTR,1),TR(LTR,2),NUCHN,NUMIN,NUMAX
3001  FORMAT(3H T=,I7,2X,2HTR,I5,1H,,I3,2X,
     +29H HOLT VON DER USER-CHAIN2 NR.,I3,/11H MINDESTENS,I3,
     +16H ABER HOECHSTENS,I3,16H TRANSACTIONS AB)
      RETURN
      END
```

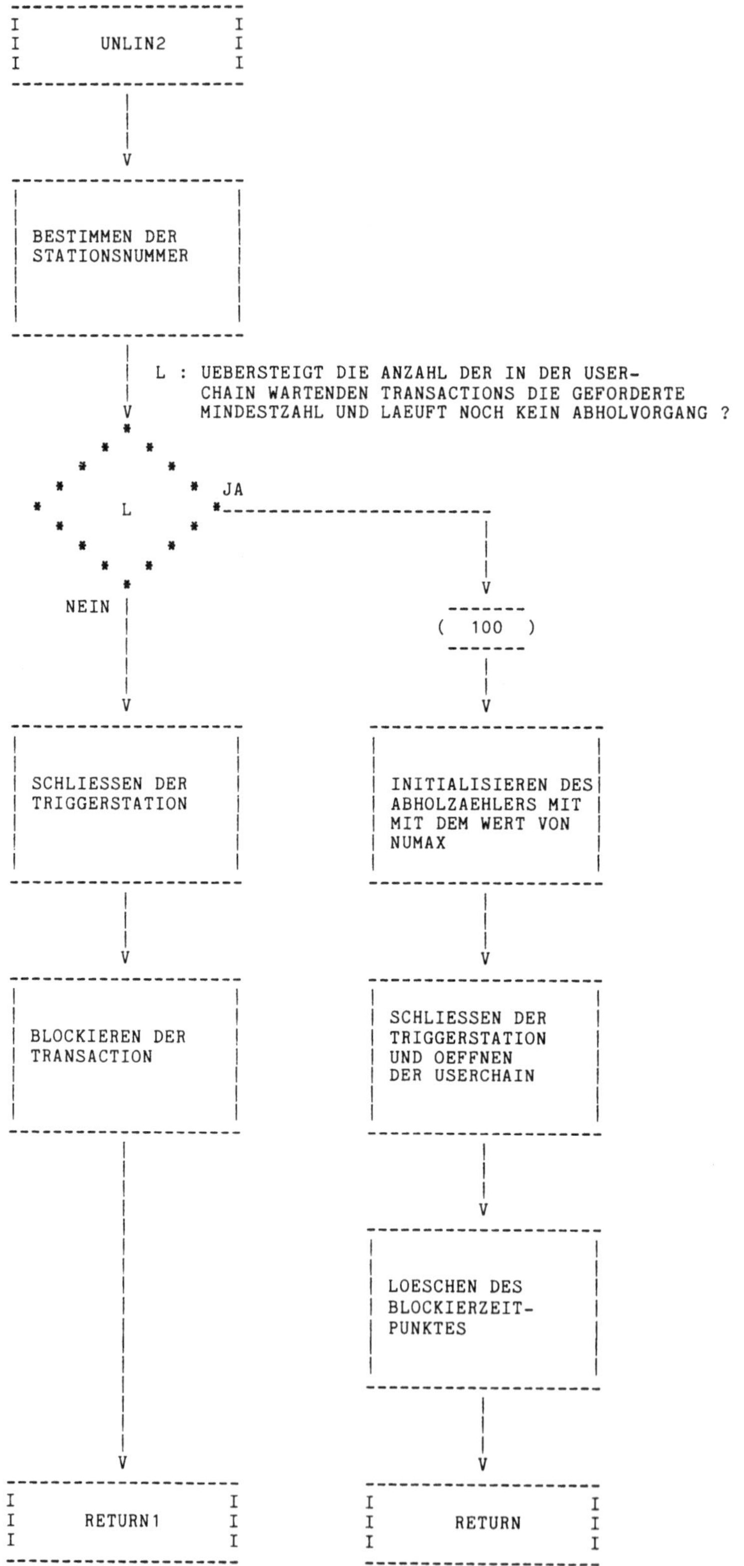
UNLIN2
BESTIMMEN DER STATIONSNUMMER
L : UEBERSTEIGT DIE ANZAHL DER IN DER USER-CHAIN WARTENDEN TRANSACTIONS DIE GEFORDERTE MINDESTZAHL UND LAEUFT NOCH KEIN ABHOLVORGANG ?
L
JA
NEIN
100
SCHLIESSEN DER TRIGGERSTATION
INITIALISIEREN DES ABHOLZAEHLERS MIT MIT DEM WERT VON NUMAX
BLOCKIEREN DER TRANSACTION
SCHLIESSEN DER TRIGGERSTATION UND OEFFNEN DER USERCHAIN
LOESCHEN DES BLOCKIERZEIT-PUNKTES
RETURN1
RETURN

```
      SUBROUTINE UNLOCK(K,IPRINT)
C     ***
C     ***       CALL UNLOCK(K, IPRINT)
C     ***
C     *** FUNKTION :  STARTEN DER VOR DER STATION K GESPERRTEN TRS
C     *** PARAMETER:  K = STATIONSNUMMER
C     ***
      IMPLICIT INTEGER (A - Z)
      COMMON  TR("TR1","TR2") , AL("TR1",2) , LAL , LTR , EL("EL1",2)
      COMMON  LEL , LEV , LFAM , NADR , STATE("STATE1") , OK
      COMMON  N , T , IT , RT
C
C     STARTEN
C     =======
      K1 = - "KEND" - K
      DO 100  I = 1 , LAL
      IF(AL(I,2).NE.K1) GOTO 100
      AL(I,2) = - K
      IF(IPRINT.EQ.0) GOTO 100
      WRITE("OUTD",3000) T,TR(I,1),TR(I,2)
3000  FORMAT(3H T=,I7,2X,2HTR,I5,1H,,I3,2X,15H WIRD GESTARTET)
100   CONTINUE
      RETURN
      END
```

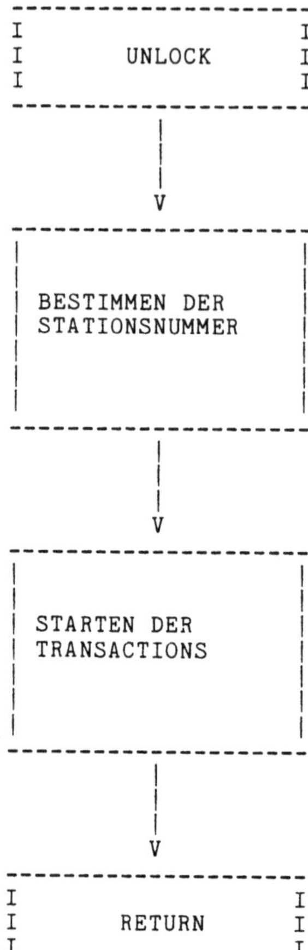
UNLOCK
BESTIMMEN DER
STATIONSNUMMER
STARTEN DER
TRANSACTIONS
RETURN

```
      SUBROUTINE VERSIO
C     ***
C     ***        CALL VERSIO
C     ***
C     *** FUNKTION :  AUSDRUCK DES LETZTEN AENDERUNGSDATUMS
C     ***             DES SIMULATORS IM AUSGABEPROTOKOLL
C     ***
      WRITE("OUTD",1)
1     FORMAT(/1X,'GPSS FORTRAN SIMULATIONSPROGRAMM',/
     1        1X,'================================',//
     21X,'VERSION VOM  "TAG". "MONAT". "JAHR"',/
     31X,'======================',///)
      RETURN
```

VERSIO
AUSDRUCKEN DES LETZTEN AENDE-RUNGSDATUMS DES SIMULATORS
RETURN

```
      SUBROUTINE WORK(WT,NFA,ID,IEX,*,*,IPRINT)
C     ***
C     ***       CALL WORK(WT, NFA, ID, IEX, &1005, &1006, IPRINT)
C     ***
C     *** FUNKTION :  BEARBEITEN EINER TR IN EINER FACILITY
C     *** PARAMETER:  WT  = BEARBEITUNGSZEIT
C     ***             NFA = NUMMER DER FACILITY
C     ***             ID  = ANWEISUNGSNUMMER DES UNTERPROGRAMMAUF-
C     ***                   RUFES
C     ***             IEX = VERDRAENGUNGSSPERRE
C     ***                   = 0: DIE TR DARF VERDRAENGT WERDEN
C     ***                   = 1: DIE TR DARF NICHT VERDRAENGT WERDEN
C     ***
      IMPLICIT INTEGER (A - Z)
      COMMON  TR("TR1","TR2") , AL("TR1",2) , LAL , LTR , EL("EL1",2)
      COMMON  LEL , LEV , LFAM , NADR , STATE("STATE1") , OK
      COMMON  N , T , IT , RT
      COMMON  /FAC/ FAC("FAC1",3)
C
C     FEHLERAUSGANG
C     =============
      IF(IABS(FAC(NFA,1)).EQ.LTR) GOTO 100
      WRITE("OUTD",3000) T,TR(LTR,1),TR(LTR,2),NFA
3000  FORMAT(1H0,24(1H+),25H FEHLER: SUBROUTINE WORK ,31(1H+)/1X,
     +24(1H+),3H T=,I7,2X,3HTR ,I4,1H,,I3,11H BELEGT FAC,I3,7H NICHT ,
     +12(1H+)/)
      RETURN 2
C
C     BEARBEITUNGSENTSCHEID
C     =====================
100   IF(FAC(NFA,2).EQ.0) GOTO 150
      IF(FAC(NFA,3).EQ.1) TR(LTR,6) = WT
      RETURN
150   IF(FAC(NFA,3).EQ.2) RETURN
C
C     BEARBEITEN
C     ==========
      IF(IEX.EQ.0) FAC(NFA,1) = LTR
      IF(IEX.EQ.1) FAC(NFA,1) = - LTR
      FAC(NFA,3) = 2
      IF(TR(LTR,6).NE.0) GOTO 200
      AL(LTR,1) = ID
      AL(LTR,2) = T + WT
      IF(IPRINT.EQ.0) RETURN 1
      WRITE("OUTD",3001) T,TR(LTR,1),TR(LTR,2),AL(LTR,2)
3001  FORMAT(3H T=,I7,2X,2HTR,I5,1H,,I3,2X,5H WIRD,
     +15H BEARBEITET BIS,I7)
      RETURN 1
C
C     BEARBEITEN NACH WIEDERBELEGUNG
C     ==============================
200   AL(LTR,1) = ID
      AL(LTR,2) = T + TR(LTR,6)
      TR(LTR,6) = 0
      IF(IPRINT.EQ.0) RETURN 1
      WRITE("OUTD",3002) T,TR(LTR,1),TR(LTR,2),AL(LTR,2)
```

```
3002  FORMAT(3H T=,I7,2X,2HTR,I5,1H,,I3,2X,5H WIRD,
     +21H WEITERBEARBEITET BIS,I7)
      RETURN 1
      END
```

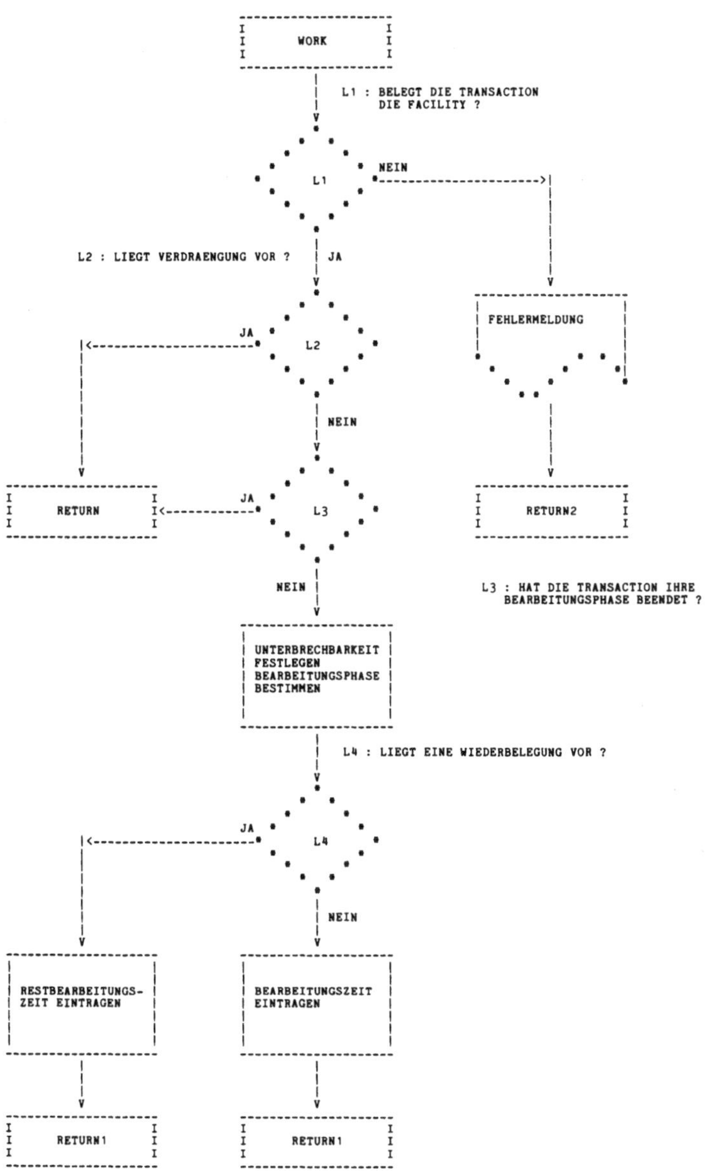
WORK
L1 : BELEGT DIE TRANSACTION
DIE FACILITY ?
L1
NEIN
JA
L2 : LIEGT VERDRAENGUNG VOR ?
L2
JA
FEHLERMELDUNG
NEIN
L3
JA
RETURN
RETURN2
NEIN
L3 : HAT DIE TRANSACTION IHRE
BEARBEITUNGSPHASE BEENDET ?
UNTERBRECHBARKEIT
FESTLEGEN
BEARBEITUNGSPHASE
BESTIMMEN
L4 : LIEGT EINE WIEDERBELEGUNG VOR ?
L4
JA
NEIN
RESTBEARBEITUNGS-
ZEIT EINTRAGEN
BEARBEITUNGSZEIT
EINTRAGEN
RETURN1
RETURN1

L I T E R A T U R V E R Z E I C H N I S

/1/ Bobillier P.A., Kahan B.C., A.R. Probst, Simulation with GPSS and GPSS V, Prentice Hall, 1976

/2/ Niemeyer G., Systemsimulation, Akademische Verlagsgesellschaft, Frankfurt, 1973

/3/ Emshoff J.R., Sisson R.L., Computer Simulation Models, The Macmillal Company., 1970

/4/ Knuth D.E., The Art of Computer Programming, Addison-Wesley, 1971

/5/ Naylor T.H., Balintfy J.L., Burdick D.S., Chu K., Computer Simulation Techniques, John Wiley & Sons, 1967

/6/ Box G.E.P., Muller M.E., A Note on the Generation of Normal Deviates, Annals of Mathematical Statistics, 1958

/7/ Kleinrock L., Queueing Systems, John Wiley & Sons, 1975

/8/ Fishman G.S., Concepts and Methods in Discrete Event Digital Simulation, John Wiley & Sons, 1973

/9/ Schmidt B., GPSS-FORTRAN, Einführung in die Simulation diskreter Systeme mit Hilfe eines Fortran-Programmpaketes, Informatik Fachberichte Bd 6, Springer Verlag, Heidelberg 1977

SACHVERZEICHNIS

Lecture Notes in Computer Science

Vol. 1: GI-Gesellschaft für Informatik e.V. 3. Jahrestagung, Hamburg, 8.–10. Oktober 1973. Herausgegeben im Auftrag der Gesellschaft für Informatik von W. Brauer. XI, 508 Seiten. 1973.

Vol. 2: GI-Gesellschaft für Informatik e.V. 1. Fachtagung über Automatentheorie und Formale Sprachen, Bonn, 9.–12. Juli 1973. Herausgegeben im Auftrag der Gesellschaft für Informatik von K.-H. Böhling und K. Indermark. VII, 322 Seiten. 1973.

Vol. 3: 5th Conference on Optimization Techniques, Part I. (Series: I.F.I.P. TC7 Optimization Conferences.) Edited by R. Conti and A. Ruberti. XIII, 565 pages. 1973.

Vol. 4: 5th Conference on Optimization Techniques, Part II. (Series: I.F.I.P. TC7 Optimization Conferences.) Edited by R. Conti and A. Ruberti. XIII, 389 pages. 1973.

Vol. 5: International Symposium on Theoretical Programming. Edited by A. Ershov and V. A. Nepomniaschy. VI, 407 pages. 1974.

Vol. 6: B. T. Smith, J. M. Boyle, J. J. Dongarra, B. S. Garbow, Y. Ikebe, V. C. Klema, and C. B. Moler, Matrix Eigensaystem Routines – EISPACK Guide. XI, 551 pages. 2nd Edition 1974, 1976.

Vol. 7: 3. Fachtagung über Programmiersprachen, Kiel, 5.–7. März 1974. Herausgegeben von B. Schlender und W. Frielinghaus. VI, 225 Seiten. 1974.

Vol. 8: GI-NTG Fachtagung über Struktur und Betrieb von Rechensystemen, Braunschweig, 20.–22. März 1974. Herausgegeben im Auftrag der GI und der NTG von H.-O. Leilich. VI, 340 Seiten. 1974.

Vol. 9: GI-BIFOA Internationale Fachtagung: Informationszentren in Wirtschaft und Verwaltung. Köln, 17./18. Sept. 1973. Herausgegeben im Auftrag der GI und dem BIFOA von P. Schmitz. VI, 259 Seiten. 1974.

Vol. 10: Computing Methods in Applied Sciences and Engineering, Part 1. International Symposium, Versailles, December 17–21, 1973. Edited by R. Glowinski and J. L. Lions. X, 497 pages. 1974.

Vol. 11: Computing Methods in Applied Sciences and Engineering, Part 2. International Symposium, Versailles, December 17–21, 1973. Edited by R. Glowinski and J. L. Lions. X, 434 pages. 1974.

Vol. 12: GFK-GI-GMR Fachtagung Prozessrechner 1974. Karlsruhe, 10.–11. Juni 1974. Herausgegeben von G. Krüger und R. Friehmelt. XI, 620 Seiten. 1974.

Vol. 13: Rechnerstrukturen und Betriebsprogrammierung, Erlangen, 1970. (GI-Gesellschaft für Informatik e.V.) Herausgegeben von W. Händler und P. P. Spies. VII, 333 Seiten. 1974.

Vol. 14: Automata, Languages and Programming – 2nd Colloquium, University of Saarbrücken, July 29–August 2, 1974. Edited by J. Loeckx. VIII, 611 pages. 1974.

Vol. 15: L Systems. Edited by A. Salomaa and G. Rozenberg. VI, 338 pages. 1974.

Vol. 16: Operating Systems, International Symposium, Rocquencourt 1974. Edited by E. Gelenbe and C. Kaiser. VIII, 310 pages. 1974.

Vol. 17: Rechner-Gestützter Unterricht RGU '74, Fachtagung, Hamburg, 12.–14. August 1974, ACU-Arbeitskreis Computer-Unterstützter Unterricht. Herausgegeben im Auftrag der GI von K. Brunnstein, K. Haefner und W. Händler. X, 417 Seiten. 1974.

Vol. 18: K. Jensen and N. E. Wirth, PASCAL – User Manual and Report. VII, 170 pages. Corrected Reprint of the 2nd Edition 1976.

Vol. 19: Programming Symposium. Proceedings 1974. V, 425 pages. 1974.

Vol. 20: J. Engelfriet, Simple Program Schemes and Formal Languages. VII, 254 pages. 1974.

Vol. 21: Compiler Construction, An Advanced Course. Edited by F. L. Bauer and J. Eickel. XIV. 621 pages. 1974.

Vol. 22: Formal Aspects of Cognitive Processes. Proceedings 1972. Edited by T. Storer and D. Winter. V, 214 pages. 1975.

Vol. 23: Programming Methodology. 4th Informatik Symposium, IBM Germany Wildbad, September 25–27, 1974. Edited by C. E. Hackl. VI, 501 pages. 1975.

Vol. 24: Parallel Processing. Proceedings 1974. Edited by T. Feng. VI, 433 pages. 1975.

Vol. 25: Category Theory Applied to Computation and Control. Proceedings 1974. Edited by E. G. Manes. X, 245 pages. 1975.

Vol. 26: GI-4. Jahrestagung, Berlin, 9.–12. Oktober 1974. Herausgegeben im Auftrag der GI von D. Siefkes. IX, 748 Seiten. 1975.

Vol. 27: Optimization Techniques. IFIP Technical Conference. Novosibirsk, July 1–7, 1974. (Series: I.F.I.P. TC7 Optimization Conferences.) Edited by G. I. Marchuk. VIII, 507 pages. 1975.

Vol. 28: Mathematical Foundations of Computer Science. 3rd Symposium at Jadwisin near Warsaw, June 17–22, 1974. Edited by A. Blikle. VII, 484 pages. 1975.

Vol. 29: Interval Mathematics. Procedings 1975. Edited by K. Nickel. VI, 331 pages. 1975.

Vol. 30: Software Engineering. An Advanced Course. Edited by F. L. Bauer. (Formerly published 1973 as Lecture Notes in Economics and Mathematical Systems, Vol. 81) XII, 545 pages. 1975.

Vol. 31: S. H. Fuller, Analysis of Drum and Disk Storage Units. IX, 283 pages. 1975.

Vol. 32: Mathematical Foundations of Computer Science 1975. Proceedings 1975. Edited by J. Bečvář. X, 476 pages. 1975.

Vol. 33: Automata Theory and Formal Languages, Kaiserslautern, May 20–23, 1975. Edited by H. Brakhage on behalf of GI. VIII, 292 Seiten. 1975.

Vol. 34: GI – 5. Jahrestagung, Dortmund 8.–10. Oktober 1975. Herausgegeben im Auftrag der GI von J. Mühlbacher. X, 755 Seiten. 1975.

Vol. 35: W. Everling, Exercises in Computer Systems Analysis. (Formerly published 1972 as Lecture Notes in Economics and Mathematical Systems, Vol. 65) VIII, 184 pages. 1975.

Vol. 36: S. A. Greibach, Theory of Program Structures: Schemes, Semantics, Verification. XV, 364 pages. 1975.

Vol. 37: C. Böhm, λ-Calculus and Computer Science Theory. Proceedings 1975. XII, 370 pages. 1975.

Vol. 38: P. Branquart, J.-P. Cardinael, J. Lewi, J.-P. Delescaille, M. Vanbegin. An Optimized Translation Process and Its Application to ALGOL 68. IX, 334 pages. 1976.

Vol. 39: Data Base Systems. Proceedings, 5th Informatik Symposium, IBM Germany, Bad Homburg v. d. H., September 1975. Edited by H. Hasselmeier and W. G. Spruth. VI, 386 pages. 1976.

Vol. 40: Optimization Techniques. Modeling and Optimization in the Service of Man. Part 1. Proceedings, 7th IFIP Conference, Nice, September 1975. Edited by J. Cea. XIV, 854 pages. 1976.

Vol. 41: Optimization Techniques. Modeling and Optimization in the Service of Man. Part 2. Proceedings, 7th IFIP Conference, Nice, September 1975. Edited by J. Cea. XIV, 852 pages. 1976.

Vol. 42: J. E. Donahue: Complementary Definitions of Programming Language Semantics. VIII, 172 pages. 1976.

Vol. 43: E. Specker, V. Strassen: Komplexität von Entscheidungsproblemen. Ein Seminar. VI, 217 Seiten. 1976.

Vol. 44: ECI Conference 1976. Proceedings of the 1st Conference of the European Cooperation in Informatics, Amsterdam, August 1976. Edited by K. Samelson. VIII, 322 pages. 1976.

Vol. 45: Mathematical Foundations of Computer Science 1976. Proceedings, 5th Symposium, Gdańsk, September 1976. Edited by A. Mazurkiewicz. XII, 606 pages. 1976.

Vol. 46: Language Hierarchies and Interfaces. International Summer School. Edited by F. L. Bauer and K. Samelson. X, 428 pages. 1976.

Vol. 47: Methods of Algorithmic Language Implementation. Edited by A. Ershov and C. H. A Koster. VIII, 351 pages. 1977.